Betriebssichere Gleitlager

Erster Band

Betriebssichere Gleitlager

Berechnungsverfahren für Konstruktion und Betrieb

Von

Georg Vogelpohl

Zweite neubearbeitete Auflage

Erster Band

Grundlagen und Rechnungsgang

Mit 145 Abbildungen, 31 Tabellen und 52 Berechnungsbeispielen

Springer-Verlag

Berlin / Heidelberg / New York

1967

Dr.-Ing. Georg Vogelpohl
Professor an der Technischen Hochschule Braunschweig
Leiter der Abteilung Reibungsforschung
am Max-Planck-Institut für Strömungsforschung Göttingen

ISBN-13: 978-3-642-46102-6 e-ISBN-13: 978-3-642-46101-9
DOI: 10.1007/978-3-642-46101-9

Softcover reprint of the hardcover 2nd edition 1967
Library of Congress Catalog Card Number: 67-25019

Titel-Nr. 1083

Vorwort zur zweiten Auflage

Die erste Auflage war im Frühjahr 1963 vergriffen. Obwohl die Bearbeitung der zweiten Auflage schon vorher begonnen wurde, verzögerte sich die Fertigstellung mehr als erwünscht, weil in der Zwischenzeit der Stoff sich in vielem gewandelt hat und vertieft worden ist. Das erforderte eine weitgehend geänderte Fassung des Textes, vor allem aus folgendem Grunde:

Ein geordnetes Wissen vom Gleitlager ist noch nicht Allgemeingut der Ingenieurwissenschaften geworden, deshalb muß in diesem Buche manches Grundlegende gesagt werden, was in anderen Disziplinen in derartigem Umfang nicht notwendig ist. Das ist bereits in der ersten Auflage geschehen; damals wurde von der Stribeck-Kurve ausgegangen, die als unabhängige Veränderliche die Reibungszahl enthält, also eine nur durch Rechnung zu findende Größe, deren Werte für Maschinen im Betrieb kaum bekannt sind.

Ende 1958 wurde eine Neufassung der Grundlagen entwickelt, die nicht mehr von der unsicheren Reibungszahl der Stribeck-Kurve, sondern von den Verlusten und der Erwärmung ausgeht. Das erscheint geradezu als eine Notwendigkeit, denn es wird in der Praxis vielfach noch nicht verstanden, daß die Reibungszahl für ein Lager mit zunehmender Belastung kleiner wird und es einen wichtigen Bereich gibt, in dem die Temperatur von der Last unabhängig ist. Zu beachten ist ferner, daß die Temperatur im Gegensatz zur Reibungszahl unmittelbar gemessen werden kann.

Der Übergang von der Stribeck-Kurve zu den Temperaturkurven erfordert eine Erweiterung des Umfangs. Außerdem werden nur neue Beispiele gebracht und umfassender nach einem einheitlichen Schema durchgerechnet; zusätzlich sind Probleme wie das der nicht stationären Belastung, des Halbfrequenzwirbels sowie Ergänzungen zur Ölversorgung, die fettversorgten Lager und konstruktive Fragen zu behandeln.

Der geänderten Darstellung wegen ließ sich zwar gegenüber der ersten Auflage vieles kürzen, dennoch war der bearbeitete Stoff so umfangreich, daß es sich als zweckmäßig erwies, die neue Auflage in zwei Bänden erscheinen zu lassen.

Der vorliegende erste Band stellt die früher am Schluß des Buches gegebene Kurzfassung der Berechnung an den Anfang und bringt die Begründung später. Der Rechnungsgang wurde geändert und ist jetzt übersichtlicher und mit geringerem Arbeitsaufwand verbunden als in der alten Form. Seine praktische Handhabung wird mit 20 erläuternden Beispielen im ersten Kapitel zusammengefaßt, um dem eiligen Leser — wer ist das heute nicht — so weit wie möglich entgegenzukommen.

Eine angenehme Pflicht ist es mir, allen denen meinen Dank zu sagen, die zum Entstehen des vorliegenden Buches beigetragen haben. Dies gilt zunächst den Firmen, die mir freundlicherweise Versuchsunterlagen und Konstruktionszeichnungen zur Verfügung stellten. Weiter danke ich allen Fachkollegen, die mir mit ihrem wertvollen Rat zur Seite standen und vor allem die gegenüber der ersten Auflage geänderte Anordnung des Stoffes überprüften und guthießen, insbesondere den Herren Professor Dr. H. PEEKEN, Oberingenieur Dipl.-Ing. H. BUSECRUS, Dipl.-Ing. E. GÜLKER und Oberingenieur R. KNOBLOCH.

Meine Mitarbeiter im Institut, der leider verstorbene Herr Dr. H. DRESCHER sowie die Herren Dr. W. KOCHANOWSKY, Dipl.-Ing. J. FRICKE, Dipl.-Ing. H. JANSSEN, Dipl.-Ing. G. NOACK, Dipl.-Ing. H. RODERMUND, Dipl.-Phys. U. ROST, Dipl.-Ing. K. SPIEGEL und Dipl.-Ing. E. WENGER haben mir durch ihre Unterstützung meine Arbeit wesentlich erleichtert.

Ganz besondere Anerkennung schulde ich Herrn Ing. K. DROSTE, dem ich den größten Teil des umfangreichen Bildmaterials verdanke. Darüber hinaus schlug er durch seine selbstlose Mitarbeit eine Brücke zu dem Lebenswerk von ERICH FALZ und steuerte viel von dem Gedankengut dieses Pioniers auf dem Gebiet der Lagerfragen bei, dessen engster Mitarbeiter er war.

Einen erheblichen Anteil an dem geistigen Werden der hier vorgelegten Erkenntnisse haben meine Lehrer und Förderer, derer ich mich stets in Dankbarkeit erinnere. GEORG HAMEL und RICHARD VON MISES vermittelten nicht nur grundlegendes Wissen, sondern zeigten vor allem dessen Anwendung auf physikalische und technische Probleme. HERMANN FÖTTINGER und LUDWIG PRANDTL wiesen den Weg zu sinnvollem Experimentieren und wirklichkeitsnaher Beschreibung des Naturgeschehens; sie lehrten kritisches Vorgehen und das Brauchbare vom Unbrauchbaren zu scheiden.

Zu großem Dank bin ich dem Springer-Verlag verpflichtet, der die Herausgabe auch dieser zweiten Auflage übernommen hat und jederzeit bemüht war, auf meine Wünsche einzugehen und meine Vorstellungen bei der Drucklegung zu berücksichtigen.

Göttingen, im Juni 1967.

G. Vogelpohl

Aus dem Vorwort zur ersten Auflage

Die Forschung im Bereich der Reibungserscheinungen ist nicht immer mit der notwendigen Gründlichkeit betrieben worden; nicht weniger gilt das für die Anwendung in der Technik. So wurden die mit den unzulänglichen Schlittenversuchen der ersten Zeit bis zu COULOMB und MORIN gewonnenen Ergebnisse als Gesetze anerkannt, obwohl die Einrichtungen gar nicht geeignet waren, solche Aussagen verbindlich zu liefern. Die kurzen Gleitwege und die ungleichförmigen Geschwindigkeiten ließen das Erkennen tieferer Zusammenhänge nicht zu. Daher kam es zu Fehlurteilen über den Reibungsvorgang, vor allem zu dem Schluß, daß die Gleitreibung von der Geschwindigkeit unabhängig sei. Die daraus gezogenen Folgerungen haben die Vorstellungen vom Reibungsgeschehen bis in die Gegenwart beherrscht.

Mit den Arbeiten von HIRN wurden zwar in der Mitte des vorigen Jahrhunderts Erkenntnisse gewonnen, die dem Gleitlager hätten nützlich werden können.

Aber die Technik lehnte sie ab und blieb bei den zu Gesetzen erhobenen Ergebnissen von MORIN und COULOMB. Diese waren einfacher als die von HIRN gefundenen, aber in Anwendung auf das Gleitlager nicht mehr richtig; denn die Reibung ist hier mit der Geschwindigkeit stark veränderlich, und diese Veränderlichkeit ist von entscheidender Bedeutung. An der vermeintlichen Unabhängigkeit hielt die Maschinenlehre jedoch beharrlich fest, was zwar nicht ausgesprochen, aber nach der Art der Behandlung deutlich zu erkennen ist. Dies mußte einmal zu einem Zwiespalt zwischen „Theorie und Praxis" führen. Er kam, trotz der weiteren experimentellen Ergebnisse von TOWER, auch GALTON wäre hier zu nennen, und der aus den Lehren der Mechanik von PETROFF und REYNOLDS abgeleiteten rechnerischen Beziehungen. Man sprach von „trügerischer Klarheit" und blieb beim Hergebrachten. Die zwischen dem so verbleibenden Fehlurteil und der Wirklichkeit notwendig entstehende Lücke versuchte man meistens dadurch zu schließen, daß dem Schmierstoff hypothetische Eigenschaften zugebilligt wurden, die der Physik sonst nicht bekannt sind.

Unabhängig davon ging eine empirische Entwicklung bei den Lagern einzelner Maschinengattungen vorwärts, aber nur Schritt für Schritt und nicht immer mit dem gewünschten Erfolg. Es fehlten die Unterlagen, ein Versagen richtig zu beurteilen; man kannte die Grenzen der jeweiligen Gesetzmäßigkeiten nicht und noch weniger die Mittel, um die technischen Möglichkeiten innerhalb dieser Grenzen auszunutzen.

Damit war der Weg zum betriebssicheren Lager nur über die Erfahrung gegeben. Erfahrung ist aber nichts anderes als die Lehre, die aus der Summe der Mißerfolge hergeleitet wird. So wichtig die Erfahrung aus diesem Grund für die Praxis sein mag, bleibt sie doch unbefriedigend, wenn man die Ursache der Mißerfolge nicht kennt. Noch bedenklicher wird es, wenn Abhilfe dort gesucht wird, wo die Ursachen nicht liegen können. Die gründlichst durchdachte Konstruktion, der beste Lagerwerkstoff, die sorgfältigste Bearbeitung, die feinste Passung und das hochwertigste Öl bleiben unwirksam, wenn das Schmiermittel nicht die richtige Viskosität hat, in unzureichender Menge zugeführt wird oder nicht an die Stellen gelangt, wo es tragen soll. Mit den daraus sich ergebenden Schwierigkeiten ist die reine Empirie nur in Sonderfällen fertig geworden; das betriebssichere Gleitlager blieb ein für bestimmte Maschinengattungen im Großversuch mühsam und kostspielig erarbeitetes Einzelprodukt.

Dennoch hatte die Forschung die meisten Ergebnisse bereitliegen, um das naturgesetzliche Geschehen im Gleitlager erfolgreich zu behandeln, allerdings kaum in einer Form, die dem Mann am Konstruktionstisch oder im Betrieb mit wenig Arbeitsaufwand eine Übersicht über das vermittelt hätte, was möglich ist und was nicht. So blieb es bis in die Gegenwart dabei, daß nur in bestimmten Fällen ein zufriedenstellender Betrieb erreicht wurde, weil die Lager gut ausgelegt oder gar überdimensioniert wurden, während bei anderen den Bedingungen nicht genügt war, die für einen ordnungsgemäßen Betrieb erfüllt sein müssen. Meist war es — und ist es auch heute noch — das Öl, das in unzureichender Menge oder nicht in der geeigneten Viskosität bereitgestellt wird.

Wie es scheint, ist vor allem der Begriff der Viskosität dem Maschinenbauer fremd geblieben. Die Viskosität ist für den Schmierfilm dasselbe, was die Festigkeit für den festen Körper ist. Je höher die Festigkeit, desto größer ist die Belastbarkeit eines Bauteiles; ganz genauso ist auch die Belastbarkeit eines Schmierfilms größer bei höherer Viskosität unter sonst gleichen Bedingungen. Eine Lagerberechnung ohne den Viskositätsbegriff muß daher unvollkommen sein. *Der Schlüssel zum betriebssicheren Gleitlager liegt im richtigen Umgang mit der Viskosität und der Schmiermittelmenge.*

Gerade diese Fragen löst die Rechnung in fast allen Fällen. Dazu mußten allerdings die in umfangreichen mathematischen Arbeiten gewonnenen Einzelergebnisse in Formen gebracht werden, wie sie der Praxis geläufig sind. Ein Vergleich: In der allgemeinen Elastizitätstheorie erfordert die Lehre von der Biegung einen großen mathematischen Aufwand; die das Wesentliche herausschälende technische Biegetheorie von NAVIER führt mit einfachen Mitteln zu einem für die Praxis genügend genauen Ergebnis, oder in der Sprache des Patentwesens, zu einer „Regel zum technischen Handeln".

Etwas Ähnliches mußte hier geschehen, und zwar war es notwendig:

das naturgesetzliche Geschehen für das Lager als Ganzes zu beschreiben,

die bisher nur in wissenschaftlicher Darstellungsweise vorhandenen zahlenmäßigen Zusammenhänge im Hinblick auf die praktische Anwendung auszuwerten,

das Wesentliche in einfachen, aber dennoch physikalisch korrekten Formeln wiederzugeben,

an genügend Berechnungsbeispielen die Handhabung der Regeln zu zeigen und damit die Verbindung zwischen der wirklichen Ausführung, wie sie etwa durch die technische Zeichnung vermittelt wird, und den im Innern des Lagers unsichtbar sich abspielenden Vorgängen so eng wie möglich zu gestalten.

Dieser Weg ließ sich erfolgreich begehen. Die Formel für die Tragfähigkeit erscheint auf den ersten Blick so einfach, daß sie oft als Faustformel angesprochen wird. Bei näherem Zusehen offenbart sich dann bald, daß der darin enthaltene Zusammenhang nicht einmal durch planmäßige Empirie, geschweige denn im Sinne einer Faustformel gewonnen sein kann.

Die Max-Planck-Gesellschaft pflegt vorwiegend die Grundlagenforschung. Scheinbar im Gegensatz dazu wird hier ein Buch vorgelegt, das bis in weitgehende Einzelheiten die technische Anwendung zeigt. Dennoch vermittelt es nicht nur Ergebnisse, sondern die Grundlagen des Reibungsvorganges an geschmierten Gleitflächen überhaupt. Diese wurden in den letzten Jahrzehnten größtenteils in Bereichen gesucht, in denen sie nicht zu finden sind.

Legt der Konstrukteur nach den hier gegebenen Anweisungen seine Lager aus, berücksichtigt er das Schmiermittel von vornherein im Hinblick auf die dem Öl in der Maschine zukommende Aufgabe, und kann nachher ein sicherer Betrieb bestätigt werden, dann ist damit der Beweis — sogar im Großen — erbracht, daß das Geschehen im Lager richtig erkannt und beschrieben sein muß.

Damit wäre nicht nur für die Praxis viel erreicht, sondern auch für die Wissenschaft mehr getan als durch Abhandlungen in der üblichen Form, die unter den gegenwärtigen Verhältnissen nicht vorurteilsfrei aufgenommen würden. Das Buch soll helfen, die jetzt teilweise stark entartete Grundlagenforschung im Bereich der Reibung auf dem Weg über die technische Anwendung wieder in wirklichkeitsnahe Bahnen zurückzulenken.

Göttingen, im Oktober 1957. **G. Vogelpohl**

Inhaltsverzeichnis

1. Kurzfassung der Grundlagen und Rechnungsgang

2. Allgemeines und Grundlegendes

3. Anschluß an die Theorie (Die Gesetze des Tragfilms)

4. Die Tragfähigkeitsformel (Grenzen der Gesetzmäßigkeiten)

5. Die Wärmeabgabe der Lager

6. Die Betriebstemperatur

7. Die notwendigen Ölmengen

8. Die Werkstoffe

9. Axial-Lager

10. Schlußbetrachtungen

In der Tasche am Schluß des Buches:

Netztafel für die graphische Bestimmung von Lagertemperatur und Ölviskosität,
Berechnungsblatt für Radiallager,
Berechnungsblatt für Axiallager.

Verzeichnis der Beispiele

1. Kurzfassung der Grundlagen und Rechnungsgang

1.1 Vorbemerkung zum einleitenden Kapitel

Als Einführung in den zu behandelnden Stoff wird eine kurze Übersicht der Gedankengänge mit den wesentlichen Ergebnissen mitgeteilt, und zwar für Radial- und Axiallager. An die einzelnen Abschnitte schließt sich sofort die Darstellung des Rechnungsganges mit vollständig durchgearbeiteten Beispielen an, wie sie sich aus verschiedenen Aufgabenstellungen ergeben. Ein solcher Weg „mitten in die Dinge hinein" soll den Leser vor allem dahingehend überzeugen, daß der Zeit- und Arbeitsaufwand für eine Rechnung gering und im Hinblick auf den Wert der erhaltenen Ergebnisse immer zu verantworten ist.

Dieses Vorgehen hat noch einen wesentlichen Vorteil: Es macht von vornherein mit allen wichtigen Umständen bekannt. Bei einem rein lehrbuchmäßigen Aufbau, vom leichten zum schwerer behandelbaren Stoff fortschreitend, könnte der Leser im einfacheren verbleiben und unvollständig oder mißverständlich handeln.

Die weiteren Kapitel unterrichten über die Herkunft der Gleichungen und rechtfertigen ihre Verwendung. Sie vermitteln damit nicht nur die Kenntnis der physikalischen Grundlagen und deren sachgemäße Anwendung in der Gleitlagertechnik, sondern ebnen auch die Wege für eine Erweiterung der vorgetragenen Lehren und die Behandlung nicht mehr alltäglicher und außergewöhnlicher Fälle. Geeignete Beispiele in den einzelnen Kapiteln erläutern die Darstellung.

Die in spitzen Klammern ⟨---⟩ angegebenen Seitenzahlen bringen Näheres über die hier in der Einleitung gebrauchten Gedankengänge und Gleichungen, deren Ableitung oder erweiterte Anwendung. Die Bezifferung der Gleichungen in diesem ersten Kapitel entspricht derjenigen im ausführlichen Text; damit erhält der Leser sofort einen Hinweis auf die vertieften Ausführungen und eine Zusammenstellung der wichtigsten Gleichungen.

1.2 Kurzfassung der Grundlagen für die Berechnung der Radiallager

1.21 Betriebssicherheit und Berechnung

Ziel der Lagerberechnung ist die Abstimmung der verfügbaren Veränderlichen derart, daß Betriebssicherheit gewährleistet ist. Betriebssicherheit ist gegeben, wenn

1. das Lager nicht heiß läuft und
2. kein unzulässiger Verschleiß eintritt.

Der Entwurf geht der Berechnung voraus. Belastung, Drehzahl, Hauptmaße (innerhalb enger Grenzen) und die geometrische Gestalt des Lagergehäuses liegen fest. Der Lagerwerkstoff geht nicht unmittelbar in die Rechnung ein, die Oberflächengüte nur bedingt. Zur Auswahl stehen die Öle und ihre Viskositäten, die sich aus der Rechnung mit hinreichender Genauigkeit festlegen lassen.

Eine Berechnung auf Erwärmung ist notwendig für Lager im Dauerbetrieb von mehreren Stunden an aufwärts bis zu monatelangem ununterbrochenem Lauf. Kurze Betriebszeiten mit längeren Pausen, wie etwa bei Hebezeugen, ergeben hinsichtlich der Erwärmung günstigere Bedingungen.

1.22 Bezeichnungen

Einheiten sind in dieser Aufstellung nur angegeben, wenn die jeweilige Größe späterhin *nur* mit dieser Einheit in der Beschreibung oder Rechnung auftritt. Längen dagegen werden in die Zeichnungen in mm eingetragen, beim Flächendruck in kp/cm² werden sie in cm gebraucht, bei der Berechnung von Gewichten und des Lagervolumens in dm und für die Umfangsgeschwindigkeit in m, für Lagerspiele und Toleranzen sind Angaben in μm (Mikrometern) üblich. Ölmengen werden den Geflogenheiten der Praxis entsprechend in l/min angegeben. Für ψ ist die Angabe in Promillen zweckmäßig.

A = Wärmeabgebende Fläche des Lagergehäuses in m²
B = Lagerbreite
$C_ü$ = Funktionswert in den Formeln für $n_ü$ und $P_ü$
c = spezifische Wärme des Kühlöles oder Kühlmittels
D = Lagernenndurchmesser
f = $2\,M/PD$ = Reibungszahl = $M\omega/PU$
H = Höhe des Lagergehäuses in m
L = Länge des Lagergehäuses in m
M = Reibungsmoment an der Welle in mkp
$M\omega$ = $f\,P\,U$ = Verlustleistung = Reibungswärme
$M\omega^*$ = Leistungsverlust für $So = 1$
n = Drehzahl in Uml/min
$n_ü$ = Übergangsdrehzahl in Uml/min (bei gegebenem P)
P = Lagerlast in kp
$P_ü$ = Übergangslast in kp (bei gegebenem n)
$\bar{p}$ = $P/B\,D$ = mittlerer Druck = Flächenlast
Q = Öldurchsatz
Q_V = Vergleichsölmenge, die bei zentrischem Zapfen umlaufende Ölmenge
Q_K = in der Zeiteinheit durch das Lager fließende Kühlöl- oder Kühlmittelmenge
Q_T = Tragölmenge = die zum Aufbau eines tragfähigen Films notwendige Ölmenge
S = Lagerspiel = Durchmesserunterschied von Bohrung und Welle
So = $\bar{p}\,\psi^2/\eta\,\omega$ = Sommerfeldzahl
U = Umfangsgeschwindigkeit der Welle
Vol = $D^2 B\pi/4$ = Lagervolumen in Litern
W = Faktor der Erwärmungsgeraden für $So > 1$
α = Wärmeübergangszahl in mkp/m²s °C
γ = spezifisches Gewicht des Kühlöles oder Kühlmittels
η = Viskosität in cP; 9810 cP = 1 kps/m² $\approx 10^4$ cP
η_{30} = Hilfswert zum Eintragen der Erwärmungsgeraden für $So < 1$
ϑ = Tragfilmtemperatur $\approx$ Außentemperatur des Lagergehäuses in °C
ϑ_1; ϑ_2 = Ein- und Austrittstemperatur des Kühlöles oder Kühlmittels in °C
ϑ_0 = Temperatur der umgebenden Luft in °C
ψ = S/D = relatives Lagerspiel
ω = Winkelgeschwindigkeit = $\pi n/30 = n/9{,}55$ in sec⁻¹

1.23 Aufgabe des Öles im Gleitlager

Im Gleitlager werden Kräfte von bewegten auf ruhende Maschinenteile durch eine Zwischenschicht aus flüssigen, plastischen oder gasförmigen Stoffen übertragen, sie wird als Tragschicht, Tragfilm oder Ölfilm bezeichnet. Am weitaus häufigsten kommen dafür Mineralöle in Betracht, die daher auch im folgenden im Vordergrund der Betrachtungen stehen. In dieser Schicht entstehen *mit dem Manometer meßbare Drücke*, die imstande sind, die Last aufzunehmen. Die mechanischen und thermodynamischen Gesetzmäßigkeiten dieser Schicht bestimmen das Verhalten des Lagers, seine Belastbarkeit und seine Erwärmung. Die Zusammenhänge lassen sich rechnerisch erfassen und vom Konstrukteur in zweckmäßiger Weise aufeinander abstimmen, damit wird die *Zwischenschicht* zum *Konstruktionselement* ⟨S. 46, 206⟩.

Für das Aufrechterhalten eines tragfähigen Films im Dauerbetrieb muß eine ausreichende Ölmenge der Gleitstelle zugeführt werden, die als *Tragölmenge* bezeichnet werden soll.

Auch unter der Voraussetzung einer ausreichenden Ölversorgung kann die Last nur dann *ganz* getragen werden, wenn die Viskosität des Öles und die Gleitgeschwindigkeit bestimmte Werte nicht unterschreiten. Werden diese nicht erreicht, so kann die Ölschicht die Last nur teilweise tragen, der Rest muß durch unmittelbare Festkörperberührung aufgenommen werden. Dieser Zustand soll als *partielles Tragen* bezeichnet werden.

Beim An- und Auslauf wird dieses Gebiet wegen der geringen Geschwindigkeiten durchfahren. Damit ist Festkörperberührung und gegebenenfalls auch eine Materialabtragung — Abrieb oder Verschleiß — verbunden. Dieser muß in zulässigen Grenzen bleiben, um eine hinreichend lange Lebensdauer der Maschine zu gewährleisten; dafür ist ein zweckmäßiger Gleitwerkstoff zu wählen. Die Empirie hat diese Aufgabe durch eine Fülle von Werkstoffen gelöst. Auf das Betriebsverhalten hat der Lagerwerkstoff keinen Einfluß, er muß natürlich so beschaffen sein, daß er den Betriebsbedingungen genügt; für hohe Temperatur und hohe Last kann kein niedrig schmelzendes oder zu weiches Material genommen werden.

1.24 Sicherheit gegen Heißlaufen: Die obere Betriebsgrenze

Die *obere Betriebsgrenze* ist gegeben, wenn eine noch als zulässig angesehene Lagertemperatur ϑ nicht überschritten wird. Das ist der Fall, wenn die entwickelte Wärme ohne besondere Kühlung an die Umgebung abgeführt werden kann; ist das nicht möglich, so muß durch geeignete Kühlungsmaßnahmen (Kühlöl, Wasser- oder Luftkühlung durch Ventilatoren) die Temperatur innerhalb der gewünschten Grenzen gehalten werden, um eine genügend hohe Viskosität und damit eine tragfähige Schicht zu erhalten.

1.25 Die im Lager entwickelte Wärme

Die in der Zeiteinheit entwickelte Wärme ⟨S. 156⟩ ist gleich Reibungsmoment M mal Winkelgeschwindigkeit ω. Rechnung, Versuch und Erfahrung ergeben übereinstimmend, daß bei großen Lasten und niedrigen Drehzahlen die Verluste zwar von der Belastung, aber nicht vom Lagerspiel abhängen; dieses Gebiet wird als *Schwerlastbereich* ⟨S. 58⟩ bezeichnet. In dem anderen, dem *Schnellaufbereich* ⟨S. 58⟩, werden die Verluste vom Lagerspiel, aber nicht von der Last beeinflußt. In welchem Bereich das Lager arbeitet, entscheidet die Sommerfeldzahl So; die Grenze liegt bei $So = 1$.

Als brauchbare Mittelwerte für die in der Zeiteinheit entwickelte Wärme gelten ⟨S. 61⟩

$$M\omega = 4{,}25\,U\sqrt{P\,U\,B\,\eta} \quad \text{für den Schwerlastbereich, } So > 1 \tag{2.3}$$

und

$$M\omega = 6\eta\,B\,U^2/\psi \quad \text{für den Schnellaufbereich, } So < 1 \tag{2.5}$$

Darin ist die Sommerfeldzahl ⟨S. 61⟩

$$So = \frac{P\,\psi^2}{2\eta\,U\,B} = \frac{\bar{p}\,\psi^2}{\eta\,\omega} \tag{2.7}$$

die Ähnlichkeitskenngröße der Zapfenlager.

1.26 Die aus dem Lager abgeführte Wärme

Die vom Lagergehäuse in der Zeiteinheit an die umgebende Luft abgeführte Wärme ⟨S. 59⟩ ist $\alpha A(\vartheta - \vartheta_0)$; darin ist α die Wärmeübergangszahl und A die wärmeabgebende Fläche des Lagergehäuses. Für die Gleichheit zwischen entwickelter und abgeführter Wärme gilt daher

$$M\omega = \alpha\,A\,(\vartheta - \vartheta_0) \tag{2.1}$$

für Lager mit Luftkühlung.

Genügt die Luftkühlung nicht und muß Wärme durch zusätzliches Kühlöl abgeführt werden, so gilt mit Q_K als Kühlölmenge, $c\cdot\gamma$ als raumspezifische Wärme, ϑ_1 und ϑ_2 als Zu- und Abflußtemperaturen des Kühlmittels ⟨S. 200⟩

entwickelte Wärme = abgeführte Wärme

durch Gehäuse — durch Umlauföl

$$M\omega = f\,P\,U = \alpha\,A\,(\vartheta - \vartheta_0) \;+\; c\cdot\gamma\cdot Q_K\,(\vartheta_2 - \vartheta_1) \tag{7.6}$$

Diese Gleichung ist der Ausdruck des Energiesatzes für das Gleitlager.

Tragfilm- und Außentemperatur des Lagergehäuses — im Mittel ist die erste höher als die zweite — sind örtlich verschieden. Als Lagertemperatur ϑ wird ein Wert eingeführt, der für den Ölfilm die Berechnung von Reibungsverlust und Tragfähigkeit und bei Selbstkühlung die Ermittlung der Wärmeabgabe des Gehäuses mit genügender Genauigkeit gestattet. Bei Fremdkühlung wird unter Lagertemperatur die mittlere Tragfilmtemperatur verstanden ⟨S. 144⟩.

1.27 Der Tragöl- und Kühlmittelbedarf

Die erforderliche Tragölmenge Q_T läßt sich nicht genau ermitteln. Als Vergleichsmenge wird die Größe Q_V eingeführt, die zwischen Zapfen und Schale bei zentrischer Lage und ganz gefülltem Schmierspalt in der Zeiteinheit umläuft. Es gilt ⟨S. 182⟩

$$Q_V = \frac{1}{4}\,B\,U\,S \tag{7.1}$$

Dem Lager muß etwa ein Drittel bis zur Hälfte davon angeboten werden, da ein Teil des Öles mit der Welle umläuft. Es wird also $Q_T = (^1/_3 \text{ bis } ^1/_2)\,Q_V$. Bei höheren Gleitgeschwindigkeiten wird die zur Kühlung benötigte Menge Q_K größer als Q_V und damit diese Forderung von selbst erfüllt. Die Kühlmittelmenge Q_K ist allgemein

$$Q_K = \frac{M\omega - \alpha A (\vartheta - \vartheta_0)}{c \cdot \gamma \cdot (\vartheta_2 - \vartheta_1)} . \tag{7.7}$$

In dieser Gleichung kann die Wärmeabgabe an die Luft, also der Ausdruck $\alpha A (\vartheta - \vartheta_0)$ vielfach unberücksichtigt bleiben, weil die Wärmeabfuhr durch Flüssigkeiten viel intensiver ist.

1.28 Sicherheit gegen Verschleiß: Die untere Betriebsgrenze

Wenn die Druckentwicklung in der Ölschicht nicht mehr imstande ist, die Last aufzunehmen, und nur ein *partielles Tragen* möglich ist, muß wegen der dabei unvermeidlichen Festkörperberührung mit Verschleiß = Abrieb gerechnet werden. Ein Dauerbetrieb ist unter solchen Bedingungen nicht möglich. Beim Anfahren und Auslaufen dagegen hat wegen der Kürze der Zeiten dieser Zustand keinen nennenswerten Einfluß auf die Lebensdauer der Maschine. Dabei wird ein von Verunreinigungen freies Öl vorausgesetzt, sonst könnten auch Fremdkörper bei sonst völliger Trennung von Zapfen und Schale eine Beschädigung der Gleitflächen hervorrufen. Liegt die Gefahr der Verunreinigung vor, so sind Filter vorzusehen, in denen die Fremdkörper ausgeschieden werden.

Wichtig für den Konstrukteur ist diejenige Grenze, die totales und partielles Tragen voneinander trennt; das ist auch die Verschleißgrenze. Sie ist gegeben durch die *Übergangsdrehzahl*, bei der sich der Übergang vom partiellen zum totalen Tragen beim Anlauf, und umgekehrt vom totalen zum partiellen Tragen beim Auslauf vollzieht.

Diese Übergangsdrehzahl muß immer unterhalb der Betriebsdrehzahl liegen, wenn ein Abrieb während des Betriebes vermieden werden soll, sie folgt aus ⟨S. 120⟩

$$n_{ü} = \frac{P}{C_{ü}\, \eta\, Vol} \quad \text{Uml/min} . \tag{4.10}$$

Darin ist P die Last in kp, $C_{ü}$ eine charakteristische Größe von der Dimension einer reziproken Länge, deren Zahlenwert die Größenordnung eins hat, wenn η in Zentipoisen und Vol in Litern eingesetzt wird.

Das Verhältnis $n/n_{ü}$ wird als Abstand von der Mischreibung bezeichnet; seine Größe hängt von der Art des Lagers ab. Nach den bisherigen Erfahrungen gilt etwa $n/n_{ü} \gg 3$ für Umfangsgeschwindigkeiten bis $U = 3$ m/s, für größere U wurde bisher $n/n_{ü} > |U|$ gefunden, worin $|U|$ den Zahlenwert der Umfangsgeschwindigkeit in m/s bedeutet. Es ergibt sich die Ungleichung

$$\frac{n}{n_{ü}} > |U|, \text{ mindestens } 3; \text{ U in m/s.} \tag{4.14}$$

Es kann auch sein, daß nach der *Übergangslast* $P_{ü}$ gefragt wird, die bei *gleichbleibender Drehzahl* n durch Steigerung der Last P zu einem Höchstwert

$$P_{ü} = C_{ü}\, \eta\, Vol\, n \tag{4.11}$$

führt, oder es sind P und $n_{ü}$ gegeben, dann ist die erforderliche Mindestviskosität

$$\eta_{\min} = \frac{P}{C_{ü}\, Vol\, n_{ü}} , \tag{4.12}$$

um einen abriebfreien Lauf zu sichern. Die Gln. (4.10) bis (4.12) sind nur für die angegebenen Maßeinheiten gültig.

1.3 Die für die Rechnung benötigten Größen

1.31 Die Viskosität der Öle

Für Reibung und Tragfähigkeit des Kraftübertragungsmittels zwischen Welle und Schale ist die Stoffeigenschaft maßgebend, die als *Viskosität* bezeichnet wird; sie ist stark von der Temperatur, weniger vom Druck abhängig, so daß die Druckabhängigkeit nur in Ausnahmefällen zu berücksichtigen ist. Die *Dimension* der Viskosität ist Kraft × Zeit/Fläche, die *Einheiten* sind $kp \cdot s/m^2$ im technischen, $dyn \cdot s/cm^2$ oder $g/s \cdot cm$ im physikalischen Maßsystem (g = Gramm-Masse). Diese Einheit heißt Poise; es ist üblich, mit dem hundertsten Teil, der Zentipoise cP, die Viskosität zu kennzeichnen. Wasser von Zimmertemperatur (genauer 20,2 °C) hat die Viskosität einer Zentipoise; Rüböl oder Olivenöl haben bei 20 °C eine Viskosität von etwa 100 cP, Glycerin mit 5% Wasser hat etwa 500 cP, Rizinusöl etwa 1000 cP und Honig 1500 cP; atmosphärische Luft dagegen nur $\approx 1/55$ cP = 0,018 cP, genauer 0,0181 cP. Der Viskositätsbereich der in der Technik verwendeten Mineralöle umfaßt mehrere Zehnerpotenzen.

Die Einheit im technischen Maßsystem ist rund 10000 mal größer als die Zentipoise, $1\ kp \cdot s/m^2 = 9810\ cP \approx 10^4\ cP$. Ein handelsübliches Behelfsmaß für die Viskosität sind auf dem Kontinent die Englergrade ⟨S. 210⟩, in England die Redwood- und in Amerika die Saybolt-Sekunden.

Diese Behelfsmaße werden vielfach mit dem *Viskositätsdichteverhältnis* — meist *kinematische Viskosität* genannt — verglichen, deren übliche Einheit das Zentistokes = cSt ist. Es gilt die Beziehung $\nu = \eta/\varrho$, ϱ ist die Dichte der Flüssigkeit; für Mineralöle ist im Mittel $\varrho \approx 0{,}9\ g/cm^3$. Wenn die Kennzeichnung der Viskosität in cSt erfolgt, so ist η in cP $\approx 0{,}9\ \nu$ in cSt. Das gilt aber *nur* für Mineralöle mit $\varrho = 0{,}9\ g/cm^3$. Für Luft mit $\varrho = 0{,}001205\ g/cm^3$ bei 20 °C ist die kinematische Viskosität $\nu = \eta/\varrho = 0{,}0181/0{,}001205 = 15{,}0$ cSt gleich der eines mittleren Maschinenöls bei 60 °C; für Wasserstoff ist $\nu = 157$ cSt bei 100 °C und damit größer als das ν der schwersten Zylinderöle bei 100 °C. Deshalb ist die kinematische Viskosität in cSt zur Kennzeichnung des physikalischen Geschehens im Lager nicht geeignet, sie wird aber als Handelsbezeichnung verwandt und muß für die technische Anwendung in cP umgerechnet werden.

1.32 Das Viskositäts-Temperatur-Verhalten der Mineralöle

Zur Darstellung dient das Viskositäts-Temperatur-Blatt Abb. 1.1, dessen Maßstäbe nach Niemann so gewählt sind, daß für Mineralöle die Viskositäts-Temperatur-Kurven als Geraden erscheinen ⟨S. 215⟩.

Für die Ölauswahl wurden *Normöle* festgelegt, deren Viskositätsverlauf handelsüblichen Ölen entspricht; ihre Viskosität bei 50 °C ist so gestaffelt, daß der Übergang von einem Öl zum nächst viskoseren in einem normalen Ringschmierlager eine Erhöhung der Temperatur von etwa 5 °C ergibt. Diese Forderung führte auf eine Auswahl gemäß der Normzahlen-Reihe R 5 nach DIN 323, was die Staffelung nach Abb. 1.1 ergab. Für mittlere Viskositäten kann eine Ergänzung nach der Reihe R 10 zweckmäßig sein; im V-T-Blatt Abb. 1.1 ist diese gestrichelt dargestellt. Auf der Senkrechten für $\vartheta = 50$ °C ist eine Skala der Englergrade (umgerechnet mit dem Mittelwert $\gamma = 900\ kp/m^3$ für das spezifische Gewicht) mit eingetragen ⟨S. 211⟩. Eine Tabelle für die Viskositäten der *Normöle* wird unter Ziffer 8.27, Tab. 8.5 ⟨S. 219⟩, gebracht.

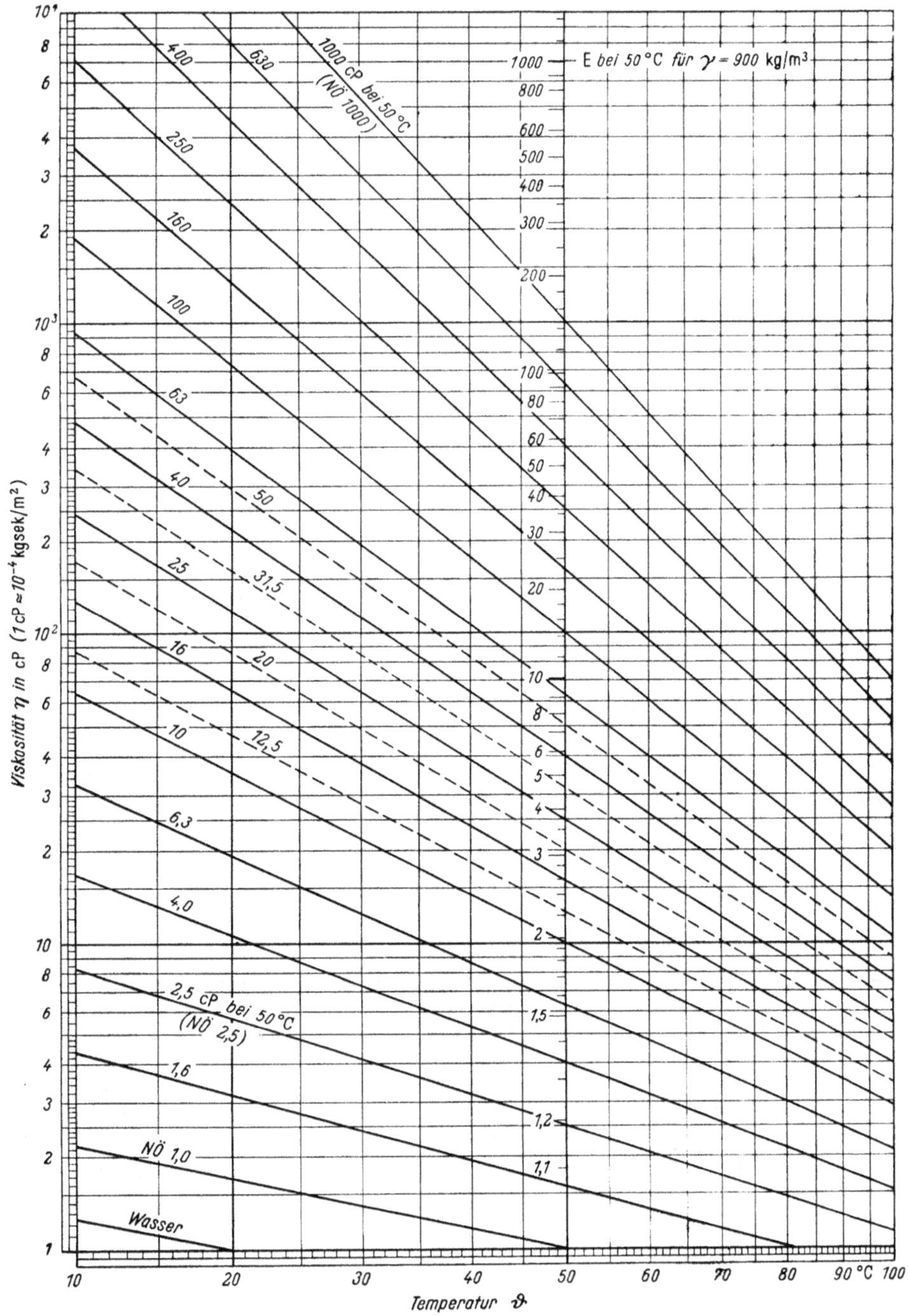

Abb. 1.1. Viskositäts-Temperatur-Blatt der Normöle für die Lagerberechnung

Die SAE-Viskositäts-Klassifikation ist auf den internationalen Handel mit Motorenölen abgestimmt und für die Beurteilung maschinentechnischer Vorgänge zu unvollständig; ihr Zusammenhang mit den hier aufgeführten Normölen wird unter Ziffer 8.33 gegeben.

1.33 Das Lagerspiel

Die Ermittlung der *So*-Zahl setzt die Kenntnis des relativen Lagerspiels $\psi = S/D$ voraus; darin bezeichnet S den Durchmesserunterschied von Bohrung und

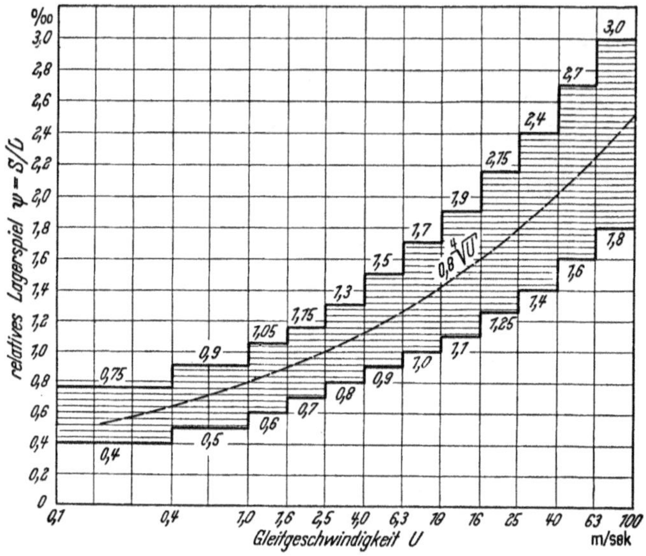

Abb. 1.2. Betriebs-Lagerspiel in Abhängigkeit von der Gleitgeschwindigkeit

Welle. Zweckmäßige Werte werden der Abb. 1.2 entnommen, die ψ in Abhängigkeit von U enthält und im Mittel der Gl. (6.31) entspricht ⟨S. 177⟩.

$$\psi = 0{,}8\sqrt[4]{U} = \sqrt[4]{U/2{,}5} \qquad \text{U in m/s; } \psi \text{ in } ‰ . \tag{6.31}$$

Bei gegebenem U können als Anhalt für die Wahl des Lagerspieles hinsichtlich der oberen oder unteren Werte folgende Angaben dienen; es gelten:

	Untere Werte für ψ	Obere Werte für ψ
Lagerwerkstoff	weich geringer E-Modul (Weißmetalle)	hart höherer E-Modul (Bronzen)
Viskosität	relativ niedrig	relativ hoch
Flächenlast	relativ hoch	relativ niedrig
Lagerbreite	$B/D \leqq 0{,}8$	$B/D \geqq 0{,}8$
Auflagerung	selbsteinstellend	starr
Lastübertragung	umlaufend (Umfangslast)	ruhend (Punktlast)

Im Zweifelsfalle sind die oberen Werte vorzuziehen.

1.34 Die Wärmeübergangszahlen

In den Einheiten des technischen Maßsystems gilt für Lagergehäuse als guter Mittelwert $\alpha = 2$ mkp/m²s °C.

Die Wärmeübergangszahl α bei bewegter Luft mit hinreichend genau feststellbarer Geschwindigkeit w in m/s ist für Lagergehäuse jeder Größe etwa ⟨S. 150⟩

$$\alpha = 0{,}7 + 1{,}2\sqrt{w} \qquad \text{in mkp/m}^2\text{s °C}\,. \tag{5.16}$$

Da in Maschinenräumen immer Luftbewegung herrscht, ist in Gl. (5.16) mindestens $w = 1{,}2$ m/s (nach Beauforts Skala Windstärke 0) zu setzen; deshalb wird üblicherweise mit $\alpha = 2$ mkp/m²s °C gerechnet. Nur bei verstaubten Lagergehäusen oder wenn besondere Sicherheit gewünscht wird, geht man auf 1,7 bis 1,5 mkp/m²s °C zurück.

Mit $\alpha \approx 2$ mkp/m²s °C und einer Übertemperatur $\vartheta - \vartheta_0 \approx 40$ °C wird je m² wärmeabgebende Oberfläche rund ein PS Verlustleistung abgeführt ⟨S. 151⟩. Damit ergibt sich eine gute Kontrolle für die Rechnung: Die Verlustleistung $M\omega$ in PS darf nicht größer werden als die wärmeabgebende Oberfläche A des Lagergehäuses in m², wenn eine Temperaturerhöhung von rund 40 °C nicht überschritten werden soll.

1.35 Die Größe der wärmeabgebenden Flächen von Lagergehäusen

Für die Wärmeabgabe sind noch folgende Beziehungen wichtig: Die wärmeabgebende Oberfläche läßt sich für gängige Stehlagergehäuse nach der Formel von Palmgren ⟨S. 154⟩

$$A = \pi H\left(L + \frac{1}{2} H\right) \quad \text{in m}^2 \tag{5.17}$$

mit H = Gehäusehöhe und L = axiale Gehäuselänge in m (vgl. auch Abb. 1.6, 1.8, usw.) berechnen. Wenn nur der Durchmesser bekannt ist, liefert bei Lagern vom Typ DIN 118 G die etwas abgewandelte Formel von Reitemeyer ⟨S. 155⟩

$$A = 9 \cdot D\sqrt{D} \qquad \text{in m}^2 \text{ mit } D \text{ in m} \tag{5.18}$$

gute Näherungswerte für $D < 0{,}2$ m. Für größere Durchmesser und längere Lagergehäuse ergeben sich vielfach kleinere Flächen.

Für Lager im Maschinenverband, in Rahmen und Gestellen ist im Mittel $A = 15$ bis $20\,BD$; bei ungewöhnlichen Formen muß A aus der Zeichnung ermittelt werden.

1.36 Die Wärmeabfuhr durch Flüssigkeiten

Die spezifische Wärme der Mineralöle c ⟨S. 228⟩ tritt in den Gln. (7.6) und (7.7) nur mit dem spezifischen Gewicht γ ⟨S. 227⟩ multipliziert als raumspezifische Wärme $c\gamma$ auf. Wird dieses Produkt in den Einheiten des technischen Maßsystems, aber mit der für die Rechnungen zweckmäßigen Raumeinheit dm³ = Liter angegeben, so ist der zu empfehlende Wert $c\gamma = 180$ mkp/l °C ⟨S. 200⟩. Genauere Zahlen einzusetzen lohnt sich nicht, da sie in der Temperaturdifferenz nur Bruchteile von Celsiusgraden ausmachen würden.

Für die Temperaturdifferenz $(\vartheta_2 - \vartheta_1)$ werden im allgemeinen nicht über 10 bis 15 °C und nur in Ausnahmefällen bis zu 20 °C zugelassen; in allen praktisch vorkommenden Fällen kann mit einem vernünftigen Q_K die Wärme $M\omega$ aus dem Lager abgeführt werden. Deshalb läßt sich bei Ölkühlung die Temperatur ϑ von vornherein wählen, sie soll nicht viel höher als ϑ_2 liegen.

Bei Wasserkühlung ist $c\gamma = 427$ mkp/l °C; so hohe Temperaturdifferenzen wie beim Öl lassen sich aber meist nicht verwirklichen, weil das Öl auch als Kühlmittel unmittelbar an die Welle herangeführt werden kann.

1.4 Der Rechnungsgang für Radiallager

1.41 Übergang zu Gebrauchsgleichungen

Die Gleichungen unter Ziffer 1.25 bis 1.27 gelten für beliebige Maßsysteme, wenn *alle darin auftretenden Größen in den Grundeinheiten des jeweiligen Maßsystems* eingesetzt werden. Das ergibt nicht immer bequeme Rechnungen, weil einige der geläufigen Maßeinheiten dann in Verbindung mit Zehnerpotenzen auftreten. Für einfaches, übersichtliches Rechnen und hinsichtlich der Kontrolle durch gewohnte, von Zehnerpotenzen möglichst freie Zahlengrößen werden folgende Maßeinheiten empfohlen:

Längen in m; Kräfte in kp; Drücke in kp/cm²; Zeiten in s; Temperaturen in °C; A in m²; aber Vol in dm³ (Litern); ψ in Promillen; Q, Q_T und Q_K in l/min; Geschwindigkeiten in m/s; Winkelgeschwindigkeiten ω in sec^{-1}; mit n in Uml/min ist $\omega = \pi n/30$ und $U = D\omega/2 = \pi D n/60$; raumspezifische Wärme für Öl $c \cdot \gamma = 180$ mkp/l °C, für Wasser 427 mkp/l °C; Viskositäten η in cP $\approx 10^{-4}$ kps/m². Mit diesen Maßeinheiten werden die vorliegenden Gleichungen für die Reibungswärme im Schwerlastbereich

$$M\omega = \frac{4{,}25\,U}{100}\sqrt{P\,U\,B\,\eta} = \frac{3\cdot\psi}{1000}\,\frac{P\,U}{\sqrt{So}} \quad \text{für } So > 1 \text{ in mkp/s} \tag{6.2}$$

und damit nach Gl. (7.6) bei Luftkühlung die Übertemperatur

$$\vartheta - \vartheta_0 = \frac{4{,}25\,U}{100\,\alpha\,A}\sqrt{P\,U\,B\,\eta} = W\sqrt{\eta} \quad \text{in °C}. \tag{6.3}$$

Im Schnellaufbereich gelten dann

$$M\omega = 0{,}6\,B\,U^2\,\eta/\psi = \frac{3\psi}{1000}\,\frac{P\,U}{So} \quad \text{für } So < 1 \text{ in mkp/s}, \tag{6.4}$$

für die Übertemperatur bei Luftkühlung

$$\vartheta - \vartheta_0 = \frac{0{,}6\,B\,U^2\,\eta}{\alpha\,A\,\psi} \quad \text{in °C} \tag{6.5}$$

und die Sommerfeldzahl

$$So = \frac{P\,\psi^2}{200\,\eta\,U\,B} = 100\,\frac{\bar{p}\,\psi^2}{\eta\,\omega}. \tag{6.6}$$

Für die Vergleichsölmenge ergibt sich statt Gl. (7.1) die Beziehung

$$Q_V = \psi \cdot \text{Vol} \cdot n/1000 \quad \text{in l/min}, \tag{7.3}$$

wenn ψ in Promillen, Vol in l und n in Uml/min eingesetzt werden.

1.42 Einfachster Fall: Freie Wahl des Öls oder der Temperatur

Die Gln. (6.3) und (6.5) sind sofort lösbar, wenn die Viskosität η bekannt ist. Beispielsweise läßt sich die erforderliche Viskosität für eine vorgegebene Übergangsdrehzahl nach Gl. (4.12) ermitteln. Es ist dann dasjenige Öl auszuwählen, dessen V-T-Kurve dem Betriebspunkt in Abb. 1.1 am nächsten kommt. Wenn das

Öl frei wählbar ist, lassen sich ϑ und $n_{\ddot{u}}$ fast immer gut aufeinander abstimmen; allerdings kann auch hier bei großer Wärmeentwicklung Zusatzkühlung nach Ziffer 1.47 erforderlich sein. Man nimmt dann die Temperatur zweckmäßig an; damit ist η ebenfalls gegeben und der Rechnungsgang einfacher als bei Selbstkühlung.

1.43 Regelfall: Das Öl ist gegeben, Bestimmung des So-Bereiches

Bei gegebenem Öl ⟨S. 163⟩ sind ϑ und η in den Gln. (6.3) und (6.5) unbekannt. Als weitere Gleichung zur Bestimmung der beiden Unbekannten dient die Abhängigkeit der Viskosität von der Temperatur. Die Lösung erfolgt graphisch mit der Netztafel Abb. 1.3, in die die Viskositäten der Normöle nach Abb. 1.1 über der Lagertemperatur aufgetragen sind. Das Nomogramm gilt nur für $\vartheta_0 = 20$ °C, die Berücksichtigung anderer Umgebungstemperaturen erfolgt nach Ziffer 1.46. Über den Aufbau und die Anfertigung dieser Netztafel ist aus Ziffer 6.41 ⟨S. 163⟩ Näheres zu entnehmen; eine pausfähige Vorlage ist dem Buch beigegeben.

Je nachdem, ob das Lager im Schwerlast- oder Schnellaufbereich arbeitet, ist der Rechnungsgang der Gl. (6.3) oder (6.5) anzupassen; zunächst ist daher festzustellen, ob $So > 1$ oder < 1 wird. Das geschieht mit Hilfe der Größen $M\omega, \eta$ und gegebenenfalls ϑ für $So = 1$, die mit $M\omega^*$, η^* und ϑ^* bezeichnet werden. Diese sind unabhängig von den endgültigen Betriebswerten und lassen sich daher vorher berechnen. Für $So = 1$ wird

$$M\omega^* = \frac{3\psi}{1000} P U , \tag{6.13}$$

$$\eta^* = \frac{P \psi^2}{200\, U B} , \tag{6.14}$$

$$\vartheta^* = 20 + M\omega^*/\alpha A . \tag{6.15}$$

In vielen Fällen ist es möglich, schon aus der Lage von η^*, ob ober- oder unterhalb der Viskositätskurve, die Größe von So zu erkennen. Schneidet jedoch die η^*-Horizontale die Viskositätskurve, so ist ϑ^* nach Gl. (6.15) zu berechnen. Der Punkt (ϑ^*, η^*) entspricht $So = 1$, liegt er oberhalb der Kurve, so ist $So > 1$, liegt er darunter, so ist $So < 1$. Die klare Entscheidung über den einzuschlagenden Rechnungsgang läßt sich von vornherein treffen.

1.44 Der Schwerlastbereich So > 1

Die mit dem Stern bezeichneten Sonderwerte für $So = 1$ sind nicht allein für die Festlegung des So-Bereiches eingeführt, sie erleichtern auch die weiteren Rechnungen ganz erheblich. Die Ausrechnung der langen Wurzel in Gl. (6.3) wird vermieden, der Faktor W ergibt sich zu

$$W = \frac{M\omega^*}{\alpha A \sqrt{\eta^*}} . \tag{6.16}$$

Die so erhaltenen W-Werte entsprechen den W-Geraden in der Netztafel. Der W-Schnittpunkt mit der Viskositätskurve liefert ϑ und η für $\vartheta_0 = 20$ °C.

Ist $\vartheta_0 \neq 20$ °C, so wird nur ϑ abgelesen, das die Bezeichnung ϑ_{20} erhält, und aus dem Diagramm Abb. 1.4 in Ziffer 1.46 das für die andere Umgebungstemperatur korrigierte ϑ entnommen. Dieses ϑ ist die gesuchte Betriebstemperatur. Wird sie zu hoch, so muß ein dünneres Öl ausgesucht oder auf Fremdkühlung über-

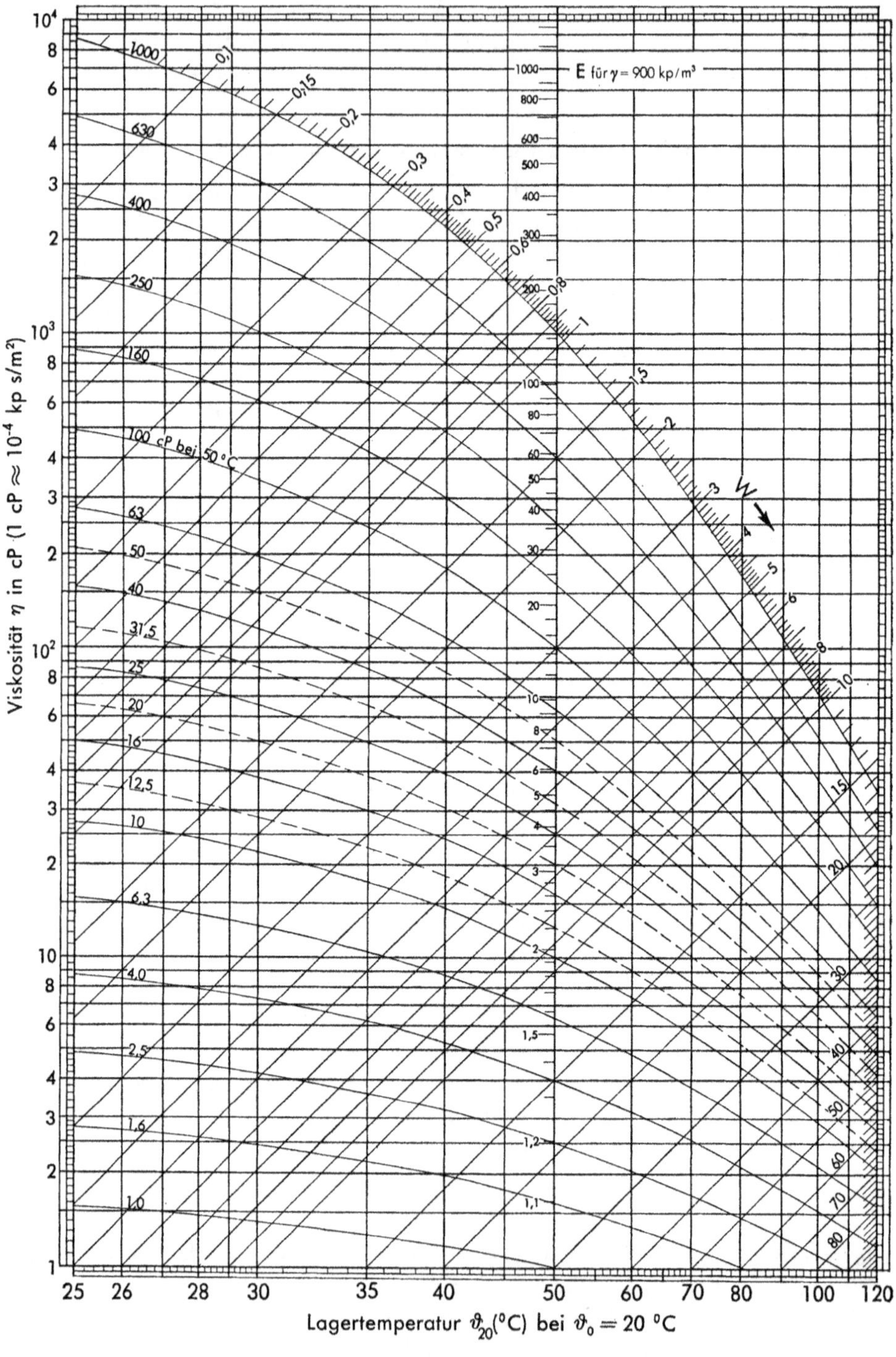

Abb. 1.3. Netztafel für die graphische Bestimmung von Lagertemperatur und Ölviskosität

gegangen werden, dann ist im Sinne von Ziffer 1.47 fortzufahren. Bei zulässigem ϑ liefert die Netztafel die Betriebsviskosität η, mit dieser ist die Übergangsdrehzahl $n_ü$ nach Gl. (4.10) zu ermitteln. Erfüllt $n_ü$ die Bedingung Gl. (4.14), so ist Betriebssicherheit zu erwarten. Wird $n_ü$ zu groß, so ist ein viskoseres Öl zu wählen.

Um die Verluste $M\omega$ zu bestimmen, wird zunächst So ausgerechnet, es ist

$$So = \eta^*/\eta \tag{6.17}$$

und die Verlustleistung

$$M\omega = \frac{M\omega^*}{\sqrt{So}} \quad \text{in mkp/s}\,, \text{ für } So > 1\,. \tag{6.18}$$

Beide Ausdrücke werden mit $M\omega^*$ und η^* äußerst einfach. Der so ermittelte $M\omega$-Wert erlaubt mit der Beziehung $M\omega = \alpha A(\vartheta - \vartheta_0)$ eine bequeme Kontrolle. $M\omega$ muß der rechten Seite mit $(\vartheta - \vartheta_0) \pm 1$ °C entsprechen. Eine überschlägige Kontrolle ist mit der in Ziffer 1.34 gemachten Bemerkung möglich, daß $M\omega$ in PS zahlenmäßig nicht größer werden darf als die wärmeabgebende Fläche des Lagergehäuses in m², wenn $(\vartheta - \vartheta_0) < 40$ °C bleiben soll.

Der Vollständigkeit halber wird auch noch die Reibungszahl

$$f = M\omega/P\,U = 2\,M/D\,P \tag{2.2}$$

berechnet. Diese Werte sollen daran gewöhnen, daß technische Gleitvorgänge nur mit kleinsten Reibungszahlen einwandfrei funktionieren können und dabei trotzdem beachtliche Temperaturen erreicht werden.

1.45 Der Schnellaufbereich So < 1

Wird nach dem in Ziffer 1.43 gezeigten Vorgehen $So < 1$ gefunden, so muß eine diesem Bereich entsprechende neue Gerade mit der Neigung 1/2 in die Netztafel eingetragen werden. Der einfachste Weg ist, auf der Senkrechten für $\vartheta = 30$ °C durch den Wert

$$\eta_{30} = 10\,\alpha\,A\,\eta^*/M\omega^* \tag{6.19}$$

und auf der Senkrechten für $\vartheta = 120$ °C durch den zehnfachen Wert diese Gerade zu legen. Deren Schnittpunkt mit der Viskositätskurve des gegebenen Öles liefert ϑ_{20} für $\vartheta_0 = 20$ °C.

Der weitere Rechnungsgang bleibt derselbe wie für $So > 1$; bei $\vartheta_0 \neq 20$ °C ist die Temperaturkorrektur nach Ziffer 1.46 für $So < 1$ vorzunehmen. Nur die Verlustleistung ist jetzt

$$M\omega = \frac{M\omega^*}{So} \quad \text{in mkp/s}\,, \text{ für } So < 1\,. \tag{6.20}$$

Die Kontrollrechnungen können in der gleichen Weise wie unter der vorhergehenden Ziffer vorgenommen werden. Eine einfache Sondernetztafel für $So < 1$ wird unter 6.44 beschrieben.

1.46 Berücksichtigung anderer Umgebungstemperaturen

Ist die Umgebungstemperatur ϑ_0 von 20 °C wesentlich verschieden, so muß deren Einfluß in der Berechnung berücksichtigt werden. Die zu erwartende Betriebstemperatur hängt von ϑ_0 und dem errechneten Wert von ϑ_{20}, aber nur wenig vom Öl ab. Mit genügender Genauigkeit werden diese Einflüsse durch das Diagramm Abb. 1.4 erfaßt; es gestattet, für gegebenes ϑ_0 und errechnetes ϑ_{20} die Betriebstemperatur ϑ sofort zu entnehmen. Für den Schwerlast- und Schnelllaufbereich ergeben sich Unterschiede; das so ermittelte ϑ liefert dann aus der

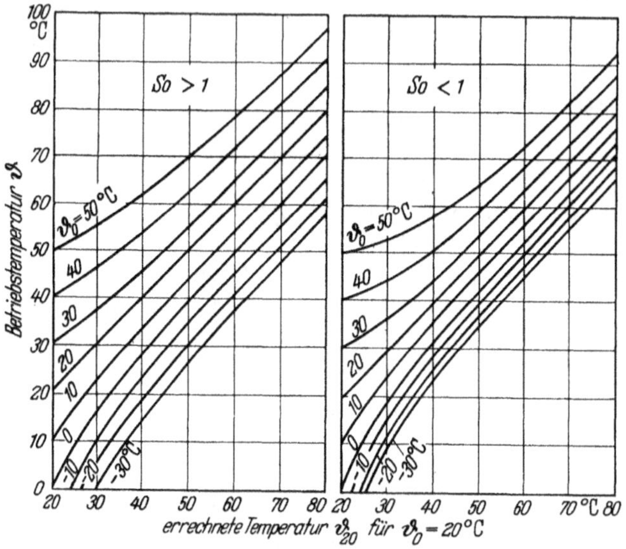

Abb. 1.4. Diagramm für die Lagertemperatur bei Umgebungstemperaturen $\vartheta_0 \neq 20$ °C

Netztafel mit der zugehörigen Viskositätskurve die Betriebsviskosität η, mit der dann weiter zu rechnen ist. Genauere Werte als aus Abb. 1.4 können aus Tabelle 6.4 entnommen werden.

1.47 Der Rechnungsgang bei Fremdkühlung

Wird die entwickelte Wärme so groß, daß sie bei Luftkühlung nicht mehr mit einer noch als zulässig anzusehenden Lagertemperatur abgeleitet werden kann, so ist Fremdkühlung notwendig. Das kommt schon bei schwer belasteten Lagern vor, meist aber im Schnellaufbereich. Bei Ringschmierlagern werden von $U = 8$ bis 10 m/s aufwärts die entwickelten Wärmemengen meist so groß, daß Luftkühlung nicht mehr genügt.

Die Wärmekapazität der Flüssigkeiten ist im allgemeinen recht erheblich, so daß die an die Luft abgegebene Wärme der Einfachheit der Rechnung wegen nicht mit berücksichtigt zu werden braucht, die erforderliche Kühlölmenge ist dann mit $c\gamma = 180$ mkp/l °C

$$Q_K = \frac{M\omega}{3\,(\vartheta_2 - \vartheta_1)}\,. \tag{7.8}$$

Das Ergebnis liegt damit auf der sicheren Seite. Bei Wasserkühlung, etwa mit Kühlschlangen im Ölsumpf großer Lager, genügt schon die Hälfte dieser Menge, sofern der Wärmeübergang an das Wasser gesichert ist. Darüber lassen sich keine einfachen Angaben machen; entweder sind hier die Erfahrungen bewährter Bauarten oder die Rechnungsvorschriften der allgemeinen Lehre vom Wärmeübergang zu berücksichtigen.

Berechnungsblatt für Radiallager mit Angabe der Formeln				Besteller:			
Name: Beispiel 1	Datum:			Zeichnungs-Nr.:			
Kennwort: Festring-Stehlager nach DIN 118 G				Auftrags-Nr.:			
1. Lager-Nenndurchmesser	$D =$	125	mm	6. Gleitgeschwindigkeit $\pi D n/60 =$	$U =$	3,27	m/s
2. Breite der Lauffläche	$B =$	120	mm	7. Lagerspiel	$S =$	200	μm
3. Lagerlast	$P =$	3000	kp	8. Relatives Lagerspiel $S/D =$	$\psi =$	1,6	‰
4. mittlerer Druck $P/BD = \frac{3000}{12 \cdot 12{,}5} = \bar{p} =$		20	kp/cm²	9. Umgebungstemperatur	$\vartheta_0 =$	20	°C
5. Betriebsdrehzahl	$n =$	500	Uml/min	10. Volumen $D^2 B\,\pi/4 = \frac{1{,}25^2 \cdot 1{,}2 \cdot \pi}{4} =$	Vol =	1,47	ltr

11. Wärmeübergangszahl $\alpha = 0{,}7 + 1{,}2\sqrt{w}$ für Geschwindigkeiten der umgebenden Luft $w > 1{,}2$ m/s	$\alpha =$	20	$\frac{\text{mkp}}{\text{m}^2\,\text{s}\,°\text{C}}$
12. Wärmeabgebende Außenfläche $A = \pi H\,(L + H/2) = \pi \cdot 0{,}315\,(0{,}25 + 0{,}157) = 0{,}4$ im Maschinenverband $A = 15$ bis $20\,BD$	$A =$	0,4	m²
13. Verlustleistung bei $So = 1$: $M\omega^* = \frac{3\psi}{1000} PU = \frac{3 \cdot 1{,}6}{1000} 3000 \cdot 3{,}27 = 47{,}1$	$M\omega^* =$	47,1	mkp/s
14. Viskosität bei $So = 1$: $\eta^* = \frac{P\psi^2}{200 \cdot U \cdot B} = \frac{3000 \cdot 1{,}6^2}{200 \cdot 3{,}27 \cdot 0{,}12} = 98$	$\eta^* =$	98	cP
15. Bezeichnung des Öles: Firmen- oder Werksbezeichnung 4,5 E/50, NÖ 31,5; η in cP ≈ 0,9ν in cSt; Viskosität bei 50 °C	$\eta =$	31,5	cP/50 °C
16. Temperatur ϑ^* bei $So = 1$: $\vartheta^* = 20 + M\omega^*/\alpha A$ °C $= 20 + 47{,}1/2 \cdot 0{,}4 = 79$ °C. Liegt der Punkt (ϑ^*, η^*) oberhalb der Viskositätskurve des Öles nach Ziffer 15, so ist $So > 1$, liegt er unterhalb, so ist $So < 1$	So	>	1
17. Für $So > 1$: Faktor $W = M\omega^*/\alpha A \sqrt{\eta^*} = 47{,}1/2 \cdot 0{,}4\sqrt{98} = 5{,}95$	$W =$	5,95	
Für $So < 1$: Hilfswert $\eta_{30} = 10\alpha A\,\eta^*/M\omega^*$	$\eta_{30} =$		cP
18. Lagertemperatur ϑ_{20} (bei $\vartheta_0 = 20$ °C)	$\vartheta_{20} =$	52	°C
19. Lagertemperatur ϑ (bei $\vartheta_0 = 20$ °C)	$\vartheta =$	52	°C
20. Betriebsviskosität $\eta =$	$\eta =$	29	cP
21. Übergangsdrehzahl $n_{ü} = \frac{P}{C_{ü} \cdot \eta \cdot \text{Vol}} = \frac{3000}{1 \cdot 29 \cdot 1{,}47} = 70{,}5$	$n_{ü} =$	70,5	Uml/min
22. Abstand von der Verschleißgrenze $n/n_{ü} \geqq \lvert U \rvert$, mindestens 3: $500/70{,}5 = 7{,}1$	$n/n_{ü} =$	7,1	(–)
23. Sommerfeldzahl $So = \eta^*/\eta = 98/29 = 3{,}38$	$So =$	3,38	(–)
24. Verlustleistung $M\omega = \frac{M\omega^*}{\sqrt{So}}$ für $So > 1$; $= \frac{M\omega^*}{So}$ für $So < 1$; $= \frac{47{,}1}{\sqrt{3{,}38}} = 25{,}7$	$M\omega =$	25,7	mkp/s
	$M\omega =$	0,342	PS ~~kW~~
25. Ein- und Austrittstemperaturen des Kühlöles $\vartheta_1 =$; $\vartheta_2 =$	$\vartheta_2 - \vartheta_1 =$		°C
26. Zur Kühlung notwendige Ölmenge $Q_K = M\omega/3\,(\vartheta_2 - \vartheta_1)$	$Q_K =$		ltr/min
27. Vergleichsölmenge $Q_V = \psi \cdot \text{Vol} \cdot n/1000$	$Q_V =$		ltr/min
28. Reibungszahl $f = M\omega/PU = 25{,}7/3000 \cdot 3{,}27 = 2{,}62 \cdot 10^{-3}$	$f =$	2,62 ·	10^{-3}
Bemerkungen:			

Abb. 1.5. Berechnungsblatt für Radiallager mit den Zahlen von Beispiel 1

Die Lagertemperatur und das Öl werden wieder so gewählt, daß die Bedingung für die Übergangsdrehzahl $n/n_ü > |U|$, mindestens 3 erfüllt ist. Dann braucht nur So nach Gl (6.6) und $M\omega$ nach Gl. (6.2) oder (6.4) berechnet zu werden; damit läßt sich Q_K nach Gl. (7.8) unter Berücksichtigung dessen, was über ϑ_1 und ϑ_2 in Ziffer 1.36 gesagt wurde, sofort angeben.

Es bedeutet keine Mehrarbeit, statt unmittelbar nach Gl. (6.2) oder (6.4) die Rechnung mit Hilfe von $M\omega^*$ und η^* durchzuführen, dann folgt So aus Gl. (6.17).

1.48 Formblätter für den Rechnungsgang

Um die Ausführung der Rechnung zu erleichtern, wurden Formblätter ausgearbeitet, in denen der Rechnungsgang in einzelne Positionen aufgegliedert ist. Für jedes Lager werden dadurch die maßgebenden Daten einheitlich zusammengestellt. Im Format DIN A 4 ergibt sich genügend Platz für die Ausrechnung. Abb. 1.5 zeigt das Berechnungsblatt mit den Formeln, das als pausfähige Vorlage am Schluß des Buches beigefügt ist.

Zu Abb. 1.5 gehört dann die folgende Legende:

Die einzelnen Positionen werden eingetragen oder berechnet bis Pos. 16, mit der über die Größe von So entschieden ist.

In Pos. 17 wird entweder der Faktor W für $So > 1$ oder η_{30} für $So < 1$ bestimmt, und die entsprechende Gerade in die Netztafel eingezeichnet. Runde Werte für die W-Geraden sind in der Tafel eingezeichnet. Der Schnittpunkt der errechneten W-Geraden mit der Viskositätskurve liefert ϑ_{20}.

Für $So < 1$ wird der Hilfswert η_{30} auf der Senkrechten für $\vartheta = 30$ °C und auf der $\vartheta = 120$ °C-Linie der zehnfache Wert eingetragen. Die durch diese beiden Punkte gelegte neue Gerade hat die Neigung 1/2, sie ist die Erwärmungsgerade für $So < 1$; ihr Schnittpunkt mit der Viskositätskurve liefert dann ϑ_{20} für $So < 1$.

Bei $\vartheta_0 \neq 20$ °C wird die korrigierte Temperatur nach Abb. 1.4 unter Pos. 19 eingetragen. Für das neue ϑ ist dann die Betriebsviskosität η aus der Netztafel zu entnehmen, Pos. 20.

Ist diese Temperatur annehmbar, so wird von Pos. 21 bis 24 weiter gerechnet und noch f nach Pos. 28 bestimmt. Wird dagegen die so ermittelte Lagertemperatur zu hoch, so ist ϑ unter Pos. 19 passend zu wählen und bis Pos. 28 weiter zu rechnen.

Ist von vornherein einzusehen, daß Selbstkühlung nicht berücksichtigt zu werden braucht ($U > 10$ m/s oder eingekapselte Lager in Kurbel- oder Turbinengehäusen), dann bleiben Pos. 9, 11, 12, 16, 17 und 18 unberücksichtigt, es wird wieder ϑ gewählt und von Pos. 19 bis 28 weitergerechnet.

1.5 Beispiele für Radiallager

1.51 Schwerlastbereich ohne Zusatzkühlung (obere Grenze)

Den Beispielen liegen bewährte Ausführungen oder ausführungsreife konstruktive Entwürfe zugrunde. Sie sollen nicht nur den Gang der Rechnung zeigen, sondern auch brauchbare Zahlenunterlagen vermitteln und die etwaigen Grenzen aufzeigen, über die hinaus Zusatzkühlung oder weitere Sondermaßnahmen erforderlich werden. Für jede Rechnung wird die konstruktive Ausführung mit hinreichenden Angaben über Einzelheiten gegeben, so daß die Beziehungen zur technischen Wirklichkeit so eng wie möglich gestaltet werden.

Das Beispiel 1 soll zunächst mit dem Rechnungsgang in seiner einfachen Form bekannt machen. Beispiel 2 zeigt die Temperaturkorrektur, es führt auch schon an die Grenze der Erwärmung eines Ringschmierlagers ohne Fremdkühlung. Bei den Beispielen 3 und 6 wird diese Grenze überschritten. Die annehmbaren Betriebstemperaturen wurden im Beispiel 3 durch Wasserkühlung erreicht, im Beispiel 6 ist Ölkühlung vorgesehen. Ein besonders großes und hoch belastetes

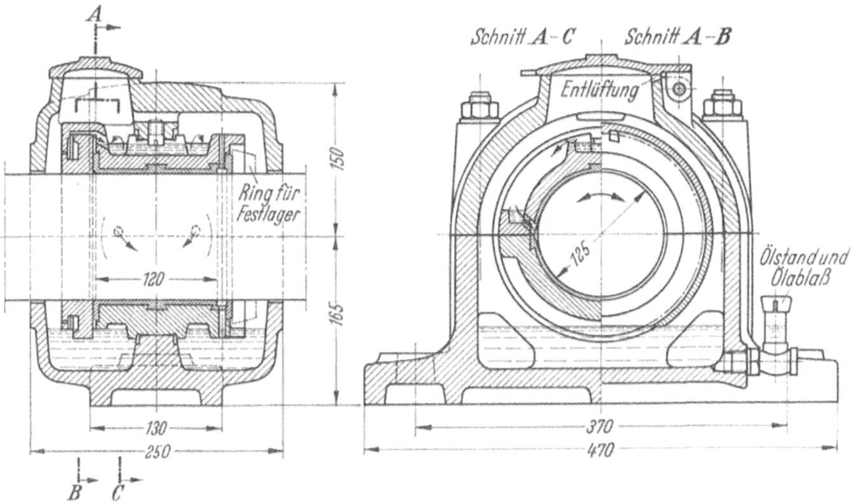

Abb. 1.6. Stehlager nach DIN 118 G mit einseitigem Festring, Bauart Falz, $D = 125$ mm, $B = 120$ mm, $P = 3000$ kp, $n = 500$/min

Lager ist in Beispiel 7 behandelt. Diese Fälle beziehen sich auf die durch erhöhte Temperatur gegebene *obere Grenze* des Betriebsbereiches.

Beispiel 1: Festring-Stehlager nach DIN 118 G, 125 mm Durchmesser

Zunächst soll das für Versuche verwandte und später noch mehrfach betrachtete Ringschmierlager nach Abb. 1.6 mit $P = 3000$ kp bei $n = 500$/min, also Werten innerhalb üblicher Belastungs- und Drehzahlgrenzen, nachgerechnet werden, und zwar mit dem allgemein als „mittleres Maschinenöl" bezeichneten Mineralöl 4,5 E/50 °C, das unserem Normöl 31,5 entspricht. Das Lager hat in der Bauart nach Falz einseitig einen festen Ölring, der eine gute Versorgung sichert. Das Lagerspiel $S = 0{,}2$ mm entspricht dem Mittelwert der im Transmissionslagerbau vielfach üblichen Passung D9/h6 mit $S_{min} = 145$ µm und $S_{max} = 270$ µm. Dem Formblatt Abb. 1.5 und der unter Ziffer 1.48 gegebenen Legende entsprechend werden die einzelnen Positionen eingetragen und berechnet:

1) $D = 125$ mm **2)** $B = 120$ mm **3)** $P = 3000$ kp **4)** $p = 3000/12{,}5 \cdot 12 = 20$ kp/cm² **5)** $n = 500$/min **6)** $U = \pi \cdot 0{,}125 \cdot 500/60 = 3{,}27$ m/s **7)** $S = 200$ µm **8)** $\psi = 1{,}6‰$ **9)** $\vartheta_0 = 20$ °C **10)** Vol $= 1{,}25^2 \cdot 1{,}2 \cdot \pi/4 = 1{,}47$ l **11)** $\alpha = 2{,}0$ mkp/m²s °C **12)** $A = \pi \cdot 0{,}315\,(0{,}25 + 0{,}157) = 0{,}4$ m² **13)** $M\omega^* = 3 \cdot 1{,}6 \cdot 3000 \cdot 3{,}27/1000 = 47{,}1$ mkp/s **14)** $\eta^* = 3000 \cdot 1{,}6^2/200 \cdot 3{,}27 \cdot 0{,}12 = 98$ cP **15)** 4,5 E/50 entspricht NÖ 31,5 **16)** $\vartheta^* = 20 + 47{,}1/2 \cdot 0{,}4 = 79$ °C; wird hier nur der Vollständigkeit halber mitgeteilt, der Wert von $\eta^* = 98$ cP liegt so hoch über der Viskositätskurve, daß sofort zu erkennen ist: $So > 1$ **17)** $W = 47{,}1/2 \cdot 0{,}4\sqrt{98} = 5{,}95$ **18)** = **19)** $\vartheta = 52$ °C wird der mit W-Geraden aus Abb. 1.3 entnommen, wie Abb. 1.7 zeigt **20)** $\eta = 29$ cP **21)** $n_{ü} = 3000/1 \cdot 29 \cdot 1{,}47 = 70{,}5$/min **22)** $n/n_{ü} = 500/70{,}5 = 7{,}1$ **23)** $So = 98/29 = 3{,}38$ **24)** $M\omega = 47{,}1/\sqrt{3{,}38} = 25{,}7$ mkp/s $= 0{,}342$ PS **25)** bis **27)** entfallen **28)** $f = 25{,}7/3000 \cdot 3{,}27 = 2{,}62 \cdot 10^{-3}$.

Die errechnete Temperatur liegt im zu verantwortenden Bereich, das Verhältnis $n/n_{ü} = 7{,}1$ ist größer als der Zahlenwert der Umfangsgeschwindigkeit $|U| = 3{,}27$. Unter den gegebenen Bedingungen ist daher Betriebssicherheit zu erwarten, für die auch das Ergebnis $M\omega = 0{,}342$ PS zahlenmäßig kleiner als $A = 0{,}4$ m² spricht.

Beispiel 2: Losring-Stehlager 340 mm Durchmesser

Dieses Lager, Abb. 1.8, ist eine neuzeitliche Konstruktion für eine große Belüftungsanlage zum Austausch gegen ein vor etwa 40 Jahren geliefertes Lager, das nach den damaligen Erkenntnissen ausgelegt war. Das alte Lager wird in Beispiel 50 behandelt.

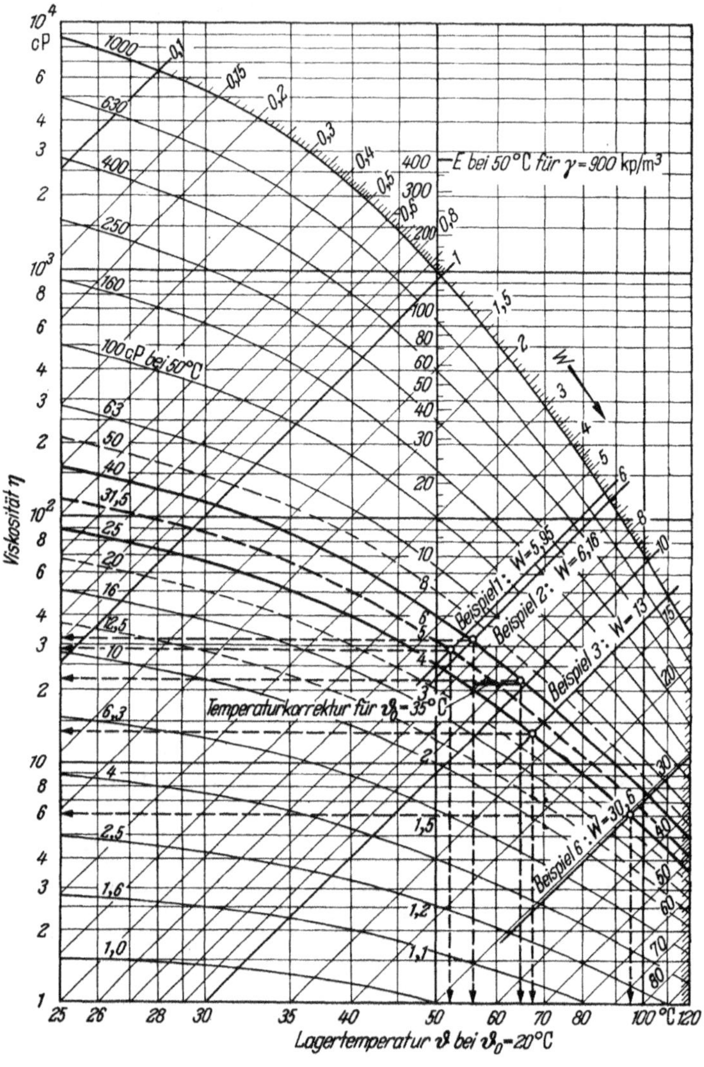

Abb. 1.7. Netztafel nach Abb. 1.3 mit den Werten für die Beispiele 1 bis 3 und 6

Die Daten sind den Positionen des Formblattes entsprechend: **1)** $D = 340$ mm **2)** $B = 300$ mm **3)** $P = 13500$ kp **4)** $\bar{p} = 13{,}2$ kp/cm² **5)** $n = 245$/min **6)** $U = 4{,}36$ m/s **7)** Passung D 9/h 7 ergibt $S = 310\,\mu$m **8)** $\psi = 0{,}91\,^0/_{00}$ **9)** $\vartheta_0 = 35$ °C **10)** Vol = 27,2 l **11)** $\alpha = 2{,}0$ mkp/m²s °C **12)** $A = \pi \cdot 0{,}725\,(0{,}5 + 0{,}363) = 1{,}97$ m²; die Formel von Reitemeyer würde $A = 9 \cdot 0{,}34\sqrt{0{,}34} = 1{,}78$ m², also trotz der Größe des Lagers nur etwa 10% weniger ergeben; gerechnet wird mit dem abgerundeten Wert $A = 2{,}0$ m² **13)** $M\omega^* = 161$ mkp/s **14)** $\eta^* = 42{,}8$ cP **15)** Öl 6 E/50 entspricht NÖ 40; $\eta = 40$ cP/50 °C **16)** $\vartheta^* = 60{,}3$ °C, $So > 1$ **17)** $W = 6{,}16$ **18)** $\vartheta_{20} = 55$ °C **19)** $\vartheta = 64$ °C **20)** $\eta = 22$ cP **21)** $n_{\ddot{u}} = 22{,}6$ /min **22)** $n/n_{\ddot{u}} = 10{,}8$ **23)** $So = 1{,}94$ **24)** $M\omega = 116$ mkp/s $= 1{,}55$ PS **28)** $f = 1{,}97 \cdot 10^{-3}$.

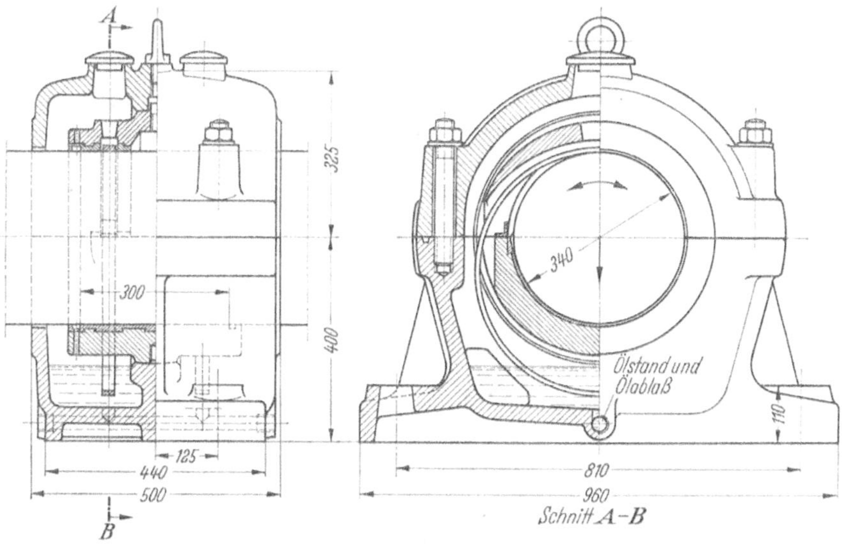

Abb. 1.8. Losring-Stehlager. $D = 340$ mm, $B = 300$ mm, $P = 13500$ kp, $n = 245$/min

Beispiel 3: Großes Losring-Stehlager 600 mm Durchmesser

Es handelt sich um ein Lager für ein Ilgner-Aggregat, Baujahr 1930, Abb. 1.9; durch das Schwungradgewicht und wegen des Strebens nach möglichst großer Energiespeicherung sind Belastung und Drehzahl verhältnismäßig hoch. Deshalb ist neben der Ringschmierung noch Wasserkühlung sowie eine hydrostatische Anfahrvorrichtung vorgesehen. A. Schiebel (1933), S. 43, hat bereits über dieses Lager berichtet. Die dort gebrachten Zeichnungen hatten

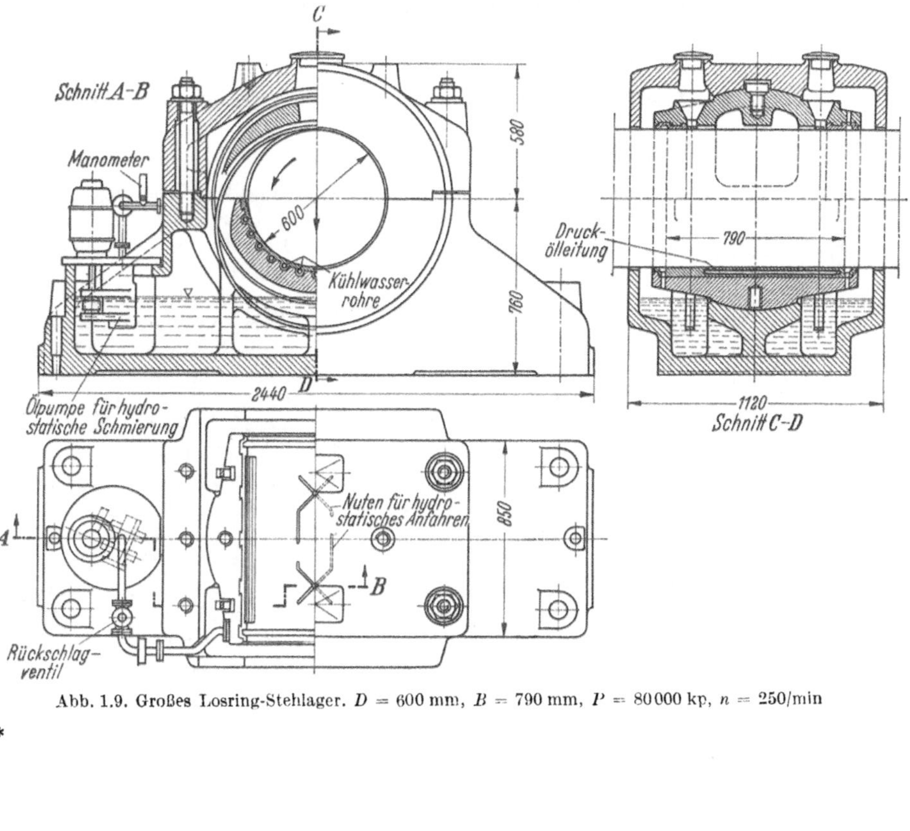

Abb. 1.9. Großes Losring-Stehlager. $D = 600$ mm, $B = 790$ mm, $P = 80000$ kp, $n = 250$/min

das Mißfallen eines sonst verdienten Maschinenbauers erweckt. In einem Vortrag wurden die Schiebelschen Abbildungen mit dem Bemerken gezeigt, daß es sich hier mit Ringschmierung, Wasserkühlung und Druckölschmierung um „die letzte Verzweiflungstat eines Konstrukteurs" handele. Durch Nachrechnung ist zu prüfen, ob ein solches Urteil gerechtfertigt ist.

Folgende Werte ergeben sich im Sinne des Formblattes: **1)** $D = 600$ mm **2)** $B = 790$ mm **3)** $P = 80000$ kp **4)** $\bar{p} = 16{,}85$ kp/cm^2 **5)** $n = 250$/min **6)** U = 7,85 m/s **7)** $S = 600\ \mu$m **8)** $\psi = 1^0/_{00}$ **9)** $\vartheta_0 = 20$ °C **10)** Vol = 223 l **11)** $\alpha = 2$ mkp/m^{2}s °C **12)** aus der Zeichnung wurde $A = 9{,}0$ m^2 ermittelt, da es sich um ein Lager mit abnorm großem Gehäuse handelt, die Formel von Palmgren würde nur $A = \pi \cdot 1{,}34\ (1{,}12 + 0{,}67) = 7{,}55$ m^2 und die von Reitemeyer $A = 9 \cdot 0{,}6 \cdot \sqrt{0{,}6} = 4{,}18$ m^2, also viel zu wenig ergeben **13)** $M\omega^* = 1880$ mkp/s **14)** $\eta^* = 64{,}5$ cP **15)** eine annehmbare Lagertemperatur wird sich nur mit einem dünneren Öl ergeben, gewählt wird NÖ 25 **16)** $So > 1$ läßt sich sofort wegen des großen η^* erkennen, $\eta^* = 64{,}5$ cP hat NÖ 25 bei 30 °C **17)** $W = 13{,}0$ **18)** $\vartheta_{20} = 68$ °C **19)** $\vartheta = 68$ °C **20)** $\eta = 13$ cP **21)** $n_ü = 27{,}6$/min **22)** $n/n_ü = 9{,}1 > 7{,}85$ **23)** $So = 4{,}96$ **24)** $M\omega = 845$ mkp/s = 11,2 PS **28)** $f = 1{,}35 \cdot 10^{-3}$.

Von unseren gegenwärtigen Erfahrungen aus gesehen, läßt sich das Lager ohne besondere Zusatzmaßnahmen betreiben. Um 1930 dachte man anders: Ein so dünnes Öl würde man für ein so schweres Lager kaum zugelassen haben; selbst wenn der Hersteller von der Funktionsfähigkeit überzeugt gewesen wäre, der Käufer würde es bestimmt nicht einsetzen. Der hätte auch keine Lagertemperatur von 70 °C oder mit dickerem Öl noch mehr zugelassen, außerdem ist hier mit $\vartheta_0 = 20$ °C gerechnet, die Maschinenhaustemperaturen sind meist höher. Der Konstrukteur hat also vollkommen richtig gehandelt: Die Ringe brauchte er für die Ölversorgung, die Wasserkühlung für die Wärmeabfuhr, die hydrostatische Zusatzschmierung für An- und Auslauf. Er war seiner Zeit weit voraus, einer Zeit, in der man mit der Wahl eines geeigneten Lagerwerkstoffes alle Probleme glaubte lösen zu können. Er berücksichtigte vor allem die Forderung nach Betriebssicherheit, der Ausfall einer großen Maschine legt die Produktion still. Die Instandsetzungskosten sind meist belanglos gegenüber dem Verlust durch Produktionsausfall, der bei modernen Walzwerksanlagen bis zu DM 100000 in der Stunde betragen kann. Mehraufwand zur Erhöhung der Betriebssicherheit macht sich immer bezahlt, das hatte der Konstrukteur wohl beachtet. Die eingangs erwähnte Kritik ist völlig unberechtigt, sie wurde „wegen Mangels an einschlägigen Kenntnissen ohne sachlich begründete Hemmungen" voreilig abgegeben.

1.52 Schnellaufbereich ohne Zusatzkühlung (obere Grenze)

Beispiel 4: Festringlager 125 mm Durchmesser

Zur Einleitung soll wieder das in Beispiel 1 schon behandelte Versuchslager bei niedriger Last $P = 500$ kp und höherer Drehzahl $n = 1000$/min nachgerechnet werden. Für das Formblatt ergeben sich folgende Zahlen: **1)** $D = 125$ mm **2)** $B = 120$ mm **3)** $P = 500$ kp **4)** $\bar{p} = 3{,}33$ kp/cm^2 **5)** $n = 1000$/min **6)** U = 6,55 m/s **7)** $S = 200\ \mu$m **8)** $\psi = 1{,}6^0/_{00}$ **9)** $\vartheta_0 = 20$ °C **10)** Vol = 1,47 l **11)** $\alpha = 2{,}0$ mkp/m^{2}s °C **12)** $A = 0{,}4$ m^2 **13)** $M\omega^* = 15{,}72$ mkp/s **14)** $\eta^* = 8{,}15$ cP **15)** Öl 4,5 E/50 entsprechend NÖ 31,5 mit $\eta = 31{,}5$ cP/50 °C **16)** $\vartheta^* = 39{,}7$ °C; der Punkt (ϑ^*, η^*) liegt weit unterhalb der Viskositätskurve, daher ist $So < 1$; man hätte das schon aus $\eta^* = 8{,}15$ cP erkennen können. **17)** Zum Einzeichnen der neuen Geraden mit der Steigung

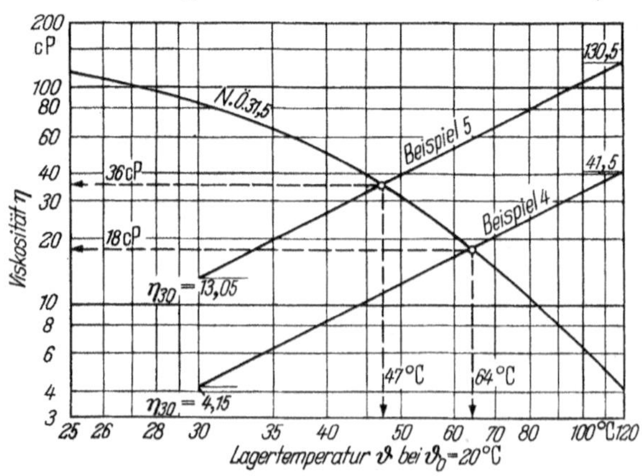

Abb. 1.10. Ausschnitt aus der Netztafel Abb. 1.3 mit den Werten für die Beispiele 4 und 5

1/2 für den Bereich $So < 1$ ist $\eta_{30} = 10 \cdot 2 \cdot 0{,}4 \cdot 8{,}15/15{,}72 = 4{,}15$ cP; der Wert η_{120} für die $\vartheta = 120$ °C-Senkrechte ist das Zehnfache, $\eta_{120} = 41{,}5$ cP; die Gerade ist in Abb. 1.10 eingetragen **18)** $\vartheta_{20} = 64$ °C **19)** $\vartheta = 64$ °C **20)** $\eta = 18$ cP **21)** $n_ü = 19$/min **22)** $n/n_ü = 52{,}6$ **23)** $So = 0{,}453$ **24)** $M\omega = 35$ mkp/s **25)** bis **27)** fallen aus **28)** $f = 10{,}7 \cdot 10^{-3}$.

Die Reibungszahl wird wegen der geringen Last recht groß, Schnellauflager haben größere Reibungszahlen, ohne daß die Wärmeentwicklung dadurch erhöht wird. Die Reibungszahl ist eben zur Beurteilung des Reibungsverhaltens eine wenig oder nur bedingt brauchbare Größe. Die Last P^*, bei der die Grenze des Schnellaufbereichs erreicht wird, ist im Zusammenhang mit dem Führungslager unter Ziffer 1.61 berechnet.

Beispiel 5: Elektromotorenlager 75 mm Durchmesser

Für den folgenden Versuch sind die Lagertemperaturen vorauszuberechnen: Ein 40-kW-Gleichstrommotor mit dem Lagerschild nach Abb. 1.11 auf der Riemenscheibenseite läuft

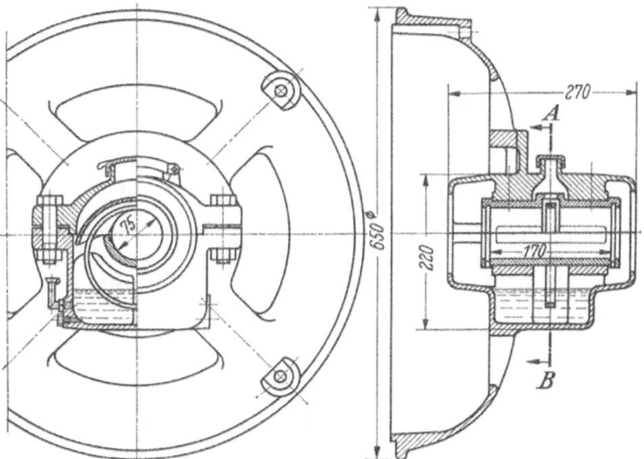

Abb. 1.11. Lagerschild für einen 40-kW-Gleichstrommotor. $D = 75$ mm, $B = 170$ mm, $P = 120$ und 1120 kp, $n = 965$/min

mehrere Stunden leer, ohne Riemen, bis sich die Beharrungstemperaturen eingestellt haben. Dann wird der Motor über einen straff gespannten Riemen voll beansprucht; die Lagerbelastung beträgt im ersten Fall $P = 120$ kp und im zweiten $P = 1120$ kp. Wie hoch sind die Temperaturen im Leerlauf ohne Riemen und bei Vollast mit straff gespanntem Riemen?

Die einzelnen Zahlen werden: **1)** $D = 75$ mm **2)** $B = 170$ mm **3)** $P = 120$ kp **4)** $\overline{p} = 0{,}94$ kp/cm² **5)** $n = 965$/min **6)** $U = 3{,}79$ m/s **7)** Passung D 6/h 6 gibt $S = 120\ \mu$m **8)** $\psi = 1{,}6^0/_{00}$ **9)** $\vartheta_0 = 20$ °C **10)** Vol = 0,75 l **11)** Luftbewegung vom Motor her mit $w = 2{,}5$ m/s ergibt $\alpha = 0{,}7 + 1{,}2 \cdot \sqrt{2{,}5} = 2{,}6$ mkp/m²s °C **12)** $A = 0{,}46$ m² **13)** $M\omega^* = 2{,}183$ mkp/s **14)** $\eta^* = 2{,}38$ cP **15)** Dynamoöl mit $\eta = 31{,}5$ cP/50 °C **16)** $So < 1$ ist wegen der Kleinheit von η^* sofort erkennbar **17)** $\eta_{30} = 10 \cdot 2{,}6 \cdot 0{,}46 \cdot 2{,}38/2{,}183 = 13{,}05$ cP; die Gerade durch $\eta_{30} = 13{,}05$ cP auf der $\vartheta = 30°$-Senkrechten und $\eta_{120} = 130{,}5$ cP auf der $\vartheta = 120°$-Senkrechten ist in Abb. 1.10 eingetragen, sie liefert **18)** $\vartheta_{20} = 47$ °C **19)** $\vartheta = 47$ °C **20)** $\eta = 36$ cP **21)** $n_ü = 4{,}45$/min **22)** $n/n_ü = 217$ **23)** $So = 0{,}0662$ **24)** $M\omega = 33$ mkp/s = 0,44 PS **25)** bis **27)** fallen weg **28)** $f = 72{,}5 \cdot 10^{-3}$, ein wegen der geringen Last recht hoher Wert.

Im zweiten Fall ändern sich folgende Zahlen:

3) $P = 1120$ kp **4)** $\overline{p} = 8{,}8$ kp/cm² **13)** $M\omega^* = 20{,}4$ mkp/s **14)** $\eta^* = 22{,}25$ cP **16)** $\vartheta^* = 37$ °C, $So < 1$ **17)** $\eta_{30} = 10 \cdot 2{,}6 \cdot 0{,}46 \cdot 22{,}25/20{,}4 = 13{,}05$ cP; *es ergibt sich also dieselbe Gerade wie für P = 120 kp, die Lagertemperatur ist also die gleiche wie vorher, ebenso die Betriebsviskosität.* Die übrigen Positionen des Formblattes werden, so weit sie sich ändern: **21)** $n_ü = 41{,}5$/min **22)** $n/n_ü = 23{,}3$ **23)** $So = 0{,}618$ **24)** Die Reibungsleistung bleibt dieselbe wie vorher $M\omega = 33$ mkp/s = 0,44 PS **28)** $f = 7{,}8 \cdot 10^{-3}$.

Der Rechnungsgang liefert also in beiden Fällen dieselben Temperaturen und Reibungsverluste. Die Lager elektrischer Maschinen laufen vielfach bei kleinen *So*-Zahlen, die Erfahrungen der Elektrotechniker bestätigten schon vor 60 Jahren die Unabhängigkeit der Erwärmung von der Belastung. In dem Buch von ARNOLD-LA COUR (1919) heißt es auf S. 603 der 3. Auflage:

„Die Lagerreibungsarbeit ist unabhängig von der Belastung der Maschine und von der Anspannung des Riemens, d. h. es gibt keine zusätzlichen Reibungsverluste von Leerlauf bis Vollast." Eine entsprechende Aussage findet sich auch schon in den ersten beiden Auflagen von 1902 und 1906.

Diese Erkenntnis ist nicht in den Maschinenbau vorgedrungen. Man hielt dort an den einfachen Formeln von COULOMB fest und konnte sich keine von der Belastung unabhängige Reibung vorstellen. Deshalb mußten die Elektrotechniker in ihren Laborübungen den Studenten durch einen solchen wie den hier behandelten Versuch Tatsachen aus dem Reibungsgeschehen mitteilen, die der übliche Unterricht nicht brachte. Deren Kenntnis ist aber besonders wichtig, vor allem für die Durchführung der Leerlaufversuche zur Bestimmung des Wirkungsgrades von elektrischen Maschinen; die Unabhängigkeit der mechanischen Verluste von der Belastung macht erst genauere Messungen möglich.

1.53 Schwerlastbereich mit Zusatzkühlung (obere Grenze)

Beispiel 6: Stehlager nach DIN 118 G mit Umlaufschmierung 140 mm Durchmesser

Nach DIN 118 G haben Lager für 125 und 140 mm Durchmesser die gleichen Gehäusemaße. Es wird gefragt, ob ein solches Lager mit 140 mm Durchmesser bei $n = 1350/\text{min}$ ohne Zusatzkühlung eine Last von $P = 2450$ kp aufnehmen kann, wenn ein mittleres Maschinenöl mit 3,8 E/50 entsprechend dem NÖ 25 verwendet wird.

Die Rechnung nach dem Schema der Abb. 1.5 liefert $W = 30{,}6$. Aus Abb. 1.7 entnimmt man dann $\vartheta_{20} = 95$ °C für Pos. 18, damit ist die meist als zulässig angesehene obere Grenze schon überschritten. Deshalb wird unter Pos. 19 eine Lagertemperatur von 60 °C gewählt, die Viskosität ist dabei $\eta = 17$ cP, Pos. 20. Mit diesen Werten ist weiter zu rechnen und nach den damit erhaltenen Ergebnissen Betriebssicherheit zu erwarten. Im einzelnen ergibt sich:

1) $D = 140$ mm **2)** $B = 140$ mm **3)** $P = 2450$ kp **4)** $\bar{p} = 12{,}5$ kp/cm² **5)** $n = 1350/\text{min}$ **6)** $U = 9{,}9$ m/s **7)** $S = 200\ \mu$m **8)** $\psi = 1{,}43‰$ **9)** $\vartheta_0 = 20$ °C **10)** Vol = 2,16 l **11)** $\alpha = 2{,}0$ mkp/m²s °C **12)** $A = 0{,}4$ m² **13)** $M\omega^* = 104$ mkp/s **14)** $\eta^* = 18{,}1$ cP **15)** 3,8 E/50 entspricht NÖ 25 **16)** $\vartheta^* = 150$ °C, $So > 1$ **17)** $W = 30{,}6$ **18)** $\vartheta_{20} = 95$ °C, erscheint zu hoch; deshalb wird gewählt: **19)** $\vartheta = 60$ °C **20)** $\eta = 17$ cP **21)** $n_ü = 67/\text{min}$ **22)** $n/n_ü = 20{,}2$ **23)** $So = 1{,}07$ **24)** $M\omega = 101$ mkp/s = 1,35 PS; eine solche Leistung kann mit $A = 0{,}4$ m² nicht mehr mit einer Temperaturerhöhung von etwa 40 °C abgeführt werden **25)** $\vartheta_1 = 45$ °C, $\vartheta_2 = 55$ °C, $\vartheta_2 - \vartheta_1 = 10$ °C **26)** $Q_K = 3{,}37$ l/min **27)** $Q_V = 4{,}17$ l/min **28)** $f = 4{,}16 \cdot 10^{-3}$.

Rechnet man weiter, um zu erfahren, wie sich das Lager ohne Zusatzkühlung verhalten würde, so wäre der Temperatur von 95 °C entsprechend **20)** $\eta = 6{,}1$ cP und die Übergangsdrehzahl **21)** $n_ü = 189/\text{min}$; **22)** $n/n_ü = 7{,}15$ also kleiner als $|U| = 9{,}9$. Mit Selbstkühlung wäre das Lager nicht zu betreiben, abgesehen von der für Öl unzulässig hohen Temperatur.

Aus diesen Gründen hat es keinen Sinn, ein übliches Ringschmierlager vorzusehen, und deshalb ist die in Abb. 1.12 gezeigte Konstruktion gewählt worden. Dabei sind im Handel erhältliche einbaufertige Lagerschalen vorgesehen, hier die der GLYCO-Metall-Werke, Essen. Es ist eine Erleichterung für den Maschinenbau, die Herstellung der Lagerschalen Spezialfabriken zu überlassen und genormte Abmessungen dabei zu verwenden.

Von Interesse ist noch die vom Lagergehäuse an die Umgebung abgegebene Wärme $\alpha A\ (\vartheta - \vartheta_0) = 2 \cdot 0{,}4 \cdot 35 = 28$ mkp/s; das ist noch nicht ein Viertel der Reibungsleistung. Statt der vorgesehenen Temperaturerhöhung des Kühlöls $\vartheta_2 - \vartheta_1 = 10$ °C würden sich nur etwa 8 °C einstellen, oder die Kühlölmenge könnte um ein Viertel kleiner sein. Da diese im Betrieb doch einreguliert werden muß, hat eine verfeinerte Rechnung wenig Sinn. Daher wird empfohlen, die Kühlölmenge unter Weglassung der Wärmeabgabe an die Luft zu bestimmen, wenn nicht besondere Gründe eine genauere Erfassung notwendig erscheinen lassen. Bei hohen Geschwindigkeiten wird $\alpha A\ (\vartheta - \vartheta_0)$ gegenüber $M\omega$ sowieso erheblich kleiner als hier bei $U \approx 10$ m/s. Laufen Lager ohne Luftaustausch mit der Umgebung, etwa im Inneren eines geschlossenen Kurbelgehäuses oder unter der Blechverschalung einer Dampfturbine, so ist auf diesem Wege überhaupt keine Wärmeabgabe möglich, vgl. Beispiel 11.

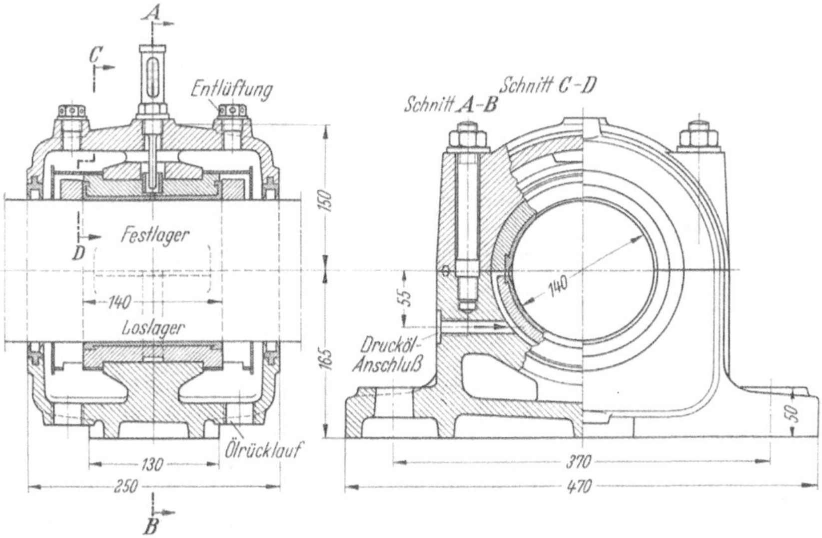

Abb. 1.12. Stehlager nach DIN 118 G mit Norm-Lagerschalen zum Anschluß an eine zentrale Ölversorgungsanlage. $D = B = 140$ mm, $P = 2450$ kp, $n = 1350$/min

Beispiel 7: Großes Walzwerkslager 1100 mm Durchmesser

Als Vertreter eines besonders großen und besonders schwer belasteten Lagers wird das in Abb. 1.13 gezeigte Ölflutlager der DEMAG, Duisburg, behandelt. Trotz der niedrigen Gleit-

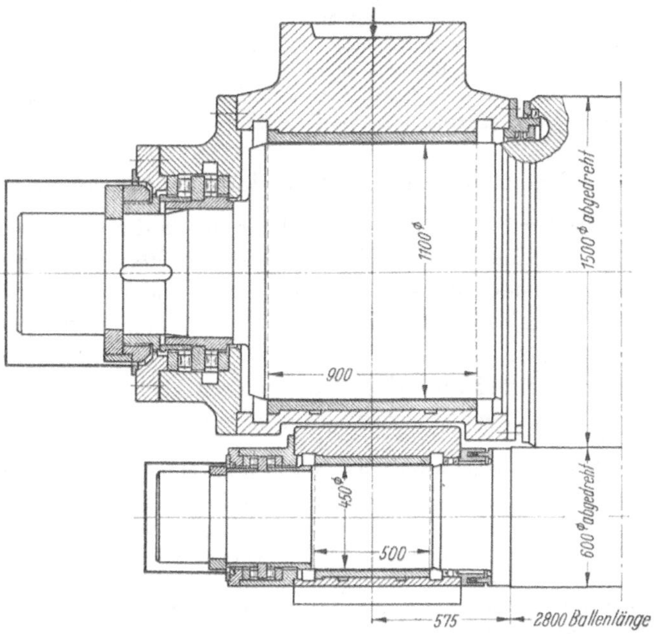

Abb. 1.13. Lager für die Stützwalze einer Quarto-Umkehr-Straße. $D = 1100$ mm, $B = 900$ mm, $P = 2000000$ kp, $n = 24$ und 48/min

geschwindigkeiten und der sehr kleinen Reibungszahlen erfordern die hohen Belastungen doch einen solchen Leistungsaufwand, daß die Wärmeabfuhr nur durch Zusatzkühlung möglich ist, zumal eine kleine Übergangsdrehzahl – möglichst unter $n_{ü} = 10/\text{min}$ – erwünscht ist, die eine entsprechend hohe Viskosität erfordert. Ein Sonderöl für Walzwerke mit etwa 33 E/50 °C steht zur Verfügung, dem entspricht unser NÖ 250. Als höchste Belastung wird die Hälfte von 4000 Mp Walzdruck, also $P = 2$ Mio kp vorgesehen, die Drehzahlen schwanken zwischen 24 und 48/min. Eine Übergangsdrehzahl von $\approx 7/\text{min}$ erfordert eine Mindestviskosität nach Gl. (4.12) mit Vol = 860 l

$$\eta_{\min} = \frac{2\,000\,000}{1 \cdot 860 \cdot 7} \approx 330 \text{ cP}.$$

Dementsprechend wird eine Temperatur $\vartheta = 45$ °C vorgesehen, bei der NÖ 250 eine Viskosität von $\eta = 350$ cP hat.

Die Rechnung wird für beide Betriebsdrehzahlen durchgeführt. Zunächst liefert sie für $n = 24/\text{min}$ die Übersicht:

1) $D = 1100$ mm **2)** $B = 900$ mm **3)** $P = 2 \cdot 10^6$ kp **4)** $\bar{p} = 202$ kp/cm² **5)** $n = 24/\text{min}$ **6)** $U = 1{,}38$ m/s **7)** $S = 1320\,\mu$m **8)** $\psi = 1{,}2\,‰$ **9)** ist für Umlaufkühlung ohne Bedeutung **10)** Vol = 860 l **11)** und **12)** fallen weg **13)** $M\omega^* = 9940$ mkp/s **14)** $\eta^* = 11\,580$ cP **15)** Spezial 33 E/50 entspricht NÖ 250 mit $\eta = 250$ cP/50 °C **16)** bis **18)** werden wegen der von vornherein vorgesehenen Umlaufkühlung nicht berechnet **19)** $\vartheta = 45$ °C **20)** $\eta = 350$ cP **21)** $n_{ü} = 6{,}7/\text{min}$ **22)** $n/n_{ü} = 3{,}6$ **23)** $So = 33{,}1$ **24)** $M\omega = 1725$ mkp/s = 23 PS **25)** $\vartheta_1 = 35$ °C, $\vartheta_2 = 45$ °C, $\vartheta_2 - \vartheta_1 = 10$ °C **26)** $Q_K = 57{,}6$ l/min **27)** $Q_V = 24{,}8$ l/min **28)** $f = 0{,}63 \cdot 10^{-3}$.

Für die Drehzahl $n = 48/\text{min}$ ändern sich folgende Positionen im Formblatt: **5)** $n = 48/\text{min}$ **6)** $U = 2{,}76$ m/s **13)** $M\omega^* = 19\,880$ mkp/s **14)** $\eta^* = 5800$ cP **22)** $n/n_{ü} = 7{,}2$ **23)** $So = 16{,}6$ **24)** $M\omega = 4880$ mkp/s = 65 PS **26)** $Q_K = 163$ l/min **27)** $Q_V = 49{,}6$ l/min **28)** $f = 0{,}89 \cdot 10^{-3}$.

Diese großen Lager haben erhebliche Energieverluste, die aber beinahe verschwindend klein sind gegenüber dem Leistungsaufwand, den früher die Lager großer Walzwerke erforderten. Die Gleitgeschwindigkeiten waren etwa die gleichen wie oben, die Lasten kleiner bis etwa 600 Mp, dafür aber die Reibungszahlen etwa hundertmal größer bis zu etwa 0,1 oder gar mehr. Somit kamen Verluste bis zu 2000 PS für ein Lager vor; die großen Walzenzugmaschinen mit Leistungen bis weit über 20000 PS waren ohne weiteres in der Lage, solche Verluste zu überwinden. Man wußte noch nicht viel über die notwendige Walzarbeit, ebensowenig über die Lagerreibungsarbeit, und hatte demnach keine Möglichkeit zur Überprüfung, wo die große Leistung der Antriebsmaschinen verblieb.

1.54 Schwerlastbereich mit Zusatzkühlung (untere Grenze)

Die Beispiele 8 bis 10 beziehen sich auf die durch die Übergangsdrehzahl gegebene *untere Grenze*, die durch hochviskose Öle erweitert werden kann. Für die in den Tropen arbeitenden Zuckerrohrmühlen muß sogar ein Sonderöl eingesetzt werden, dessen Viskositätsverlauf aus dem Bereich der Normöle nach Abb. 1.1 herausfällt. In den ersten beiden Fällen wäre zwar ohne Zusatzkühlung auszukommen, eine solche muß aber doch aus anderen Gründen vorgesehen werden, deshalb wurden diese Lager hier gemeinsam behandelt.

Beispiel 8: Langsamlauflager mit Schöpfschmierung 400 mm Durchmesser

In Abb. 1.14 ist ein Laufrollenlager der MIAG, Braunschweig, für die Abstützung eines Drehofens gezeigt; die Anordnung als Ganzes entspricht dem, was unter der Bezeichnung Antifriktionsrollen in früheren Jahrhunderten zur Verringerung der Reibung ganz allgemein empfohlen wurde. Hier wird diese Art der Lagerung verwendet, um einen Tragring von 4,36 m Durchmesser abzustützen. Die Wärmeentwicklung durch Reibung spielt bei ordnungsmäßigem Betrieb keine Rolle, dagegen fließt dem Lager durch die Strahlung des Ofens und durch Tragring und Laufrolle erhebliche Wärme zu. Gegen die Strahlung kann das Lager noch durch einen „Ofenschirm“ geschützt werden, gegen die Laufrollenwärme dagegen nicht. Deshalb wird das Öl im Sumpf durch eingebaute Röhrenbündel gekühlt, so daß die Lagertemperatur auf 40 bis 45 °C gehalten werden kann.

Rechnet man in der bisherigen Weise nach dem Formblatt **1)** $D = 400$ mm **2)** $B = 315$ mm **3)** $P = 52000$ kp **4)** $\bar{p} = 41{,}3$ kp/cm² **5)** $n = 5$/min **6)** $U = 0{,}105$ m/s **7)** S

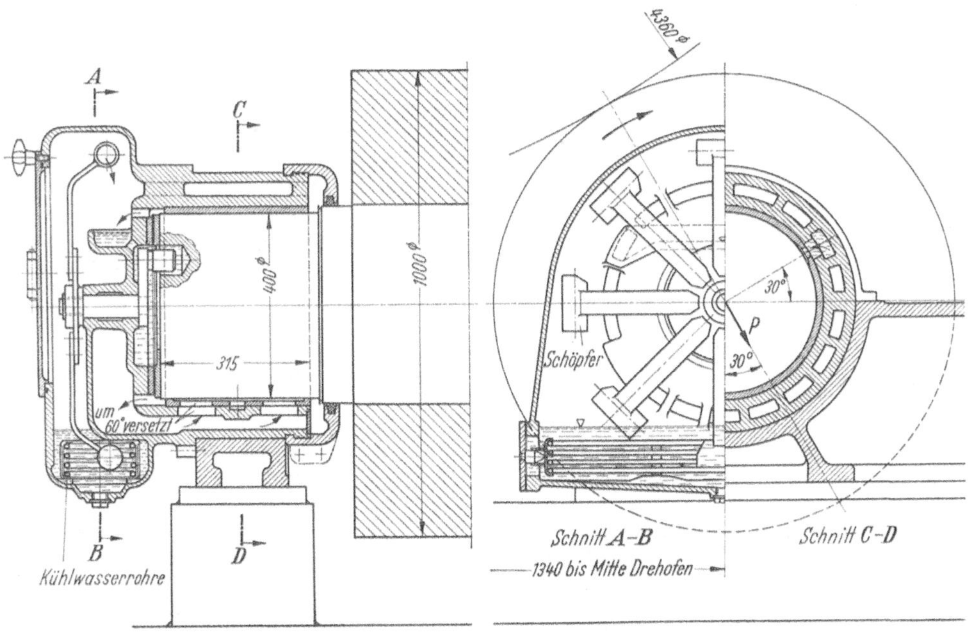

Abb. 1.14. Langsamlauf-Lager mit Schöpfschmierung. $D = 400$ mm, $B = 315$ mm, $P = 52000$ kp, $n = 5$/min

$= 400\,\mu$m **8)** $\psi = 1\,^0/_{00}$ **9)** $\vartheta_0 = 20$ °C **10)** Vol $= 39{,}6$ l **11)** $\alpha = 2{,}0$ mkp/m²s °C **12)** $A = 15 \cdot BD = 1{,}9$ m²; da das Gehäuse mit dem des zweiten Lagers zusammen ein Ganzes darstellt, muß es als Lager im Maschinenverband betrachtet werden. **13)** $M\omega^* = 16{,}4$ mkp/s **14)** $\eta^* = 7860$ cP **15)** NÖ 400 **16)** $So > 1$ **17)** $W = 0{,}0487$. Die diesem Wert entsprechende Gerade ist auf der Netztafel nicht mehr verzeichnet, die Temperaturerhöhung bleibt unter 5 °C und ist damit ohne besonderes Interesse. Die weitere Rechnung liefert nun mit **19)** $\vartheta = 40$ °C **20)** $\eta = 800$ cP **21)** $n_ü = 1{,}64$/min **22)** $n/n_ü = 3{,}05$ **23)** $So = 9{,}83$ **24)** $M\omega = 5{,}22$ mkp/s **25)** bis **27)** fallen hier aus **28)** $f = 0{,}95 \cdot 10^{-3}$.

Die Lager arbeiten im Bereich des vollkommenen Tragens; das bestätigt auch die Erfahrung, denn sie laufen Tag und Nacht durch Jahre hindurch praktisch ohne Verschleiß. Die Aufnahme der großen Last erfolgt durch das hochviskose Öl.

Beispiel 9: Lager für eine Zuckerrohrmühle 390 mm Durchmesser

Zu den Lagern mit hoher Last bei niedriger Drehzahl gehören auch die der Zuckerrohrmühlen, Abb. 1.15, die eine Ausführung der Braunschweigischen Maschinenbau-Anstalt zeigt. Die Zuckerrohrmühlen arbeiten in den Tropen bei Umgebungstemperaturen bis über 40 °C, sie werden mit Wasser gekühlt und mit hochviskosen Spezialölen betrieben. Für unsere Rechnung sei ein solches mit dem Viskositätsverlauf

$\vartheta = 35$	40	50	60	70	80	100 °C
$\eta = 7200$	4500	2000	1000	530	300	105 cP

zugrunde gelegt; die entsprechende Kurve ist in die Netztafel einzutragen, Abb. 1.16. Die Rechnung wird für $\vartheta_0 = 45$ °C bei Selbstkühlung durchgeführt.

In der Reihenfolge der Positionen des Formblattes ergeben sich folgende Werte: **1)** $D = 390$ mm **2)** $B = 500$ mm **3)** $P = 200000$ kp **4)** $\bar{p} = 102{,}5$ kp/cm² **5)** $n = 6$/min **6)** $U = 0{,}1225$ m/s **7)** S entsprechend H 6/d 6 $= 270\,\mu$m **8)** $\psi = 0{,}7\,^0/_{00}$ **9)** $\vartheta_0 = 45$ °C **10)** Vol

= 60 l **11)** α = 2,0 mkp/m² s °C **12)** die wärmeabgebende Außenfläche ist verhältnismäßig klein, außerdem werden die Seitenwände des Einbaustücks in den Walzenständern geführt, daher wird mit $A \approx 5 \cdot BD \approx$ 1,0 m² gerechnet **13)** $M\omega^*$ = 51,4 mkp/s **14)** η^* = 8000 cP **15)** Spezialöl mit $\eta \approx$ 2000 cP/50 °C **16)** $So > 1$ **17)** W = 0,287 **18)** ϑ_{20} = 39,5 °C **19)** ϑ = 58 °C **20)** η = 1160 cP **21)** $n_ü$ = 2,9/min **22)** $n/n_ü$ = 2,07 **23)** So = 6,9 **24)** $M\omega$ = 19,5 mkp/s = 0,26 PS **25)** bis **27)** fallen hier aus **28)** f = 0,8 · 10⁻³.

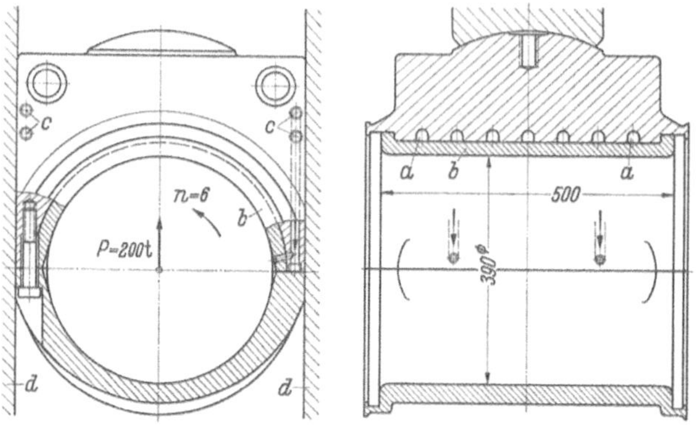

Abb. 1.15. Lager für eine Zuckerrohrmühle. D = 390 mm, B = 500 mm, P = 200000 kp, n = 6/min. a = Kühlkanäle, b = Bronzeschale, c = Ölzufuhr-Anschlüsse, d = Walzenständer

Das Lager könnte ohne Wasserkühlung arbeiten. Die Übergangsdrehzahl liegt zwar etwas hoch, die Konstruktion sieht aber Selbsteinstellbarkeit vor, die bei diesen Mühlen auch wegen der stets wechselnden Lasten gut zur Wirkung kommt, daher kann ein solcher Wert ohne Bedenken zugelassen werden, zumal die rechnerische Last einen vorsorglich gewählten Höchstwert darstellt; Wasserkühlung wird aber von den Kunden verlangt.

Die Brauchbarkeit der Rechnung wurde durch einen Zufall bewiesen: Durch eine Störung war bei einer Anlage das Kühlwasser ausgefallen, das hatte man erst nach zwei Tagen bemerkt, die Lager waren dabei völlig unbeschädigt geblieben. In einem anderen, bewußt ausgeführten Versuch wurde in der Absicht, Öl einzusparen, nur die Hälfte der erfahrungsmäßig benötigten Menge zugeführt, das hatte eine Zerstörung der Lager nach wenigen Stunden zur Folge. Dieses Ergebnis zeigt auch die Fragwürdigkeit der sogenannten Notlaufeigenschaften, über die im zweiten Band berichtet werden soll.

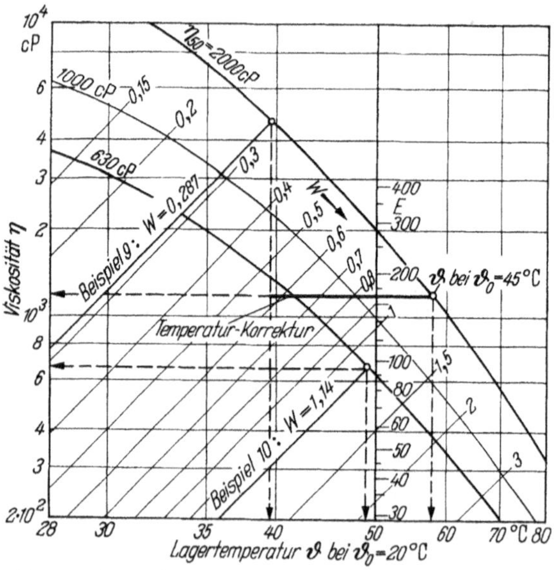

Abb. 1.16. Ausschnitt aus der Netztafel Abb. 1.3 mit den Werten für die Beispiele 9 und 10

Beispiel 10: Schwer belastetes Lager mit hohem Flächendruck 230 mm Durchmesser

Ein Lager mit besonders hohem Flächendruck, $\bar{p}$ = 380 kp/cm², ist das in Abb. 1.17 gezeigte für ein Kaltwalzwerk. Dabei wird der Belastung wegen ein hochviskoses Öl entsprechend unserem NÖ 630 gewählt.

Nach dem Formblatt wird: **1)** D = 230 mm **2)** B = 160 mm **3)** P = 140000 kp **4)** $\bar{p}$ = 380 kp/cm² **5)** n = 30/min **6)** U = 0,362 m/s **7)** Passung E 7/h 6 = 100 + 1/2 (46 + 29) = 138 μm **8)** ψ = 0,6 ‰ **9)** ϑ_0 = 20 °C **10)** Vol = 6,65 l **11)** α = 2,0 mkp/m² s°C **12)** A = 15 · $B\,D \approx$ 0,6 m² **13)** $M\omega^*$ = 91 mkp/s **14)** η^* = 4340 cP **15)** Öl 90 E/50 entspricht NÖ 630 mit η = 630 cP/50 °C **16)** $So > 1$ **17)** W = 1,14 **18)** ϑ_{20} = 49 °C **19)** ϑ = 49 °C **20)** η = 650 cP **21)** $n_ü$ = 32,4/min; das ist mehr als die Betriebsdrehzahl.

Aus Gründen der Sicherheit ist daher Umlaufschmierung vorgesehen, was allein schon des hochviskosen Öles wegen zu empfehlen ist, das sich mit Ölförderringen namentlich beim Anlaufen an kalten Tagen schlecht oder auch praktisch gar nicht fördern läßt. Damit ist es nun leicht, eine Temperatur von 35 °C einzuhalten; es wird demnach **19)** $\vartheta = 35$ °C **20)** $\eta = 1950$ cP **21)** $n_{ü} = 10{,}8$/min **22)** $n/n_{ü} = 2{,}78$ **23)** $So = 2{,}22$ **24)** $M\omega = 61$ mkp/s $= 0{,}81$ PS **25)** $\vartheta_1 = 30$ °C, $\vartheta_2 = 35$ °C, $\vartheta_2 - \vartheta_1 = 5$ °C **26)** $Q_K = 4{,}06$ l/min **27)** $Q_V = 0{,}12$ l/min **28)** $f = 1{,}2 \cdot 10^{-3}$.

Das Lager kann also einwandfrei arbeiten trotz $n/n_{ü} = 2{,}78$; für diesen Wert gilt die gleiche Betrachtung wie im vorigen Beispiel, denn auch hier ist das Einbaustück beweglich

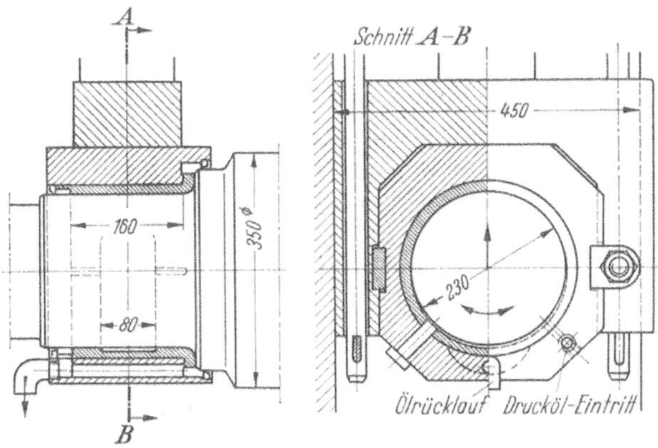

Abb. 1.17. Schwer belastetes Walzenlager. $D = 230$ mm, $B = 160$ mm, $P = 140000$ kp, $n = 30$/min

gelagert und damit eine gute Selbsteinstellung gesichert, ebenso wird nicht dauernd mit Höchstlast gefahren.

Die Beispiele 8 bis 10 zeigen, wie durch passende Auswahl hochviskoser Öle trotz niedriger Drehzahl und hoher Last ein sicherer Dauerbetrieb zu verwirklichen ist.

1.55 Schnellaufbereich mit Zusatzkühlung (obere Grenze)

Beispiel 11: Dampfturbinenlager 250 mm Durchmesser

Als ein Beispiel für Lager mit hoher Gleitgeschwindigkeit soll ein Dampfturbinenlager nach Abb. 1.18 nachgerechnet werden. Hierfür entfällt die Bestimmung von W oder η_{30}, ebenso die

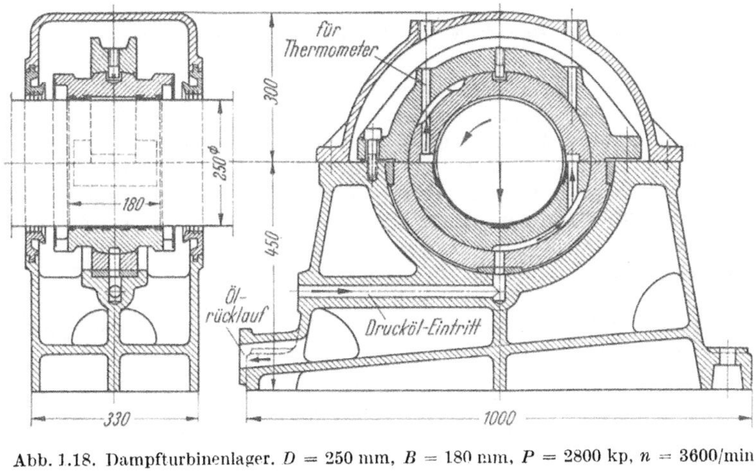

Abb. 1.18. Dampfturbinenlager. $D = 250$ mm, $B = 180$ mm, $P = 2800$ kp, $n = 3600$/min

weiteren damit zusammenhängenden Positionen. Öl und zugehörige Temperatur sind gegeben, damit auch die Viskosität, So könnte sofort berechnet werden; einfacher ist jedoch der Weg über η^*. Im einzelnen wird: **1)** $D = 250$ mm **2)** $B = 180$ mm **3)** $P = 2800$ kp **4)** $\bar{p} = 6{,}23$ kp/cm² **5)** $n = 3600$/min **6)** $U = 47{,}1$ m/s **7)** $S = 500\ \mu$m **8)** $\psi = 2{,}0\,‰$ **10)** Vol $= 8{,}82$ l **13)** $M\omega^* = 792$ mkp/s **14)** $\eta^* = 6{,}62$ cP **16)** Turbinenöl 29 cP bei 38 °C entspricht 2,8 E/50 mit $\eta = 17$ cP/50 °C; man kann die Viskositätskurve in die Netztafel interpolatorisch einzeichnen **19)** $\vartheta = 65$ °C **20)** $\eta = 10$ cP **21)** $n_{ü} = 31{,}8$/min **22)** $n/n_{ü} = 113$ **23)** $So = 0{,}662$ **24)** $M\omega = 1195$ mkp/s $= 11{,}7$ kW **25)** $\vartheta_1 = 49$ °C; $\vartheta_2 = 65$ °C; $\vartheta_2 - \vartheta_1 = 16$ °C **26)** $Q_K = 24{,}9$ l/min **27)** $Q_V = 63{,}5$ l/min **28)** $f = 9{,}1 \cdot 10^{-3}$.

In der von der CALTEX herausgegebenen Zeitschrift Lubrication, Band 12 (1957) Seite 22, wird ein solches Lager erwähnt, das unter den hier aufgeführten Bedingungen einen Leistungsverlust von rund 12 kW aufweist, was mit unserer Berechnung gut übereinstimmt.

Beispiel 12: Höchstgeschwindigkeits-Getriebelager 40 mm Durchmesser, n = 50000/min

Als Vertreter eines Lagers für sehr hohen Schnellauf mit einer Gleitgeschwindigkeit von über 100 m/s soll die in Abb. 1.19 dargestellte Ritzellagerung der Fried. Krupp Maschinenfabrik, Essen, nachgerechnet werden. Das Getriebe überträgt 1200 PS bei den Drehzahlen

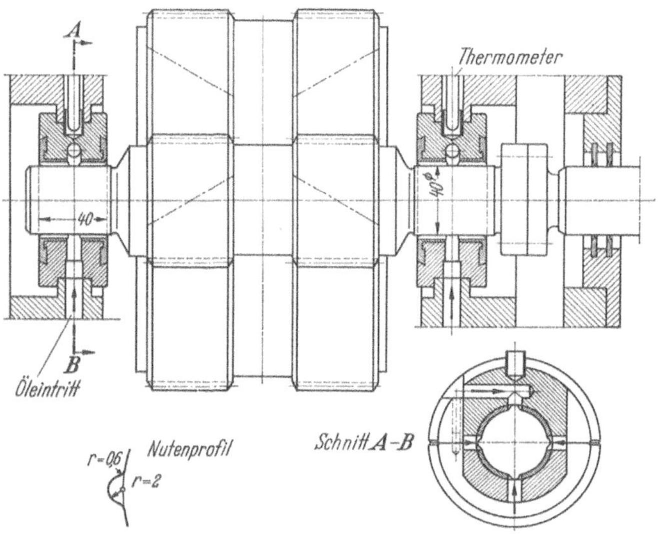

Abb. 1.19. Hochgeschwindigkeits-Getriebelager. $D = B = 40$ mm, $P = 240$ kp, $n = 50000$/min, $U = 104{,}8$ m/s

$n_1 = 50000$/min und $n_2 = 16667$/min; daraus ergibt sich für das Ritzel von 72 mm Teilkreisdurchmesser mit 188,5 m/s Teilkreisgeschwindigkeit das Drehmoment zu $M = 17{,}2$ mkp, und die Lagerbelastung $P = 239 \approx 240$ kp. Ferner teilt die Herstellerin folgende Angaben mit: 1. Das Lagerspiel beträgt 0,2 mm. 2. Die Öleintrittstemperatur wurde von der Herstellerin mit 40 °C vorgeschrieben. Im Betrieb tritt eine Ölerwärmung von 10 °C auf, wenn das Öl eine Viskosität von etwa 3 E/50 °C aufweist. 3. Die Ölmenge für das Lager beträgt etwa 30 l/min. 4. Das Öl wird dem Lager mit einem Druck von 1,5 atü zugeführt.

Die Zahlen im Formblatt werden: **1)** $D = 40$ mm **2)** $B = 40$ mm **3)** $P = 240$ kp **4)** $\bar{p} = 15$ kp/cm² **5)** $n = 50000$/min **6)** $U = 104{,}8$ m/s **7)** $S = 200\ \mu$m **8)** $\psi = 5\,‰$ **10)** Vol $= 0{,}0503$ l **13)** $M\omega^* = 377$ mkp/s **14)** $\eta^* = 7{,}15$ cP **15)** Öl 3 E/50 °C entsprechend NÖ 16 mit $\eta = 16$ cP/50 °C **19)** $\vartheta = 50$ °C **20)** $\eta = 16$ cP **21)** $n_{ü} = 298$/min **22)** $n/n_{ü} = 168$ **23)** $So = 0{,}447$ **24)** $M\omega = 845$ mkp/s $= 8{,}3$ kW **25)** $\vartheta_1 = 40$ °C; $\vartheta_2 = 50$ °C; $\vartheta_2 - \vartheta_1 = 10$ °C **26)** $Q_K = 28{,}2$ l/min **27)** $Q_V = 12{,}55$ l/min **28)** $f = 33{,}5 \cdot 10^{-3}$.

Trotz der hohen Gleitgeschwindigkeit bietet die Nachrechnung weder Überraschungen noch nennenswerte Abweichungen von den beobachteten Werten; sie liefert damit einen schönen Beweis für die Brauchbarkeit der angegebenen Beziehungen und Unterlagen. Hingewiesen werden darf auf die Übergangsdrehzahl, die einer Geschwindigkeit von 0,33 m/s entspricht, damit liegt sie ganz im Rahmen der bisherigen Erfahrungen. Unsicherheit besteht allerdings in der Belastung, die dynamischer Natur ist; bei niedrigen Drehzahlen kann die durch das Getriebe hindurchgeschickte Leistung zwar kleiner sein, aber bei Beschleunigung können doch erhebliche Zahnkräfte und damit Lagerbelastungen auftreten.

1.6 Lager ohne angebbare Last, Führungslager

1.61 Die zweckmäßige Gleichung für die Verluste

Bei Lagern mit senkrechter Welle, deren Belastungen an einer zweckmäßigen Stelle von einem Axiallager aufgenommen wird, ist auch eine Festlegung der Achse im Raum durch ein Radiallager notwendig. Ein solches Führungslager hätte bei völlig symmetrischem Aufbau um die Drehachse keine Kräfte aufzunehmen. In Wirklichkeit wird sich doch wegen unvermeidlicher Unsymmetrien eine Belastung ergeben, die zwar klein, aber nicht näher angebbar ist. Die bisherige Rechnung setzt immer eine bekannte Last voraus; es läßt sich auch eine solche willkürlich annehmen, etwa $P = 1000$ kp, und damit ebenso wie unter Ziffer 1.45, 1.46, 1.52 und 1.55 verfahren. Das führt immer zum richtigen Ergebnis, wenn mit der angenommenen Last $So < 1$ bleibt.

Einfacher ist es, die Gleichung

$$\eta_{30} = 16{,}7 \frac{\alpha A \psi}{U^2 B} \tag{6.12}$$

zu verwenden, in der die Last P nicht mehr vorkommt. Damit kann die Erwärmungsgerade wie im Fall $So < 1$ sofort in die Netztafel eingetragen werden; die Bestimmung von ϑ aus ϑ_{20} und ϑ_0 erfolgt ebenso aus Abb. 1.4. Die Verlustleistung ist jetzt aus Gl. (6.4) zu ermitteln, die etwaige Kühlölmenge aus der allgemeinen Gl. (7.8).

Von Interesse ist noch der Wert P^*, bis zu dem die Verluste von der Belastung unabhängig sind. Dieser ist bei bekanntem η durch

$$P^* = \frac{200\, \eta\, U B}{\psi^2} \tag{6.21}$$

gegeben.

Bei angenommenem P und damit durch den Rechnungsgang bekanntem η und So folgt

$$P^* = \frac{P\, \eta}{\eta^*} = \frac{P}{So}\,. \tag{6.22}$$

Im allgemeinen sind die Werte für P^* so groß, daß sie bei den Führungslagern nie auftreten, der Betrieb demnach immer im Bereich $So < 1$ verläuft.

1.62 Rechnungsgang für Führungslager ohne Zusatzkühlung

Der Rechnungsgang wird unmittelbar an Beispielen gezeigt.

Beispiel 13: Führungslager 320 mm Durchmesser

Das in Abb. 1.20 dargestellte Führungslager (Maschinenbau AG Balcke, Bochum) besteht aus einem über die Welle geschobenen Laufring; in dem Raum zwischen Welle und Ring liegt der innere Behälterring, der einen Ölstand über Oberkante Lagerschale ermöglicht. Die wärmeabgebende Oberfläche wird aus den Maßen zu rund 1 m² errechnet. Für $n = 250$/min mit Öl 6 E/50 entsprechend NÖ 40 ist für $\vartheta_0 = 35$ °C die zu erwartende Lagertemperatur zu ermitteln.

Im Formblatt ergeben sich die Zahlen: **1)** $D = 320$ mm **2)** $B = 160$ mm **3)** $P = 1000$ kp **4)** hat wegen der willkürlich angenommenen Last keinen Sinn **5)** $n = 250$/min **6)** $U = 4{,}19$ m/s **7)** D9/h7 liefert $S = 320\,\mu$m **8)** $\psi = 1\,^0/_{00}$ **9)** $\vartheta_0 = 35$ °C **10)** vgl. Pos. 4 **11)** $\alpha = 2{,}0$ mkp/m² s °C **12)** $A = 1$ m² **13)** $M\omega^* = 12{,}57$ mkp/s **14)** $\eta^* = 7{,}47$ cP **15)** Öl 6E/50 entspricht NÖ 40 mit $\eta = 40$ cP/50 °C **16)** $So < 1$ **17)** $\eta_{30} = 10 \cdot 2 \cdot 1 \cdot 7{,}47/12{,}57 = 11{,}9$ cP;

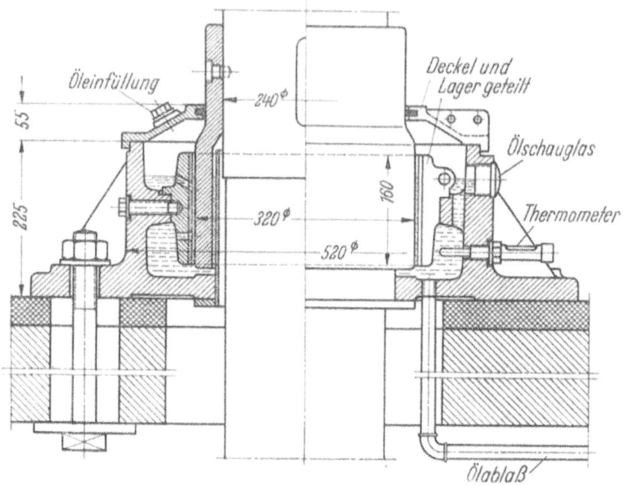

Abb. 1.20. Führungslager für eine senkrechte Welle. $D = 320$ mm, $B = 160$ mm, P unbestimmt, $n = 250$/min

$\eta_{120} = 119$ cP, die entsprechende Gerade ist in Abb. 1.21 eingetragen **18)** $\vartheta_{20} = 52$ °C **19)** $\vartheta = 58$ °C **20)** $\eta = 29$ cP **21)** und **22)** vgl. Pos. 4 **23)** $So = 0{,}257$ **24)** $M\omega = 49$ mkp/s $= 0{,}65$ PS **25)** bis **27)** fallen aus **28)** vgl. Pos. 4.

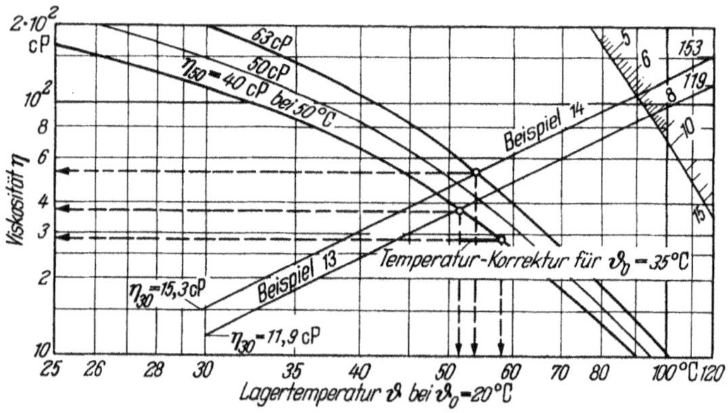

Abb. 1.21. Ausschnitt aus der Netztafel Abb. 1.3 mit den Werten für die Beispiele 13 und 14

Die höchste Last, bis zu der noch keine weitere Temperatursteigerung eintritt, ist mit Gl. (6.22)

$$P^* = \frac{1000}{0{,}257} = 3900\,\text{kp}\,.$$

Ohne Frage nimmt das Lager auch höhere Belastungen auf, aber dann steigt die Temperatur.

Ohne die angenommene Last $P = 1000$ kp wäre Gl. (6.12) für η_{30} anzuwenden

$$\eta_{30} = 16{,}7\,\frac{2 \cdot 1 \cdot 1}{17{,}56 \cdot 0{,}16} = \frac{33{,}4}{2{,}81} = 11{,}9\,\text{cP}\,.$$

Die Verlustleistung ist nach Gl. (6.4)

$$M\omega = 0{,}6\,\frac{17{,}56 \cdot 0{,}16 \cdot 29}{1} = 48{,}9\ \mathrm{mkp/s}$$

und die Last an der Schnellaufbereichsgrenze $So = 1$ nach Gl. (6.21)

$$P^* = \frac{200 \cdot 29 \cdot 4{,}19 \cdot 0{,}16}{1} = 3880\ \mathrm{kp}\,.$$

Die Zahlenwerte sind selbstverständlich innerhalb der Genauigkeit des Rechenschiebers gleich. Welcher Rechnungsgang vorzuziehen ist, mag dem Belieben des Benutzers überlassen bleiben.

Beispiel 14: Führungslager 1000 mm Durchmesser

Das untere Führungslager eines großen Wasserkraftgenerators, vgl. OSCHANITZKY (1959) S. 93, zeigt Abb. 1.22. Die Wärme wird hier im wesentlichen aus der mit 96 Rippen vergrößerten Mantelfläche des Ölbehälters durch die Luft abgeführt, die von einem auf der Maschinenwelle

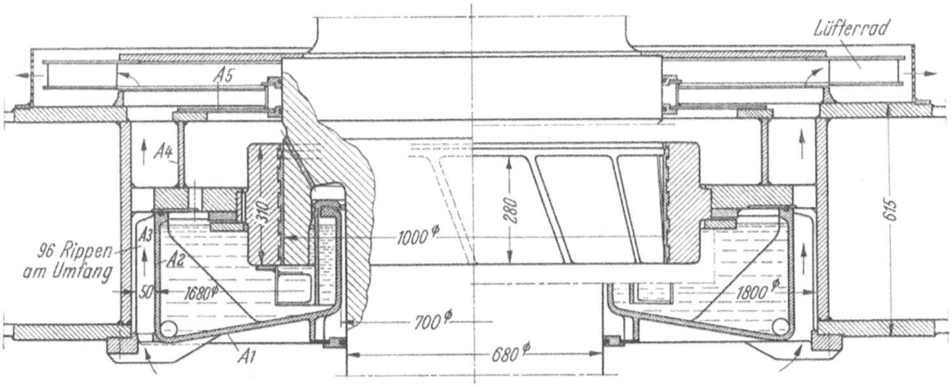

Abb. 1.22. Führungslager für einen Wasserkraftgenerator mit senkrechter Welle. $D = 1000$ mm, $B = 280$ mm, P unbestimmt, $n = 115$/min

sitzenden Ventilator durch den Ringspalt zwischen Ölbehälter und Tragkonstruktion hindurchgeführt wird. Der Ölumlauf wird im wesentlichen von der Maschinenwelle durch die schräggestellten Nuten in der Lagerlauffläche bewirkt.

Die Rechnung kann nur überschlägig ausgeführt werden, da die Ermittlung der wärmeabgebenden Flächen und der Wärmeübergangszahlen nicht ganz eindeutig durchzuführen ist. Zunächst ist daher der αA-Wert zu ermitteln, der sich aus mehreren Anteilen zusammensetzt. Im einzelnen wäre etwa, wenn im Ringkanal die Luftgeschwindigkeit $w = 5$ m/s herrscht, dem $\alpha = 0{,}7 + 1{,}2\sqrt{5} = 3{,}4$ mkp/m² s °C entspricht, mit den Maßen nach Abb. 1.22:

Bodenfläche A_1 des Ölbehälters $(1{,}68^2 - 0{,}88^2)\cdot\pi/4 = 1{,}61\ \mathrm{m}^2$, mit der normalen Wärmeübergangszahl $\alpha_1 = 2{,}0$ mkp/m² s °C, da am Boden keine erhöhte Luftgeschwindigkeit zu erwarten ist, ergibt $\alpha_1 A_1 = 3{,}22$ mkp/s °C

Die Mantelfläche A_2 kommt wegen der Rippen nur mit rund 80% zur Wirkung $1{,}68\cdot\pi\cdot 0{,}35\cdot 0{,}8 = 1{,}48\ \mathrm{m}^2$, nach obigem ist $\alpha_2 = 3{,}4$ mkp/m² s °C, ergibt $\alpha_2 A_2 = 5{,}04$ mkp/s °C

96 Rippen mit der Gesamtfläche $0{,}35\cdot 0{,}05\cdot 2\cdot 96 = 3{,}36\ \mathrm{m}^2$ kommen wegen der nach außen abnehmenden Temperaturen nur mit rund 3/4 zur Wirkung, also $A_3 = 0{,}75\cdot 3{,}36 = 2{,}52\ \mathrm{m}^2$; $\alpha_3 = 3{,}4$ mkp/m² s °C; ergibt $\alpha_3 A_3 = 8{,}57$ mkp/s °C

Deckelfläche, zylindrischer Teil, $A_4 = 1{,}68\,\pi\cdot 0{,}06 = 0{,}317\ \mathrm{m}^2$; $\alpha_4 = 3{,}4$ mkp/m² s °C; ergibt $\alpha_4 A_4 = 1{,}08$ mkp/s °C

Deckelfläche, ebener Teil, $A_5 = (1{,}68^2 - 1{,}55^2)\cdot\pi/4 = 0{,}33\ \mathrm{m}^2$; $\alpha_5 = 2{,}0$ mkp/m² s °C; ergibt $\alpha_5 A_5 = 0{,}66$ mkp/s °C

$\alpha A = 18{,}57$ mkp/s °C

Jetzt werden die Zahlen für den Rechnungsgang: **1)** $D = 1000$ mm **2)** $B = 280$ mm **5)** $n = 115$/min **6)** $U = 6{,}02$ m/s **7)** Lagerspiel im Betrieb $S = 500\ \mu$m **8)** $\psi = 0{,}5\ ^0/_{00}$ **9)** $\vartheta_0 = 20$ °C **11)** und **12)** nach obiger Rechnung $\alpha \cdot A = 18{,}57$ mkp/s °C **15)** vom Besteller gewünscht: Öl 9 E/50 entspricht NÖ 63 mit $\eta = 63$ cP/50 °C **17)** $\eta_{30} = 15{,}3$ cP nach Gl. (6.12) und $\eta_{120} = 153$ cP; die Gerade ist in Abb. 1.21 eingetragen, sie liefert **18)** $\vartheta_{20} = 54$ °C **19)** $\vartheta = 54$ °C **20)** $\eta = 52$ cP **24)** $M\omega = 632$ mkp/s $= 6{,}2$ kW nach Gl. (6.4).

Vom Erbauer der Maschine wurde die Temperatur des aus dem Lager ablaufenden Öles mit 53 °C und der Leistungsverlust mit 6,2 kW angegeben, die Übereinstimmung ist beinahe verdächtig gut. Man muß dabei berücksichtigen, daß die wärmeabgebenden Flächen wohl recht genau sind, die Wärmeübergangszahl aber trotz aller Bemühungen nur brauchbare Näherungswerte darstellen; im vorliegenden Fall ist ihre Abschätzung gut gelungen. Immerhin zeigt die Rechnung, daß auch im Falle eines so großen und gewiß nicht einfachen Lagers die angegebene Methode ihren Zweck erfüllt.

In der Lagerschale sind schräg nach oben geführte Nuten angebracht, durch die das von der Welle mitgenommene Öl aufwärts steigt, damit wird ein guter Ölumlauf gesichert. Durch diese konstruktive Maßnahme wird die Berechnung der Verluste kaum beeinflußt, weil dafür die Welle in zentrischer Lage zur Schale vorausgesetzt wurde. Anders ist es jedoch mit der Tragfähigkeit, die bei exzentrischer Lage der Welle durch die Unterbrechung in der Lauffläche vermindert wird. Die nach Gl. (6.21) folgende Last P^* für $So = 1$ nimmt hier den großen Wert $P^* = 70000$ kp an; ein solcher Betrag dürfte durch verbleibende Unsymmetrien auch nicht annähernd erreicht werden.

1.63 Rechnungsgang für Führungslager mit Zusatzkühlung

Beispiel 15: Führungslager 130 mm Durchmesser

Als Beispiel für diese Gruppe soll das Führungslager in einem kombinierten Axial- und Radiallager nach Abb. 1.23 betrachtet werden. Es handelt sich hier um den Fall mit der ein-

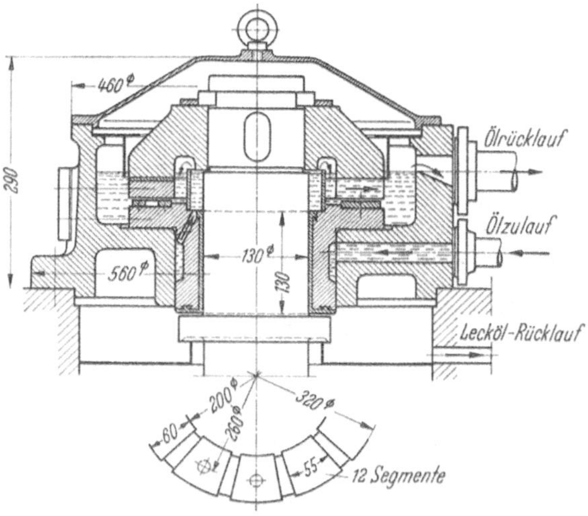

Abb. 1.23. Führungslager in einem kombinierten Axial- und Radiallager.
Radial: $D = B = 130$ mm, P unbestimmt, $n = 1500$/min, Axial: $D = 260$ mm, $B = 60$ mm, $P = 10000$ kp

fachsten Rechnung, weil eine Wärmeabgabe an die Luft nicht mit zu berücksichtigen ist, vor allem wegen der wesentlich größeren Wärmeentwicklung des Axiallagers, das im Beispiel 18 untersucht wird.

Das Führungslager in Abb. 1.23 ergibt folgende Daten im Sinne des zweiten Rechnungsganges: **1)** $D = 130$ mm **2)** $B = 130$ mm **5)** $n = 1500$/min **6)** $U = 10{,}2$ m/s **7)** $S = 230\,\mu$m **8)** $\psi = 1{,}77\,^0/_{00}$ **9)** Vol $= 1{,}73$ l **15)** Öl 5 E/50; als Normöl wird NÖ 40 mit $\eta = 40$ cP/50 °C genommen **19)** gewählte Lagertemperatur 65 °C **20)** $\eta = 22$ cP **24)** $M\omega = 100{,}8$ mkp/s ≈ 1 kW nach Gl. (6.4); das ist ein beachtenswerter Verlust für ein so kleines Lager ohne Belastung! **25)** $\vartheta_1 = 45$ °C; $\vartheta_2 = 55$ °C; $\vartheta_2 - \vartheta_1 = 10$ °C **26)** $Q_K = 3{,}36$ l/min **27)** $Q_r = 4{,}6$ l/min.

Die Frage, wie hoch das Lager bei gleichbleibender Verlustleistung belastet werden kann, beantwortet Gl. (6.21)

$$P^* = \frac{200 \cdot 22 \cdot 10{,}2 \cdot 0{,}13}{1{,}77^2} = 1860 \text{ kp},$$

was einem $\bar{p} = 11{,}0$ kp/cm² entspricht. Eine Kontrolle liefert Gl. (6.6)

$$So = 100 \frac{11{,}0 \cdot 3{,}14}{22 \cdot 157} = \frac{100 \cdot 34{,}6}{3460} = 1 .$$

1.7 Kurzfassung der Grundlagen für die Berechnung der Axiallager

1.71 Gleiches und Unterschiedliches bei Axial- und Radiallagern

Druckentwicklung und Tragfähigkeit kommen bei dem sich verengenden Tragspalt in gleicher Weise zustande wie beim Radiallager. Damit aber ein tragfähiger Ölfilm entsteht, ist eine konstruktive Maßnahme erforderlich: Die Unterteilung des ruhenden Tragringes in Segmente ⟨S. 52, 247⟩. Was das Radiallager von Haus aus mitbringt, mußte beim Axiallager erst durch die Überlegungen von MICHELL und KINGSBURY geschaffen werden.

Als ein weiterer grundlegender Unterschied ist beim Axiallager das Fehlen eines definierten Lagerspieles anzusehen. Im Radiallager kann die Schichtstärke infolge des Unterschiedes zwischen Wellen- und Schalendurchmesser höchstens gleich der Hälfte dieser Differenz werden; das führt zu jenem Betriebsverhalten, das wir mit Schwerlast- und Schnellaufbereich beschrieben haben, Ziffer 1.25. Beim Axiallager ist etwas Ähnliches nicht gegeben, weil der Tragring gegenüber den Segmenten eine — im Verhältnis zur Tragschichtdicke — beliebige Höhe einnehmen kann.

Diese Formulierung gilt allerdings nur bedingt, wenn für Axialkräfte in beiden Richtungen zwei Lager vorgesehen werden und die Bewegungsfreiheit des einen durch das für die andere Richtung eingeschränkt wird. Das ist aber eine rein bauliche Maßnahme; es steht dem Konstrukteur frei, die Abmessungen genügend groß zu machen. Mit der grundsätzlichen Funktion des Axiallagers hat es nichts zu tun.

Für den Rechnungsgang können von den Radiallagern daher alle Abschnitte übernommen werden, die nicht mit diesem Unterschied in Zusammenhang stehen: Die andere Geometrie bedingt auch andere Formeln. Unberührt bleiben die Betrachtungen der Abschnitte 1.21 über Betriebssicherheit und Berechnung, 1.23 über die Aufgabe des Öles im Gleitlager, 1.24 über die Sicherheit gegen Heißlaufen (die obere Betriebsgrenze), 1.26 die aus dem Lager abgeführte Wärme; auch das Allgemeine aus 1.28, die Sicherheit gegen Verschleiß (die untere Betriebsgrenze); ebenso die Abschnitte 1.31 über die Viskosität der Öle, 1.32 über das Viskositäts-Temperatur-Verhalten der Mineralöle, 1.34 über die Wärmeübergangszahlen; teilweise auch 1.35 über die Größe der wärmeabgebenden Flächen von Lagergehäusen und 1.36 über die Wärmeabfuhr durch Flüssigkeiten.

1.72 Bezeichnungen

Über die Maßeinheiten gilt dasselbe, was unter Ziffer 1.22 für die Radiallager gesagt wurde.

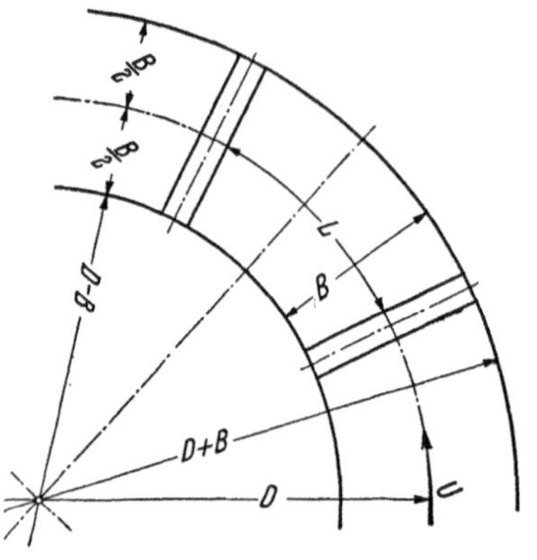

Abb. 1.24. Bezeichnungen und Größen am Axiallager, Aufteilung der Laufringfläche in Segmente

A = wärmeabgebende Außenfläche in m^2
B = radiale Breite der Segmente
B^2D = Hilfswert für die Berechnung der Tragfähigkeit in Liter
D = mittlerer Durchmesser des Segmentringes
D_a = Außendurchmesser des Segmentringes
D_i = Innendurchmesser des Segmentringes
f = Reibungszahl
h_0 = kleinste Tragschichtdicke im Betrieb
L = Länge der Segmente auf dem Umfang mit dem Durchmesser D
M = Reibungsmoment
$M\omega$ = $f\,P\,U$ = Verlustleistung = Reibungswärme
n = Drehzahl/min
$n_{ü}$ = Übergangsdrehzahl
P = axiale Belastung (notfalls P_{ax})
$P_{ü}$ = Übergangslast
$\overline{p}$ = P/zLB = mittlerer Druck
Q_K = Kühlöl- oder Kühlmittelmenge
Q_T = Tragölmenge
t = Keiltiefe
U = mittlere Umfangsgeschwindigkeit in m/s
z = Anzahl der Segmente
α = Wärmeübergangszahl in $mkp/m^2\,s\,°C$
η = Betriebsviskosität für die Temperatur ϑ
ϑ = Tragfilmtemperatur $\approx$ Außentemperatur des Lagergehäuses in °C
ϑ_0 = Temperatur der umgebenden Luft
ϑ_1, ϑ_2 = Ein- und Austrittstemperatur des Kühlöls oder Kühlmittels in °C

1.73 Die im Axiallager entwickelte Wärme

Zweckmäßig wird hier von der Reibungszahl ausgegangen. Die Rechnung liefert für die in der Praxis meist vorkommenden Fälle, nämlich $B/L \approx 0{,}77$ bis 1,43 und $h/t_0 = 0{,}2$ bis 1, nach ⟨S. 253⟩

$$f = 3\sqrt{\frac{\eta \cdot U}{\overline{p} \cdot B}}. \tag{9.9}$$

Die mittlere Flächenlast ist durch

$$\overline{p} = \frac{P}{z\,L\,B} \tag{9.10}$$

gegeben ⟨S. 254⟩. Liegen beim Entwurf z und L noch nicht fest, so setze man $z\,LB \approx 0{,}8\,\pi\,BD$, dem entsprechen 80% der Kreisringfläche πBD; dann ist

$$\overline{p} = \frac{0{,}4\,P}{B\,D}. \tag{9.11}$$

Die Verlustwärme ergibt sich aus der allgemeinen Definition von $f = M\omega/P\,U$ zu ⟨S. 254⟩

$$M\omega = 3\,U\,\sqrt{P\,U\,z\,L\,\eta} \tag{9.12}$$

oder mit dem Gebrauchswert für $\overline{p}$ nach Gl. (9.11)

$$M\omega = 4{,}75\,U\,\sqrt{P\,U\,D\,\eta}\,. \tag{9.13}$$

Diese Gleichungen gelten für alle Betriebszustände oberhalb der Übergangsdrehzahl.

1.74 Abstand h_0 der Austrittskante im Betrieb

Die geringste Tragschichtdicke h_0 an der Austrittskante der Segmente im Betrieb wird nach ⟨S. 254⟩

$$h_0 = \sqrt{\frac{0{,}06\,\eta\,U\,B}{\overline{p}}} \tag{9.14}$$

mit $\overline{p}$ nach Gl. (9.10) oder (9.11).

1.75 Der Tragöl- und Kühlmittelbedarf

Für das einzelne Segment ist der Tragölbedarf mit h_0 nach Gl. (9.14) durch $0{,}7\,B\,U\,h_0$ gegeben ⟨S. 255⟩; für das ganze Lager mit z Tragschuhen ist

$$Q_T = 0{,}7\,z\,B\,U\,h_0 \tag{9.15}$$

Der Kühlmittelbedarf wird in der gleichen Weise wie beim Radiallager nach Gl. (7.7) bestimmt; der Energiesatz gilt der Form nach unverändert, nur ist $M\omega$ nach Gl. (9.12) oder (9.13) einzusetzen.

1.76 Sicherheit gegen Verschleiß: Die untere Betriebsgrenze

Sicherheit gegen Verschleiß ist wie beim Querlager durch den Übergang zu partiellem Tragen gegeben. Der Begriff der Übergangsdrehzahl hat beim Axiallager aber nicht immer die gleiche Bedeutung wie beim Querlager, weil die Belastung vielfach dynamisch bedingt ist und von der Drehzahl abhängt. Bei Gebläsen und Schiffspropellern nimmt der Axialschub ungefähr mit dem Quadrat der Drehzahl zu. Ein Übergang in die Mischreibung ist unterhalb der Betriebsdrehzahl n kaum möglich, wohl aber durch Überlastung bei der Betriebsdrehzahl. Daher sei für dynamisch belastete Lager die Übergangslast zu

$$P_{ü} = 1{,}6\,\eta\,(B^2 D)\,n \tag{9.18}$$

gewählt. Bei Wasserturbinen mit senkrechter Welle unterliegt ein erheblicher Teil der Last einer ähnlichen Gesetzmäßigkeit. Das Verhältnis $P_{ü}/P$ ist ein Maß für die Sicherheit, mit der das Lager im Betrieb mit der Belastung P arbeitet. Im Falle einer rein statischen Last oder für das Gewicht der rotierenden Massen bei Wasserturbinen mit senkrechter Welle gilt jedoch ebenso wie beim Querlager die Übergangsdrehzahl

$$n_{ü} = \frac{P}{1{,}6\,\eta\,(B^2 D)}\,. \tag{9.19}$$

Sind P und $n_{ü}$ gegeben, dann ist die erforderliche Mindestviskosität

$$\eta_{\min} = \frac{P}{1{,}6\,(B^2 D)\,n_{ü}}\,, \tag{9.20}$$

um einen verschleißfreien Lauf zu sichern.

1.8 Der Rechnungsgang für Axiallager

Gegenüber dem Radiallager ist der Rechnungsgang insofern anders, weil für das Axiallager der Unterschied zwischen Schwerlast- und Schnellaufbereich nicht besteht, ein definiertes Lagerspiel nicht angebbar ist und es deshalb eine der

Sommerfeldzahl entsprechende Kenngröße nicht gibt. Das Vorgehen ist aber grundsätzlich gleich, selbstverständlich mit den für das Axiallager geltenden Formeln.

1.81 Übergang zu Gebrauchsgleichungen

Auch hier gelten die Gln. (9.9) bis (9.15) sowie Gl. (7.7) für beliebige Maßsysteme, wenn alle darin auftretenden Größen in den Grundeinheiten des jeweiligen Maßsystems ausgedrückt werden. Für das übersichtliche Rechnen werden deshalb auch hier, wie unter Ziffer 1.41, die folgenden Maßeinheiten empfohlen:

Längen in m; Kräfte in kp; Drücke in kp/cm²; Zeiten in sec; Temperaturen in °C; A in m²; aber die Größe B^2D mit der Dimension eines Volumens wie beim Radiallager in dm³ (Litern); die kleinste Spalthöhe h_0 in μm; Keiltiefe t in μm; Q_T und Q_K in l/min; Geschwindigkeiten in m/s; Winkelgeschwindigkeiten ω in sec^{-1}, mit n in Uml/min ist $\omega = \pi n/30$ und $U = \pi D n/60$; raumspezifische Wärme für Öle $c\gamma = 180$ mkp/l °C, für Wasser 427 mkp/l °C; Viskositäten η in cP $\approx 10^{-4}$ kp·s/m².

Mit diesen Einheiten nehmen die Gleichungen für das Axiallager folgende Formen an:

Die entwickelte Wärme

$$M\omega = \frac{3\,U}{100}\sqrt{P\,U\,z\,L\,\eta} \quad \text{in mkp/s}, \tag{9.21}$$

die Temperaturerhöhung, gleichzeitig die Definitionsgleichung für den Faktor W_{ax},

$$\vartheta - \vartheta_0 = \frac{3\,\mathrm{U}}{100\,\alpha\,A}\sqrt{P\,U\,z\,L}\cdot\sqrt{\eta} = W_{ax}\sqrt{\eta} \quad \text{in °C}, \tag{9.23}$$

die kleinste Tragspalthöhe

$$h_0 = \sqrt{\frac{600\,\eta\,U\,B}{\bar{p}}} \quad \text{in } \mu\text{m}, \tag{9.24}$$

die Tragölmenge

$$Q_T = 0{,}042\,z\,U B\,h_0 \quad \text{in l/min}, \tag{9.25}$$

die Kühlölmenge

$$Q_K = \frac{M\omega}{3\,(\vartheta_2 - \vartheta_1)} = \frac{U\sqrt{P\,U\,z\,L\,\eta}}{100\,(\vartheta_2 - \vartheta_1)} \quad \text{in l/min}. \tag{9.26}$$

Bei Lagern mit Luftkühlung werden Temperatur und Viskosität durch die Rechnung selbst ermittelt; nach deren Bestimmung erhält man die Verlustleistung am einfachsten durch die Beziehung

$$M\omega = \alpha\,A\cdot W_{ax}\cdot\sqrt{\eta} \quad \text{in mkp/s}, \tag{9.27}$$

Für fest eingearbeitete Keilflächen ist eine Tiefe $t = 1{,}25\,h_0$ an der Einlaufkante vorzusehen; die Unterstützung kippelig gelagerter Segmente erfolgt zweckmäßig bei 0,42 L, von der Auslaufkante aus gemessen.

1.82 Einfachster Fall: Freie Wahl des Öls oder der Temperatur

Hier gelten dieselben Überlegungen wie unter Ziffer 1.42 für die Gln. (9.23) und (9.20), sowie für die Notwendigkeit zusätzlicher Kühlung.

Berechnungsblatt für Axiallager mit Angabe der Formeln	Besteller:
Name: Beispiel 16 Datum:	Zeichnungs-Nr.:
Kennwort: Einfaches Axiallager	Auftrags-Nr.:

1. Außendurchmesser	D_a =	320	mm	7. Lagerlast	P =	3200	kp
2. Innendurchmesser	D_i =	180	mm	8. mittlerer Druck $P/z \cdot LB = \frac{3200}{10 \cdot 6{,}3 \cdot 7}$ =	$\bar{p}$ =	7,25	kp/cm²
3. Nenndurchmesser $(D_a + D_i)/2$ =	D =	250	mm	9. Betriebsdrehzahl	n =	200	Uml/min
4. Breite der Segmente $(D_a - D_i)/2$ =	B =	70	mm	10. Gleitgeschwindigkeit $\pi D n/60$ =	U =	2,62	m/s
5. Länge der Segmente	L =	63	mm	11. Umgebungstemperatur	ϑ_0 =	35	°C
6. Anzahl der Segmente	z =	10		12. (B^2D), B und D in dm $0{,}7^2 \cdot 0{,}25$ = (B^2D) =		1,23	ltr

13. Wärmeübergangszahl $\alpha = 0{,}7 + 1{,}2\sqrt{w}$ für Geschwindigkeiten der umgebenden Luft $w > 1{,}2$ m/s	α =	2,0	$\frac{\text{mkp}}{\text{m}^2\,\text{s}\,°\text{C}}$
14. Wärmeabgebende Außenfläche A	A =	0,57	m²
15. Faktor $W_{ax} = \frac{3U}{100\alpha A}\sqrt{P \cdot U \cdot z \cdot L} = \frac{3 \cdot 2{,}62}{100 \cdot 2 \cdot 0{,}57}\sqrt{3200 \cdot 2{,}62 \cdot 10 \cdot 0{,}063} = 5{,}0$	W_{ax} =	5,0	
16. Bezeichnung des Öles: Firmen- oder Werksbezeichnung NÖ 63; η in cP $\approx 0{,}9\nu$ in cSt, Viskosität bei 50 °C	η =	63	cP/50 °C
17. Lagertemperatur ϑ_{20} (bei ϑ_0 = 20 °C)	ϑ_{20} =	55	°C
18. Lagertemperatur ϑ (bei ϑ_0 = 35 °C)	ϑ =	64	°C
19. Betriebsviskosität η	η =	34	cP
20. Übergangslast $P_{\ddot u} = 1{,}6\eta\,(B^2D)n = 1{,}6 \cdot 34 \cdot 1{,}23 \cdot 200 = 13400$; Übergangsdrehzahl $n_{\ddot u} = \frac{P}{1{,}6\eta\,(B^2D)}$	$P_{\ddot u}$ = $n_{\ddot u}$ =	13400	kp Uml/min
21. Abstand von der Verschleißgrenze $P_{\ddot u}/P$ oder $n/n_{\ddot u}$ $13400/3200 = 4{,}18$	$P_{\ddot u}/P$ = $n/n_{\ddot u}$ =	4,18	(–) (–)
22. Verlustleistung $M\omega = \alpha \cdot A \cdot W_{ax}\sqrt{\eta} = 2 \cdot 0{,}57 \cdot 5 \cdot \sqrt{34} = 33{,}2$; $M\omega = \frac{3U}{100}\sqrt{P \cdot U \cdot z \cdot L \cdot \eta}$	$M\omega$ = $M\omega$ =	33,2 0,443	mkp/s PS ~~kW~~
23. Kleinste Schichtdicke $h_0 = \sqrt{\frac{600\eta UB}{\bar{p}}} = \sqrt{\frac{600 \cdot 34 \cdot 2{,}62 \cdot 0{,}07}{7{,}25}} = 23$	h_0 =	23	µm
24. Tiefe der einzuarbeitenden Keilflächen $t = 1{,}25 \cdot h_0 = 1{,}25 \cdot 23 = 29$	t =	29	µm
25. Tragölmenge $Q_T = 0{,}042 \cdot z \cdot U \cdot B \cdot h_0$	Q_T =		ltr/min
26. Ein- und Austrittstemperatur des Kühlöles ϑ_1 = ; ϑ_2 =	$\vartheta_2 - \vartheta_1$ =		°C
27. Zur Kühlung notwendige Ölmenge $Q_K = M\omega/3\,(\vartheta_2 - \vartheta_1)$	Q_K =		ltr/min
28. Reibungszahl $f = M\omega/PU = 33{,}2/3200 \cdot 2{,}62 = 3{,}96 \cdot 10^{-3}$	f =	$3{,}96 \cdot 10^{-3}$	
Bemerkungen:			

Abb. 1.25. Berechnungsblatt für Axiallager mit den Zahlen von Beispiel 16

1.83 Öl gegeben, keine Zusatzkühlung

Beim Radiallager konnte dieser Fall als Regelfall bezeichnet werden, Axiallager können wegen der größeren Verluste nicht so häufig mit der Wärmeabgabe an die Umgebungsluft auskommen. Die Rechnungen sind einfacher, es wird W_{ax} nach Gl. (9.23) bestimmt und aus der Netztafel Abb. 1.3 die Temperatur ϑ_{20} entnommen. Ist $\vartheta_0 \neq 20\,°C$, so erfolgt die Korrektur für die veränderte Umgebungstemperatur nach Abb. 1.4 mit den Kurven für $So > 1$. Die geringste Tragschichtstärke h_0 braucht nur dann ermittelt zu werden, wenn das Lager mit fest eingearbeiteten Keilflächen gebaut werden soll; Keiltiefen $t < 40\,\mu m$ lassen sich nur mit besonderem Aufwand herstellen. Die Tragölmenge wird bei senkrechter Welle nicht benötigt, da solche Lager im Ölbad laufen, wie die Konstruktion in Beispiel 16 zeigt. Dennoch ist es zweckmäßig, der Vollständigkeit halber h_0 zu berechnen.

1.84 Kombination von Radial- und Axiallagern

Die Behandlung der häufig anzutreffenden Verbindung von Axial- und Radiallagern bietet keine Schwierigkeiten, auch wenn die Verlustwärme an die Umgebungsluft abgeführt werden soll; für Zusatzkühlung ist die Rechnung wegen der von vornherein festgesetzten Temperatur sowieso einfacher. Allerdings müssen die Radiallager so hoch belastet sein oder die Rechnung muß mit einer so hohen Belastung durchgeführt werden, daß sie im Bereich $So > 1$ arbeiten; die Rechnung ist damit auf der sicheren Seite.

Wird die entstehende Wärme durch eine gemeinsame Gehäuseoberfläche abgeführt, so ist die Temperaturerhöhung

$$\vartheta - \vartheta_0 = (W_{rad} + W_{ax})\sqrt{\eta} = W\sqrt{\eta}\,, \tag{9.28}$$

und man muß mit dem daraus folgenden W wie beim Radiallager für $So > 1$ weiterrechnen.

1.85 Der Rechnungsgang bei Zusatzkühlung

Muß die Wärme durch zusätzliche Kühlung abgeleitet werden, so gelten dieselben Überlegungen wie unter Ziffer 1.47 und der Gl. (7.8) mit $M\omega$ nach Gl. (9.21). Für den Fall des kombinierten Lagers ist die entstehende Wärme aus

$$M\omega = (4{,}25\,U_r\sqrt{P_r\,U_r\,B_r} + 3\,U_a\sqrt{P_a\,U_a\,z\,L})\cdot\frac{\sqrt{\eta}}{100} \tag{9.29}$$

zu bestimmen. Ist das Radiallager ein Führungslager mit unbekanntem P_r, so tritt an die Stelle des ersten Summanden nach Gl. (6.4) der Ausdruck $0{,}6\,B_r U_r^2\eta/\psi$.

1.86 Formblätter für die Berechnung der Axiallager

Um den Rechnungsgang übersichtlich zu gestalten und seine Handhabung zu vereinfachen, wurden ebenfalls Formblätter für die Axiallager zusammengestellt, Abb. 1.25. Eine pausfähige Vorlage ist am Schluß des Buches beigefügt.

1.9 Beispiele für Axiallager

Die Auswahl der Beispiele und ihre Einteilung erfolgte nach ähnlichen Gesichtspunkten wie für die Radiallager, ob ohne oder mit Zusatzkühlung und nach der oberen oder unteren Grenze des Betriebsbereiches. Da die Mannigfaltigkeit bei den Axiallagern nicht so groß ist, kann hier mit wenigen Fällen das Wesentliche gezeigt werden.

1.91 Obere Grenze ohne Zusatzkühlung

Beispiel 16: Einfaches Axiallager 250 mm Durchmesser für eine senkrechte Welle

Die Behandlung dieses Falles gibt neben der Erläuterung des Rechnungsganges die ungefähren Grenzen an, die ohne zusätzliche Kühlung erreichbar sind. Das in Abb. 1.26 dar-

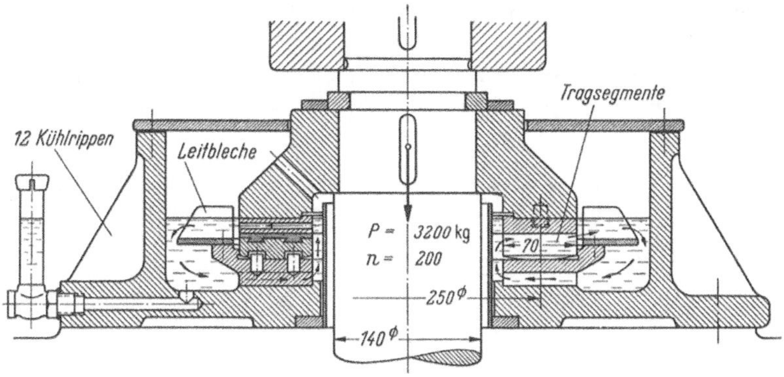

Abb. 1.26. Axiallager ohne zusätzliche Kühlung. $D = 250$ mm, $B = 70$ mm, $P = 3200$ kp, $n = 200$/min

gestellte Lager soll bei $n = 200$/min mit $P = 3200$ kp belastet werden, NÖ 63 ist vorgesehen, die Rechnung ist für eine Umgebungstemperatur $\vartheta_0 = 35$ °C durchzuführen. Dem Formblatt Abb. 1.25 entsprechend wird:

1) $D_a = 320$ mm **2)** $D_i = 180$ mm **3)** $D = 250$ mm **4)** $B = 70$ mm **5)** $L = 63$ mm **6)** $z = 10$ **7)** $P = 3200$ kp **8)** $p = 7{,}25$ kp/cm² **9)** $n = 200$/min **10)** $U = 2{,}62$ m/s **11)** $\vartheta_0 = 35$ °C **12)** $B^2D = 1{,}23$ l **13)** $\alpha = 2{,}0$ mkp/m²s °C **14)** $A = 0{,}57$ m² **15)** $W_{ax} = 5{,}0$ **16)** NÖ 63

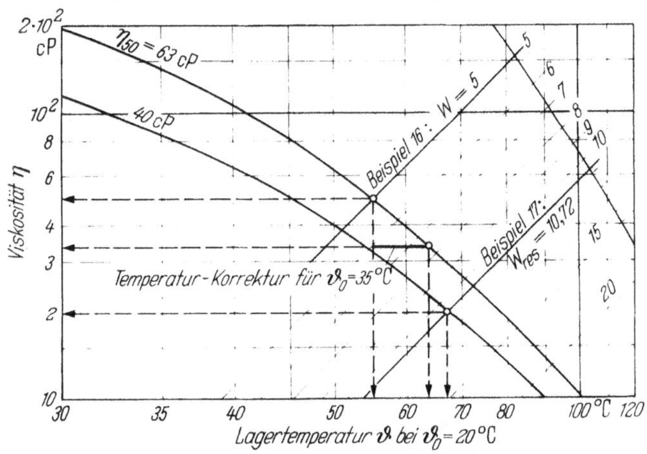

Abb. 1.27. Ausschnitt aus der Netztafel Abb. 1.3 mit den Werten für die Beispiele 16 und 17

17) $\vartheta_{20} = 55$ °C **18)** $\vartheta = 64$ °C **19)** $\eta = 34$ cP **20)** $P_{ü} = 13400$ kp **21)** $P_{ü}/P = 4{,}18$ **22)** $M\omega = 33{,}2$ mkp/s $= 0{,}443$ PS **23)** $h_0 = 23$ μm **24)** $t = 29$ μm **25)** bis **27)** entfallen **28)** $f = 3{,}96 \cdot 10^{-3}$.

Die zugehörige Netztafel zur Ermittlung von ϑ_{20} ist in Abb. 1.27 wiedergegeben. Die Temperaturkorrektur für $\vartheta_0 = 35$ °C beträgt 9 °C. Der Wert $h_0 \approx 23$ μm ist für einwandfreies Funktionieren ausreichend, wird aber zweckmäßig durch kippelig gelagerte Segmente erreicht. Fest eingearbeitete Keilflächen würden eine Tiefe von $t \approx 0{,}03$ mm erfordern, deren Herstellung schon schwierig ist.

Höhere Geschwindigkeiten oder Belastungen würden ebenso wie kleinere Abmessungen zu höheren Temperaturen und geringeren Viskositäten führen, die gegebenenfalls die Betriebssicherheit in Frage stellen. Man beachte auch das große Gehäuse, das einmal eine ausreichende Fläche für die Wärmeabgabe bietet, zum anderen eine hinreichend große Ölfüllung ermöglicht. Ein Kranz von Blechleitschaufeln ist eingebaut, die eine Rotation der Füllung als Ganzes verhindern und einen guten Umlauf des Öles in radialer Richtung sichern sollen.

Beispiel 17: Schiffsdrucklager 360 mm Wellendurchmesser

Die Drucklager für Schiffe müssen die Last in beiden Richtungen aufnehmen; sie werden daher als Doppellager gebaut und mit zwei Radiallagern zum Tragen der Welle in einem Gehäuse angeordnet. Derartige Einheiten werden serienmäßig hergestellt; eine Ausführung

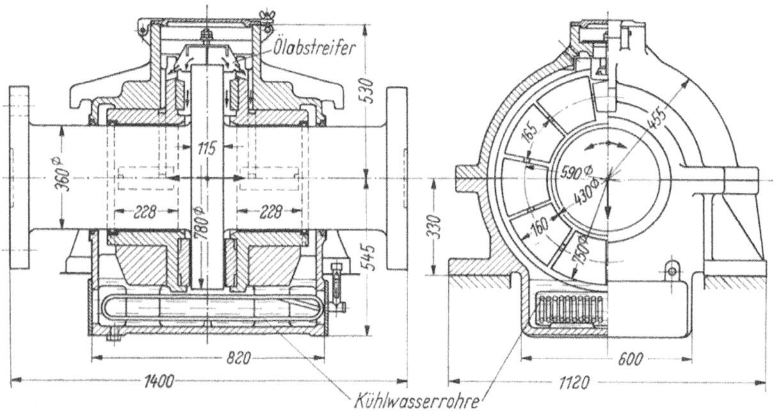

Abb. 1.28. Schiffsdrucklager; kombiniertes Axial- und Radiallager. Axial: $D = 590$ mm, $B = 160$ mm, $P = 35000$ kp, $n = 150$/min, Radial: $D = 360$ mm, $B = 225$ mm, $P = 10000$ kp

des Eisenwerks Wülfel, Hannover-Wülfel, zeigt Abb. 1.28. Die Radiallager werden dabei nicht als Führungslager betrachtet, da sie unter Umständen erhebliche Belastungen durch Deformationen des Schiffskörpers aufnehmen müssen.

Radial- und Axiallager werden mit gleichem Öl betrieben, der Laufring des Axiallagers übernimmt als fester Schmierring die Ölversorgung für alle drei Lager, deren Temperaturen annähernd gleich sind. Die Reibungsleistung ist gleich der Summe der Verluste in den drei Einzellagern. Nach Ziffer 1.84 ist das resultierende $W = W_{ax} + W_{\text{rad}}$ zu ermitteln, mit dem die Temperatur aus der Netztafel bestimmt wird wie bei einem einfachen Radiallager.

Zunächst ist für das Axiallager in derselben Ziffernfolge wie beim vorhergehenden Beispiel: **1)** $D_a = 750$ mm **2)** $D_i = 430$ mm **3)** $D = 590$ mm **4)** $B = 160$ mm **5)** $L = 165$ mm **6)** $z = 10$ **7)** $P = 35000$ kp **8)** $\bar{p} = 13{,}3$ kp/cm² **9)** $n = 150$/min **10)** $U = 4{,}63$ m/s **11)** $\vartheta_0 = 20$ °C **12)** $B^2 D = 15{,}1$ l **13)** $\alpha = 2$ mkp/m² s °C **14)** nach Abb. 1.28 ist die Gehäusehöhe $H = 545 + 455 = 1000$ mm, die Länge $L = 820$ mm, nach der Formel von Palmgren wäre $A = \pi \cdot 1{,}0\,(0{,}82 + 0{,}5) = 4{,}15$ m²; die Ermittlung über die einzelnen Flächenteile ergab in guter Übereinstimmung $A = 4{,}284$ m², gerechnet wird mit $A = 4{,}25$ m² **15)** $W_{\text{ax}} = 8{,}46$.

Jetzt ist zunächst das zugehörige W_{rad} zu berechnen, die Flächenlast wird mit rund 12 kp/cm² eingesetzt, was $P = 10000$ kp entspricht. Dann wird nach dem Schema Abb. 1.5: **1)** $D = 360$ mm **2)** $B = 225$ mm **3)** $P = 10000$ kp **4)** $\bar{p} = 12{,}4$ kp/cm² **5)** $n = 150$/min **6)** $U = 2{,}83$ m/s **7)** $S = $ h7/D9 $= 210 + {}^1/_2\,(57 + 140) = 310\ \mu$m **8)** $\psi = 0{,}86\,‰$ **9)** $\vartheta_0 = 20$ °C **10)** Vol $= 23$ l **11)** $\alpha = 2$ mkp/m² s °C **12)** $A = 4{,}25$ m² **13)** $M\omega^* = 73$ mkp/s **14)** $\eta^* = 58{,}1$ cP **15)** NÖ 40 **16)** $So > 1$ **17)** $W_{\text{rad}} = 1{,}13$.

Mit der Annahme gleicher Belastung für die beiden Radiallager und gleicher Temperatur für alle drei Lager wird dann $W_{\text{res}} = W_{\text{ax}} + 2\,W_{\text{rad}} = 8{,}46 + 2{,}26 = 10{,}72$; dieses W gilt für die Temperaturbestimmung. Unter Verwendung von **15)** Öl 6 E/50 entsprechend NÖ 40 mit $\eta = 40$ cP/50 °C folgt nach Abb. 1.27 **18)** $\vartheta_{20} = 67$ °C **19)** $\vartheta = 67$ °C **20)** $\eta = 20$ cP **21)** $n_ü = 21{,}8$/min **22)** $n/n_ü = 6{,}9$ **23)** $So = 2{,}9$ **24)** $M\omega = 43{,}0$ mkp/s $= 0{,}57$ PS **25)** bis **27)** entfallen **28)** $f = 1{,}52 \cdot 10^{-3}$.

Weiter folgt für das Axiallager nach dem Schema Abb. 1.25 die gleiche Temperatur **18)** $\vartheta = 67$ °C und die gleiche Viskosität **19)** $\eta = 20$ cP **20)** die Übergangslast wird $P_ü = 1{,}6 \cdot 20 \cdot 15{,}1 \cdot 150 = 72\,500$ kp **21)** $P_ü/P = 2{,}07$ **22)** nach Gl. (9.27) wird $M\omega = 2{,}0 \cdot 4{,}25 \cdot 8{,}46 \sqrt{20} = 322$ mkp/s $= 4{,}3$ PS **25)** bis **27)** entfallen **28)** $f = 322/35\,000 \cdot 4{,}63 = 2 \cdot 10^{-3}$.

Der Reibungsverlust für das gesamte Lagertrio ist $322 + 2 \cdot 43 = 408$ mkp/s $\approx 5{,}45$ PS; daran ist das Axiallager mit 79% beteiligt. Zu dieser Gesamtverlustleistung kommt noch die des jeweils leer mitlaufenden Axiallagers hinzu, die zwar nicht vernachlässigbar klein ist, aber auf die Lagertemperatur wenig Einfluß hat.

Die Rechnung zeigt, daß das Lager mit der hier angenommenen Belastung und Drehzahl an der Grenze der Selbstkühlung liegt. Da dabei keine erhöhte Umgebungstemperatur in Betracht gezogen wurde, ist sofort klar, daß die vorgesehene Ölkühlung notwendig ist, um Betriebssicherheit bei erhöhten Anforderungen und vielseitige Verwendungsmöglichkeit zu sichern.

1.92. Obere Grenze mit Zusatzkühlung

Beispiel 18: Axiallager 260 mm Durchmesser

Von dem kombinierten Axial- und Führungslager, dessen Radiallager im Beispiel 15 behandelt ist, soll hier das Axiallager nachgerechnet werden. Bei diesem ergaben die Daten die Notwendigkeit einer Wärmeabfuhr durch Kühlöl. Die Lagertemperatur wird auf 65 °C festgesetzt; mit dem NÖ 40 (6 E/50), das hier verwendet werden soll, ist die Viskosität dann $\eta = 22$ cP. Die Rechnung liefert mit den Maßen nach Abb. 1.23 im Schema nach Abb. 1.25, von dem hier nur die benötigten Positionen wiedergegeben werden:

1) $D_a = 320$ mm **2)** $D_i = 200$ mm **3)** $D = 260$ mm **4)** $B = 60$ mm **5)** $L = 55$ mm **6)** $z = 12$ **7)** $P = 10\,000$ kp **8)** $\bar{p} = 25{,}3$ kp/cm² **9)** $n = 1500$/min **10)** $U = 20{,}4$ m/s **12)** $B^2 D = 0{,}935$ l **16)** NÖ 40 **18)** $\vartheta = 65$ °C **19)** $\eta = 22$ cP **20)** $P_ü = 49\,300$ kp, oder wenn $P = 10\,000$ kp eine dauernd wirkende statische Last darstellt, $n_ü = 305$/min **21)** $P_ü/P = n/n_ü = 4{,}93$ **22)** $M\omega = 1050$ mkp/s **23)** $h_0 \approx 25\,\mu$m **25)** $Q_T = 15{,}4$ l/min **26)** $\vartheta_1 = 45$ °C; $\vartheta_2 = 55$ °C; $\vartheta_2 - \vartheta_1 = 10$ °C **27)** $Q_K = 35$ l/min **28)** $f = 5{,}15 \cdot 10^{-3}$.

Zu beachten ist vor allem die große Verlustleistung, sie ist zehnmal größer als die des zugehörigen Führungslagers im Beispiel 15. Die Ursache dafür ist der größere Durchmesser der Axiallager gegenüber dem der Welle, daraus folgt das große Reibungsmoment. Trotzdem ist die Reibungszahl nur etwa 5‰. Eine Wärmeabfuhr durch Selbstkühlung ist nicht möglich, die wärmeabgebende Oberfläche nach Abb. 1.23 wäre eigentlich nur die des Mantels. Nimmt man die Deckelfläche hinzu, so wird $A \approx 0{,}6$ m². Durch diese Fläche könnten bestenfalls etwa ³/₄ PS an die Umgebung abgegeben werden, es werden aber insgesamt 15 PS vom Axial- und Führungslager entwickelt. Die Kühlölmenge ist größer als die zum Tragen benötigte. Für den Konstrukteur ist wichtig, daß das Öl gleichmäßig den einzelnen Segmenten zugeführt wird. Im vorliegenden Fall liegen die Gleitschuhe unterhalb des Ölspiegels, das Öl wird innen zugeführt und durchströmt die radialen Zwischenräume; dabei führt es den Segmenten Frischöl zu und nimmt das erwärmte von den Gleitschuhen mit nach außen.

Werden Ölversorgung und die zweckmäßige Verteilung bei der Konstruktion nicht genügend berücksichtigt, so gibt es Versager; über einen solchen Fall berichtet Beispiel 20.

Für dynamische Belastung ist der Wert $P_ü/P$ sicher groß genug; ob dagegen bei statischer Last von 10000 kp, mit der aus der Ruhe heraus angefahren werden muß, der Wert $n/n_ü$ ausreicht, bleibt fraglich, weil darüber weder Messungen noch ausreichende Erfahrungen vorliegen. Bisher konnten nur einige Ergebnisse mit den Formeln verglichen werden, doch laufen bereits entsprechende Versuche, um diese wichtigen Fragen zu klären.

Beispiel 19: Axiallager 750 mm Durchmesser für eine Wasserturbine

Als weiteres Beispiel für die obere Betriebsgrenze soll noch ein mittelgroßes Axiallager der J. M. Voith GmbH, Heidenheim, betrachtet werden, Abb. 1.29. In der Rechnung weist es zwar keine Besonderheiten auf, doch ist im Gegensatz zum folgenden Beispiel zu beachten, welche Sorgfalt in konstruktiver Hinsicht aufgewendet wird, um den Gleitschuhen das Frischöl zu liefern. Ölabstreifer entfernen das von den Segmenten kommende erwärmte Öl, und aus einem Ringkanal erhält jeder Gleitschuh einzeln gekühltes Öl durch eine besondere Rohrleitung. Das Lager ist nun einmal ein wichtiges Maschinenelement, größere Ausführungen erfordern daher auch einen größeren Aufwand, um Betriebssicherheit zu gewährleisten.

Belastung und Drehzahl sind so hoch, daß von vornherein mit Ölkühlung zu rechnen ist. Es soll NÖ 40 verwendet werden, das bei 60 °C eine Viskosität von 26 cP besitzt. Nach dem Formblatt Abb. 1.25 werden die einzelnen Positionen:

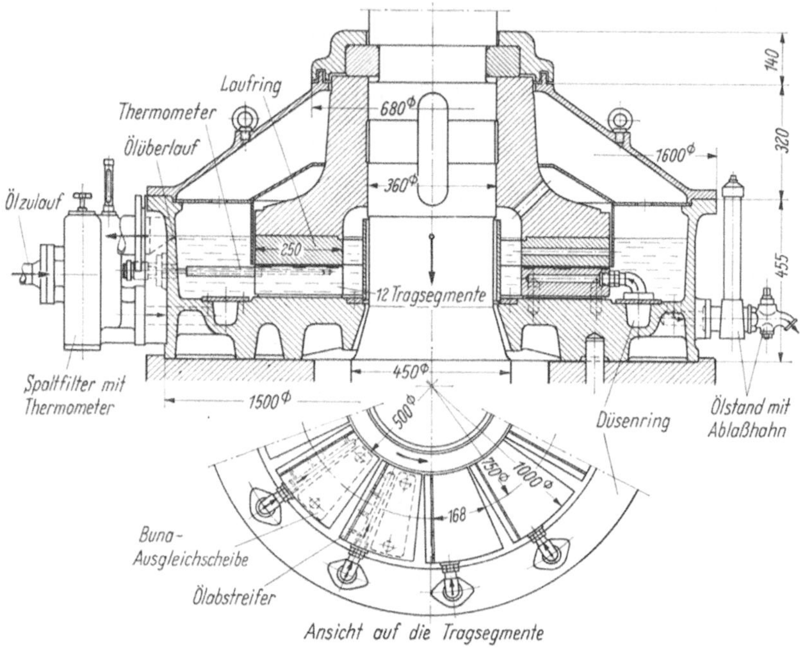

Abb. 1.29. Axiallager für eine Wasserturbine mit senkrechter Welle. $D = 750$ mm, $B = 250$ mm, $P = 155000$ kp, $n = 333$/min

1) $D_a = 1000$ mm **2)** $D_i = 500$ mm **3)** $D = 750$ mm **4)** $B = 250$ mm **5)** $L = 168$ mm **6)** $z = 12$ **7)** $P = 155000$ kp **8)** $\bar{p} = 30{,}8$ kp/cm² **9)** $n = 333$/min **10)** $U = 13{,}1$ m/s **11)** $\vartheta_0 = 20$ °C **12)** $B^2 D = 46{,}75$ l **16)** NÖ 40 **18)** $\vartheta = 60$ °C **19)** $\eta = 26$ cP **20)** $P_ü = 650000$ kp **21)** $P_ü/P = 4{,}2$ **22)** $M\omega = 4060$ mkp/s $= 40$ kW $= 54$ PS **23)** $h_0 = 41\,\mu$m **25)** $Q_T = 67{,}5$ l/min **26)** $\vartheta_2 - \vartheta_1 = 10$ °C **27)** $Q_K = 136$ l/min **28)** $f = 2 \cdot 10^{-3}$.

Die wärmeabgebende Oberfläche des Gehäuses einschließlich Deckel ist etwa 4,2 m², damit kann noch nicht einmal der zehnte Teil der entwickelten Wärme an die Umgebung abgeführt werden.

1.93 Untere Grenze mit Zusatzkühlung

Beispiel 20: Axiallager 600 mm Durchmesser für eine Vertikalwalze

Als Abschluß der Beispiele im ersten Kapitel sei ein Fall betrachtet, bei dem die untere Betriebsgrenze erreicht wurde und das Lager daher im Verschleißbereich arbeitet. Abb. 1.30 zeigt ein Axiallager für eine Vertikalwalze in einer kontinuierlichen Halbzeugstraße nach einjährigem Betrieb; bis dahin hatten die Lager mit einer Temperatur von mindestens 80 °C gearbeitet. Sie waren an eine große zentrale Ölumlaufanlage angeschlossen, die gekühltes Öl in ausreichender Menge lieferte. Da diese Anlage auch noch schwer belastete Zahnradgetriebe mit zu versorgen hatte, wurde ein Spezialöl mit 18 E/50 °C verwendet.

Die Nachrechnung soll sich auf die Tragfähigkeiten beschränken, da die Temperatur und damit die Viskosität gegeben ist. Sie wird für $n = 30$/min durchgeführt, was der niedrigsten Betriebsdrehzahl entspricht. In unserer Vergleichstafel Abb. 1.1 ist ein Öl 18 E/50 °C nicht enthalten, es liegt aber etwa in der Mitte zwischen NÖ 100 und NÖ 160. Bei 80 °C würde seine Viskosität rund 32 cP betragen. Dann wird mit $D = 600$ mm, $B = 60$ mm; $B^2 D = 0{,}36 \cdot 6 = 2{,}16$ l die Tragfähigkeit nach Gl. (9.18)

$$P_ü = 1{,}6 \cdot 32 \cdot 2{,}16 \cdot 30 = 3320 \text{ kp},$$

das ist für das Walzengewicht von 15000 kp eine nicht ausreichende Übergangslast. Selbst bei der Höchstdrehzahl von 60/min, die den doppelten Wert ergeben würde, wäre das Lager

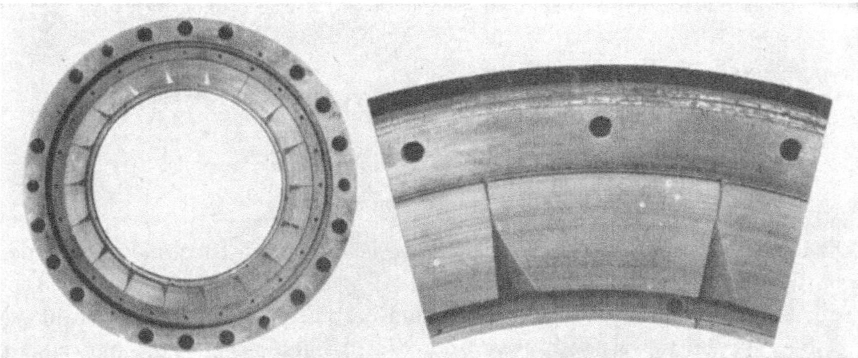

Abb. 1.30. Axiallager für eine Vertikalwalze. $D = 600$ mm, $B = 60$ mm, $P = 15000$ kp, $n = 30$/min

noch im Verschleißbereich. Der in Abb. 1.30 sichtbare Zustand liefert den Beweis dafür durch die deutlich sichtbaren Riefen.

Nun hat das Lager zwei Konstruktionsfehler, die in Abb. 1.30 ebenfalls zu erkennen sind: die radialen Durchflußquerschnitte zwischen den Segmenten sind zu klein und der Übergang in die Tragfläche ist zu scharf. Es erfüllt nicht die von Schiebel (1933), S. 49, ausgesprochene Forderung: „Zwischen den einzelnen Segmenten muß ein Zwischenraum freigelassen werden, damit das gekühlte Öl zuverlässig in voller Breite zu den Einlaufkanten gelangt.“ Statt dessen war wohl die früher herrschende Ansicht maßgebend, nach der größten ausführbaren Tragfläche zu streben. Bei Bach (1901), S. 397, heißt es bei der Besprechung des ebenen Spurzapfens: „Bei Anordnung weiter Schmiernuten entsteht ein nicht unbedeutender Verlust an Auflagefläche; auch vermindert die fortschreitende Abnützung den Querschnitt der Nuten und damit deren Wirksamkeit. Infolgedessen liegt Veranlassung vor, auf möglichst geringe Belastung des Spurzapfens bedacht zu sein.“

Der Betriebsingenieur, dem das große Walzwerk – es kostete etwa 60 Millionen DM im Jahre 1955 – anvertraut wurde, hatte diese Mängel erkannt, doch war der Hersteller zu einer Änderung der Konstruktion nicht bereit. Da mit einer Temperatur von 80 °C ein leidlicher Betrieb möglich war, wartete der Betriebsingenieur die einjährige Garantiezeit ab und führte dann die für eine einwandfreie Funktion notwendigen Änderungen durch. Die radialen Kanäle, durch den Verschleiß fast ganz geschlossen, wurden auf 10 mm Breite und 4 mm Tiefe erweitert, die Einlaufkanten gut gerundet und Keilflächen mit der erforderlichen schwachen Steigung eingearbeitet. Der Erfolg: die Lagertemperatur steigt nicht über 40 °C und bis heute – nach mehr als zehn Jahren – zeigt sich kein Verschleiß.

Bei der niedrigen Temperatur von 40 °C hat das verwendete Öl eine Viskosität von etwa 220 cP. Diese liefert bei $n = 30$/min die Übergangslast

$$P_ü = 1{,}6 \cdot 220 \cdot 2{,}16 \cdot 30 = 22800 \text{ kp}$$

und bei $n = 60$/min das Doppelte. Bei der hohen Viskosität arbeitet das Lager im Bereich vollkommenen Tragens, was der verschleißfreie Betrieb beweist.

Der mittlere Druck ist mit $\overline{p} = 0{,}4 \cdot 15000/6 \cdot 60 = 16{,}7$ kp/cm² keinesfalls hoch. Lager mit weit höheren Flächenlasten arbeiten einwandfrei, wie das im vorhergehenden Beispiel mit $\overline{p} = 31$ kp/cm².

Dieser Fall lehrt dreierlei: 1. wie sehr es auf eine zweckmäßige Konstruktion ankommt, 2. daß das Anstreben einer niedrigen Flächenlast eine überholte Konstruktionsregel ist, weil andere Einflüsse weit wichtiger sind, und 3. daß die Formel für die Tragfähigkeit durch Erfahrungen der Praxis bestätigt wird.

Wird noch die Reibungsleistung bestimmt, so ergibt sich für $n = 30/\text{min}$ mit $U = 0{,}941\,\text{m/s}$ nach Gl. (9.22) $M\omega = 4{,}75 \cdot 0{,}941 \cdot 10^{-2} \sqrt{15000 \cdot 0{,}941 \cdot 0{,}6 \cdot 220} = 61{,}0\,\text{mkp/s} = 0{,}81\,\text{PS}$ und $f = 61{,}0/15000 \cdot 0{,}941 = 4{,}33 \cdot 10^{-3}$. Bei $n = 60/\text{min}$ würde $M\omega = 174\,\text{mkp/s} = 2{,}32\,\text{PS}$ und $f = 6{,}14 \cdot 10^{-3}$ werden. Die Reibungszahlen liegen relativ hoch, eine Folge der geringen Breite B gegenüber dem großen Durchmesser.

Die weiteren Beispiele werden im Zusammenhang mit dem in den einzelnen Kapiteln besprochenen Stoff behandelt und sind an geeigneter Stelle angeordnet.

2. Allgemeines und Grundlegendes

2.1 Einleitende Betrachtungen

2.11 Aufgabe des vorliegenden Buches

Die formale Durchführung der Rechnung ist im ersten Kapitel an verschiedenartigen Beispielen gezeigt, um dem Leser die Gewißheit zu geben, daß der Arbeitsaufwand im Hinblick auf die gewonnenen Ergebnisse durchaus zu verantworten ist. Dabei wurden die Mitteilungen über die physikalischen Vorgänge und über die Herkunft der notwendigen Formeln auf ein Mindestmaß beschränkt. Dennoch muß ein solcher Rechnungsgang eingehend begründet und auf das im Lager ablaufende Naturgeschehen zurückgeführt werden.

Die dafür erforderlichen Betrachtungen helfen aber auch dann, wenn die Grenzen des Bisherigen durch erhöhte Anforderungen erweitert werden sollen. Daher muß das Grundsätzliche vermittelt und eine Abkehr von den Vorstellungen angestrebt werden, die für das Gleitlager in seiner Entwicklung mehr hindernd als fördernd waren, die aber noch bis in die Gegenwart fortwirken.

Es ist nicht einfach, dabei stets eine klare Grenze einzuhalten; denn von der Mitteilung des Notwendigen bis zu dem Sichverlieren in Einzelheiten ist es häufig nur ein Schritt. Auch liegt nicht immer fest, was als hinreichend bekannt vorauszusetzen ist; so wird dem einen Leser vieles geläufig sein, während der andere noch manches vermißt. In diesem Falle möge man aber prüfen, ob hier nicht eine Beschränkung im Sinne von Ziffer 2.15 beabsichtigt sein könnte

Mit dem Hinweis auf entsprechende Literaturstellen wäre zwar dem Suchenden oft schon geholfen, aber neben den notwendigen Aufwand der Beschaffung tritt die Gefahr, daß der Leser aus der betreffenden Arbeit sich ein anderes Bild formt, als es dem Verfasser vorschwebt. Gerade weil in weiten Kreisen immer noch wenig Klarheit über die Grundlagen der Kräfteübertragung zwischen bewegten Maschinenteilen und den damit verbundenen Widerständen herrscht, ist hier besondere Vorsicht geboten.

Daher muß eine letzten Endes kurze Regel zum technischen Handeln auf einem breiten Fundament aufgebaut werden.

Das ist jedoch nichts Besonderes, denn beim Wälzlager liegen die Verhältnisse genauso. Der Rechnungsgang ist einfach; die Bücher über Wälzlager von Jürgensmeyer (1937), Palmgren (1950), Eschmann-Hasbargen-Weigand (1953), Conti (1957/59) und Eschmann (1964) haben einen ebenso erheblichen Umfang nötig, um Konstrukteur und Betriebsmann über alles das zu unterrichten, was mit dem Wälzlager zusammenhängt.

Eine ähnliche Aufgabe ist dem vorliegenden Buch für das Gleitlager zugedacht: Vermittlung der notwendigen allgemeinen Grundlagen, Festlegung der physikalischen Grenzen für die technische Anwendung und Angabe der Maßnahmen für sicheren Betrieb. Nimmt der Ingenieur diese Gedanken richtig auf, so ist ein gewichtiger Schritt vorwärts in Richtung auf die Verwirklichung einer modernen und technisch möglichst vollkommenen Lagerung getan. Diese zu erreichen, setzt beim Konstrukteur gleichwertige Kenntnisse über Gleit- und Wälzlager voraus.

2.12 Betriebssicherheit und Rechnung

Auf Betriebssicherheit auszulegen ist oberstes Gebot bei der Gestaltung von Maschinen; dafür ist notwendig, daß jeder Bauteil die ihm zukommende Aufgabe einwandfrei erfüllt. Das ist dann der Fall, wenn die physikalischen Größen, die für die störungslose Funktion der Maschinenelemente verantwortlich sind, sich innerhalb der als zulässig erkannten Grenzen bewegen. Ein Urteil darüber, ob diese eingehalten werden, ermöglicht am besten die Rechnung.

Lager machen hierbei keine Ausnahme. Der Rechnungsgang für das Wälzlager konnte bereits in einfache Formen gebracht werden, doch ebenso einfach ist auch die Rechnung für das Gleitlager. Dazu gehört allerdings ein bestimmtes Wissen auf diesem Gebiet, das nicht groß, aber geordnet sein muß. Was bisher darüber in Büchern und Aufsätzen gebracht wurde, läßt die notwendige Ordnung nicht immer erkennen.

Die Vorgänge im Gleitlager unterliegen Naturgesetzen, von denen man wissen muß, wie sie sich im Betrieb zahlenmäßig auswirken. Zunächst ist also eine hinreichende Kenntnis der physikalischen Grundlagen notwendig, dann erst kommt der zahlenmäßige Zusammenhang, die Formel. Ohne wirklichkeitsnahe Grundlagen kann es keine brauchbare Formel geben.

Die Umkehrung des letzten Satzes gilt ebenfalls weitgehend; ein richtiges Verstehen wird durch die Rechnung sehr gefördert. Das Zusammenfassen der Gedanken in der klaren Ausdrucksweise der mathematischen Gleichung und die Behandlung zweckmäßig gewählter Beispiele erleichtern das Verständnis ganz erheblich. Das ist eine Tatsache, deren Richtigkeit durch die Praxis täglich neu bewiesen wird.

Um das Betriebsverhalten von Gleitlagern als Ausgang für die weiteren Betrachtungen kennenzulernen, lassen sich verschiedene Wege begehen; der meist beschrittene ist der über die Rechnung, die aus der Lehre von der Bewegung zäher Flüssigkeiten hergeleitet wird. Er hat zwei Nachteile, einmal ist er mühsam und nicht für jedermann durchsichtig, zum anderen zweifelt man vielfach an der Brauchbarkeit und der Anwendbarkeit der Rechnungsergebnisse auf die Praxis. Der erste Einwand besteht zu Recht, der zweite nicht. Es heißt, die Rechnung mache von Voraussetzungen Gebrauch, die in der Wirklichkeit nicht erfüllt seien. Das ist zwar richtig, aber das gilt schließlich für jede technische Rechnung, die immer nur eine Annäherung an die Wirklichkeit darstellt. Ist diese Annäherung aber für die Praxis hinreichend genau, dann liegt kein Grund vor, sich ihrer nicht zu bedienen. So ist es bei der üblichen Festigkeitsrechnung oder der Anwendung der Hertzschen Gleichungen für die Berührung fester Körper auf die Wälzlager. Die Lagerberechnung entspricht nun aber ebenso den Ansprüchen der Praxis auf Brauchbarkeit; deshalb ist der zweite Einwand nicht berechtigt.

Dennoch war in der ersten Auflage dieses Buches nicht in der üblichen Weise von den Grundgleichungen der Mechanik, sondern von einer geschichtlichen Betrachtung ausgegangen, nämlich wie man früher nach BACH Lager berechnet hat und wie sich der Rechnungsgang und die ihm zugrunde liegenden Erkenntnisse bis heute geändert und vervollständigt haben.

Hier wird nun ein anderer Versuch gemacht, das geordnete Wissen vom Gleitlager zu vermitteln, und zwar über die *Größe* der zu erwartenden *Temperaturen* und *Reibungsverluste*. Unter Ziffer 2.33 werden diese Werte für ein normales Ringschmierlager mitgeteilt, so wie sie sich aus experimentellen Untersuchungen ergeben. Daraus werden alle für den Betrieb wichtigen Größen abgeleitet; ihr Erfassen durch Formeln ist bereits unter Ziffer 1.2 wiedergegeben. In den folgenden Kapiteln werden die einzelnen Formeln näher begründet, um eine allgemeine Lehre vom Gleitlager zu geben und dem Leser die Behandlung auch nicht mehr einfacher Fälle zu ermöglichen.

2.13 Welche Lager können berechnet werden?

In diesem Buch wird unter der Bezeichnung „Lager“ das verstanden, was in den Lehr- und Handbüchern der Maschinenelemente und des Maschinenbaus unter diesem Begriff zu finden ist. Lager sind Stützen für sich drehende oder schwingende Maschinenteile, also für Zapfen, Achsen und Wellen, von denen Kräfte auf andere — meist raumfeste — Bauelemente übertragen werden. Das Wichtige beim Lager ist die bei der *sichtbaren Bewegung* übertragene *nicht sichtbare Kraft.*

Lager ist ein Unterbegriff des allgemeineren der Lagerung, der jede bewegliche Verbindung von Maschinen- und Bauteilen umfaßt; Türangel und Achsschenkelbolzen, Steuer- und Regelorgane, Knie- und Kugelgelenke, Gleitbahnen und Führungen, um einiges neben den eigentlichen Lagern zu nennen. Der Begriff selbst beschränkt sich auf die Lagerung umlaufender oder schwingender Maschinenteile, sowohl für Dauer- als auch für Aussetzerbetrieb: Transmissionslager, Maschinenlager, Achslager, Kolben- und Kreuzkopfbolzenlager sowie Schwinghebellager.

Die *Lager* allein betrachtet man bereits ganz allgemein als *Maschinenelemente,* die zu lagernden *Achsen* und *Wellen* werden für sich gesondert behandelt und ebenfalls als *Maschinenelemente* bezeichnet. Die Zweckmäßigkeit dieses Vorgehens zeigt sich bei Kurbelwellen besonders deutlich. Ebenso sinnvoll ist es aber auch, die *kräfteübertragende Zwischenschicht* in der Form eines Flüssigkeits-, Fett- oder Gasfilmes als *Drittes* getrennt mit aufzuführen, denn *von den Vorgängen in dieser Schicht hängt die Funktion des Lagers ebenso ab wie von der Festigkeit seiner Bauteile und der Konstruktion.* Nur ist hier der Ausdruck Maschinenelement nicht mehr angebracht, weil darunter immer Gebilde aus festen Körpern verstanden werden. Andererseits läßt sich das Naturgeschehen in der *Tragschicht* rechnerisch verfolgen und vom Konstrukteur ebenso behandeln wie Festigkeits- oder Wärmebetrachtungen, daher ist die Bezeichnung *Konstruktionselement* zweckmäßig.

Die Berechnung der Lager erfolgt auf Betriebssicherheit. Betriebssicher ist ein Lager dann, wenn es weder heiß läuft noch unzulässig verschleißt. Ursache derartig unerwünschter Zustände ist meist ein Versagen der Ölversorgung, sofern es nicht äußere grobe Veränderungen, wie Wellen- oder Lagerkörperbruch oder Eindringen von Fremdkörpern sind.

Falsche Dimensionierung würde sich von vornherein bemerkbar machen und einen ordnungsmäßigen Betriebszustand gar nicht aufkommen lassen. Danach ergibt sich eine klare Einteilung hinsichtlich der Möglichkeit einer Berechnung. Es können berechnet werden:

1. Alle Lager, die bei Versagen der Ölversorgung heiß laufen.
2. Alle Lager mit dauernder Drehbewegung, die bei Versagen der Ölversorgung in unzulässigem Maße verschleißen.

Lager laufen nicht heiß, sondern verschleißen nur, wenn

a) die Gleitgeschwindigkeit so gering ist, daß die Reibungswärme an die Umgebung bei einer Gehäusetemperatur abgeführt wird, die nicht als unzulässig hoch anzusehen ist,

b) bei höheren Geschwindigkeiten unterbrochener (intermittierender) Betrieb vorliegt, der wegen der Abkühlung im Stillstand keine als zu hoch empfundene Temperatur aufkommen läßt,

c) bei höheren Gleitgeschwindigkeiten die Reibungswärme durch besonders wirkungsvolle Kühlmaßnahmen — armdicke Wasserstrahlen — abgeführt wird (Walzwerks- und Schiffsmaschinenlager älterer Bauart).

In allen Fällen wird entweder schlechte oder gar keine Öl- oder Fettzufuhr vorliegen, denn bei ausreichender Versorgung würden die Bedingungen, unter denen Verschleiß zustande kommt, nicht auftreten. Gewisse Beträge des Abriebes wurden früher mit der Bezeichnung ,,natürlicher Verschleiß“ als etwas Unumgängliches in Kauf genommen.

Der Berechnung in bezug auf Betriebssicherheit sind also nur Gleitlager mit umlaufender Bewegung zugänglich. Bei Schwinglagern hingegen muß die in Einzelfällen gewonnene Erfahrung die nötigen Unterlagen für weiteres Arbeiten vermitteln.

Die Berechnung kann als zahlenmäßige Aussage naturgesetzlicher Zusammenhänge nur die Notwendigkeiten angeben, die zur Verwirklichung des beabsichtigten Geschehens erfüllt sein müssen. Sie ist nicht imstande, Sonderbedingungen hinsichtlich wirtschaftlicher oder anderer Zweckmäßigkeitsforderungen mit zu berücksichtigen. Lager mit hoher Last und niedriger Drehzahl brauchen hohe Viskositäten, hohe Gleitgeschwindigkeiten machen dünnflüssige Öle erforderlich. Nötigenfalls muß also ein Maschinenaggregat mit verschiedenen Ölen oder bei demselben Öl mit verschiedenen Temperaturen betrieben werden, wenn ein sinnvolles Arbeiten zustande kommen soll. Auch sind bei hohen Gleitgeschwindigkeiten hinreichende Ölmengen bereitzustellen, die ungewohnt groß erscheinen, aber notwendig sind. Gerade in bezug auf die Ölversorgung werden nämlich sowohl vom Hersteller als auch vom Betreiber oft unmögliche Forderungen gestellt, ebenso oft will man mit viel zu hohen Flächenbelastungen fahren. Man kann von der Rechnung nicht verlangen, daß sie Unmögliches erfüllen hilft; sie kann nur eine Aussage dahingehend geben, was geschehen muß, um einen ordentlichen Betrieb zu gewährleisten.

Aus dieser Sachlage heraus wendet sich das Buch sowohl an den Konstrukteur, als auch an den Betriebsingenieur; beide müssen über die lauftechnischen Vorgänge unterrichtet sein. Nur dann, wenn der Konstrukteur die Erfordernisse in dieser Hinsicht kennt, kann er richtig gestalten, und nur dann, wenn der Betriebsingenieur die für sicheren Lauf notwendigen Bedingungen dauernd erfüllt, kommt ein zufriedenstellendes Arbeiten der Maschine zustande.

Nach dem Vorhergehenden ist eine sehr große Anzahl von Gleitlagern der Rechnung zugänglich, aber alle sind es nicht. Lager, die nicht im Dauerbetrieb arbeiten, also solche, die von Zeit zu Zeit nur wenige Umdrehungen machen, so daß sich keine tragfähige Schicht zwischen Welle und Schale ausbilden kann, sind mit den weiterhin entwickelten Berechnungsverfahren nur teilweise oder gar nicht erfaßbar. Das braucht nicht unbedingt ein Nachteil zu sein. Vielfach wäre eher zu erörtern, ob ein Gleitlager unter derartigen Bedingungen überhaupt das geeignete Maschinenelement darstellt. Ein solches Vorgehen wäre sicher besser als zu versuchen, die Rechnungsverfahren entsprechend zu erweitern. Der Konstrukteur muß die verschiedenen Lagerungsmöglichkeiten bei Drehbewegung kennen, um zu wissen, welche er für den jeweiligen Fall zweckmäßig einsetzt. Darüber wird jedoch erst später nach einer gründlichen Bekanntschaft mit dem Betriebsverhalten des normalen Gleitlagers gesprochen; die Ausführungen darüber finden sich unter Ziffer 2.24.

2.14 Die Stellung der Rechnung im Rahmen der technischen Gesamtaufgabe

Mit den vorstehenden Bemerkungen soll nun nicht etwa gesagt werden, daß die Rechnung das A und O in der Lagerfrage darstelle, sie hat auch hier keine andere Aufgabe als sonst im Rahmen der übrigen Konstruktionsaufgaben des Maschinenbaues. Treffend hat TEN BOSCH (1951), S. 10, die Stellung der Rechnung in der technischen Aufgabe als Ganzes gekennzeichnet:

„Es mag anfänglich recht schwierig erscheinen, eine ‚brauchbare' Lösung zu entwerfen, aber es ist auch ziemlich gleichgültig, ob diese Annahme sich nachträglich als vollständig unbrauchbar herausstellt, denn die Nachrechnung zeigt sofort, wo der Fehler liegt und wie es besser zu machen ist. *Der Entwurf geht der Rechnung voraus.* Bei aller Wertschätzung der Rechnung darf nie vergessen werden, daß diese nur ein notwendiges (oft recht einseitiges) Hilfsmittel ist, während das Endziel in der Formgebung und Herstellung liegt, also ein konstruktives und werkstattechnisches Problem ist. Die konstruktive Aufgabe besteht darin, für gegebene Verhältnisse die einfachste und in jeder Beziehung beste Lösung zu finden. Das Abwägen der Vor- und Nachteile der verschiedenen Lösungsmöglichkeiten ist eine vielseitige und verantwortungsvolle Aufgabe, die hohe Anforderungen an den Konstrukteur stellt. Bei der überragenden Bedeutung der konstruktiven Formgebung scheint es fast unbegreiflich, daß eine systematische Konstruktionslehre heute noch vollständig fehlt."

Auch in diesem Buch soll noch keine eigentliche Konstruktionslehre des Lagers gegeben werden. Die Rechenbeispiele werden dagegen an brauchbaren und in der Praxis bewährten Konstruktionen erläutert. Es gilt zunächst, den Rechnungsgang für Gleitlager dem Konstrukteur ebenso nahezubringen, wie er mit ihm für die Wälzlager vertraut ist.

2.15 Die im Buch behandelten Beispiele

Wenn im vorigen nicht viel mehr gesagt wird, als daß die entwickelten Berechnungsvorgänge praktisch auf alle Gleitlager für Dauerbetrieb anzuwenden sind, so darf der Leser unter den gebrachten Beispielen nun nicht etwa solche aus *allen* Gebieten des Maschinenbaues erwarten. In vielen, beinahe den meisten Fällen, ist das Gleitlager ein Teil der Maschine und mit ihr organisch verwachsen und nur etwa in der Form von Stehlagern ein selbständiges Gebilde. Die Beispiele sind vornehmlich unter dem Gesichtspunkt ausgewählt, die entwickelten Gedankengänge zu erläutern und rechnungsmäßig auszulegen; sie dienen mehr der Vertiefung des gebotenen Stoffes und sollen dessen Handhabung erleichtern. Gerade dafür sind die Beispiele aus der Praxis von besonderem Wert. Mit Hilfe der vermittelten grundlegenden Erkenntnisse ist es jedoch möglich, für die weitaus meisten Fälle den passenden Ansatz zu finden und das im Lager ablaufende Geschehen richtig zu deuten.

Vielleicht wird der Leser auch manches vermissen, was er über Gleitlager sonst gehört hat. Die historische Entwicklung weist eine ganze Reihe von Anschauungen auf, die vom Maschinenbau oder von der Werkstoff- und Schmiermittelseite beigetragen wurden. Nicht alle verdanken ihr Entstehen einer hinreichenden Kenntnis der physikalischen Vorgänge im Gleitlager; derartige Ansichten können sich auf die Dauer nicht halten, dennoch wirken sie bis in die Gegenwart hinein, darüber wird im 2. Band einiges gesagt. Das vorliegende Buch bemüht sich, nur das zu bringen, was als gesichert anzusehen und dem Gleitlager nützlich ist. Was es aus Platzgründen — wie etwa in der Werkstofffrage — nicht zu bringen vermag, wäre den Werken zu entnehmen, auf die jeweils hingewiesen wird.

Eines dürfte wohl neu sein in diesem Buch: jedem Berechnungsbeispiel wurde eine durchgeführte Konstruktion zugrunde gelegt und ein Bild des zu berechnenden Lagers gezeigt. Damit ist dem Konstrukteur die Möglichkeit gegeben, trotz der Vielfalt seiner Aufgaben die Brücke von der Berechnung zur Ausführung zu schlagen. Die Erfüllung der Bedingungen im Gleitraum des Lagers ist stets wichtiger als die äußere Gestaltung, die weitgehend freies Handeln erlaubt.

In dieser Auflage sind die Beispiele anders geordnet als in der ersten, die aufbauend von einfachen zu schweren Begriffen vorging und erst im 6. Kapitel eine zusammenhängende Berechnung nach Durcharbeitung der wesentlichen Grundlagen brachte. Hier werden diese einleitend mitgeteilt und später erst begründet. Dafür werden aber von vornherein vollständige Durchrechnungen gezeigt, um den Leser mit der Handhabung der Rechnung vertraut zu machen.

Die einführenden Beispiele im 1. Kapitel sind so gewählt, daß sie mit der großen Verschiedenartigkeit der Fälle bekannt machen. Dadurch, daß von Anfang an vollständige Berechnungen gebracht werden, sind die Beispiele inhaltsreicher und straffer gefaßt.

Im Vordergrund der Betrachtungen stehen die Lager für Einzelausführungen und Großmaschinen, die in den seltensten Fällen eine experimentelle Vorerprobung erlauben. Solche Maschinen werden manchmal schon verkauft, wenn die Konstruktion noch auf dem Reißbrett ist, hinterher sollen sie sofort betriebssicher laufen. Das erfordert eine völlige Beherrschung der notwendigen Maßnahmen für Auslegung und Bau. Wesentlich günstiger liegen die Bedingungen für eine Prüfung vor dem Verkauf bei serienmäßig hergestellten Maschinen, wie etwa beim Kraftwagenmotor und allen Maschinen mit Lagern kleinerer Abmessungen. Da wird ein neuer Typ erst nach gründlicher Erprobung in den Handel kommen; etwaige Mängel bei den Erstentwürfen werden bald erkannt und lassen sich dann leicht beseitigen. Bei der Einzel- und Großmaschine ist das Risiko entschieden größer, deshalb wird deren Lagern hier erhöhte Aufmerksamkeit gewidmet.

2.2 Die im Gleitlager wirkenden physikalischen Vorgänge

2.21 Der mit dem Manometer meßbare Druck im Tragfilm

Unter Ziffer 2.13 war das Lager als das Maschinenelement gekennzeichnet worden, in dem Kräfte von drehenden oder schwingenden Wellen auf andere, meist ruhende Bauteile übertragen werden. Notwendig zu wissen ist, welche physikalischen Vorgänge sich dabei abspielen, weil diese das Betriebsverhalten des Lagers bestimmen.

Vor allem muß bekannt sein, wie die Aufnahme der Kräfte zustande kommt. Diese Tragwirkung wurde von B. Tower (1883) durch Zufall entdeckt. Im Rahmen einer großen Untersuchungsreihe zur Bestimmung der Reibung in Zapfenlagern wurden verschiedene Öle und Schmiernutenanordnungen durchgeprüft. Dabei wurde auch die Versorgung durch ein Ölbad erprobt, zu der man anscheinend wenig Vertrauen hatte, denn es war in der Mitte noch eine Bohrung für eine etwa notwendig werdende Zusatzölung vorgesehen.

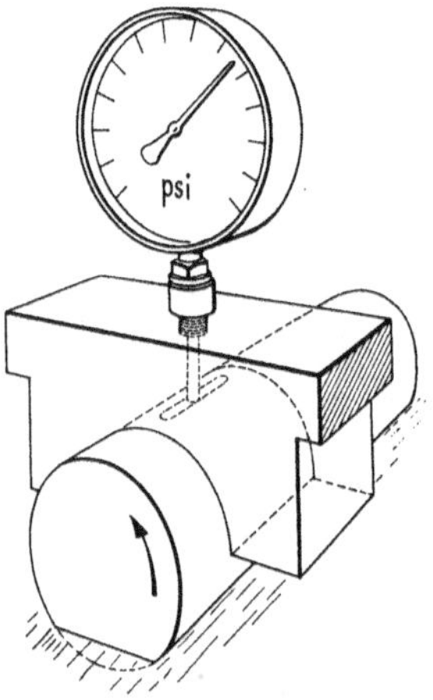

Abb. 2.1. Schema der Versuchsanordnung von Tower

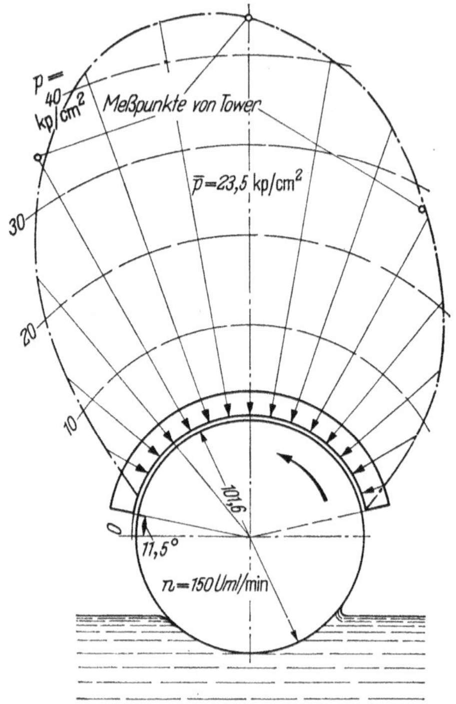

Abb. 2.2. Von Reynolds gerechnete Druckverteilung mit den Meßpunkten von Tower

Beim Versuch beobachtete man nun das Gegenteil des Erwarteten: Aus der Bohrung lief Öl heraus! Um Verluste zu vermeiden, trieb man in das Loch einen hölzernen Pflock, der aber bei der Fortsetzung der Versuche herausgedrückt wurde. Es mußte also ein hoher Druck vorhanden sein; ein aufgesetztes Manometer zeigte 13,5 kp/cm² bei einem mittleren Flächendruck von nur 7 kp/cm².

Das Wesentliche der Towerschen Anordnung mit dem aufgesetzten Manometer zeigt Abb. 2.1 mit nur einer Druckanbohrung in der Mitte des Scheitels. Bei späteren Messungen hat Tower das ganze Druckfeld in der Tragschicht zwischen Zapfen und Schale bestimmt. Im Vergleich mit den Rechnungen von Reynolds (1886) zeigt Abb. 2.2 die Druckverteilung für den Mittelschnitt. Tower folgerte aus diesen Ergebnissen die Bedeutung einer ausreichenden Versorgung der Gleitstellen mit Öl, das eine tragfähige Schicht bilden soll. Ebenso wurde erkannt, daß die Ölzufuhr an Stellen erfolgen müsse, wo kein Druck vorhanden ist, darauf vertrauend, daß es durch die Adhäsion zwischen Öl und Zapfen in das Druckgebiet gebracht wird.

Solche Druckmessungen sind verhältnismäßig wenig wiederholt worden, hier seien O. LASCHE (1918), A. BUSKE (1951) und TH. CARL (1963) genannt.

2.22 Die Voraussetzung für die Druckentwicklung: Der konvergente Tragspalt

Die lastaufnehmende Wirkung des Ölfilms erklärte REYNOLDS im Anschluß an die Versuche TOWERS in einer großen Arbeit aus dem Jahre 1886. Er erkannte, daß der Tragfilm nicht überall die gleiche Stärke haben darf, sondern am Einlauf dicker sein muß als am Auslauf. Beim Zapfenlager ist die Möglichkeit dafür ohne weiteres gegeben, wenn die Lagerbohrung etwas — um das Lagerspiel — im Durchmesser größer ist als der Zapfen, der dann exzentrisch in der Schale liegt.

Die Druckentwicklung kommt dadurch zustande, daß das Öl weder am Zapfen noch an der Schale gleitet. Durch die Viskosität bildet sich zwischen deren Oberflächen eine stetige Geschwindigkeitsverteilung aus, wodurch die Flüssigkeit mit in den sich verengenden Spalt hineingezogen wird. Hier tritt nun ein Stauen auf, weil das Öl nicht zusammendrückbar ist und die anfänglich mitgenommene Menge nicht mehr durch den enger werdenden Gleitraum hindurch kann. Die Folge davon ist ein positiver Flüssigkeitsdruck, der einerseits die zuviel hereingenommene Menge seitlich oder gar der Bewegungsrichtung entgegen aus dem Gleitraum herausfließen läßt, zum anderen aber auch die begrenzenden Flächen, also Zapfen und Schale, auseinander drängt. Auf diese Weise wird die vom Lager aufzunehmende Last getragen und eine unmittelbare Berührung der festen Körper verhindert.

An die Stelle der großen Festkörperreibung tritt dann die wesentlich kleinere Flüssigkeitsreibung und ein entsprechend leichter Lauf der Welle im Lager. Das Wesentliche dabei ist der sich verengende Tragspalt; zwischen parallelen Flächen kann ein solcher Druck nicht entstehen.

Eine Ausnahme macht der „thermische Tragkeil" von FOGG (1946) für Axiallager mit hohen Geschwindigkeiten und kleiner Last, bei dem die Erwärmung und die damit verbundene Ausdehnung des Öls eine Volumenvergrößerung hervorruft, die in gleicher aber zahlenmäßig viel kleinerer Weise wirkt wie die geometrische Gestalt des sich verengenden Gleitraumes.

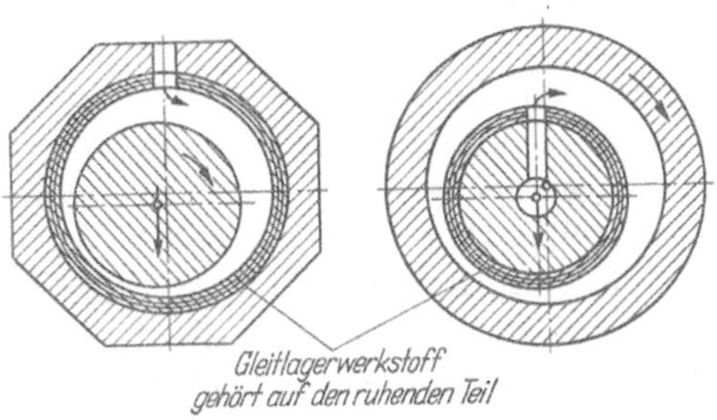

Abb. 2.3. Latente Gestalttragfähigkeit des Radiallagers
Der Durchmesserunterschied zwischen Bohrung und Welle sowie die Exzentrizität geben von vornherein die für das Tragen notwendige Geometrie, den konvergenten Ölspalt, ohne besonderes Zutun des Konstrukteurs

Diese Form ist beim Zylinderlager durch die Differenz zwischen Wellen- und Bohrungsdurchmesser, dem Lagerspiel, ohne weiteres gegeben, wenn die Welle exzentrisch liegt. Das veranschaulicht Abb. 2.3 links für die sich drehende, rechts für die ruhende Welle, um die sich ein Laufrad, etwa das eines Kranes oder eines Planetengetriebes dreht. Dabei soll gleich im Rahmen dieser grundlegenden Betrachtungen erwähnt werden, daß der Lagerwerkstoff jeweils auf den feststehenden Teil gehört, um voll zur Wirkung zu kommen. Die im umlaufenden Teil angebrachten Laufbuchsen haben größeren Verschleiß, der sich erheblich verringern läßt, wenn der Lagerwerkstoff auf der festen Achse angebracht wird.

Ohne diese geometrischen Verhältnisse, der durch sie bedingten Druckentwicklung und der daraus folgenden Tragfähigkeit wäre der Maschinenbau von heute unmöglich gewesen. Bedauernswert ist, daß die Zusammenhänge viel zu spät bekannt wurden und daß ihre Kenntnis bis heute noch nicht Allgemeingut der ausführenden Technik ist. Das Zylinderlager bringt etwas mit, was dem Maschinenbauer nicht bewußt war und ihn fast vollständig jeden Nachdenkens

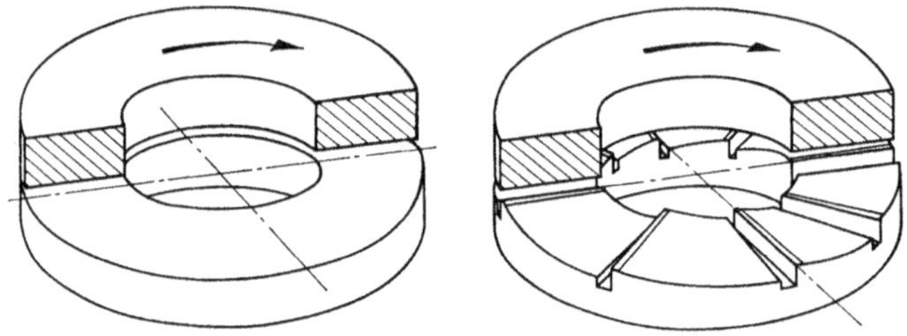

Abb. 2.4. Fehlende Gestalttragfähigkeit des Axiallagers

Besondere konstruktive Maßnahmen schaffen die für das Tragen notwendige Geometrie, erst durch den aufgeteilten Ring und die schräg gestellten Sektoren entsteht der konvergente Ölspalt

über die Vorgänge bei der Kräfteübertragung und der damit verbundenen Widerstände enthob. Wir glauben diesem Umstand am besten dadurch Rechnung zu tragen, daß von „latenter Tragfähigkeit" gesprochen wird, weil diese Wirkungen sich dem Bewußtsein gegenüber latent = versteckt verhalten.

Beim Axiallager liegen diese Verhältnisse nicht vor, Abb. 2.4 mag das veranschaulichen. Rotationsflächen liefern im Fall des Axiallagers immer nur den gleichen Querschnitt, einen Parallelspalt, Abb. 2.4 links. Hier fehlt die Voraussetzung für eine Druckentwicklung, der sich verengende Gleitraum. Die Ölmenge hat dabei gar keinen Einfluß; während im Zylinderlager manchmal sehr geringe Ölmengen genügen, um ausreichende Tragwirkung zu erreichen, kann ein Axiallager völlig unter Öl stehen und dennoch heißlaufen.

Für eine wirkungsvolle Tragfähigkeit müssen deshalb hier die sich verengenden Querschnitte durch besondere Maßnahmen geschaffen werden. Das erreichten Michell und Kingsbury dadurch, daß der feste Tragring in Sektoren aufgeteilt und mit geneigter Oberfläche dem bewegten Tragring gegenüber angeordnet wurde, wie die rechte Seite von Abb. 2.4 zeigt. Hier muß die Voraussetzung zum Tragen durch besondere Maßnahmen erarbeitet werden.

Ob die Sektoren dabei durch fest eingearbeitete Keilflächen geschaffen werden, wie es Abb. 2.4 zeigt, oder ob einzelne kippbeweglich gelagerte Tragschuhe durch Selbsteinstellung die Keilspalte liefern, wie nach Michell und Kingsbury, ist grundsätzlich ohne Bedeutung. Auf das Betriebsverhalten hat es aber einen Einfluß: Das Lager mit festen Keilflächen ist nur für einen bestimmten Zustand günstig ausgelegt, die kippbeweglichen Tragschuhe stellen sich von selbst in die jeweils günstige Lage ein.

2.23 Das hydrostatische Lager

Die von Tower und Reynolds gewonnene Erkenntnis zeigte, daß es sich beim ordnungsgemäß arbeitenden Lager um eine Pumpwirkung durch Reibung handelt, die den zum Tragen der Last notwendigen Druck in der Tragschicht erzeugt. Ebenso ist es möglich, durch eine außerhalb des Lagers befindliche besondere Pumpe die Tragflüssigkeit unter dem nötigen Druck zwischen die Gleitflächen zu drücken, so daß keine Berührung eintreten kann.

Dieser Gedanke ist alt. Er stammt von dem durch seine Konstruktionen im Wasserturbinenbau bekannten französischen Ingenieur L. D. Girard (1862a). Allerdings wollte er zunächst das Eisenbahnrad ersetzen und die Wagen zu Schlitten umbauen: „Um die Reibung zu vermindern, sollen die Fahrzeuge hohle Gleitschuhe erhalten, die sich auf breiten Schienen bewegen; durch Einführen von Wasser in die Höhlungen der Gleitschuhe unter so hohem Druck, der zum Anheben ausreicht, verbunden mit allseitigem Austritt, wird dann jede Reibung von Metall auf Metall vermieden. Auf diese Weise vollzieht sich das Gleiten auf einer dünnen Wasserschicht und der Widerstand ist fast völlig beseitigt. Außerdem habe ich den Gedanken gehabt, komprimierte Luft statt des Wassers zu verwenden, aber dann mußten die Schienen dauernd geschmiert sein, deshalb habe ich darauf verzichtet. Mit Wasser gibt es keine Schwierigkeiten, die Schienen könnten rosten oder durch Sand und Staub verschmutzt sein, ohne daß sich daraus ein Nachteil ergeben könne."

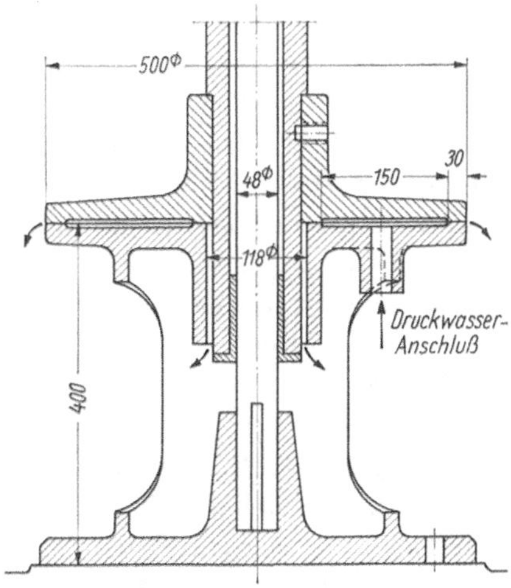

Abb. 2.5. Lager mit fremderzeugtem Tragdruck (hydrostatisches Lager) nach Girard

Weiter beschreibt Girard (1862b) dann die Anwendung dieses Gedankens auf die Axiallager für zwei 135-PS-Wasserturbinen bei 50 m Gefälle. Die Ausführung entspricht etwa der Abb. 2.5. Das Druckwasser für die Lager wurde unmittelbar der Turbinenleitung entnommen und in den Raum zwischen den Tragscheiben der Lager eingeführt; nach neunmonatigem Betrieb zeigte sich noch nicht der geringste Verschleiß. Ein normales Spurlager, das für alle Fälle vorgesehen war, lief nach einer halben Stunde heiß und wurde zerstört.

Trotz dieser und weiterer Erfolge hat sich das hydrostatische Lager im vorigen Jahrhundert nicht durchgesetzt, dazu mag die ablehnende Kritik von C. Bach (1901), S. 526, beigetragen haben: es fehlten aber auch betriebssichere Pumpen für hohe Drücke im Dauerbetrieb. Erst bei der Entwicklung der Dampfturbine ist man darauf zurückgekommen; die Curtis-Turbinen mit senkrechter Welle haben mit vollem Erfolg davon Gebrauch gemacht. Schon um 1900 wurden Maschinen bis 5000 kW mit hydrostatischen Lagern ausgeführt: A. Stodola (1924) S. 424 bringt ein Beispiel und sagt dazu, daß es verdiene, vor dem Vergessen bewahrt zu werden. Die Reibung dieser Lager war so gering, daß eine 5000-kW-Turbine nach dem Abstellen noch vier bis fünf Stunden weiterlief.

Dennoch wurde das hydrostatische Lager nur als Notlösung angesehen, weil zu seinem Betrieb eine dauernde Ölzufuhr unter Druck erforderlich ist und eine Pumpe dafür ununterbrochen laufen muß. Damals war noch unbekannt, daß die Verluste im hydrostatischen Lager mit Einschluß der Pumpenleistung meist kleiner sind als die der hydrodynamischen Lager; im zweiten Band wird näher darauf eingegangen.

2.24 Lagerungsmöglichkeiten bei Drehbewegung

Wenn auch weitere Einzelheiten über das allgemeine Reibungsverhalten — vor allem die Stribeck-Kurve — erst unter Ziffer 2.4 behandelt werden, so mag doch schon an dieser Stelle der Vergleich der einzelnen Lagerungsmöglichkeiten bei Drehbewegung gebracht werden.

Zu beachten ist dabei die Charakteristik des Laufwiderstandes von Gleitlagern: Große Festkörperreibung bei der Drehzahl Null, verhältnismäßig großer Widerstand bei sehr niedrigen Drehzahlen und hohen Lasten, dessen Abnahme mit zunehmender Drehzahl bis zum Stribeckschen Minimum, weiterhin anwachsende Reibung mit steigender Drehzahl im Bereich vollkommenen Tragens durch Druckwirkungen in der Ölschicht.

Das hydrostatische Lager zeigt ein anderes Verhalten. Durch den von außen aufgeprägten Druck wird die Last schon im Zustand der Ruhe von Flüssigkeitsdrücken getragen, und damit setzt sich der Drehbewegung kein Widerstand entgegen; statt der großen Festkörperreibung beim Beginn der Bewegung ist die Reibung gleich Null. Der linke Ast der Stribeck-Kurve verschwindet vollständig.

Auch im Bereich der Flüssigkeitsreibung verhält sich das hydrostatische Lager günstiger als das hydrodynamische. Die Druckerzeugung durch den Reibungsvorgang ist mit Leistungsaufwand verbunden, der größer ist als in einer gut ausgeführten Pumpe, so daß die Verluste im Ringspalt und die Pumpenarbeit zusammen zum Teil erheblich geringer werden als beim hydrodynamischen Lager mit der Druckerzeugung in der Tragschicht selbst. Das gilt vor allem bei sehr hohen Drehzahlen; hier ist für die Ölversorgung eine Pumpe ohnehin notwendig, die beim hydrodynamischen Lager nur den Versorgungsdruck zu liefern hat. Für das hydrostatische Lager muß sie dagegen für den Tragdruck ausgelegt werden; bei hoher Geschwindigkeit ist die Belastung meist nicht groß, so daß die Bereitstellung der Ölmengen unter Tragdruck keinen wesentlich größeren Aufwand nötig macht. Die Wärmeentwicklung im Lager ist aber bedeutend geringer, so daß in vielen Fällen eine besondere Rückkühlung des Öles nicht erforderlich wird. Daher kann die betriebliche Anlage auch nach dieser Richtung hin vereinfacht werden.

Auf die günstigeren Reibungsverhältnisse der hydrostatischen Lager in ihrer Allgemeinheit hat zuerst A. Leyer (1953) hingewiesen.

Wenn zu dem Obigen noch die Eigenschaften der Wälzlager hinzugenommen werden, die ebenfalls eine geringe Reibung bei Beginn der Bewegung aufweisen, so ergibt sich die nachstehende Übersicht, die dem Konstrukteur die zur Verfügung stehenden Lagerungsmöglichkeiten bei Drehbewegung zusammenstellt. Sie ist noch durch die Angaben über Verschleiß und Aufwand für Schmierung ergänzt. Beim hydrostatischen Lager ist der Verschleiß exakt Null; es erfordert aber den größten Aufwand hinsichtlich der Ölversorgung, nämlich die Bereitstellung der notwendigen Ölmengen unter Tragdruck, und seine Betriebssicherheit hängt von diesem Druck ab.

Vergleich der Lagerungsmöglichkeiten bei Drehbewegung

Eigenschaften	Wälzlager	Gleitlager hydrodynamisch	Gleitlager hydrostatisch
Aufnahme der Last durch	Rollkörper	Druck in der Flüssigkeit, selbst erzeugt durch Bewegung bei geeigneter geometrischer Spaltform	Druck in der Flüssigkeit, die von außen unter Tragdruck durch Pumpe zugeführt wird
Reibung beim Beginn der Bewegung	klein	groß, da Festkörperreibung, Haltreibung	Null, da Flüssigkeitsreibung auch in der Ruhe
Reibung im Betrieb	mäßig, da Rollreibung	mäßig, da Flüssigkeitsreibung; der Druck wird durch „Reibungspumpen" mit schlechtem Wirkungsgrad erzeugt	klein, da Flüssigkeitsreibung; der Druck wird durch eine besondere Pumpe mit hohem Wirkungsgrad erzeugt
Lebensdauer	begrenzt durch Materialermüdung im Betrieb	begrenzt durch Verschleiß beim An- und Auslauf; kein Verschleiß im Betrieb	beliebig (unendlich) groß, da Festkörperberührung nur beim Stillstand der Pumpe auftritt
Aufwand für die Schmierung	gering	mäßig	groß

2.3 Die Erscheinungsformen des Reibungsgeschehens im Gleitlager

2.31 Das gegenwärtige Wissen um die Zusammenhänge

In einer Reihe von Vorträgen wurde der folgende Text im Lichtbild gezeigt und gefragt, aus welcher Zeit er stamme und ob er gegenwärtig noch aktuell sein könnte:

„Wenn man trotzdem noch zweifelhaft sein kann, in welchen Fällen die Kugellager technische und wirtschaftliche Vorteile bieten, so liegt der Grund nicht an ungenügender Kenntnis dieser Lager, sondern an dem Mangel widerspruchsfreier und hinreichend vollständiger Mitteilungen über Gleitlager. Im Hinblick auf das Alter und die Verbreitung der Gleitlager mag das zunächst überraschen. Bei näherem Zusehen wird man jedoch leicht gewahr, daß sich bei den Gleitlagern zusammengesetzte Vorgänge übereinander lagern, die sich schwierig trennen und in ihre Elemente auflösen lassen und deren Anteil an der Gesamtwirkung von Fall zu Fall verschieden ist. Müssen wir deshalb auf eine vollständige Erfassung der Vorgänge bei den verschiedenen Gleitlagern verzichten, so macht sich um so lebhafter das Bedürfnis geltend, durch Versuche mit diesen Lagern ihre wesentlichen technischen Eigenschaften festzustellen. Über einige in dieser Richtung gelegene Arbeiten soll hier berichtet werden."

Bekannt war er niemandem, es wurde aber zugegeben, daß er durchaus einer kürzlich oder gar heute erschienenen Veröffentlichung entstammen könne. Tatsächlich ist er der berühmten Untersuchung von STRIBECK (1902), S. 1341, entnommen.

Hier drängt sich die Frage auf: Wie kommt es, daß bei einer so klar formulierten Aufgabenstellung und einem so glänzenden Beitrag, wie ihn STRIBECK durch seine Versuche geleistet hat, unsere Kenntnisse über das Reibungsgeschehen heute — nach 60 Jahren — noch ebenso unvollkommen sind wie damals?

Wir glauben, darauf eine Antwort geben zu können: Die von STRIBECK ausgearbeiteten Ergebnisse sind nicht bis zu den uns in der Praxis begegnenden Erscheinungsformen des Reibungsgeschehens in folgerichtiger Anwendung der Lehren der Mechanik und Thermodynamik ausgewertet worden. Man hat sich mit der Registrierung der Tatsachen begnügt, aber nicht versucht, die angebliche Vielzahl der Vorgänge einzeln zu erklären und ihre wechselseitigen Einflüsse untereinander abzuwägen.

Hier liegt ein offensichtliches Mißverhältnis vor: STRIBECK spricht von *zusammengesetzten Vorgängen*, ausgewertet wurden die Ergebnisse aber *nur* dahingehend, daß man sich mit der Wiedergabe der *Reibungszahlen* begnügte. *Dabei ist bis heute der Technik noch weitgehend fremd, wie groß diese Reibungszahlen in der Maschine sein dürfen.* Deshalb ist in das Rechnungsverfahren im 1. Kapitel die Bestimmung dieser Größe mit aufgenommen, damit neben einer Rechnungskontrolle auch die wirklichen Werte der Reibungszahlen dem Maschinenbauer vor Augen geführt werden. Die Angaben in den Lehr- und Handbüchern sind meist viel zu groß.

Der Verfasser geht deshalb seit einer Reihe von Jahren in seinen Vorlesungen *nicht von der Reibungszahl* aus, sondern beschreitet einen anderen Weg, um den Studierenden mit den Erscheinungsformen beim Gleitlager bekannt und vertraut zu machen. *Dabei werden nur die Temperaturerhöhung und die Leistungsverluste* eines einfachen Gleitlagers betrachtet; sie vermitteln eine Reihe wichtiger, leicht zu überschauender Zusammenhänge, *durch welche die von Stribeck erwähnte Vielfalt auf wenige grundlegende Tatsachen zurückgeführt wird.* Sie lassen sich auch in einfache Formeln kleiden und in praktischen Rechnungen verwerten, wofür das 1. Kapitel den Beweis bereits erbracht hat.

Die Darstellung der Erscheinungsformen geschieht am Beispiel eines einfachen Ringschmierstehlagers: Die Begründung für seine Wahl zeigt der nächste Abschnitt.

2.32 Das für die Betrachtungen zweckmäßige Lager

Wird vom Lager gesprochen, so können darunter sehr verschiedenartige Ausführungen verstanden werden, je nachdem, von welcher Maschine her die einzelnen Interessenten kommen. Fragt man in der Vorlesung: „Wenn Sie das Wort Gleitlager hören, an welches Lager denken Sie dann?“ so werden zunächst Werkzeugmaschinenspindel-, Turbinen- und Motorenlager genannt. Bittet man dann, einmal zu überlegen, ob eine Drehbankspindel mit der hohen Genauigkeitsforderung und dem stark veränderlichen Drehzahlbereich oder die Kurbelwellen- und Pleuellager eines Automobilmotors in einem abgeschlossenen Gehäuse mit Umlaufschmierung wirklich *die* typischen Vertreter der Gattung Gleitlager darstellen, dann wird sofort erkannt, daß es sich hier schon um Sonderentwicklungen handelt. Sie sind zwar in großer Zahl vertreten, aber daß diese Lagerformen als *Schulbeispiel* geeignet seien, *an dem die grundlegenden Zusammenhänge zweckmäßig aufgezeigt werden können*, wird bald verneint. Das gleiche trifft für das Turbinenlager zu. Nach kurzer Diskussion ergab sich immer, das einfache Stehlager mit Ringschmierung müsse als *das* Gleitlager anzusehen sein, aus seinem Verhalten könne man Grundlegendes lernen. Das ist auch tatsächlich der Fall, wie die späteren Ausführungen zeigen.

G. B. Karelitz (1930) kam schon zu einem ähnlichen Ergebnis:

„Das Ringschmierlager hat noch eine große Bedeutung für den Maschinenbau. In Maschinen mit hohen Drehzahlen, wo die in den Lagern entwickelte große Wärme eine zusätzliche Kühlung erfordert, verdrängt die Druckumlaufschmierung allmählich die Schmierringe, die Anwendung der wassergekühlten Lagerschalen geht dabei zurück. Das Ringschmierlager ist aber eine geschlossene Einheit, die wenig Wartung und Unterhaltung erfordert, und überall, wo es zweckmäßig eingesetzt werden kann, wird es vorgezogen. Daher bemüht man sich einerseits, die Leistungsfähigkeit dieser Lager zu erhöhen, andererseits will man bei der Konstruktion einer neuen Maschine das Betriebsverhalten möglichst genau vorausbestimmen, um zu entscheiden, ob ein Ringschmierlager eingesetzt werden kann. – Die Fragen der Betriebssicherheit und des Wärmegleichgewichts der Ringschmierbauart sind grundlegend für das Verhalten jedes Lagers. Noch weitere Betrachtungen über Festigkeit, Abdichtung gegen austretendes Öl oder eindringenden Staub, Möglichkeit leichter Wartung und Unterhaltung und einfache Herstellung sind von Wichtigkeit bei der Konstruktion. Viele Verbesserungen sind in dieser Hinsicht in letzter Zeit verwirklicht worden, um den erhöhten Forderungen der neuzeitlichen Industrie zu genügen und den ernsthaften Wettbewerb mit Kugel- und Rollenlagern erfolgreich zu bestehen."

Für die Ausgangsbetrachtungen soll das in Abb. 1.6 gezeigte Ringschmierlager nach DIN 118 G gewählt werden, mit einseitigem festen Schmierring in der Bauart Falz. Es hat nur eine Tragfläche; heute werden vielfach Lager mit festem Schmierring in der Mitte der Schale ausgeführt, bei denen die Lauffläche geteilt ist. Für grundlegende Versuche soll zunächst die einfache Bauform mit in der Achsrichtung ungeteilter Lauffläche gewählt werden.

Abb. 2.6. Prüfstand für Wärmemessungen

Das Ringschmierlager mit Wärmeabgabe an die umgebende Luft ist nicht der einfachste der zu behandelnden Fälle, das ist der des Lagers mit ausschließlicher Wärmeabfuhr durch Kühlöl, wie er in den Beispielen 6, 7, 11 und 12 behandelt wurde. Das Ringschmierlager stellt aber den *lehrreichsten* Fall dar, zumal die Wärmeabgabe an die Luft immer noch am häufigsten vorkommt.

Die im Folgenden mitgeteilten Ergebnisse sind mit der in Abb. 2.6 gezeigten Versuchsanordnung gewonnen. Die Welle mit 125 mm Durchmesser läuft in zwei Lagern von 70 mm Durchmesser, das Versuchslager wird für Lasten bis zu 3000 kp nach oben gezogen, darüber hinaus durch eine Hydraulik von unten gedrückt. Die Leistungsverluste für die drei Lager werden elektrisch bestimmt und nach den gemessenen Temperaturen, die mit Schreibgeräten fortlaufend aufgezeichnet werden, aufgeteilt. Das Verfahren hat gewisse Schwächen, aber mit einer hinreichenden Anzahl von Versuchspunkten — deren Zahl schon lange fünfstellig ist — lassen sich doch eindeutige Aussagen erzielen.

2.33 Das Betriebsverhalten und die fünf Folgerungen

Zur Beurteilung des Betriebsverhaltens dient die Temperatur, über deren Festlegung unter Ziffer 1.26 bereits das Notwendige gesagt ist. Wird das Lager nach Abb. 1.6 mit dem Normöl NÖ 31,5, dem üblichen „mittleren Maschinenöl“ von 4 bis 5 E/50 bei verschiedenen Belastungen und Drehzahlen betrieben, so ergeben sich die in Abb. 2.7 dargestellten Kurven. Diese liefern fünf wichtige Tatsachen:

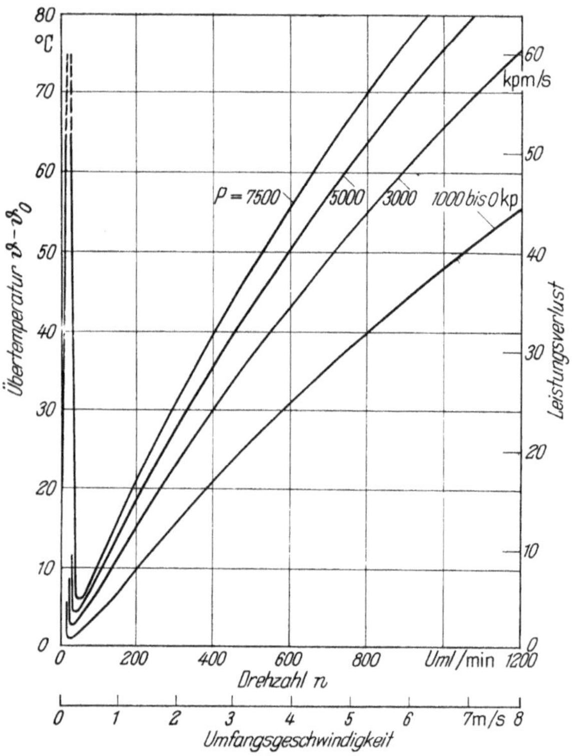

Abb. 2.7. Übertemperaturen und Leistungsverluste für das Lager nach Abb. 1.6.
D = 125 mm, B = 120 mm, ψ = 1,6‰; A = 0,4 m²; Normöl 31,5 cP/50 °C; ϑ_0 = 20 °C

1. Hohe Temperaturen: Die obere Betriebsgrenze. Trotz relativ mäßiger Belastungen und Drehzahlen werden die beobachteten Temperaturen recht hoch. Die Lagertemperatur bestimmt die *obere Grenze* für Dauerbetrieb, da Mineralschmieröle sich mit der Zeit chemisch verändern, sie „altern“. Dies geschieht um so schneller, je höher die Temperatur ist. Vielfach sieht man 50 °C als zulässige Höchsttemperatur an, man kann dann das Lagergehäuse gerade noch anfassen. Bei 50 °C ist die Alterungsneigung der Mineralöle noch sehr gering. Höhere Temperaturen erfordern besonders verarbeitete Öle, die eine bessere Beständigkeit aufweisen. Für eine als zulässig angesehene Temperatur läßt sich aus Abb. 2.7 für gegebene Drehzahl die zugehörige Belastung ablesen. Die hohen Temperaturen sind nicht die Folge ungünstiger Reibungsverhältnisse oder unzweckmäßiger Auslegung des Lagers; darüber Näheres unter Punkt 5.

2. Schwerlast- und Schnellaufbereich. Abb. 2.7 zeigt für das untersuchte Lager keine Kurven für Belastungen unter 1000 kp; ein Betrieb ist jedoch bei jedem P auch unter 1000 kp bis zu $P = 0$ hinunter möglich. Aber die Temperaturen bleiben dann dieselben wie für $P = 1000$ kp; erst wenn dieser Wert überschritten wird, zeigt sich eine deutliche Zunahme von ϑ und $M\omega$ mit P.

Daraus folgen *zwei* verschiedenartige *Bereiche* für das Reibungsgeschehen, in beiden hängt die Temperatur von der Drehzahl ab. Bei großen Lasten und kleinen

Drehzahlen, im *Schwerlastbereich*, sind Reibung und Temperatur *lastabhängig*, aber *das Lagerspiel ist ohne Einfluß*. Der andere Bereich, bei dem die Temperatur *nicht von der Belastung*, wohl *aber vom Lagerspiel* abhängt, umfaßt vorwiegend die hohen Drehzahlen, er soll deshalb als *Schnellaufbereich* bezeichnet werden. Die darin enthaltenen Zusammenhänge wurden bereits 1883 von dem Russen PETROFF erkannt und in einer Formel wiedergegeben, die unter der Bezeichnung ,,Petroffsches Gesetz" in die Literatur eingegangen ist, vgl. Ziffer 3.2.

3. Verlustleistungen. Abb. 2.7 enthält auch die Angaben für die Verluste $M\omega$. Sie zeigen ein höchst beachtenswertes Ergebnis: Die Kurven dafür fallen mit denen für die Übertemperaturen $(\vartheta - \vartheta_0)$ zusammen. Das ist der Ausdruck des Energiesatzes für das Gleitlager mit Luftkühlung, der durch die einfache Form des Newtonschen Abkühlungsgesetzes gegeben ist:

$$M\omega = \alpha A (\vartheta - \vartheta_0) \tag{2.1}$$

Darin ist α die Wärmeübergangszahl, die in den Grundeinheiten des technischen Maßsystems für Lager in normalen Betriebsräumen den Wert $\alpha = 2$ mkp/m²s °C annimmt, A ist die wärmeabgebende Außenfläche des Gehäuses, hier ist $A = 0{,}4\,\mathrm{m}^2$, daher ist die Proportionalität zwischen den Skalen für $\vartheta - \vartheta_0$ und $M\omega$ nach Gl. (2.1) durch den Faktor 0,8 gegeben.

4. Nicht beliebig niedrige Drehzahlen: Die untere Betriebsgrenze; die Übergangsdrehzahl. In Abb. 2.7 gehen die Temperaturkurven nicht in den Nullpunkt, sie steigen mit fallender Drehzahl wieder an, und zwar um so eher, je größer die Belastung ist. Dieser Anstieg ist in Abb. 2.8 vergrößert dargestellt, er ist das Kennzeichen für den Beginn der Mischreibung, mit der stets Verschleiß verbunden ist. Aus diesem Grunde soll das umstrittene Wort ,,Mischreibung" hier möglichst vermieden und die besser kennzeichnenden Ausdrücke ,,Verschleißbereich" oder ,,partielles Tragen" verwendet werden; Näheres darüber unter Ziffer 2.44. Die das Temperaturminimum kennzeichnende Drehzahl heißt *Übergangsdrehzahl* $n_{ü}$. Bei hohen Lasten können Temperaturen von 100 °C und mehr auftreten, wenn das Lager unterhalb der Übergangsdrehzahl längere Zeit läuft, es würde bald zerstört werden. Aber auch bei kleineren Lasten, wenn die Temperaturen noch zulässige Werte annehmen, ist kein Dauerbetrieb möglich, weil fortschreitender Verschleiß die Lebensdauer des Lagers erheblich herabsetzt.

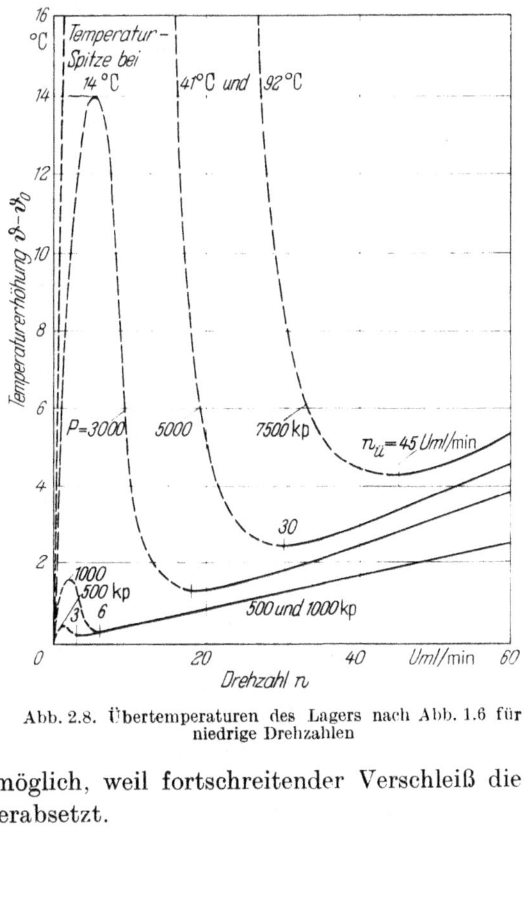

Abb. 2.8. Übertemperaturen des Lagers nach Abb. 1.6 für niedrige Drehzahlen

Die Übergangsdrehzahl grenzt den Bereich ab, in dem Verschleiß auftritt. Die Lagerwerkstoffe sorgen dafür, daß in den kurzen Zeiten des An- und Auslaufes der Abrieb in tragbaren Grenzen bleibt.

Mit der zahlenmäßigen Erfassung der Übergangsdrehzahl läßt sich auch die Verschleißfrage rechnerisch bis zu einem gewissen Grade beantworten.

5. Reibungszahlen. Noch eine wichtige Tatsache folgt aus diesen Kurven: Trotz der hohen Temperaturen sind die Reibungszahlen klein. Wird die Verlustleistung $M\omega$ durch $P\,U$ – was vielleicht als „*Lagerleistung*“ bezeichnet werden könnte – dividiert, so ergibt sich die Reibungszahl f, die sich für ein Zapfenlager korrekt nur mit Hilfe des Reibungsmomentes M definieren läßt,

$$f = \frac{2\,M}{D\,P} = \frac{M\omega}{P\,U}\,. \tag{2.2}$$

Die Auftragung von f aus den Werten von Abb. 2.7 ergibt Abb. 2.9. Neben den – stark ausgezogenen – Reibungszahlen sind noch die Temperaturen nach Abb. 2.7 mit eingetragen. Die hohen Temperaturen sind also keineswegs auf ungünstige Gleitverhältnisse zurückzuführen, im Gegenteil, die niedrigen Reibungszahlen lassen eindeutig erkennen, daß hier vollkommenes Tragen, also Flüssigkeitsreibung vorliegen muß.

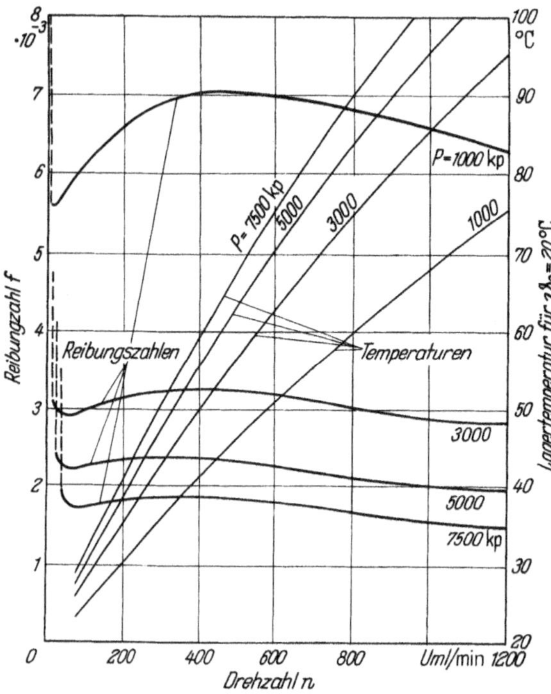

Abb. 2.9. Reibungszahlen für das Lager nach Abb. 1.6

Bemerkenswert ist der wenig veränderliche Verlauf von f über der Drehzahl, der unter ähnlichen Bedingungen schon mehrfach beobachtet wurde. Damit konnte der Gedanke einer von der Geschwindigkeit unabhängigen Reibungszahl gestützt werden; aber nur scheinbar: die Zunahme der Reibung mit der Geschwindigkeit wird durch die Abnahme der Viskosität mit der Temperatur größtenteils ausgeglichen.

Diese Kurven sind ebenso wie die in Abb. 2.7 keine Stribeck-Kurven; damit wird der Verlauf der Reibungszahl über der Drehzahl bei *gleichbleibender Temperatur* und demnach *gleicher Viskosität* bezeichnet. In Abb. 2.9 sind jedoch Temperatur und Viskosität veränderlich und zufällig so, daß eine Bestätigung des dritten Coulombschen Gesetzes vorgetäuscht wird. Die Stribeck-Kurven zeigt Abb. 2.14 in Ziffer 2.46, sie geben die Reibungszahlen wieder, die mit dem Lager nach Abb. 1.6 erhalten werden, wenn es mit einer konstanten Temperatur von 65 °C betrieben wird. Wichtig ist dabei, daß sich auch für Belastungen unter 1000 kp Kurven für die Reibungszahlen ergeben und diese um so größer werden, je kleiner die Last ist. So wichtig die Stribeck-Kurven auch wegen des Reibungsminimums sind, so ist doch ihr allgemeiner Verlauf zur Erkenntnis der Zusammenhänge wenig geeignet. Die Temperatur- oder die Reibungsleistungskurven geben im Schnellaufbereich die Unabhängigkeit von der Belastung sofort wieder; das ist eine wichtige Feststellung. Sie zeigt, daß ein auch noch so schwach belastetes Schnellauflager doch einen erheblichen Reibungsverlust aufweist. Führungslager, deren Belastung meist unbekannt bleibt, lassen sich auf Grund dieser Erkenntnis einwandfrei berechnen.

Den Elektrotechnikern war seit Jahrzehnten bekannt, daß die Lagerreibung bei Motoren in weiten Bereichen von der Belastung unabhängig ist, wofür das üblich vermittelte Wissen – eben nur die Reibungszahlen – keine Aufklärung geben konnte. Unser Beispiel 5 beschäftigte sich mit diesem Fall. Solche Erfahrungen sind der Grund dafür, daß man auch heute noch glaubt, für jeweilige Maschinengattungen immer wieder neue Versuche machen zu müssen, die dann das unerfreuliche Schlagwort vom Unterschied zwischen Theorie und Praxis erneut auf den Plan rufen.

2.34 Formeln für die Ergebnisse

Das in Abb. 2.7 dargestellte Verhalten läßt sich durch einfache Formeln wiedergeben. Allerdings reichen die Ergebnisse mit nur einem Lager zur Aufstellung solcher Beziehungen nicht aus; das kam schon unter Punkt 2 in der vorigen Ziffer zum Ausdruck, als der Einfluß des Lagerspieles mit eingeschlossen wurde. Die Formeln können daher hier nur mitgeteilt, die Auswertungen nach den üblichen Regeln aber nicht gebracht werden. Ein Vergleich der Messungen an Lagern verschiedener Abmessungen führt zu dem Ergebnis, daß nicht die Drehzahl, sondern die Umfangsgeschwindigkeit für die Erwärmung entscheidend ist, ebenso, daß auch die Breite B der Gleitfläche einen Einfluß hat. Im einzelnen wird für

die Verluste im Schwerlastbereich

$$M\omega = 4{,}25\, U \sqrt{P\, U\, B\, \eta} \quad \text{für } So > 1\,, \tag{2.3}$$

die Temperaturerhöhung $\vartheta - \vartheta_0$ gegenüber der Umgebung mit der Temperatur ϑ_0, mit Gl. (2.1)

$$\vartheta - \vartheta_0 = \frac{4{,}25\, U}{\alpha A} \sqrt{P\, U\, B\, \eta} \quad \text{für } So > 1\,, \tag{2.4}$$

wenn alle Größen in den Grundeinheiten desselben Maßsystems eingesetzt werden.

Die Verluste im Schnellaufbereich ergeben sich zu

$$M\omega = 6\, B \frac{U^2}{\psi} \eta \quad \text{für } So < 1 \tag{2.5}$$

und *die Temperaturerhöhung*

$$\vartheta - \vartheta_0 = \frac{6\, B\, U^2}{\alpha A \psi} \eta \quad \text{für } So < 1\,. \tag{2.6}$$

Darin ist

$$So = \frac{P \psi^2}{2 \eta\, U\, B} = \frac{P}{B\, D} \cdot \frac{\psi^2}{\eta\, \omega} = \frac{\overline{p} \cdot \psi^2}{\eta\, \omega} \tag{2.7}$$

die dimensionslose Sommerfeldzahl, die Ähnlichkeitskenngröße für das Zapfenlager, die nach ihrem Urheber A. SOMMERFELD (1904) benannt wird. Zu diesem Begriff gelangt man auch auf folgende Weise:

Die Gl. (2.3) gilt zunächst für den Schwerlastbereich, aber ebenso für die untere Grenzkurve in Abb. 2.7, und diese für den ganzen Schnellaufbereich. Für diesen muß ein von P unabhängiger Ausdruck an die Stelle von Gl. (2.3) treten, die Überführung in die neue Form ist nur mit einer bestimmten Funktionalbeziehung zwischen P, η, U und B möglich. Dafür ergibt sich nur eine Möglichkeit: P muß proportional zu $\eta\, U\, B$ werden, der Proportionalitätsfaktor folgt aus den Versuchsergebnissen zu $2/\psi^2$.

Wenn also

$$P = \frac{2\,\eta\, U\, B}{\psi^2} \quad \text{oder} \quad \frac{P\,\psi^2}{2\,\eta\, U\, B} = 1$$

wird, geht Gl. (2.3) in Gl. (2.5) über. Der zweite Ausdruck ist nichts anderes als $So = 1$ nach Gl. (2.7).

Die Gl. (2.5) ist aus der Theorie schon von N. PETROFF (1883) abgeleitet worden, das wird hier unter Ziffer 3.2 gezeigt; damit ergibt sich ein anderer Weg zur Sommerfeldzahl. Da So in den Gln. (2.3) und (2.5) enthalten ist, lassen sich diese übersichtlicher schreiben, es wird

$$M\omega = \frac{3\psi}{\sqrt{So}}\,P\,U \quad \text{für den Schwerlastbereich } So > 1 \tag{2.8}$$

und

$$M\omega = \frac{3\psi}{So}\,P\,U \quad \text{für den Schnellaufbereich } So < 1\,. \tag{2.9}$$

Die Grenze zwischen beiden wird durch $So = 1$ gegeben. Der Vollständigkeit halber werden auch die Formeln für die Reibungszahlen angegeben; nach Gl. (2.2) folgt aus Gln. (2.8) und (2.9) mit Gl. (2.7)

$$f = 3\sqrt{2\eta\, U\, B/P} = 3\sqrt{\eta\,\omega/\bar{p}} = 3\psi/\sqrt{So} \quad \text{für } So > 1 \tag{2.10}$$

und

$$f = 6\,\eta\, U\, B/P\,\psi = 3\,\eta\,\omega/\bar{p}\,\psi = 3\,\psi/So \quad \text{für } So < 1\,. \tag{2.11}$$

In den Gln. (2.3) bis (2.6) und (2.8) bis (2.11) ist der Faktor 3 ein guter Mittelwert, ebenso sind es die Faktoren $4{,}25 = 3\sqrt{2}$ und $6 = 3\cdot 2$. Für Lager besonderer Bauart muß gegebenenfalls an die Stelle von 3 ein allgemeiner Wert K treten, der kleiner oder größer als 3 sein kann. Das ist schon der Fall bei Lagern mit mittlerem festen Schmierring, etwa nach Abb. 4.8, für das $K = 4{,}5$ gilt; dieser Wert wird bei der Nachrechnung von Versuchsergebnissen in Beispiel 33 verwendet.

Alle mitgeteilten Gleichungen sind unabhängig vom Maßsystem, wenn die auftretenden Veränderlichen in dessen Grundeinheiten eingesetzt werden. Für praktische Rechnung zweckmäßigere Gebrauchsgleichungen mit gewohnten Einheiten werden unter Ziffer 6.12 mitgeteilt.

Mit der Übergangsdrehzahl beschäftigt sich das ganze Kapitel 4, ihre Größe wird durch Gl. (4.10) auf S. 5 oder 120 hinreichend genau festgelegt.

2.4 Übersicht der Reibungserscheinungen

2.41 Definition der Reibung

Über die Reibung soll hier nur in dem Umfang gesprochen werden, wie sie für die Funktion der Gleitlager wichtig ist.

Mit Reibung wird der Widerstand bezeichnet, der sich einer Relativbewegung zweier sich berührender Körper entgegensetzt. *Voraussetzung dabei ist, daß die Körper makro- und mikrogeometrisch ihre Gestalt nicht verändern, wenigstens nicht in kurzer Zeit.* Eine ganz allmähliche Abtragung feinster Teilchen, der Verschleiß, muß vielfach in Kauf genommen werden; der Verschleißbetrag muß aber in den meisten Fällen so klein sein, daß unter Umständen eine jahrelange Gebrauchsdauer gewährleistet ist.

Vorgänge, bei denen eine einmalige Bewegung meß- oder sichtbare Veränderungen der Gleitflächen hinterläßt, sind keine Reibungsvorgänge. Sie gehören entweder in den Bereich der Bearbeitung, die eine neue geometrische Form zum Ziel hat, oder in den Bereich der Beschädigung und Zerstörung. Die Bearbeitung beginnt schon mit dem Riß der Reißnadel, deren Krümmungsradius bei 40 bis 80 μm liegt. Ebenso gehören auch kugelige Prüfkörper mit Durchmessern von etwa 5 mm dazu, da sie unter niedrigen Lasten von ein bis zwei Kilopond auf ebenen Flächen deutlich Spuren hinterlassen.

Die Zerstörung beginnt mit der Riefenbildung und endet beim Fressen; das sind Bedingungen, unter denen ein Betrieb der Maschinen nicht mehr möglich ist. Bei Riefenbildung ist in kürzester Zeit ein Stillstand zu erwarten, beim Fressen tritt er sofort ein. Dieses Gebiet muß unter allen Umständen vermieden werden; ebensowenig können Versuchsergebnisse unter solchen Bedingungen über das, was in der Technik unter Reibung verstanden wird, etwas aussagen.

Ist Bewegung bereits vorhanden, so ist der Reibungswiderstand – eine Kraft – der Bewegung entgegengerichtet; er wird als *Gleitreibung* bezeichnet. Soll die Bewegung aufrechterhalten werden, so ist zur Überwindung der Gleitreibung ein Energieaufwand notwendig, der sich in Wärme umsetzt: Die Gleitreibung verzehrt Energie.

Sind dagegen die Flächen zweier sich berührender Körper relativ zueinander in Ruhe und wirken Kräfte, die eine Relativbewegung einleiten würden, so erfolgt diese erst, wenn die Kräfte eine gewisse Größe erreicht haben. Der hierbei auftretende Widerstand gegen Eintritt einer Bewegung aus der Ruhe heraus wird mit *Ruhereibung*, besser *Haltreibung*, bezeichnet. Die Größe der Haltreibung im Augenblick des Eintritts der Bewegung wird vielfach *Startreibung* genannt.

Die Reibung der Ruhe oder Haltreibung ist der jeweils von außen wirkenden Kraft entgegengerichtet, sie hat von sich aus also keine bestimmte Richtung und verzehrt auch keine Energie. Das Kraftfeld der Haltreibung ist die Ursache der festen, lösbaren und unlösbaren Verbindungen (Schrauben, Keile, Klemm- und Preßsitze, Vernietungen und Schrumpfsitze).

2.42 Festkörperreibung: Unmittelbare Kräfteübertragung

Beim Gleiten fester Körper unmittelbar aufeinander liegt Festkörperreibung oder Trockenreibung vor. Sie ist im allgemeinen groß und findet in Bremsen und Kupplungen ihre technische Anwendung.

Die dabei auftretenden Reibungszahlen erreichen Werte bis zu etwa 0,5. Hier wäre nun gerade große Reibung erwünscht, sie läßt sich aber nicht steigern. Zwar findet man größere „Reibungszahlen" zur Genüge, sie sind aber unter Bedingungen gewonnen, die den Forderungen nach Ziffer 2.41 nicht genügen, weil nicht mehr tragbare geometrische Veränderungen der Flächen auftreten. Die Grenzen, die den Begriffen Reibung und Verschleiß nun einmal gezogen sind, werden dabei weit überschritten.

Man beachte bitte: Die Reibungszahlen in Maschinen haben nach Ziffer 2.33 und allen behandelten Beispielen die Größenordnung von wenigen Promillen; bei der Festkörperreibung in Kupplungen und Bremsen wird etwa 0,5 erreicht, größere Werte können nicht mehr als Reibungszahlen angesehen werden. Es handelt sich bei solchen Versuchen nicht mehr um ein Reibungs- oder Verschleißgeschehen, sondern um *Verformungs*vorgänge, die mit Spanbildung oder auch spanlos ablaufen können. Auf diese Begleiterscheinung wird zu wenig geachtet und vieles mit der Bezeichnung Reibung oder Verschleiß bedacht, das längst außerhalb dessen liegt, was in der Technik darunter verstanden wird.

2.43 Kräfteübertragung durch Zwischenmittel

Zur Verminderung der Festkörperreibung können einerseits Rollkörper zwischen den Gleitflächen angeordnet werden, die die Last übertragen. Die hierbei auftretende *Rollreibung* ist wesentlich geringer als die Festkörperreibung; ihre technisch vollendete Ausnutzung zeigt das Wälzlager.

Andererseits können Flüssigkeiten oder plastische Massen, die unter Druck von mehreren Atmosphären aufwärts ein dem Fließen ähnliches Verhalten zeigen, in den Gleitraum zwischen die festen Körper eingebracht werden. Sind die Bedingungen so, daß in dem Zwischenmedium Drücke entstehen, die die äußere Last ganz oder teilweise tragen, so tritt an die Stelle der Festkörperreibung ganz oder teilweise die erheblich geringere innere Reibung des Zwischenmediums. Diese zweite Art der Reibungsminderung nennt man *Schmierung.* Das Wort wird in sehr verschiedenem Sinne gebraucht, deshalb soll es hier nach Möglichkeit durch eine klarere Ausdrucksweise umschrieben werden.

Wenn die Drücke in der Flüssigkeit die äußeren Kräfte ganz aufnehmen und die gleitenden Flächen durch einen Tragfilm völlig voneinander trennen, so liegt reine *Flüssigkeitsreibung* vor.

Bei Flüssigkeitsreibung ist die Schmierung vollkommen; man spricht von vollkommener oder *Vollschmierung*; hier wird dieser Ausdruck durch *vollkommenes* oder *totales Tragen* ersetzt.

Ein betriebssicherer Zustand im Dauerbetrieb setzt ausschließliche Lastübertragung durch Flüssigkeitsdrücke und damit vollkommenes Tragen voraus.

Die Einzelheiten und das Wesen dieser Vorgänge sind unter Ziffer 2.2 und 2.3 näher beschrieben.

2.44 Der Verschleißbereich (Mischreibung)

Sind die Druckwirkungen im Zwischenmittel nicht imstande, die Flächen auseinanderzuhalten, so muß noch ein Teil der Last durch Festkörperberührung aufgenommen werden; bei diesem Zustand handelt es sich um *Mischreibung.* Wegen der nur teilweise von Flüssigkeitsdrücken getragenen Last wird besser der Ausdruck *partielles Tragen* verwendet. Dabei ist die Schmierung unvollkommen: man spricht deshalb von unvollkommener oder *Teilschmierung.*

Mangelschmierung dagegen bezeichnet eine unzureichende Ölversorgung: sie führt meistens zu partiellem Tragen und Verschleiß.

Einen Maßstab für den Grad der Mischreibung gibt der Lastanteil, der durch Festkörperberührung getragen wird. Zu Beginn der Bewegung in einem Lager ist immer die ganze Last durch die Festkörperwirkungen unmittelbar aufzunehmen, wenn nicht durch besondere Pumpen Flüssigkeiten oder plastische Massen unter entsprechend hohem Druck in den Gleitraum gepreßt werden, wie bei hydrostatischen Lagern, vgl. Ziffer 2.24. Beim normalen Zapfenlager treten bei ausreichender Ölversorgung mit Beginn der Bewegung im Sinne von Ziffer 2.21 und 2.22 Drücke im Tragfilm auf, die mit steigender Drehzahl mehr und mehr die Last übernehmen, bis vollkommenes Tragen erreicht ist.

Eine dritte Art der Reibungsminderung kann durch erhöhten Verschleiß erfolgen; dieser Vorgang wird zweckmäßig als *Schleifreibung* oder *Verschleißreibung* bezeichnet. Er hat nur für den Bereich der Mischreibung technische Bedeutung. Die Verschleißreibung wird vorwiegend durch chemisch-aggressiv-ätzende Zusätze zum Schmiermittel bewirkt; deshalb wird in diesem Zusammenhang auch von „chemischer Schmierung" gesprochen. Dahin gehören auch die alten Gepflogenheiten des Maschinenbaues, den letzten Schliff beim Einpassen der Lager durch Schwefelblüte zu erreichen, und die Hochdruckschmiermittel für Hypoid- und hochbelastete Zahnradgetriebe. Daß diese Art der Reibungsminderung letzten Endes auch physikalischer Natur ist, hat der Verfasser (1951), S. 299/300, bereits ausgeführt.

Diese Begriffserläuterungen reichen aus, das Reibungsverhalten im Gleitlager in vollem Umfang nicht nur zu beschreiben, sondern auch zahlenmäßig zu erfassen. Von Begriffen wie „Grenzreibung" und „Grenzschmierung" wird dabei kein Gebrauch gemacht, weil sie bisher weder einheitlich definiert wurden, noch sich in solcher Weise verwenden lassen, daß man zahlenmäßige Folgerungen daraus ziehen kann. Das leistet aber das bisher Gesagte in der Form der weiteren Ausführungen.

2.45 Die Reibungszahl

Die Größe der Reibung F wird nach dem Vorgehen von Amontons (1699) und Euler (1748) meist im Verhältnis zur Belastung P angegeben:

$$F = f\,P\,, \quad f = \frac{F}{P}\,. \tag{2.12}$$

Für Lagerzapfen gilt die Definition nach Gl. (2.2) unter Ziffer 2.33.

Die Größe der Reibungszahl f wurde früher auf Grund vieler Versuche mit Schlittenapparaturen, namentlich denen von Coulomb (1785) und Morin (1831, 1832), als von der Beschaffenheit der Stoffe und dem Zustand der Oberflächen abhängig, jedoch von der Geschwindigkeit unabhängig angesehen. Die gefundenen Beziehungen wurden als „Coulombsche Gesetze" bezeichnet. Die Ergebnisse der Versuche von Morin seien nachstehend in der Form wiedergegeben, wie sie bei Rühlmann (1885), S. 520, angeführt sind:

„Die Reibung während der Bewegung ist ohne Ausnahme:

1. proportional der Belastung P (von 46 bis 1145 kp);
2. unabhängig von der Größe der Berührungsfläche (die kleinste Fläche war 0,004 m^2, die größte 0,088 m^2);
3. unabhängig von der Geschwindigkeit der Bewegung (größte Versuchsgeschwindigkeit 3,5 m/s)."

Diese Ergebnisse wurden als allgemeingültige „Gesetze" angesehen. Man hielt sie auch zutreffend für ein Flächenelement und versuchte, mit Hilfe willkürlicher Annahmen über die Druckverteilung durch Integration die Reibung sich drehender Zapfen zu bestimmen, vgl. auch F. Reuleaux (1891). Solche Rechnungen finden sich noch in vielen Lehr- und Handbüchern auch aus neuerer Zeit; sie lassen aber den Einfluß des Zwischenmittels unberücksichtigt und können daher physikalisch nicht richtig sein.

2.46 Die Stribeck-Kurven

Der Laufwiderstand von Gleitlagern oder geschmierter Gleitflächen ganz allgemein sieht auf Grund der Vorgänge im Zwischenmittel anders aus als nach den Versuchen von Coulomb und Morin. Durch die Arbeiten von Stribeck (1902) wurde die Reibung von Gleitlagern zahlenmäßig in so gründlicher Weise erfaßt, wie es vorher auch nicht annähernd gelungen war.

Stribeck führte seine Messungen bei $\vartheta = 25$ °C durch; nur solche, auf konstante Temperatur bezogene Kurven sind als Stribeck-Kurven anzusehen.

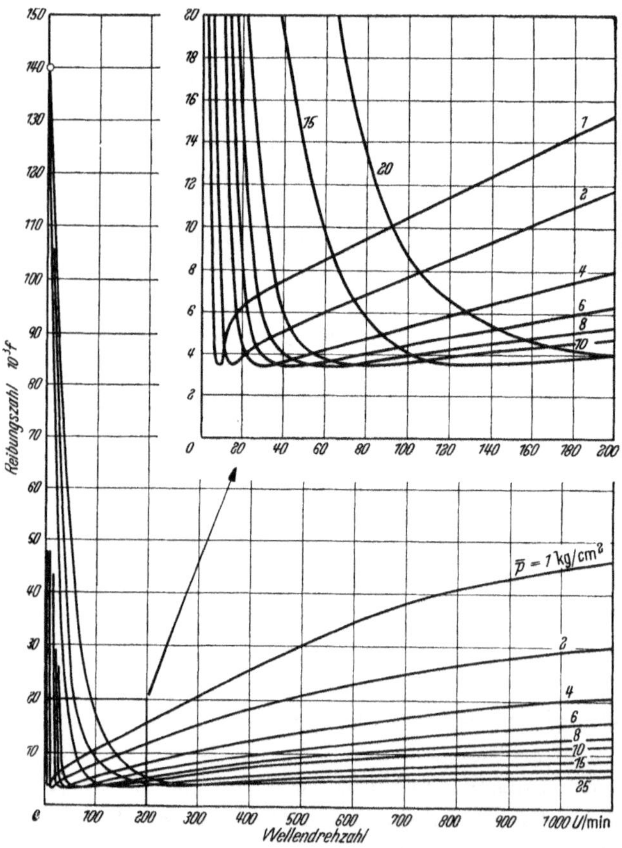

Abb. 2.10. Stribeck-Kurven für das Gußeisenlager nach Abb. 2.11

In Abb. 2.10 sind die für das in Abb. 2.11 gezeigte Gußeisenlager von 70 mm Durchmesser mitgeteilten Werte wiedergegeben. Bei der Drehzahl Null haben die Kurven für jede Belastung den gleichen Wert $f_0 = 0{,}14$. Dann nimmt mit beginnender Drehung die Reibungszahl schnell ab, und zwar um so schneller, je geringer die Belastung ist, bis zu einem Minimum, das für alle Belastungen gleich oder doch nahezu gleich ist. Mit weiter zunehmender Drehzahl steigt die Reibungszahl wieder an, und zwar wiederum um so schneller, je geringer die Belastung ist. BIEL (1920) sprach erstmalig aus,

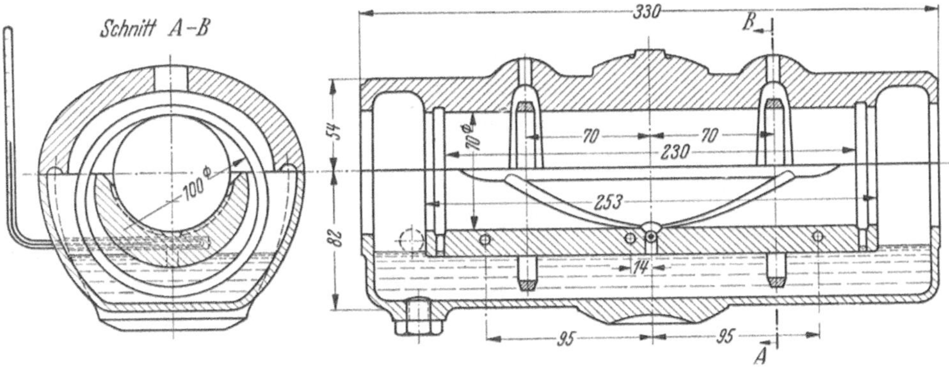

Abb. 2.11. Versuchslager von STRIBECK aus Gußeisen. $D = 70$ mm, $B = 230$ mm

daß in dem von STRIBECK betrachteten Kurvenverlauf eine allgemeine Gesetzmäßigkeit für das Reibungsverhalten geschmierter Gleitflächen gegeben sei; alle weiteren Untersuchungen haben das bestätigt.

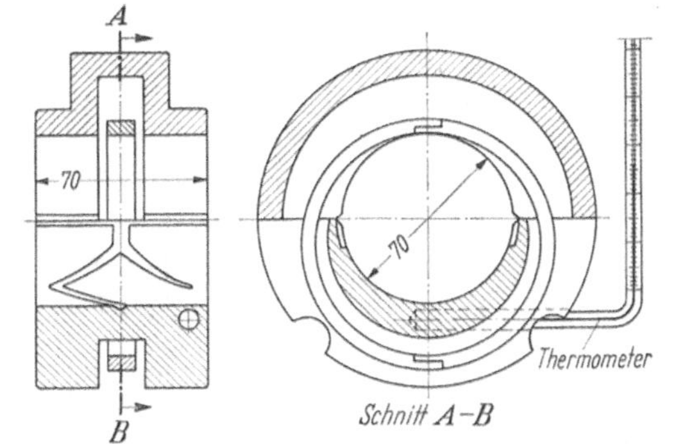

Abb. 2.12. Versuchslager von STRIBECK aus Magnolia-Weißmetall. $D = B = 70$ mm

STRIBECK hat ebenfalls gleichartige Versuche mit dem in Abb. 2.12 gezeigten Weißmetallager durchgeführt, die Ergebnisse zeigt Abb. 2.13. Die dafür mitgeteilten Reibungszahlen sind niedriger, ebenso die Lage der Reibungsminima, also die Übergangsdrehzahlen. Diese liegen beispielsweise für $\bar{p} = 10$ kp/cm² bei $n_ü = 80$/min für das Gußeisen und bei $n_ü = 2{,}8$/min für das Weißmetallager; die Minimalwerte sind $3{,}5 \cdot 10^{-3}$ und $1{,}5 \cdot 10^{-3}$. Früher hat man als Ursache dafür die Verschiedenartigkeit der Werkstoffe angesehen. Aber schon 1888/89 hatte A. KINGSBURY gefunden, daß solche Unterschiede durch exakte Bearbeitung und sorgfältiges Einpassen verschwinden, wie M. D. HERSEY (1936), S. 4, berichtet.

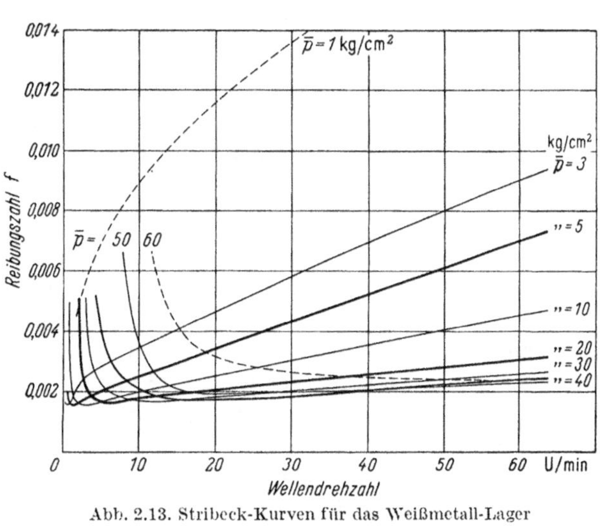

Abb. 2.13. Stribeck-Kurven für das Weißmetall-Lager

Auch eigene Versuche mit Gußeisen lieferten Reibungszahlen bis zu $1{,}13 \cdot 10^{-3}$ hinunter und die günstigste Übergangsdrehzahl aller untersuchten Lagerwerkstoffe, wie Abb. 4.15 und Zahlentafel 4.4 in der ersten Auflage erkennen lassen.

Diese Ergebnisse zeigen, daß es *weit mehr auf die Konstruktion, also die geometrische Formgebung und die Bearbeitung* ankommt *als auf den Lagerwerkstoff.*

Das recht kompliziert erscheinende Verhalten der Reibungszahl wird wesentlich durchsichtiger, wenn man sie nicht über der Drehzahl, sondern über der dimensionslosen Kenngröße $\eta\,\omega/\bar{p}$ aufträgt; die Kurven rechts vom Minimum fallen dann in eine einzige zusammen. Diese Tatsache wurde von GÜMBEL (1914) durch Rechnung und von HERSEY (1914) durch Ähnlichkeitsbetrachtungen und Versuche gefunden. Der rechte Ast der Kurven entspricht der reinen Flüssigkeitsreibung; mit abnehmender Gleitgeschwindigkeit oder abnehmendem $\eta\,\omega/\bar{p}$ beginnt kurz vor dem Reibungsminimum die Mitwirkung der Festkörperreibung, es herrscht Mischreibung. Links vom Minimum wird die Festkörperreibung anteilmäßig größer, wodurch der Gesamtwiderstand stark ansteigt. Während die Flüssigkeitsreibung gegen Null geht, nimmt die Festkörperreibung zu, bis mit der Drehzahl Null der Wert der Start- oder Haltreibung wieder erreicht wird. Das geschieht jedoch nicht sofort, weil noch restliche Ölmengen unter Druck stehen, die wegen der engen Spalte erst allmählich den Gleitraum verlassen. Bei Anfahrversuchen mit Eisenbahnzügen wurde der Höchstwert des Anfahrwiderstandes erst wieder bei Zwischenhalten erreicht, die länger als 10 Minuten dauerten, wie v. GLINSKI (1912) berichtet.

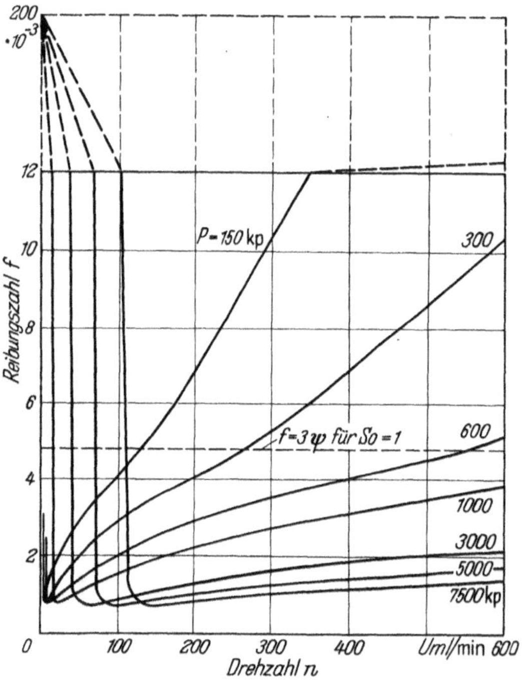

Abb. 2.14. Stribeck-Kurven des Versuchslagers nach Abb. 1.6 für $\vartheta = 65\,°C$

Aus Abb. 2.10 läßt sich eine wichtige Schlußfolgerung ziehen: *Betriebssicherheit ist nur rechts vom Reibungsminimum zu erwarten.*

Das Minimum einhalten zu wollen ist unzweckmäßig, denn es kennzeichnet einen Übergangszustand. Für Dauerbetrieb wäre das sowieso unmöglich, weil in diesem Übergangsbereich bereits Mischreibung vorliegt und Verschleiß unvermeidlich ist. Links davon nimmt bei abnehmender Drehzahl die Reibung stark zu, umgekehrt ist es bei steigender Drehzahl, mit der die Widerstände abnehmen. Der Ast links vom Minimum in der Stribeck-Kurve ist instabil und wegen der starken Schwankungen des Widerstandes bei sehr geringen Änderungen der Drehzahl für einen Dauerbetrieb unbrauchbar. Sind die äußeren Bedingungen so, daß ein Betrieb in diesem Bereich unvermeidlich ist, so wäre eine Wälzlagerung vorzuziehen deren Reibung beim Bewegungsbeginn klein bleibt.

Anders ist der Verlauf im Bereich des rechten Astes der Stribeck-Kurve. Mit steigender Drehzahl nimmt die Reibung allmählich zu, mit abnehmender Drehzahl entsprechend ab. Es sind gewissermaßen rückstellende Wirkungen vorhanden, die den ursprünglichen Betriebszustand wieder herbeizuführen versuchen. Der rechte Ast der Stribeck-Kurve entspricht einem stabilen Betriebsverhalten.

Genügend weit rechts vom Minimum entfernt darf mit Sicherheit reine Flüssigkeitsreibung angenommen werden. Zu beachten ist jedoch, daß das Minimum selbst bereits im Bereich der Mischreibung liegt und auch rechts davon bis zu einem gewissen Grad geringe Festkörperberührung noch vorhanden ist.

Der Vollständigkeit halber sind in Abb. 2.14 die Stribeck-Kurven für das in 2.33 behandelte Versuchslager wiedergegeben: sie sind komplizierter als die Temperaturkurven nach Abb. 2.7.

2.5 Ergänzungen zum Verschleißbereich

2.51 Die Reibungsformel für partielles Tragen

Die zahlenmäßige Erfassung des Reibungsverhaltens für den Verschleißbereich ist schwierig, wenn hohe Anforderungen an die Genauigkeit gestellt werden. Ob eine solche Forderung überhaupt berechtigt ist, kann man mit gutem Gewissen bezweifeln, denn im Verschleißbereich lassen sich Veränderungen der Laufflächen nicht vermeiden. Daher kann eine heute festgestellte Beziehung sich vielleicht schon in wenigen Tagen ändern. Auf den Betrieb hat das keinen Einfluß, da das Verschleißgebiet immer schnell durchfahren werden muß; welche Folgen ein dauerndes Verbleiben darin haben würde, wird in den Beispielen 22 und 23 behandelt.

Eine brauchbare Näherungsrechnung, die aber schon wichtige Zusammenhänge erkennen läßt, ist unschwer anzugeben. Bei partiellem Tragen setzt sich die Verlustleistung aus zwei Anteilen zusammen, die von Festkörper- und Flüssigkeitswirkungen herrühren. Von der Gesamtlast P wird der Teil P_{fest} an den Berührungsstellen der Gleitflächen unmittelbar getragen, von Flüssigkeitsdrücken der Teil $P_{\text{flüss}}$, es gilt $P = P_{\text{fest}} + P_{\text{flüss}}$. An den Kontaktstellen entsteht ein Verlust $f_{\text{fest}} \cdot P_{\text{fest}} \cdot U$, im Zwischenmittel ist er durch Gl. (2.3) gegeben, daher wird $M\omega = f_{\text{fest}} \cdot P_{\text{fest}} \cdot U + 4{,}25\, U \sqrt{P_{\text{flüss}}\, U B \eta}$. Nun kann mit guter Näherung $f_{\text{fest}} \approx f_0$ aus der Stribeck-Kurve gesetzt werden; mit $P_{\text{fest}} = P - P_{\text{flüss}}$ ist dann nur noch die eine Unbekannte $P_{\text{flüss}}$ in der Gleichung enthalten; dafür gibt Gl. (4.11) einen brauchbaren Anhaltswert, es ist $P_{\text{flüss}} \approx P_{ü}$. Zweckmäßig ist außerdem noch, unter der Wurzel statt $P_{\text{flüss}}$ die Gesamtlast zu setzen: das gibt zwar höhere Werte, aber die Kleinheit des zweiten Summanden auf der rechten Seite gegenüber dem ersten rechtfertigt diese Vereinfachung. Dann wird die Reibungszahl für partielles Tragen

$$f = \frac{M\omega}{P U} = f_0\left(1 - \frac{C_{ü}\, \eta\, Vol\, n}{P}\right) + f_{\text{flüss}}\,.$$

Da das erste Glied auf der rechten Seite keinen einheitenfreien, sondern einen Zahlenwertausdruck darstellt, ist es zweckmäßig, die ganze Formel als Zahlenwertgleichung zu schreiben. Dann wird mit $f_{\text{flüss}}$ aus Gl. (6.7), in der ω durch $n/9$ statt $n/9{,}55$ ersetzt wird, was wegen des Näherungscharakters zulässig erscheint,

$$f = \frac{M\omega}{P U} = f_0\left(1 - \frac{C_{ü}\, \eta\, Vol\, n}{P}\right) + 0{,}1 \cdot 10^{-3} \sqrt{\frac{\eta\, n}{p}} \tag{2.13}$$

eine brauchbare Näherung für die Reibungszahl im Verschleißbereich, also bei partiellem Tragen. Man achte darauf, daß in dieser Gleichung der Einheitlichkeit wegen auch unter der Wurzel die Drehzahl n erscheint.

Das Verhalten der Lager beschreibt Gl. (2.13) in wesentlichen Punkten schon zufriedenstellend. Solange $P_{\text{flüss}}$ kleiner ist als P, liegt Mischreibung vor, der erste Summand auf der rechten Seite verschwindet nicht. Das geschieht erst dann, wenn $P_{\text{flüss}} = P$ und damit $n = n_{ü}$ wird, von da an bleibt aber $P_{\text{flüss}}$ gleich, auch bei wachsendem U. Dann läßt Gl. (2.13) sofort erkennen, daß höhere Viskosität bei partiellem Tragen zu kleineren, bei vollkommenem Tragen dagegen zu größeren Verlusten führt. Diese Tatsache wird auch heute noch nicht immer verstanden, obwohl E. FALZ schon 1926 davon Gebrauch gemacht hat.

Dennoch muß betont werden, daß es sich bei Gl. (2.13) um eine *erste Näherung* handelt. Sie läßt sich erheblich verbessern, Mitteilungen darüber verbietet hier der Raum.

2.52 Bestimmung des Betriebszustandes

E. FALZ (1926), S. 214, und (1931), S. 181, hat damals schon die Zusammenhänge klar erkannt und folgendes Verfahren angegeben, um festzustellen, ob ein Lager auf dem rechten oder linken Ast der Stribeck-Kurve arbeitet: „Man notiert die möglichst zuverlässig gemessene Lagertemperatur im Beharrungszustand, läßt das gesamte Öl ab und füllt ein zäheres Öl ein. Nach Erreichen des Beharrungszustandes, was meist vier bis fünf Stunden dauert, liest man an derselben Stelle wieder die Lagertemperatur ab: ist diese höher als die erstgemessene, so liegt Fließreibung vor, im umgekehrten Fall Mischreibung. Ist kein merklicher Temperaturunterschied festzustellen, so arbeitet das Lager in der Nähe des Reibungsminimums, also höchstwahrscheinlich ebenfalls unter Mischreibung."

Dieses Verhalten läßt die Gl. (2.13) sofort erkennen. Bei vollkommenem Tragen ist das erste Glied der rechten Seite Null und f nimmt wie $\sqrt{\eta}$ zu, dementsprechend auch die Verlustleistung und die Temperaturerhöhung. Im Bereich der Mischreibung ist das zweite Glied im allgemeinen vernachlässigbar klein gegenüber dem ersten. Damit ergibt sich die Reibungszahl für das Gebiet partiellen Tragens näherungsweise zu

$$f \approx f_0\left(1 - \frac{C_{ü}\,\eta\,Vol\,n}{P}\right) = f_0\left(1 - \frac{P_{ü}}{P}\right) \tag{2.14}$$

In dieser Gleichung vergrößert sich der Subtrahend in der Klammer mit zunehmendem η, die Folge ist abnehmende Reibung und dementsprechend auch abnehmende Temperatur.

2.53 Die Minima in der Stribeck-Kurve

Bei dem in Abb. 2.10, 2.13 und 2.14 gezeigten Verlauf der Stribeck-Kurven überrascht wohl am meisten die Tatsache, daß die Minima der Reibungszahl bei allen Belastungen die gleiche Größe haben. Das folgt aber bereits aus Gl. (2.13). In der Nähe des Minimums ist der Anteil der Festkörperreibung klein, so daß die runde Klammer für diesen Fall Null, also $n = n_{ü}$ werden muß. Als einzige Veränderliche bleiben dann noch $n_{ü}$ und P; wenn die Klammer gleich Null werden soll, so ist das nur für *einen* bestimmten Wert des Quotienten $n_{ü}/P$ möglich. Die Reibungszahl ist in diesem Fall allein durch den zweiten Summanden auf der rechten Seite von Gl. (2.13) gegeben, in dem $n/\bar{p}$ vorkommt, das zu $n_{ü}/P$ proportional ist und daher immer denselben Betrag annimmt, wenn die Klammer verschwindet. Das ist aber das Reibungsminimum, denn bei gegebenem P kommt links von diesem $n_{ü}$ ein Festkörperreibungsanteil hinzu, rechts davon wächst f wie $\sqrt{n}$.

Beispiel 21: Verlauf der Reibungsminima bei den Versuchen von Stribeck mit dem Weißmetallager

Eine zahlenmäßige Auswertung mit Hilfe von Gl. (2.13) soll für die Verhältnisse des von Stribeck untersuchten Weißmetallagers durchgeführt werden; dessen Daten sind: $D = B = 70$ mm, Vol $= 0{,}27$ l, die Lasten sind zu $P = 490$, 785, 1225, 1960, 3090 und 4900 kp angenommen, entsprechend $\bar{p} = 10$, 16, 25, 40, 63 und 100 kp/cm². Die Viskosität ist 180 cP. Dann soll mit $C_{ü} = 2$ gerechnet werden, weil es sich nicht um eine Auslegung für den Betrieb, sondern um ein in jeder Richtung frei einstellbares Versuchslager handelt.

Die Klammer in Gl. (2.13) verschwindet für $n_{ü}$; es ist $P/n_{ü} = C_{ü} \cdot \eta \cdot Vol = 2 \cdot 180 \cdot 0{,}27 = 97$ und $\bar{p}/n_{ü} = 1{,}98$. Dann hat f für alle Werte von $\bar{p}$ denselben Wert, es ist $f = 1 \cdot 10^{-4}\sqrt{180/1{,}98} = 0{,}95 \cdot 10^{-3}$; im einzelnen wird

$\bar{p} =$	10	16	25	40	63	100 kp/cm²
$n_{ü} =$	5	8	12,5	20	31,5	50/min

Die Ergebnisse der Rechnung sind in Abb. 2.15 dargestellt, sie entsprechen den Messungen nach Abb. 2.13 nur näherungsweise; das ist auf die vereinfachenden Annahmen zurückzuführen, die für die Rechnung gemacht wurden. Trotzdem lassen sich die Zusammenhänge gut erkennen. Die Reibungszahlen der Messungen liegen etwas höher, das hat seine Ursache in der veränderten geometrischen Form durch die Nutenanordnung des Lagers nach Abb. 2.12. Der linke Ast der Kurven ist nur gestrichelt gezeichnet, er würde mit dem angenommenen konstanten $C_{ü}$ sehr steil in die Höhe gehen, wie es schon bei L. Gümbel (1917), S. 300, dargestellt ist. In Wirklichkeit ist $C_{ü}$ von n abhängig und für kleinere Drehzahlen größer als der angenommene Wert. Eine Abhängigkeit von P kommt noch hinzu, die Durchbiegungen bei den höheren Lasten verformen allein schon den Gleitraum ganz erheblich, so daß aus diesem Grunde ein konstantes $C_{ü}$ eben nur als erste Näherung betrachtet werden kann.

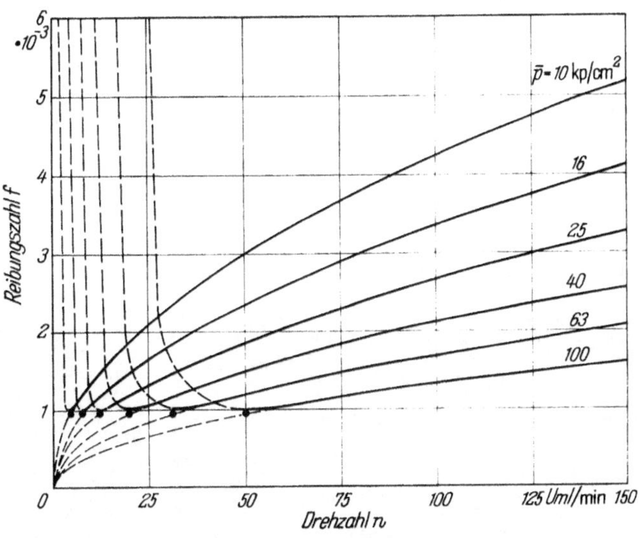

Abb. 2.15. Gerechnete Stribeck-Kurven: Es ergeben sich konstante Minima

Durch veränderliches $C_{ü}$ läßt sich der durch Gl. (2.13) gegebene Verlauf weit besser an die Beobachtungen anpassen. Neue Einsichten werden aber damit nicht gewonnen, noch weniger Unterlagen für eine Erweiterung der Anwendungsbereiche. Die Rechnungen in den Beispielen 22 und 23 zeigen, daß ein Betrieb auch mit geringen Festkörperwirkungen auf die Dauer zum Heißlauf oder zu unzulässigem Verschleiß führt. E. Falz (1926), S. 212, und (1931), S. 180, hat das schon ganz klar ausgesprochen, nachdem auf das günstige Verhalten graphitierter Flächen und compoundierter oder pflanzlicher Öle hingewiesen wurde:

„Diese Tatsachen dürfen jedoch den Maschinenbauer nicht dazu verleiten, sich mit einem Betrieb in der Mischreibung zufriedenzugeben, selbst wenn diese sehr günstige Reibungszahlen ergibt. *Der anzustrebende Fortschritt in der Schmiertechnik ist nicht in absolut geringster Reibung, sondern vielmehr in verschleißlosem Betrieb und erhöhter Betriebssicherheit zu suchen.* Beide letztgenannten Fortschrittmomente sind jedoch im Bereich der Mischreibung nicht zu erwarten; wohingegen durch zweckmäßige Lagerausbildung, richtige Wahl des Lagerspiels und hochvollkommene Bearbeitung der Gleitflächen bei richtiger Wahl der Ölzähigkeit sehr wohl reine Flüssigkeitsreibung erzielbar sein wird.“

FALZ drückte sich damals noch recht vorsichtig aus, heute *wissen* wir, daß der Zustand reiner Flüssigkeitsreibung für Dauerbetrieb *verwirklicht* sein *muß*.

2.54 Kurzer Ausblick auf Verschleißfragen

Wie es sonst im Bereich partiellen Tragens zugehen kann, soll von der Seite des Verschleißes her noch eindrucksvoll ergänzt werden. Abb. 2.16 zeigt den Verlauf der Reibungszahl für ein Versuchslager $D = 60$ mm; $B = 40$ mm; $\psi = 1{,}0\ ^0/_{00}$ unter verschiedenen Belastungen bis $P = 4800$ kp, $\bar{p} = 200$ kp/cm², Drehzahlen bis 40/min und Viskositäten von 30 bis 150 cP. Bei diesen Versuchen wurde das Verschleißgebiet nicht nur im An- und Auslauf durchfahren, hier wurde der stationäre Zustand partiellen Tragens einzuhalten versucht, soweit sich das überhaupt erreichen ließ. Dabei traten Temperaturen bis 90 °C auf. Der Abrieb begann, gleich nachdem die Meßpunkte aus dem Streifen — Näheres darüber unter Ziffer 3.41 — herauswanderten, zunächst mäßig in kleinen Teilchen,

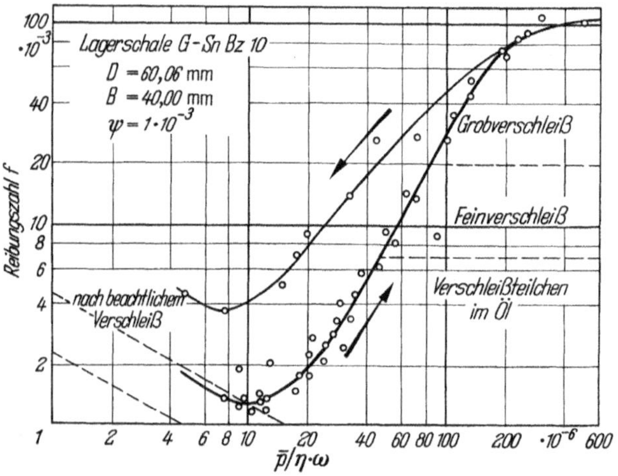

Abb. 2.16. Verhalten eines harten Lagerwerkstoffes (G—Sn Bz 10) im Verschleißbereich

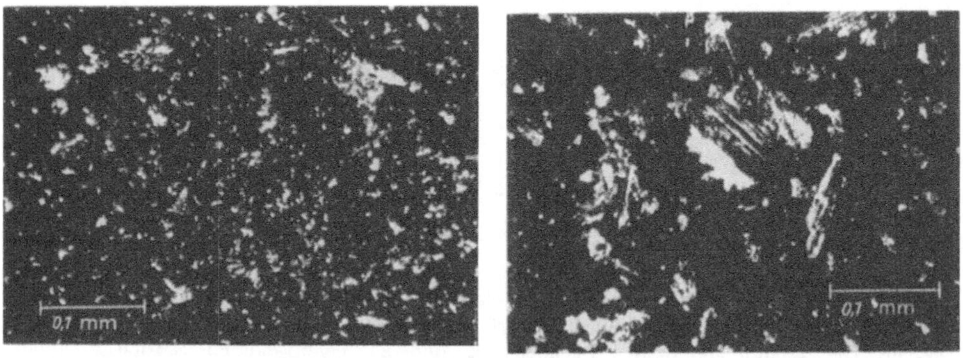

Abb. 2.17. Verschleißteilchen im Öl. Links: Feinverschleiß; rechts: Grobverschleiß

dann in zunehmender Zahl in dem mit Feinverschleiß bezeichneten Bereich, Abb. 2.17 links. Bei weiter zunehmenden Reibungszahlen stellte sich dann Grobabrieb ein, Abb. 2.17 rechts; die Teilchen werden größer, ihre Zahl nimmt aber ab.

Durch das Beharren im Mischreibungsgebiet hat sich infolge des Verschleißes die Gleitraumform geometrisch nach der ungünstigen Seite so verändert, daß ein Zurückgehen zu niedrigeren Sommerfeldzahlen nicht auf dem aufsteigenden Ast erfolgt, wie Abb. 2.16 zeigt. Die Reibungsverhältnisse sind schlechter geworden, der beachtliche Verschleiß führt zu einer erheblich verkürzten Lebensdauer.

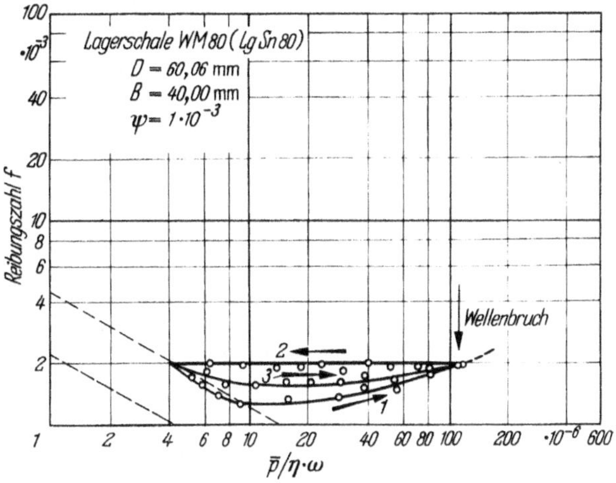

Abb. 2.18. Verhalten eines weichen Lagerwerkstoffes (Lg Sn 80) im Verschleißbereich; keine Verschleißteilchen im Öl

Das in Abb. 2.16 für einen harten Lagerwerkstoff gezeigte Verhalten ist nicht allgemeingültig. In Abb. 2.18 sind Meßergebnisse mit LgSn 80 eingetragen; hier gibt der Werkstoff nach und verformt sich, lose Verschleißteilchen fallen nicht an. Der Laufwiderstand bleibt klein. Reibungszahlen über $2 \cdot 10^{-3}$ treten nicht auf. Die Belastung ist aber so weit gesteigert, daß die Dauerfestigkeit der Welle überschritten wurde und ein Bruch eintrat. Hier ist also trotz besonders günstiger Reibungsverhältnisse noch in anderer Weise eine Grenze gesetzt, nämlich durch die Festigkeit der Welle, über die Näheres unter Ziffer 2.6 gesagt wird.

Beispiel 22: Normal belastetes Lager bei niedriger Drehzahl

Es soll geklärt werden, wie sich das Lager nach Abb. 1.6 mit der Belastung $P = 3000$ kp bei der Drehzahl $n = 10$/min unter Verwendung des üblichen Maschinenöls von 4 bis 5 E/50 verhält. Die Umgebungstemperatur sei $\vartheta_0 = 20$ °C; die gleiche Temperatur hat das Lager auch bei Beginn des Betriebes, ebenso das Öl NÖ 31,5, bei 20 °C ist nach der Tab. 8.5 seine Viskosität 158 cP.

Die Drehzahl $n = 10$/min liegt unterhalb der Übergangsdrehzahl beim Anlauf

$$n_ü = \frac{3000}{1 \cdot 158 \cdot 1{,}47} = \frac{3000}{232} = 13/\text{min},$$

so daß der Lauf bereits in der Mischreibung beginnt. Die Tragfähigkeit der Ölschicht ist dabei nach Gl. (4.11) mit

$$P_{\text{flüss}} = P_ü = 1 \cdot 158 \cdot 1{,}47 \cdot 10 = 2320 \text{ kp}$$

begrenzt. Mit der Festkörperreibungszahl für Weißmetall $f_0 = 0{,}2$ wird dann die Reibungszahl für die Mischreibung nach Gl. (2.14)

$$f = 0{,}2\,(1 - 0{,}773) = 0{,}0454\,.$$

Unter Berücksichtigung des Anteiles der Flüssigkeitsreibung in Gl. (2.13) würde sich $f = 0{,}0458$ ergeben. Da – wie die Rechnung beweist – der Anteil der flüssigen Reibung im stationären Zustand praktisch verschwindet, kann sie von vornherein ohne Ansatz bleiben. Die Reibungsleistung ist $M\omega = f\,P\,U = 0{,}0454 \cdot 3000 \cdot 0{,}0655 = 8{,}9$ mkp/s und die Temperaturerhöhung $\vartheta - \vartheta_0 = M\omega/\alpha\,A = 8{,}9/0{,}8 = 11{,}1$ °C. Das Lager würde sich unter diesen Bedingungen auf $\vartheta = 20 + 11{,}1 = 31{,}1$ °C erwärmen. Das ist aber noch nicht der stationäre Zustand, denn die Viskosität ist dabei auf 80 cP heruntergegangen. Durch schrittweise Näherung läßt sich der Verlauf der Erwärmung weiter verfolgen, bis der stationäre Zustand erreicht ist.

Tabelle 2.1. *Schrittweise Berechnung der Lagerendtemperatur*

ϑ	η	$P_{ü}$	$1-\frac{P_{ü}}{P}$	f	$M\omega$	$\vartheta-\vartheta_0$
20°	158	2320	0,225	0,045	8,85	11,1°
31,1°	80	1175	0,608	0,122	24,0	30,0°
50°	31,5	463	0,845	0,169	33,2	41,5°
61,5°	19	280	0,910	0,182	35,8	44,8°
64,8°	18	265	0,912	$0{,}182_4$	35,7	44,9°
64,9°	17,6	259	0,914	$0{,}182_8$	36,0	45°

Die weitere Rechnung ist in der obigen Zusammenstellung (Tab. 2.1) gegeben; mit einer Temperaturerhöhung von 45 °C ist die Grenze erreicht. Dieser Wert liegt in der Nähe desjenigen, der sich bei alleiniger Festkörperreibung ergibt.

$$\vartheta-\vartheta_0=\frac{f_0\,P\,U}{\alpha\,A}=\frac{0{,}2\cdot 3000\cdot 0{,}0655}{2\cdot 0{,}4}=\frac{39{,}4}{0{,}8}=49{,}1\,^\circ\mathrm{C}$$

Die Lagertemperatur wäre dabei $(\vartheta)_1 = 69$ °C mit der Viskosität $(\eta)_1 = 15$ cP; diese würde immerhin noch einen Traganteil von

$$(P_{ü})_1 = 1\cdot\eta\cdot Vol\cdot n = 15\cdot 1{,}47\cdot 10 = 220\ \mathrm{kp}$$

liefern. In derselben Weise wie oben muß jetzt der Einfluß der Abnahme der Reibungszahl

$$(f)_1 = f_0\left(1-\frac{220}{3000}\right) = 0{,}2\cdot 0{,}926 = 0{,}185$$

auf das Temperaturverhalten berücksichtigt werden. Die Rechnung ergibt

$$(M\omega)_1 = 0{,}185\cdot 3000\cdot 0{,}0655 = 36{,}4\ \mathrm{mkp/s}$$

und $(\vartheta-\vartheta_0)_2$=36,4/2 ·0,4 = 45,5 °C; $(\vartheta)_2$ = 65,5 °C. Diese Temperatur liegt so nahe bei der oben ermittelten von 65 °C, daß eine weitere Rechnung überflüssig wäre, zumal es sich doch immer nur um Näherungswerte handelt. Dennoch soll der Vollständigkeit wegen der zweite Schritt gezeigt werden; die Viskosität ist $(\eta)_2 = 17$ cP bei 65,5 °C, damit wird

$$(P_{ü})_2 = 1\cdot 17\cdot 1{,}47\cdot 10 = 250\ \mathrm{kp}$$

und die Reibungszahl

$$(f)_2 = f_0\left(1-\frac{250}{3000}\right) = 0{,}2\cdot 0{,}917 = 0{,}183\,,$$

mit der die Leistung $(M\omega)_2$ = 0,183 ·3000 ·0,0655 = 36 mkp/s und die Temperaturerhöhung $(\vartheta-\vartheta_0)_3$ = 36/2 ·0,4 = 45 °C; $(\vartheta)_3$ = 65 °C also genauso hoch wie oben.

Das ist ein sehr bemerkenswertes Ergebnis: Bei partiellem Tragen bestimmt der Festkörperreibungsanteil die Temperatur. Selbst wenn der Traganteil des verbleibenden Films groß ist, bleibt der Einfluß auf die Reibung klein, das kann man aus der Rechnung zur ersten Zeile der Tab. 2.1 entnehmen.

Wie das Lager durch passende Ölauswahl betriebssicher ausgelegt werden kann, wird in Beispiel 34 gezeigt.

Beispiel 23: Lager mit voll tragfähigem Film beim Anlauf

Bis zum Erreichen des thermischen Beharrungszustandes vergehen oft mehrere Stunden. Volle Tragfähigkeit des Ölfilms stellt sich aber bei genügend viskosem Öl meist schon nach wenigen Umdrehungen ein; denn bei einem Ringschmierlager ist dann der Gleitraum ausreichend mit Öl versorgt. Im Anfang, nach genügend langem Stillstand, hat das Öl Umgebungstemperatur und hohe Viskosität; der Tragfilm kann daher unter geeigneten Bedingungen die ganze Last aufnehmen. Aber auch dabei wird Wärme entwickelt, die das Lager langsam aufheizt, was eine Abnahme der Viskosität und auch der Tragfähigkeit bedingt, so daß nach genügend langer Zeit das Verschleißgebiet wieder erreicht werden kann. Darin würde das Lager aber dauernd verbleiben; es ist das dann nicht mehr nur ein kurzer Durchgang wie beim An- und Auslauf.

Als Beispiel soll in diesem Zusammenhang das Lager nach Abb. 2.19 betrachtet werden und zwar mit NÖ 31,5. Das hat bei 20 °C eine Viskosität von 158 cP; damit errechnet sich die Übergangslast bei $n = 150/\text{min}$ zu $P_{ü} = 1 \cdot 158 \cdot 4{,}71 \cdot 150 = 112000$ kp, also gut das Dreifache der Betriebslast von $P = 36000$ kp. Zu Beginn des Laufes ist daher völlige Tragfähigkeit

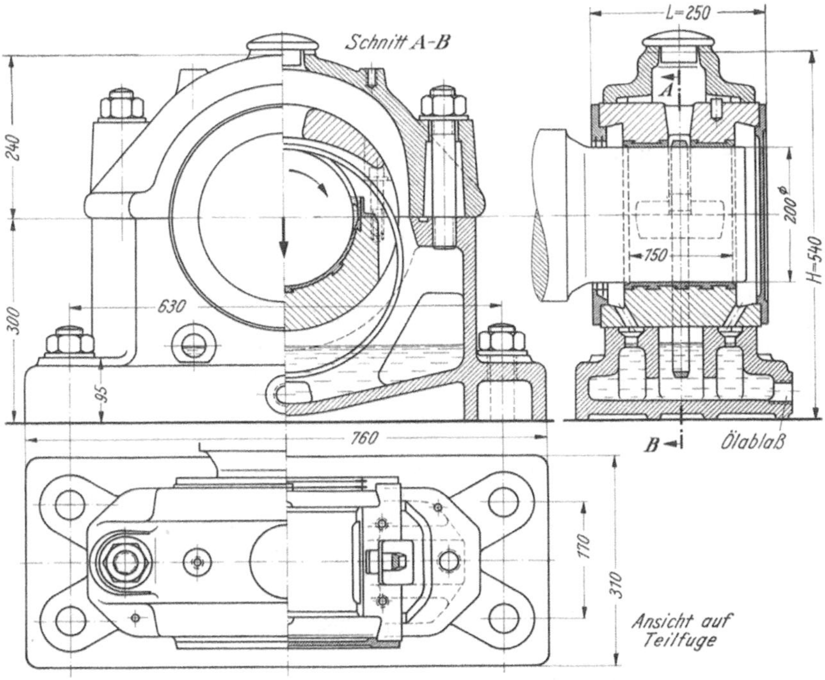

Abb. 2.19. Schweres Losring-Stehlager nach DIN 118 K. $D = 200$ mm, $B = 150$ mm, $P = 36000$ kp, $n = 150/\text{min}$

gesichert. Die hohe Viskosität bedingt aber auch größere Verluste über 1 PS zu Beginn

$$M\omega = \frac{4{,}25 \cdot 1{,}57}{100} \sqrt{36000 \cdot 1{,}57 \cdot 0{,}15 \cdot 158} = 0{,}0667 \sqrt{5400 \cdot 248} = 77 \text{ mkp/s}.$$

Der Beharrungszustand ergibt sich aus der üblichen Rechnung:

1) $D = 200$ mm **2)** $B = 150$ mm **3)** $P = 36000$ kp **4)** $\bar{p} = 120$ kp/cm² **5)** $n = 150/\text{min}$ **6)** $U = 1{,}57$ m/s **7)** $S = 200\,\mu$m **8)** $\psi = 1\,‰$ **9)** $\vartheta_0 = 20$ °C **10)** $Vol = 4{,}71$ l **11)** $\varkappa = 2$ mkp/m² s °C **12)** $A = 0{,}9$ m² **13)** $M\omega^* = 170$ mkp/s **14)** $\eta^* = 764$ cP **15)** Öl 4 bis 5 E/50, NÖ 31,5 **16)** $So > 1$ **17)** $W = 3{,}42$ **18)** $\vartheta_{20} = 43$ °C **19)** $\vartheta = 43$ °C **20)** $\eta = 43$ cP **21)** $n_{ü} = 178/\text{min}$ **22)** $n/n_{ü} = 0{,}85$; das Lager kommt durch die mit der Erwärmung abnehmende Viskosität in die Mischreibung, ein Dauerbetrieb ist mit NÖ 31,5 nicht möglich. Bei der Viskosität von 43 cP wäre noch eine Übergangslast von

$$P_{ü} = 1 \cdot 43 \cdot 4{,}71 \cdot 150 = 30400 \text{ kp}$$

zu tragen; mit dieser ergibt sich nach Gl. (2.14) bei $f_0 = 0{,}17$ für Bronze, die wegen der hohen Belastung als Lagerwerkstoff genommen wird, eine Reibungszahl

$$f = 0{,}17\left(1 - \frac{30400}{36000}\right) = 0{,}026 .$$

Das ist aber bereits ein Wert, der zu einer Temperaturerhöhung von mehreren hundert °C führen würde, rein rechnerisch wären es

$$\vartheta - \vartheta_0 = \frac{0{,}026 \cdot 36000 \cdot 1{,}57}{2 \cdot 0{,}9} = 820\,°\text{C}.$$

Ein Heißlaufen ist sicher zu erwarten, zumal mit steigender Temperatur die Reibungszahl noch stark zunimmt.

Von Interesse wäre auch die Zeit, in der das Lager im zuverlässigen Bereich arbeiten kann; sie läßt sich ungefähr ermitteln. Zunächst ist die Viskosität beim Übergang in die Mischreibung nach Gl. (4.12)

$$\eta_{\min} = \frac{36000}{4{,}71 \cdot 150} = 51 \text{ cP};$$

das Normöl 31,5 hat diese Viskosität bei 39 °C; bis zu dieser Temperatur wäre vielleicht ein zufriedenstellender Lauf noch möglich. Die Frage ist jetzt also, nach welcher Zeit die Temperatur sich um 19 °C erhöht hat.

Nimmt man der einfachen Rechnung wegen an, daß die gesamte Reibungswärme nur zur Temperaturerhöhung des Lagergehäuses, der Ölfüllung und eines entsprechenden Teiles der Welle dient, so wäre mit der Wärmekapazität WK

$$\int [M\omega - \alpha A (\vartheta_A - \vartheta_o)]\, dt = WK (\vartheta - \vartheta_o) .$$

In dieser Gleichung sind $M\omega$, die Temperatur ϑ_A der wärmeabgebenden Außenfläche des Gehäuses und die Lagertemperatur ϑ Funktionen der Zeit, die Lösung wäre recht umständlich. Daher soll hier nur eine Abschätzung vorgenommen werden. Um auf der sicheren Seite zu bleiben, wird für $M\omega$ ungefähr der Größtwert, 70 mkp/s, angenommen und die Wärmeabgabe an die Luft vernachlässigt.

$$M\omega \cdot t = WK (\vartheta - \vartheta_o) = 70 \cdot t \quad \text{mkp} .$$

Das Lager nach Abb. 2.19 hat ein Gewicht von 200 kp, und 200 mm Welle wiegen 50 kp. Mit dem Mittelwert der spezifischen Wärme $c = 0{,}12$ kcal/kp °C für Stahl und Gußeisen wäre die Wärmekapazität $0{,}12 \cdot 250 = 30$ kcal/°C $= 12800$ mkp/°C. Die Ölfüllung von 10 kp hat mit $c = 0{,}4$ kcal/kp °C eine Wärmekapazität von 4 kcal/°C $= 1700$ mkp/°C, daher wird $WK = 14500$ mkp/°C. Für $\vartheta - \vartheta_0 = 19$ °C wird dann

$$t = \frac{14500 \cdot 19}{70} = 207 \cdot 19 = 3940 \text{ sec} \approx 65 \text{ min} .$$

Ein Zeitraum von etwa einer Stunde wäre also nötig, bis das Lager sich so weit erwärmt und die Viskosität so weit vermindert hat, daß die Last nicht mehr vom Öl allein getragen werden kann und mit partiellem Tragen die ungünstigen Laufverhältnisse eintreten, die zum Heißlaufen führen.

Würde das Lager eine halbe Stunde, also 1800 sec laufen, so wäre die Temperaturerhöhung mit dem gewählten großen Wert von $M\omega = 70$ mkp/s

$$\vartheta - \vartheta_0 = M\omega \cdot t / WK = \frac{70 \cdot 1800}{14500} = \frac{1260}{145} = 8{,}7\,°\text{C};$$

die Viskosität bei rund 29 °C Lagertemperatur ist $\approx$ 90 cP, was einer Tragfähigkeit

$$P_{ü} = 1 \cdot 90 \cdot 4{,}71 \cdot 150 = 64000 \text{ kp}$$

entspricht; das sind immer noch 78% mehr als die Nennlast. Somit könnte das Lager im intermittierenden Betrieb etwa eine halbe Stunde laufen, wenn nach dem jeweiligen Lauf genügend Zeit für die Rückkühlung auf 20 °C zur Verfügung steht. Diese Zeit ist sicher lang, vielleicht mehrere Stunden. Bei zu kurzen Zwischenzeiten ist auch für intermittierenden Betrieb dieselbe Auslegung wie für Dauerbetrieb zu empfehlen, und zwar mit dem hochviskosen Öl NÖ 400 gemäß Beispiel 35.

Die Beispiele 21, 22 und 23 zeigen bereits einen anderen Charakter als die üblichen Rechnungen im ersten Kapitel. Sie lassen schon die Vielseitigkeit alles dessen erkennen, was im Gleitlager gegebenenfalls beachtet werden muß; die weiteren Ausführungen verfolgen das gleiche Ziel.

2.6 Lagerbelastung und Festigkeit

2.61 Der Stirnzapfen

Nicht nur in Firmenschriften, sondern auch in Lehr- und Handbüchern sowie Normblättern werden oft phantastisch hohe Belastungen für Lager angegeben, die nach den Begleittexten realisierbar sein sollen, wenn nur der richtige Werkstoff genommen wird; Zahlen bis zu 1200 kp/cm² werden genannt, wie in DIN 1705.

Schon im vorigen Jahrhundert hat man klar erkannt, daß zwischen Belastung und Festigkeit eindeutige Beziehungen bestehen, wie sie etwa C. BACH (1881), S. 187, in der 1. Auflage seines Buches gebracht hat, sie sind seitdem in alle Lehrbücher für Maschinenelemente und in die „Hütte" übernommen. Der zylindrische Stirnzapfen, einseitig eingespannt und auf Biegung beansprucht, Abb. 2.20, stellt den einfachsten Fall dar. Ob die Last P als Einzelkraft in der Mitte, gleichmäßig über die Zapfenbreite B oder zur Lagermitte irgendwie symmetrisch verteilt angreift, das Biegemoment errechnet sich in allen Fällen zu

$$\frac{P\,B}{2} = W\,\sigma_b = \frac{\pi\,D^3}{32}\cdot\sigma_b\,.$$

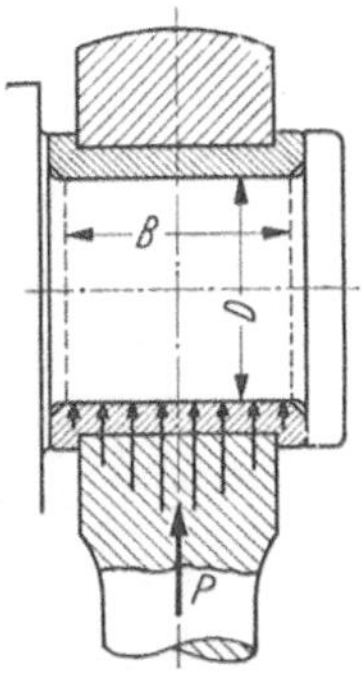

Abb. 2.20. Zylindrischer Stirnzapfen, einseitig eingespannt und auf Biegung beansprucht

Hierin ist W das Widerstandsmoment und σ_b die Biegespannung. Mit $P = \bar{p}\,B\,D$ wird

$$\bar{p} = \frac{\pi}{16}\left(\frac{D}{B}\right)^2\sigma_b = 0{,}196\left(\frac{D}{B}\right)^2\sigma_b \tag{2.15}$$

und für $B = D$ folgt $\bar{p} = 0{,}196\,\sigma_b \approx 0{,}2\,\sigma_b$.

Ein Zapfen mit $B = D$ darf also nur durch einen mittleren Druck $\bar{p}$ von einem Fünftel der zulässigen Biegebeanspruchung belastet werden; der Wert erhöht sich für $B = 0{,}5\,D$ auf das Vierfache. Von solchen Fällen abgesehen, ist die Belastungsmöglichkeit üblicher Lager von $B \approx D$ schon aus Festigkeitsrücksichten gar nicht so groß, wie vielfach

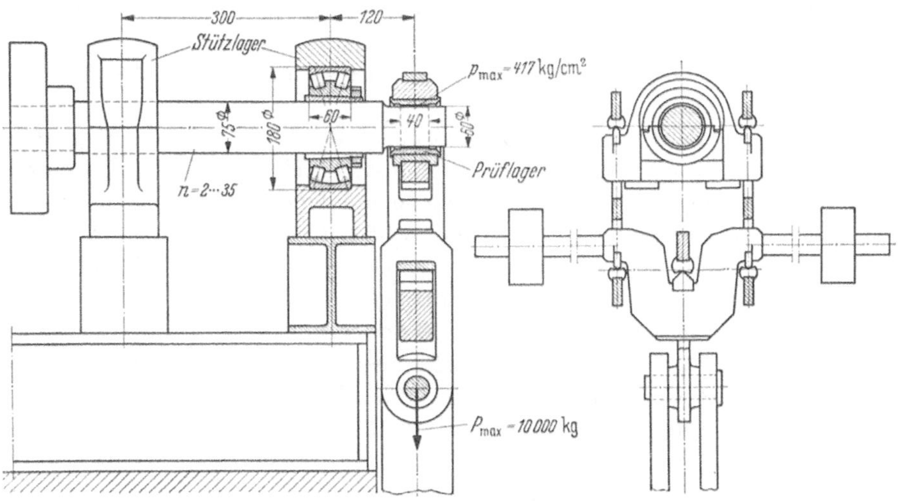

Abb. 2.21. Prüfstand mit fliegend angeordnetem Versuchslager und Reibungswaage

angenommen wird, mittlere Drücke über 200 kp/cm dürften daher im Dauerbetrieb kaum zu verwirklichen sein.

Höhere Belastungen werden von Lagern bei richtiger Auslegung und richtiger Ölversorgung ohne weiteres aufgenommen: aber dabei wird bald die Festigkeitsgrenze der Welle überschritten, so daß an der Stelle der größten Biegebeanspruchung ein Dauerbruch eintritt. Nach dieser Überlegung wäre *nicht das Lager das schwache Glied* in der Konstruktion, *sondern die Welle*. Einen Beweis für die Richtigkeit dieser Schlußfolgerung brachten eigene Versuche, die das Reibungsverhalten bei höherer Belastung klären sollten. Das Ziel war das Mischreibungsgebiet, das aber trotz niedriger Drehzahl und dünnen Öles nicht zur Genüge erreicht wurde. Die Versuchsanordnung zeigt Abb. 2.21, deren weitere Einzelheiten in Beispiel 25 erörtert werden. Hier interessieren nur die Art der Lagerung und die Abmessungen, die zu einer höchsten Biegebeanspruchung der Welle von $\sigma_b = 2900\,\text{kp/cm}^2$ führten. Dies hielt die Welle auch bei $n = 25/\text{min}$ nur wenige Tage aus. Nachdem fünf Wellen in gleicher Weise zu Bruch gegangen waren, wurde angenommen, daß es sich nicht um eine Einzelerscheinung handelt.

Abb. 2.22. Zur Ermittlung der Wechsel-Biege-Festigkeit zerbrochene Wellen (75 mm Durchmesser). In der Abbildung sind von 30 Prüflingen 28 aufgeschichtet; alle 30 Wellen wurden mit demselben Gleitlager bis zum Bruch belastet

Die Richtigkeit dieser Annahme bestätigte eine Sonderuntersuchung. Auf dem Lagerprüfstand wurden Dauerbiegeversuche ausgeführt, bei denen die Wellen in den Abmessungen nach Abb. 2.21 als Prüflinge dienten. Besondere Werkstofffragen sollten an diesen großen Versuchskörpern geklärt werden. Dreißig Wellen wurden untersucht; die Belastung für alle Wellen wurde durch ein und dasselbe Gleitlager aufgebracht. Die Einspannenden von 28 der so mit einem einzigen Lager zerbrochenen Wellen, dachförmig aufgeschichtet, zeigt Abb. 2.22. Dieses Ergebnis liefert einen eindrucksvollen Beweis für die Leistungsfähigkeit richtig ausgelegter Lager und ebenso dafür, daß das Gleitlager nicht der schwächste Teil der Konstruktion zu sein braucht.

Einzelfälle aus der Praxis beweisen das ebenfalls. In der ersten Auflage dieses Buches wurde auf S. 8 ein Dauerbruch der Hauptwelle eines 230-kW-Förderhaspels von 200 mm Durchmesser beschrieben, der in Fundamentversetzungen seine Ursache hatte. Die Lager blieben dabei unbeschädigt. In einem Aufsatz des Verfassers (1958) wurde über den Bruch einer Getriebewelle von 350 mm Durchmesser berichtet, der ebenfalls von Fundamentsenkungen herrührte. Nach Instandsetzung des Fundamentes läuft das Getriebe mit einer neuen Welle in den alten, leicht nachgearbeiteten Lagern wieder anstandslos. Solche Vorgänge treten vermutlich häufiger auf, ohne daß dabei immer die Zusammenhänge zugunsten des Gleitlagers entsprechend gewürdigt werden.

2.62 Das Halslager

Eine zwischen zwei Stützlagern belastete Welle, ähnlich wie bei der Lagerprüfmaschine von Buske (1951a), deren Schema Abb. 2.23 zeigt, ist auf Festigkeit ungünstiger beansprucht. Derartige Lager wurden früher im Gegensatz zum Stirnzapfen als Halszapfen oder Halslager bezeichnet. Hier handelt es sich um den Fall des Balkens auf zwei Stützen im Abstand l mit einer Einzellast in der Mitte.

Dafür gilt als Biegemoment

$$\frac{P\,l}{4} = W \cdot \sigma_b = \frac{\bar{p}\,B\,D\,l}{4} = \frac{\pi\,D^3}{32}\,\sigma_b$$

oder

$$\bar{p} = \frac{\pi}{8}\,\frac{D^2}{B\,l}\,\sigma_b = 0{,}393\,\frac{D^2}{B\,l}\,\sigma_b\,. \tag{2.16}$$

Mit den Werten von Abb. 2.23, $B = D$ und $l = 2{,}4\,D$ wird $\bar{p} = 0{,}1635\,\sigma_b$. BUSKE steigerte bei seinen Versuchen die mittlere Flächenlast $\bar{p}$ bis 1200 kp/cm², entsprechend $\sigma_b = 6{,}12\,\bar{p} = 7350$ kp/cm², einem weit über der zulässigen Wechselbiegefestigkeit σ_{zul} (≈ 1000 kp/cm²) liegenden Wert. Die Wellen brachen in kurzer Zeit, während die Grenze der Tragfähigkeit des Lagers noch nicht erreicht war.

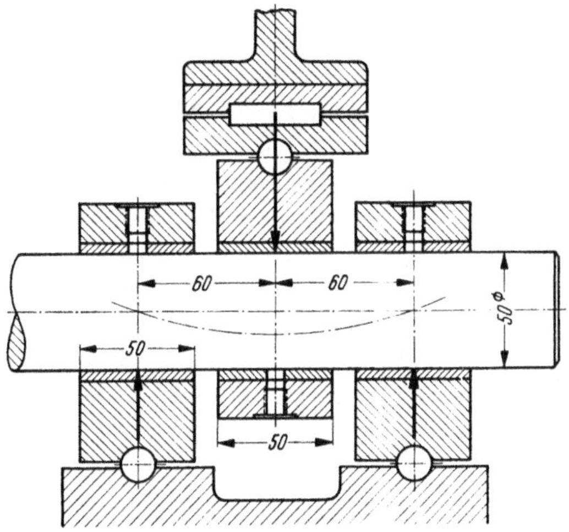

Abb. 2.23. Anordnung der Lager in der Prüfmaschine von BUSKE

Bei dieser Art der Auflagerung ist das Biegemoment von der Lastverteilung in der Achsrichtung abhängig. Die Einzelkraft in der Mitte liefert ein ungünstiges Verhältnis; für gleichmäßig verteilte Last wäre

$$\frac{P}{2}\left(\frac{l}{2} - \frac{B}{4}\right) = W\,\sigma_b = \frac{\pi\,D^3}{32}\,\sigma_b\,,$$

woraus

$$\bar{p} = \frac{\pi}{8}\,\frac{D^2\,\sigma_b}{B\,(l - B/2)} = \frac{0{,}3927\,D^2\,\sigma_b}{B\,(l - B/2)} \tag{2.17}$$

folgt. Für die Anordnung nach Abb. 2.23 wird damit $\bar{p} = 0{,}206\,\sigma_b$: der Wert ist zwar günstiger, aber er bleibt in der Größenordnung des nach Abb. 2.20 durch eine Einzelkraft beanspruchten Stirnzapfens.

Zur Einführung in die Festigkeitsfragen, soweit sie zum Lager in unmittelbarer Beziehung stehen, mögen diese Ausführungen genügen. Weiteres findet sich in Kapitel 4 bei der Behandlung der Verformungen und in Abschnitt 8.53, wo die Druckverhältnisse bei der Berührung fester Körper nach den Hertzschen Gleichungen betrachtet werden.

2.7 Die Arbeiten von E. Falz

Der neuzeitliche Rechnungsgang ist erstmalig von E. FALZ (1926) beschritten worden; in seinem Buch ist überzeugend ausgesprochen, daß Betriebssicherheit nur im Bereich der Flüssigkeitsreibung zu erwarten ist. FALZ hat auch die Wege aufgezeigt, wie man unter den gegebenen Bedingungen durch zweckmäßige Wahl des Öles und der Abmessungen den Zustand vollkommenen Tragens verwirklichen kann.

Der Inhalt des vorliegenden Buches stützt sich weitgehend auf das Gedankengut von FALZ. Damals war allerdings die Lehre vom Strömungsvorgang im

Lagerspalt noch recht unvollkommen; der Einfluß der endlichen Breite konnte nur überschlägig erfaßt werden. Heute liegen darüber sehr genaue mathematische Lösungen vor, die jedoch eine solche Form erhalten müssen, daß eine einfache Anwendung in der Praxis möglich ist.

Für die Wärmeabgabe von Lagergehäusen standen vor 30 Jahren nur die Untersuchungen von LASCHE (1902) zur Verfügung. Heute sind diese wesentlich erweitert und durch Einzelergebnisse aus der Praxis und der Grundlagenforschung vervollständigt. Während FALZ grundsätzlich nur einen Lagertyp für die Wärmeabgabe betrachten konnte, sind im vorliegenden Buch verschiedene Bauarten gebracht, damit der Konstrukteur sich einzufühlen vermag, wenn er für seinen Aufgabenbereich nach geeigneten Beispielen sucht. Experimentelle Ergänzungen dieser Angaben sind jedoch trotzdem noch notwendig.

Die Bestimmung der Betriebstemperatur hat FALZ auf rein rechnerischem Wege durchgeführt. Das erforderte bestimmte Gleichungen für den Viskositätsverlauf, die den heutigen Ölen zwar näherungsweise, aber oft nicht mit der gewünschten Genauigkeit entsprechen. Deshalb wurde das vom Verfasser (1940) angegebene Verfahren mit einem Rechenblatt vorgelegt, das in einfacher Weise zu handhaben und für beliebigen Viskositätsverlauf brauchbar ist. Von denjenigen Veröffentlichungen, deren Inhalt die hier ausgearbeiteten Berechnungsverfahren besonders gefördert haben, sind vor allem die von A. SCHIEBEL (1933), K. BAUER (1943) und A. STELLER (1954) zu nennen.

Zum Abschluß mögen noch Überlegungen erwähnt werden, die bei der Abfassung dieser Schrift leitend waren. Sie sind dem Buch von H. GRÖBER (1921), S. 269, entnommen, wo von Forschungsaufgaben die Rede ist:

„Als Einleitung zu diesem Abschnitt stelle ich den Satz voran, daß ein erfolgreiches Weiterbauen ohne gründliche mathematische Kenntnisse nicht möglich ist. Es genügt nicht, daß man nur Versuche anstellt; solche Versuche ohne feste theoretische Grundlage führen nur zu einer Vermehrung der ohnehin schon umfangreichen Literatur, ohne aber wissenschaftlichen Fortschritt zu bedeuten oder für die Praxis brauchbares Zahlenmaterial zu liefern.

Wenn nun auch zur Gewinnung neuer Ergebnisse umfangreiche mathematische Entwicklungen nicht gescheut werden dürfen, so ist es andererseits unbedingt notwendig, die erhaltenen Ergebnisse wieder auf eine so einfache Gestalt zu bringen, daß ihre Anwendbarkeit in der Praxis gewährleistet ist. Dazu dient vor allem die Anwendung der Zahlentabelle oder noch besser des Schaubildes an Stelle der Formel. Dies setzt aber wieder voraus, daß im Endergebnis von vornherein nur wenig Veränderliche auftreten, oder daß sich ihre Zahl durch Zusammenfassen vermindern läßt. Wie dies mit Hilfe des Begriffes der Kenngröße möglich ist, habe ich im vorliegenden Buch an vielen Beispielen gezeigt."

Beim Gleitlager liegen die Dinge in vielem ähnlich. Versuche ohne eindeutige Problemstellung, die eine Auswertung auf mathematischer Grundlage ermöglicht, taugen wenig oder gar nichts. Auch die Natur gibt nur auf klare Fragen eine klare Antwort, und im Experiment befragen wir die Natur.

Die mathematischen Unterlagen für die Lagerberechnung sind zu einem vorläufigen Abschluß gebracht, ihre Endergebnisse lassen sich für die Praxis sogar in höchst einfache Formeln fassen. Nur die Bestimmung der Lagertemperatur wird zweckmäßig auf graphischem Wege — also durch Schaubild — vorgenommen, weil die Abhängigkeit der Viskosität von der Temperatur bei den gegenwärtig verwendeten Ölen sich nicht durch mathematisch einfach zu handhabende Formeln wiedergeben läßt.

Somit sind alle Forderungen GRÖBERS erfüllt: wissenschaftliche Grundlagen, mathematisch klare Ausdrucksweise, einwandfreie Versuchsergebnisse (die allerdings in vielem noch der Ergänzung bedürfen), kurze Darstellung und einfache Handhabung, die im ersten Kapitel hinlänglich gezeigt wurde.

3. Anschluß an die Theorie (Die Gesetze des Tragfilms)

3.1 Vorbemerkung

Im Vorhergehenden ist gezeigt worden, daß ein Dauerbetrieb im Bereich partiellen Tragens wegen Verschleißes, zu großer Verluste und damit unzulässiger Erwärmung oder Instabilitäten nicht durchzuführen ist. Das ergaben die Beispiele 22 und 23 und die Ausführungen am Schluß von Ziffer 2.46. Im folgenden wird daher auf die Gesetzmäßigkeiten im Bereich der Flüssigkeitsreibung näher eingegangen; sie sind für den Betrieb aller richtig bemessenen Lager maßgebend und nicht nur für Ausnahmefälle, wie man vielfach annimmt. Die Grenzen dieses Zustandes liegen zahlenmäßig fest und enthalten Veränderliche, die der Konstrukteur weitgehend in der Hand hat und die wegen des großen Viskositätsbereiches der zur Verfügung stehenden Schmiermittel außerordentlich anpassungsfähig sind.

Die hier gegebene Darstellung bringt nicht die mathematische Behandlung, nur unter Ziffer 3.7 werden einige Mitteilungen gemacht; im allgemeinen wird auf die Literatur verwiesen. Das ist einmal wegen des dafür notwendigen Umfanges zu verantworten, zum anderen auch, weil gute Bücher darüber vorhanden sind. Da gibt es das umfassende Werk von N. TIPEI (1957), das durch die Übersetzung von W. GROSS (1962) ins Englische auch für uns leichter zugänglich geworden ist. Ebenso das Buch von O. PINKUS und B. STERNLICHT (1961), das viele zahlenmäßige Auswertungen bringt. Hier genügt es, diese Ergebnisse zu übernehmen; lediglich für den einfachen Fall der Formel von PETROFF soll die mathematische Entwicklung durchgeführt werden, denn sie liefert

1. den grundlegenden Unterschied des wirklichen Reibungsverhaltens geschmierter Gleitflächen gegenüber den von COULOMB und MORIN hergeleiteten Anschauungen und

2. die für die zahlenmäßige Behandlung der Reibungserscheinungen notwendigen Begriffe und Ähnlichkeitsbetrachtungen.

Die Arbeit von PETROFF (1883) erschien zunächst in russischer Sprache und die deutsche Übersetzung von L. WURZEL in Hamburg. Obwohl damit die Gesetzmäßigkeiten der Flüssigkeitsreibung ausgesprochen waren, hat die Technik dieses Gedankengut nicht aufgenommen. Teilweise ist das berechtigt; denn PETROFF nahm für seine Formel noch an, daß ein Gleiten der Flüssigkeit an festen Wänden auftreten könne. Obwohl WARBURG (1870) schon gezeigt hatte, daß auch bei nicht netzenden Flüssigkeiten ein solches Gleiten nicht stattfindet, war diese Erkenntnis keineswegs Allgemeingut der technischen Wissenschaften geworden. Da die Beobachtungen von WARBURG an Kapillaren gemacht wurden, hielt man vielleicht die so erzielten Ergebnisse auf rotierende Zylinder für nicht übertragbar; für diese lieferte erst COUETTE (1890) den Beweis des Nichtgleitens an festen Wänden. In der folgenden Ableitung der Petroffschen Formel wird von dieser Tatsache Gebrauch gemacht.

3.2 Das Reibungsverhalten bei kleiner Last und hohen Drehzahlen: Die Formel von Petroff

In einem ganz umschließenden Lager möge der Zapfen sich genau in der Mitte befinden; das ist der Grenzfall, dem die Zapfenlage mit geringer Last bei hohen Drehzahlen zustrebt, vgl. Ziffer 3.3. Der Ringraum zwischen den konzentrischen Zylindern, Abb. 3.1, sei von der Flüssigkeit mit der Viskosität η ganz ausgefüllt. Der Druck in der Flüssigkeit ist bei der zentrischen Lage überall gleich; er kann sich aus Symmetriegründen nicht ändern. Unter diesen Bedingungen kann das Lager auch keine Last aufnehmen; daher muß noch untersucht werden, wieweit die nach Abb. 3.1 gefundenen Ableitungen zutreffen.

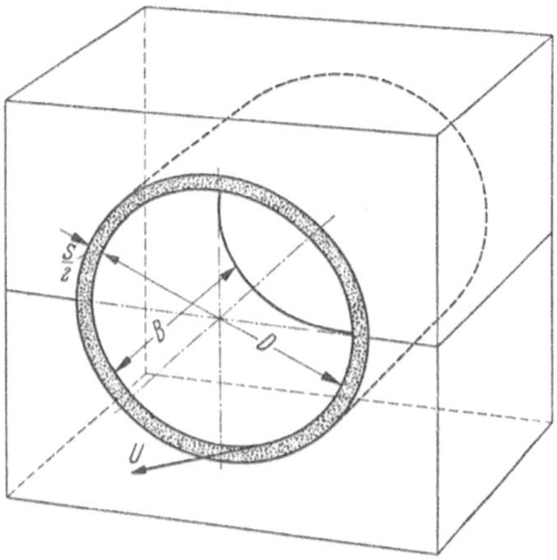

Abb. 3.1. Ganzumschließendes Lager. Spaltverlauf bei zentrischer Lage des Zapfens [Versuchsanordnung von COUETTE (1890); Reibungsformel von PETROFF (1883)]

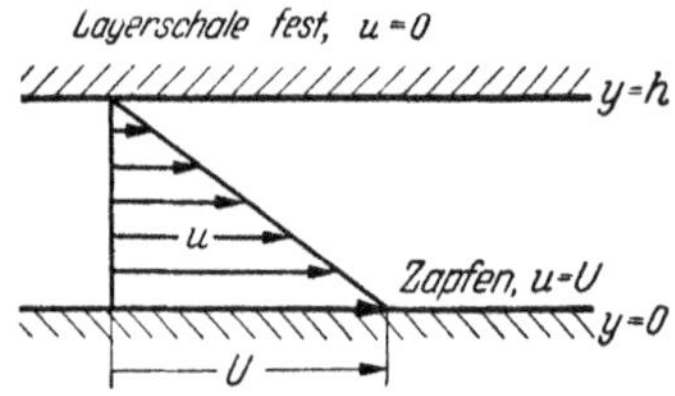

Abb. 3.2. Abgewickelter Schmierspalt nach Abb. 3.1 mit linearer Geschwindigkeitsverteilung

In dem Ringraum stellt sich eine am Zapfenumfang überall gleiche Geschwindigkeitsverteilung u ein, die mit sehr guter Näherung quer zum Schmierfilm linear verläuft. Weil das Lagerspiel S sehr klein gegenüber D ist, kann man die Krümmung vernachlässigen, also den Spalt abwickeln, und erhält Abb. 3.2 mit

$$u = U\left(1 - \frac{y}{h}\right), \tag{3.1}$$

wobei nach Abschnitt 3.1 vorausgesetzt wurde, daß ein Gleiten der Flüssigkeit an den festen Wänden nicht auftritt. Soweit der Bewegungszustand. Für die Kräfte wird der Ansatz von NEWTON genommen,

$$\tau = \eta \frac{du}{dy} = -\eta \frac{U}{h}. \tag{3.2}$$

Das negative Zeichen besagt, daß die Kraftwirkung der Geschwindigkeit U entgegengesetzt ist. Die Schubspannung im Innern der Flüssigkeit ist überall gleich; an der Oberfläche $B\,D\,\pi$ des Zapfens liefert sie die Verlustleistung $M\omega =$ Fläche $B\,D\,\pi$ mal Schubspannung $\eta\ U/h$ mal Radius $D/2$ mal Winkelgeschwindigkeit ω

$$M\omega = \frac{B\,D\,\pi\,\eta\,U D\,\omega}{2h} = \pi\,\eta\,B\,\frac{U}{\psi}\cdot D\omega = 2\,\pi\,\eta\,B\,\frac{U^2}{\psi}. \tag{3.3}$$

Dazu ist $D\,\omega = 2\,U$, $h = S/2$ und $S/D = \psi$ gesetzt, ferner ist auf die Berücksichtigung des negativen Zeichens verzichtet, weil es für die Zahlenwerte keine Bedeutung hat.

Setzt man jetzt voraus, daß bei einer nur schwachen Belastung P auch nur eine geringe Abweichung aus der zentrischen Lage eintritt und Gl. (3.3) näherungsweise noch gültig bleibt, so kann man nach Gl. (2.2) die Reibungszahl f bilden, dann ist mit $\bar{p} = P/B\,D$

$$f = \frac{M\omega}{P\,U} = \pi\,\frac{\eta\,\omega}{\bar{p}\,\psi}, \tag{3.4}$$

die von Petroff gegebene Gleichung für die Reibungszahl in ihrer heutigen Form. Wird noch die Reibungskennzahl f/ψ eingeführt, so schreibt sich Gl. (3.4) auch

$$\frac{f}{\psi} = \pi\,\frac{\eta\,\omega}{\bar{p}\,\psi^2} = \frac{\pi}{So}, \tag{3.5}$$

wenn So als Sommerfeldzahl nach Gl. (2.7) eingesetzt wird; sie folgt hier aus einer einfachen Rechnung auf einem anderen Wege als unter Ziffer 2.34. Die Gl. (3.5) ist dieselbe wie Gl. (2.11), nur daß darin statt des Faktors π die Vorzahl 3 erscheint.

Damit sind drei wichtige Begriffe der Lehre von der Lagerreibung gefunden: Die Reibungskennzahl f/ψ, die Sommerfeldzahl $So = \bar{p}\,\psi^2/\eta\,\omega$ und die Petroffsche Formel als Sonderfall eines allgemeinen Gesetzes, nämlich, daß die Reibungs*kenn*zahl eine Funktion der Sommerfeldzahl ist.

Der Gültigkeitsbereich der Formel von Petroff ergibt sich aus den Voraussetzungen bei der Ableitung:

1. Völlig geschlossener, ganz gefüllter, überall gleich weiter oder nahezu gleich weiter Ringraum,
2. konstante Viskosität der Flüssigkeit und
3. keine oder nur geringe Belastung P oder $\bar{p}$ des Zapfens.

Die strenge Ableitung der Petroffschen Formel geht von den Navier-Stokesschen Gleichungen in Zylinderkoordinaten aus, vgl. H. Schlichting (1965), S. 72 bis 73, und die Ausführungen in der ersten Auflage, S. 58.

Dann kann noch die Frage gestellt werden, ob Gl. (3.3) einen Kleinstwert der Verlustleistung darstellt, oder ob bei exzentrischer Lage des Zapfens der Verlust vielleicht noch kleiner wird. Dafür muß zunächst die geometrische Spaltform beschrieben werden, Abb. 3.3; bezeichnet e die Exzentrizität und

$$\frac{2\,e}{S} = \varepsilon \tag{3.6}$$

die relative Exzentrizität, die den Bereich von 0 bis 1 durchlaufen kann, so gilt für die veränderliche Spalthöhe h bis auf Größen zweiter Ordnung

$$h = \frac{S}{2} + e\cos\varphi = \frac{S}{2}\,(1 + \varepsilon\cos\varphi), \tag{3.7}$$

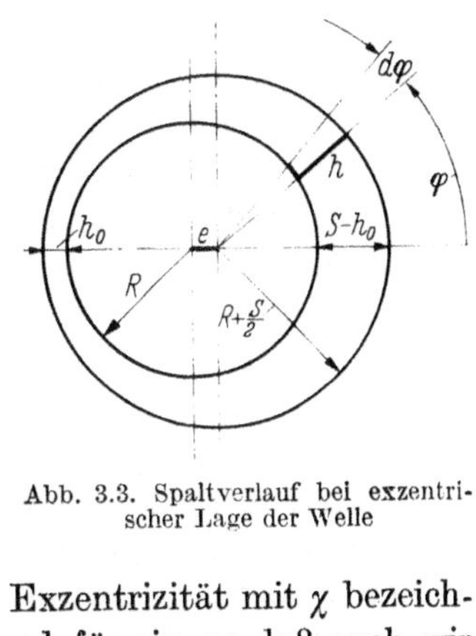

Abb. 3.3. Spaltverlauf bei exzentrischer Lage der Welle

wenn φ nach Abb. 3.3 von der weitesten Stelle des Spaltes aus gerechnet wird. In der ersten Auflage war in Anlehnung an Gümbels Arbeiten die relative Exzentrizität mit χ bezeichnet, mehr und mehr bürgert sich aber international ε dafür ein, so daß auch wir dieser Gepflogenheit folgen, zumal das ε die Beziehung zu e sichtbarer erkennen läßt als das χ. Einige Unstimmigkeiten ergeben sich dadurch bei den Abb. 3.5, 3.6, 3.12, 3.15 und 3.16, deren Klischees aus der ersten Auflage übernommen wurden; in den Unterschriften findet sich der Vermerk $\chi = \varepsilon$ und der Hinweis auf diese Textseite.

Unter der Annahme, daß die Geschwindigkeitsverteilung linear bleibt, hat COUETTE (1890), S. 443 bis 445, bereits die Verlustleistung bei exzentrischer Lage der Zylinder zu

$$M\omega = \frac{2\pi\,\eta\,B\,U^2}{\psi\sqrt{1-\varepsilon^2}}\,, \tag{3.8}$$

bestimmt, das ist bis auf die Wurzel derselbe Ausdruck wie in Gl. (3.3). Die Wurzel hat ihren größten Wert für $\varepsilon = 0$, dafür ist somit $M\omega$ am kleinsten.

Dieser Beweis ist noch unvollständig, weil bei veränderlicher Spalthöhe Druckunterschiede in der Flüssigkeit auftreten, die der linearen Geschwindigkeitsverteilung eine parabolische überlagern. Wie diese im einzelnen auch sei; es läßt sich ganz allgemein der Nachweis erbringen, daß dadurch nur positive Glieder zur Gl. (3.8) hinzugefügt werden. Betrachtet man die entwickelte Wärme Q in dem Ringraum, der in die X-Z-Ebene als Rechteck abgewickelt zu denken ist, so gilt nach VOGELPOHL (1937b), S. 5, Gl. (13)

$$Q = \int_0^{D\pi}\int_0^{B}\left[\frac{h^3}{12\eta}\left(\frac{\partial p}{\partial x}\right)^2 + \frac{h^3}{12\eta}\left(\frac{\partial p}{\partial z}\right)^2 + \eta\,\frac{U}{h}\right]\mathrm{d}x\,\mathrm{d}z\,.$$

Zu dem Glied $\eta\;U/h$ treten also nur quadratische Glieder, und h und η sind stets positiv. Für $h = \text{const}$ verschwinden die runden Klammern, da überall gleicher Druck herrscht; bei Druckunterschieden kommen also zu Gl. (3.8) nur noch positive Glieder hinzu. Damit ist der allgemeine Beweis geliefert, daß Gl. (3.3) dem kleinsten Wert für die Verlustleistung entspricht.

Die Anwendung von Gl. (3.8) ergibt ein $M\omega$, das gegenüber dem bei zentrischem Lauf mit $\varepsilon = 0$ im Verhältnis

ε	$=0{,}1$	0,2	0,3	0,4	0,5	0,6	0,7	0,8	0,9
$\dfrac{1}{\sqrt{1-\varepsilon^2}}$	$=1{,}006$	1,020	1,048	1,090	1,155	1,25	1,40	1,67	2,29

größer ist. Bei der schon recht beachtlichen Exzentrizität $\varepsilon = 0{,}4$ ist $M\omega$ nur um 9% gewachsen. Das ist der Grund dafür, daß erst bei größeren Belastungen, die auch größere Exzentrizitäten erfordern, eine merkliche Zunahme der Reibungsverluste erfolgt, so daß die Einteilung in einen Schnellauf- und Schwerlastbereich zweckmäßig ist.

Wirkliche Lager bestehen fast nie aus zwei vollen Zylinderflächen. Ist der Zapfen vollständig, so enthält die Lagerschale Ausnehmungen, Öltaschen oder Öffnungen für die Kühlölzufuhr, bei denen die Spaltweite $S/2$ nicht mehr zutrifft, sondern wesentlich größer ist und meist so groß wird, daß die an diesen Stellen wirksame Schergeschwindigkeit die Reibungskraft nicht mehr nennenswert beeinflußt. Ist die Schale vollständig, wie bei umlaufenden Massen auf ruhendem Zapfen, so befinden sich im Zapfen entsprechende Vertiefungen für die Ölzufuhr. Daher wird ein Völligkeitsfaktor K_1 eingeführt, $K_1 < \pi$, der die Aussparungen in der Lauffläche berücksichtigt. Gl. (3.5) wird somit allgemein für beliebig gestaltete Lagerschalen in der Form

$$\frac{f}{\psi} = K_1 \cdot \frac{\eta\,\omega}{\bar{p}\,\psi^2} = \frac{K_1}{So} \tag{3.9}$$

geschrieben. Das ist die Formel für das Reibungsverhalten bei hohen Gleitgeschwindigkeiten und kleineren Belastungen, also kleinen Sommerfeldzahlen.

Für halbumschließende Lager wird im besonderen $K_1 = \pi/2$ also

$$\frac{f}{\psi} = \frac{\pi}{2}\,\frac{\eta\,\omega}{\bar{p}\,\psi^2} = \frac{\pi}{2\,So}, \tag{3.10}$$

wobei auch wieder vorausgesetzt wird, daß auf der Schalenfläche für die Ölverteilung sich keine Vertiefungen, Öltaschen oder Nuten befinden; ist das der Fall, dann wird $K_1 < \pi/2$.

3.3 Tragfähigkeit der Lager endlicher Breite

3.31 Errechnete Tragfähigkeit

Als Hauptvertreter für die Darstellung der grundlegenden Rechnungen soll das Lager mit 180° Umschließungswinkel angesehen werden; das hat schon Falz (1931), S. 42 und 47, betont, weil das halbumschließende einem ganz umschließenden Lager nur ganz unbedeutend nachsteht. Ergänzungen werden unter Ziffer 3.6 behandelt.

Bei der Ableitung der Petroffschen Formel nach Abschnitt 3.2 ließ sich der Gültigkeitsbereich nicht zahlenmäßig angeben; die Rechnung am Schluß läßt allerdings erwarten, daß die Formel auch für gewisse Belastungen noch anwendbar sein müßte, obwohl sie in der Ableitung nicht auftreten. Um diese Frage beantworten zu können, muß man die Verhältnisse bei exzentrischer Lage des Zapfens untersuchen. Die Rechnungen dafür sind nicht einfach, wenn das Lager endlicher Breite behandelt werden soll, was allein einen Sinn für die Anwendung in der Praxis hat. In diesem Fall ist die Integration einer partiellen Differentialgleichung durchzuführen.

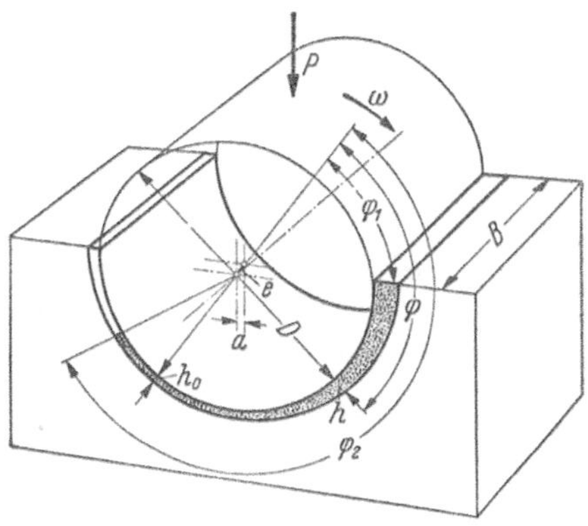

Abb. 3.4. Halbumschließendes Lager; der Gleitraum und seine geometrischen Größen

Die Rechnungen sind hier nicht im einzelnen wiedergegeben; es werden lediglich die Ergebnisse in Tabellen mitgeteilt. Sie beziehen sich auf ein halbumschließendes Lager — Umschließungswinkel 180° —, dessen Behandlung vom Verfasser (1943) an anderer Stelle veröffentlicht wurde. Eine weitere Berechnung wurde von H. Sassenfeld und A. Walther (1954) auf numerischem Wege durchgeführt; die Ergebnisse weichen von den früher ermittelten nur wenig ab. Pinkus und Sternlicht (1961) haben die Zahlenwerte von Sassenfeld und Walther weitgehend übernommen.

Die Rechnung geht von einer vorgegebenen geometrischen Tragspaltform nach Abb. 3.4 aus. Neben den Abmessungen ist sie durch die exzentrische Lage des

Tabelle 3.1. *Die wichtigsten Zahlenwerte für das halbumschließende Lager ohne Seitenfluß*

$\varepsilon = 2e/S$	0,1	0,2	0,3	0,4	0,5	0,6	0,7	0,8	0,9	0,95	0,99
φ_1	17° 27′	28° 49′	35° 42′	40° 1′	43° 14′	46° 53′	51° 15′	56° 40′	64° 30′	70° 44′	80° 23′
φ_2	197° 27′	208° 49′	215° 42′	220° 1′	216° 20′	210° 45′	205° 11′	199° 27′	192° 59′	188° 54′	183° 53′
$\frac{p_{max}\,\psi^2}{\eta\omega}$	0,5897	1,158	1,778	2,534	3,486	5,022	7,708	13,686	36,648	100,710	1085,64
$So = \bar{p}\,\psi^2/\eta\,\omega$	0,4584	0,8819	1,3038	1,7740	2,3181	3,0480	4,1641	6,2842	12,4697	24,7342	122,646
$(1-\varepsilon)\,So$	0,4125	0,7055	0,9126	1,0644	1,1591	1,2192	1,2492	1,2568	1,2470	1,2367	1,2265
f/ψ	3,5578	2,0191	1,5308	1,2892	1,1100	0,9679	0,8450	0,7152	0,5411	0,4041	0,1957
K	2,4088	1,8961	1,7479	1,7171	1,6900	1,6898	1,7243	1,7929	1,9107	2,0099	2,1678

Zapfens gekennzeichnet, also durch die Exzentrizität e. In der Rechnung tritt nur das Verhältnis $2\,e/S$ und meist auch das Verhältnis S/D auf; daher sei, wie schon in Abschnitt 3.2, das relative Lagerspiel $\psi = S/D$ und die relative Exzentrizität $\varepsilon = 2\,e/S$ nach Gl. (3.6) eingeführt. Die Winkellage der Einlaufstelle, also

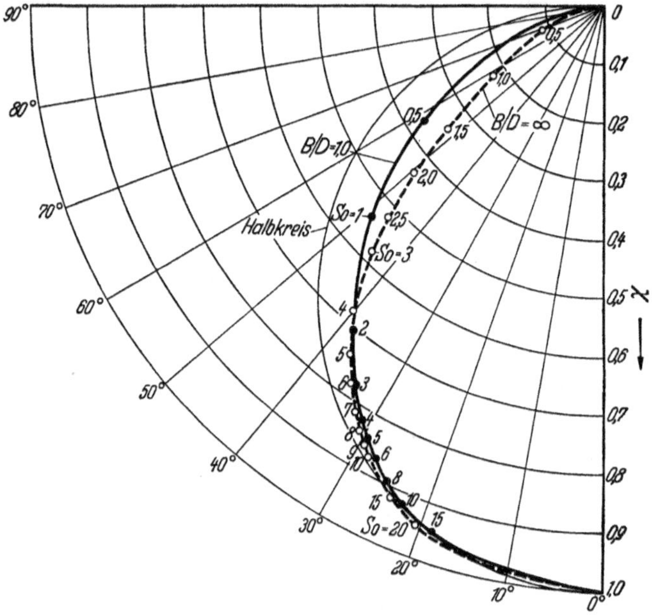

Abb. 3.5. 180°-Lager. Verlagerungskurven nach SASSENFELD und WALTHER (1954), $\chi = \varepsilon$, vgl. S. 84

Winkel φ_1, und Winkel φ_2 für das Ende des Druckgebietes folgen aus den Gleichgewichts- und Randbedingungen für den Tragfilm. Diese Werte hängen von B/D ab, aber nur wenig; sie stimmen näherungsweise mit denen für $B/D = \infty$ überein. Da sich diese genau angeben lassen, sind sie in der Tab. 3.1 mit weiteren Kennwerten für das Lager ohne Seitenfluß aufgeführt. Durch φ_1 und φ_2 ist die Form des Tragspaltes festgelegt. Mit φ_1 und ε ergibt sich die Bahn des Wellenmittels für verschiedene Sommerfeldzahlen; sie ist in Abb. 3.5 wiedergegeben. Nach dem Näherungsverfahren des Verfassers (1943) ist der Verlauf der Kurve für alle Verhältnisse B/D derselbe und hat die Form der Kurve für $B/D = \infty$ in Abb. 3.5, nur liegen für verschiedene B/D die entsprechenden Werte für So an anderen Stellen. Nach dem exakten numerischen Lösungsverfahren von SASSENFELD und WALTHER (1954) weichen die Kurven für verschiedene B/D etwas voneinander ab, der Übersichtlich-

Tabelle 3.2. *Sommerfeldzahl So und erweiterte Sommerfeldzahl So* $(1-\varepsilon)$ *für das halbumschließende Lager*

B/D		$\varepsilon = 0{,}1$	0,2	0,3	0,4	0,5	0,6	0,7	0,8	0,9	0,95	1,0
∞	*So*	0,458	0,882	1,304	1,774	2,318	3,048	4,16	6,28	12,47	24,73	∞
	So $(1-\varepsilon)$	0,412	0,706	0,913	1,064	1,159	1,219	1,249	1,257	1,247	1,237	1,224
2,0	*So*	0,221	0,469	0,726	1,021	1,398	1,940	2,856	4,74	10,57	22,58	∞
	So $(1-\varepsilon)$	0,199	0,375	0,508	0,613	0,699	0,776	0,857	0,948	1,057	1,129	1,224
1,75	*So*	0,202	0,429	0,668	0,942	1,298	1,815	2,707	4,54	10,32	22,06	∞
	So $(1-\varepsilon)$	0,182	0,343	0,467	0,565	0,649	0,726	0,812	0,908	1,032	1,103	1,224
1,5	*So*	0,179	0,375	0,589	0,842	1,178	1,678	2,520	4,28	9,83	21,34	∞
	So $(1-\varepsilon)$	0,161	0,300	0,412	0,505	0,589	0,671	0,756	0,856	0,983	1,067	1,224
1,25	*So*	0,156	0,318	0,497	0,725	1,034	1,498	2,283	3,915	9,09	20,06	∞
	So $(1-\varepsilon)$	0,140	0,254	0,348	0,435	0,517	0,599	0,685	0,783	0,909	1,003	1,224
1,0	*So*	0,117	0,239	0,382	0,572	0,834	1,235	1,947	3,445	8,18	18,26	∞
	So $(1-\varepsilon)$	0,105	0,191	0,267	0,343	0,417	0,494	0,584	0,689	0,818	0,913	1,224
0,75	*So*	0,080	0,159	0,250	0,380	0.576	0,895	1,450	2,685	6,88	16,52	∞
	So $(1-\varepsilon)$	0,072	0,127	0,175	0,228	0,288	0,358	0,435	0,537	0,688	0,826	1,224
0,5	*So*	0,037	0,078	0,127	0,200	0,310	0,495	0,853	1,710	5,06	13,10	∞
	So $(1-\varepsilon)$	0,033	0,062	0,089	0,120	0,155	0,198	0,256	0,342	0,506	0,655	1,224
0,25	*So*	0,010	0,021	0,034	0,057	0,088	0,147	0,273	0,600	2,155	6,80	∞
	So $(1-\varepsilon)$	0,009	0,017	0,024	0.034	0,044	0,059	0,082	0,120	0,216	0,340	1,224

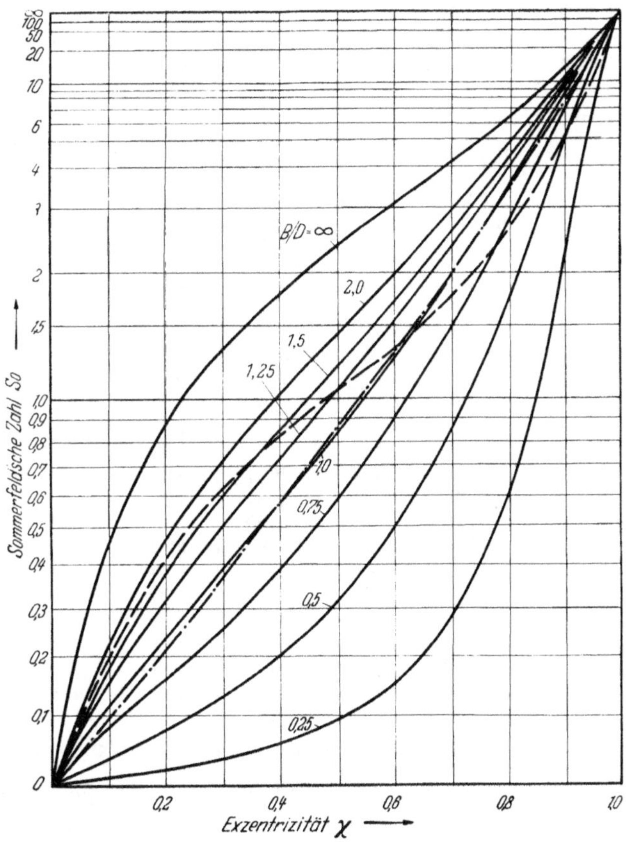

Abb. 3.6. Sommerfeldzahl als Funktion von ε für das 180°-Lager.

——— Zahlenwerte nach SASSENFELD und WALTHER (Zwischenwerte interpoliert); —·—·— $So = 0{,}85\,\varepsilon/(1-\varepsilon)$; — — — nach FALZ: $So = 0{,}52/(1-\varepsilon)$ für $\varepsilon > 0{,}5$ und $So = 2{,}08\,\varepsilon$ für $\varepsilon < 0{,}5$.

Projektive Skala: $z = \dfrac{20\,So}{So + 1}$

$\chi = \varepsilon$, vgl. S. 84

keit halber sind nur die Kurven für $B/D = \infty$ und $B/D = 1$ mit den zugehörigen *So*-Werten eingetragen.

Für die Lagerberechnung wichtig sind Tragfähigkeit und Reibung in einem Gleitraum von vorgegebener Gestalt. Die Ergebnisse folgen für die Tragfähigkeit in der Form

$$\text{Sommerfeldzahl } So = \frac{\bar{p} \cdot \psi^2}{\eta\,\omega} = \text{Funktion } (\varepsilon, B/D)\,.$$

Die ermittelten Werte sind in Tabelle 3.2 wiedergegeben, sie wurden aus den von SASSENFELD und WALTHER (1954) mitgeteilten Unterlagen durch sorgfältige Interpolation für die hier verwendeten Argumente zusammengestellt. In Kurvenform zeigt Abb. 3.6 den Verlauf von *So* über ε. Damit *So* auch für $\varepsilon = 1$ im Endlichen bleibt, wurden für die Ordinaten projektive Skalen gewählt, vgl. „Hütte" I, 28. Aufl., S. 194.

Im praktischen Gebrauch zur Entnahme von beliebigen Zwischenwerten ist Abb. 3.6 zu klein. Deshalb sind in Tabelle 3.2 genügend genaue Unterlagen gegeben, um dem Benutzer die Selbstanfertigung eines hinreichend großen Kurvenblattes zu ermöglichen, das die Zahlen in gewünschter Weise ablesen läßt.

Beispiel 24: Exzentrizitäten

Die im Betrieb sich einstellende Exzentrizität und die dadurch gegebene Dicke h_0 des Tragfilms an der engsten Stelle wurden vielfach für die Zuverlässigkeit der Lagerung als maßgebend angesehen. Im allgemeinen wird h_0 bei der Betriebsdrehzahl groß genug sein, und der Übergang zu partiellem Tragen in den Verschleißbereich mehr interessieren; dennoch muß die Bestimmung der Exzentrizität gezeigt werden. Zweckmäßig erscheint es, dafür nicht einen besonderen Fall zu betrachten, einfacher und inhaltsreicher ist es, die vorhergehenden Beispiele dahingehend auszuwerten. Für diese sind die zur Bestimmung der Exzentrizität erforderlichen *So*-Zahlen bereits ermittelt, in Tab. 3.3 ist dann ε aus Abb. 3.6 unter Zuhilfenahme von Tab. 3.2 angegeben, ebenso auch h_0. Der besseren Übersicht wegen sind noch die Werte von D, B, B/D, S und ψ mit eingetragen.

Bei Lagern ohne angebbare Last und den Führungslagern hat die Berechnung der Exzentrizität keinen Sinn, ihr Wert müßte Null oder doch sehr klein sein.

Tabelle 3.3. *Gerechnete Exzentrizitäten*

Bsp.	D mm	B mm	B/D	S μm	ψ ‰	So	ε	h_0 μm
1	125	120	0,96	200	1,6	3,38	0,8	20
2	340	300	0,88	310	0,91	1,94	0,74	40
3	600	790	1,32	600	1,0	4,96	0,83	51
4	125	120	0,96	200	1,6	0,453	0,33	67
5	75	170	2,27	120	1,6	0,0662	0,03	58
5	75	170	2,27	120	1,6	0,618	0,26	44
6	140	140	1,00	200	1,43	1,07	0,55	45
7	1100	900	0,82	1320	1,2	33,1	0,95	33
7	1100	900	0,82	1320	1,2	16,6	0,92	53
8	400	315	0,79	400	1,0	9,83	0,92	16
9	390	500	1,28	270	0,7	6,90	0,84	22
10	230	160	0,70	138	0,6	2,22	0,77	16
11	250	180	0,72	500	2,0	0,662	0,54	115
12	40	40	1,00	200	5,0	0,447	0,35	65

3.32 Bestätigung der Rechnung durch Versuche

Die obigen Ergebnisse sind aus den Grundgleichungen der Hydrodynamik ohne Zuhilfenahme irgendwelcher Erfahrungswerte aus dem Bereich der Lagerexperimente gewonnen. Wichtig ist daher, wie die Versuche die Rechnung bestätigen. Für die Tragfähigkeit, also *So* als Funktion von ε, liegen nur wenige Messungen vor, da ε bzw. e schwer zu bestimmen sind. Über die älteren Versuche ist in der ersten Auflage berichtet, die Übereinstimmung mit der Rechnung ist nach den Versuchen von NÜCKER (1932) für ein Lager $D = 220$ mm, $B = 300$ mm, $B/D = 1{,}36$ schon recht gut. Noch besser ist die Bestätigung von GOODMAN (1933) mit einem

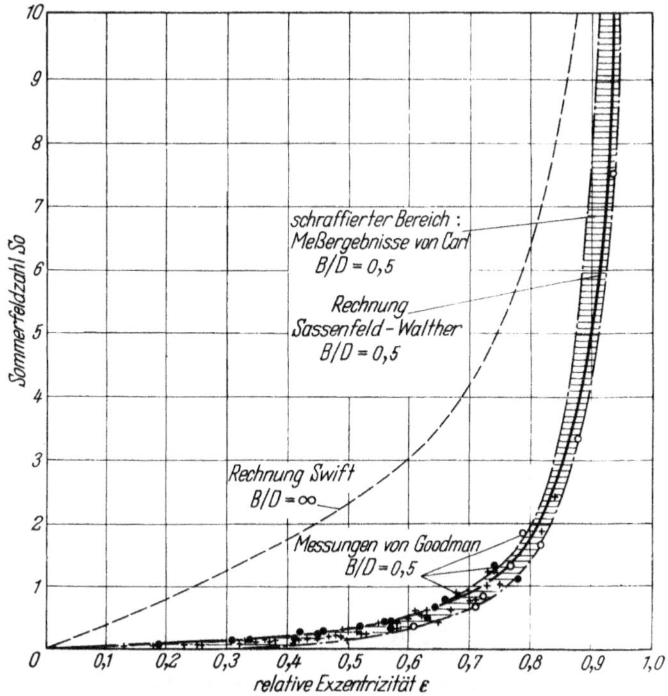

Abb. 3.7. Bestätigung der Rechnung durch Versuche am halbumschließenden Lager $B/D = 0{,}5$. Punkte: Versuche von GOODMAN (1933); schraffierter Bereich: Versuche von CARL (1962); Kurve $B/D = \infty$: SWIFT (1933); Kurve $B/D = 0{,}5$: SASSENFELD und WALTHER (1954)

Lager $D = 152{,}4$ mm, $B = 76{,}2$ mm, also $B/D = 0{,}5$. Erwähnt wurden ferner die Messungen von CLAYTON und JAKEMAN (1936) sowie von SWIFT und HASLEGRAVE (1937).

In neuerer Zeit ist durch die elektronische Meßtechnik eher die Möglichkeit zu erfolgreichem Arbeiten gegeben, hier ist vor allem auf den Bericht von B. STERNLICHT und D. D. FULLER (1957) hinzuweisen. Dann müssen die wertvollen Untersuchungen aus Karlsruhe besonders erwähnt werden; aus der Dissertation von TH. E. CARL (1962) zeigt Abb. 3.7 den gemessenen Zusammenhang zwischen relativer Exzentrizität und Sommerfeldzahl für ein Lager $D = 65$ mm, $B = 32.5$ mm, also $B/D = 0{,}5$. Die Übereinstimmung zwischen Rechnung und Versuch ist ebenso gut wie bei GOODMAN (1933), dessen Meßpunkte in Abb. 3.7 mit eingetragen sind; hier kann kaum noch etwas verbessert werden, unser Wissen um diese Fragen ist damit als gesichert anzunehmen.

In der umfangreichen und tief in die Zusammenhänge eindringenden Arbeit von CARL sind auch Druckverteilungen gemessen. Die Drücke wurden von der rotierenden Welle aus über einen Piezoquarz aufgenommen, darüber berichtet

CARL (1963). Die Darstellung zeigt überzeugend, wie sich die Druckverteilung der äußeren Belastung entsprechend einstellt, ferner auch die schon von A. BUSKE (1951) beobachtete Tatsache, daß die Höchstdrücke etwa viermal so groß sind wie die mittleren, was bei der Konstruktion in bezug auf die Festigkeit des Lagerwerkstoffes wohl zu beachten ist; darauf wird noch in Abschnitt 8.52 eingegangen.

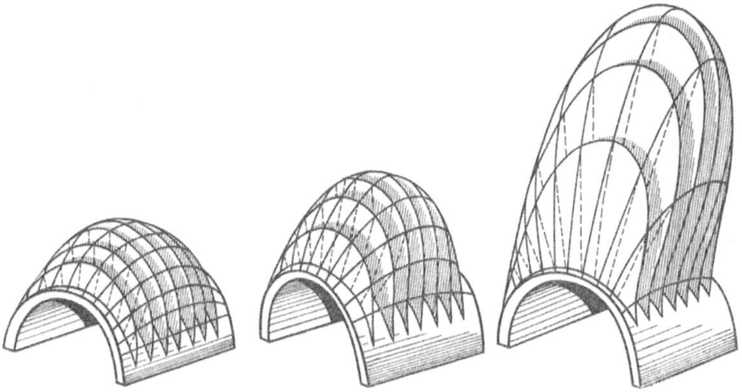

Abb. 3.8. Darstellung der räumlichen Druckverteilung im halbumschließenden Lager bei verschiedenen Exzentrizitäten $\varepsilon = 0{,}4$; 0,6 und 0,8. Darstellung im gleichen Maßstab, sie läßt die starke Zunahme der Druckentwicklung mit wachsender Exzentrizität erkennen. Drehrichtung der Welle im Uhrzeigersinn; auf der Ablaufseite bleibt ein Teil des Umfanges ohne Druck, Unterdruck kann auftreten

Ferner muß hier noch auf Druckmessungen von L. MIKULLA (1958) hingewiesen werden; ein anschauliches Bild der räumlichen Druckverteilung gibt Abb. 3.8.

3.4 Reibung der Lager endlicher Breite

3.41 Errechnete Reibung: Die Streifendarstellung

Die Behandlung des Reibungsverhaltens wurde in gleicher Weise wie bei der Tragfähigkeit durchgeführt. Die von SASSENFELD und WALTHER errechneten Werte für f/ψ waren für eine Interpolation zu unvollständig, deshalb wurden dafür die vom Verfasser (1943) mitgeteilten genommen. Die Ergebnisse finden sich in Tab. 3.4.

Tabelle 3.4 Reibungskennzahl f/ψ für das halbumschließende Lager

B/D	$\varepsilon = 0{,}1$	0,2	0,3	0,4	0,5	0,6	0,7	0,8	0,9	0,95	1,0
∞	3,558	2,019	1,531	1,289	1,110	0,968	0,845	0,715	0,541	0 404	0
2,0	6,694	3,584	2,544	2,008	1,619	1,327	1,094	0,875	0,623	0,449	0
1,75	7,476	3,967	2,785	2,175	1,733	1,405	1,145	0,906	0,638	0,456	0
1,5	8,671	4,551	3,154	2,428	1,905	1,521	1,221	0,952	0,660	0,467	0
1,25	10,64	5,514	3,760	2,844	2,188	1,711	1,345	1,026	0,693	0,484	0
1,0	14,26	7,280	4,869	3,604	2,702	2,056	1,569	1,158	0,752	0,512	0
0,75	22,06	11,09	7,259	5,240	3,808	2,796	2,047	1,436	0,874	0,570	0
0,5	44,32	21,95	14,08	9,906	6,858	4,900	3,400	2,226	1,214	0,727	0
0,25	164,5	80,62	50,88	35,08	23,96	16,25	10,70	6,470	3,038	1,559	0

Vielfach ist es üblich, f/ψ als Funktion von ε darzustellen. Eine wesentlich bessere Übersicht wird aber erhalten, wenn nach dem durch die Petroffsche Formel nahegelegten Weg f/ψ als Funktion von So aufgetragen wird. Die Werte aus den Tab. 3.2 und 3.4 liefern in logarithmischer Darstellung die Abb. 3.9. Für $So < 0{,}1$ nähern sich die Kurven bereits weitgehend der Geraden $\pi/2\, So$, der Petroffschen Formel für das halbumschließende Lager. Der rechte Ast lehnt sich für $So > 10$ gut an die Gerade $2/\sqrt{So}$ an; beide Geraden werden im Bereich $0{,}1 \leqq So \leqq 10$ durch die gerechnete Kurve für $B/D = 1{,}5$ gut verbunden.

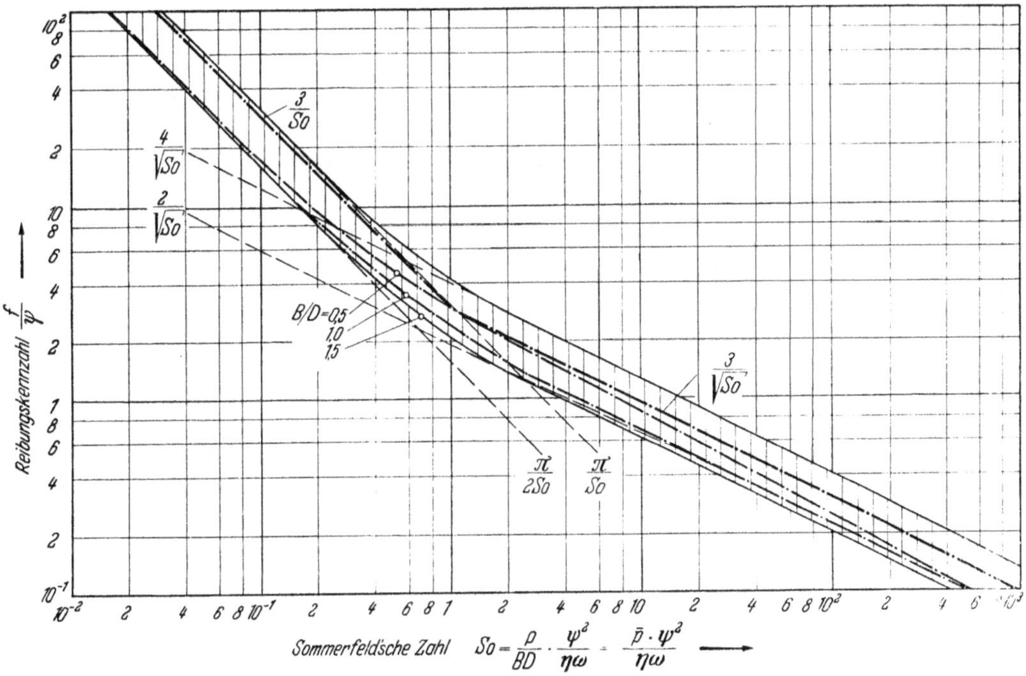

Abb. 3.9. Die Reibungskennzahl f/ψ als Funktion der Sommerfeldzahl für das halbumschließende Lager

Um auch dem ganz umschließenden Lager gerecht zu werden, ist in Abb. 3.9 ebenfalls die Gerade π/So nach der hierfür geltenden Petroffschen Formel Gl. (3.5) mit eingetragen. Für schwer belastete Lager empfiehlt Falz die Formel

$$f = K_2 \sqrt{\frac{\eta\,\omega}{\bar{p}}} \qquad \text{oder} \qquad \frac{f}{\psi} = \frac{K_2}{\sqrt{So}}, \tag{3.11}$$

die Gümbel (1917) durch Rechnung abgeleitet hat. Durch Vergleich mit den Versuchen von Stribeck bestimmt Falz den Faktor $K_2 = 3{,}8$; er ist fast doppelt so groß wie der aus eigenen Rechnungen für das halbumschließende Lager folgende Wert von etwa 2. Nimmt man aus Symmetriegründen wie für die linken Äste auch rechts für das voll umschließende Lager das Doppelte, also die Gerade $4/\sqrt{So}$, so schließen diese vier Geraden π/So, $\pi/2\,So$, $2/\sqrt{So}$, und $4/\sqrt{So}$ einen „Streifen" ein, dessen Knick entsprechend den gerechneten Kurven nach Tab. 3-2 und 3.4 durch die Übergangsbögen ausgerundet ist. Der „Streifen" stellt also ein *rein rechnerisches* Ergebnis dar: Die linken Äste sind exakte Grenzwerte und die rechten interpolatorisch gewonnene Geraden.

Für alle Verhältnisse B/D zwischen 0,25 und 1,5 verlaufen die Kurven ganz in diesem Streifen; die für $B/D = \infty$ weicht nur wenig ab. Durch den Streifen wird der Bereich der Reibungskennzahlen f/ψ für halbumschließende Lager abgegrenzt.

Er gilt aber auch für ganzumschließende Lager; denn wenn auch unter Ziffer 3.2 zunächst die Gerade π/So als untere Reibungsgrenze für das ganz umschließende Lager abgeleitet worden war, so ist doch zu beachten, daß dieses im allgemeinen eine geringere als die rechnerisch gewonnene Tragfähigkeit und damit nicht wesentlich höhere Sommerfeldzahlen als das halbumschließende Lager aufweist, da sich in der Oberschale die errechnete negative Druckentwicklung nicht einstellt. Die untere Begrenzung des Streifens stellt in jedem Fall auch eine *untere Grenze* für die Reibung dar; die durch sie gegebenen Werte f/ψ werden in keinem Fall unterschritten. Darüber wird unter Ziffer 3.73 kurz etwas gesagt.

Diese untere Grenze bietet eine Möglichkeit, die *Richtigkeit von Reibungsmessungen* zu prüfen, darüber wurde in der ersten Auflage unter Ziffer 3.5 a us führlich berichtet, hier muß aus Raumgründen darauf verwiesen werden.

3.42 Vergleich mit Versuchsergebnissen

Zur Bestätigung der Rechnung für das Reibungsverhalten können nur wenige der außerordentlich vielen Versuche über Lagerreibung herangezogen werden.

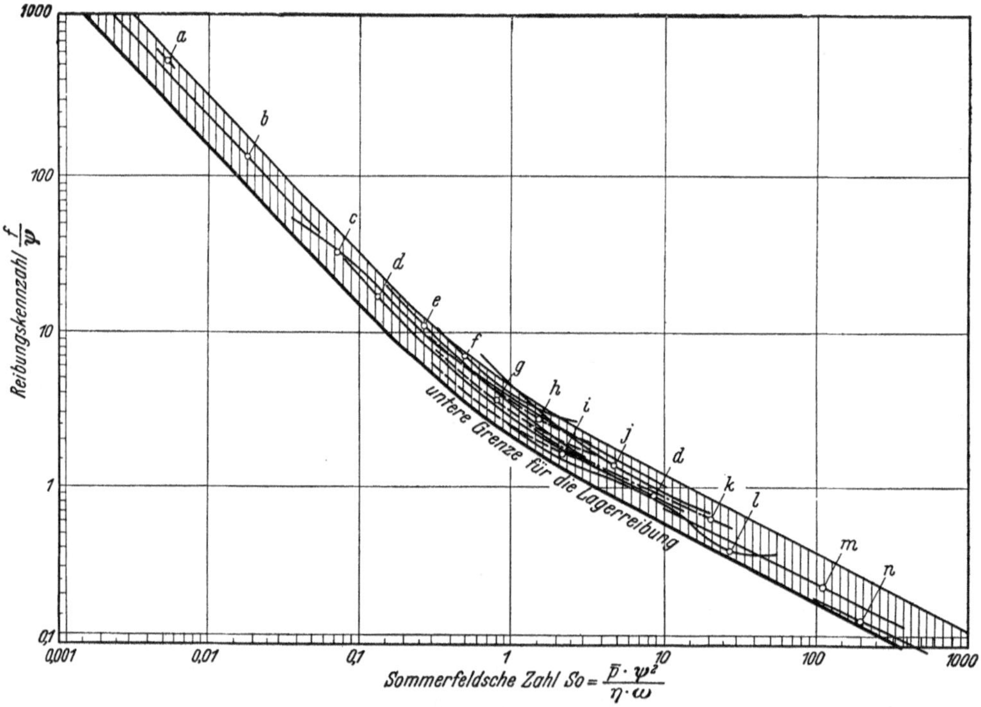

Abb. 3.10. Bestätigung der Rechenergebnisse für die Reibungskennzahl in Abhängigkeit von *So* durch Versuche. *a* eigene Versuche, Göttingen 1948; *b* KRUPP-KAISER, Essen 1936; *c* GOODMAN, London 1933; *d* MEYER-JAGENBERG, Berlin 1924; *e* JAKEMAN-FOGG, $\psi = 0{,}5\cdot 10^{-3}$, London 1937; *f* LASCHE, Berlin 1918; *g* RUMPF, Schale II, Dresden 1938; *h* eigene Versuche mit Luftschmierung 1948; *i* RUMPF, Schale I; *j* HERSEY, Cambridge (Mass.) 1909; *k* JAKEMAN-FOGG, $\psi = 2\cdot 10^{-3}$; *l* SCHNEIDER, Karlsruhe; *m* JAKEMAN-FOGG, $\psi = 8\cdot 10^{-3}$; *n* STANTON, London 1922

Bei den meisten fehlen Angaben über das Lagerspiel und die Viskosität des Öls; manchmal ist auch die Zuverlässigkeit der Messung in Zweifel zu ziehen, weil nicht alle Vorrichtungen zur Reibungsmessung ohne teilweise recht schwierige Korrekturen richtige Ergebnisse liefern. In Abb. 3.10 sind von verschiedenen

Experimentatoren vierzehn unter ganz verschiedenen Bedingungen durchgeführte Versuchsreihen eingetragen, die alle im Streifen verlaufen. In der Erstveröffentlichung des Verfassers (1949a) sind weitere Erläuterungen mitgeteilt, vor allem wurde gezeigt, daß Reibungsmessungen an der Schale einer Korrektur durch die Verlagerungskomponente a in Abb. 3.4 bedürfen, um die für den Energieverlust im Lager richtige Reibungszahl zu ermitteln. Hierauf wird im Zusammenhang mit Beispiel 25 näher eingegangen.

Für den Gebrauch selbst ist das Streifenbild zu unhandlich. Deshalb werden aus ihm zwei Formeln entnommen, die für Vorausberechnungen im allgemeinen

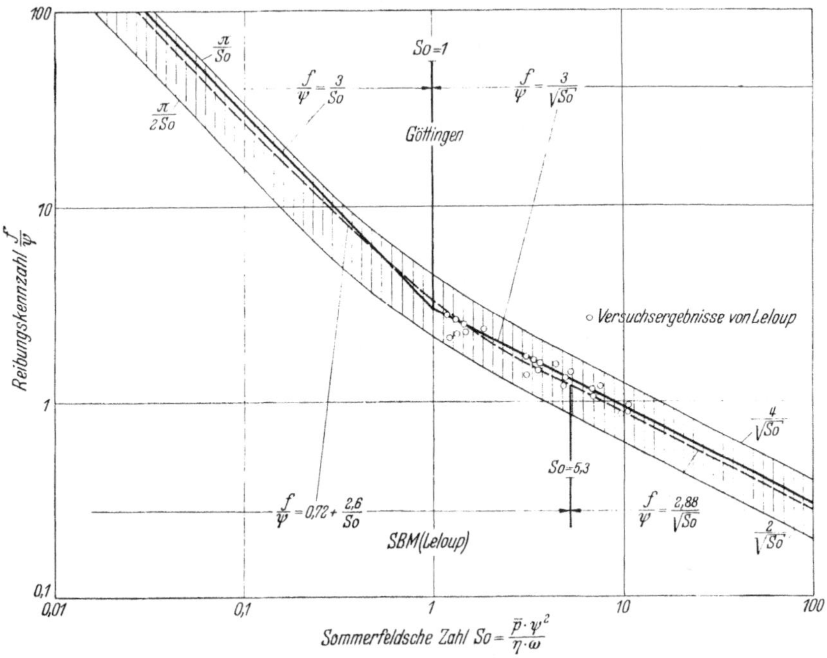

Abb. 3.11. Vergleich der Formeln für die Reibung SBM (LELOUP) und Göttingen

ausreichen; es sind das die Petroffsche Formel nach Gl. (3.9) mit $K_1 = 3{,}0$ und die Formel von FALZ nach Gl. (3.11), aber ebenfalls mit dem Zahlenfaktor $K_2 = 3{,}0$, da sich der Wert 3,8 als etwas zu groß erwiesen hat. Diese Formeln werden noch durch die Angabe des Gültigkeitsbereiches ergänzt. Es wird empfohlen, f/ψ bzw. f nach den Gln. (2.10) und (2.11) zu berechnen. In Abb. 3.9 sind diese Geraden mit eingetragen.

Durch die Arbeiten von L. LELOUP (1954, 1955) haben diese Gleichungen eine schöne Bestätigung erfahren.

LELOUP gibt in unserer Schreibweise die Formeln

$$\frac{f}{\psi} = 0{,}72 + \frac{2{,}6}{So} \quad \text{für } So < 5{,}3\,,$$

$$\frac{f}{\psi} = \frac{2{,}88}{\sqrt{So}} \quad \text{für } So > 5{,}3$$

an, die in ihrem Verlauf in Abb. 3.11 wiedergegeben sind. Ferner sind die Ergebnisse seiner sehr sorgfältig durchgeführten Messungen mit eingetragen. Der Bereich der dennoch verbliebenen Streuungen zeigt, daß zwischen den beiden Formelpaaren praktisch kein Unterschied besteht, da man einen gewissen Streubereich bei der Vielfalt der Einflüsse zubilligen muß.

Beispiel 25: Versuchslager 60 mm Durchmesser

Im allgemeinen können Versuchslager sehr hohe Belastungen aufnehmen, weil mit einem niedrigen Wert der aufgebrachten Last begonnen und diese allmählich gesteigert wird; zwischen den einzelnen aufgebrachten Erhöhungen hat der Lagerwerkstoff genügend Zeit, sich den neuen Bedingungen anzupassen. Diese allgemein gepflegte Methodik hat – wie ausführlich in Kapitel 8 berichtet wird – zu einem Verkennen der wirklichen Betriebsbedingungen des Gleitlagers geführt: In der Maschine wird die Last nicht nach und nach aufgebracht, sondern das Lager muß unter Last anlaufen. Ferner bestimmen Erwärmungsverhältnisse die Grenzen, die auf dem Prüfstand wesentlich günstiger liegen können. Dennoch wird hier auch auf Versuchslager eingegangen, um zu zeigen, daß die gleichen Gesetzmäßigkeiten auch für sie maßgebend sind.

Bei besonders niedrigen Drehzahlen ergeben sich trotz hoher Belastungen oft sehr geringe Temperaturerhöhungen, die mit der Netztafel nicht mehr erfaßt werden können, da diese bereits mit einer Temperaturerhöhung von 5 °C beginnt. In Abb. 2.21 wurde schon eine in Göttingen verwendete Anordnung des Prüflagers gezeigt, mit der viele Versuche durchgeführt wurden. Es ist eine der üblichen Ausführungen zur Reibungsmessung an der Schale; über deren grundsätzliche Brauchbarkeit wird im Anschluß an dieses Beispiel einiges gesagt.

Auch bei dieser Rechnung ist es zweckmäßig, den im Formblatt gegebenen Gang bis zu den interessierenden Größen einzuhalten:

1) $D = 60$ mm **2)** $B = 40$ mm **3)** $P = 10000$ kp **4)** $\overline{p} = 417$ kp/cm² **5)** $n = 35$/min **6)** $U = 0{,}11$ m/s **7)** $S = 60\,\mu$m **8)** $\psi = 1{,}0\,^0/_{00}$ **9)** $\vartheta_0 = 20$ °C **10)** $Vol = 0{,}113$ l **11)** $\alpha = 2{,}0$ mkp/m² s °C **12)** $A = 0{,}1$ m² **13)** $M\omega^* = 3{,}3$ mkp/s **14)** $\eta^* = 11400$ cP **15)** NÖ 31,5 mit $\eta = 31{,}5$ cP bei 50 °C **16)** $So > 1$ **17)** $W = 0{,}155$. Der Schnittpunkt dieser W-Linie mit der Viskositätskurve des NÖ 31,5 liegt nicht mehr auf der Netztafel, die Temperaturerhöhung ist daher niedriger als 5 °C, sie ist zwischen 2 und 3 °C zu erwarten, wie eine überschlägige Abschätzung mit der Netztafel zeigt. Nach Abb. 1.1 oder Tab. 8.5 entspricht dem ein $\eta \approx 140$ cP; dann wird nach Gl. (6.3)

$$\vartheta - \vartheta_0 = W\sqrt{\eta} = 0{,}155\sqrt{140} = 1{,}83\ °\mathrm{C}\,,$$

also ein recht geringer Betrag. Nun macht sich aber bei den hohen Drücken im Ölfilm die Zunahme der Viskosität mit dem Druck bereits bemerkbar. Der Mittelwert für η wird nach Tab. 8.4 schätzungsweise mehr als doppelt so groß als der bei atmosphärischem Druck gemessene, so daß mit $\eta \approx 300$ bis 400 cP zu rechnen ist. Mit diesen Werten wird der Temperaturanstieg 2,7 bis 3,1 °C, was durch Messungen ungefähr bestätigt wurde.

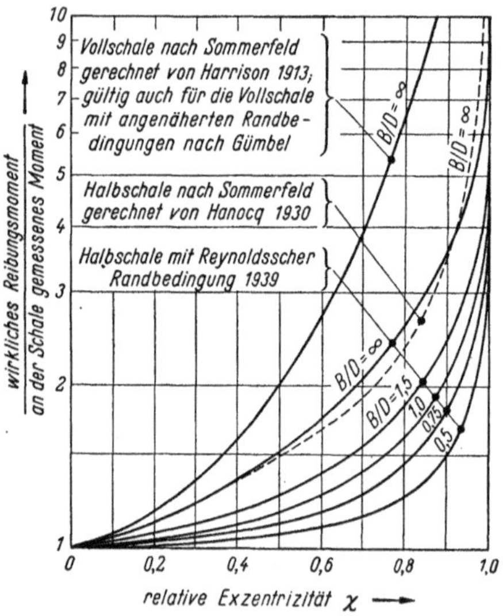

Abb. 3.12. Verhältnis der Momente aus den Schubspannungen an Welle und Schale bei reiner Flüssigkeitsreibung; $\chi = \varepsilon$, vgl. S. 84

Harrison (1913) machte erstmalig darauf aufmerksam, daß in einer Tragschicht die Resultierende aus den Schubspannungen an der Welle ein größeres Drehmoment ergibt als an der Schale. Wird die Reibung wie in Abb. 2.21 an der Schale gemessen, so ergibt sich ein kleineres Moment als das am Zapfen wirkende, das mit ω multipliziert den zur Überwindung der Reibung notwendigen Leistungsaufwand bestimmt. Harrison zeigte auch, daß der Unterschied in den Momenten recht groß werden kann, insbesondere beim ganz umschließenden Lager. Beim Halbschalenlager wird der Unterschied geringer, namentlich mit abnehmender Breite. Den zahlenmäßigen Verlauf zeigt Abb. 3.12 aus der schon erwähnten Arbeit des Verfassers (1943).

Experimentell untersucht wurden diese Zusammenhänge von HANOCQ (1930, 1937). Seine Messungen zeigt Abb. 3.13 im Vergleich mit Rechnungsergebnissen des Verfassers; die Übereinstimmung ist gut.

Mit welchem Mechanismus das Moment an der Schale ermittelt wird, ist gleichgültig, denn bei Flüssigkeitsreibung wird an der Schale immer ein kleineres

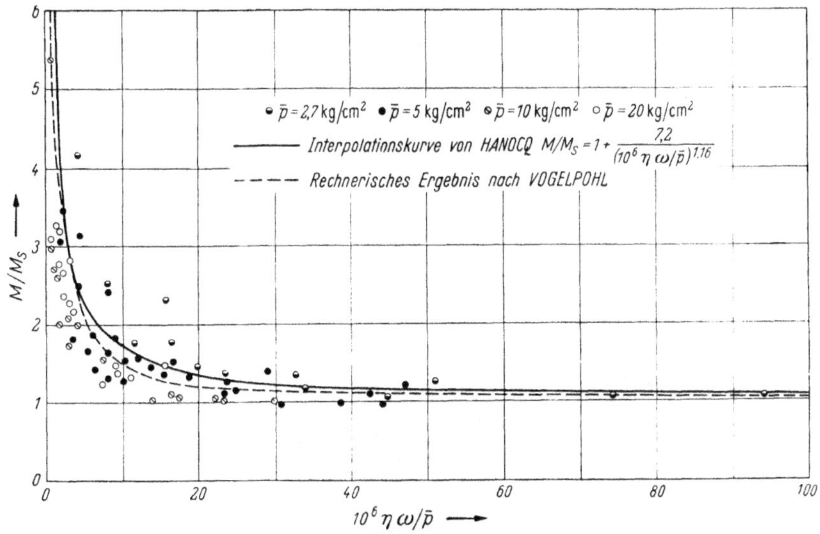

Abb. 3.13. Verhältnis M/M_s des Reibungsmomentes M zu dem an der Einzelschale gemessenen Moment M_s nach HANOCQ

Moment gemessen als das den Reibungsverlust bestimmende Moment an der Welle. Das Wissen um diese Dinge ist aber leider noch nicht Allgemeingut der Versuchstechnik geworden, immer wieder werden Einrichtungen beschrieben, bei denen nicht die Notwendigkeit einer Korrektur der Reibungsmessung beachtet wird; die damit gewonnenen Ergebnisse können daher nicht richtig sein.

Die Messung an der Schale kann aber auch durch einseitige Laufspiegelbildung zu große Werte liefern. Die Technik der Reibungsmessung ist leider mit vielen Unsicherheitsfaktoren behaftet. Einfache, die Erwärmungsverhältnisse berücksichtigende Rechnungen lassen aber Meßfehler leicht erkennen, wie im nächsten Beispiel gezeigt wird.

3.43 Weitere Bestätigungen

Neue Meßergebnisse an großen Turbinenlagern wurden von H. H. OTT (1957) mitgeteilt. Die Kurve für die Reibungskennzahl eines Dreikeillagers von $D = 355$ mm, $B = 410$ mm, $\psi = 1{,}3\,^0/_{00}$ ist in Abb. 3.14 wiedergegeben, ergänzt durch die Streifenbegrenzungen nach Abb. 3.9. Zwar verläuft die Ottsche Kurve niedriger als $f/\psi = 3/So$, das darf aber nicht befremden, weil ein Dreikeillager mit teilweisen Spielerweiterungen untersucht wurde. Bei $So = 1$ wäre schon $f/\psi = 3{,}2/So$, wie man aus Abb. 3.14 abliest, es ist daher nicht zu empfehlen, ganz allgemein $K_1 < 3$ zu setzen.

Erwähnt werden muß, daß eine Fülle von Ergebnissen aus dem eigenen Versuchsfeld immer im Streifen verläuft, sofern nicht Mischreibung vorliegt, wie bei H. DRESCHER (1956) oder in Beispiel 29 ausgeführt ist. Überzeugender sind natürlich fremde Messungen, deshalb soll hier noch eine weitere Bestätigung mitgeteilt

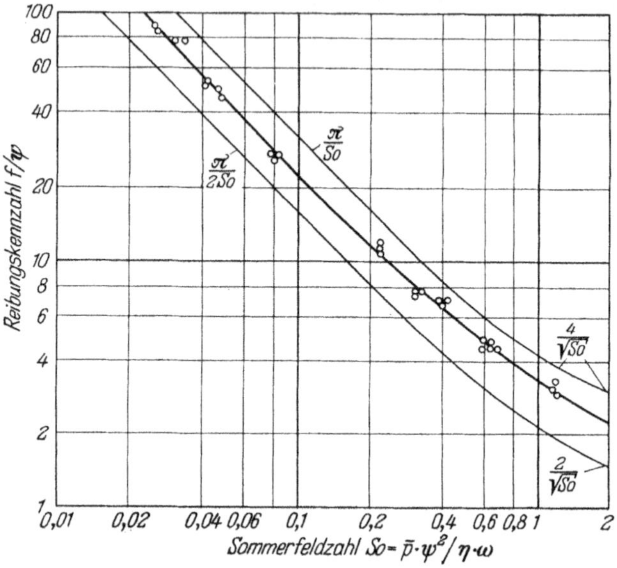

Abb. 3.14. Bestätigung der Rechnung durch Versuche von OTT (1957)

werden. A. D. NEWMAN (1956) berichtet über Erfahrungen mit Turbinengetrieben für Schiffe und errechnet den Leistungsverlust der Gleitlager nach der Formel

$$M\omega = N^2 D^2 L Z \frac{D}{d} \cdot 3{,}3 \cdot 10^{-13} \qquad \text{in HP};$$

darin ist N die Drehzahl/min, D Wellendurchmesser und L axiale Breite in Zoll; Z die kinematische Viskosität in Zentistokes und d das Durchmesserlagerspiel in Zoll. Bei der Umrechnung wird mit dem Übergang auf unsere Schreibweise

$$M\omega = 6{,}16\; B\, U^2\, \eta/\psi.$$

Das ist die Gl. (2.5) mit der Vorzahl 6,16 statt 6; NEWMAN gab also einen etwas höheren als den von uns empfohlenen Mittelwert an, während OTT einen kleineren fand. Die Messungen von NEWMAN rechtfertigen den schon ausgesprochenen Rat, nicht $K_1 < 3$ zu wählen; sie zeigen aber auch ebenso wie die von OTT, daß der Schnellaufbereich, in dem die Verluste von der Belastung unabhängig sind, seine Existenzberechtigung hat.

3.44 Abweichende Versuchsergebnisse

Auf die geringe Zahl auswertbarer Mitteilungen war schon im Zusammenhang mit Abb. 3.10 hingewiesen worden. Daß auch viele abweichende Versuchsergebnisse veröffentlicht sind, darf nicht verschwiegen werden. Darüber ist in der ersten Auflage unter Ziffer 3.5 ausführlich berichtet worden; eine Übernahme erschien unnötig. Ganz allgemein wird experimentellen Ergebnissen ein erhebliches

Gewicht beigelegt, im Bereich der Reibungsmessungen ist aber größte Vorsicht geboten. Das soll noch einmal Beispiel 26 zeigen, das die Brauchbarkeit gemessener Reibungszahlen behandelt.

Beispiel 26: Verwendung von Reibungsmeßergebnissen in der Praxis

Die Zahl der Messungen zum Feststellen des Reibungsverhaltens von Maschinenelementen ist unübersehbar groß. Ihr Wert ist vielfach dadurch eingeschränkt, daß die meisten Experimentatoren sich nicht die Mühe machen, ihre Messungen untereinander zu vergleichen oder eine sinnvolle Anwendung auf praktische Ausführungen zu versuchen. Man begnügt sich mit der Bekanntgabe der Reibungszahl, die als Werkstoffeigenschaft angesehen wird. Aus einer solchen Arbeit über „Vergleichende Untersuchungen an Lagerschalen-Werkstoffen" von E. Heidebroek und A. Döring (1940) soll mit den dort gemessenen Reibungszahlen hier eine Anwendung versucht werden.

Von 18 verschiedenen Werkstoffen sind die Meßergebnisse in den dortigen Abb. 2 bis 19 mitgeteilt; sie unterscheiden sich nur wenig voneinander; von Interesse ist vor allem die Größenordnung. Nimmt man etwa die drei Weißmetalle als Repräsentanten der Versuche, so ergibt sich, daß bei Flächenlasten von $\bar{p} = 25$ bis 175 kp/cm² und Gleitgeschwindigkeiten von $U = 0{,}157$ bis 1,57 m/s die Reibungszahlen zwischen $15 \cdot 10^{-3}$ und $38 \cdot 10^{-3}$ schwanken, wie es die Abbildung für WM 80 zeigt. Das bedeutet: Für ein Weißmetallager mit $\bar{p} = 120$ kp/cm² (absichtlich wird nicht die Höchstlast von 175 kp/cm² gewählt) und $U = 1{,}57$ m/s haben wir unter Verwendung eines dem Versuchsöl (BC 8 mit 28 cP bei 50 °C) viskositätsmäßig entsprechenden Öles eine Reibungszahl von $30 \cdot 10^{-3}$ bei einer Lagertemperatur von höchstens 80 °C zu erwarten.

Die Nachprüfung soll für das in Abb. 2.19 gezeigte Lager schwerer Bauart vorgenommen werden, dem man die 120 kp/cm² zumuten kann. Mit $D = 200$ mm und $B = 150$ mm ergibt sich $P = 36000$ kp; bei $n = 150$/min ist $U = 1{,}57$ m/s; damit arbeitet das Lager ganz im Rahmen der Versuchsbedingungen. Die Reibungsleistung wird

$$M\omega = f\,P\,U = 0{,}030 \cdot 36000 \cdot 1{,}57 = 1700 \text{ mkp/s} = 22{,}7 \text{ PS}.$$

Soll diese durch Selbstkühlung an die Umgebung abgeführt werden, so wäre bei einer wärmeabgebenden Außenfläche $A = 0{,}9$ m² und $\alpha = 2$ mkp/m²s °C nach dem Energiesatz Gl. (2.1)

$$\vartheta - \vartheta_0 = \frac{M\omega}{\alpha A} = \frac{1700}{2 \cdot 0{,}9} = 945\,°\text{C},$$

ein sinnlos hoher Wert. Die Reibungszahl ist also nicht geeignet, als brauchbare Größe bei der Auslegung von Lagern verwendet zu werden. Das Reibungsgeschehen ist nicht so einfach, als daß es durch eine so einfache Größe charakterisiert werden könnte.

Der Verfasser (1958a, b) hat mehrfach dazu Stellung genommen. Heidebroek und Döring arbeiteten mit einer ähnlichen Lagerprüfmaschine, wie sie im vorigen Beispiel beschrieben wurde, mit der Reibungsmessung an der Schale. Die Abmessungen waren die gleichen wie in Abb. 2.21: $D = 60$ mm, $B = 40$ mm, die Ölumlaufmenge war 12 l/h = 0,2 l/min. Selbst wenn sich das Öl bei einer Zuflußtemperatur $\vartheta = 40$ °C auf die höchste Versuchstemperatur von 80 °C um $\vartheta_2 - \vartheta_1 = 40$ °C erwärmen sollte, so wären damit nur $0{,}2 \cdot 180 \cdot 40 = 1440$ mkp/min oder 24 mkp/s abzuführen. Die gemessenen Reibungszahlen für $\bar{p} = 175$ kp/cm² oder $P = 4200$ kp bei $U = 1{,}57$ m/s betragen für Weißmetall im Mittel $f = 35 \cdot 10^{-3}$; damit wäre die Reibungsleistung $M\omega = 35 \cdot 10^{-3} \cdot 4200 \cdot 1{,}57 = 231$ mkp/s. Davon nimmt das Öl 24 mkp/s mit, an die umgebende Luft können nach den Ergebnissen des vorigen Beispiels mit $\vartheta - \vartheta_0 = 60$ °C nur $\alpha\,A\,(\vartheta - \vartheta_0) = 2 \cdot 0{,}1 \cdot 60 = 12$ mkp/s abgeführt werden, zusammen also 36 mkp/s, während auf Grund der Reibungsmessung 231 mkp/s, also das 6,5fache, entwickelt werden sollten.

Diese Überlegungen mußten eingeschaltet werden, um zu prüfen, ob die Meßergebnisse selbst richtig sein können und nur ihre Übertragbarkeit auf ein rund dreimal so großes Lager unmöglich ist. Die Rechnungen beweisen zweifellos, daß die mitgeteilten Ergebnisse nicht in Ordnung sind, sofern man den Energiesatz und die vielfältig bestätigten Erfahrungen aus dem Bereich des Wärmeübergangs nicht aufgeben will.

Zu prüfen verbleibt noch, ob das Lager nach Abb. 2.19 unter den genannten Bedingungen mit einem geeigneten Öl überhaupt betrieben werden kann. Da in diesem Falle das Öl frei wählbar ist, wird es an der dieser Aufgabe entsprechenden Stelle im Beispiel 35 bestimmt.

3.5 Der Einfluß des Lagerspiels

Wichtig für den Konstrukteur ist die Kenntnis vom Einfluß des Lagerspiels, weil es das einzige Maß ist, über das er verhältnismäßig frei verfügen kann. Wenn hier vom Lagerspiel die Rede ist, so wird darunter *stets das im Dauerbetrieb bei der Betriebstemperatur sich einstellende Maß unter Berücksichtigung der Wärmedehnungen und der dadurch bedingten Verformungen* verstanden. Da die Betriebstemperatur nach den unter Ziffer 6 gezeigten Verfahren mit genügender Genauigkeit vorausberechnet werden kann, lassen sich auch die hiervon herrührenden Einflüsse erfassen. Man kann also das von der Werkstatt auszuführende Spiel so vorschreiben, daß sich im Betrieb der gewünschte Wert mit guter Zuverlässigkeit einstellt.

Zwei Aufgabenstellungen sind möglich. Einmal können die Betriebsbedingungen und Abmessungen, also D, B, η, ω und $\bar{p}$ gegeben sein und h_0 in Abhängigkeit vom Lagerspiel S gesucht werden; oder es sind D, B, η, ω und h_0 gegeben, und es wird die Tragfähigkeit $\bar{p}$ in Abhängigkeit von S gesucht. Beide Fragen werden durch einfache Umrechnungen aus der Tab. 3.2 beantwortet.

Um die geringste Tragfilmdicke h_0 und damit auch deren Höchstwert in Abhängigkeit von S zu finden, wird der Ausdruck $\frac{1}{2}(1-\varepsilon)\sqrt{So}$ als Funktion von $\sqrt{So}$ aufgetragen. Es ist nämlich

$$\frac{1}{2}(1-\varepsilon)\sqrt{So} = \frac{h_0}{S}\psi\sqrt{\frac{\bar{p}}{\eta\,\omega}} = \frac{h_0}{D\sqrt{\frac{\eta\,\omega}{\bar{p}}}}$$

und

$$\sqrt{So} = \psi\sqrt{\frac{\bar{p}}{\eta\,\omega}} = \frac{S}{D\sqrt{\frac{\eta\,\omega}{\bar{p}}}},$$

es bedeuten also $\frac{1}{2}(1-\varepsilon)\sqrt{So}$ die geringste Schichtdicke h_0 und $\sqrt{So}$ das Durchmesserlagerspiel S, beide durch D dimensionslos gemacht und durch $\sqrt{\eta\,\omega/\bar{p}}$ dividiert. Die Auftragung ergibt Abb. 3.15, die einen bestimmten Höchstwert von h_0 in Abhängigkeit vom Lagerspiel erkennen läßt.

Aus $h_0 = \frac{1}{2}S(1-\varepsilon)$ folgt, daß die Linien $\varepsilon = \text{const}$ Geraden sein müssen, die durch den Koordinatenursprung gehen. Diese sind ebenfalls in Abb. 3.15 eingetragen. Für $\varepsilon \approx 0{,}5$ nimmt h_0 die größten Werte an; das zugehörige Spiel S ist bei gegebenem D, B, η, ω und $\bar{p}$ nach Abb. 3.15 zu bestimmen.

Die andere Frage, für welches S bei gegebenem h_0 die größte Tragfähigkeit erreicht wird, läßt sich ebenfalls durch einfache Umrechnungen der Werte aus Tabelle 3.2 beantworten. Dazu trägt man

$$So\,(1-\varepsilon)^2 = \frac{\bar{p}\,h_0^2}{\eta\,\omega\,D^2/4}$$

über

$$\frac{1}{1-\varepsilon} = \frac{S}{2\,h_0}$$

auf und erhält Abb. 3.16. Hier wird nun h_0 festgehalten und $\bar{p}$ gesucht. Ganz wie bei Abb. 3.15 zeigt sich auch hier, daß die günstigsten Verhältnisse, also die größte Tragfähigkeit, sich für $S/2\,h_0 \approx 2$, d.h. bei $\varepsilon \approx 0{,}5$ ergeben.

Beide Darstellungen lassen eine wichtige Regel für die Passungen erkennen. Will man hohe Tragfähigkeiten oder große Schichtdicken erreichen, so muß man

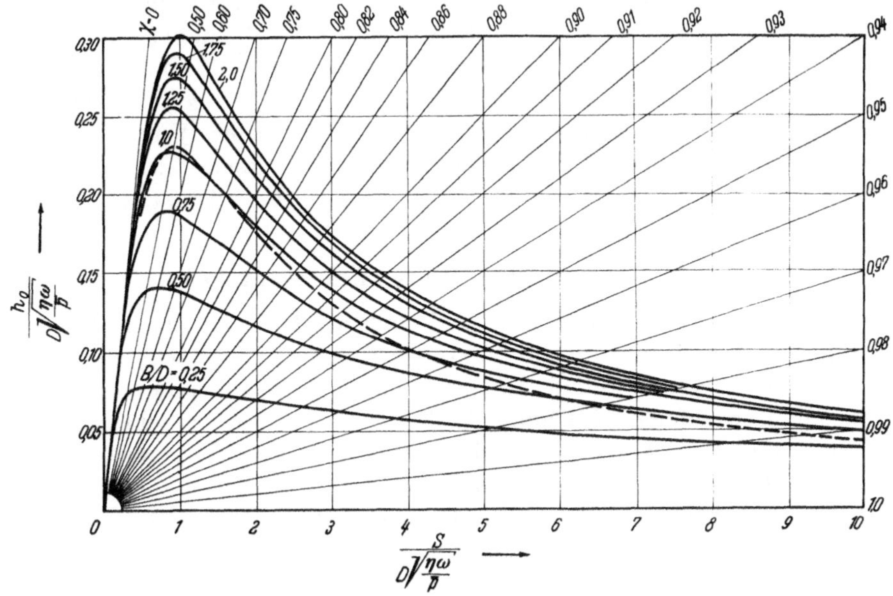

Abb. 3.15. Die geringste Tragschichtstärke bei gegebener Belastung als Funktion des Lagerspieles für das 180°-Lager (Zahlenwerte nach SASSENFELD und WALTHER); $\chi = \varepsilon$, vgl. S. 84

——— Näherung: $\dfrac{0{,}85\sqrt{So}}{2(0{,}85 + So)}$

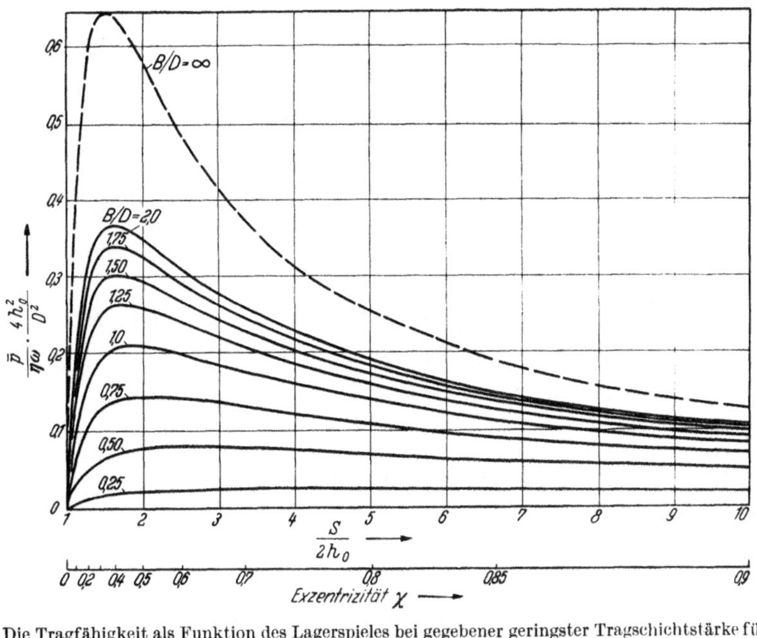

Abb. 3.16. Die Tragfähigkeit als Funktion des Lagerspieles bei gegebener geringster Tragschichtstärke für das 180°-Lager (Zahlenwerte nach SASSENFELD und WALTHER); $\chi = \varepsilon$, vgl. S. 84

kleine Spiele wählen. Die Abmaße nimmt man zweckmäßig nach oben, da man andernfalls bei einer Spielverkleinerung auf den stark gegen Null abfallenden Ast der Kurven gerät.

Anders liegen die Dinge, wenn die Tragfähigkeit nur eine untergeordnete Rolle spielt, etwa bei schwach belasteten Lagern mit hoher Drehzahl. Hier wird oft ein großes Spiel gewählt, um die Reibungswärme klein zu halten.

Diese Ausführungen ermöglichen dem Konstrukteur, mit Hilfe eines passend gewählten Lagerspiels die Tragfähigkeit und die Reibung gegeneinander abzustimmen. Zu beachten ist jedoch, daß unter den errechneten Werten stets die bei der Temperatur und den Bedingungen des Dauerbetriebes sich einstellenden Spiele zu verstehen sind, also das Warmspiel, darüber wird Näheres unter Ziffer 6.72 gebracht.

3.6 Der Einfluß des Umschließungswinkels

Die bisher mitgeteilten Kurven und Tabellen beziehen sich auf das halbumschließende Lager, das für die Praxis den wichtigsten Fall darstellt. Ein ganz umschließendes Lager wäre nur dann voll auszunützen, wenn die Tragflüssigkeit Zugspannungen aufnehmen könnte. Praktisch ist das nur bei sehr geringen Belastungen und hinreichend hohen Drehzahlen möglich, wenn atmosphärische Luft zum Tragen verwendet werden kann.

Bei den üblichen Flüssigkeiten liegt bei einem 360°-Lager der Beginn der Druckentwicklung nicht eindeutig fest. Gümbel-Everling (1925), S. 119, nahmen dafür die weiteste Stelle des Gleitraumes an, ebenso Cameron und Wood (1949) und Sassenfeld und Walther (1954). Die beiden letztgenannten Arbeiten berücksichtigen auch den Einfluß der endlichen Lagerbreite.

Ob das ganz umschließende Lager in bezug auf die Tragfähigkeit eine besondere praktische Bedeutung hat, steht nicht fest. Wichtiger sind kleinere Umschließungswinkel als 180°, die auch mehrfach gerechnet worden sind, so auch von Swift (1933) unter denselben Bedingungen, wie sie unseren Rechnungen zugrunde liegen, d. h. Annahme der Lastrichtung in der Winkelhalbierenden des Umschließungswinkels der Lagerschale sowie der sogenannten Reynoldsschen Randbedingung. Sie legt das Ende der Druckentwicklung so fest, daß an dieser Stelle sowohl der Druck als auch seine erste Ableitung nach dem Umlaufwinkel verschwinden. Die Ergebnisse sind in der ersten Auflage unter Ziffer 3.8 mitgeteilt, hier muß aus Raumgründen auf eine Wiedergabe verzichtet werden.

3.7 Einiges von den mathematischen Grundlagen

3.71 Die Reynoldssche Gleichung

Um nicht unberechtigten Wünschen nach einer kurzen Behandlung der mathematischen Seite nachzukommen, soll hier die Reynoldssche Differentialgleichung für die Druckentwicklung im Tragfilm mitgeteilt und ihre Integration für den einfachen Fall des ebenen Tragschuhes ohne Seitenfluß gezeigt werden; damit sind dann die im 9. Kapitel gebrachten Gleichungen begründet. Die Ableitung muß hier unterbleiben, im zweiten Band wird sie aber gebracht werden.

Die von O. Reynolds (1886) aufgestellte Gleichung legt den Tragfilm von der Dicke h in die X-Z-Ebene; das trifft beim Axiallager weitgehend zu, da die Tragringe meist eben sind; den zylinderförmigen Spalt des Radiallagers hat man sich in die X-Z-Ebene abgewickelt zu denken. Die Spaltweite h in der Y-Richtung ist klein gegenüber den anderen Abmessungen, deshalb kann der Druck p quer zur Schicht als konstant angesehen werden, $h = h(x)$ sei außerdem nur von x und nicht von z abhängig. Die in der X-Z-Ebene liegende Begrenzung bewege sich mit der Geschwindigkeit U in der positiven X-Richtung. Dann gilt die partielle Differentialgleichung

$$\frac{\partial}{\partial x}\left(\frac{h^3}{\eta}\,\frac{\partial p}{\partial x}\right)+\frac{\partial}{\partial z}\left(\frac{h^3}{\eta}\,\frac{\partial p}{\partial z}\right)=6\,U\,\frac{\partial h}{\partial x}\,, \tag{3.12}$$

in der die Viskosität $\eta = \eta(x,z)$ noch veränderlich, also eine Funktion von x und z sein kann.

Man erkennt sofort, daß es sich um eine komplizierte Gleichung handelt, namentlich wenn η veränderlich und wie beim Zapfenlager $h = \frac{1}{2}\,S\,(1 + \varepsilon\cos\varphi)$ nach Gl. (3.7) durch eine trigonometrische Funktion gegeben ist. Erleichtert wird die Aufgabe schon, wenn $\eta = \text{const}$ gesetzt und h mit einer linearen Funktion $h = h_0 + \alpha x$ wie für den ebenen Tragschuh darstellbar ist. Diese Aufgabe wurde von Michell (1905) durch eine nach trigonometrischen und Besselschen Funktionen fortschreitende Doppelreihe mathematisch exakt gelöst; daraus ging das Michellager hervor, vgl. Ziffer 9.1.

Für eine Übersicht und teilweise auch für zahlenmäßige Zusammenhänge genügt es, die zweidimensionale Strömung und dementsprechend die eindimensionale Druckverteilung, also keine Veränderungen in der Z-Richtung zu betrachten. Dann wird der zweite Summand auf der linken Seite von Gl. (3.12) Null, für konstantes η läßt sie sich sofort nach x integrieren und ergibt mit der Integrationskonstanten $-6\,\eta\,U\,h_m$

$$\frac{dp}{dx} = 6\eta\,U\,\frac{h-h_m}{h^3}\,, \tag{3.13}$$

die Reynoldssche Gleichung für die ebene Strömung; der Wert h_m ist derjenige, für den $dp/dx = 0$ wird, bei dem also das Druckmaximum auftritt. Die Gl. (3.13) läßt sich auch für das Zapfenlager mit h nach Gl. (3.7) in geschlossener Form integrieren, das hat erstmalig A. Sommerfeld (1904) gezeigt; aber auch diese Rechnungen sind immer noch recht umständlich, deshalb soll hier nur der ebene Tragkeil ohne Seitenfluß behandelt werden.

3.72 Lösung der Reynoldsschen Gleichung für den ebenen Gleitschuh ohne Seitenfluß

Im Hinblick auf die meist in der Literatur zu findenden Darstellungen wird U in die Richtung der negativen X-Achse und die Y-Achse nach unten gelegt, um die Spalthöhe in der Form

$$h = h_0 + \alpha\,x \tag{3.14}$$

mit positivem α darstellen zu können. Bei $x = 0$ sei $h = h_0$ und für den Gleitschuh von der Länge L ist an der Stelle $x = L$ die Höhe $h_1 = h_0 + \alpha L = h_0 + t$, wenn t die „Tiefe" des Segmentes bezeichnet, die bei festen Keilflächen eingearbeitet werden muß. Die hier beschriebenen Größen zeigt Abb. 9.4. Die Rechnung wird am einfachsten, wenn nicht nach x, sondern nach h integriert wird, Gl. (3.13) und (3.14) ergeben dann

$$\frac{dp}{dx} = \frac{dp}{dh}\cdot\frac{dh}{dx} = \alpha\cdot\frac{dp}{dh} = -\,6\eta\,U\left(\frac{1}{h^2}-\frac{h_m}{h^3}\right)$$

und

$$p = \frac{6\,\eta\,U}{\alpha}\left(\frac{1}{h}-\frac{h_m}{2\,h^2}\right)+C\,.$$

Nun soll für $h = h_0$ und h_1 der Druck $p = 0$ werden, das liefert zunächst für $h = h_0$

$$C = \frac{6\,\eta\,U}{\alpha}\left(\frac{h_m}{2\,h_0^2}-\frac{1}{h_0}\right).$$

Die Bedingungen $p = 0$ für $h = h_1$ ergibt die Gleichung für h_m aus

$$\frac{1}{h_1}-\frac{h_m}{2h_1^2}+\frac{h_m}{2h_0^2}-\frac{1}{h_0} = 0 = \frac{1}{h_1}-\frac{1}{h_0}+\frac{h_m}{2}\left(\frac{1}{h_0^2}-\frac{1}{h_1^2}\right)$$

zu

$$h_m = \frac{2 h_0 h_1}{h_0 + h_1}. \tag{3.15}$$

Damit wird jetzt die Druckverteilung

$$p = \frac{6 \eta U}{\alpha} \left[\frac{h_0 h_1}{h_0 + h_1} \left(\frac{1}{h_0^2} - \frac{1}{h^2} \right) + \left(\frac{1}{h} - \frac{1}{h_0} \right) \right],$$

aus der die Form

$$p = \frac{6 \eta U (h_1 - h)(h - h_0)}{\alpha h^2 (h_0 + h_1)} = \frac{6 \eta U L (h_1 - h)(h - h_0)}{h^2 (h_1^2 - h_0^2)} \tag{3.16}$$

folgt. Der Höchstwert von $p = p_{\max}$ für $h = h_m$ nach Gl. (3.15) wird

$$p_{\max} = \frac{3 \eta U L}{2 h_0 h_1} \, \frac{h_1 - h_0}{h_1 + h_0}. \tag{3.17}$$

Dieses ist wiederum eine Funktion von h_0 und h_1 in Form des Verhältnisses h_1/h_0, es erreicht seinen größten Wert für $h_1/h_0 = 1 + \sqrt{2} = 2{,}414$.

Die Gesamtlast P wird durch Integration von p nach x von $x = 0$ bis $x = L$ für die Breiteneinheit zu

$$\frac{P}{B} = \frac{6 \eta U L^2}{(h_1 - h_0)^2} \left[\ln \left(\frac{h_1}{h_0} \right) - 2 \, \frac{h_1 - h_0}{h_1 + h_0} \right]. \tag{3.18}$$

Diese hat ein Maximum für $h_1/h_0 = 2{,}189$, worauf Reynolds (1886) schon hingewiesen hat. Die Maxima für p und P in Abhängigkeit von h_1/h_0 fallen also nicht zusammen. In Kapitel 9 werden diese Ausführungen fortgesetzt.

Die Ableitung der Gl. (3.13) aus der Bedingung für das Gleichgewicht zwischen Schub- und Druckspannungen kann bei L. Gümbel-E. Everling (1925), S. 33 bis 37 und S. 82 oder M. ten Bosch (1951), S. 258/59, eingesehen werden, A. Schiebel (1933), S. 7 bis 9 leitet sogar die partielle Differentialgleichung (3.12) ab; O. Reynolds (1886) entwickelt sie aus den Navier-Stokesschen Gleichungen.

3.73 Der Minimalsatz der Lagerreibung

Die am Schluß von Ziffer 3.41 ausgesprochene Behauptung, daß ein gewisser Betrag der Reibung nicht unterschritten werden kann, gründet sich auf den vom Verfasser (1935, 1937) ausgesprochenen Minimalsatz: *Bei vollkommenem Tragen und gegebener Form des Gleitraums stellt sich die Druckverteilung so ein, daß die in Reibungswärme umgesetzte Energie ein Minimum wird.* Der mathematische Ausdruck für diese Bedingung ist die Gl. (3.12).

Der äußeren Last halten Druckwirkungen das Gleichgewicht; für eine bestimmte Belastung ergibt sich die jeweilige Gleitraumform, gekennzeichnet durch die Einstellung der Welle im Lager, die Exzentrizität. Der Reibungsverlust liegt dadurch auch fest, er nimmt einen Minimalwert an, der sich berechnen läßt. Werden noch kleinere Werte beobachtet, so liegen entweder Meßfehler oder Störungen vor, wie bei mangelnder Ölversorgung. Dann ist wegen des nicht genügend gefüllten Gleitraums zwar die Reibung kleiner, oft sind aber die in den verbleibenden Ölresten noch wirksamen Drücke zu klein, um der Last das Gleichgewicht zu halten, partielles Tragen tritt ein, das erhöhte Verluste zur Folge hat. Eine anfängliche Minderung kann daher bald in das Gegenteil umschlagen, das Verhalten ist labil.

In der theoretischen Mechanik wird die in Wärme übergehende Energie als „dissipierte Energie" bezeichnet, von *dissipare* = *zerstreuen*, weil sie sich nicht mehr in unmittelbar mechanisch wirksame Formen zurückverwandeln läßt. Im zweiten Band werden die Grundgleichungen für die Druckentwicklung aus der Forderung nach dem Minimum der dissipierten Energie abgeleitet.

4. Die Tragfähigkeitsformel (Grenzen der Gesetzmäßigkeiten)

4.1 Voraussetzungen der vorhergehenden Rechnungen

Den Ausführungen im Kapitel 3 lagen stillschweigend gemachte Voraussetzungen zugrunde, die, solange sie erfüllt sind, die Gültigkeit der Ergebnisse sichern. Sie bestimmen daher auch die Grenzen der Anwendbarkeit. Diese Zusammenhänge zu erkennen und in ihrer Bedeutung für den Rechnungsgang richtig zu würdigen, ist fast ebenso schwer, wie die Aufstellung der Gesetzmäßigkeiten selbst, da eine ganze Reihe von Problemen damit in Verbindung steht.

Im wesentlichen geht es darum, den Beginn des Verschleißbereiches zuverlässig zu erfassen; denn dadurch wird den Bedingungen für sicheren Betrieb eine klare Grenze gesetzt, ohne deren Kenntnis die Ausführungen in Kapitel 3 nur von beschränktem oder gar keinem Wert wären. Bedeutung hat aber auch noch die stabile Lage der Welle bei hohen Drehzahlen und geringer Belastung.

Der in Abb. 3.4 gezeigte Gleitraum enthält Voraussetzungen geometrischer und physikalischer Art, die zunächst aufgezählt werden:

1. Die geometrische Form nach Abb. 3.4 setzt voraus:

a) *glatte Oberflächen* (die wirklichen Flächen sind rauh);

b) *zylindrische Form und Parallelität der Achsen* (die wirklichen Formen sind – von der Bearbeitung herrührend – unrund, die Erzeugenden der Zylinder sind nicht immer Geraden, die Durchmesser sind verschieden, die Achsen der Zylinder sind nicht immer parallel);

c) *zylindrische Form auch unter den wirkenden Kräften* (nur bei ganz schwacher Belastung rufen die wirkenden Kräfte keine nennenswerten Verformungen hervor, fast immer werden die Wellen durchgebogen);

d) *Fluchten bei mehrfach gelagerten Achsen und Wellen* (als Folge von Durchbiegungen und Einbaufehlern ist das Fluchten bei mehreren Lagern für eine gemeinsame Welle nicht immer gewährleistet).

2. Um die in Kapitel 3 errechneten Werte zu verwirklichen, sind folgende *physikalischen Bedingungen* zu erfüllen:

a) ausreichende Trag- und Kühlölversorgung;

b) Erfassung der wirksamen Viskosität durch einen geeigneten Mittelwert;

c) stabiler Strömungsverlauf;

d) stabiles Kraftfeld in der Wechselwirkung mit den äußeren Kräften.

Von den physikalischen Voraussetzungen läßt sich die unter 2a genannte durch konstruktive Maßnahmen verwirklichen, wozu in Kapitel 7 Unterlagen gegeben werden. Die Forderung gemäß 2b ist bei allen in der Praxis vorkommenden Fällen mit hinreichender Genauigkeit erfüllbar. Lediglich extreme Fälle, beispielsweise hohes U bei hohem $\overline{p}$, verlangen eine sorgfältige Mittelwertbildung, wie etwa die Versuche von Buske (1951a), S. 1428, mit $\overline{p} = 100$ kp/cm² und U bis 73,5 m/s für 50 mm Durchmesser bei $n = 28\,000$/min. Zu beachten ist aber, daß es sich um ein Lager auf dem Prüfstand handelt; in der Praxis kommen zwar hohe Belastungen und hohe Drehzahlen vor, aber selten oder nie gemeinsam. Das zeigen alle in diesem Buch behandelten Beispiele.

In der ersten Auflage wurde auf S. 97 bis 99 gezeigt, was unter extremen Bedingungen bei der Mittelwertbildung von Temperatur und Viskosität zu beachten ist, vor allem, daß der Mittelwert der Viskosität $\overline{\eta}$ aus der Viskositätsverteilung bestimmt werden muß. Der dem Mittelwert aus der Temperaturverteilung $\overline{\vartheta}$ nach der Temperatur-Viskositätskurve zugeordnete Wert $\eta(\overline{\vartheta})$ kann von $\overline{\eta}$ erheblich abweichen. Bei hohen Drehzahlen liegen also recht verwickelte Verhältnisse vor, die eine sorgfältige Auswertung von Versuchsergebnissen notwendig machen.

Außerdem muß die Zunahme der Viskosität mit dem Druck berücksichtigt werden; ein solches Vorgehen ist für die Arbeiten von Buske in der ersten Auflage S. 109 bis 113 gezeigt. Hier genügt der Hinweis darauf; denn diese Versuche wurden unter so außergewöhnlichen Bedingungen durchgeführt, daß alle Wellen nach kurzer Betriebszeit infolge Überlastung brachen, wie schon unter Ziffer 2.6 ausgeführt wurde. Normale Maschinenlager müssen weit unterhalb dieser Beanspruchungen arbeiten, sonst überschreitet die Biegespannung der Wellen die Dauerfestigkeitsgrenze. Damit rücken die Voraussetzungen der Mittelwertbildung in den üblichen Bereich, so daß die Forderung 2b in den meisten Fällen erfüllbar ist.

Viel ist darüber diskutiert worden, ob die Strömung im Lagerspalt auch den errechneten Gesetzmäßigkeiten entspricht. Ohne Angabe einer bestimmten Grenze werden „Dickfilm- und Dünnfilmschmierung" unterschieden, HERSEY (1938), S. 83 und 92. Die letztere soll dann eintreten, wenn die Tragfilmstärke mit der Höhe der Rauheiten vergleichbar wird. Hierbei werden Abweichungen von den Rechnungsergebnissen erwartet, wie von RUMPF (1940) klar ausgesprochen wurde. Auf diese Fragen kann zusammenfassend geantwortet werden: Die Strömung im Lagerspalt verläuft laminar, Wirbelablösungen treten nicht auf. Die Rauheiten haben aus diesem Grunde nicht den Einfluß wie im turbulenten Bereich; die für glatte Flächen gerechneten Gesetzmäßigkeiten gelten auch für rauhe Flächen mit einer zweckmäßig festgelegten Spaltweite. Aus der Strömungslehre lassen sich viele Beispiele als Beweis dafür anführen. Es liegen keine Gründe vor, weshalb die Strömung im Lagerspalt eine Ausnahme machen sollte. Schließlich bürgt die in Ziffer 3.42 gezeigte gute Übereinstimmung zwischen Rechnung und Versuch für die hinreichend erfüllte Bedingung stabiler Strömungsverhältnisse. Unabhängig davon liegen aber viele Untersuchungen vor, die auch Turbulenzerscheinungen im Tragfilm berücksichtigen. CONSTANTINESCU (1965) hat eine zusammenfassende Darstellung in Buchform herausgegeben. Die Turbulenz wirkt sich dahin aus, daß sie die Reibung vergrößert, aber ebenso auch die Tragfähigkeit. Somit erwächst dadurch in bezug auf die Betriebssicherheit kein Nachteil, es sei denn, daß die größere Reibung eine unzulässige Erwärmung mit sich bringt.

In Wechselwirkung mit den äußeren Kräften läßt sich mit den Kraftwirkungen im Tragfilm nicht immer stabiles Gleichgewicht erreichen. In schwach belasteten Lagern treten bei hohen Drehzahlen Schwingungserscheinungen auf, deren Frequenz vielfach der halben Drehzahl entspricht. Zuerst sind diese Erscheinungen bei Dampfturbinen beobachtet worden. Sie führten zu den Lagern mit Zitronenspiel, TEN BOSCH (1951); FALZ (1934a) und KRAFT (1952).

STODOLA (1925) und HUMMEL (1926) haben die Vorgänge rechnerisch und experimentell untersucht; weitere Arbeiten in dieser Richtung liegen von ROBERTSON (1933), NEWKIRK (1937) und auch neueren Autoren vor. Eine leichtfaßliche Darstellung der Erscheinung gibt DRESCHER (1953), weitere Ausführungen dazu bringt der 2. Band.

Die physikalischen Voraussetzungen sind daher bis auf den Ausnahmefall der Schwingungserscheinungen bei geringer Last und hoher Drehzahl zur Genüge erfüllt; sie liefern keine neuen Gesichtspunkte für die Lagerberechnung. Dagegen führen die geometrischen Voraussetzungen zu erweiterten Betrachtungen unter Ziffer 4.2 und 4.3, die für die Lagerbemessung, die Viskositätswahl und die Gestaltung von Bedeutung sind.

Aus der Aufzählung der „nicht erfüllten Voraussetzungen" darf keinesfalls der Schluß gezogen werden, daß die „Theorie", die Gedankengänge der im vorigen

Kapitel gegebenen Berechnungen, *überhaupt* unbrauchbar seien. Das festzustellen, ist Aufgabe der experimentellen Forschung und vorurteilsfreier Beobachtungen in der Praxis.

4.2 Die Rauheiten und die Formtreue

4.21 Meßergebnisse

Die große Bedeutung der Oberflächenrauheiten für die Funktion der Gleitlager beweist wohl am besten die Tatsache, daß die ersten Versuche zur Messung der Rauhtiefen von BERNDT (1924) auf Anregung von FALZ eigens für die Zwecke der Lagerberechnung durchgeführt wurden, vgl. FALZ (1926), S. 57, und (1931), S. 55. BERNDT ermittelte die von den verschiedenen Bearbeitungsverfahren verbleibenden Rauhtiefen durch sorgfältiges Abschleifen der Bearbeitungsriefen, bis deren letzte Spuren eben verschwunden waren; die Prüfstücke wurden vor und nach dieser Sonderbehandlung sorgfältig vermessen. Auf diese Weise wurden die in Tab. 4.1 ermittelten Höhen der Rauheiten gewonnen.

Diese Zusammenstellung ist vorwiegend aus geschichtlichen Gründen mitgeteilt. Heute ist die Oberflächenkunde zu einem vorzüglich entwickelten selbständigen Wissenszweig der Meßtechnik geworden, SCHMALTZ (1936), PERTHEN (1949), SCHLESINGER (1951). Die Werte der Tab. 4.1 werden dadurch zwar erweitert, aber nicht wesentlich geändert, wie der Normvorschlag im Anhang des Buches von SCHMALTZ und die Tab. II, S. 192/93, bei PERTHEN zeigen; einen Auszug mit den für Gleitflächen in Betracht kommenden Bearbeitungsverfahren bringt Tab. 4.2.

Tabelle 4.1. *Rauhtiefen bearbeiteter Oberflächen bei ungehärtetem S.M.-Stahl*
(nach E. FALZ, Grundzüge der Schmiertechnik)

1. Gedreht	0,03 bis 0,04	mm
2. Gedreht und mit Halbschlichtfeile geschlichtet	0,02 bis 0,03	mm
3. Gedreht und mit Schlichtfeile geschlichtet	0,01 bis 0,02	mm
4. Geschlichtet und mit Schmirgelleinen Nr. 1 abgezogen	0,006 bis 0,007	mm
5. Mit Schmirgelscheibe geschliffen	0,004 bis 0,005	mm
6. Geschlichtet und mit Schmirgelleinen Nr. 00 abgezogen (oder gehärtet und geschliffen)	0,003 bis 0,004	mm
7. Auf Gußplatte sauber abgezogen (nur für ebene Flächen)	0,001 bis 0,003	mm
8. Gehärtet und ff. sauber auf Gußplatte abgezogen	rd. 0,0001	mm

Es erübrigt sich, auf Einzelheiten einzugehen; die sorgfältige Oberflächenbearbeitung ist heute für jede Maschinenbauwerkstatt selbstverständlich. Auch ist zur Genüge bekannt, daß die Oberflächengüte ein Optimum hat; zu feine Flächen haben vielfach zu Störungen Anlaß gegeben. So haben sich Traganteile über 50%, man vgl. Tab. 4.2, nicht immer als zweckmäßig für gute Laufeigenschaften erwiesen.

Gegenüber den Ausführungen auf S. 104 in der ersten Auflage wurden inzwischen Rundlaufmeßgeräte entwickelt, das „Talyrond“ von TAYLOR and HOBSON, Leicester, das Makrometer von J. PERTHEN und das Formfehlermeßgerät der Hommelwerke, Mannheim, über deren Meßverfahren und grundsätzlichen Aufbau R. NOCH (1960)berichtet. Diese Instrumente sind geeignet, Formfehler von der Bearbeitung her und Verschleiß nach verschiedenen Betriebszeiten festzustellen.

Von Bedeutung ist, daß sich eine Erhöhung der Oberflächengüte vielfach nur auf Kosten der Formgerechtigkeit erreichen läßt. Beispielsweise führt der Vorgang des Polierens und Läppens zu Welligkeiten: Es wird zwar eine dem Auge besser erscheinende Fläche erreicht, deren Auswirkung auf das Tragen im Lager aber keineswegs günstiger zu sein braucht. Weiteres wird darüber unter Ziffer 4.23 und 4.34 ausgeführt.

Tabelle 4.2. *Rauhtiefen für verschiedene Bearbeitungsverfahren*

Bearbeitungsverfahren	Rauhtiefenbereich in μm (1/1000 mm)	Traganteil in %
Hobeln, Schlichten	10–40	—
Fräsen, Schlichten	10–25	—
Feinfräsen	4,0–10	25
Feinstfräsen	1,6–4,0	40
Bohren, Schlichten	10–25	—
Feinbohren	4,0–10	25
Feinstbohren	1,6–4,0	40
Drehen, Schlichten	10–25	—
Feindrehen	2,5–10	25
Feinstdrehen	1,0–2,5	40
Senken	1,0–4,0	10
Räumen	2,5–10	10
Feinräumen	0,63–2,5	40
Reiben	2,5–10	10
Feinreiben	1,0–2,5	25
Feinstreiben	0,40–1,0	40
Schleifen	2,5–10	10
Feinschleifen	0,63–2,5	40
Feinstschleifen	0,16–0,63	80
Ziehschleifen, Honen	0,25–1,0	63
Feinziehschleifen	0,16–0,63	80
Feinstziehschleifen	0,040–0,16	90
Läppen	0,25–0,63	63
Feinläppen	0,10–0,25	80
Feinstläppen	0,040–0,10	90
Schaben	4,0–16	—
Feineren	0,063–0,25	—
Schwabbeln	0,063–0,25	—

4.22 Verschiedene Maße für die Rauheiten

Die Kennzeichnung der Rauheit durch eine einzige Zahl ist wegen der verschiedenen geometrischen Rauheitsprofile grundsätzlich nicht möglich. Dennoch begnügt man sich im allgemeinen mit nur einer Zahlenangabe, die mit der Rauhtiefe in Zusammenhang steht. Deren Bildung ist aber nicht einheitlich, in den einzelnen Ländern haben sich verschiedene Gepflogenheiten eingebürgert.

1. In Deutschland ist es üblich, die gesamte Rauhtiefe R_t vom Gipfel zur Talsohle – peak-to-valley value – zu nehmen. Irgendeine Beziehung zum Profil ist damit nicht gegeben. Einzelheiten sind in DIN 4760, 4761 und 4762 festgelegt.

2. In England geht man von der Mittellinie des Profils aus. Diese wird so gelegt, daß die von der Profilkurve begrenzten Flächen ober- und unterhalb der Mittellinie gleich sind; für eine hinreichend große Länge L muß das Integral

$$\int_0^L y \, \mathrm{d}x = 0$$

sein, wenn y die Ordinaten der Profilkurve über der Mittellinie = X-Achse bezeichnet. In England wird nun das Integral über die Absolutwerte $|y|$

$$h_{\text{ave}} = h_{\text{mittel}} = \frac{1}{L} \int_0^L |y| \cdot \mathrm{d}x$$

nach dem Vorschlag von SCHLESINGER (1951), S. 30, als Rauhheitsmaß $h_{\text{average}} = h_{\text{ave}}$ verwendet. Ein Hauptgrund für diese Wahl war die Möglichkeit, durch einfaches Ausplanimetrieren eine durchschnittliche Abweichung der Profilkurve festlegen zu können. Die so gewonnenen Werte werden auch als CLA-Werte (central line average) bezeichnet. Das in England gebräuchliche Talysurf-Gerät zeigt diese Werte unmittelbar an.

3. In Amerika geht man von der in gleicher Weise festgelegten Mittellinie aus, nimmt aber als Rauheitsmaß

$$h_{\text{rms}} = \sqrt{\frac{1}{L}\int_0^L y^2\,\mathrm{d}x}$$

(rms = root mean square), die Wurzel aus dem Integral über die Quadrate der Profilkurven-Ordinaten. Diese Werte werden von dem in Amerika verbreiteten Profilometer nach ABBOTT und auch von dem BRUSH-Surface-Analyser direkt angegeben; die Folge davon ist die Verwendung dieser Größe zur Kennzeichnung der Rauheiten.

Die Werte h_{mittel} und h_{rms} weichen für ein gegebenes Profil nur wenig voneinander ab, sie sind aber gegenüber der maximalen Rauhtiefe R_t erheblich kleiner. Das erweckt zunächst den Eindruck, als ob es in England und Amerika möglich sei, mit den gleichen Bearbeitungsverfahren weit bessere Oberflächengüten zu erreichen als in Deutschland. Deshalb muß eine vergleichende Übersicht gegeben werden, diese lehnt sich an die Ausführungen von SCHLESINGER (1951), S. 30 bis 39, an.

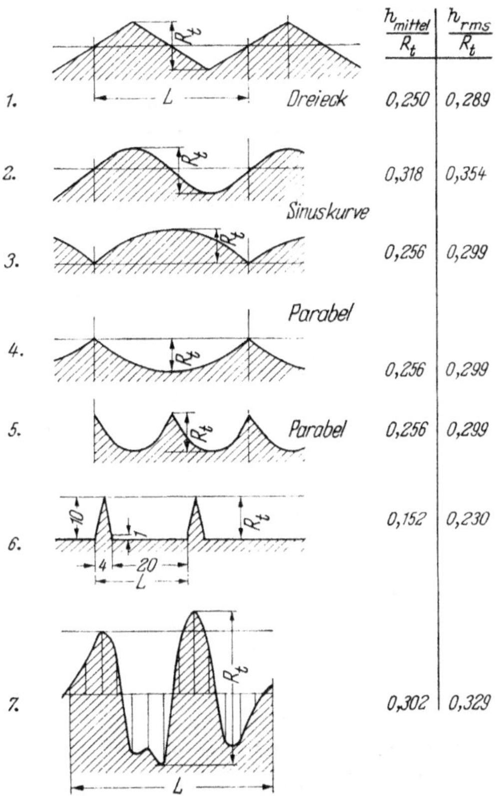

Abb. 4.1. Verschiedene geometrische Profile und deren Rauheitsmaße

Die Maße h_{mittel} und h_{rms} hängen ihrer Einführung gemäß von der Profilkurve ab, allerdings ohne diese merklich besser zu beschreiben als die Rauhtiefe R_t. Das läßt Abb. 4.1 erkennen, in der geometrisch definierte und willkürliche Profile mit den zugehörigen Werten für h_{mittel} und h_{rms} als Bruchteil von R_t dargestellt sind. Man erkennt, daß die beiden Mittelwerte drei bis viermal, in Sonderfällen wie bei dem Profil 6 bis zu achtmal kleiner sind als die Rauhtiefe R_t, ferner, daß die Werte h_{mittel} und h_{rms} sich nur wenig unterscheiden.

Wenn das Profil durch genügend Ordinaten h_i in gleichen Abständen auf der X-Achse gegeben ist, wie im Fall 7 in Abb. 4.1, so lassen sich die Integrale durch

Summen auswerten. Ist n die Zahl der Ordinaten, so wird für die Mittellinie die Bedingung

$$\int_0^L y\,\mathrm{d}x \approx \frac{1}{\mathrm{n}} \sum_{i=1}^{n} h_i = 0 \tag{4.1}$$

ferner

$$h_{\text{mittel}} = \frac{1}{L} \int_0^L |\mathrm{y}|\,\mathrm{d}x \approx \frac{1}{n} \sum_{i=1}^{n} |h_i| \tag{4.2}$$

und

$$h_{\text{rms}} = \sqrt{\frac{1}{L} \int_0^L y^2\,\mathrm{d}x} \approx \sqrt{\frac{1}{n} \sum_{i=1}^{n} h_i^2}\,. \tag{4.3}$$

Mit diesen Formeln ist das Profil 7 durchgerechnet, die Werte sind in Mikrozoll angegeben, da es sich um Gepflogenheiten handelt, die in England und Amerika üblich sind; die Zahlen werden in der Tab. 4.3 mitgeteilt.

Tabelle 4.3. *Zahlenwerte zum Rauheitsprofil 7 in Abb. 4.1*

i	h_i	$\lvert h_i \rvert$	h_i^2
1	6	6	36
2	22	22	484
3	38	38	1444
4	24	24	576
5	− 40	40	1600
6	− 36	36	1296
7	− 48	48	2304
8	30	30	900
9	52	52	2704
10	24	24	576
11	− 34	34	1156
12	− 30	30	900
13	− 8	8	64
$\sum_{i=1}^{n}$	0	392	14040

$\sum_{i=1}^{n} h_i = 0$; $\sum_{i=1}^{n} |h_i| = 392$; $\sum_{i=1}^{n} h_i^2 = 14040$

$$h_{\text{mittel}} = \frac{1}{n} \sum_{i=1}^{n} |h_i| = \frac{392}{13}$$

$$= 30{,}16\ \mu\text{inch} = 0{,}766\ \mu\text{m}$$

$$h_{rms} = \sqrt{\frac{1}{n} \sum_{i=1}^{n} h_i^2}$$

$$= \sqrt{\frac{14040}{13}} = 32{,}9\ \mu\text{inch} = 0{,}836\ \mu m$$

$R_t = 100\ \mu\text{inch} = 2{,}54$ mm;

$h_{\text{mittel}}/R_t = 0{,}302$;

$h_{rms}/R_t = 0{,}329$

Um die Bedingung (4.1) zu erfüllen, rechnet man die h_i von einer beliebigen Parallelen zur Mittellinie aus; bleibt bei der Summenbildung ein positiver Betrag, so liegt die Mittellinie um ein n-tel davon höher, bei einem negativen Rest um ein n-tel davon tiefer. Wird das Integral durch Ausplanimetrieren bestimmt, so ist mit der Restfläche, durch L dividiert, entsprechend zu verfahren.

Die Beziehung zwischen Mikrozoll und Mikrometer ist zwar einfach, $1\ \mu$inch $= 25{,}4 \cdot 10^{-6}$ mm oder $1\ \mu$m $= 39{,}4\ \mu$inch, dennoch muß man bei den Zehnerpotenzen aufpassen. Zur Erleichterung der Umrechnung dient Tab. 4.4.

Die Tatsache, daß eine einzelne Zahl, hier also eine Länge, nicht geeignet ist, die Rauheit zu beschreiben, wurde schon erwähnt. Sie mag noch durch eine von SCHLESINGER (1951), S. 34, Abb. 20 gegebene Darstellung erhärtet werden, die drei Profile von gleicher Rauhtiefe, gleichem CLA- und gleichem RMS-Wert zeigt, deren „Wellenlängen" jedoch 40, 6 und 0,08 mm betragen. Es handelt sich also um ein ganz flaches, ein mittleres und ein besonders spitzes Profil. Für unsere Betrachtungen ist wichtig, daß SCHLESINGER hier bereits darauf hinweist, was unter Ziffer 4.34 weiter ausgeführt wird, daß nämlich die Rauheit mit der kurzen Wellenlänge und ihren feinen Spitzen zu einem schnellen und guten Einlaufen führt.

Tabelle 4.4. *Umrechnung von Mikrozoll* (μinch) *im Mikrometer* (μm)

μinch	1	2	3	4	5	6	7	8	9	10
μm	0,025	0,051	0,076	0,102	0,127	0,152	0,178	0,203	0,229	0,254
μinch	10	20	30	40	50	60	70	80	90	100
μm	0,254	0,508	0,762	1,016	1,270	1,524	1,778	2,032	2,286	2,540
μinch	100	200	300	400	500	600	700	800	900	1000
μm	2,54	5,08	7,62	10,16	12,70	15,24	17,78	20,32	22,86	25,40

Dann heißt es weiter: „Kein Ingenieur würde die drei Oberflächen schon nach Auge und Gefühl als gleichwertig ansehen, trotzdem sowohl die Tasterinstrumente für alle drei gleiche Mittelwerte und das Lichtschnittverfahren gleiche Höchstwerte anzeigen. Hier helfen nur die aufgezeichneten Profilkurven, die alle Einzelheiten klären. Nur bei Benutzung der gleichen Werkzeugmaschinen, mindestens aber gleicher Arbeitsverfahren, ist der mittlere Zahlenwert ein brauchbares Vergleichsmaß."

Gerade diese letzten Worte sind von besonderer Bedeutung, weil hier auf das Bearbeitungsverfahren hingewiesen wird. Früher hatte man zwar die Achsen und Wellen einigermaßen sorgfältig behandelt, während man bei der Bohrung sich weitgehend auf den Lagerwerkstoff mit seiner Fähigkeit zum „Einlaufen" verließ. Darüber wird in der nächsten Ziffer ausführlicher gesprochen.

4.23 Zur Oberflächenbearbeitung

Bearbeitungsverfahren zur Verbesserung der Oberflächenglätte sind wohl so alt wie die Menschheit selbst. Werkzeuge aus Stein oder Knochen aus der Steinzeit weisen schon polierte Flächen auf, Metallspiegel soll es schon vor 4000 Jahren gegeben haben. Als die Forderung nach erhöhter Güte der Gleitflächen erhoben wurde, also etwa von 1930 an, verfügte die Technik über ausreichende Verfahren. wie Schleifen, Schmirgeln, Abziehen und Polieren; die Bezeichnung Läppen kam nach dem ersten Weltkrieg auf.

Früher hatte man die Zapfen wohl immer gut bearbeitet, auf die Glätte der Laufflächen bei den Schalen wurde jedoch weniger Wert gelegt. Die Verwendung geeigneter Werkstoffe, insbesondere die von BABBIT 1839 geschaffene hochzinnhaltige Weißmetallegierung ermöglichte es, durch Einlaufen brauchbare und betriebssichere Gleitverhältnisse zu schaffen. In älteren Walzwerken, deren Lager als einzelne Blöcke nach Abb. 4.2 ausgebildet waren, pflegte man vielfach Walzenzapfen mit guter Oberfläche auf rohe, unbearbeitete Lagersegmente aus Bronze oder Rotguß zu legen, „das läuft sich ja ein". Abb. 4.3 links zeigt ein solches

Segment mit den Maßen nach Abb. 4.2 in neuem Zustand, Abb. 4.3 rechts nach zweistündigem Betrieb. Eingelaufen hat es sich schon, es handelt sich ohne Frage um einen vorzüglichen Werkstoff. Aber es ist warm geworden, tiefe Risse sind erkennbar; ein solches Segment ist schon rein festigkeitsmäßig den Anforderungen nicht mehr gewachsen. Auch plastisch ist es verformt, an der Lauffläche hat das Maß der Auflagefläche von 240 mm Breite um 8 mm zugenommen. Die eingelagerten Weißmetallstreifen sollen eine Art „Schmierung" abgeben. Die beiden Segmente stammen aus dem Jahre 1953.

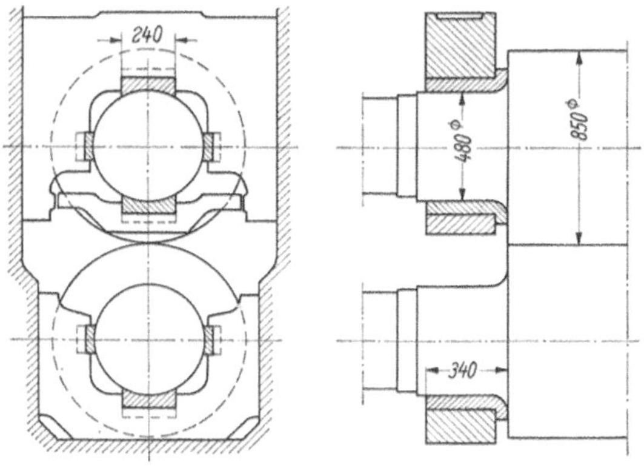

Abb. 4.2. Walzenlagerung alter Bauart mit Segmentblöcken

So wurde der Wert der Oberflächengüte früher verkannt; es ist daher verständlich, daß FALZ der Technik von 1930 die Bedeutung sorgfältiger Bearbeitung der Gleitflächen einhämmern mußte. Da die Verfahren zur Verfügung standen, wurden die Forderungen meist erfüllt, vielfach sogar recht weitgehend. Dabei stellte sich dann heraus, daß zu glatte Flächen teilweise weniger günstig sein können, darüber weiteres unter Ziffer 4.34.

Was bei Beginn der Arbeiten von FALZ für die Erfassung der Oberflächengüte völlig fehlte, waren *Maß und Zahl*, die der Ingenieur nun einmal braucht. Durch diese Forderung wurden die Arbeiten von BERNDT (1924) angeregt, über die unter Ziffer 4.21 schon berichtet worden ist.

Abb. 4.3. Segment 340 × 240 mm in neuem Zustand (links) und nach zweistündigem Betrieb (rechts)

Ein geschichtlicher Vorgang ist wert, hier noch erwähnt zu werden. Der Astronom HERSCHEL (1830) sagt in seinem Enzyclopädieartikel über das Licht: „Die am besten polierte Oberfläche muß sich daher zur Oberfläche einer Flüssigkeit immer noch so verhalten, wie ein gepflügtes Feld zu einem Spiegel." So ganz unrecht hatte HERSCHEL nicht, wenn dabei die

Oberfläche einer Flüssigkeit von molekularer Glätte gemeint ist. Dann müßten deren Rauhtiefen etwa bei 1 Å = $10^{-4}\,\mu$m liegen; Flächen mit 1 μm spiegeln schon, das Zehntausendfache gleich 10 mm ist zwar für ein gepflügtes Feld noch um eine Zehnerpotenz zu wenig, aber einem geharkten Beet würde es schon entsprechen.

Von einer *planmäßigen* Feststellung der Rauhtiefen kann aber vor 1924 nicht die Rede sein.

4.3 Die Folgen der Rauheiten: Die geringste zulässige Tragschichtdicke

4.31 Definition nach Gümbel und Falz

Der Begriff der Übergangsdrehzahl $n_ü$ als untere Grenze für den Betriebsbereich von Gleitlagern ist im vorhergehenden ausgiebig gebraucht und unter Ziffer 2.33 erläutert worden: die Abb. 2.7 und 2.8 lassen den Einfluß von $n_ü$ auf die Temperatur erkennen, die Abb. 2.10, 2.13 und 2.14 fordern geradezu die Einführung dieses Begriffes durch das Reibungsminimum in den Stribeck-Kurven. Die ihm entsprechende Drehzahl als Übergangsdrehzahl zu definieren, ist willkürlich, aber sinnvoll. Das Minimum liegt bereits im Verschleißbereich, denn schon bei einer etwas höheren als der Übergangsdrehzahl beginnen Festkörperberührungen. Diese bleiben aber ohne besondere Wirkung auf den Reibungsverlauf; erst nach Unterschreiten der Übergangsdrehzahl nimmt die Reibung *erheblich* zu. Daher ist dieser Wert entscheidend für die Betriebssicherheit und als untere Grenze für den Betriebsbereich anzusehen.

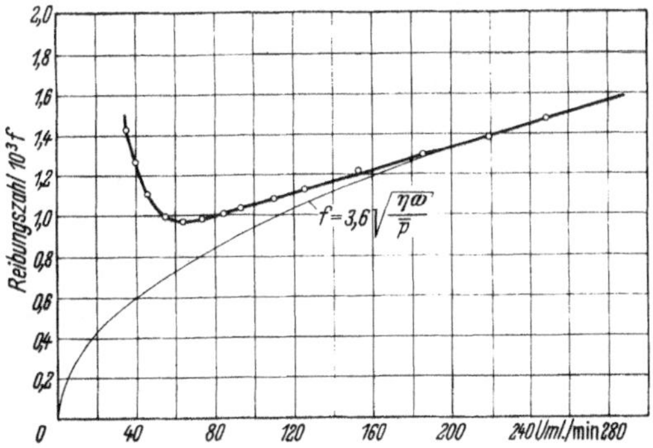

Abb. 4.4. Stribeck-Kurve nach W. BÜCHE (1930) für ein Versuchslager

$D = 80$ mm, $B = 70$ mm, $P = 5000$ kp, $\eta = 0{,}0059$ kp · s/m²

Die Zusammenhänge erläutert noch einmal Abb. 4.4, in der Versuchsergebnisse von BÜCHE (1931) wiedergegeben sind. Dem Verlauf vollkommenen Tragens entspricht die Parabel $f = 3{,}6\sqrt{\eta\,\omega/\bar{p}}$, von $n \approx 200$/min weichen die Meßpunkte mit abnehmender Drehzahl mehr und mehr ab, das Minimum wird bei $n_ü = 65$/min erreicht. Festkörperwirkungen und damit partielles Tragen beginnen also bereits bei einer dreimal so hohen Drehzahl: Die niedrigsten Reibungszahlen werden unter den Bedingungen der Mischreibung erreicht.

Der Übergang in diesen Bereich ist früher anders ausgelegt worden, und zwar von den Vorgängen im Gleitraum her. Wenn der darin herrschende Druck zur Aufnahme der Last nicht mehr ausreicht, nähern sich die Gleitflächen bis zur Festkörperberührung, deren ersten Beginn GÜMBEL (1917), S. 300, mit „Einklinken" bezeichnet. Das geschieht zunächst in Form von dauernd wechselnden Berührungen der Rauheitsspitzen. Festkörperwirkungen sind von da an zwar vorhanden, aber der verbleibende Ölfilm steht nach wie vor unter Druck und trägt die Last. Erst wenn diese bei weiter abnehmendem Druck mehr und mehr von den Festkörpern unmittelbar aufgenommen wird, ist der eigentliche Übergang in den Verschleißbereich vollzogen.

FALZ (1926) griff die Gümbelsche Definition des Beginns der Mischreibung auf und nannte die dabei verbleibende Spalthöhe „die geringste zulässige Schmierschichtdicke h_{zul}", im Gegensatz zu der im Betrieb sich einstellenden geringsten Schmierschichtdicke h_0.

Die Vorstellung von GÜMBEL und FALZ sind von der Praxis nur teilweise verstanden und übernommen worden. Vielfach wurde der Unterschied zwischen *geringster* und *geringster zulässiger* Schichtdicke nicht beachtet, oder es wurde gar versucht, die obere Betriebsgrenze eines Gleitlagers, die ja durch thermische Bedingungen gegeben ist, mit Hilfe dieses Begriffes zu bestimmen. Von einer einwandfreien Handhabung kann jedenfalls nicht die Rede sein.

4.32 Formeln für die geringste Schichtdicke

Zur Berechnung der geringsten Schichtdicke h_0, der engsten Stelle des Gleitraums, dient der in Ziffer 3.31 gegebene Zusammenhang zwischen Sommerfeldzahl So und relativer Exzentrizität ε. Die in Tab. 3.2 verzeichneten Werte lassen sich nicht durch einfache Ausdrücke wiedergeben, es können nur Näherungsformeln abgeleitet werden. FALZ (1931), S. 50, stellte für das Lager ohne Seitenfluß aus den Gümbelschen Ergebnissen die Beziehung $So = 1{,}04/(1-\varepsilon) = 1{,}04\ S/2\,h_0$ auf, aus der $h_0 = 0{,}52\ S/So$ folgt. Die endliche Breite wird durch einen von GÜMBEL (1917), S. 305 bis 307, eingeführten Faktor $B/(B+D)$ berücksichtigt, für $B/D = 1$ wird dieser 0,5; daher ergibt sich für endliche Breite $B \approx D$ nach FALZ

$$h_0 = 0{,}5 \cdot 0{,}52\, S \cdot \eta\,\omega/\bar{p}\,\psi^2 \quad \text{für } 0{,}5 \leqq \varepsilon \leqq 0{,}95$$

und

$$h_0 = 0{,}26\,\frac{\eta\,\omega\,D}{\bar{p}\cdot\psi} = \frac{D\,\eta\,\omega}{3{,}84\cdot\bar{p}\cdot\psi}\,, \tag{4.4}$$

die Gl. (21) bei FALZ (1931), S. 50. Diese Gleichung soll weiterhin verwendet werden, deshalb ist ihre Brauchbarkeit zu prüfen. In Abb. 4.5 ist der Verlauf von $So = 0{,}52/(1-\varepsilon)$ als Kurve A zusammen mit den Ergebnissen von SASSENFELD und WALTHER für $B/D = 1$ und 0,5 eingetragen, Kurven B; sie lassen erkennen, daß der einfache Ansatz von FALZ die Verhältnisse für eine erste Näherung brauchbar wiedergibt.

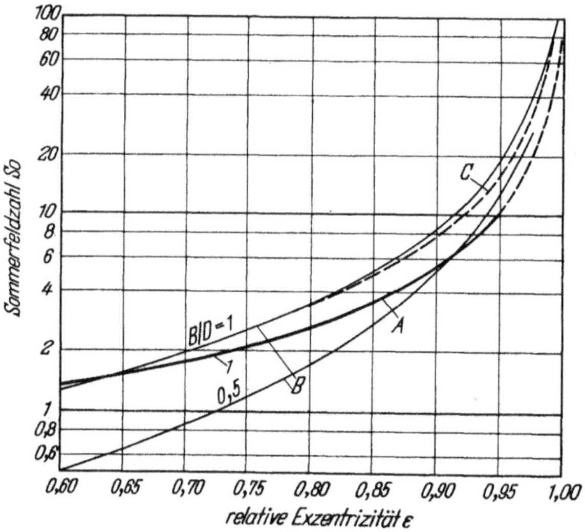

Abb. 4.5. Sommerfeldzahl So als Funktion der relativen Exzentrizität ε.

Kurve A: Näherungsgleichung (4.4) von FALZ für $B/D = 1$
Kurven B: Werte nach SASSENFELD und WALTHER für $B/D = 1$ und $B/D = 0{,}5$
Kurve C: Näherungsgleichung (4.5) für $B/D = 1$ mit $m = 0{,}85$

Zu einer besseren Anpassung kommt man nach Abb. 3.6, wenn als Näherung $So(1-\varepsilon) = \varepsilon \cdot m$ gesetzt wird, dann ist

$$So = \frac{m}{1-\varepsilon} - m = \frac{m\,S}{2\,h_0} - m\,,$$

eine Formel, die für $m = 1$ sich fast mit den Ergebnissen von NÜCKER (1932) deckt, der seine vielen und sorgfältigen Messungen durch die Beziehung $So = 1{,}04/(1-\varepsilon) - 0{,}8$ für $B/D = 1{,}36$ wiedergab. Nach h_0 aufgelöst, erhält man

$$h_0 = \frac{0{,}5\, m\, S}{m + So} = \frac{0{,}5\, S}{1 + So/m}. \tag{4.5}$$

Mit $m = 0{,}85$ paßt sie sich gut an die Rechnungsergebnisse für $B/D = 1$ nach Sassenfeld und Walther an, wie die gestrichelte Linie in Abb. 4.5 zeigt. Die Gl. (4.5) gilt zudem nicht für einen beschränkten Bereich wie Gl. (4.4), sondern für alle Werte, die ε annehmen kann. Wenn nicht $B/D \approx 1$, ergeben sich zwar größere Abweichungen, deshalb wurden dafür auch genauere Näherungsformeln entwickelt, ihre Anwendung erschien jedoch nicht notwendig; das wurde schon in der ersten Auflage berichtet. Vor allem ist zu beachten, daß bei größeren Belastungen und damit größeren Exzentrizitäten der Gleitraum auch in der Umfangsrichtung verformt wird; die dadurch bedingten Abweichungen von der mit Zylinderflächen gegebenen Geometrie sind so groß, daß die Anwendung von Rechnungsergebnissen für einen nicht verformten Gleitraum fragwürdig ist. Die aus der Aufgabenstellung erwachsenden Komplikationen werden in den folgenden Abschnitten eingehender besprochen.

4.33 Begriffliche Schwierigkeiten

Eindeutig definiert ist die geringste Tragschichtdicke h_0 nur im Bereich der Rechnung, die mathematisch exakte Gleitraumformen voraussetzt, Abb. 3.4. Zapfen und Schale sind geometrisch korrekte, parallele Zylinder, und die Oberfläche ist ideal glatt. Eine geringste *zulässige* Schichtdicke h_{zul} gibt es dabei nicht, wenn man reine Kontinuumsbetrachtungen durchführt, also auf die molekulare Struktur der Flüssigkeiten nicht eingeht.

Die Klarheit dieses Bildes wird aber sofort gestört, sobald man mit wirklichen Flächen und ihren unvermeidlichen Rauheiten zu tun hat. Die Durchmesser von Welle und Bohrung werden über die Rauheiten hinweg gemessen: wenn mit diesen Werten — zunächst bei nicht deformierten Gleitflächen — die Schichtdicke Null erreicht ist, dann findet das erste Berühren der Rauheitsspitzen statt. Es verbleibt aber noch eine wirkliche und demnach wirkende Tragschicht, die durch die Rauheiten gegeben ist. Etwa von diesem Zustand an gelten gegenüber dem vorhergehenden Zustand erweiterte Gesetzmäßigkeiten, weil Festkörperwirkungen hinzukommen. Welche Zahlenwerte dann für $h_0 \to h_{zul}$ in die für glatte Flächen abgeleiteten Formeln eingesetzt werden sollen, ist durch Nachdenken allein nicht zu entscheiden.

Noch schwieriger wird das Problem, wenn die Deformationen von Welle und Lager hinzukommen. Dabei hat der Gleitraum in der Achsrichtung schon in der Grundform eine veränderliche Weite, so daß einer Festlegung der unter solchen Bedingungen *wirksamen* geringsten Tragfilmdicke bereits erhebliche begriffliche Schwierigkeiten entgegentreten. Es bleibt eine offene Frage, wieweit mit der Anwendung der Rechenergebnisse gegangen werden darf, auch wenn die sich unter diesen Bedingungen einstellende Geometrie in allen Einzelheiten bekannt ist.

Falz ist sich dieser Schwierigkeiten bewußt gewesen und hat daher nach dem Stand der damaligen Kenntnisse empfohlen, die Rechnungen nur so weit anzuwenden, bis eine geringste Schichtdicke h_{zul} erreicht ist, die sich aus der Summe der Rauhtiefen von Schale und Welle und der Durchbiegungen zusammensetzt. Von FALZ (1931), S. 55 und 72, wurde betont, daß es sich um eine Behelfsmaßnahme handele, die jedoch eine gewisse Sicherheit mit einschließt, weil die Tragfähigkeit verbessernde Wirkungen, wie etwa das Einlaufen, nicht berücksichtigt werden.

Den begrifflichen Schwierigkeiten entsprechend ist auch die zahlenmäßige Erfassung von h_{zul} unsicher; die in der Literatur zu findenden Werte schwanken erheblich. GÜMBEL (1917), S. 297, schätzt h_{zul} auf 0,1 bis 0,01 mm, zu einer Zeit, als Zahlenunterlagen über die verbleibenden Rauheiten noch fehlten. Die ersten Versuche, diese zu messen, führte BERNDT (1924) auf Anregung von FALZ durch mit dem Ergebnis, daß FALZ in (1926), S. 59, die Gl. (37) oder (1931), S. 57, die Gl. (35) für $h_{zul} = 0{,}01$ mm empfehlen konnte. Durch Einlaufen lassen sich noch kleinere h_{zul} erreichen; FALZ (1926), S. 97, führt schon den Betrag $h_{zul} = 0{,}002$ mm $= 2\,\mu$m an. HEIDEBROEK (1937), S. 137, nannte als kleinsten Wert für die Schmierschichtdicke sogar 0,0001 mm $= 0{,}1\,\mu$m; auch BARWELL (1956), S. 113, erwähnt diese Größe. Wenn von dieser Angabe, als vermutlich zu klein, abgesehen wird, verbleibt immer noch ein Bereich zwischen $100\,\mu$m und $2\,\mu$m, also 1:50. FULLER (1956), S. 211, nennt als Grenzen 0,005 bis 0,000 05 inch oder 0,125 bis 0,001 25 mm; dem entspricht also ein Bereich von 1:100. Diese Zahlen mögen genügen, um die Unsicherheit des Begriffes der auf Rauheiten zurückgeführten geringsten zulässigen Tragfilmdicke zu belegen.

4.34 Schwierigkeiten in der Praxis

Aus den Rauheitsbetrachtungen folgt eindeutig: Eine Verbesserung der Oberflächengüte steigert die Tragfähigkeit. Die Praxis hat durch Arbeitsverfahren, die in den dreißiger Jahren mehr und mehr zur Anwendung kamen, weitgehend dieser Forderung entsprochen. Feindrehen, Feinbohren, Läppen, Honen, Feinziehschleifen und Superfinish wurden für die Endbearbeitung von Gleitflächen eingesetzt; die Oberflächengüte wurde dabei erheblich verbessert und die Belastbarkeit entsprechend gesteigert, „was durch die Praxis voll bestätigt wird", wie es bei SCHMID und WEBER (1953), S. 322, heißt. Das gilt aber auch nur mit Einschränkungen, denn der für Lager gewünschte Erfolg trat *nicht immer* ein. Vielfach zeigte sich, daß eine gewisse Rauheit der Gleitflächen nicht unterschritten werden durfte, wenn größerer Verschleiß oder gar Fressen vermieden werden sollte.

Der Grund dafür ist unschwer einzusehen. Große Glätte ist für vollkommenes Tragen im Betrieb vorteilhaft, aber bei jedem An- und Auslauf und bei neuen Maschinen in der Einlaufzeit ist unmittelbare metallische Berührung nicht zu vermeiden. Dabei ist vielfach — nicht immer — Material abzutragen. Das ist einfach, wenn in mikroskopisch kleinen Bereichen feine Teilchen abgeschert werden, was dann von selbst zu einer Fläche mit abnehmenden Rauhtiefen und zu einer für den Gleitvorgang günstigeren Form führt. Für das Abscheren sind auch nur kleine Kräfte und demnach kleine Energien erforderlich; es tritt keine nennenswerte Temperaturerhöhung auf. *Dieser Vorgang ist nur mit einer gewissen Ausgangsrauheit möglich.* Hier mag noch einmal auf SCHLESINGERS Bemerkung hingewiesen werden, daß zum Einlaufen Profile mit scharfen Spitzen empfehlenswert sind, wie am Schluß von Ziffer 4.22 ausgeführt wurde.

Muß aber von *glatten* Flächen Material abgetragen werden, dann wird die wirkliche Berührungsfläche größer und die Beanspruchung kleiner. Bis es zum

Abscheren kommt, vergeht eine längere Zeit, in der sich die Bereiche erheblich erwärmen; erst dadurch wird die Festigkeit gemindert, bis das Abtragen einsetzt, das dann aber in größerem Umfang erfolgt als beim Abscheren von Rauheitsspitzen. Auch größere Teilchen brechen aus, die zwischen den Gleitflächen nicht mehr, ohne diese zu beschädigen, mit dem Öl aus dem Gleitraum abgeführt werden können. Das kann der Beginn des Fressens sein. Mit Verschweißen hat das noch nichts zu tun, viele Freßstellen zeigen nicht einmal Anlauffarben. Verschweißen *kann* auftreten, aber *nur als Folge übergroßer Reibung oder gar des Fressens, jedoch niemals als deren Ursache.*

Es sei daran erinnert, daß unter dem Kennwort „Entfeinung" in den letzten beiden Jahrzehnten hochwertige Bearbeitungsverfahren und die Notwendigkeit ihres Einsatzes planmäßig nachgeprüft wurden. Die Erkenntnis, daß zu glatte Oberflächen *teilweise* eher zu einem Versagen führen können als weniger glatte, war früher schon nicht nur vorhanden, sondern sogar weit verbreitet.

In der Literatur erschien darüber wohl erstmalig eine Mitteilung ohne Verfasser (1941) unter dem bemerkenswerten Titel: „Better Lubrication with Roughened Motor Bearings". Über die zweckmäßige Oberfläche von Kolbenringen berichtet Poppinga (1942), S. 38 und 82/83. Bolz (1949), S. 1009/1010, erwähnt im Zusammenhang mit der Schmierung: „Functional requirements for a specific part should be carefully analysed – it is possible to have too perfect a surface!" und empfiehlt geschabte Flächen für große Belastung bei kleinen Geschwindigkeiten, um die Lebensdauer zu verlängern. Schmid und Weber (1953), S. 330, stellen ein verbessertes Einlaufverhalten gußeiserner Lagerschalen durch Anätzen – also Aufrauhen – der Laufflächen fest und geben damit selbst ein Beispiel für die begrenzte Gültigkeit der kurz vorher erwähnten Bemerkung über die Steigerung der Belastbarkeit durch glatte Flächen. Fuller (1956), S. 160, spricht klar aus: „Very smooth finishes may tend to seize and gall", das auf S. 388 behandelte Lager mit Netzwerkoberfläche ist ebenfalls in diesem Zusammenhang zu erwähnen. Lewis (1958) stellt fest, daß Walzenzapfen zweckmäßig keinen Polierschliff erhalten sollen. Recht ausführlich berichtet Sonntag (1960) über Erfahrungen und Versuche, die übereinstimmend zeigen, daß eine gewisse Rauhtiefe zweckmäßig nicht unterschritten werden darf; weitere 21 Literaturstellen sind dort angegeben.

Nach den hier aufgeführten Mitteilungen dürften die Mindestrauhöhen kaum unter 1 bis 2 μm liegen. Bei den amerikanischen Angaben sind die unter 4.22 erwähnten Maßeinheiten zu beachten.

Wie es scheint, ist die Praxis intuitiv den richtigen Weg gegangen: Die weniger sorgfältige Oberflächenbearbeitung in der Zeit vor etwa 1930 ist wesentlich verbessert worden, ohne daß man dabei zu einer mit unnötigen Kosten verbundenen übertriebenen Feinheit kam. Nimmt man 1 bis 2 μm als untere Grenze für die Rauhtiefen, dann müßten die Werte für die obere etwa das doppelte, also 2 bis 4 μm betragen, wenigstens für viele in der Praxis vorkommende Fälle. Jede Maschinenfabrik widmet heute der Gleitflächengüte besondere Sorgfalt, so daß größere Unterschiede für h_{zul} von der Bearbeitungsseite her nicht mehr zu erwarten sind.

Das Vorgehen, aus Rauheitsbetrachtungen Werte für die geringste zulässige Schichtdicke abzuleiten, ist eine einseitige Maßnahme, die nicht das Gleitgeschehen als Ganzes, also mit Einschluß der Vorgänge bei partiellem Tragen, betrachtet. Die Folgerung, bessere Oberflächengüte ergebe immer höhere Tragfähigkeiten, könnte zu Mißerfolgen führen. Fachleute haben dafür eine sprachlich treffende, aber leider keine Zahlenangaben enthaltende Formel geprägt: Die Gleitflächen müssen *so glatt wie möglich* und *so rauh wie nötig* sein.

4.35 Rechnerische Schwierigkeiten

Die aus den Rauheiten und Durchbiegungen folgende geringste *zulässige* Schichtdicke müßte unter Anwendung der Rechnungsergebnisse ungefähr zu den bei der Übergangsdrehzahl beobachteten Belastungen führen, wenn dieses Bild als physikalische Grundlage für die Verschleißgrenze einigermaßen brauchbar sein soll. Ob das zutrifft, möge als erstes das folgende Beispiel erläutern. Es ist einer älteren Arbeit entnommen und wird mit dem Stand der damaligen Kenntnisse behandelt, um die vom Verfasser (1939) gestellte Forderung zu begründen, die geringste zulässige Tragschichtdicke *nicht a priori aus den Rauheiten*, sondern aus geeigneten Experimenten herzuleiten.

Die in Abb. 4.4 gezeigte Stribeck-Kurve ist von Büche (1931) mitgeteilt; sie bezieht sich auf ein Lager mit $D = 80$ mm, $B = 70$ mm, $P = 5000$ kp, $\overline{p} = 89{,}4$ kp/cm², $\eta = 0{,}0059$ kp s/m² $= 58$ cP. Es fehlt die Angabe des Lagerspiels, das mit $\psi = 1\,^0/_{00}$ einigermaßen zutreffend angenommen sein dürfte. Für die Rauheiten im Sinne der geringsten zulässigen Schichtdicke lag damals als Richtlinie nur das Buch von Schmaltz (1936) vor, dessen Angaben für gut bearbeitete Flächen gerade dem von Falz (1926), S. 59, und (1931), S. 57, für normale Lagerungen empfohlenen Wert $h_{zul} = 10\,\mu$m entsprechen.

Zu diesem Rauheitsbetrag kommt noch die Durchbiegung der Welle hinzu, die sich zu 2,4 μm für die Länge $B = 70$ mm ergibt. Wenn die zulässige geringste Schichtdicke also aus der Summe der Rauhtiefen und Durchbiegungen eingesetzt werden soll, dann wäre mit mindestens $h_{zul} = 12\,\mu$m zu rechnen. Die Gl. (4.4) liefert aber für $n_ü = 65$/min mit $\omega = 6{,}8$ sec^{-1}

$$h_0 = \frac{0{,}08 \cdot 0{,}0059 \cdot 6{,}8}{3{,}84 \cdot 89{,}4 \cdot 10^4 \cdot 10^{-3}} = 0{,}93 \cdot 10^{-6}\,\text{m} = 0{,}93\,\mu\text{m};$$

das ist der dreizehnte Teil des a-priori-Wertes von 12 μm. Würde man mit diesem die zu erwartende Last ausrechnen, also Gl. (4.4) nach $\overline{p}$ auflösen,

$$\overline{p} = 0{,}26\,\frac{\eta\,D\,\omega}{\psi \cdot h_0} \tag{4.6}$$

so wäre das Ergebnis 6,95 kp/cm², der dreizehnte Teil der Belastung, mit der der Versuch durchgeführt wurde.

Soll Gl. (4.5) mit $m = 0{,}85$ angewendet werden, so ist zunächst So auszurechnen, das ergibt $So = 22{,}3$; mit $S = 80\,\mu$m liefert sie $h_0 = 1{,}53\,\mu$m. Der Unterschied ist zwar kleiner als bei der Gleichung von Falz, aber immer noch viel zu groß, um einen aus den Rauheiten und Durchbiegungen abgeleiteten Wert von h_{zul} zu rechtfertigen.

Eine weitere Bestätigung dieser Aussage liefern die bekannten Grenzbelastungskurven von Heidebroek (1950). Hier soll nur eine Angabe nachgerechnet werden, und zwar die auf S. 36 mitgeteilte für Verbundlager bei Druckölschmierung: $U = 1$ m/s; $\overline{p} = 300$ kp/cm²; $\vartheta = 47$ °C. Das verwendete Öl von 4 bis 5 E/50 hat bei dieser Temperatur die Viskosität $\eta = 36 \cdot 10^{-4}$ kps/m², ferner ist $D = 60$ mm; $B = 31$ mm; $S = 250\,\mu$m; $\psi = 4{,}17\,^0/_{00}$, damit sind alle Größen zur Berechnung von h_0 nach Gl. (4.5) gegeben. Man erhält $So = 435$ und $h_0 = 0{,}24\,\mu$m; die Gl. (4.4) würde $h_0 = 0{,}15\,\mu$m liefern. Eine auch nur annähernde Übereinstimmung zwischen Rechnung und Versuch ist nicht ersichtlich.

Wenn es sich bei den von HEIDEBROEK mitgeteilten Kurven auch nicht um ausgesprochene Minima im Sinne der Stribeck-Kurve handelt, so können es nur höhere Werte mit größerem h_0 sein, und demnach sind die errechneten eher zu groß als zu klein. Sie stützen nicht das aus der Anschauung hergeleitete Bild einer geringsten zulässigen Schichtdicke, deren Größe durch die von der Bearbeitung herrührenden Rauheiten bestimmt wird. Das gleiche gilt für die Meßergebnisse von KARELITZ (1937), der in besonderen Versuchen 1.46 μm bis 1,49 μm gefunden hat. STANTON (1922) hatte schon 1,37 μm angegeben und daraufhin die Vermutung ausgesprochen, daß bis zum Fressen der von REYNOLDS beschriebene Zustand der hydrodynamischen Schmierung vorhanden bleibe, was die damalige Zeit nicht verstand, wie ein Bericht ohne Verfasser (1923) in der Z. VDI zeigt. In diesem heißt es nämlich, daß STANTON mit seiner Ansicht wohl allein in der Welt dastehe. Demgegenüber schreibt FALZ (1926), S. 107/108: „Dem Autor (STANTON) schien die Tatsache und das Wesen der Mischreibung nicht genügend bekannt gewesen zu sein; denn er hebt mit besonderem Nachdruck hervor, daß der dem Schmiervorgang nach REYNOLDS eigentümliche hohe Schmierschichtdruck nach den ausgeführten Versuchen bis zum Fressen der Gleitfläche. also bis zu den allerhöchsten Drücken nachweisbar sei. Letzteres war jedoch von vornherein zu erwarten, da der reiner Flüssigkeitsreibung entsprechende Schmierschichtdruck in den Vertiefungen der Gleitflächen, selbst nach erfolgtem Hinzutreten metallischer Reibung, noch aufrechterhalten bleiben muß, weil Mischreibung eben nur in der Zusammenwirkung von Flüssigkeits- und Festkörperreibung denkbar ist.“ STANTON hatte also recht, er stand mit seiner Meinung keinesfalls allein in der Welt da, wie der Berichter für die Z. VDI meinte.

Das Bild der aus den Bearbeitungsrauheiten abgeleiteten geringsten zulässigen Schichtdicke ist zu weit vereinfacht. Unter den hohen Drücken verformen sich die Lager und auch die Rauheiten, sie werden erst viel später wirksam, als es aus den Maßen im unbelasteten Zustand ableitbar ist. Es wäre untechnisch, diese von der Natur gebotenen Möglichkeiten nicht auszunutzen; das *Wirksamwerden* ist entscheidend, *nicht die Vorstellung*.

4.36 Das Lagerspiel

Unsicher, wenn auch nicht im gleichen Maß wie h_{zul}, ist ebenfalls das Lagerspiel. Das Einbauspiel kann schon innerhalb der durch Passungen und Toleranzen gegebenen Grenzen wie 1:3 oder gar bis 1:4 schwanken, worauf bereits LINNECKEN (1956) hingewiesen hat. Während des Betriebes wird das Spiel durch die Erwärmung weiter verändert, wobei es sich je nach der Bauart der Lager und den verwendeten Werkstoffen vergrößern oder verkleinern kann. Dazu kommt, daß sich das in der Rechnung auftretende *wirksame* Lagerspiel durch das Einlaufen ebenfalls ändert.

Das im Betrieb maßgebende Lagerspiel läßt sich keinesfalls so genau erfassen, wie es für eine Rechnung erwünscht wäre. Weil die Gln. (4.4) und (4.5) das Lagerspiel enthalten, überträgt sich die Unsicherheit von ψ mit auf die Werte für h_0. Der nachgiebige Lagerwerkstoff paßt sich unter hohen Belastungen dem Wellendurchmesser weitgehend an und schafft so ein kleineres *wirksames* Lagerspiel ψ_{eff}, als es von der durch Bearbeitung gegebenen Durchmesserdifferenz zu erwarten ist, namentlich dann, wenn diese Differenz groß ist. Durch das gute Einlaufen folgt dann ein kleiner Wert für h_{zul}. Umgekehrt ist es bei engem Fertigungslagerspiel, das nur wenig des Einlaufens bedarf; dann verbleibt ein größeres h_{zul}. Diese Überlegung läßt vermuten, daß das Produkt $\psi_{\text{eff}} \cdot h_{\text{zul}}$ sich weniger verändert als seine Faktoren. Das wird durch die Erfahrung bestätigt, ebenso durch Versuche, wie etwa die von DRESCHER, über die der Verfasser (1962) berichtet hat.

Viel Arbeit ist darauf verwendet worden, nicht aus der Anschauung, sondern auf experimentellem Wege für die Praxis brauchbare Zahlenwerte für h_{zul} zu ermitteln. Als dabei nicht die notwendige Einheitlichkeit gefunden wurde, kam der Gedanke auf, die eigentlich gesuchte Größe, die Übergangsdrehzahl, durch eine geeignete Formel unmittelbar zu erfassen. Das Ergebnis war die Übergangsformel, für die im folgenden eine besonders kurze Ableitung gegeben wird.

4.4 Die Tragfähigkeitsformel

4.41 Ableitung der Übergangsbeziehung

Aus den vorhergehenden Rechnungen und Messungen folgt die Tatsache, daß die geometrische Form des Gleitraums in der Umgebung der engsten Stelle sich nicht auf einfache Weise — vor allem nicht durch eine einzige Zahl — darstellen läßt, ebenso sind die Gesetzmäßigkeiten für die Druckentwicklung und damit für die Tragfähigkeit des Lagers als Ganzes nicht näher angebbar. Selbst wenn diese bekannt wären, würden sie keinesfalls eine so einfache mathematische Form haben, daß dem Mann in der Praxis eine Anwendung für die tägliche Arbeit zugemutet werden kann.

Gerade aus dieser Sicht heraus wäre eine so viele Einzelheiten erfassende Formel unzweckmäßig. Das Lager muß nun einmal beim Anfahren und Auslaufen durch das Gebiet partiellen Tragens hindurch, dabei läßt sich Verschleiß nicht vermeiden. Der stört zwar ein richtig ausgelegtes Lager nicht, wie viele Erfahrungen zeigen, aber gewisse Veränderungen des Gleitraums sind doch damit verbunden. Eine auf die Fein- oder gar Feinstgeometrie des Gleitraums aufgebaute Beziehung, die für das neue Lager gilt, würde für das eingelaufene Lager schon nicht mehr zutreffen. Zur Kennzeichnung des Übergangs in den Verschleißbereich muß eine einfache Formel genügen, die die erwähnten Erfahrungen erfaßt und damit die Bedingungen wiedergibt, die für die Betriebssicherheit maßgebend sind.

Die naheliegende Annahme, daß eine bestimmte Sommerfeldzahl die erwartete Grenze charakterisiere, wird nicht bestätigt, das zeigt Abb. 4.6 besonders deutlich. Darin sind Meßergebnisse aus den Jahren 1950 bis 1952 wiedergegeben, als auf experimentellem Wege die Grundlagen für die Übergangsbeziehung gesucht wurden. Im regulären Betriebsbereich verlaufen die ermittelten Werte im Streifen, mit dem Eintritt in die Mischreibung biegen die Kurven steil nach oben ab, wie es auch Abb. 2.16 zeigt. Nur ist hier der aufsteigende Ast nicht weiter verfolgt, um größeren Verschleiß und damit ein zu schnelles Unbrauchbarwerden der Versuchslagerschalen zu vermeiden. Der jeweilige Tiefstwert entspricht dem Stribeckschen

Minimum; dieses gehört auch nicht ungefähr zu einem einheitlichen *So*-Wert. Bei diesen Versuchen erstrecken sich die Minima über einen *So*-Bereich von 4 bis 400; in der ersten Auflage, S. 73, Abb. 3.16, waren zum Vergleich die Ergebnisse von McKee (1927, 1929) herangezogen, die ein gleiches Bild ergaben. Die großen Sommerfeldzahlen in Abb. 3.10 werden durch große Lagerspiele erreicht, nicht durch große Belastung; das ist auch in Abb. 4.6 der Fall. Außerdem zeigt dieses

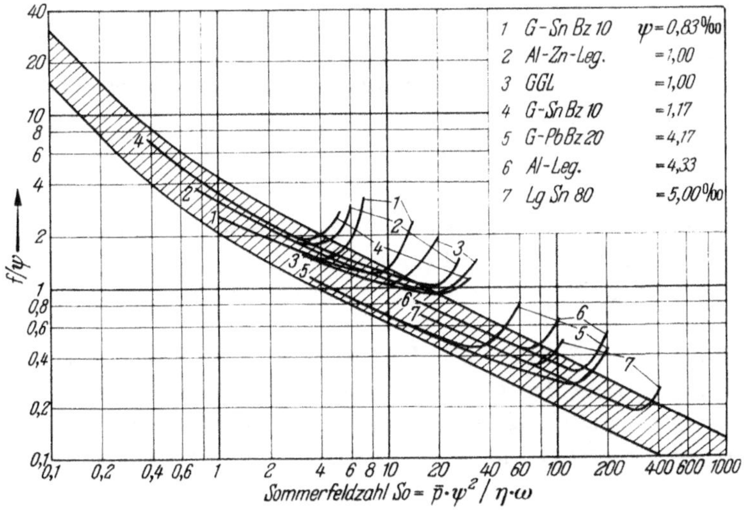

Abb. 4.6. Übergang zu partiellem Tragen in Abhängigkeit von der Sommerfeldzahl vor und nach dem Einlaufen

Bild die Wirkung des Einlaufens auf die Verbesserung der Gleitverhältnisse, es rechtfertigt damit den im vorhergehenden Absatz ausgesprochenen Verzicht auf unnötige Genauigkeit.

Die eigentliche Ableitung der Übergangsformel kann auf mehrfache Weise geschehen; in der ersten Auflage sind zwei verschiedene Wege gezeigt, in der Arbeit des Verfassers zur Übergangsdrehzahl (1962) ein dritter. Diesem ähnlich soll hier vorgegangen werden.

In der von Falz gegebenen Beziehung Gl. (4.6) werden folgende Erweiterungen vorgenommen: 1. Beide Seiten mit $B\,D$ multipliziert; 2. statt des festen Wertes 0,26 wird eine veränderliche Zahl Z in der Form $30\,Z/4$ eingeführt und 3. die rechte Seite mit π erweitert. Dann läßt sich die Gl. (4.6) in der Form

$$\bar{p}\,B\,D = P = \left(\frac{Z}{\psi\,h_0}\right)\eta\left(D^2\,B\,\frac{\pi}{4}\right)\left(\frac{30\,\omega}{\pi}\right) \tag{4.7}$$

schreiben; sie hat denselben Gültigkeitsbereich wie Gl. (4.6), also für $0{,}5 \leqq \varepsilon \leqq 0{,}95$ oder auch noch über $\varepsilon = 0{,}95$ hinaus, wie Abb. 4.5 erkennen läßt. Eine bessere Anpassung an die Werte von Sassenfeld und Walther für $\varepsilon \to 1$ könnte durch geeignete Wahl von Z erreicht werden; wie dann der Verlauf von Z aussehen würde, lassen wir offen.

Die Zusammenfassung der einzelnen Größen in der Form von Gl. (4.7) wurde der Übersichtlichkeit und der Zweckmäßigkeit wegen vorgenommen. In der zweiten Klammer steht das Lagervolumen, in der dritten die Drehzahl in der Minute; alle diese Werte sind zahlenmäßig klar zu erfassen. Mit einiger Sicherheit gilt das auch noch für die Viskosität η, ebenso für Z, ψ und h_0, wenn ε kleiner als etwa 0,95 ist.

Bei weiterer Annäherung des Zapfens an die Schale kann ε nicht den Wert eins annehmen, oder was dasselbe ist, wird h_0 nicht Null, sondern erreicht als kleinsten Wert nur h_{zul}. Bei diesem geht n in die Übergangsdrehzahl $n_ü$ und nach Ziffer 4.36 das Lagerspiel ψ in das effektive Lagerspiel ψ_{eff} über. Schreibt man daher, daß für $\varepsilon \to 1$

$$h_0 \to h_{zul}; \quad \psi \to \psi_{eff} \text{ und } n \to n_ü$$

gehen, so sind in der ersten Klammer rechts in Gl. (4.7) die schwer zu bestimmenden Faktoren zusammengefaßt,

$$C'_ü = \frac{Z}{\psi_{eff} \cdot h_{zul}}, \tag{4.8}$$

eine Größe mit der Dimension einer reziproken Länge, die zunächst als Funktion von ψ_{eff} und h_{zul} anzusehen ist. Rechnerisch läßt sich nur ihre Größenordnung angeben, die für die Lagerberechnung benötigten Werte müssen experimentell bestimmt werden.

Die Gl. (4.7) gilt für beliebige Maßsysteme, wenn alle darin auftretenden Größen in den betreffenden Grundeinheiten ausgedrückt werden. Für die praktische Rechnung bietet sich aber die Zahlenwertgleichung geradezu an, wie unter der nächsten Ziffer gezeigt wird.

4.42 Die Zahlenwertgleichung für die Übergangsbeziehung

Um die Größenordnung von $C'_ü$ im technischen Maßsystem zu bestimmen, wird in Gl. (4.8) der Vorzahl 0,26 aus Gl. (4.6) entsprechend $Z = 0{,}26/7{,}5 \approx 0{,}035$ gesetzt, $\psi_{eff} = 10^{-3}$ und $h_{zul} = 3{,}5\,\mu$m angenommen, um runde Zahlenwerte zu erhalten. Es ergibt sich

$$C'_ü = \frac{0{,}035}{1 \cdot 10^{-3} \cdot 3{,}5 \cdot 10^{-6}} = 1 \cdot 10^7\,\text{m}^{-1}.$$

Wird jetzt allgemein

$$C'_ü = 10^7\,C_ü \tag{4.9}$$

gesetzt, so kann man der Gl. (4.7) die Form

$$P = C_ü\,(10^4\,\eta)\left(10^3\,D^2\,B\,\frac{\pi}{4}\right)\left(\frac{30\,\omega}{\pi}\right)$$

geben. Dann ist aber $10^4\,\eta$ nichts anderes als η in Zentipoisen und $10^3\,D^2\,B\,\pi/4$ das Tragvolumen Vol in Litern und die letzte Klammer die Übergangsdrehzahl $n_ü$. Daher wird

$$P = C_ü \cdot \eta \cdot \text{Vol} \cdot n_ü$$

und nach $n_ü$ aufgelöst

$$n_ü = \frac{P}{C_ü\,\eta\,\text{Vol}} \tag{4.10}$$

die Formel für die Übergangsdrehzahl bei gegebenem P in kp, η in cP und Vol in Litern. Wird dagegen n konstant gehalten und P bis zum Übergang in den Verschleißbereich gesteigert, wie bei den in den Beispielen 29 und 30 behandelten

Prüfstandversuchen, so geht $P \to P_ü$; dann gilt

$$P_ü = C_ü \cdot \eta \cdot \mathrm{Vol} \cdot n\,. \tag{4.11}$$

Sind dagegen P und $n_ü$ gegeben, so wird die erforderliche Mindestviskosität aus

$$\eta_{\min} = \frac{P}{C_ü \, \mathrm{Vol} \, n_ü} \tag{4.12}$$

bestimmt, um einen verschleißfreien Lauf zu sichern.

Die Ableitung läßt sich noch kürzer fassen, wenn von Gl. (4.7) aus mit der Grenzbetrachtung sofort die Zahlenwertgleichung behandelt wird. Volumen und Übergangsdrehzahl können sofort hingeschrieben werden, und die erste Klammer gleich $C_ü$ gesetzt ergibt

$$C_ü = \frac{P}{\eta \, \mathrm{Vol} \, n_ü}\,. \tag{4.13}$$

Der Wert von $C_ü$ ist dann aus dem experimentell ermittelten $n_ü$ zu bestimmen. Die Gln. (4.10) bis (4.13) erhalten erst dadurch ihre besondere Bedeutung, daß $C_ü$ sich sehr wenig ändert, wenn alle anderen Größen sich um mehrere Zehnerpotenzen unterscheiden, wie die folgenden Ausführungen zeigen. Für die praktische Rechnung genügt es, zahlenmäßig $C_ü = 1$ zu setzen, was zu besonders einfacher Handhabung führt.

4.43 Experimentelle Bestätigung der Übergangsbeziehung

Seit dem Erscheinen der ersten Auflage hat die Formel für die Übergangsdrehzahl im Versuchsfeld und in der Praxis nur Bestätigung erfahren; kein Fall ist bekannt geworden, der dagegen spricht. Deshalb genügt hier die zusammenfassende Wiedergabe gegenüber den früheren ausführlicheren Mitteilungen.

a) Versuche mit Prüfstandslagern nach Abb. 2.21, $D = 60$ mm, $B = 40$ mm, Drehzahlen $n = 25$ bis 1500/min, Belastungen P bis 4800 kp, $\bar{p}$ bis 200 kp/cm². Das verwendete Öl entsprach mit seiner Viskosität unserem Normöl NÖ 25. Die gefundenen $C_ü$-Werte liegen zwischen 1,07 und 8,0, der Mittelwert ist 3,5; die hohen Werte sind auf besonders günstige Versuchsbedingungen zurückzuführen. Die nach der Rechnung zu erwartende Größenordnung ist damit bestätigt.

b) Die Versuche von McKee (1927, 1929) sind mit kleineren Lagern $D = B = 31{,}7$ mm durchgeführt worden; die Ergebnisse bewegen sich in denselben Grenzen wie oben; es zeigt sich bei diesen Versuchen gut der Einfluß des Einlaufens.

c) Versuche mit besonders hohen Belastungen sind die von Buske (1940) mit Lagern $D = B = 50$ mm, vgl. Abb. 2.23. Durch die in Ziffer 8.71 beschriebenen Maßnahmen zur Anpassung des Lagerkörpers an die Durchbiegungen der Welle gelang es, Lasten bis zu $P = 30\,000$ kp, also $\bar{p} = 1200$ kp/cm² aufzunehmen. Hier soll hauptsächlich darauf hingewiesen werden, daß bei hohen Belastungen bis zu 1200 kp/cm² hinauf keine anderen Gesetzmäßigkeiten für den Tragfilm gelten als sonst, wenn durch zweckmäßige Konstruktion der Einfluß der Verformungen ausgeschaltet wird.

d) Versuche mit besonders großer Viskosität und geringeren Gleitgeschwindigkeiten sind die von Stribeck (1902). Seine Messungen an dem Weißmetallager $D = B = 70$ mm nach Abb. 2.12 liefern Werte, die im Bereich der bisher genannten liegen; als Beispiel für die Auswertung von Versuchen nach Gl. (4.13) sind die Unterlagen in Tab. 4.5 mitgeteilt.

Tabelle 4.5. *Versuche von Stribeck, Weißmetallager*
$D = B = 70$ mm, Vol $= 0{,}2694$ l, $\eta = 180$ cP

$\bar{p}$ kp/cm²	3	5	10	20	30	40	50
P kp	147	245	490	980	1470	1960	2450
$P/\eta \cdot Vol$	3,03	5,05	10,12	20,2	30,3	40,4	50,5
$n_ü$ Uml/min	0,6	1,4	2,8	6	12	17	20
$C_ü$	5,06	3,60	3,60	3,37	2,53	2,37	2,53

Mit zunehmender Belastung werden die $C_ü$-Werte kleiner; das hat vermutlich seinen Grund in dem von STRIBECK angewandten Verfahren, aus den Messungen auf die Temperatur von 25 °C umzurechnen. Beim Durchgang durch die Bezugstemperatur von 25 °C war die Tragfilmtemperatur schon höher und die Viskosität entsprechend kleiner, während für die Umrechnungen in Tab. 4.5 immer der gleiche Wert $\eta = 180$ cP benutzt wurde.

e) Versuche mit besonders niedriger Viskosität liefern die Luft- und Gaslager. Die Viskosität der Luft ist in Tab. 8.6 angegeben; ein gut zu merkender Wert ist $\eta = 1/55$ cP für $\vartheta \approx 20$ °C. Bei Versuchen mit Lagern von $D = 70$ bis 140 mm und $B = 50$ bis 187 mm lagen die $C_ü$-Werte zwischen 0,61 und 5,75; im Mittel bei 1,91. Die Einlaufmöglichkeit für die bisher verwendeten Werkstoffe scheint bei Luft nicht so gut zu sein wie bei Öl. Dennoch ist das Einlaufen vorhanden, darüber wird im Beispiel 32 einiges mitgeteilt.

f) Versuche mit Wasserlagern. Zur Prüfung der Übergangsformel bei hohen Gleitgeschwindigkeiten wurden Versuche mit Wasser als Tragflüssigkeit durchgeführt, dem zur Vermeidung von Korrosion 1,5% handelsübliches, gutes Bohröl zugesetzt war. Das Prüflager kann mit $P = 20000$ kp belastet werden; zum Antrieb dienen wahlweise ein Gleichstrommotor $N = 39$ kW, dessen Drehzahl bis $n = 7000$/min über ein Leonard-Aggregat beliebig regelbar ist, oder ein 100-kW-Mittelfrequenz-Drehstrommotor mit $n = 10000$/min. Die Lager haben folgende Abmessungen: Versuchslager $D = 150$ mm; $B = 120$ mm; Vol $= 2{,}12$ l; Stützlager $D = 100$ mm; $B = 90$ mm; $Vol = 0{,}706$ l. Bei der Festlegung der Abmessungen sollten das Versuchslager und die beiden Stützlager dasselbe $\bar{p}$ erhalten. Ein automatischer Schalter ist eingebaut, der bei Überschreiten einer für den Antriebsmotor eingestellten Amperezahl die hydraulisch aufgebrachte Last abschaltet. Bei konstanter Drehzahl wird die Belastung allmählich bis zum selbsttätigen Ausschalten gesteigert, das entspricht dem Übergangszustand im Sinne von Gl. (4.11).

Bisher wurden folgende Ergebnisse erzielt: Bei $n = 3000$/min, entsprechend $U = 23{,}6$ m/s im Versuchslager und $U = 15{,}7$ m/s in den Stützlagern, wurde nach mehrtägigem Dauerbetrieb bei einer Wassertemperatur von 50 bis 52 °C mit der Viskosität $\eta \approx 0{,}53$ cP eine Grenzlast $P_ü = 6000$ kp erreicht. Das ergibt $C_ü = 1{,}78$ für das Versuchslager und $C_ü = 2{,}68$ für die beiden Stützlager. Bei $n = 5000$/min, entsprechend $U = 39{,}3$ m/s für das Versuchslager, $U = 26{,}2$ m/s für das Stützlager, ergab sich bei denselben Temperaturen $P_ü = 7300$ kp. Dem entspricht $C_ü = 1{,}30$ für das Versuchslager und $C_ü = 1{,}96$ für die beiden Stützlager.

Die Versuche mit Luft und Wasser, also Medien mit sehr geringer Viskosität, bei hohen Gleitgeschwindigkeiten liefern dieselben $C_ü$-Werte wie die bei ölgeschmierten Lagern. Das ist ein Zeichen dafür, daß mit den Formeln Gln. (4.10) bis (4.13) weitgehend allgemeine Gesetzmäßigkeiten erfaßt werden, ebenso, daß die Viskosität die für das Verhalten von Gleitlagern maßgebende Stoffeigenschaft der Tragflüssigkeit ist.

g) Versuche mit kleinsten Lagern. Zur Klärung des Reibungsverhaltens kleiner Lager, namentlich für Uhren, wurden von JAQUEROD, DEFOSSEZ und MÜGELI (1922/1923), engl. (1930), Versuche mit einem Edelsteinlager von $D = 0{,}9$ mm, $B = 1{,}3$ mm, $S = 0{,}01$ mm, bei $P = 6{,}16$ p durchgeführt; der mittlere Flächendruck war $\bar{p} = 5{,}25$ p/mm² $= 0{,}525$ kp/cm². Das verwendete Öl hatte bei den Versuchen eine Viskosität $\eta = 45$ cP. Auch für dieses kleine Lager ergab sich eine Stribeck-Kurve, die daraus folgenden Zahlen ordnen sich gut in das Gesamtbild ein: $U = 1{,}808$ cm/s, also $\omega = 1{,}808/0{,}045 = 40{,}2\ \text{sec}^{-1}$. Die Übergangsdrehzahl war $n_ü = 9{,}55 \cdot 40{,}2 = 383$/min. Das Volumen des Lagers ist Vol $= 0{,}83$ mm³ $= 0{,}83 \cdot 10^{-6}$ l, damit wird $C_ü = 0{,}43$. Dieser kleine Wert ist bei dem ungewöhnlich großen Lagerspiel, $\psi = 0{,}01/0{,}9 = 11{,}1 \cdot 10^{-3}$ wohl zu erwarten.

h) Ergebnisse mit sehr großen Lagern. Mit großen Lagern liegen keine Versuchsergebnisse vor. Man kann aber die erreichte Tragfähigkeit nachrechnen und das Ergebnis mit der Auslegung der Lager vergleichen. Dazu eignen sich die Ölflutlager für Walzwerke. Das größte dieser Art in der Serie der Morgan Construction Co., Worcester, Mass., wurde bis 1956 als das größte Lager der Welt bezeichnet; die Abmessungen sind $D = 1118$ mm und $B = 1016$ mm. Das verwendete Öl hat 33 E/50 °C und wird mit einer Temperatur von 38 °C den Lagern in so reichem Maße zugeführt, daß die Betriebstemperatur nicht über 50 °C steigt. Bei einer Drehzahl von $n = 10$/min sollen Walzkräfte bis zu $10 \cdot 10^6$ lbs ≈ 4500 Mp aufgenommen werden; die Belastung der Lager ist dabei die Hälfte, also $P = 2\,250\,000$ kp; es ergibt sich ein Volumen von 997 l. Aus den Engler-Graden wird zunächst nach Tab. 8.2 und der dort angegebenen Gleichung das Viskositäts-Dichte-Verhältnis $\nu = 7{,}6 \cdot 33 = 251$ cSt bestimmt und daraus die Viskosität mit $\varrho = 0{,}9$ g/cm³ zu $\eta = 251 \cdot 0{,}9 = 229$ cP; also wird mit $C_ü = 1$ die Tragfähigkeit $P = 1 \cdot 229 \cdot 997 \cdot 10 = 2\,280\,000$ kp bei $n = 10$/min, wie es gefordert wird.

i) Zusammenfassung der Versuchsergebnisse. Die einfachen Gln. (4.10) bis (4.13) haben sich unter den verschiedenartigsten Bedingungen als brauchbar erwiesen. Der zur Berechnung empfohlene Wert $C_ü = 1$ enthält Sicherheiten, wie man aus dem Vorhergehenden entnehmen kann. In den betrachteten Fällen bewegen sich die einzelnen Veränderlichen in sehr weiten Grenzen, und zwar

P zwischen $6{,}16 \cdot 10^{-3}$ und 2300000 kp (Uhrenlager, Walzwerkslager),
$\bar{p}$ zwischen 0,0383 und 1200 kp/cm² (Luftlager, BUSKE),
η zwischen 0,0181 und 229 cP (Luftlager, Walzwerkslager),
$n_ü$ zwischen 0,6 und 5000/min (STRIBECK, Wasserlager),
U zwischen 0,0022 und 39,3 m/s (STRIBECK, Wasserlager),
Vol zwischen $0{,}83 \cdot 10^{-6}$ und 1000 l (Uhrenlager, Walzwerkslager);

also P in einem Bereich von $1 : 3{,}7 \cdot 10^8$,
$\bar{p}$ in einem Bereich von $1 : 34\,000$,
η in einem Bereich von $1 : 12\,650$,
$n_ü$ in einem Bereich von $1 : 8\,333$,
U in einem Bereich von $1 : 17\,900$,
Vol in einem Bereich von $1 : 1{,}2 \cdot 10^9$.

Demgegenüber liegen unter diesen doch wirklich sehr verschiedenartigen Bedingungen die ermittelten $C_ü$-Werte zwischen eins und acht. Dabei hat man zu beachten, daß die großen $C_ü$-Werte unter günstigen Bedingungen in einzelnen Lagern auf Prüfmaschinen erreicht wurden. Sie können wohl geeignet sein, das Verhalten von Lagerwerkstoffen zu charakterisieren, dürfen aber nicht der Berechnung von Lagern im Maschinenverband zugrunde gelegt werden; deshalb verbleibt für die Anwendung in der Praxis ein enger Bereich. $C_ü = 1$ kann bei guter Ausführung und gutem Lagermetall im allgemeinen erreicht werden.

4.44 Neuere Bestätigungen

Wie schon in Ziffer 4.43 einleitend gesagt wurde, ist die Übergangsbeziehung in den letzten acht bis zehn Jahren durch viele Versuchsergebnisse weiterhin bestätigt worden. Die Untersuchungen von E. Terres, G. Morlock und H. Völker (1956) über Filmresistenz wurden vom Verfasser (1962) im Sinne der Übergangsdrehzahl ausgewertet, die $C_ü$-Werte wurden mit zunehmender Belastung größer, die Grenzen waren etwa $C_ü = 0{,}4$ bis $1{,}2$ für $P = 500$ kp, $\bar{p} = 18{,}5$ kp/cm², und $1{,}1$ bis $3{,}4$ für $P = 3000$ kp, $\bar{p} = 111$ kp/cm². Das Versuchslager hatte die Abmessungen $D = 45$ mm und $B = 60$ mm. Weitere Einzelheiten möge man aus der Arbeit des Verfassers (1962) entnehmen.

Besonders klar tritt die Übergangsdrehzahl bei Auslaufversuchen von rotierenden Maschinen hervor, über die der Verfasser (1964) eingehend berichtet hat.

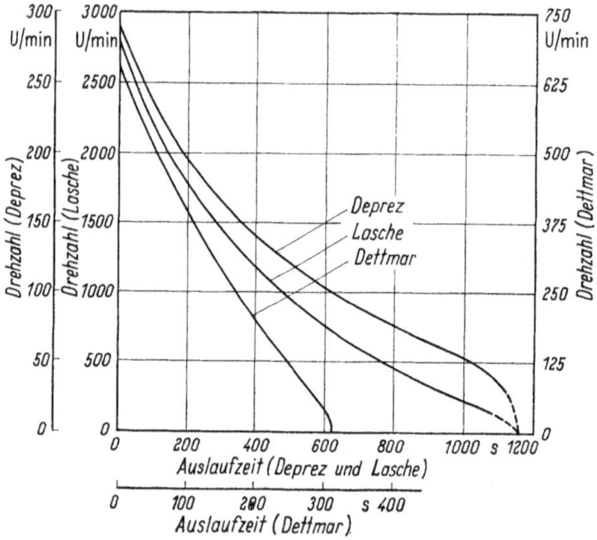

Abb. 4.7. Klassische Auslaufkurven von Depretz (1884), Dettmar (1900) und Lasche (1902)

In Abb. 4.7 sind die „klassischen“ Auslaufkurven von M. Deprez (1884), G. Dettmar (1900) und O. Lasche (1902) wiedergegeben. Sie sind nach oben konkav, haben kurz vor dem Stillstand einen Wendepunkt und fallen dann schnell auf Null ab. Die Drehzahl beim *Wendepunkt* ist die *Übergangsdrehzahl.*

Aus der Tatsache, daß der Verlauf der Kurven nach oben konkav ist, folgt die Abnahme des Laufwiderstandes mit abnehmender Drehzahl, das entspricht dem Verhalten bei vollkommenem Tragen; nach dem Wendepunkt ist es umgekehrt, da liegt partielles Tragen vor, die dem aufsteigenden Ast links vom Minimum in der Stribeck-Kurve entspricht. Die Auslaufkurven zeigen ferner, daß die Übergangsdrehzahl weit unter der Betriebsdrehzahl liegt, und daß im vorigen Jahrhundert auch schon in ausgeführten Maschinen der Zustand reiner Flüssigkeitsreibung verwirklicht werden konnte.

Auslaufversuche, die auch den linken Ast der Stribeck-Kurve mit erfassen, wurden schon von H. HEIMANN (1905) durchgeführt. Die an sich sehr bemerkenswerten Ergebnisse eignen sich für unsere Auswertungen nicht, weil jede Angabe über die Viskosität der 27 Versuchsöle fehlt, obwohl HEIMANN dieser Begriff bekannt ist, denn er nimmt Bezug auf die Ergebnisse von SOMMERFELD. Aber die Preise (!) für die Öle sind angegeben; statt der Viskositäten werden nur die Temperaturen betrachtet. Mit der Feststellung auf S. 1227, daß das billigste Öl die geringste Reibung ergebe, kann man mit dem besten Willen keine Nachrechnung im Sinne der Mechanik vornehmen, zumal, wenn wie in Fig. 23 auf S. 1226 alles auf gleiche Temperatur umgerechnet wird und die Viskosität unbekannt bleibt.

Versuche mit dem Auslauf ganzer Maschinen wurden auch gefunden, vor allem waren es die Mitteilungen von F. HODGKINSON (1929) über einen großen Turbogenerator mit 102 Mp Rotorgewicht. In der Arbeit des Verfassers (1964) ist dieser Fall durchgerechnet, wegen der Wichtigkeit wird er auch in diesem Buch als Beispiel 31 ausführlich behandelt.

Weiterhin wurden Auslaufversuche mit E-Motoren bis zu 75 kW vorgenommen, über die in der soeben genannten Veröffentlichung (1964) berichtet ist. Es zeigte sich, daß für ganze Maschinen, auch wenn sie nur zwei Lager haben, der Wert $C_ü = 1$ oft schon zu groß zu sein scheint. Es wäre verfehlt, auf Grund von Prüfstandversuchen mit größerem $C_ü$ zu rechnen.

Auch Versuche mit Maschinenaggregaten, allerdings mit Luftlagerung, haben neue bestätigende Ergebnisse gebracht. Einmal sind es die Auslaufkurven für das erste luftgelagerte Leonard-Aggregat, das am 19. 1. 51 in Betrieb genommen wurde, die in der letztgenannten Arbeit mitgeteilt sind. Dabei wurde mit $C_ü = 1$ die Übergangsdrehzahl $n_ü = 1070/\text{min}$ errechnet, was die Versuche gut bestätigten.

Der auch in der Veröffentlichung (1964) beschriebene 60-kW-Drehstrommotor mit Luftlagern ist inzwischen mit den beiden Gleichstrom-Generatoren zu einem vollständigen Dreimaschinensatz fertiggestellt; wegen der darin enthaltenen instruktiven Zusammenhänge wird die Durchrechnung im Beispiel 32 wiedergegeben.

4.45 Die zulässige Übergangsdrehzahl

Der Begriffsbildung der Übergangsdrehzahl, ihrer rechnerischen Erfassung und deren Bestätigung durch Experimente und Praxis folgt die Frage, wie groß das jeweils zulässige $n_ü$ sein darf. Die Antwort läßt sich leicht geben, aber schwer in Zahlen fassen: Die vom Beginn partiellen Tragens bis zum Stillstand in der Lagerschale, insbesondere im eigentlichen Lagerwerkstoff entstehende Wärme darf zu keiner unzulässigen Temperatursteigerung oder gar zu einer Beschädigung führen, ebenso wenig dürfen die bei der Festkörperberührung entstehenden Scherspannungen die Güte der Oberflächen beeinträchtigen. Es ist die Aufgabe der Konstruktion und des Lagerwerkstoffes, diese Forderungen zu erfüllen.

Wenn je ein technisches Problem auf empirischem Wege ohne jede Kenntnis der grundlegenden Zusammenhänge gelöst wurde, so ist es die zulässige Übergangsdrehzahl. Zwar laufen planmäßige Versuche in dieser Richtung schon längere Zeit, bisher ließen sich aber mit einigem Erfolg empirische Ergebnisse nur in ungefähre Zahlengrenzen einengen.

Zur besseren Veranschaulichung der Aufgabenstellung betrachte man zwei einfache Lagerungen reiner Rotationskörper mit gleichen Massen, aber verschiedenen Trägheitsmomenten. Die eine möge ein Schwungrad, die andere eine längere Walze oder Trommel sein; die Lager und ihre Öle, ebenso die Betriebszahlen sollen gleich sein, ferner die Temperaturen und Viskositäten. Dann sind auch die Übergangsdrehzahlen gleich, die von der Lagerschale aufzunehmenden kinetischen Energien im Bereich partiellen Tragens sind aber verschieden. Hat beispielsweise das Schwungrad, das als einfache zylindrische Scheibe gedacht ist, einen doppelt so großen Durchmesser wie die Walze, so muß diese bei gleichem Gewicht eine Länge von der vierfachen Schwungradbreite haben. Dann hat die Walze ein viermal kleineres Trägheitsmoment. Bei der gleichen Übergangsdrehzahl hat die Schwungradlagerung also das Vierfache an kinetischer Energie und demnach auch eine viermal so große Wärmemenge aufzunehmen. Aus diesen Überlegungen möge man ersehen, daß eine der jeweils gestellten Aufgabe angepaßte Bestimmung der Übergangsdrehzahl auf Bedingungen eingehen muß, an die bisher wohl kaum jemand gedacht hat.

Dennoch kann schon ein Teilergebnis mitgeteilt werden: Bei Nachrechnungen an vielen ausgeführten Lagern wurde gefunden, daß die Gleitgeschwindigkeiten bei der üblichen Bestimmung der Übergangsdrehzahl nicht höher als 1 m/s waren. Gaslager machen eine Ausnahme, vermutlich wegen der geringen Belastungen. Hatten die Öllager weniger als $U = 3$ m/s bei der Betriebsdrehzahl n, so war $n_ü$ meist nicht größer als $n/3$. Dieses Ergebnis wurde in der Form

$$\frac{n}{n_ü} > |U|\text{, mindestens 3; } U \text{ in m/s} \tag{4.14}$$

zusammengefaßt. Wenn im Betrieb bei der Drehzahl n die Umfangsgeschwindigkeit gleich U ist und bei $n_ü$ nicht größer als 1 m/s sein soll, so ist $n/n_ü > U/1\ \text{ms}^{-1} = |U|$. Mit der weiteren Erfahrung $n/n_ü > 3$ für $U < 3$ m/s verbunden, ist das dann die Aussage der Beziehung Gl. (4.14).

Das ist ein bescheidenes aber doch schon brauchbares Ergebnis, wie sich bei Anwendung auf praktische Verhältnisse immer wieder ergeben hat. Die eigentliche physikalische Aufgabe, nämlich die Beherrschung der von der Lagerung im Verschleißbereich aufzunehmenden Wärme, wird damit noch nicht erfaßt.

In Beispiel 27 werden die Übergangsdrehzahlen für das Wülfel-M-Lager nachgerechnet, sie bestätigen die Ungleichung (4.14). Beispiel 32 zeigt dann, daß für Luftlagerung beim Beginn des Verschleißbereiches, also des partiellen Tragens, die Gleitgeschwindigkeiten erheblich höher sein können.

4.46 Eine einfache Beziehung zwischen η und $\overline{p}$

Wird die Ungleichung (4.14) nur für $U > 3$ m/s, also in der Form $n/n_ü > |U|$ geschrieben, so läßt sie eine bemerkenswerte Umformung zu. Mit $n_ü$ aus Gl. (4.10) und $U = D\pi\, n/60$ ergibt sich

$$\frac{n}{n_ü} = \frac{n \cdot C_ü \cdot \eta \cdot \text{Vol}}{P} > \left|\frac{D\pi n}{60}\right|.$$

Die zu erwartende Beziehung enthält $\overline{p}$ in kp/cm², deshalb sind die Längeneinheiten zweckmäßig in cm einzusetzen. Dann ist Vol durch 1000 und D durch

100, also die linke Seite noch durch 10 zu dividieren, um Vol in Litern und U in m/s zu erhalten, wie es Gl. (4.10) fordert. Mit $C_{ü} = 1$ wird dann

$$\frac{\eta \cdot D^2 \pi B \cdot 60}{P \cdot D \pi \cdot 4 \cdot 10} = \frac{1{,}5\,\eta}{\bar{p}} > 1$$

oder

$$\eta > \frac{2}{3}\,\bar{p} \quad \text{für } U > 3\,\text{m/s} \tag{4.15}$$

mit η in cP und $\bar{p}$ in kp/cm². Das ist eine einfache Beziehung, die sich mit Vorteil zur Abschätzung und Kontrolle verwenden läßt. Als Ausgang für die Rechnung hat sie sich nicht als vorteilhaft erwiesen, weil Temperatur und Viskosität als Folge von mehreren fest gegebenen Bedingungen abhängen und der bisherige Rechnungsgang dadurch nicht vereinfacht wird. Außerdem ist Gl. (4.15) nicht allgemein genug, für $U < 3$ m/s kommt wieder eine Abhängigkeit von U hinein. Für Gaslager ist diese Beziehung nicht anwendbar.

4.5 Beispiele zur Übergangsformel

In Beispiel 27 werden die Übergangsdrehzahlen für das Wülfel-M-Lager nachgerechnet; sie bestätigen die Ungleichung (4.14). Beispiel 28 beschäftigt sich mit einem Fall aus der Literatur und zeigt, daß willkürlich angenommene Werte für die geringste zulässige Schichtdicke und die Viskosität zu unbrauchbaren Ergebnissen führen. In den Beispielen 29 und 30 werden aus alten und neuen Meßergebnissen die Übergangslasten bestimmt und daraus Schlüsse für die Bewertung von Lagerprüfmaschinen gezogen. Beispiel 31 beschäftigt sich mit der Nachrechnung von Auslaufversuchen an einem Turbogenerator, es liefert $C_{ü}$ = Werte für eine ganze Maschine im Gegensatz zu den Einzellagern der Prüfstände. In Beispiel 32 werden Rechnungs- und Versuchsergebnisse für ein luftgelagertes 60-kW-Leonard-Aggregat miteinander verglichen.

Beispiel 27: Übergangsdrehzahlen für die Wülfel-M-Lager

In der ersten Auflage dieses Buches war die Berechnung der Belastungen in Abhängigkeit von der Drehzahl nach den Ausführungen in Abschn. 6.6 für gegebene Temperatur behandelt worden, hier sollen die Übergangsdrehzahlen ermittelt werden. Abb. 4.8 zeigt das Lager für 70 mm Wellendurchmesser nach DIN 118 G.

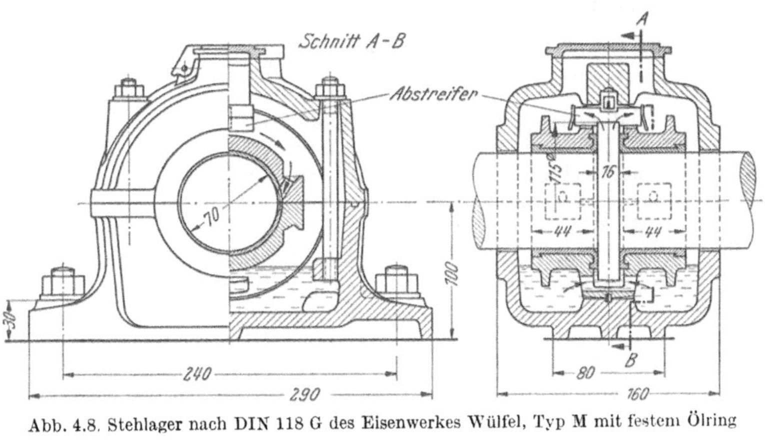

Abb. 4.8. Stehlager nach DIN 118 G des Eisenwerkes Wülfel, Typ M mit festem Ölring

In der Zahlentafel 6.3 aus der ersten Auflage, S. 180, sind D und B vermerkt. Mit P_{max}, dem zugehörigen n_{max} und der Viskosität von 17,5 cP für das NÖ 31,5 bei 65 °C sind alle benötigten Größen zur Bestimmung von $n_ü$ und $n/n_ü$ gegeben; die Zusammenstellung gibt Tab. 4.6 wieder. Sie enthält auch das Produkt $D \cdot n_ü$ mit D in m, das zwischen 16,5 und 18,9 schwankt, mit einem Mittelwert von 17,62; die größten Abweichungen davon betragen 6% nach unten und 8% nach oben. Mit diesem Mittelwert wird durch Multiplikation mit $\pi/60 = 0{,}0524$ die Umfangsgeschwindigkeit bei der Übergangsdrehzahl $17{,}62 \cdot 0{,}0524 = 0{,}923$ m/s $\approx$ 1 m/s.

Auch hier möge die gleiche Bemerkung angefügt werden wie am Schluß des Beispiels 22 der ersten Auflage: „Das Eisenwerk Wülfel verfügt nicht nur über reiche Erfahrungen, es hat auch umfangreiche Messungen durchgeführt; vgl. Reitemeyer (1953). Die in den Druckschriften gemachten Angaben sind sicher aufs beste begründet. Die genannten Werte lassen sich nach den im vorliegenden Buch entwickelten Lehren aus den jedermann zugänglichen Unterlagen nachrechnen, es zeigt sich dabei gute Übereinstimmung. Diese Tatsache dürfte mit ein Anlaß sein, dem Rechnungsgang und den vermittelten Zahlenwerten Vertrauen entgegenzubringen."

Tabelle 4.6. *Übergangsdrehzahlen für Wülfel-M-Lager*

D mm	B mm	Vol l	P_{max} kp	$n_ü$ Uml/min	n_{max} Uml/min	$\frac{n_{max}}{n_ü}$	$D \cdot n_ü$ m/min
25	50	0,0245	315	735	1600	2,18	18,4
30	50	0,0353	375	605	1500	2,48	18,2
35	60	0,0578	500	495	1350	2,70	17,3
40	60	0,0755	560	425	1250	2,94	17,0
45	70	0,111	710	366	1120	3,06	16,5
50	70	0,137	800	334	1060	3,18	16,7
55	80	0,190	1000	300	950	3,18	16,5
60	80	0,226	1120	284	900	3,18	18,9
70	88	0,339	1600	270	750	2,78	18,9
80	100	0,503	2000	229	670	2,93	18,3
90	110	0,700	2500	204	600	2,94	18,3
100	125	0,982	3150	183	530	2,90	18,3
110	125	1,190	3550	170	500	2,93	18,7
125	155	1,900	4500	135	450	3,33	16,8
140	155	2,390	5000	120	400	3,33	16,8
160	190	3,82	7100	106	360	3,40	17,0
180	190	4,83	8000	94,5	330	3,50	17,0

Beispiel 28: Übergangsdrehzahl für ein Losring-Stehlager D = 60 mm

In dem Lehrbuch für Maschinenelemente von Tochtermann (1951) wird mit angenommenen Werten für die Viskosität und die geringste Schichtstärke die Mindestdrehzahl zum Erreichen der Flüssigkeitsreibung zu bestimmen versucht. Dafür ist die Formel

$$n = \frac{366\,000 \cdot \overline{p} \cdot \psi\, h_0}{D \cdot \eta} \quad \text{Uml/min}$$

gegeben; sie geht aus der Gleichung von Falz, also unserer Gl. (4.4), hervor, wenn diese nach ω aufgelöst und durch Multiplikation beider Seiten mit 9,55 auf Drehzahl/min umgerechnet wird; es kommt rechts noch der Faktor 10^4 hinzu, um $\overline{p}$ in kp/cm² auszudrücken.

Die obige Gleichung steht also im Einklang mit dem, was in der damaligen Literatur vorhanden war. Sie wird in dem Lehrbuch auf ein Lager $D = 60$ mm, $B = 100$ mm mit $\overline{p} = 20$ kp/cm², also $P = 1200$ kp angewendet, die Viskosität ist mit $\eta = 0{,}004$ kp·s/m², das relative Lagerspiel mit $\psi = 1 \cdot 10^{-3}$ und die Schichtdicke mit $h_0 = 0{,}02$ mm angegeben; dann folgt

$$n = \frac{366\,000 \cdot 20 \cdot 1 \cdot 10^{-3} \cdot 0{,}002}{6 \cdot 0{,}004} = 610/\text{min}\,,$$

also ein recht hoher Wert. Zu prüfen ist, ob ein Lager nach Abb. 4.9 mit denselben Daten und der Betriebsdrehzahl $n = 675$/min eine so hohe Übergangsdrehzahl liefert. Drehzahl und

Öl wurden so gewählt, daß die Viskosität im Dauerbetrieb dem obigen Wert $\eta = 0{,}004$ kps/m² ≈ 40 cP entspricht; das Lagerspiel ist nach der Passung $D9/h6 = 100 + 0{,}5\,(19 + 74) = 146\,\mu$m in die Rechnung einzuführen. Die wärmeabgebende Außenfläche ist für dieses Lager genauer zu $A = 0{,}156$ m² ermittelt.

Die Angaben reichen für den üblichen Rechnungsgang aus, das Formblatt wird: **1)** $D = 60$ mm **2)** $B = 100$ mm **3)** $P = 1200$ kp **4)** $\bar{p} = 20$ kp/cm² **5)** $n = 675$/min **6)** $U = 2{,}12$ m/s **7)** $S = 146\,\mu$m **8)** $\psi = 2{,}4\,^0/_{00}$ **9)** $\vartheta_0 = 20$ °C **10)** Vol $= 0{,}283$ l **11)** $\alpha = 2{,}0$ mkp/m²s°C

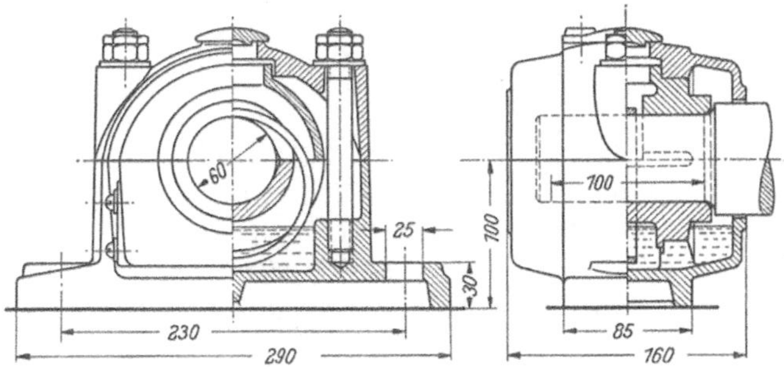

Abb. 4.9. Stehlager nach DIN 118 K mit losem Ölring. $D = 60$ mm, $B = 100$ mm

12) $A = 0{,}156$ m² **13)** $M\omega^* = 18{,}3$ mkp/s **14)** $\eta^* = 163$ cP **15)** NÖ 40 **16)** $So > 1$ **17)** $W = 4{,}6$ **18)** $\vartheta_{20} = 50$ °C **19)** $\vartheta = 50$ °C **20)** $\eta = 40$ cP **21)** $n_ü = 106$/min **22)** $n/n_ü = 6{,}4$ **23)** $So = 4{,}1$ **24)** $M\omega = 9{,}05$ mkp/s $= 0{,}12$ PS **28)** $f = 3{,}6 \cdot 10^{-3}$.

Die Übergangsdrehzahl liegt mit 106/min und $n/n_ü = 6{,}4$ in den zulässigen Grenzen; das Lager ist also gut ausgelegt. Die Ursache für den großen Wert von 610/min liegt in den *willkürlichen* Beträgen für η und h_0, der letztere ist mit 0,02 mm viel zu groß angenommen. Die Viskosität läßt sich bis zu einem gewissen Grade noch durch geeignete Ölauswahl einem willkürlich vorgegebenen Wert anpassen, im vorliegenden Fall war es möglich. *Damit ist aber dann h_0 gegeben, über die Schichtdicke kann nicht mehr frei verfügt werden.*

In der folgenden Auflage desselben Lehrbuches wird anstelle der obigen Gleichung eine ähnliche, und zwar

$$n = \frac{183\,000\,\bar{p}\,\psi\,h_0}{D^2 \cdot \eta} \cdot \frac{D + B}{B} \quad \text{Uml/min}$$

mitgeteilt. Über deren Herkunft wird weder etwas ausgesagt, noch zu der Änderung gegenüber der vorhergehenden Auflage Stellung genommen. Mit denselben Daten wie oben für das Beispiel ermittelt sich eine Übergangsdrehzahl von 80/min. Es ist bedauerlich, daß unsere Bücher über Maschinenelemente so wenig Stoff zu einer klaren Unterrichtung über Gleitlager vermitteln. In der Lehre ist vielfach nicht genügend Zeit dafür vorhanden, einem Buch ist aber eine solche Beschränkung nicht auferlegt. Tut man es trotzdem, dann sollten Hinweise gegeben werden, wo der suchende Leser sich sachlich einwandfrei unterrichten kann.

Beispiel 29: Bestimmung von $P_ü$ aus alten Prüfstandversuchen

Die Fälle, in denen die Übergangslast $P_ü$ für eine bestimmte Drehzahl bei Radiallagern von Bedeutung ist, kommen bei dynamischer Belastung vor, Beispiel 36 behandelt eine Anwendung. Vielfach wird auch auf Prüfständen mit Gleitlagern als Meßwertgeber $P_ü$ ermittelt: Bei festgehaltener Drehzahl wird P nach und nach so weit gesteigert, bis ein plötzliches Ansteigen der Temperatur das Erreichen der Grenzlast $P_ü$ anzeigt. Da man diese Werte – in völliger Unkenntnis des Geschehens im Gleitlager – als „zulässige Belastung" ansah, wurden solche Zahlen in Firmenschriften und teilweise auch in der Fachliteratur weit verbreitet. Da es sich um Grenzwerte handelt, die etwa der Bruchfestigkeit beim Zugversuch entsprechen und außerdem noch unter Sonderbedingungen gewonnen wurden, kann von derartigen „zulässigen Belastungen" gar nicht die Rede sein. Weiteres darüber in Kapitel 8, hier soll nur der Zusammenhang solcher Prüfverfahren mit dem allgemeinen Verhalten von Gleitlagern gezeigt werden.

Ein klassisches Beispiel ist das in Abb. 4.10 dargestellte Verhalten nach KAMMERER, WELTER und WEBER (1920), S. 56, dortige Abb. 72, das den teilweise recht steilen Anstieg der Temperatur beim Erreichen der Übergangslast deutlich zeigt. Die Nachrechnung stimmt gar nicht schlecht, wie die Zusammenstellung in Tab. 4.7 zeigt. Das Lager hatte $D = 40$ mm, die ursprüngliche Lauffläche von 90 mm war durch Ausbohren von beiden Seiten wie in Abb. 8.11 auf $B = 15$ mm verkürzt, damit ergibt sich Vol = 0,019 l.

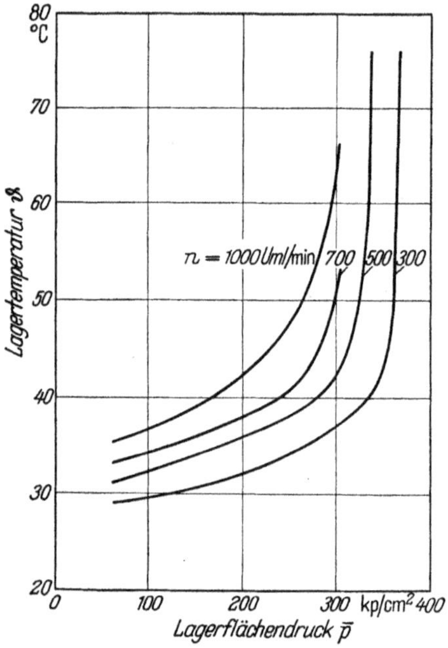

Abb. 4.10. Übergang zu partiellem Tragen bei konstanter Drehzahl nach Versuchen von KAMMERER, WELTER und WEBER

Tabelle 4.7. *Übergangslasten nach Versuchen von Kammerer, Welter und Weber*

Drehzahl/min	ϑ (°C)	η (cP)	$P'_ü$ (kp)	$C_ü$
300	32	100	570	2,10
500	36	78	740	1,62
700	38	65	865	1,39
1000	42	56	1065	1,13

Für die Rechnung wurde aus Abb. 4.10 als Übergang zum partiellen Tragen ein $P_ü = 1200$ kp entnommen, das dem $\bar{p} = 200$ kp/cm² unmittelbar vor dem Ansteigen entspricht. Das verwendete Öl hatte die Viskositäten (nach S. 22), die in der folgenden Aufstellung

$\vartheta =$	20	30	40	50	60	70 °C	
$E =$	30,6	16,1	9,9	5,4	3,6	2,7 °	gegeben
$(\eta) =$	210	110	68	36,4	23,4	16,6 cP	umgerechnet
$\eta =$	220	110	62	37	23,5	16,5 cP	ausgeglichen

aus den mitgeteilten Englergraden in Zentipoisen umgerechnet sind, was die (η) – Werte ergab. Diese sind nach dem Viskositätsblatt Abb. 1.1 durch eine Gerade ausgeglichen, das liefert die η-Werte der Aufstellung. Nach Gl. (4.11) errechnen sich daraus mit $C_ü = 1$ die $P'_ü$-Werte und aus $C_ü = P_ü/P'_ü$ die $C_ü$-Werte der Tab. 4.7. $C_ü$ liegt in derselben Größenordnung wie beim Wasserlager unter Ziffer 4.43.

Beispiel 30: Bestimmung von $P_ü$ aus neuen Prüfstandversuchen

Die richtige Bewertung von Meßergebnissen ist besonders wichtig, deshalb wird hier noch ein weiterer Fall behandelt, für den alle Unterlagen zur Verfügung stehen. Sie wurden mit dem von DRESCHER (1956a) beschriebenen Versuchsstand mit schwimmender Reibungswaage an einem Motorenlager $D = 50$ mm, $B = 22$ mm ermittelt. Eine aus vielen Messungen willkürlich gewählte Reihe zeigt Abb. 4.11 bei $n = 750$/min. Bis zu $So \approx 15$ wird die Beziehung

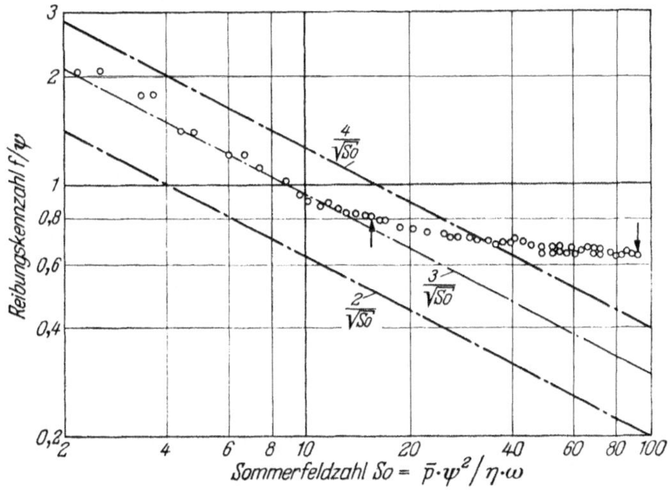

Abb. 4.11. Übergang zu partiellem Tragen bei konstanter Drehzahl nach Versuchen von DRESCHER

$f/\psi = 3/\sqrt{So}$ gut eingehalten, dann wandern die Meßpunkte aus dem Streifen heraus bis $So \approx 100$. Hier wurden die Versuche, so interessant ihre Fortsetzung auf dem ansteigenden Ast der Stribeck-Kurve auch gewesen wäre, abgebrochen, um Beschädigungen der Lagerschalen oder Wellen zu vermeiden, man vgl. dazu Abb. 2.18 und 2.22.

Für den bezeichneten Punkt bei $So = 15{,}5$ ist $P = 1250$ kp; $\bar{p} = 113{,}6$ kp/cm²; Vol $= 0{,}043$ l; $\eta = 37{,}4$ cP; damit wird

$$C_ü = \frac{1250}{37{,}4 \cdot 0{,}043 \cdot 750} = \frac{1250}{1205} = 1{,}04\,.$$

Hier wird die Bedingung $C_ü = 1$ an der Stelle, wo der Einfluß der Festkörperwirkungen fühlbar beginnt, gut erfüllt. Die Reibungszahl nimmt mit steigender Last, wenn auch sehr wenig, aber doch noch weiter ab; für den höchsten verzeichneten So-Wert ist $P = 4050$ kp; $\bar{p} = 377{,}3$ kp/cm²; $\eta = 20{,}8$ cP und

$$C_ü = \frac{4050}{20{,}8 \cdot 0{,}043 \cdot 750} = \frac{4050}{672} = 6{,}02\,.$$

Würde man nach unserer Definition von $n_ü$ als der Drehzahl beim Stribeck-Minimum und deren experimentellen Bestimmung auf dem Prüfstand ausgehen, so würde sich zwar $C_ü = 6$ ergeben; man entnimmt aber gerade aus Abb. 4.11, daß unter diesen Bedingungen schon erhebliche Festkörperwirkungen gegenüber vollkommenem Tragen die Reibungszahl verdoppeln. Eine Auslegung mit $C_ü = 6$ hätte zwar kaum erhöhte Reibung, aber auf die Dauer nennenswerten Verschleiß zur Folge, so daß von Betriebssicherheit in unserem Sinne nicht mehr die Rede sein kann.

Dieses Beispiel zeigt treffend, wie vorsichtig Prüfstandergebnisse gewertet werden müssen, und daß ohne gründliche Kenntnis der Zusammenhänge eine sachlich richtige Deutung und zuverlässige Anwendung der Messungen nicht möglich ist.

Beispiel 31: Nachrechnung des Auslaufversuchs an einem Turbogenerator

HODGKINSON (1929) wollte für einen Turbogenerator die kleinste Drehzahl bestimmen, bei der vollkommenes Tragen gerade noch aufrecht zu erhalten war. Mit dieser Drehzahl kann man die Turbine nach dem Abstellen langsam drehen lassen, um ein Verziehen des Rotors durch ungleichmäßige Abkühlung zu vermeiden, ohne daß die Lager beschädigt werden. Dazu muß man die Übergangsdrehzahl kennen, die HODGKINSON nach dem Auslaufverfahren bestimmte. Abb. 4.12 zeigt die Werte während der drei letzten Minuten vor dem

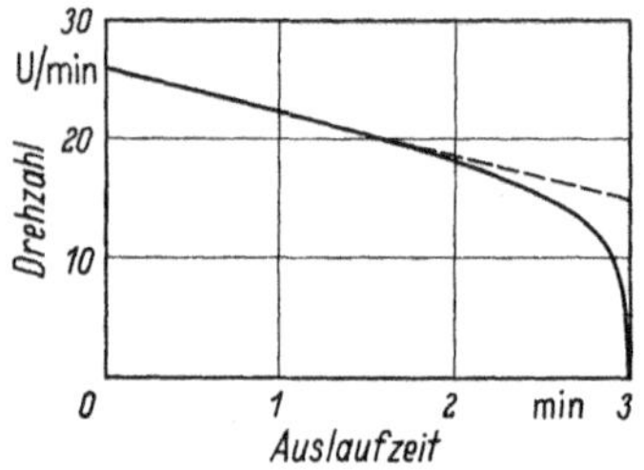

Abb. 4.12. Unterer Teil der Auslaufkurve für einen Turbogenerator mit 102 Mp Rotorgewicht nach HODGKINSON (1929)

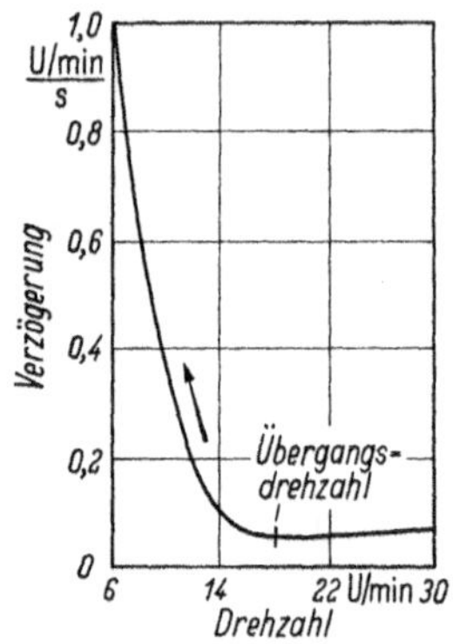

Abb. 4.13. Drehzahlverzögerung aufgetragen über der Drehzahl zur genauen Ermittlung der Übergangsdrehzahl für die Auslaufkurve nach Abb. 4.12

Stillstand. Die Auftragung der Drehzahlverzögerung über der Drehzahl nach Abb. 4.13 läßt $n_ü = 18$/min recht genau erkennen. Die Betriebsdrehzahl $n = 1800$/min liegt hundertmal höher als die Übergangsdrehzahl.

Für die Nachrechnung sind in der Veröffentlichung alle Angaben enthalten. Bei 102 Mp Gesamtgewicht der rotierenden Massen ergeben sich für die fünf Lager des Aggregates die Werte der Tab. 4.8.

Tabelle 4.8

Lager	Turbine		Generator		Erregermaschine
Nr.	1	2	3	4	5
D	356	407	356	356	76,2 mm
B	610	610	610	610	203 mm
P	21650	32200	24350	23440	360 kp
$\overline{p}$	10	13	11,3	11	2,3 kp/cm²
Vol	60,8	79,2	60,8	60,8	0,9 l
$n_ü$	15,5	17,7	17,4	16,8	17,4/min
B/D	1,715	1,5	1,715	1,715	2,67
S	0,7	0,8	0,7	0,7	0,15 mm

Über das Öl werden folgende Angaben gemacht:

Viskosität bei 26,7 °C 68 cSt = 61 cP,
37,8 °C 42 cSt = 38 cP,
60 °C 15 cSt = 13,5 cP.

Das Öl entspricht weitgehend dem Normöl NÖ 20 mit 20 cP/50 °C. Damit wird für die Temperatur des in Abb. 4.12 wiedergegebenen Versuches von 46 °C die Viskosität $\eta = 23$ cP. Aus der Gesamtlast von 102 Mp und dem Gesamtvolumen von 262,5 l folgt nach Gl. (4.10) mit $C_ü = 1$, $\eta = 23$ cP

$$n_ü = \frac{102000}{1 \cdot 23 \cdot 262{,}5} = 17/\text{min}\,.$$

Das ist etwas weniger, als die Auslaufkurve ergeben hat; die Übergangsdrehzahl $n_ü = 18$/min würde dem Wert $C_ü = 0{,}94$ entsprechen. Berücksichtigt man die gegenseitige Beeinflussung der parallelgeschalteten Lager, so ist die Übereinstimmung mit der Rechnung als gut zu bezeichnen.

Beispiel 32: Luftgelagertes Leonard-Aggregat 60 kW

Der vom Verfasser (1964) beschriebene luftgelagerte 60-kW-Asynchron-Drehstrommotor, $n = 1500/\text{min}$, ist jetzt mit zwei Gleichstrom-Generatoren zu einem Leonard-Aggregat zusammengekuppelt, Abb. 4.14. Die Gehäuse für die Generatoren wurden in eigener Werkstatt hergestellt, um so eine höhere Genauigkeit zu erreichen als es in einer normalen Fabrikation

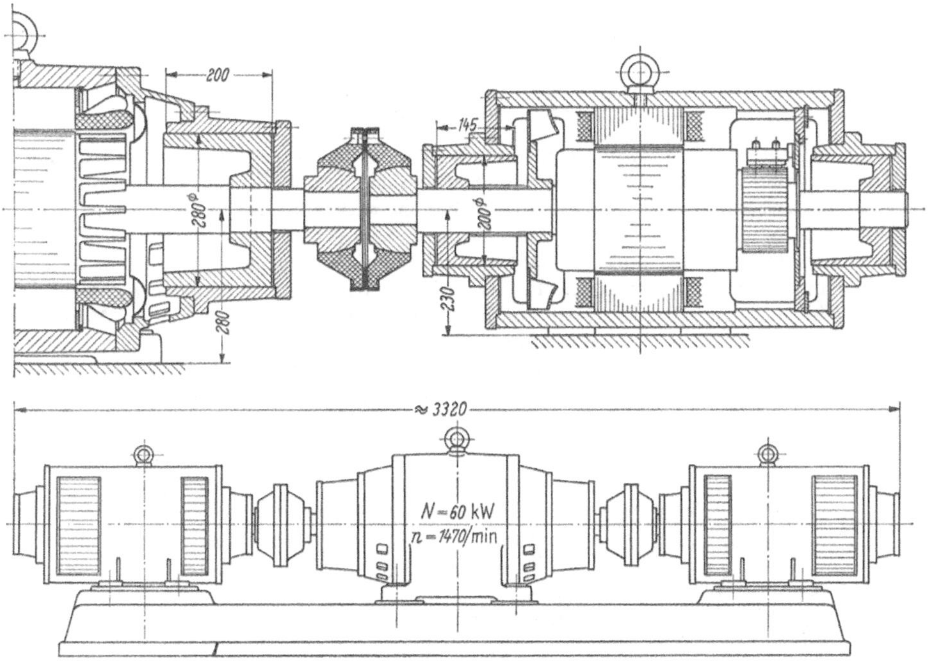

Abb. 4.14. Leonard-Aggregat 60 kW mit luftgelagertem Rotor, Rotorgewicht 550 kp

im allgemeinen möglich ist. Bei der Auslegung wurde für den Motor $C_ü = 1$ angenommen, da die Drehzahl nur halb so groß wie die der früher gebauten luftgelagerten Motoren ist und diese auch nicht eine solche Größe hatten. Der Motor wurde auch zuerst gebaut und ausprobiert.

Für die Bestimmung der Lagerabmessungen wurde $n_ü = 500/\text{min}$ angenommen, ein Wert, der nach den früheren Versuchsergebnissen zu verantworten war. Eine neue Schwierigkeit bei der Rechnung besteht darin, daß die auf die Wellen aufzusetzenden Laufringe für die Luftlager ein gewisses Gewicht haben, das in den P-Wert der Übergangsformel mit eingeht. Nach dem ersten Ergebnis lassen sich dann aber schnell die brauchbaren Größen ermitteln. In die folgende Rechnung werden gleich die endgültigen Gewichte eingesetzt; im einzelnen wird für den Motor mit dem Rotorgewicht $P = 220$ kp mit $\eta = 0{,}0181 \approx 1/55$ cP für Luft von 20 °C

$$\text{Vol} = \frac{P}{C_ü \cdot \eta \cdot n_ü} = \frac{220 \cdot 55}{1 \cdot 500} = 24{,}2\,\text{l}\,.$$

Ausgeführt wurden zwei Lager $D = 280$ mm, $B = 200$ mm, die zusammen ein Volumen von 24,63 l haben.

Beim ersten Auslauf wurde $n_ü = 360/\text{min}$ beobachtet, daraus folgt $C_ü = 1{,}37$. Nach fünfzigmaligem An- und Abschalten ergab sich $n_ü = 240/\text{min}$, dem entspricht $C_ü = 2{,}05$. Da die Fertigstellung der Generatoren sich verzögerte und der Motor mit seiner langen Auslaufzeit oft vorgeführt wurde, verbesserten sich durch weiteres Einlaufen noch die Übergangsverhältnisse, so daß $n_ü$ – Werte bis zu 190/min herunter beobachtet wurden, das ergibt $C_ü = 2{,}6$.

Auf Grund dieser Ergebnisse wurde für die Generatoren ein höherer $C_ü$-Wert für die Auslegung gewagt und zwar $C_ü = 2$; vor allem, weil wegen der Selbstherstellung der Gehäuse ein gutes Fluchten zu erwarten war. Das Gewicht des einzelnen Rotors ist 165 kp, dann folgt

$$\mathrm{Vol} = \frac{165 \cdot 55}{2 \cdot 500} = 9{,}08\ \mathrm{l};$$

ausgeführt wurden $D = 200$ mm, $B = 145$ mm, deren Volumina für zwei Lager Vol $= 9{,}11$ l beträgt.

Beim ganzen Aggregat wiegen die umlaufenden Massen 550 kp, das Gesamtvolumen ist Vol $= 24{,}63 + 2 \cdot 9{,}11 = 42{,}85$ l; der erste Auslauf ergab $n_ü = 300$/min, das liefert

$$C_ü = \frac{550 \cdot 55}{42{,}85 \cdot 300} = \frac{30250}{12850} = 2{,}35\,.$$

Die sorgfältige und langwierige Werkstattarbeit hat sich gelohnt, wenn sie auch kostspielig war. Die Maschinen sollen ja nicht verkauft werden, sondern die Gültigkeit grundlegender Erkenntnisse beweisen; das wird auf diese Weise in höherem Maße erreicht als mit Ergebnissen auf Prüfständen.

Die Generatoren wurden auch, als Motoren geschaltet, einzeln untersucht. Beim Auslauf ließ sich dann der Gleitwiderstand der Bürsten nicht vermeiden, der die Auslaufzeit erheblich verkürzt; Abb. 4.15 gibt diese Kurven von den Generatoren allein und mit dem Motor zusammen in den verschiedenen Kombinationen wieder.

Ein interessantes Meßergebnis soll hier noch mitgeteilt werden: Der Laufwiderstand des unbelasteten 60-kW-Motors ist so gering und der entsprechende Schlupf so klein, daß eine von

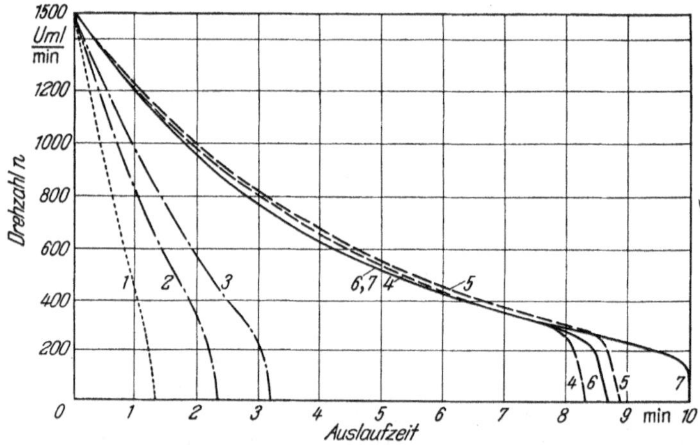

Abb. 4.15. Auslaufkurven für das luftgelagerte Leonard-Aggregat nach Abb. 4.14

Kurve *1*: Gleichstrommaschine allein mit Bürsten
Kurve *2*: 60-kW-Motor mit beiden Gleichstrommaschinen mit Bürsten
Kurve *3*: 60-kW-Motor mit einer Gleichstrommaschine mit Bürsten
Kurve *4*: 60-kW-Motor mit beiden Gleichstrommaschinen ohne Bürsten
Kurve *5*: 60-kW-Motor mit einer Gleichstrommaschine ohne Bürsten
Kurve *6*: 60-kW-Motor allein, erster Auslauf
Kurve *7*: 60-kW-Motor allein, nach fünfzigmaligem An- und Auslauf

dem Motor angetriebene Uhr in einer Woche nur um zwei Minuten nachgehen würde! Er läuft also praktisch synchron, ein für eine so große Maschine beachtenswertes Gelingen.

Streng zu beachten ist aber, daß die hier erreichten Übergangsdrehzahlen und die ihnen entsprechenden Geschwindigkeiten bis zu 5,3 m/s (60-kW-Motor, erster Auslauf, oder gar der der Vorausberechnung zugrunde gelegte Wert von 7,35 m/s) nicht auf ölgelagerte Maschinen übertragen werden dürfen. Es mag an das vorhergehende Beispiel erinnert werden, das für den Turbogenerator $C_ü = 0{,}94$ und mit $D = 407$ mm bei $n_ü = 18$/min eine Umfangsgeschwindigkeit von 0,384 m/s ergab. Weitere Arbeit ist hier noch erforderlich, entsprechende Untersuchungen laufen.

Berichte darüber, daß anderweitig so große Maschinen mit einfacher Luftlagerung – ohne Druckzufuhr von außen – gebaut wurden und betriebssicher laufen, sind bisher nicht bekannt geworden. Die vorliegenden Ausführungen mögen als eindrucksvoller Beweis für die allgemeine Gültigkeit der Tragfähigkeitsformel und für die sinnvolle Begriffsbildung der Übergangsdrehzahl angesehen werden.

5. Die Wärmeabgabe der Lager

Von den verschiedenen Einflüssen, die für das Betriebsverhalten von Bedeutung sind, ist die Wärmeabgabe durch das Lagergehäuse und die Welle an die Umgebung am wenigsten untersucht worden. Dieser Tatbestand zeigt, daß man nicht vom physikalischen Geschehen im Lager ausgegangen ist, sondern im wesentlichen einfache Ansätze verfolgt hat, wie es die pv-Werte in der älteren Lagerberechnung waren. Dennoch liegen Ergebnisse vor, die sich gut verwenden lassen.

Die Wärmeabgabe der Lagergehäuse geht ebenso vor sich wie bei Heizkörpern und Öfen. Sie unterliegt den allgemeinen Gesetzen des Wärmeüberganges, die daher zunächst zu erörtern sind. Als Beispiele werden die Messungen für horizontale Zylinder in ruhender und bewegter Luft mitgeteilt, die auch für Lagerkörper mit entsprechend abgewandelten Zahlenwerten gelten.

Die Aufgaben aus der Lehre vom Wärmeübergang haben mit dem Ursprung der Wärme, also ihrer Erzeugungsart, nichts zu tun. Wenn also im vorliegenden Fall die im Lager entstehende Reibungswärme bei einer bestimmten Übertemperatur des Lagerkörpers an die Umgebung abgeführt werden soll, so ist die Frage der Wärmeabgabe völlig unabhängig von den Gesetzmäßigkeiten der Reibung, durch die die Wärme erzeugt wird.

5.1 Die allgemeinen Gesetzmäßigkeiten des Wärmeüberganges

Bei Temperaturunterschieden besteht kein Gleichgewichtszustand für das Wärmeverhalten, es erfolgt ein Wärmetransport von den Stellen höherer zu denen tieferer Temperatur. Drei Möglichkeiten dafür sind vorhanden:

1. *Wärmeleitung* (von Teilchen zu Teilchen) in festen Körpern oder ebenso in Flüssigkeiten und Gasen. Der Vorgang gehorcht dem Fourierschen Wärmeleitungsgesetz

$$Q = -\lambda A \frac{\partial \vartheta}{\partial n} . \tag{5.1}$$

Darin ist Q die in der Zeiteinheit (in der Wärmelehre ist es die Stunde) durch die Fläche A (in m^2) fließende Wärmemenge — der Wärmestrom — (in kcal/h), λ die Wärmeleitfähigkeit oder Wärmeleitzahl des Stoffes in kcal/m h °C und $\partial \vartheta / \partial n$ das Temperaturgefälle in Richtung der Normalen n zum Flächenelement. Das negative Vorzeichen besagt, daß die Wärme in Richtung fallender Temperatur strömt.

2. *Konvektion* oder Mitführung von Wärme in *strömenden* Flüssigkeiten und Gasen. Die Gesetzmäßigkeiten sind teilweise sehr verwickelt, wenn auf die grundlegenden Differentialgleichungen zurückgegangen wird. Welche Wärmemenge von der festen Begrenzung auf das strömende Medium übergeht oder umgekehrt, läßt sich in den meisten Fällen durch die vereinfachte, von Newton angegebene Beziehung

$$Q = \alpha A (\vartheta_A - \vartheta_0) \tag{5.2}$$

ausdrücken. Darin ist Q, wie oben, die in der Zeiteinheit durch die Fläche A (in m^2) fließende Wärmemenge in kcal/h, $\vartheta_A - \vartheta_0$ ist der Temperaturunterschied zwischen der Oberfläche des festen Körpers und dem ungestört strömenden Medium und α in kcal/m² h °C die Wärmeübergangszahl. Alle Besonderheiten: die stoffliche Beschaffenheit der Flüssigkeit oder des Gases und des festen Körpers, dessen geometrische Form, der Strömungszustand und die Temperaturverhältnisse der Umgebung werden in der Wärmeübergangszahl α zusammengefaßt. Diese ist also keine Stoffeigenschaft wie die Wärmeleitfähigkeit, sondern ist von allen den Wärmeübergang bestimmenden Einflüssen abhängig.

3. *Strahlung* zwischen Körpern verschiedener Temperatur; der Einfluß des Zwischenmediums und dessen Strömungszustand können hier unberücksichtigt bleiben. Der Wärmeübergang folgt dabei dem Stefan-Boltzmannschen Gesetz, das in der Technik in der Form

$$Q = C\,A\left[\left(\frac{T_A}{100}\right)^4 - \left(\frac{T_0}{100}\right)^4\right] \tag{5.3}$$

geschrieben wird. Darin bedeuten Q und A dasselbe wie vorher, C die Strahlungszahl in kcal/m² h °K⁴, T_A die absolute Temperatur der Fläche A in °K und T_0 die absolute Temperatur der Umgebung in °K. Die Strahlungszahl hängt von dem Zustand und dem Stoff der strahlenden Flächen ab.

5.2 Einzelaufgaben

5.21 Wärmeabgabe von Zylindern und Flächen in ruhender Luft

Als Beispiele zu den allgemeinen Gesetzmäßigkeiten sollen der Übergang der Wärme von Zylindern und Ebenen an *ruhende* und *bewegte* Luft und die Wärmeleitung im Lagerkörper betrachtet werden.

Die Wärmeabgabe eines horizontalen Zylinders in ruhender Luft ist zwar theoretisch untersucht, doch konnte eine hinreichend allgemeingültige Lösung noch nicht gegeben werden. Man ist daher weitgehend auf Versuchsergebnisse angewiesen, die sich mit Hilfe der Ähnlichkeitslehre durch einfache Formeln wiedergeben lassen. Darin werden die Anteile der Wärmeabgabe durch Konvektion (Mitführung) und Leitung zusammen erfaßt; der Leitungsanteil ist wegen der geringen Wärmeleitfähigkeit der Luft sehr klein. Der durch Strahlung abgeführte Betrag der Wärme muß getrennt berücksichtigt werden, da er einer anderen Gesetzmäßigkeit unterliegt.

Im Sinne der Ähnlichkeitsphysik wird aus der Wärmeübergangszahl α in kcal/m² h °C, der Wärmeleitzahl λ in kcal/m h °C und dem Zylinderdurchmesser d in m die dimensionslose Nusseltsche Zahl Nu definiert:

$$Nu = \frac{\alpha\,d}{\lambda}. \tag{5.4}$$

Aus dem Zylinderdurchmesser, der Masse der Raumeinheit $\varrho = \gamma/g$ in kp s²/m⁴, der Erdbeschleunigung g in m/s², der Wärmeausdehnungszahl β in 1/°C, der Differenz $\vartheta_A - \vartheta_0$ zwischen der Temperatur ϑ_A der Zylinderoberfläche in °C und der Temperatur ϑ_0 der ungestörten Luft in °C und der Viskosität η der Luft in kp s/m² ist die Grashofsche Zahl Gr in der Form

$$Gr = \frac{d^3\,\varrho^2\,g\,\beta\,(\vartheta_A - \vartheta_0)}{\eta^2} = \frac{d^3\,g\,(T_A - T_0)}{\nu^2\,T_0} \tag{5.5}$$

gebildet.

Im zweiten Ausdruck sind $\nu = \eta/\varrho$ das Viskositäts-Dichte-Verhältnis oder die kinematische Viskosität und die für Gase gültige Beziehung $\beta = 1/T_0$ eingeführt. Bei allen Stoffwerten sind Mittelwerte für den in Betracht kommenden Temperaturbereich einzusetzen. Nach der Ähnlichkeitslehre ist dann Nu eine Funktion von Gr

$$Nu = \varphi\,(Gr)\,. \tag{5.6}$$

Durch Auswertung vieler Versuche hat NUSSELT (1929) gezeigt, daß für horizontale Zylinder die Beziehung Gl. (5.6) im Bereich von 12 Zehnerpotenzen gilt; ausführlich ist darüber in der ersten Auflage berichtet worden. Hier wird nur das wiedergegeben, was zum geschlossenen Aufbau der Gedankengänge notwendig ist. Wer wissenschaftlich weiter arbeiten will, muß auf die erste Auflage oder die darin angegebenen Originalveröffentlichungen zurückgreifen. Das gilt auch für die weiteren Abschnitte dieses Kapitels.

Für unsere Betrachtungen kommen hier nur die großen Grashofschen Zahlen $Gr > 10^5$ in Betracht, dafür wird nach JODLBAUER (1935) die Formel

$$\alpha = 4{,}15 \sqrt[4]{\frac{T_A - T_0}{T_0 \cdot d}} \sqrt{\frac{b}{760}} \quad \text{kcal/m}^2\,\text{h}\,{}^\circ\text{C} \tag{5.7}$$

gegeben, worin b den Barometerstand in mm Hg bezeichnet. Für die Wärmeabgabe senkrechter Flächen von der Höhe H in m in ruhender Luft fanden SCHMIDT und BECKMANN (1930), S. 404, die Beziehung

$$\alpha = 4{,}80 \sqrt[4]{\frac{T_A - T_0}{T_0 H}} \sqrt{\frac{b}{760}} \quad \text{kcal/m}^2\,\text{h}\,{}^\circ\text{C} \tag{5.8}$$

und erwähnten dabei, daß schon schwache Bewegungen der Raumluft durch Herumgehen von Menschen, durch Heizen und Lüften, ja schon durch Atmen den

Tabelle 5.1. *Strahlungszahlen verschiedener Stoffe*

Nr.	Stoff	Oberfläche	Temperatur der Messung °C	Strahlungszahl C $\frac{\text{kcal}}{\text{m}^2\,\text{h}\,{}^\circ\text{K}^4}$
1	Schwarzer Körper	—	—	4,96±0,07
2	Aluminium	blank, poliert	23	0,26
3	Eisen, Gußhaut	glatt oder rauh	23	3,98–4,06
4	Eisenblech	poliert	19	0,29
5	Eisenblech, poliert	mit 0,05 mm Ölschicht	19	2,2
6	Eisenblech, poliert	mit 0,10 mm Ölschicht	19	3,2
7	Eisenblech, poliert	mit 0,20 mm Ölschicht	19	3,96
8	Eisenblech, poliert	mit ∞ dicker Ölschicht	19	4,06
9	Lack	schwarz, glänzend	25	4,35
10	Spirituslack	schwarz, glänzend	21	4,08
11	Emaillelack	schneeweiß	24	4,50
12	Mauerwerk	roh und verputzt	22	4,6

Wärmeübergang um mehrere Prozent erhöhen können. So ruhige Luft wie bei derartigen grundlegenden Versuchen gibt es in der Umgebung wirklicher Lager nicht, doch müssen die Ergebnisse solcher Versuche als Grenzfälle mitgeteilt werden.

Zu der Wärmeabgabe durch Konvektion und Leitung kommt die durch Strahlung nach Gl. (5.3) hinzu. Im Sinne einer Wärmeübergangszahl α_s für den

Anteil der Strahlung wird Gl. (5.3) auch in der Form

$$\alpha_s (T_A - T_0) = C\left[\left(\frac{T_A}{100}\right)^4 - \left(\frac{T_0}{100}\right)^4\right] \tag{5.9}$$

geschrieben; α_s ist eine Funktion der Temperatur und der Strahlungszahl C, Tab. 5.1 enthält die für unsere Zwecke wichtigsten Werte. Zu beachten ist, daß blanke Wellen weit weniger Wärme ausstrahlen als die mit Farbe gestrichenen Lagergehäuse.

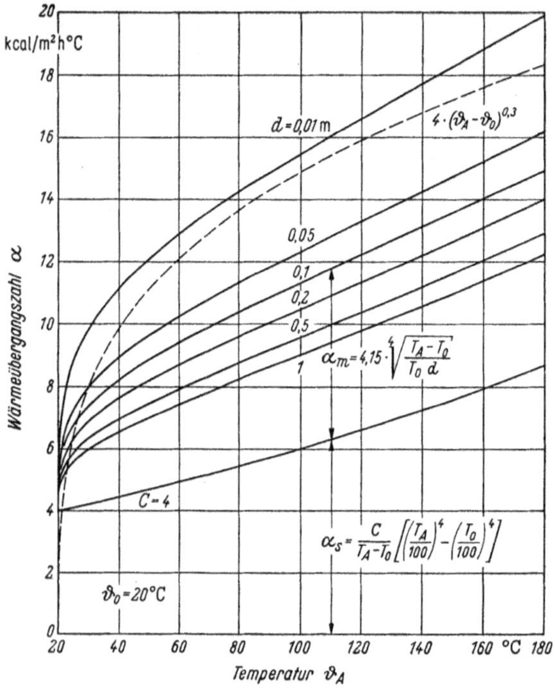

Abb. 5.1. Wärmeübergangszahlen für die gesamte Wärmeabgabe (Strahlung + Leitung + Konvektion) von waagerechten Kreisrohren in ruhender Luft

In Abb. 5.1 ist, wie bei TEN BOSCH (1951), S. 256, die Wärmeübergangszahl α_{ges} für die gesamte von einem horizontalen Zylinder abgegebene Wärme dargestellt, wobei eine rauhe oder gestrichene Oberfläche mit der Strahlungszahl $C = 4{,}0$ kcal/m² h °K⁴ angenommen wurde. Der durch Konvektion und Leitung bedingte Anteil ist nach Gl. (5.7) hinzugefügt.

Der Vollständigkeit halber sind in Abb. 5.2 die von A. SCHACK (1962), S. 92 zusammengestellten Werte für die gesamte Wärmeabgabe aufgeführt, denen Messungen von HEILMANN (1924) und KOCH (1927) zugrunde liegen. Die Übereinstimmung mit Abb. 5.1 ist zufriedenstellend.

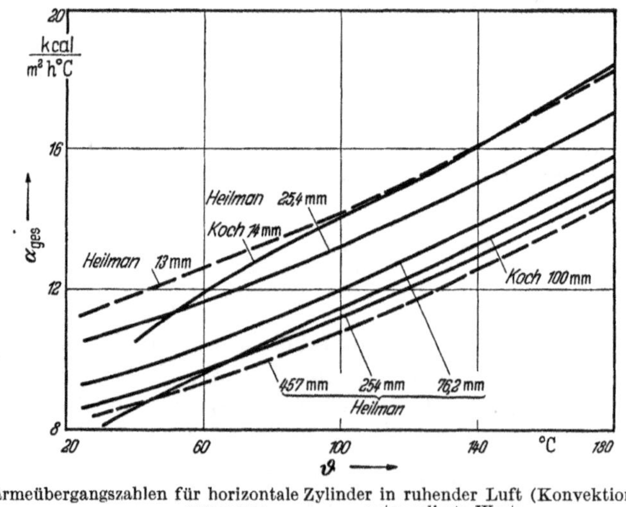

Abb. 5.2. Wärmeübergangszahlen für horizontale Zylinder in ruhender Luft (Konvektion + Strahlung) ——— gemessene, — — — extrapolierte Werte

Aus diesen Ergebnissen kann als brauchbarer Mittelwert für horizontale Kreisrohre in ruhender Luft eine Wärmeübergangszahl von 10 kcal/m² h °C entnommen werden, der auch als gute Näherung für Lagergehäuse gilt, wie Messungen von KARELITZ (1930) und WEWERKA (1933) zeigen. Bei Rechnungen ist es aber zweckmäßig, die Wärmeübergangszahl in den Grundeinheiten des technischen Maßsystems auszudrücken, dann ist

$$\alpha \text{ in mkp/m}^2\,\text{s}\,{}^\circ\text{C} = \frac{1}{8{,}43}\,\alpha \text{ in kcal/m}^2\,\text{h}\,{}^\circ\text{C}\,,$$

wobei sich 1/8,43 aus der Umrechnung $\frac{427\ \text{mkp/kcal}}{3600\ \text{s/h}}$ herleitet.

Demnach wäre $\alpha \approx 1{,}2$ mkp/m² s °C für Lagergehäuse in ruhender Luft anzusetzen.

5.22 Wärmeabgabe angeströmter Zylinder und Flächen

Die Formeln für die Wärmeabgabe von quer angeströmten Kreisrohren in Luft gehen für die Anströmgeschwindigkeit $w \to 0$ nicht in die Ausdrücke oder Zahlenwerte für ruhende Luft über. In der ruhenden Luft ruft der natürliche Auftrieb eine Konvektion hervor, und ein dadurch bedingter Wert von w bleibt erhalten. Daher gelten die im folgenden mitgeteilten Formeln erst von einer gewissen Geschwindigkeit, im allgemeinen $w \approx 1$ m/s aufwärts. Eine Luftbewegung in dieser Größenordnung empfinden wir mit unseren Sinnen kaum, da wir vom Gehen und unseren natürlichen Bewegungen her an eine Relativbewegung der umgebenden Luft von etwa 1 bis 2,5 m/s gewöhnt sind. In Maschinen- und Werkstatträumen herrschen im allgemeinen Luftbewegungen gleicher Intensität; der unter Ziffer 5.21 erwähnte Ruhezustand bei den Versuchen läßt sich nur durch besondere Sorgfalt erreichen.

Für stömende Medien tritt an die Stelle der Grashofschen Zahl die Reynoldssche Zahl *Re* oder die Pécletsche Zahl *Pé*

$$Re = \frac{w\,d}{\nu}\,, \qquad Pé = \frac{w\,d}{a} = Re\,Pr\,, \tag{5.10}$$

wenn mit $Pr = \nu/a$ die Prandtlsche Zahl bezeichnet wird. In *Pé* und *Pr* ist $a = \lambda/c\gamma$ die Temperaturleitzahl; die Prandtlsche Zahl hat für zweiatomige Gase und auch für Luft den von der Temperatur fast unabhängigen Wert $Pr = 0{,}705$.

Von den vielen Versuchsergebnissen und deren zusammenfassenden Bearbeitungen sollen hier nur die von R. HILPERT (1933) in Betracht gezogen werden. Nach sorgfältiger Auswahl, auch im Vergleich mit anderen Arbeiten, über die man in der ersten Auflage näheres finden kann, wurde für unsere Zwecke die Formel

$$Nu = \frac{\alpha\,d}{\lambda} = 0{,}11\,(Re)^{2/3} \tag{5.11}$$

gewählt. Dieselbe Form, nur mit der Vorzahl 0,12 statt 0,11, stellt auch K. MEINERS (1961), S. 17, auf, allerdings für umlaufende Wellen mit konstanter Oberflächentemperatur; darin ist dann die Reynoldszahl mit der Wellenumfangsgeschwindigkeit U und dem Wellenumfang $d\,\pi$ zu bilden. Der Verlauf für das quer angeströmte Rohr kann aber nach den von MEINERS mitgeteilten Kurven in seinem Bild 16 durch dieselbe Beziehung wiedergegeben werden; für die mittleren Bereiche, die etwa den *Re*-Zahlen für Lagergehäuse entsprechen, liegen die Werte etwas niedriger. Die Gl. (5.11) kann also als gute Näherung angesehen werden.

Für unsere Betrachtungen ist es wichtig, daß HILPERT auch Versuche mit quadratischen und sechskantigen Rohren ausgeführt hat, die sich in dieselben Gesetzmäßigkeiten brauchbar einordnen, wenn auf die gleiche Oberfläche Bezug genommen wird. Diese Ergebnisse rechtfertigen bis zu einem gewissen Grade die Übertragung der für Rohre gewonnenen Ergebnisse auf Lagerkörper.

Werden in Gl. (5.11) die Stoffwerte eingesetzt, so erhält man für $d = 0{,}15$ m die für den Gebrauch einfache Formel

$$\alpha = 7{,}5\, w^{2/3} \quad \text{kcal/m}^2\,\text{h}\,{}^\circ\text{C}\,. \tag{5.12}$$

Der Durchmesser ist absichtlich klein gewählt, weil nach dieser Beziehung niedrige Werte geliefert werden, die aus Sicherheitsgründen immer vorzuziehen sind. Abb. 5.3 zeigt einen Vergleich mit anderen Ergebnissen und mit denen von TEN BOSCH (1951), S. 155, für Rohre von 100 bis 200 mm Durchmesser, für die als Mittelwert die Beziehung $\alpha = 8{,}5\, w^{0{,}56}$ gegeben ist. Fast die gleiche Form ergibt sich nach SCHACK (1962), S. 159, zu $\alpha = 8{,}5\, w^{0{,}61}$; diese ist in Abb. 5.3 nicht besonders aufgeführt, weil ihr Verlauf mit dem von TEN BOSCH gegebenen praktisch zusammenfällt.

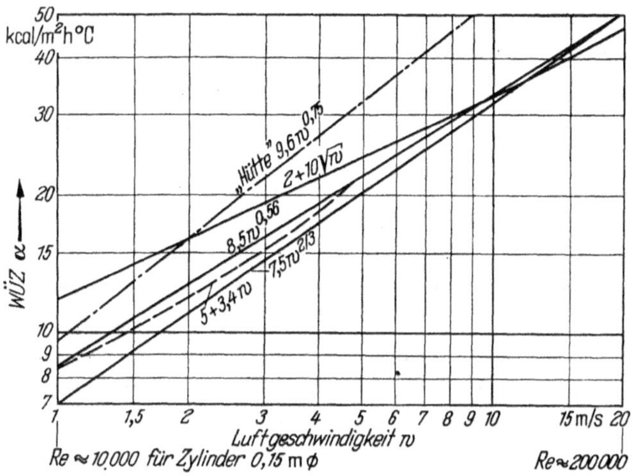

Abb. 5.3. Wärmeübergangszahlen von quer angeströmten horizontalen Zylindern in Abhängigke von der Luftgeschwindigkeit w

In der „Hütte" I, 27. Aufl., S. 592, findet sich die Angabe $Nu = 0{,}092\,(Pé)^{0{,}75} = 0{,}071\,(Re)^{0{,}75}$ für quer angeströmte Rohre. Für $d = 0{,}15$ ergibt sich daraus $\alpha = 9{,}6\, w^{0{,}75}$; diese Kurve liegt zu hoch, wie Abb. 5.3 zeigt. In der 28. Aufl., Bd. I, S. 499, werden nur die Werte von HILPERT angegeben.

In Abb. 5.3 ist außerdem noch der Verlauf der Wärmeübergangszahl wiedergegeben, der sich in der „Hütte" I, 18. Aufl. (1902), S. 275, für strömende Luft in der Form

$$\alpha = 2 + 10\sqrt{w} \quad \text{kcal/m}^2\,\text{h}\,{}^\circ\text{C} \tag{5.13}$$

findet. Mit dieser Beziehung hat FALZ gearbeitet; sie dürfte dem Wärmeübergang von Lagergehäusen bei geringen Luftgeschwindigkeiten näherkommen als Gl. (5.12), weil die Luft in Betriebsräumen turbulenter ist als bei den sorgfältig ausgeführten Versuchen von HILPERT. Die verstärkte Turbulenz erhöht den Wärmeübergang.

Für die Wärmeabgabe einer senkrechten ebenen Wand bei Geschwindigkeiten $w < 5$ m/s gibt BOSNJAKOVIC (1944), S. 270, die Beziehung $\alpha = 5 + 3{,}4\, w$ kcal/m² h °C, die auch in der „Hütte I", 27. Aufl., S. 593, angegeben ist. Die „Hütte" I, 28. Aufl. S. 499, nennt für Überschlagsrechnungen bei längsangeströmten Wänden $\alpha = 5{,}3 + 3{,}6\, w$ für $w \leqq 5$ m/s und $\alpha = 6{,}5\, w^{0{,}8}$ für $w \geqq 5$ m/s.

Diese Beziehungen sind hier mitgeteilt, um die weiterhin empfohlenen einfachen Formeln zu rechtfertigen.

Für die gesamte Wärmeabgabe eines Rohres oder einer Platte ist zu den obigen Gleichungen noch der Anteil der Strahlung nach Gl. (5.9) hinzuzufügen, der nach Abb. 5.1 etwa 4 bis 6, im Mittel also rund 5 kcal/m² h °C ausmacht.

Gegenüber der Darstellung in der ersten Auflage sind die vorhergehenden Ausführungen über die Grundlagenforschung des Wärmeüberganges gekürzt. Es sollte nur ein Bericht über deren Methoden gegeben werden, die für ein Verstehen und etwaige weitere Untersuchungen unerläßlich sind. Zum anderen soll der Stand der Meßergebnisse zeigen, daß immer noch gewisse Streuungen selbst bei dem geometrisch einfachen Gebilde eines zylindrischen Körpers zu erwarten sind, damit keine übertriebenen Forderungen an die Genauigkeit von Messungen an den geometrisch *nicht* einfachen Lagerkörpern gestellt werden.

5.23 Wärmeleitung in zylindrischen Lagerkörpern

Im Rahmen der einfachen Grundaufgaben soll noch die Wärmeleitung im Lagerkörper behandelt werden. Dazu kann man das Lagergehäuse in erster Näherung als Hohlzylinder betrachten, an dessen Innenseite die Reibungswärme zugeführt wird. Die Wärme wandert dann durch den Zylinder und wird außen an die umgebende Luft abgegeben. Dafür ist eine Temperaturdifferenz erforderlich, die berechnet werden soll.

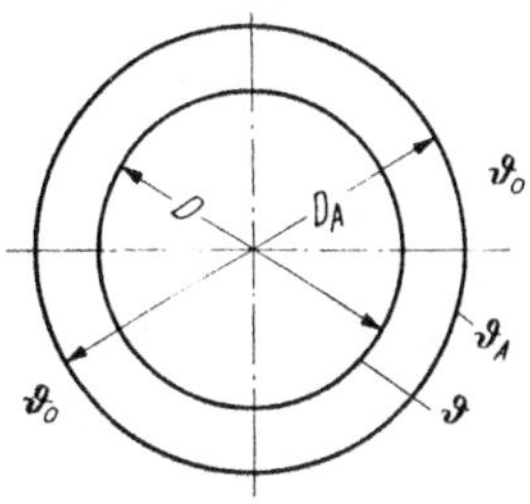

Abb. 5.4. Abmessungen und zugehörige Temperaturen am zylindrischen Rohrquerschnitt

Zur Vereinfachung der Aufgabe wird Symmetrie um die Zylinderachse angenommen, desgleichen, daß in der Achsrichtung keine Temperaturunterschiede auftreten, also auch an den Seitenflächen des Hohlzylinders keine Wärme abgegeben wird, sondern nur auf der Mantelfläche. Für eine Berechnung der Wärmeabgabe ist diese Vereinfachung eine sehr rohe Näherung; auf die hier in erster Näherung gesuchte Temperaturdifferenz zwischen Tragfilm und Lageraußenfläche ist diese Vereinfachung indes nicht von so großem Einfluß.

Der Vorgang ist in allen Einzelheiten bei TEN BOSCH (1951), S. 256 bis 258, durchgerechnet. Die auf der Innenfläche mit der Breite B senkrecht zur Zeichenebene und dem Durchmesser D, Abb. 5.4, gleichmäßig entwickelte Reibungswärme $M\omega$ fließt durch Wärmeleitung radial an die Außenfläche mit dem Durchmesser D_A; dafür ist ein Temperaturgefälle

$$\vartheta - \vartheta_A = \frac{M\omega}{2\pi\lambda B}\ln\frac{D_A}{D}$$

erforderlich, wenn λ die Wärmeleitzahl des Gehäusebaustoffes bezeichnet. Von der Außenfläche wird die Wärme durch Konvektion und Strahlung an die umgebende Luft abgegeben, mit der dafür geltenden Wärmeübergangszahl α ist

$$\vartheta_A - \vartheta_0 = \frac{M\omega}{D_A\,\pi\,B\,\alpha}$$

der für den Wärmeübergang von der Außenfläche an die Umgebung notwendige Temperaturunterschied.

Für ein Beispiel seien folgende Daten gegeben: $D = B = 100$ mm, $D_A = 180$ mm, $P = 1000$ kp, $\bar{p} = 10$ kp/cm², $f = 0{,}002$, $n = 500$/min, $\omega = 52{,}4\ \mathrm{s}^{-1}$, $U = 2{,}62$ m/s,

$$M\omega = Q = f\,P\,U = 0{,}002 \cdot 1000 \cdot 2{,}62 = 5{,}24\ \mathrm{mkp/s}.$$

Die Wärmeleitzahl für Gußeisen ist $\lambda = 50$ kcal/m h °C; in mkp und s umgerechnet wird die Zahl $3600/427 = 8{,}43$ mal kleiner, also $\lambda = 5{,}9$ mkp/m s °C. Dann ergibt sich mit $\ln D_A/D = \ln 180/100 = 0{,}588$

$$\vartheta - \vartheta_A = \frac{5{,}24}{2\pi \cdot 5{,}9 \cdot 0{,}1}\, 0{,}588 = 0{,}83\,°\mathrm{C}$$

und die Übertemperatur nach obiger Gleichung mit einer Wärmeübergangszahl $\alpha = 2{,}0$ mkp/m² s °C

$$\vartheta_A - \vartheta_0 = \frac{5{,}24}{\pi \cdot 2{,}0 \cdot 0{,}1 \cdot 0{,}18} = 46{,}3\,°\mathrm{C}.$$

Man sieht, der Temperaturunterschied zwischen Ölfilm und Außenfläche des Lagers ist klein gegenüber der Temperaturdifferenz zwischen der Außenfläche und der Luft, daher kann für die weitere Berechnung die Außenflächentemperatur näherungsweise der Filmtemperatur gleichgesetzt werden.

Mit bester Näherung trifft das für massive Lagerkörper zu, weitgehend auch für einfache Stehlager mit eingelegter Lagerschale nach DIN 505 und 506, sofern die Lagerschalen mit ihrer ganzen Außenfläche im Lagerkörper satt aufliegen und nicht nur an den Seiten, wie es vielfach der billigen Herstellung wegen geschieht. Bei Ringschmierlagern mit größeren Hohlräumen im Innern des Gehäuses muß die Wärme durch die Tragkonstruktion der Lagerschale an die Außenfläche wandern, also durch enge Stellen hindurch. Hier tritt aber das Umlauföl als zu-

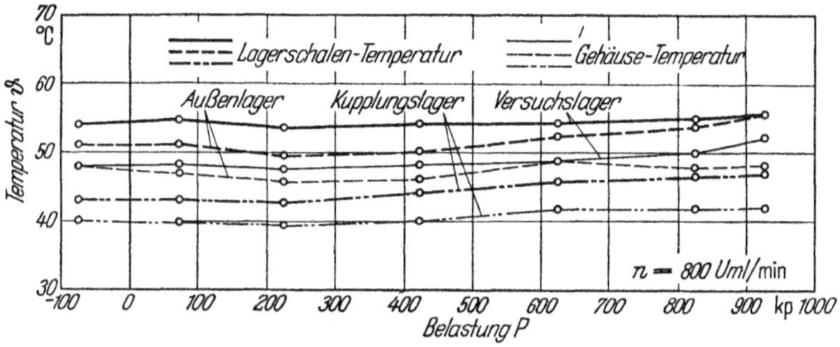

Abb. 5.5. Lagerschalen- und Gehäusetemperaturen bei konstanter Drehzahl $n = 800$/min und veränderlicher Belastung für die Prüfanordnung nach Abb. 2.6

sätzlicher Wärmeträger auf. Der Temperaturunterschied zwischen Ölfilm und Außenfläche $\vartheta - \vartheta_A$ wird zwar größer, bleibt aber immer noch klein gegenüber dem Unterschied zwischen Außentemperatur des Gehäuses und der Umgebung $\vartheta_A - \vartheta_0$.

Bei kippbeweglich aufliegenden Schalen, die wohl den schlechtesten Wärmeschluß zwischen Schalenkörper und Gehäuse darbieten, können die Temperaturdifferenzen $\vartheta - \vartheta_A$ bis zu 20% von $\vartheta - \vartheta_0$ ausmachen. Viele Versuche wurden in diesem Zusammenhang meist als Übungsaufgaben von Studierenden auf dem in Abb. 2.6 gezeigten Prüfstand durchgeführt. In Abb. 5.5 sind Messungen an drei serienmäßig hergestellten Stehlagern wiedergegeben, die einmal die Unterschiede $\vartheta - \vartheta_A$ zeigen, dann aber auch die Unabhängigkeit der Temperaturen von der Belastung im Schnellaufbereich. Damit wird das in Abb. 2.7 dargestellte Verhalten in anderer Form gezeigt, nämlich, daß sich unterhalb einer gewissen Belastung — in Abb. 2.7 $P = 1000$ kp — die Temperatur und demnach auch die Verluste bis zu $P = 0$ hinunter nicht ändern. Wie diese Messungen mit der Rechnung übereinstimmen, wird in Beispiel 33 behandelt.

Gersdorfer (1954, 1955) und Meiners (1961, 1962) haben sich bemüht, die Verhältnisse der Wärmewanderung im Innern der Lagerkörper rechnerisch näher zu verfolgen, und sehr beachtenswerte Ergebnisse erzielt. Dennoch wird hier nicht weiter darauf eingegangen, weil diese Betrachtungsweise den Rechnungsgang erschwert, ohne daß die erzielten Genauigkeiten erhöht oder tiefere Einsichten gewonnen werden. Die Wärmewanderung im Innern wird nämlich durch die äußere Wärmeabgabe erheblich beeinflußt. Man muß die Wärmeübergangszahl für die einzelnen Teile des Gehäuses kennen, um den inneren Wärmefluß verfolgen zu können. Ist aber einmal die Wärmeübergangszahl für das Gehäuse bekannt, dann ist damit bereits die große Temperaturdifferenz $\vartheta_A - \vartheta_0$ gegeben. Der kleinere Wert $\vartheta - \vartheta_A$ läßt sich dann durch einen entsprechenden Zuschlag berücksichtigen, wenn es für notwendig gehalten wird. Der erweiterte Rechnungsgang setzt also eine sehr genaue Kenntnis von α voraus, die im allgemeinen bisher wohl kaum vorhanden sein dürfte. Wenn darüber genügend Erfahrungen vorliegen, so lassen sich natürlich die Untersuchungen von Gersdorfer und Meiners mit Vorteil für eine genauere Verfolgung der Temperaturverhältnisse verwenden.

Mit anderen Worten: Für den Transport der Wärme vom Ölfilm an die Gehäuseaußenfläche genügt meist ein kleiner Temperaturabfall $\vartheta - \vartheta_A$; dagegen erfordert der große Wärmeübergangswiderstand zwischen Außenfläche und Umgebung in fast allen Fällen einen großen Temperatursprung $\vartheta_A - \vartheta_0$, damit die entwickelte Wärme an die Luft abfließen kann.

Schreibt man die Wärmeübergangsgleichung für den thermischen Beharrungszustand

$$M\omega = f\,P\,U = \alpha\,A\,(\vartheta_A - \vartheta_0)$$

in der Form

$$M\omega = \alpha\,A\,[(\vartheta - \vartheta_0) - (\vartheta - \vartheta_A)]\,,$$

so genügt in dem Fall, daß $(\vartheta - \vartheta_0) \gg (\vartheta - \vartheta_A)$ ist, die Näherungsgleichung

$$M\omega \approx \alpha\,A\,(\vartheta - \vartheta_0)$$

für die Berechnung der Wärmeabfuhr.

Ist dagegen $(\vartheta - \vartheta_A)$ nicht zu vernachlässigen, so benutzt man die Form

$$M\omega = \alpha\,A\,\{\vartheta - [\vartheta_0 + (\vartheta - \vartheta_A)]\}\,,$$

wobei dann $(\vartheta - \vartheta_A)$ durch einen geeigneten Zuschlag berücksichtigt wird. Dann liegen zwar wegen der höheren Temperatur die Strahlungsverhältnisse etwas anders, aber diese Unterschiede bleiben immer noch innerhalb der Grenzen, die durch die Unsicherheit von α gegeben sind. Die Anwendung dieser erweiterten Gleichungen war bisher nicht erforderlich, deshalb wird auch kein Beispiel dafür gebracht.

Auf jeden Fall sollte die Temperaturdifferenz $\vartheta - \vartheta_A$ so klein wie möglich gehalten werden. Ist sie groß, so ergibt sich eine unnötige thermische Überbeanspruchung des Öles, die die Alterung unerwünscht beschleunigt. Es ist eine Aufgabe des Konstrukteurs, durch hinreichend große Materialquerschnitte für die Möglichkeit zur Wärmeableitung an die Außenfläche zu sorgen. Ebenso muß ein intensiver Ölumlauf die Wärme auf kürzestem Wege an die Gehäusewandungen bringen. In der Praxis kommt es wiederholt vor, daß Lager heißlaufen, obwohl — sehr zum Verwundern des Betriebsmannes — die Gehäuse noch mit der Hand angefaßt werden können. Das Heißlaufen erfolgt schneller als die Wärmewanderung von der Lauffläche an die Außenwand.

Die Lagertemperatur ist demnach zahlenmäßig keine eindeutig festlegbare Größe, wie es etwa Längen, Kräfte oder Drehzahlen sind. Dennoch wird man mit dem Wort „Lagertemperatur" einen eindeutigen Begriff verbinden, der über den Betriebszustand genügend aussagt: Ist das Lager noch gut anzufassen, 45 bis 50 °C, so ist kein Anlaß zur Beunruhigung gegeben; bei noch kurzzeitig anzufassenden Gehäusen, 60 bis 65 °C, wird es bedenklich, es sei denn, daß das Lager von vornherein für eine höhere Temperatur ausgelegt wurde, was bei der Verwendung entsprechend stabiler Öle — hochwertiger Turbinenöle — durchaus möglich ist. Kann man das Lager nicht mehr anfassen, 80 bis 90 °C, so wird der Verantwortliche schon in einiger Sorge sein. Wenn aber aufgespritztes Wasser verzischt, über 100 °C, dann ist die Besorgnis groß. In dieser Skala liegt schon ein Sinn, nämlich, daß es eine zwar zahlenmäßig nicht einfach definierbare, aber begrifflich wohlbegründete Lagertemperatur gibt. Die Temperaturen im Ölfilm und ebenso die für die Wärmeabgabe maßgebenden Außentemperaturen des Gehäuses sind voneinander verschieden, aber nicht so, daß es nicht möglich wäre, von einem für Reibung und Wärmeabgabe jeweils zweckmäßig einzusetzenden Mittelwert zu sprechen.

Vielfach ist es bei Ringschmierlagern üblich, mit der Ölsumpftemperatur als Lagertemperatur zu rechnen, sie liegt im allgemeinen höher als die Temperatur des Gehäuses, aber niedriger als die des Ölfilms.

Bei Fremdkühlung, wenn die Wärmeabgabe an die Luft meist ohne Bedeutung ist, wird unter Lagertemperatur die mittlere Tragfilmtemperatur verstanden.

5.24 Wärmeabgabe durch die Welle und umlaufende Teile

Längere freie Wellenoberflächen zu einer oder beiden Seiten des Lagergehäuses verringern die Betriebstemperatur. Dieser Einfluß ist mehrfach untersucht worden, ein einheitliches Bild konnte bisher noch nicht erhalten werden. Untersuchungen von K. Meiners (1957, 1961) und eigene Messungen wurden ausgeführt, ebenso liegen Erfahrungen aus der Praxis, besonders aus dem Elektromaschinenbau, vor. Nach diesen Ergebnissen ist die Wärmeabfuhr nicht so groß, wie früher vielleicht angenommen wurde.

Das ist verständlich, denn die Wellen sind überwiegend blank, die Strahlungszahl C ist dafür nach Tab. 5.1 mehr als zehnmal kleiner als die einer Welle mit Farbanstrich. In der grundsätzlichen Abb. 5.1 für die einzelnen Anteile ist der für die Strahlung mit $C = 4{,}0$ erheblich, mit der kleinen Strahlungszahl von 0,26 für blanke Flächen wird die Wärmeübergangszahl empfindlich kleiner. Der Einfluß des Farbanstriches wurde bei unseren Versuchen festgestellt, die Lagertemperatur konnte durch graue Farbe auf der Welle um einige °C niedriger gehalten werden.

Die ermittelten Wärmeübergangszahlen stimmen gut überein mit derjenigen, die im Elektromaschinenbau Verwendung findet. R. RICHTER (1924) führt auf S. 319 für rotierende blanke Kupferzylinder die Formel $\alpha = 3{,}68 + 3{,}53 \sqrt{U}$ in Watt/m² °C an, oder $\alpha = 0{,}36 + 0{,}35 \sqrt{U}$ in mkp/m² s °C in den technischen Maßeinheiten.

K. MEINERS (1957) gibt für die Wärmeabgabe einseitig beheizter rotierender Wellen die Formel $Nu = \alpha\, d/\lambda = 0{,}080\, Re^{2/3}$, die unserer Gl. (5.11) für ruhende Zylinder in strömender Luft bis auf den Zahlenfaktor völlig entspricht. Hier ist aber statt der Anblasgeschwindigkeit w die Umfangsgeschwindigkeit U einzuführen, dann würde sich mit $d = 0{,}15$ m als Wärmeübergangszahl $\alpha = 5{,}58 \cdot U^{2/3}$ in kcal/m² h °C oder $\alpha = 0{,}66\, U^{2/3}$ in mkp/m² s °C ergeben. In der folgenden Zusammenstellung sind die Ergebnisse von RICHTER und MEINERS miteinander verglichen:

$U = 2$	4	6	8	10	12	14	16	m/s
$\alpha = 0{,}86$	1,06	1,22	1,35	1,47	1,57	1,67	1,76	mkp/m² s °C nach RICHTER
$\alpha = 1{,}05$	1,66	2,18	2,64	3,06	3,46	3,83	4,20	mkp/m² s °C nach MEINERS.

Die Werte nach MEINERS sind für höhere Geschwindigkeiten erheblich größer als die des Elektromaschinenbaues und der eigenen Messungen. Es bestehen also noch Unsicherheiten, die irgendwie grundsätzlicher Art sein müssen; sie liegen vielleicht in den Umweltbedingungen.

Bei noch nicht eindeutigem Zahlenmaterial soll man immer mit den ungünstigsten Werten rechnen. Hier wird noch ein weiterer Schritt getan und vorgeschlagen, auf eine Berücksichtigung der Wärmeabgabe durch die Welle zu verzichten, und sie als Sicherheitsfaktor mit in die Rechnung eingehen zu lassen. Anlaß zu diesem Vorschlag gaben Erfahrungen aus der Industrie über die Wärmeabgabe der Welle: „Das bringt nicht viel.“ Die Ausführungen am Schluß von Ziffer 5.25 machen das glaubhaft.

Von größerem Einfluß scheinen dagegen umlaufende Massen in der unmittelbaren Nähe der Lager zu sein. Dafür können wiederum nur Erfahrungen mitgeteilt werden, die wir E. FALZ (1931), S. 102, verdanken. Danach gilt als Vergleichslager das unter 1. aufgeführte Lager mit größerem Gehäuse und eingelegter Welle, dessen durch αA gekennzeichnetes Wärmeableitvermögen unter den weiterhin genannten Bedingungen mit einem „Ausstrahlfaktor“ multipliziert wird. Durch die mitrotierende Masse wird einmal die wärmeabgebende Fläche, zum anderen aber auch wegen der Luftbewegung die Wärmeübergangszahl vergrößert. Wie im einzelnen diese Änderungen erfolgen, bleibt in der Darstellung von FALZ unberücksichtigt, deshalb werden hier α und A zusammengefaßt. In diesem Sinne ist der Wärmeableitwert für

1. Lager mit größerem Gehäuse und eingelegter Welle, Transmissionslager, Außenlager, Ringschmierlager allgemein, in ruhender Luft — αA,
2. Lager wie unter 1. in der Nähe einer rotierenden Scheibe, Transmissionslager, Außenlager — $2\,\alpha A$ bis $3\,\alpha A$,
3. Lager wie unter 1. in unmittelbarer Nähe einer rotierenden Scheibe oder Ventilation zu beiden Seiten, Transmissionslager, Elektromotorenlager, Außenlager — $3\,\alpha A$ bis $4\,\alpha A$,
4. Hauptlager von Dampfmaschinen und Kolbenkompressoren mit gekapseltem oder offen laufendem Triebwerk — $4\,\alpha A$ bis $5\,\alpha A$,
5. Hauptlager von Luft- und Kaltwasser-Kolbenpumpen — $5\,\alpha A$ bis $6\,\alpha A$,
6. Hauptlager von Eismaschinen — $7\,\alpha A$ bis $8\,\alpha A$.

Diese hier auszugsweise – mit allem Vorbehalt – gegebene Zusammenstellung soll erkennen lassen, worauf gegebenenfalls zu achten ist, und daß der Einfluß der „Umweltbedingungen" nach P. ESCHMANN (1964) beachtlich sein kann. Andererseits zeigt Beispiel 33, daß eine Verdoppelung des Wärmeableitwertes αA nur eine mäßige Temperaturverminderung von 8 °C liefert; gerade das berechtigt dazu, in der Rechnung auf den unsicheren Beitrag der Wärmeabgabe durch die Welle zu verzichten, weil dieser kleiner bleibt als eine Verdopplung von αA.

5.25 Wärmewanderung durch die Welle

Bei Dampfturbinen oder Heißgasventilatoren kann von den Rotoren her durch die Welle Wärme in das Lager wandern, sie muß zusammen mit der Reibungswärme durch die Kühlung abgeleitet werden, um unzulässige Temperaturerhöhungen zu vermeiden. Ebenso kann natürlich auch Wärme aus dem Lager durch die Welle abfließen, etwa in eine eng gekuppelte Kaltwasserpumpe oder eine in unmittelbarer Lagernähe sitzende umlaufende Masse, von der am Schluß der vorigen Ziffer die Rede war.

In den Ausführungen dieses Abschnitts werden folgende Wärmemengen unterschieden:

Q_A vom Gehäuse mit der Fläche A an die Umgebungsluft abgegebene Wärmemenge,

Q_{Fl} durch den Wellen*querschnitt* $D^2\pi/4$ fließende Wärmemenge (Wärme*leit*problem),

Q_{Obfl} durch die Wellen*oberfläche* abgegebene Wärmemenge (Wärme*übergangs*problem).

Wird die in die Welle fließende Wärme zum größten Teil durch eine auf der Welle sitzende Masse abgegeben, so daß man die durch die Wellenoberfläche abströmende Menge vernachlässigen kann, so herrscht in der Welle ein konstantes Temperaturgefälle, und man kann die durchfließende Wärmemenge nach der aus Gl. (5.1) folgenden Beziehung

$$Q_{Fl} = -\lambda \frac{D^2\pi}{4} \frac{d\vartheta}{dx} = \frac{\lambda D^2\pi}{4} \frac{\vartheta_a - \vartheta_b}{l} \tag{5.14}$$

bestimmen. Hierzu sind ϑ_a und ϑ_b die Temperaturen in den Querschnitten a und b, l der Abstand der Querschnitte, D der Wellendurchmesser und λ die Wärmeleitzahl des Wellenwerkstoffes, die für Stahl im Mittel ≈ 50 kcal/m h °C ≈ 6 mkp/m s °C beträgt.

Mit dieser Beziehung soll die Brauchbarkeit der Falzschen Ableitwerte überprüft werden, wenn geometrisch ähnliche Verhältnisse – oder diese wenigstens näherungsweise – in Betracht kommen. Dann ist A proportional D^2; wenn $B \approx D$, so ist im Mittel nach Tab. 5.2 $A \approx 25\,D^2$. Damit und mit $\alpha = 2{,}0$ mkp/m²s °C erhält man für die vom Gehäuse abgegebene Wärme den Ausdruck $Q_A \approx 50\,D^2 (\vartheta - \vartheta_0)$. Für die Wärmewanderung durch die Welle wird des Vergleiches wegen derselbe Temperaturunterschied und ferner angenommen, daß durch die wärmeabgebende Masse auf der Welle in der Entfernung $l \approx D$ die Temperatur ϑ_0 annähernd erreicht ist. Damit wird nach Gl. (5.14) mit $\pi\lambda/4 \approx 5$ mkp/ms °C und $Q_{Fl} \approx 5\,D\,(\vartheta - \vartheta_0)$ das Verhältnis

$$Q_{Fl}/Q_A \approx 0{,}1/D.$$

Für kleinere Durchmesser $D < 100$ mm kann danach schon durch die Welle ebenso viel Wärme in eine umlaufende Masse hineinwandern, wie das Gehäuse abzugeben imstande ist, vielleicht auch sogar das Doppelte davon, wenn günstige Kühlverhältnisse vorliegen. Die größeren von FALZ angegebenen Werte können jedoch nur zustande kommen, wenn durch die umlaufenden Teile erhebliche Luftbewegung verursacht wird oder wenn auch der Lagerkörper durch die Umgebung — Rahmen der Eismaschine — eine Sonderkühlung erfährt. Bei der Anwendung der mitgeteilten Zahlen ist also Vorsicht geboten, die Lager sehen heute anders aus als vor 40 Jahren. Dennoch wurde die Mittelung dieser Erfahrungen hier für zweckmäßig gehalten, da sie vielleicht manchem Konstrukteur oder Versuchsingenieur von Nutzen sein könnten.

Der Einfluß der Luftbewegung ist größer, als vielfach vermutet wird. Wedelt man mit einem Aktendeckel eine halbe Minute lang über dem Lager ganz rechts in Abb. 2.6, so geht die von dem links im Bild sichtbaren Schreibgerät aufgezeichnete, sich zwischen 60 und 70 °C bewegende Lagertemperatur um 1,5 bis 2 °C zurück.

Die oben gegebene Abschätzung darf nicht auf die Welle allein angewendet werden. E. WENGER (1965) hat seine Messungen über die Wärmeabgabe von Wellen durch die Überlegung ausgewertet, daß die aus der Oberfläche abfließende Wärme zunächst durch den Wellenquerschnitt am Gehäuseende ($x = 0$) hindurchgeleitet werden muß; für $x = 0$ wurde auf experimentellem Wege $-\,\mathrm{d}\vartheta/\mathrm{d}x \approx (\vartheta - \vartheta_0)/3D$ gefunden. Damit folgt aus Gl. (5.1)

$$Q_{\text{Obfl}} = Q_{Fl\,(x=0)} = -\frac{\lambda\pi D^2}{4}\left(\frac{\mathrm{d}\vartheta}{\mathrm{d}x}\right)_{x=0} \approx 1{,}5\,D(\vartheta - \vartheta_0)\,. \tag{5.15}$$

Verglichen mit der vorher schon benutzten Beziehung $Q_A \approx 50D^2\,(\vartheta - \vartheta_0)$ ergibt sich $Q_{\text{Obfl}}/Q_A \approx 0{,}03/D$; für $D = 0{,}2$ m ist dann $Q_{\text{Obfl}}/Q_A \approx 0{,}15$. Das sind 15% der Wärmeabgabe des Gehäuses, ein Betrag, der bei vielen unserer Versuche gefunden wurde. Merkwürdig ist, daß bei beiderseitig freien Wellenenden sich nicht etwa das Doppelte, sondern nur ein Mehrbetrag von etwa 25% einstellte. Auf die Lagertemperatur hat das wenig Einfluß, der Faktor W nach Gl. (6.3) würde dadurch um 20% kleiner; wie ein Blick auf Abb. 1.3 lehrt, geht damit die Lagertemperatur bei Ölen mittlerer Viskosität um 4 bis 5 °C zurück. Die Bemerkung: „Das bringt nicht viel" ist daher verständlich.

5.3 Wärmeabgabe von Lagergehäusen

5.31 Messungen von Lasche und ihre Auswertung durch Falz

Ganze Lager sind hinsichtlich der Wärmeabgabe wohl erstmalig von LASCHE (1902) untersucht worden, und zwar in einem solchen Umfang, daß die wenigen nachfolgenden Messungen weit dahinter zurückbleiben. Eine Ausnahme bilden die Versuche von HANOCQ (1947). Allerdings sind von LASCHE manche Anordnungen durchgemessen, die keine unmittelbare praktische Bedeutung haben, wie etwa einzelne Lagerschalen.

Beachtenswert ist, daß trotz verschiedenartiger Formen der untersuchten Lager die Wärmeabgabe in Abhängigkeit vom Temperaturunterschied zwischen Lagerschale und Außenluft sich gut durch eine Kurve wiedergeben läßt. FALZ

(1931), S. 100, hat für diesen Verlauf durch Interpolation die Formel

$$\frac{\alpha A}{B D} (\vartheta - \vartheta_0) = 17\pi (\vartheta - \vartheta_0)^{1,3} \text{ kcal/m}^2\text{ h} ,$$
$$= 6{,}34 (\vartheta - \vartheta_0)^{1,3} \text{ mkp/m}^2\text{ s}$$

aufgestellt. Potenzformeln mit Exponenten von etwa 1,3 wurden auch von E. SCHMIDT und H. KRAUSSOLD (1932) für die Wärmeabgabe von Heizkörpern in ruhender Luft gefunden; damit ordnen sich die Versuche von LASCHE gut in das allgemeine Geschehen der Wärmeabgabe von festen Körpern an die umgebende Luft ein.

Soll aus obiger Gleichung die Wärmeübergangszahl bestimmt werden, so ist diese zunächst auf die wärmeabgebende Oberfläche zu beziehen, deren Angabe bei LASCHE fehlt. In der ersten Auflage war dafür $A = 4{,}25\,\pi \cdot B D = 13{,}4\; B D$ ermittelt worden, damit würde

$$\alpha = \frac{17\pi}{4{,}25\pi} (\vartheta - \vartheta_0)^{0,3} = 4\, (\vartheta - \vartheta_0)^{0,3} \text{ kcal/m}^2\text{ h °C} .$$

Dieser Verlauf ist in Abb. 5.1 mit eingetragen, im Vergleich mit dem glatten zylindrischen Rohr liegen die Werte zwar etwas hoch, ihr Verlauf ordnet sich aber in das Gesamtbild gut ein. Das Verhältnis $A/B D = 13{,}4$ ist reichlich klein, wie Tab. 5.2 zeigt; die Unterlagen für die Außenabmessungen des Gehäuses waren für eine genauere Bestimmung zu dürftig. Nimmt man den für solche Lager immer noch kleinen Wert $A/B D \approx 20$, so würde sich statt des Faktors 4 nur etwa 2,7 ergeben, damit würde α zwischen den Werten für das Rohr von 0,5 bis 1 m Durchmesser verlaufen, was den Gehäusemaßen besser entspricht. Zu beachten ist, daß gegenüber dem einfachen geometrischen Gebilde des zylindrischen Rohres der Lagerkörper recht unregelmäßig geformt ist, und daß bei kleinen Teilen, wie Angüssen und Schrauben, der Wärmeübergang besser ist.

Die Zunahme der Wärmeübergangszahl mit der Temperatur kommt durch die vergrößerte Luftbewegung mit dem freien Auftrieb zustande. Bei erzwungener Strömung und großen Reynoldsschen Zahlen ist die Wärmeübergangszahl von der Temperatur nur wenig abhängig, so daß sie praktisch als unabhängig angesehen werden kann. Diesen Umstand hat FALZ bei der Ausarbeitung seines Berechnungsverfahrens nicht berücksichtigen können, da geeignete Unterlagen fehlten. Deshalb sind auch die von LASCHE gemessenen Werte nicht ohne weiteres verwendbar, es sei denn, daß die in Betracht kommenden Lager in Räumen mit fast völlig ruhender Luft arbeiten. Das ist aber so gut wie niemals der Fall, wie auch TEN BOSCH (1951), S. 255, betont.

5.32 Andere Meßergebnisse mit Lagergehäusen

Nächst LASCHE wurden die umfangreichsten Messungen über die Wärmeabgabe der Lagergehäuse von HANOCQ (1947) durchgeführt. Als eigentlicher Versuchsraum diente eine Meßkammer, 2 m hoch, 1,7 m breit, die Tiefe ist nicht angegeben; das Innere wurde auf konstanter Temperatur gehalten.

Die Ergebnisse der sehr sorgfältig ausgeführten Messungen wurden in Formeln von nicht einfachem Bau zusammengefaßt, weil darin die Umweltbedingungen weitgehend berücksichtigt wurden. Sie liefern aber recht große Werte für α bei höheren Temperaturen, die vermutlich auf die zu kleine Meßkammer zurückzuführen sind. Die vom Lager abgegebenen Wärmemengen sind nicht klein; um diese an die temperaturregelnden Radiatoren heranzubringen, ist für die beschränkten Luftmengen in der Kammer eine lebhafte Strömung notwendig. In einem großen Raum würden die Wärmeübergangszahlen vermutlich kleiner.

Leloup (1954) hat seine Versuche nach der Formel von Hanocq ausgewertet, sie sind in Abb. 5.6 eingetragen; der Mittelwert ist $\alpha = 3{,}75$ mkp/m² s °C, bezogen auf die Außenfläche des Lagergehäuses.

In der Arbeit von Stribeck (1902), S. 1348, sind in der dortigen Abb. 10 Reibungszahlen und die zugehörigen Temperaturen für den thermischen Beharrungszustand mitgeteilt. Daraus folgen mit der Außenfläche $A = 0{,}185$ m² des Lagers nach Abb. 2.11 die in Abb. 5.6 wiedergegebenen Versuchspunkte für α. Sie streuen stark, für den Mittelwert $\alpha = 1{,}94$ mkp/m² s °C wurden die drei unten links liegenden Meßpunkte nicht berücksichtigt.

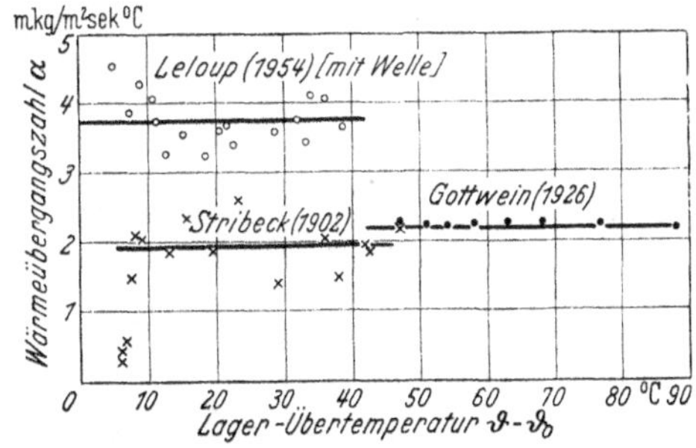

Abb. 5.6. Wärmeübergangszahlen von Lagergehäusen nach Versuchen von Stribeck, Gottwein und Leloup

Eine große Streuung weisen auch die Ergebnisse von Leloup in Abb. 5.6 auf, aber diese ist nicht allen Messungen eigentümlich, wie die Auswertung einer Versuchsreihe von Gottwein (1926) zeigt. Das Lager hatte $D = B = 40$ mm, die Reibungszahlen und Temperaturen sind angegeben. Die Außenfläche A ließ sich dagegen nur ungefähr ermitteln, mit $A = 0{,}12$ m² ergaben sich die in Abb. 5.6 eingezeichneten Punkte, die zu einem Mittelwert $\alpha = 2{,}2$ mkp/m² s °C führen.

Wenn dieser Wert auch wegen der unvollständigen Angaben etwas anders liegen kann, so hat das keinen Einfluß auf die folgenden wichtigen Schlüsse: 1. Die Streuung ist klein; 2. die Wärmeübergangszahl zeigt keine Abhängigkeit von der Temperatur; 3. die Versuchstemperaturen lagen sehr hoch, bei $\vartheta_0 = 20$ °C wurde bis zu $\vartheta = 108$ °C erreicht.

Diese Ergebnisse rechtfertigen vor allem das Arbeiten mit einer temperaturunabhängigen Wärmeübergangszahl, was die Handhabung erheblich vereinfacht. Das weitere Rechnen mit von ϑ unabhängigem α ist daher nicht auf angestrebte Einfachheit unter Verzicht auf Genauigkeit zurückzuführen, sondern es entspricht weitgehend den Ergebnissen sorgfältig ausgeführter Versuche.

5.33 Einfluß der Luftbewegung

Bereits Hanocq (1947) hatte in seiner Formel alle verschiedenen Anteile der Wärmeabgabe zu berücksichtigen versucht, darunter natürlich auch die Geschwindigkeit w der Umgebungsluft. Für den Vergleich mit anderen Formeln war

$$\alpha = 1{,}8\,(1 + 0{,}5\,\sqrt{w})\quad \text{mkp/m}^2\,\text{s}\,{}^\circ\text{C}$$

angegeben worden; der Verlauf ist in Abb. 5.7 gezeichnet. Beachtenswert ist, daß hier auch α wie die Wurzel aus der Windgeschwindigkeit zunimmt. Mit eingetragen sind die Werte für das glatte Rohr nach Gl. (5.12), die durch einen Strahlungsanteil von 5 kcal/m² h °C ergänzt, die Form $\alpha = 5 + 7{,}5\ w^{2/3}$ kcal/m² h °C oder $\alpha = 0{,}6 + 0{,}9\, w^{2/3}$ mkp/m² s °C annimmt. Ebenfalls ist die alte mit einem Strahlungsanteil von 4 kcal/m²h °C ergänzte Gl. (5.13) $\alpha = 6 + 10\sqrt{w}$ kcal/m²h °C oder

$$\alpha = 0{,}7 + 1{,}2\,\sqrt{w}\ \text{mkp/m}^2\,\text{s}\,^\circ\text{C} \tag{5.16}$$

aufgenommen. Diese Gleichung wird in den weiteren Beispielen bei $w > 1{,}2$ m/s verwendet. Ihre Werte liegen etwas niedriger als die von HANOCQ, sie bieten also eine gewisse Sicherheit, mit der vorerst immer noch gerechnet werden muß; deshalb ist für Gl. (5.16) auch nur ein Strahlungsanteil von 4 kcal/m² h °C ge-

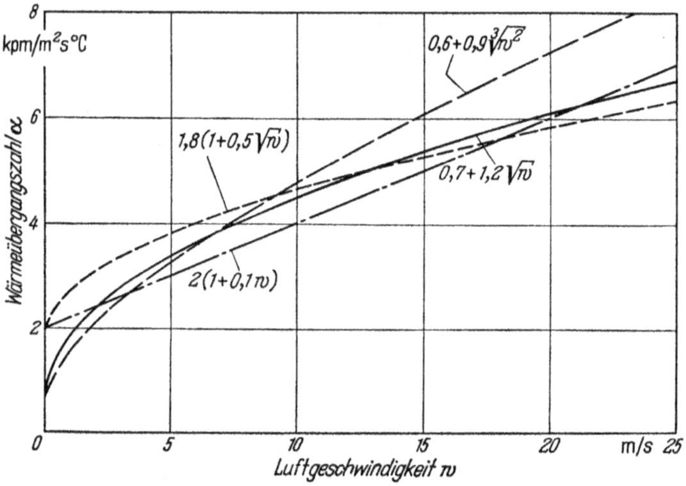

Abb. 5.7. Wärmeübergangszahlen von Lagergehäusen (Strahlung + Leitung + Konvektion) in bewegter Luft mit der Geschwindigkeit w

nommen. Das ist um so mehr berechtigt, als es bei den älteren Versuchen wohl nicht immer gelungen sein dürfte, den Strahlungsanteil vom konvektiven so sorgfältig zu trennen, wie bei den neueren Messungen.

Verwertet wurden auch die Wärmeabgabeverhältnisse von elektrischen Maschinen, die ebenso wie die Lager gegebene Temperaturgrenzen nicht überschreiten dürfen. Darüber wird in der nächsten Ziffer ausführlicher gesprochen, hier ist nur die Zunahme der Wärmeübergangszahl mit der Luftgeschwindigkeit zu erwähnen. ARNOLD-LA COUR (1919) gaben dafür — seit 1902 — den Ausdruck const·$(1 + 0{,}1\,w)$ an, der bei Wahl von const = 2 eine brauchbare Übereinstimmung mit Gl. (5.16) aufweist, wie Abb. 5.7 zeigt.

5.34 Weitere Bestätigungen

Viele meist von Studierenden durchgeführte Versuche auf dem Prüfstand nach Abb. 2.6 haben die Unterlagen über die Wärmeabgabe von Lagergehäusen gesichert. Darüber sind zwar noch keine Einzelveröffentlichungen erschienen, aber es ist versucht worden, von dieser Seite — der Erwärmung — her eine Darstellung der grundlegenden Reibungserscheinungen für den Maschinenbauer zu geben, wie es unter Ziffer 2.3 geschehen ist. Damit ist auch über die Ergebnisse zusammenfassend Bericht erstattet.

Umfangreiche Messungen über Wärmeabfuhr liegen aus dem Elektromaschinenbau vor; da geht es zwar weniger um Reibungswärme, sondern vor allem um durch den Ohmschen Widerstand bedingte Verluste. Die Gesetzmäßigkeiten für den Wärmeübergang sind aber gleich, weil die Art der Wärmequelle keinen Einfluß darauf hat. Für unsere Vergleichszwecke dienen vor allem die Ergebnisse an gekapselten Maschinen, bei denen die gesamte Wärme durch die Gehäuseaußenfläche abgegeben werden muß. Heute werden bei solchen Maschinen außen Ventilatoren auf die Welle gesetzt, die Gehäuse erhalten Längsrippen, an denen der Luftstrom entlang geblasen wird. Das gab es früher noch nicht, deshalb sind ältere Messungen für uns gute Vergleichsgrundlagen und vor allem deshalb von besonderer Bedeutung, weil sie an Motorgehäusen von 0,3 bis 1 m Durchmesser ausgeführt wurden. Darüber berichten E. ARNOLD und J. L. LA COUR (1919), S. 673/74; sie geben $\alpha = 14\,\text{Watt/m}^2\,°\text{C} = 1{,}4\,\text{mkp/m}^2\,\text{s}\,°\text{C} = 11{,}8\,\text{kcal/m}^2\,\text{h}\,°\text{C}$ an, also fast denselben Wert, der am Schluß von Ziffer 5.21 für Lagergehäuse in ruhender Luft genannt wurde.

Die Fragen der Wärmeabgabe werden bei ARNOLD - LA COUR eingehend behandelt, in den früheren Auflagen ist fast die gleiche Darstellung gegeben; das kann als ausreichender Beweis für die Brauchbarkeit in der Praxis angesehen werden. Auch die neueren Werke von R. RICHTER (1924) und G. GOTTER (1954) bringen keine grundsätzlichen Erweiterungen, was den gerade erwähnten Beweis nur bekräftigt.

Zu erwähnen sind noch zwei Hinweise von TEN BOSCH (1951), S. 402, über die Wärmeabgabe der Gehäuse von Zahnradgetrieben. Zunächst wird dafür $\alpha = 18\,\text{kcal/m}^2\,\text{h}\,°\text{C}$ angegeben und weiter unten $\alpha = 21\,\text{kcal/m}^2\,\text{h}\,°\text{C}$. Dem entsprechen $\alpha = 2{,}14$ bis $2{,}5\,\text{mkp/m}^2\,\text{s}\,°\text{C}$. Die Werte lassen sich in das bisherige Bild gut einordnen.

Eine recht beachtenswerte Formulierung wurde in diesem Zusammenhang aus der Praxis mitgeteilt: Eine Getriebefirma rechnet für 1 PS Verlustleistung 1 m² wärmeabgebende Gehäusefläche von 60 °C bei $\vartheta_0 \approx 20\,°\text{C}$ Raumtemperatur. Dem entspricht

$$\alpha = \frac{75\,\text{mkp}}{1\,\text{m}^2 \cdot \text{s} \cdot 40\,°\text{C}} = 1{,}88\,\text{mkp/m}^2\,\text{s}\,°\text{C}\,,$$

der Wert $\alpha = 2\,\text{mkp/m}^2\,\text{s}\,°\text{C}$ würde schon bei $\vartheta_0 = 22{,}5\,°\text{C}$ erreicht.

Diese Beziehung ermöglicht die einfache Kontrolle einer Rechnung: Die ermittelte Verlustleistung in PS muß kleiner sein als die wärmeabgebende Fläche in m², wenn keine größere Temperaturerhöhung als etwa 40 °C auftreten soll. Eine andere Umgebungstemperatur ist gegebenenfalls dabei zu berücksichtigen. Alle in diesem Buch gerechneten Beispiele bezeugen die Brauchbarkeit dieser Abschätzung, sofern es sich um Lager mit Selbstkühlung handelt.

Eine allgemeine Kontrolle für die Berechnung von Lagern ohne Zusatzkühlung ergibt sich aus dem Energiesatz; nach der Ermittlung von $M\omega$ muß die Beziehung $M\omega = \alpha\, A\, (\vartheta - \vartheta_0)$ erfüllt sein. Dabei können Abweichungen von einigen Prozent auftreten, weil für die Temperaturen und Viskositäten abgerundete Werte eingesetzt werden.

Zusammenfassend kann gesagt werden, daß für die Wärmeabgabe von Lagergehäusen zweckmäßige Unterlagen gegeben wurden. In der ersten Auflage sind diese ausführlicher begründet; die Bemühungen in der Zwischenzeit nach Erweiterung und Vertiefung haben keine neuen Gesichtspunkte ergeben, wohl aber Bestätigungen für die Brauchbarkeit der vorgeschlagenen Formeln.

Beispiel 33: Nachrechnung von Versuchsergebnissen

Mit der in Abb. 2.6 gezeigten Anordnung mit den drei Versuchslagern wurden die in Abb. 5.5 dargestellten Ergebnisse gewonnen, die eindrucksvoll die Unabhängigkeit der Temperatur von der Belastung im Bereich $So < 1$ belegen; diese sollen mit der Rechnung verglichen werden.

Bei diesen Versuchen war für das große Lager ein Schiffswellenlager des Eisenwerkes Wülfel mit einseitigem festen Ölring eingesetzt, das weitgehend dem von Abb. 1.6 entspricht. Nur sind die Gehäusemaße gedrängter, es ist $H = 290$ mm und $L = 250$ mm; in der Anordnung nach Abb. 2.6 ist aber noch die Fußplatte von 380×130 mm mit $\approx 0{,}05\ \mathrm{m}^2$ an der Wärmeabgabe beteiligt. Dann wird $A = 0{,}29\,\pi\,(0{,}25 + 0{,}145) + 0{,}05 = 0{,}41\ \mathrm{m}^2$. Die beiden Stützlager sind BAMAG-Festringlager nach DIN 118 G aus der Serie der in Abb. 6.9 gezeigten

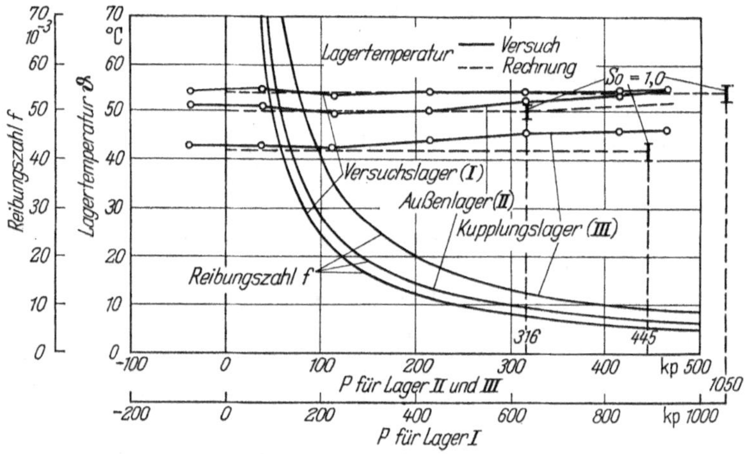

Abb. 5.8. Gemessene und gerechnete Lagertemperaturen für die Prüfanordnung nach Abb. 2.6

Bauart, jedoch für $D = 70$ mm mit den Gehäusemaßen $H = 200$ mm und $L = 140$ mm, aus denen nach der Palmgrenschen Formel $A = 0{,}15\ \mathrm{m}^2$ folgt. Verwendet wurde ein Öl 3,8 E/50 mit dem Viskositätsverlauf nach NÖ 25. Das Schiffswellenlager mit einseitigem festen Ölring bedarf keiner Ergänzungen zu den vorher gegebenen Rechnungsunterlagen, wohl aber die Lager mit dem Festring in der Mitte der längsgeteilten Schale; diese Anordnung bedingt eine 50% größere Reibung. In der ersten Auflage war im Beispiel 22, S. 179, mit 55% gerechnet worden, der einfachen Zahlen wegen sollen weiterhin 50% genügen; der Einfluß auf das Ergebnis ist nicht nennenswert, der Umgang mit einfachen Zahlen aber vorteilhaft.

Ferner ist ein Temperaturunterschied zwischen den beiden sonst gleichen Außenlagern zu beachten. Die Ursache ist die Kupplung bei Lager III; sie ventiliert etwas das Lagergehäuse, aber hauptsächlich wandert Wärme durch die Welle in die Kupplung und wird von dieser an die Umgebung abgegeben. Das wurde durch Einkapseln der Kupplung bewiesen, so daß sie mit der Außenluft nicht in Berührung kam, dann waren die Temperaturen beider Stützlager gleich. Nach Abnehmen der Einkapselung verringerte sich die Temperatur wieder auf den in Abb. 5.5 angegebenen Wert. Die Verbesserung der Wärmeabfuhr beruht auf der Vergrößerung der abgebenden Fläche und einer Erhöhung der Wärmeübergangszahl durch die bewegten Teile. Für solche Fälle liegen nur unvollkommene Unterlagen vor, die besten sind in der Zusammenstellung von E. Falz (1931), S. 102, gegeben, über die in Ziffer 5.24 berichtet ist. Danach kann die Wärmeabfuhr eines Lagers mit größerem Gehäuse in der Nähe einer rotierenden Scheibe zwei- bis dreimal so groß werden wie bei nur eingelegter Welle in ruhender Luft. Der Durchmesser der Kupplungsscheibe ist klein, deshalb wird hier der Faktor Zwei genommen.

Die Belastung des mittleren Lagers wird für die Rechnung, deren Ergebnisse in Abb. 5.8 zusammengestellt sind, mit $P = 500$ kp angenommen, was der Mitte der Belastungen in

Abb. 5.5 entspricht; die beiden kleinen Lager haben dann je $P = 250$ kp. Dann ist zunächst für Lager I:

1) $D = 125$ mm **2)** $B = 120$ mm **3)** $P = 500$ kp **4)** $\bar{p} = 3{,}33$ kp/cm² **5)** $n = 800$/min **6)** $U = 5{,}23$ m/s **7)** $S = 200\,\mu$m **8)** $\psi = 1{,}6^0/_{00}$ **9)** $\vartheta_0 = 24$ °C **10)** Vol = 1,47 l **11)** $\alpha = 2{,}0$ mkp/m² s °C **12)** $A = 0{,}41$ m² **13)** $M\omega^* = 12{,}55$ mkp/s **14)** $\eta^* = 10{,}2$ cP **15)** Öl mit 3,8 E/50 °C; NÖ 25, $\eta = 25$ cP/50 °C **16)** $So < 1$ **17)** $\eta_{30} = 6{,}66$ cP **18)** $\vartheta_{20} = 53$ °C **19)** $\vartheta = 54$ °C **20)** $\eta = 21{,}5$ cP **21)** und **22)** haben wegen der willkürlich angenommenen Last keinen Sinn, sie werden hinterher für die Last P^* bei $So = 1$ bestimmt **23)** $So = 0{,}475$ **24)** $M\omega = 26{,}4$ mkp/s.

Für $So = 1$ ist $P^* = P/So = 1050$ kp nach Gl. (6.22); damit wird $n_ü = 33{,}2$/min und $n/n_ü = 24{,}1$; das Lager arbeitet also im zulässigen Bereich. Die Reibungszahl $f = M\omega/P\,U = 5{,}05/P$, deren Verlauf in Abb. 5.8 mit eingetragen ist; man sieht, daß die konstante Temperatur zur Beurteilung des Reibungsgeschehens klarer und eindrucksvoller ist als die Reibungszahl. Ebenso ist zu beachten, daß die Rechnung die beobachtete Lagertemperatur liefert, mit weniger als 1 °C Abweichung im Mittel.

Bei der Rechnung zum Lager II ist die um 50% vergrößerte Reibung zu beachten, sonst verläuft sie ebenso wie in Lager I:

1) $D = 70$ mm **2)** $B = 70$ mm **3)** $P = 250$ kp **4)** $\bar{p} = 5{,}1$ kp/cm² **5)** $n = 800$/min **6)** $U = 2{,}93$ m/s **7)** $S = 125\,\mu$m **8)** $\psi = 1{,}8^0/_{00}$ **9)** $\vartheta_0 = 24$ °C **10)** Vol = 0,27 l **11)** $\alpha = 2{,}0$ mkp/m² s °C **12)** $A = 0{,}15$ m² **13)** die um 50% erhöhte Verlustleistung ergibt sich zu $M\omega^* = 5{,}93$ mkp/s **14)** $\eta^* = 19{,}8$ cP **15)** NÖ 25 **16)** $So < 1$ **17)** $\eta_{30} = 10$ cP **18)** $\vartheta_{20} = 48$ °C **19)** $\vartheta = 50$ °C **20)** $\eta = 25$ cP **23)** $So = 0{,}79$ **24)** $M\omega = 7{,}5$ mkp/s **28)** $f = 2{,}56/P$; der Verlauf von f ist in Abb. 5.8 mit verzeichnet. Für $So = 1$ ist $P^* = 250/0{,}79 = 316$ kp; damit wird $n_ü = 47$/min; $n/n_ü = 17$.

Der Einfluß des Bereiches $So > 1$ ist noch zu bestimmen, dafür wird der Höchstwert der Versuchslast mit 930 kp, also $P = 465$ kp für das Lager II gewählt. Dann ändern sich folgende Positionen: **3)** $P = 465$ kp **4)** $\bar{p} = 9{,}5$ kp/cm² **13)** $M\omega^* = 11$ mkp/s **14)** $\eta^* = 36{,}8$ cP **16)** $So > 1$ **17)** $W = 6{,}05$ **18)** $\vartheta_{20} = 50$ °C **19)** $\vartheta = 52$ °C **20)** $\eta = 23$ cP **21)** $n_ü = 75$/min **22)** $n/n_ü = 10{,}7$ **23)** $So = 1{,}6$ **24)** $M\omega = 8{,}7$ mkp/s **28)** $f = 6{,}4 \cdot 10^{-3}$.

Hier bestätigt die Rechnung das experimentelle Ergebnis, daß die Temperatur im Bereich $So > 1$ mit zunehmender Last ansteigt.

Das dritte Lager hat wieder die gleichen Daten wie das zweite im Bereich $So < 1$, nur ist das Produkt $\alpha\,A = 0{,}6$ mkp/s °C einzusetzen. Dann ändern sich: **17)** $\eta_{30} = 20$ cP **18)** $\vartheta_{20} = 40$ °C **19)** $\vartheta = 42$ °C **20)** $\eta = 35$ cP **23)** $So = 0{,}565$ **24)** $M\omega = 10{,}5$ mkp/s **28)** $f = 3{,}6/P$. Für $So = 1$ wird $P^* = 250/0{,}565 = 443$ kp, $n_ü = 47$/min und $n/n_ü = 17$. Die Verdopplung der Wärmeabgabe verringert die Temperatur von 50 °C auf 42 °C, das ist nicht allzu viel. Man möge daran erkennen, daß nicht zu große Unstimmigkeiten oder Unsicherheiten in den Werten von α und A keinen nennenswerten Einfluß auf die Temperatur haben.

Obwohl der Einfluß der Kühlung durch die Kupplung nur unvollkommen berücksichtigt wurde, ist die Übereinstimmung der rechnerischen und experimentellen Ergebnisse zufriedenstellend, wenn auch die Versuche im Gegensatz zur Rechnung schon im Schnellaufbereich ($So < 1$) einen leichten Anstieg der Lagertemperatur zeigen, wie aus Abb. 5.8 hervorgeht. Bei Lager II ist bemerkenswert, daß sowohl Rechnung als auch Versuch für $So > 1$ einen Temperaturanstieg liefern.

Vor allem sieht man an den in Abb. 5.8 wiedergegebenen Ergebnnisse, wie wenig die Reibungszahl geeignet ist, als Ausgang zum Verstehen der mit dem Reibungsgeschehen verbundenen Zusammenhänge genommen zu werden. Aus dem Herkömmlichen sind so viele Vorurteile damit verbunden, die den offenen Blick für die Wirklichkeit trüben, ob der Kenner oder Lernende nun will oder nicht. Wenn die Reibungszahl mit abnehmender Belastung zunimmt, so ist das noch begreiflich; die Versuche von TOWER (1883) zeigten bereits in weitem Bereich die Konstanz des Produktes $\bar{p} \cdot f$ oder $P \cdot f$, wie sie hier Abb. 5.8 bringt. Aber zu verstehen, daß zur niedrigeren Temperatur des Lagers III die höhere Reibungszahl gehört, dürfte nicht nur Anfängern schwerfallen. Wie klar ist demgegenüber der Temperaturverlauf! Außerdem ist dieser einfach zu bestimmen, während die Reibungszahl nur als Ergebnis sorgfältiger Messungen und Rechnungen erhalten werden kann.

5.4 Größe der wärmeabgebenden Flächen

5.41 Formeln

Will man möglichst genau rechnen, so muß aus der Konstruktionszeichnung die Größe der wärmeabgebenden Außenfläche des Lagergehäuses ermittelt werden. Das ist im allgemeinen eine etwas umständliche Arbeit, weil Lagerkörper nur in seltenen Fällen geometrisch einfache Gebilde sind. Nun ist aber der Einfluß einer verbleibenden Ungenauigkeit meist klein, im Beispiel 33 wurde die wärmeabgebende Fläche wegen der Nähe der Kupplung verdoppelt, das brachte eine Temperaturerniedrigung von 8 °C. Deshalb ist es zweckmäßig, Formeln anzugeben, mit denen die Größe der wärmeabgebenden Fläche A überschlägig ermittelt werden kann. Für Lagergehäuse üblicher Bauart von der Höhe H und der axialen Länge L hat PALMGREN (1954), S. 179, die Formel

$$A = \pi H (L + H/2) \tag{5.17}$$

mitgeteilt. Das ist eine Größengleichung, wenn H und L in m eingesetzt werden, erhält man die Fläche A in m². PALMGREN hat diese Formel für Stehlagergehäuse von Wälzlagern angegeben; diese unterscheiden sich in der Grundform aber nicht

Tabelle 5.2. *Wärmeabgebende Flächen der in den Beispielen behandelten Lagerbauarten*

Lfd. Nr.	Lagerart	D mm	B mm	A m²	$\frac{A}{BD}$	Bsp. Nr.	Abb.
1	Versuchslager	60	40	0,1	41,6	25	2.21
2	Losring-Stehlager DIN 118 K	60	100	0,156	26,0	28	4.9
3	Festring-Stehlager DIN 118 G	70	2×44	0,189	30,7	33	4.8
4	Lagerschild für E-Motor	75	170	0,46	36,0	5	1.11
5	Flanschlager nach FALZ	80	80	0,2	31,2	40	6.7
6	Losring-Lager mit wassergekühlten Schalen	110	250	0,49	17,8	48	7.18
7	Festring-Stehlager DIN 118 G	125	120	0,40	26,7	1, 4, 22, 34, 51	1.6
8	Festring-Stehlager DIN 118 G	125	140	0,40	22,9	47	7.17
9	Stehlager DIN 118 G für Umlauföl	140	140	0,40	20,4	6	1.12
10	Schildlager eines Gleichstrommotors	160	150	1,00	41,6	45	7.15
11	Losring-Stehlager DIN 118 G	180	140	0,53	21,0	41	6.9
12	Festring-Stehlager DIN 118 G	200	150	0,85	28,4	35	6.1
13	Schweres Losring-Stehlager DIN 118 K	200	150	0,90	30,0	23	2.19
14	Kurzgebautes Losring-Stehlager	220	165	0,72	19,8	38	6.4
15	Walzenlager	230	160	0,60	16,3	10	1.17
16	Losring-Generatorlager	300	300	1,88	20,9	39	6.6
17	Führungslager für senkrechte Wellen	320	160	1,00	19,5	13	1.20
18	Losring-Stehlager	340	300	2,00	19,6	2	1.8
19	Losring-Lager alter Bauart	340	1100	3,55	9,5	50	8.12
20	Lager für Zuckerrohrmühle	390	500	1,00	5,1	9	1.15
21	Drehofenlager	400	315	1,90	15,1	8	1.14
22	Bocklager für Walzenzugmotor	400	400	4,00	25,0	43	7.13
23	Schwungradwellenlager	550	550	5,10	16,8	44	7.14
24	Losring-Stehlager	600	790	9,00	19,0	3	1.9
25	Bocklager für Walzenzugmotor	650	560	7,00	19,2	46	7.16

von denen der Gleitlager, deshalb kann sie dafür ebenso angewendet werden. Alle von uns aus Zeichnungen ermittelten Oberflächen stimmten mit denen der Palmgrenschen Formel bis auf wenige Prozent überein.

Für Stehlager nach DIN 118 K in der Bauart des Eisenwerkes Wülfel schlägt H. Reitemeyer (1953), S. 56, die Beziehung $A = 9{,}0 \cdot D^{1{,}45}\,\mathrm{m}^2$ vor. Für das Rechnen ist es zweckmäßiger,

$$A = 9\,D\sqrt{D} \quad \text{in m}^2 \text{ mit } D \text{ in m} \tag{5.18}$$

zu nehmen, der zahlenmäßige Unterschied ist ohne Bedeutung. Diese Formel wird mit Vorteil verwendet, wenn man nur den Durchmesser des Lagers kennt; allerdings gilt sie nur bis zu $D \approx 200$ mm und setzt außerdem eine normale Bauart voraus. Für größere Durchmesser und längere Lagergehäuse ergeben sich damit zu kleine Flächen.

5.42 Tabellen

Die wärmeabgebende Fläche A steht in einem gewissen Verhältnis zur projizierten Lagerfläche $B\,D$, so daß man auch von dieser letzteren ausgehend die Größe A näherungsweise ermitteln kann. Um für eine solche Abschätzung einen Anhalt zu geben, werden in der vorstehenden Tab. 5.2 für die in diesem Buch gebrachten Zeichnungen von Lagergehäusen die Werte von A und $B\,D$ zusammengestellt.

5.5 Lager im Maschinenverband

In sehr vielen Fällen bildet das Unterteil oder auch das ganze Lagergehäuse mit der Maschine ein Ganzes; Rahmen, Grundplatte oder andere ruhende Bauteile sind dementsprechend ausgebildet. Die wärmeabgebende Fläche solcher Lager ist nicht so genau umrissen wie bei einem Stehlager; aber auch bei diesen kann nicht immer mit der gesamten Außenfläche gerechnet werden, wenn es sich um höhere Lagerböcke handelt. Jedoch läßt sich durch geeigneten Ölumlauf die Wärmeabgabe verbessern.

Ebenso wie bei der Wärmeabgabe der Welle nur eine bestimmte Länge in die Rechnung eingeführt werden kann, muß beim Lager im Maschinenverband auch die wärmeabgebende Fläche begrenzt werden, da die weiter entfernt liegenden Bereiche nicht mehr eine genügend hohe Temperatur annehmen, um sich merklich an der Wärmeabgabe zu beteiligen. Bis weitere Versuchsergebnisse vorliegen, sollte man für die wärmeabgebende Fläche nach Tab. 5.2 nicht über 25 BD hinausgehen. Soweit es sich bisher übersehen läßt, kann das als ein oberer Wert angesehen werden. In vielen Fällen ist die wärmeabgebende Fläche im Verhältnis zu BD kleiner einzusetzen, empfohlen werden 15 bis 20 BD.

Das ist vor allem dann der Fall, wenn es sich um Lager in einer Rahmenwand mit allseitiger Ausdehnung um das Lager herum handelt. Dann wirkt der Rahmen zwar wie eine große Rippe um ein Rohr, deren wärmeabgebende Fläche ist aber wesentlich kleiner als die eines Stehlagers, weil die Mantelfläche fehlt. Bei einem Ringschmierlager mit großem Ölvorrat wird die Wärmeabgabe günstiger, wenn für guten Ölumlauf gesorgt wird, aber die Werte eines Stehlagers werden nicht erreicht. Hier liegen noch keine Richtwerte vor, so daß der Konstrukteur mit Hilfe der vorhergehenden Ausführungen sich selbst Unterlagen für den jeweiligen Fall beschaffen muß.

6. Die Betriebstemperatur

6.1 Grundlagen und Lösungsmöglichkeiten

6.11 Die verschiedenen Aufgabenstellungen

Mit den bisher gewonnenen Ergebnissen ist es nunmehr möglich, die im Dauerbetrieb sich einstellende Lagertemperatur zu berechnen. Die Temperatur im Lager steigt so lange, bis die Reibungswärme gerade an die Umgebung abgegeben werden kann. Dann ist der thermische Beharrungszustand erreicht, dem eine bestimmte Übertemperatur zwischen Lagerkörper und Außenluft entspricht. Dafür gilt, wenn die Wärme allein durch das Lagergehäuse an die Luft abgegeben wird, die Beziehung

$$M\omega = f\,P\,U = \alpha\,A\,(\vartheta - \vartheta_0)\,, \tag{6.1}$$

die durch $f\,P\,U$ ergänzte Gl. (2.1). Genau genommen müßte hier, den Ausführungen unter Ziffer 5.23 entsprechend, statt ϑ die Temperatur der Außenfläche ϑ_A eingesetzt werden; es wird jedoch wegen der allgemein geringen Unterschiede mit der Näherungsgleichung gerechnet, außerdem ist der nur experimentell zu findende Wert von α darauf abgestimmt.

Der Fall der Wärmeabgabe an die umgebende Luft nach Gl. (6.1), mit dem sich dieses Kapitel ausschließlich befaßt, ist der wichtigere und schwierigere, denn die weitaus meisten Lager arbeiten unter diesen Bedingungen. Ergeben sich nach Gl. (6.1) zu hohe Temperaturen, dann muß auf zusätzliche Kühlung nach Ziffer 7.7 zurückgegriffen werden.

In der Gl. (6.1) enthält die linke Seite in dem Ausdruck für f die Viskosität η, wie Gln. (2.10) und (2.11) zeigen. Unter gewissen Bedingungen ist sie von vornherein als gegeben anzusehen, und zwar:

1. wenn der Übergang in den Verschleißbereich bei einer bestimmten Drehzahl erfolgen soll, gemäß der Mindestviskosität aus Übergangsformel nach Gl. (4.12);
2. wenn durch Verwendung besonderer Tragflüssigkeiten die Viskosität von vornherein gegeben ist, wie etwa bei Luft oder Wasser.

Wird dagegen ein bestimmtes Öl — gekennzeichnet durch seine Viskositäts-Temperatur-Kurve — vorgeschrieben, dann ist η in der Formel für f unbekannt. Gl. (6.1) enthält dann zwei Unbekannte, nämlich ϑ und η; für deren Lösung ist als weitere Gleichung die Viskositäts-Temperatur-Beziehung notwendig. Diese kann durch Formeln, Kurven oder in Tabellenform gegeben sein.

Eine weitere Aufgabe besteht darin, für ein gegebenes Öl und eine gegebene Übertemperatur die zulässigen Belastungen und Drehzahlen zu suchen. Damit wäre zwar die Viskosität gegeben und die Lösung durch eine einfache Gleichung möglich, aber die methodische Behandlung ist anders als in den Fällen 1 und 2 und weicht von deren Lösungsweg grundsätzlich ab.

Zusammenfassend werden folgende Fälle unterschieden:

1. Das Öl kann frei gewählt werden. Eine einfache Rechnung führt zum Ergebnis, Ziffer 6.2.

2. Das Öl ist vorgeschrieben. Dann kann die Lösung rechnerisch und graphisch gefunden werden. Die rechnerische Ermittlung wird einfach, wenn der Viskositäts-Temperatur-Verlauf der Slotteschen Gleichung (6.9) entspricht; für $So > 1$ führt nach Ziffer 6.31 die Lösung zu einer Gleichung zweiten, für $So < 1$ zu einer Glei-

chung dritten Grades, Ziffer 6.33. Ist der V-T-Verlauf der Öle durch Kurven oder Tabellen gegeben, so wird die Lösung auf graphischem Wege gefunden, Ziffer 6.4.

3. Das Öl und die Übertemperatur sind vorgeschrieben. Wie unter 1. führt eine einfache Rechnung zum Ergebnis, Ziffer 6.6.

6.12 Die Gebrauchsgleichungen für zweckmäßiges Rechnen

Zunächst werden die für die rechnerische Handhabung geeigneten Formen der Gleichungen angegeben. In den Gln. (2.3) und (2.4) ist nur für die Viskosität die Zentipoise statt des kps/m² zu berücksichtigen, in den Gln. (2.5) bis (2.11) auch noch das Lagerspiel in Promillen und der Druck in kp/cm². Damit wird für den Schwerlastbereich

$$M\omega = \frac{4{,}25\,U}{100}\sqrt{P\,U\,B}\,\sqrt{\eta} = \frac{3\,\psi}{1000}\cdot\frac{P\,U}{\sqrt{So}} \quad \text{für } So > 1\,, \tag{6.2}$$

$$\vartheta - \vartheta_0 = \frac{4{,}25\,U}{100\,\alpha\,A}\sqrt{P\,U\,B}\,\sqrt{\eta} = W\sqrt{\eta} \quad \text{für } So > 1\,, \tag{6.3}$$

für den Schnellaufbereich

$$M\omega = 0{,}6\,\frac{B\,U^2}{\psi}\,\eta = \frac{3\,\psi}{1000}\cdot\frac{P\,U}{So} \quad \text{für } So < 1\,, \tag{6.4}$$

$$\vartheta - \vartheta_0 = 0{,}6\,\frac{B\,U^2}{\alpha\,A\,\psi}\,\eta \quad \text{für } So < 1\,, \tag{6.5}$$

und für die Sommerfeldzahl

$$So = \frac{P\,\psi^2}{200\,\eta\,U\,B} = 100\,\frac{\bar{p}\,\psi^2}{\eta\,\omega}\,. \tag{6.6}$$

Aus den Gln. (2.10) und (2.11) ergeben sich mit η in cP und $\bar{p}$ in kp/cm² für die unmittelbare Berechnung der Reibungszahl

$$f = 0{,}3\cdot 10^{-3}\sqrt{\frac{\eta\,\omega}{\bar{p}}} \quad \text{für } So > 1 \tag{6.7}$$

und

$$f = 0{,}03\cdot 10^{-3}\,\frac{\eta\,\omega}{\bar{p}\,\psi} \quad \text{für } So < 1. \tag{6.8}$$

6.2 Viskosität vorgeschrieben; Öl gesucht

Bei dieser Aufgabenstellung, die in den Beispielen 34 bis 36 erläutert werden soll, läßt sich die Ölauswahl in Pos. 15 des Formblattes erst treffen, wenn mit Pos. 16 bis 19 die Lagertemperatur bestimmt worden ist. Das kann entweder mit Hilfe der Netztafel oder aber direkt aus den Formeln Gl. (6.3) für $So > 1$ bzw. (6.5) für $So < 1$ erfolgen.

Beispiel 34: Ölauswahl für niedrige Drehzahl, Stehlager 125 mm Durchmesser

Das in Beispiel 22 berechnete Lager, das trotz Abriebes noch eine zulässige Temperatur ergab, soll durch Wahl eines geeigneten Öles zum verschleißfreien Betrieb gebracht werden.

Hier wird von der Übergangsdrehzahl ausgegangen. Wählt man für $n = 10$/min ein $n_ü = 3$/min, so ergibt nach Gl. (4.12) $\eta_{\min} = 3000/1\cdot 1{,}47\cdot 3 = 3000/4{,}41 = 680$ cP. Für die Bestimmung der Temperaturerhöhung wird nach dem üblichen Schema:

1) $D = 125$ mm **2)** $B = 120$ mm **3)** $P = 3000$ kp **4)** $\bar{p} = 20$ kp/cm² **5)** $n = 10$/min **6)** $U = 0{,}0655$ m/s **7)** $S = 200\,\mu$m **8)** $\psi = 1{,}6\,‰$ **9)** $\vartheta_0 = 20$ °C **10)** Vol $= 1{,}47$ l **11)** $\alpha = 2{,}0$ mkp/m² s °C **12)** $A = 0{,}4$ m² **13)** $M\omega^* = 0{,}945$ mkp/s **14)** $\eta^* = 4900$ cP **15)** Das

Öl muß bei 20,5 °C die Viskosität $\eta = 680$ cP aufweisen, NÖ 100 hat 721 cP bei 20 °C **16)** $So > 1$ **17)** $W = 0{,}017$; dieser niedrige Wert liefert eine Temperaturerhöhung $\vartheta - \vartheta_0 = W\sqrt{\eta}$ $= 0{,}017 \cdot \sqrt{680} = 0{,}44$ °C **18)** $\vartheta_{20} =$ **19)** $\vartheta = 0{,}017\sqrt{720} + 20 = 20{,}5$ °C **20)** $\eta = 720$ cP **21)** $n_ü = 3000/1 \cdot 1{,}47 \cdot 720 = 3000/1060 = 2{,}83$/min **22)** $n/n_ü = 3{,}53$ **23)** $So = 4900/720 = 6{,}8$ **24)** $M\omega = 0{,}945/\sqrt{6{,}8} = 0{,}362$ mkp/s, also ein sehr geringer Wert **28)** $f = 1{,}84 \cdot 10^{-3}$.

Zusammen mit den Ergebnissen von Beispiel 22 ist dieser Fall lehrreich im Hinblick auf die früher und leider auch heute noch oft geübte Beurteilung des Lagerlaufs nach den pv-Werten. Der Wert $pv = 20 \cdot 0{,}0655 = 1{,}31$ mkp/cm² s ließe nach den alten Gepflogenheiten größte Betriebssicherheit erwarten. Zwar ist die Temperatur mit 65 °C in Beispiel 22 noch nicht zu hoch, aber es werden rund 93% der Last von Festkörperwirkungen getragen; der dabei zu erwartende erhebliche Verschleiß läßt auf die Dauer keine Betriebssicherheit zu. Die Forderung nach zufriedenstellendem Verhalten kann wohl durch Wahl eines geeigneten Öles erfüllt werden, niemals aber durch Anwendung eines noch so hochwertigen Lagerwerkstoffes.

Beispiel 35: Vermeiden von Heißlauf durch richtige Ölauswahl

Es ist zu prüfen, ob das in Beispiel 23 und 26 behandelte schwere Lager durch ein passendes Öl ohne Zusatzkühlung betriebsfähig zu machen ist und der Heißlauf vermieden werden kann.

Wieder wird von der Übergangsdrehzahl und der erforderlichen Viskosität ausgegangen. Aber auch in einem solchen Falle lohnt es sich, die Daten in das gegebene Schema einzuordnen, das hier bis zur Ziffer 14 aus Beispiel 23 übernommen werden kann. Dann allerdings ist die Übergangsdrehzahl festzulegen, aus $n/n_ü = |U|$, mindestens 3. Demnach wird also $n_ü = n/3$ $= 50$/min und damit gemäß Gl. (4.12)

$$\eta_{\min} = \frac{36\,000}{1 \cdot 4{,}71 \cdot 50} = \frac{36000}{236} = 153 \text{ cP}\,.$$

Diese Viskosität liefert $So = 764/153 = 5{,}0$ und $M\omega = 76$ mkp/s ≈ 1 PS. Daraus folgt die Temperaturerhöhung $\vartheta - \vartheta_0 = M\omega/\alpha A = 76/2 \cdot 0{,}9 = 42$ °C. Ein Öl, das bei $\vartheta = 62$ °C

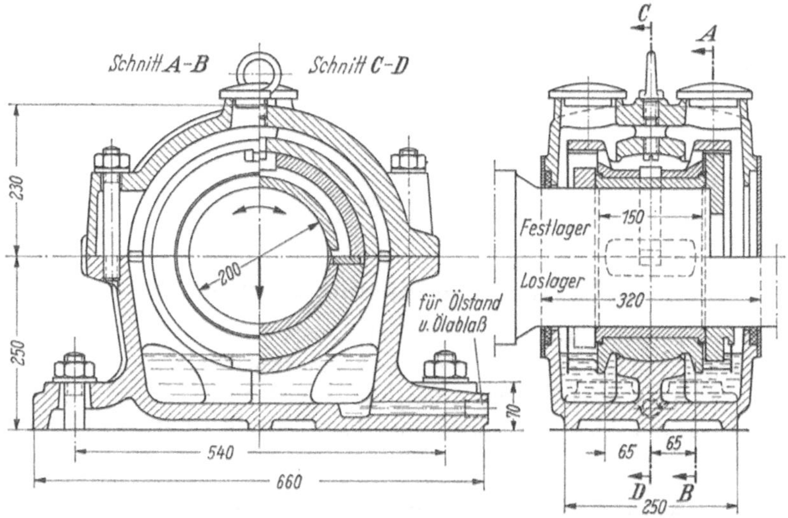

Abb. 6.1. Festring-Stehlager nach DIN 118 G. $D = 200$ mm, $B = 150$ mm

eine Viskosität von 153 cP aufweist, entspricht etwa NÖ 400 mit $\eta = 170$ cP bei 65 °C. Damit werden die untenstehenden Werte bestimmt.

Das Lager wäre zwar mit einer noch annehmbaren Temperatur zu betreiben, aber wegen der hohen Ölviskosität beim Anlauf ist eine Konstruktionsänderung zu empfehlen. Da das hochviskose Öl den losen Ring schwerlich freigeben wird, ist er durch einen festen zu ersetzen, gemäß Abb. 6.1. Im allgemeinen genügt zwar ein Schmierring, doch können auch zwei eingebaut werden, die gleichzeitig zur axialen Festlegung der Welle dienen. Weil die wärmeabgebende Außenfläche dieses Lagers etwas kleiner ist als die nach Abb. 2.19, werden die Temperaturen um ein Geringes höher liegen. Der Vollständigkeit halber sind nachstehend die gegenüber Beispiel 23 abweichenden Zahlen zusammengestellt:

12) $A = 0{,}85\ \mathrm{m}^2$ **15)** NÖ 400 **16)** $So > 1$ **17)** $W = 3{,}62$ **19)** $\vartheta = 66\ {}^\circ\mathrm{C}$ **20)** $\eta = 160$ cP **21)** $n_ü = 47{,}7/\mathrm{min}$ **22)** $n/n_ü = 3{,}15$ **23)** $So = 4{,}77$ **24)** $M\omega = 78$ mkp/s $= 1{,}04$ PS **28)** $f = 1{,}38 \cdot 10^{-3}$.

Unter den gegebenen Bedingungen arbeitet das Lager an der Grenze des Zulässigen.

Beispiel 36: Lagerung eines Unwuchtantriebes

A. Buske (1951), S. 1431 hat die in Abb. 6.2 wiedergegebene Lagerung für einen Schwingungserreger konstruiert, bei der ein exzentrisches Gewicht eine Umlauflast bewirkt. Gefordert wurden $P = 1000$ bis 2000 kp bei $n = 7500/\mathrm{min}$, dagegen kann das Gewicht der Teile vernachlässigt werden. Zunächst ist allgemein für derartige dynamische Belastungen folgendes zu sagen:

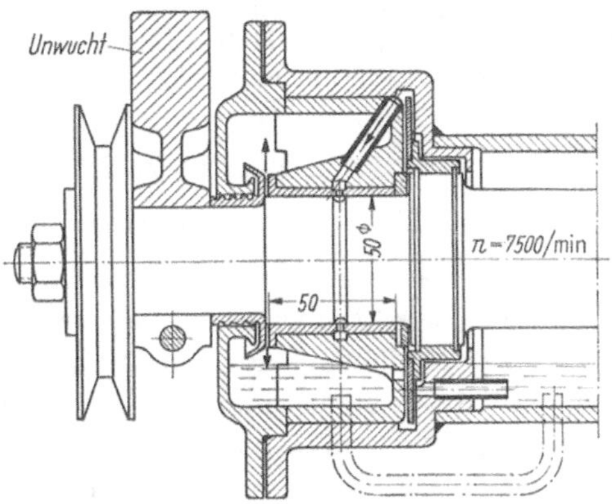

Abb. 6.2. Lagerung eines Unwucht-Antriebes

Wenn die Belastung von der Drehzahl abhängt und von Null aus mit deren Quadrat wächst, wie der Propellerschub bei Axiallagern oder eine umlaufende Last bei Radiallagern, ist sie zunächst geringer als die linear mit der Drehzahl ansteigende Tragfähigkeit $P_{gr} = P_ü$. Partielles Tragen tritt erst bei der Drehzahl $n_ü$ auf, bei der P gleich $P_ü$ wird. Der gesamte Betriebsbereich muß daher unterhalb von $n_ü$ liegen, und die Sicherheit ist dadurch gegeben, wie weit P bei der Betriebsdrehzahl n unterhalb von $P_ü$ liegt. Hierbei wird beim An- und Auslauf das Gebiet des partiellen Tragens nicht durchfahren; Abb. 6.3 erläutert diesen Sachverhalt unter Zugrundelegung der Daten dieses Beispiels.

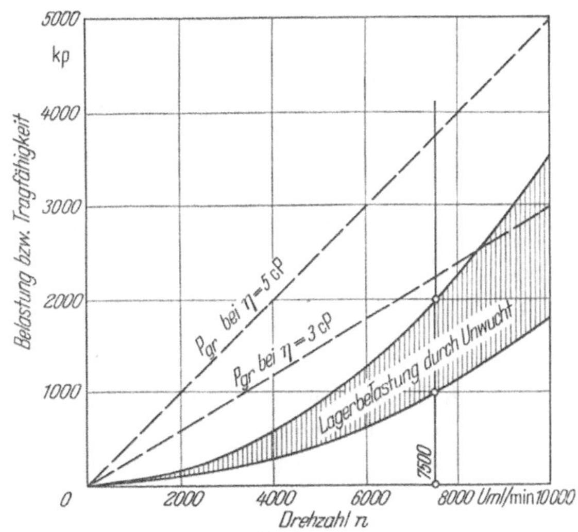

Abb. 6.3. Belastungen und Tragfähigkeiten für den Unwucht-Antrieb

Das Lager hat die Abmessungen $D = B = 50$ mm, das Volumen ist rund 0,1 l, für $n = 7500/\mathrm{min}$ wird für $P = 1000$ kp nach Gl. (4.12)

$$\eta_{\min} = \frac{1000}{1 \cdot 0{,}1 \cdot 7500} = 1{,}33\ \mathrm{cP}$$

und für $P = 2000$ kp ist $\eta_{\min} = 2{,}67$ cP erforderlich, es sind also trotz der hohen Lasten recht dünnflüssige Öle zu verwenden. Das mag überraschen, weil $\bar{p}$ mit 40 kp/cm² für $P = 1000$ kp und mit 80 kp/cm² für $P = 2000$ kp schon ansehnliche Beträge annimmt; ebenso ist die Umfangsgeschwindigkeit mit $U = 19{,}6$ m/s keinesfalls niedrig. Wird als Lagertemperatur etwa 60 °C zugelassen, so kommen NÖ 4 und NÖ 6,3 in Betracht. Das erste hat $\eta = 3$ cP bei 63 °C, das zweite 5 cP bei 58 °C; für diese Viskositäten sind in Abb. 6.3 die Tragfähigkeiten mit eingetragen. Mit den Ölen NÖ 4 für $P = 1000$ kp und NÖ 6,3 für $P = 2000$ kp bei etwa 60 °C arbeitet das Lager also mit ausreichender Sicherheit.

Der Ölumlauf soll durch die Förderscheibe erfolgen, das genügt für die erforderlichen Mengen, die den tragfähigen Film bilden müssen. Aber ob die entstehende Wärme ohne Zusatzkühlung abgeführt werden kann, bleibt zu untersuchen. Für $P = 2000$ kp, $\eta = 5$ cP und $\psi = 1{,}8\,^0/_{00}$ wird

$$So = \frac{2000 \cdot 3{,}24}{200 \cdot 5 \cdot 19{,}6 \cdot 0{,}05} = \frac{6480}{980} = 6{,}6$$

und

$$M\omega = \frac{3 \cdot 1{,}8}{1000} \cdot \frac{2000 \cdot 19{,}6}{\sqrt{6{,}6}} = 83 \text{ mkp/s} = 1{,}1 \text{ PS}\,.$$

Für 60 °C Betriebstemperatur müßte eine Kühlfläche von über einem Quadratmeter zur Verfügung stehen, das ist auch nicht annähernd der Fall. Selbst wenn durch die Förderscheibe – wie es auch Abb. 6.2 andeutet – größere Nachbarräume zur Wärmeabfuhr mit herangezogen werden, dürfte die wirksame Kühlfläche über $100\,BD$ nicht hinauskommen, das wäre erst $0{,}25$ m². Ohne besondere Maßnahmen, Kühlöl oder in den Ölbehälter eingebaute Kühlschlangen, wird es also nicht gehen.

6.3 Öl gegeben; Viskosität gesucht; rechnerische Lösung

6.31 Der Schwerlastbereich; Formel nach Gümbel-Falz

Gl. (6.3) läßt eine rechnerische Lösung zu, wenn das Viskositäts-Temperatur-Verhalten $\eta = \eta\,(\vartheta)$ durch eine geeignete Formel gegeben ist. Zunächst soll f durch die Wurzelbeziehung nach GÜMBEL eingeführt, also der Fall $So > 1$ behandelt werden, weil dieser nicht nur einfach durchführbar ist, sondern auch am häufigsten vorkommt. Darin muß nun η durch eine Funktion von ϑ ausgedrückt werden; das ist mit der Slotteschen Gleichung in der Form

$$\eta = \frac{10^4\,\varkappa}{(\vartheta - \Theta)^2} \text{ in cP} \tag{6.9}$$

möglich. Näheres über diese Formel findet sich unter Ziffer 8.24. Wird η nach Gl. (6.9) in Gl. (6.3) eingesetzt, so folgt

$$(\vartheta - \vartheta_0)\,(\vartheta - \Theta) = \frac{4{,}25\,U}{\alpha A}\sqrt{P\,U\,B\,\varkappa}\,,$$

eine quadratische Gleichung mit der Lösung

$$\vartheta = \frac{\vartheta_0 + \Theta}{2} \pm \sqrt{\frac{1}{4}\,(\vartheta_0 + \Theta)^2 - \vartheta_0\,\Theta + \frac{4{,}25\,U}{\alpha A}\sqrt{P\,U\,B\,\varkappa}}$$

oder

$$\vartheta = \frac{\vartheta_0 + \Theta}{2} + \sqrt{\frac{1}{4}\,(\vartheta_0 - \Theta)^2 + \frac{4{,}25\,U}{\alpha A}\sqrt{P\,U\,B\,\varkappa}}\,. \tag{6.10}$$

Nach Bestimmung von ϑ und η muß So ermittelt werden, um sicher zu sein, daß die Anwendung der Gümbelschen Formel berechtigt ist. Ergibt sich $So < 1$, so beachte man Ziffer 6.33 und wende die graphische Lösung an.

6.32 Zahlenwerte für die Slottesche Gleichung

Der in Ziffer 6.31 gegebene Rechnungsgang hat nur dann einen Sinn, wenn es gelingt, durch die Slottesche Gleichung den Viskositätsverlauf wirklicher Öle mit hinreichender Genauigkeit wiederzugeben. Das ist tatsächlich möglich. Da es sich um eine Näherungsformel handelt, kann sie nur für einen gewissen Temperaturbereich gültig sein; dieser wird zweckmäßig von 40 bis 100 °C genommen.

Um den Anschluß an die bisherigen Betrachtungen möglichst eng zu gestalten, sind für die in Ziffer 8.27 festgelegten Normöle die zweckmäßigsten Werte für $\varkappa$ und Θ derart ermittelt worden, daß in dem Bereich von 40 bis 100 °C der mittlere Fehler möglichst klein wird. Damit ergeben sich die in Tab. 6.1 niedergelegten Werte.

Tabelle 6.1. *Zahlenwerte für die Konstanten der Slotteschen Gleichung (6.9)*

NÖ	$\varkappa$	Θ	NÖ	$\varkappa$	Θ	NÖ	$\varkappa$	Θ
1,0	2,60	−111,0	16,0	4,19	− 1,2	100	11,0	16,7
1,6	2,37	− 72,0	20,0	4,63	1,8	160	14,5	19,6
2,5	2,40	− 48,0	25,0	5,24	4,2	250	19,2	21,9
4,0	2,62	− 31,0	31,5	5,85	6,9	400	26,0	24,0
6,3	2,95	− 18,5	40,0	6,60	9,3	630	35,0	26,0
10,0	3,46	− 9,0	50,0	7,50	11,2	1000	48,0	27,5
12,5	3,80	− 5,2	63,0	8,48	13,3			

Die Wiedergabe des Viskositätsverlaufes der Normöle ist verschieden gut, bei niedrigen Viskositäten ist sie besser als bei hohen. Für einen Überblick sind in der folgenden Tab. 6.2 die Viskositätswerte aus Tab. 8.5 auszugsweise wiedergegeben und mit denen nach der Slotteschen Gleichung verglichen. Die Anpassung an den wirklichen Viskositätsverlauf ist am günstigsten beim NÖ 6,3; dann nimmt die Güte der Darstellung ab. Beim NÖ 250 werden die Unterschiede bereits so groß, daß man nur noch bedingt mit der Slotteschen Gleichung rechnen kann, wenn Anforderungen an die Genauigkeit gestellt werden.

Tabelle 6.2. *Viskositäten der Normöle (obere Zeile) und nach der Slotteschen Formel in cP*

NÖ	$\vartheta = 40$ °C	50	60	80	100 °C
6,3	8,64	6,30	4,79	3,04	2,11
	8,62	6,28	4,78	3,04	2,10
16,0	23,82	16,00	11,31	6,37	4,03
	24,68	15,98	11,19	6,35	4,09
40,0	64,6	40,0	26,35	13,19	7,61
	70,0	39,8	25,65	13,19	8,02
250,0	475	250	142,9	56,6	27,07
	586	243	132,2	56,9	31,47

Beispiel 37: Rechnerische Lösung von Beispiel 2

Die Gleichungen für die Bestimmung der Lagertemperatur enthalten die Umgebungstemperatur, so daß deren Berücksichtigung unmittelbar gegeben ist. Leider erscheint ϑ_0 auch unter der Wurzel, dadurch wird die Berechnung etwas umständlicher. Um die Handhabung zu zeigen und den Nachweis der Brauchbarkeit beider Verfahren zu erbringen, soll das in Beispiel 2 behandelte Lager nachgerechnet werden.

Die Slottesche Gleichung für die Viskosität des Normöls 40 lautet $\eta = 6{,}6 \cdot 10^4/(\vartheta - 9{,}3)^2$ in cP. Damit folgt aus Gl. (6.10)

$$\vartheta = \frac{35 + 9{,}3}{2} + \sqrt{\frac{1}{4}\,(25{,}7)^2 + \frac{4{,}25 \cdot 4{,}36}{2{,}0 \cdot 2{,}0}\,\sqrt{13500 \cdot 4{,}36 \cdot 0{,}3 \cdot 6{,}6}} =$$

$$= 22{,}15 + \sqrt{165 + 1590} = 22{,}15 + 41{,}9 = 64\,°\mathrm{C};$$

die Viskosität wird $\eta = 6{,}6 \cdot 10^4/54{,}7^2 = 22$ cP. Für $\vartheta_0 = 20$ °C, für die das graphische Verfahren den Ausgangswert liefert, ergibt die Rechnung

$$\vartheta = \frac{20 + 9{,}3}{2} + \sqrt{\frac{1}{4}\,(10{,}7)^2 + 1590} = 14{,}65 + \sqrt{29 + 1590} = 14{,}65 + 40{,}2 = 54{,}85 \approx 55\,°\text{C},$$

dabei ist die Viskosität $\eta = 6{,}6 \cdot 10^4/45{,}55^2 = 31{,}8$ cP; nach Tab. 8.5 wären es 32,2 cP. Die Ergebnisse nach dem graphischen und rechnerischen Verfahren weichen kaum voneinander ab.

Beispiel 38: Losring-Stehlager D = 220 mm

Für das in Abb. 6.4 dargestellte kurzgebaute Lager nach DIN 118 G soll mit $P = 3200$ kp bei $n = 500$/min und einem dünnen Maschinenöl von rund 2,5 E/50 °C, entsprechend NÖ 16,

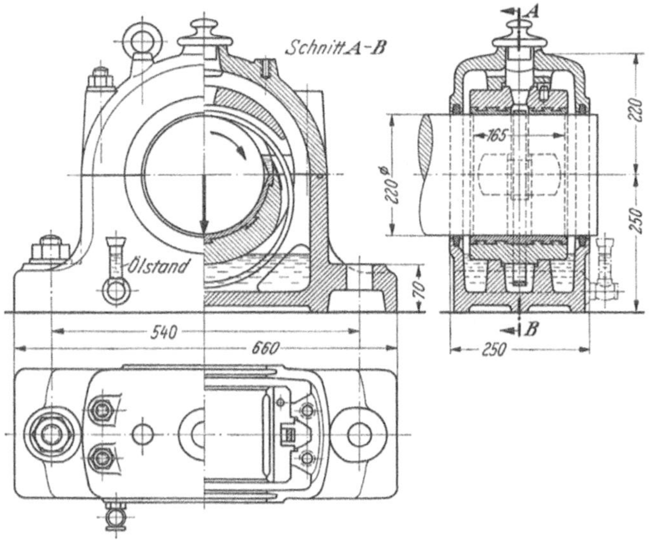

Abb. 6.4. Kurzgebautes Losring-Stehlager nach DIN 118 G. $D = 220$ mm, $B = 165$ mm

die zu erwartende Lagertemperatur nach rechnerischem und graphischem Verfahren bestimmt werden. Die Umgebungstemperatur sei $\vartheta_0 = 40$ °C.

Der Viskositätsverlauf des NÖ 16 wird nach Tab. 6.1 durch die Slottesche Gleichung $\eta = 4{,}19 \cdot 10^4/(\vartheta + 1{,}2)^2$ in cP wiedergegeben. Dann folgt mit den obigen Daten nach der Palmgrenschen Formel $A = 0{,}72$ m² und

$$\vartheta = \frac{40 - 1{,}2}{2} + \sqrt{\frac{1}{4}\,(41{,}2)^2 + \frac{4{,}25 \cdot 5{,}76}{2{,}0 \cdot 0{,}72}\sqrt{3200 \cdot 5{,}76 \cdot 0{,}165 \cdot 4{,}19}}$$

$$= 19{,}4 + \sqrt{425 + 1915} = 19{,}4 + 48{,}4 = 67{,}8\,°\text{C}.$$

Die Viskosität wird

$$\eta = 4{,}19 \cdot 10^4/(69)^2 = 8{,}8 \text{ cP}.$$

Für $\vartheta_0 = 20$ °C wäre

$$\vartheta = \frac{20 - 1{,}2}{2} + \sqrt{\frac{1}{4}\,(21{,}2)^2 + 1915} = 9{,}4 + \sqrt{112 + 1915} = 9{,}4 + 45 = 54{,}4\,°\text{C}$$

und die Viskosität

$$\eta = 4{,}19 \cdot 10^4/(55{,}6)^2 = 13{,}5 \text{ cP}.$$

Die übrigen für das Betriebsverhalten wichtigen Werte werden mit dem graphischen Weg zusammen bestimmt; das Formblatt wird:

1) $D = 220$ mm **2)** $B = 165$ mm **3)** $P = 3200$ kp **4)** $\bar{p} = 8{,}8$ kp/cm² **5)** $n = 500$/min **6)** $U = 5{,}76$ m/s **7)** $S = 330\ \mu$m **8)** $\psi = 1{,}5\,‰$ **9)** $\vartheta_0 = 40$ °C **10)** Vol = 6,28 l **11)** α

= 2,0 mkp/m² s °C **12)** $A = 0{,}72\ \text{m}^2$ **13)** $M\omega^* = 83$ mkp/s **14)** $\eta^* = 38$ cP **15)** rund 2,5 E/50 = NÖ 16, $\eta = 16$ cP/50 °C **16)** $\vartheta^* = 77{,}5$ °C, $So > 1$ **17)** $W = 9{,}35$ **18)** $\vartheta_{20} = 55$ °C **19)** $\vartheta = 67{,}5$ °C **20)** $\eta = 9{,}0$ cP **21)** $n_{ü} = 57$/min **22)** $n/n_{ü} = 8{,}8$ **23)** $So = 4{,}22$ **24)** $M\omega = 40{,}4$ mkp/s = 0,54 PS **28)** $f = 2{,}18 \cdot 10^{-3}$.

Auch hier stimmen die Ergebnisse der numerischen und graphischen Ermittlung gut überein.

Als besonders bemerkenswert mag bei dem berechneten Lager die kurze Bauart erscheinen. Der Lagerschalenkörper ist starr auf zwei schmalen Gehäusestegen gelagert, zwischen denen der Losring angeordnet ist.

6.33 Der Schnellaufbereich: Formel nach Petroff

Wird nach dem in Ziffer 6.31 gezeigten Rechnungsgang $So < 1$, so muß für f die Petroffsche Formel angewendet werden; dann wird aus Gl. (6.1) die Gl. (6.5). Aus dieser folgt, wenn man η nach der Slotteschen Gl. (6.9) einsetzt, eine Gleichung dritten Grades für ϑ, deren Lösung die Anwendung der Cardanischen Formel erfordert. Sie liefert eine reelle Wurzel für ϑ, deren Ausrechnung viel Aufwand erfordert. Das ist in der ersten Auflage gezeigt, hier wird auf eine Wiederholung verzichtet, weil sich wohl kaum jemand die Mühe machen wird, Aufgaben der Praxis auf diese Weise anzufassen. Das eine der beiden für diesen Fall gerechneten Beispiele, das Flanschlager nach Falz, wird unter Ziffer 6.43 graphisch behandelt; es zeigt die überlegene Einfachheit und Übersichtlichkeit des graphischen Verfahrens, ohne daß eine Einbuße an rechnerischer Genauigkeit in Kauf genommen werden muß.

6.4 Öl gegeben; Viskosität gesucht; graphische Lösung

6.41 Allgemeines über die graphische Behandlung

Wenn der Viskositätsverlauf nicht durch eine einfache Gleichung wie die von Slotte, sondern etwa durch die Formel von Vogel Gl. (8.3) mit einer Exponentialfunktion gegeben ist, dann führt eine einfache Rechnung nicht mehr zum Ziel. Es müßten Näherungsverfahren für transzendente Gleichungen benutzt werden, die größeren Rechenaufwand erforderlich machen. In diesen Fällen liefert das graphische Verfahren infolge seiner Übersichtlichkeit leichter und schneller die gewünschten Ergebnisse. Es muß vor allem dann angewendet werden, wenn der Viskositätsverlauf durch eine Kurve oder Tabelle gegeben ist.

In Gl. (6.3) und (6.5) sind ϑ und η die Unbekannten, zu deren Bestimmung die Viskositätsgleichung jetzt in der allgemeinen Form

$$\eta = \eta\,(\vartheta) \tag{6.11}$$

hinzukommt.

Für die zeichnerische Lösung kann man jedes Koordinatensystem verwenden, in das die errechneten Kurven punktweise eingezeichnet werden müssen. Empfehlenswert sind logarithmische Koordinaten, in denen die Kurven für Gl. (6.3) und (6.5) Geraden werden. Als besonders geeignet erwies sich das Blatt nach Abb. 6.5, in dem als Ordinate die gleiche logarithmische η-Skala wie beim Viskositäts-Temperatur-Blatt nach Abb. 1.1 und als Abszisse eine logarithmische $(\vartheta - \vartheta_0)$-Skala im doppelten Maßstab verwendet ist. Dabei wird der Verlauf nach Gl. (6.3) eine Gerade unter 45° mit der Neigung 1:1. während die Gerade nach Gl. (6.5) die Neigung 1:2 hat, die sich ebenfalls unschwer einzeichnen läßt.

Für jede Umgebungstemperatur ϑ_0 ergibt sich eine besondere Netztafel. Den Abb. 1.3 und 6.5 wurde eine Umgebungstemperatur von $\vartheta_0 = 20$ °C zugrundegelegt. An der Abszissenachse der beiden Diagramme sind statt der Übertemperaturen $\vartheta - \vartheta_0$ die um 20 °C höheren Lagertemperaturen ϑ eingetragen. Das hat den zusätzlichen Vorteil, daß man ebenso wie aus Abb. 1.1 auch hier den Viskositäts-Temperatur-Verlauf der Normöle ablesen kann.

Mit Hilfe der Netztafel ergibt sich die Lagertemperatur als Abszisse des Schnittpunktes der Viskositätskurve des gewählten Öles mit einer der nach den Gl. (6.3) oder (6.5) ermittelten Geraden. Zu beachten ist nur, daß der richtige Teil der Geraden mit der η-Kurve zum Schnitt gebracht werden muß.

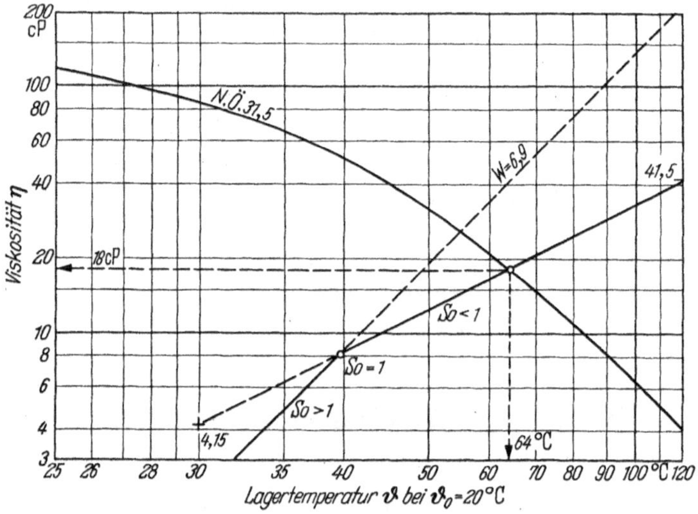

Abb. 6.5. Grundlagen für die Netztafel zur graphischen Ermittlung der Lagertemperatur

Der Schnittpunkt der beiden Geraden entspricht $So = 1$, wovon man sich später durch Nachrechnen überzeugen kann. Auf der Geraden mit der Neigung 1:1 gilt dann für den linken Ast Gl. (6.3), weil nur die kleineren η-Werte Sommerfeldzahlen größer als eins liefern, die in Gl. (6.3) vorausgesetzt sind; für Gl. (6.5) kommt demnach der Teil rechts vom Schnittpunkt in Betracht. In Abb. 6.5 ist dieser Linienzug stark ausgezogen.

Für den Gebrauch der Netztafel hat sich der im 1. Kapitel angegebene Rechnungsgang mit dem Formblatt als zweckmäßig erwiesen. Das ist aber keineswegs die einzige Möglichkeit, um zu den gewünschten Ergebnissen zu kommen; deshalb ist eine Begründung des hier gewählten Vorgehens notwendig. Darin wird einmal die Rechnung unmittelbar mit den durch die Grundgleichungen gegebenen Formeln durchgeführt, Ziffer 6.42, und unter Ziffer 6.43 in der aufgelösten Form, die zwar in bezug auf die einzelnen Schritte nicht so durchsichtig, aber in den Zahlen leichter kontrollierbar ist. Ebenso führt die Unterteilung auf einfachere Rechnungen, so daß der Arbeitsaufwand dadurch eher verringert als vermehrt wird; vor allem ist er von Wiederholungen frei.

Das graphische Verfahren wird mit Vorteil angewendet, wenn mehrere Öle zur Auswahl gegeben sind; diese Aufgabe wird in den Beispielen 39 und 40 am Schluß von Ziffer 6.43 behandelt.

6.42 Der unmittelbare Rechnungsgang

Das verschiedenartige Vorgehen in der Rechnung soll zunächst durch die formale Anwendung der erhaltenen Gleichungen gezeigt werden. Dafür wird der Fall $So < 1$ gewählt, und zwar mit den Zahlen des Beispiels 4. Da die Größe von So noch unbekannt ist, wird zunächst so gerechnet, als ob $So > 1$ wäre, was ja am häufigsten vorkommt. Die ersten 12 Positionen des Formblattes Abb. 1.5 bleiben dieselben, aber jetzt muß Gl. (6.3) nach W ausgewertet werden:

$$W = \frac{4{,}25\,U}{100\,\alpha\,A}\sqrt{P\,U\,B} = \frac{4{,}25\cdot 6{,}55}{100\cdot 2\cdot 0{,}4}\sqrt{500\cdot 6{,}55\cdot 0{,}12} = 0{,}348\sqrt{393} = 6{,}9\,.$$

Die Gl. (6.3) für die Übertemperatur lautet also $\vartheta - \vartheta_0 = 6{,}9\sqrt{\eta}$. Die Netztafel Abb. 6.5 liefert für $\vartheta_0 = 20$ °C die Lagertemperatur $\vartheta = 55$ °C für NÖ 31,5 und die zugehörige Viskosität $\eta = 26$ cP. Mit dieser wird nach Gl. (6.6)

$$So = \frac{P\,\psi^2}{200\,\eta\,U\,B} = \frac{500\cdot 2{,}56}{200\cdot 26\cdot 6{,}55\cdot 0{,}12} = \frac{1280}{4090} = 0{,}313\,.$$

Es ist also $So < 1$; die Rechnung muß für diesen Fall mit einer anderen Erwärmungsgeraden weitergeführt werden, der die Gl. (6.5) zugrunde liegt, in der η in cP und ψ in Promillen einzusetzen sind. Hier ergibt sich

$$\vartheta - \vartheta_0 = \frac{0{,}6\cdot 0{,}12\cdot 42{,}9}{2\cdot 0{,}4\cdot 1{,}6}\,\eta = \frac{3{,}09}{1{,}28}\,\eta = 2{,}41\,\eta\,.$$

Nach dieser Gleichung kann die Gerade in Abb. 6.5 auf mehrfache Art eingezeichnet werden. In der ersten Auflage wurden im Beispiel 18 zu angenommenen η-Werten die zugehörigen ϑ-Werte berechnet, in den Beispielen 43 und 44 dagegen zu angenommenen ϑ-Werten die zugehörigen η. Dieser Weg hat sich als der zweckmäßigere erwiesen.

Eine dritte Möglichkeit ergibt sich noch durch Bestimmung des Punktes $So = 1$ als Schnittpunkt zwischen der W-Geraden mit der Viskosität η^* für $So = 1$ nach Gl. (6.14), die nach der früheren Ausrechnung schon als bekannt vorauszusetzen ist. Durch den Punkt $So = 1$ ist eine Gerade mit der Neigung $1/2$ zu legen, die dann der Gleichung $\vartheta - \vartheta_0 = \text{const}\cdot\eta$ entspricht. Es ist nicht einmal nötig, daß für dieses Vorgehen der Schnittpunkt auf dem Netztafelblatt liegt; zwei beliebige Senkrechte werden zwischen der W-Geraden unter 45° und der horizontalen η^* halbiert und durch diese Punkte ist die Gerade $\vartheta - \vartheta_0 = \text{const}\cdot\eta$ festgelegt. Sie *halbiert nicht den 45°-Winkel*, sondern bildet mit der Parallelen zur ϑ-Achse den Winkel $\arctan {}^1/_2 = 26°\,40'$.

Die Netztafel könnte auch mit einer passenden Skala für den Faktor von η in Gl. (6.5) erweitert werden, aber dadurch würde die Übersichtlichkeit nicht erhöht; noch weniger wäre das der Fall, wenn auch die Geraden mit der Neigung $1/2$ eingetragen und beziffert würden. Ein zweites Blatt mit diesen Linien hat der Verein Deutscher Eisenhüttenleute (VDEh) herausgegeben, es kann als Stahl-Eisen-Betriebsblatt SEB 601208-63 vom Verlag Stahleisen mbH in Düsseldorf bezogen werden. Einfacher erscheint jedoch in diesem Fall die Verwendung üblichen doppellogarithmischen Papieres, in dem die dem Faktor W entsprechenden Geraden hier für $So < 1$ unter 45° geneigt sind. Dieser Weg wird unter Ziffer 6.44 beschrieben:

Wie schon gesagt, ist es am einfachsten, zu gegebenem ϑ das zugehörige η auszurechnen, zumal wenn für ϑ zweckmäßige Werte genommen werden. Dafür eignen sich am besten $\vartheta = 30°$ und $\vartheta = 120$ °C, also $\vartheta - \vartheta_0 = 10$ und 100 °C. Diese η-*Werte* – reine Hilfswerte für die Rechnung – unterscheiden sich dabei um eine Zehnerpotenz, sie sollen mit η_{30} und η_{120} bezeichnet werden. Der Hilfswert η_{30}, also η bei $\vartheta = 30$ °C, ergibt sich aus Gl. (6.5) für $\vartheta_0 = 20$ °C mit $\vartheta - \vartheta_0 = 10$ °C zu $10 = 0{,}6\, B\, U^2\, \eta_{30}/\alpha\, A\, \psi$, und daraus

$$\eta_{30} = 16{,}7 \frac{\alpha\, A\, \psi}{B\, U^2}\,. \tag{6.12}$$

Für das vorliegende Beispiel sind die Werte oben schon fast ausgerechnet $\eta_{30} = 16{,}7 \cdot 1{,}28/0{,}12 \cdot 42{,}9 = 21{,}4/5{,}15 = 4{,}15$ cP und $\eta_{120} = 41{,}5$ cP. Mit der Geraden durch diese Punkte ergeben sich dann die gesuchten Werte $\vartheta = 64$ °C und $\eta = 18$ cP. Damit folgen $So = 0{,}453$; $n_{ü} = 19$/min; $n/n_{ü} = 52{,}6$. Die Verlustleistung ergibt sich bei diesem Rechnungsgang am einfachsten aus Gl. (6.1) zu

$$M\omega = \alpha\, A\, (\vartheta - \vartheta_0) = 2 \cdot 0{,}4\, (64 - 20) = 35{,}2 \text{ mkp/s}$$

und die Reibungszahl

$$f = M\omega/PU = 35{,}2/500 \cdot 6{,}55 = 10{,}7 \cdot 10^{-3}\,.$$

Zwei Nachteile haften diesem Vorgehen an: Die Ausrechnung von W ist umständlich und die Entscheidung, ob $So > 1$ oder $So < 1$ wird, kommt reichlich spät. Der Fall $So > 1$ ist fast zu Ende zu rechnen, ehe der für $So < 1$ begonnen werden kann; außerdem läßt sich von der vorhergehenden Rechnung nichts mehr verwenden. Daher ist der Wunsch nach einer Verbesserung des Rechnungsganges verständlich.

6.43 Der Rechnungsgang in aufgelöster Form

Die folgenden Ausführungen verdanken ihre Entstehung dem Bestreben meiner Mitarbeiter G. Noack und K. Spiegel, zunächst den Punkt $So = 1$ in der Netztafel zu bestimmen, um dann sofort den richtigen Rechnungsgang einzuschlagen. Das ist ohne Frage auf einfachem Wege möglich; nachteilig ist, daß die Punkte nicht immer auf dem Netztafelblatt liegen. Deshalb ist das Verfahren in dieser Form nicht allgemein anwendbar, aber der Grundgedanke läßt sich gut verwerten.

Die Verlustleistung $M\omega^*$ für $So = 1$ folgt sofort aus Gl. (6.2) oder (6.4)

$$M\omega^* = \frac{3\psi}{1000}\, PU\,, \tag{6.13}$$

aus Gl. (6.6) ergibt sich $1 = P\,\psi^2/200\,\eta^*\, UB$, also

$$\eta^* = \frac{P\psi^2}{200\, UB}\,, \tag{6.14}$$

und aus Gl. (6.1) mit ϑ^* für $So = 1$, dem schon nach Gl. (6.13) bestimmten $M\omega^*$ und $\vartheta_0 = 20$ °C sofort

$$\vartheta^* = 20 + M\omega^*/\alpha\, A\,. \tag{6.15}$$

Liegt η^* genügend hoch über oder genügend tief unter der Viskositätskurve, so läßt sich sofort erkennen, ob $So > 1$ oder $So < 1$ wird. Sonst liefert die Berechnung von ϑ^* die Entscheidung darüber; der Punkt (ϑ^*, η^*) in der Netztafel oberhalb der Viskositätskurve ergibt $So > 1$ und umgekehrt.

Für das Beispiel 4 ist der Punkt $\eta^* = 8{,}15$ cP, $\vartheta^* = 20 + M\omega^*/\alpha A = 20 + 15{,}72/2 \cdot 0{,}4 = 39{,}7$ °C in Abb. 6.5 verzeichnet. Hier liegt er unterhalb der Viskositätskurve für NÖ 31,5; daher ist $So < 1$. Im Beispiel 1 ist $\eta^* = 98$ cP und $\vartheta^* = 20 + (47{,}1/2 \cdot 0{,}4) = 79$ °C, der Punkt liegt weit über der Viskositätskurve für NÖ 31,5, daher ist $So > 1$. Beide Male liegt η^* bereits so weit unter oder über der η-Kurve, daß die Größe von So bereits ohne Bestimmung von ϑ^* entschieden werden kann.

Ergibt sich $So > 1$, so läßt sich mit Hilfe von $M\omega^*$ nach Gl. (6.13) die Berechnung des durch Gl. (6.3) eingeführten Faktors W erheblich vereinfachen. Es ist nach Gl. (6.1) $\vartheta - \vartheta_0 = M\omega/\alpha A$, diese Beziehung gilt auch für $So = 1$, dann ist $\vartheta^* - \vartheta_0 = M\omega^*/\alpha A = W \sqrt{\eta^*}$, und daraus

$$W = \frac{M\omega^*}{\alpha A \sqrt{\eta^*}} \,. \tag{6.16}$$

Mit diesem W wird in der vorher beschriebenen Weise die Betriebstemperatur ϑ und das zugehörige η gefunden, dann folgt aus Gl. (6.14) und (6.6) sehr einfach

$$So = \eta^*/\eta \,, \tag{6.17}$$

das in diesem Falle größer als eins sein muß. Aus Gl. (6.2) und (6.13) folgt dann

$$M\omega = M\omega^*/\sqrt{So} \quad \text{für } So > 1 \,. \tag{6.18}$$

Im allgemeinen Rechnungsgang ist dann noch $f = M\omega/PU$ zu bestimmen, um über die Größe von f und damit über die Lagerung im Sinne des Hinweises am Schluß von Ziffer 1.44 unterrichtet zu sein.

Wird dagegen $So < 1$, so ist statt des Faktors W die Hilfsgröße η_{30} zu berechnen. Das kann nach Gl. (6.12) geschehen; mit den vorher bestimmten Größen $M\omega^*$ und η^* geht es auch hier einfach. Nach Gln. (6.1) und (6.4) ist $\vartheta - \vartheta_0 = M\omega/\alpha A = 3\,\psi PU/\alpha A \cdot 1000\, So$, mit Gln. (6.13) und (6.17) wird $\vartheta - \vartheta_0 = M\omega^*\, \eta/\alpha A\, \eta^*$; für $\vartheta = 30$ °C mit dem entsprechenden η_{30} und $\vartheta_0 = 20$ °C ergibt sich $10 = M\omega^* \cdot \eta_{30}/\alpha A\, \eta^*$, und daraus

$$\eta_{30} = 10\,\alpha A\, \eta^*/M\omega^* \,. \tag{6.19}$$

Die Gl. (6.17) gilt für alle So unabhängig von deren Größe, dagegen wird die Verlustleistung aus Gln. (6.4) und (6.13)

$$M\omega = M\omega^*/So \quad \text{für } So < 1 \,; \tag{6.20}$$

der Unterschied zwischen den Gln. (6.18) und (6.20) ist wohl zu beachten.

Unter Berücksichtigung all dieser Gegebenheiten ist das Formblatt Abb. 1.5 entstanden, um dem Rechnenden die Arbeit so weit wie möglich zu erleichtern und das wiederholte Aufsuchen der Formeln zu ersparen. Auf den ersten Blick erscheint der Rechnungsgang in aufgelöster Form zwar umfangreicher, die einzelnen Schritte sind aber einfacher und übersichtlicher, so daß sich nicht nur erhöhte Klarheit und Kontrollmöglichkeit, sondern letzten Endes auch eine Zeitersparnis ergibt.

Zwei die Gedankengänge noch einmal ergänzende Beispiele folgen; sie behandeln gleichzeitig die Auswahl zwischen mehreren zur Verfügung stehenden Ölen.

Beispiel 39: Losring-Generatorlager 300 mm Durchmesser

Für das in Abb. 6.6 gezeigte Generatorlager soll die Auswahl zwischen den Ölen a) NÖ 10 (2 E/50 °C), b) NÖ 16 (2,6 E/50 °C) und dem mittleren Maschinenöl c) NÖ 31,5 (4,5 E/50 °C) getroffen werden, wenn $P = 15300$ kp und $n = 375$/min gegeben sind. Die Umgebungstemperatur wird durch Klimatisierung auf $\vartheta_0 = 20$ °C gehalten. Das Lager ist mit der Passung C8/h6 ausgeführt, dem $S \approx 390\,\mu$m entspricht. Eine geringe Luftbewegung ist vorhanden, die $w = 2{,}5$ m/s in Gl. (5.16) rechtfertigt; daraus folgt $\alpha = 0{,}7 + 1{,}2\sqrt{2{,}5} = 2{,}6$ mkp/m² s °C.

Im Formblatt erscheinen die Daten: **1)** $D = 300$ mm **2)** $B = 300$ mm **3)** $P = 15300$ kp **4)** $\bar{p} = 17{,}0$ kp/cm² **5)** $n = 375$/min **6)** $U = 5{,}9$ m/s **7)** $S = 390\,\mu$m **8)** $\psi = 1{,}3\,‰$ **9)** ϑ_0

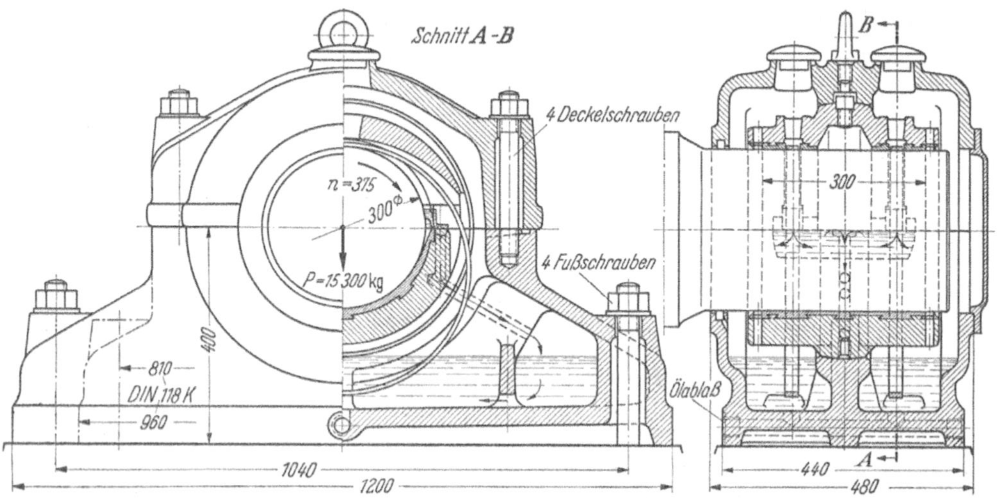

Abb. 6.6. Losring-Generatorlager. $D = B = 300$ mm, $P = 15300$ kp, $n = 375$/min

$= 20$ °C **10)** Vol $= 21{,}2$ l **11)** $\alpha = 2{,}6$ mkp/m² s °C **12)** $A = 1{,}88$ m² **13)** $M\omega^* = 352$ mkp/s **14)** $\eta^* = 73{,}2$ cP **15a)** NÖ 10 (2 E/50 °C) b) NÖ 16 (2,6 E/50 °C) c) NÖ 31,5 (4,5 E/50 °C) **16)** es ist immer $So > 1$ **17)** $W = 8{,}42$ **18)** = **19a)** $\vartheta = 48$ °C, b) $\vartheta = 53$ °C, c) $\vartheta = 59$ °C **20a)** $\eta = 11$ cP, b) $\eta = 14$ cP, c) $\eta = 21{,}5$ cP **21a)** $n_{ü} = 65{,}5$/min, b) $n_{ü} = 51{,}5$/min, c) $n_{ü} = 33{,}5$/min **22a)** $n/n_{ü} = 5{,}7$, b) $n/n_{ü} = 7{,}3$, c) $n/n_{ü} = 11{,}2$ **23a)** $So = 6{,}65$, b) $So = 5{,}2$, c) $So = 3{,}4$ **24a)** $M\omega = 137$ mkp/s $= 1{,}83$ PS, b) $M\omega = 155$ mkp/s $= 2{,}07$ PS, c) $M\omega = 191$ mkp/s $= 2{,}55$ PS **28a)** $f = 1{,}52 \cdot 10^{-3}$, b) $f = 1{,}72 \cdot 10^{-3}$, c) $f = 2{,}1 \cdot 10^{-3}$.

Von den drei Ölen ist das erste etwas zu wenig viskos, die Bedingung $n/n_{ü} > |U| = 5{,}9$ ist nicht ganz erfüllt, dagegen sind die beiden anderen geeignet. Das Beispiel zeigt wieder, daß erhöhte Betriebssicherheit durchaus höhere Temperaturen erfordern kann, ebenso, daß die niedrigen Reibungszahlen zu beachtlichen Temperaturerhöhungen führen können.

Vielleicht ist trotz der höheren Temperatur das NÖ 31,5 zu empfehlen, denn für rund 60 °C werden heute thermisch genügend stabile Öle geliefert. Das bietet auch die erforderliche Sicherheit, wenn durch Ausfall der Klimaanlage erhöhte Temperaturen im Maschinenraum auftreten sollten.

Das Lager nach Abb. 6.6 ist aus der ersten Auflage übernommen, wo es für eine gegebene Schmierschichtstärke behandelt wurde. Zwar war schon damals klar, daß eine rationelle Lagerberechnung ein Eingehen auf die Schichtstärken verbietet, aber man glaubte, dem Hergebrachten doch dieses Zugeständnis machen zu müssen. Heute ist das überholt, doch sollte die beachtenswerte Konstruktion dem Leser nicht vorenthalten werden.

Bei dem betrachteten Lager entsprechen Höhe und Fußbreite DIN 118, Form K. Zwecks Vergrößerung der Ausstrahlfläche wurde das Gehäuseunterteil rahmenartig ausgebildet (die Fußausbildung nach DIN 118 ist strichpunktiert eingezeichnet) und durch einen erzwungenen Ölkreislauf auch die ausladenden Teile in die Ausstrahlfläche einbezogen. Pfeile im Längs- und Querschnitt deuten den Weg des von den Losringen geförderten Umlauföles an.

Beispiel 40: Flanschlager nach Falz 80 mm Durchmesser

Weil es sich bei dem in Abb. 6.7 dargestellten Flanschlager $D = B = 80$ mm um eine bewährte Konstruktion handelt, wurde sie aus der ersten Auflage übernommen. Es soll das Verhalten bei der Last $P = 480$ kp, und der Drehzahl $n = 1120$/min, mit den drei Ölen a) 2 E/50 °C, b) 4 E/50 °C und c) 6 E/50 °C untersucht werden: Raumtemperatur $\vartheta_0 = 35$ °C; $S = 100\,\mu$m; bewegte Luft mit $w = 1{,}5$ m/s und $A = 0{,}2$ m². Dann wird das Rechnungsschema: **1)** $D = 80$ mm **2)** $B = 80$ mm **3)** $P = 480$ kp **4)** $\bar{p} = 7{,}5$ kp/cm² **5)** $n = 1120$/min **6)** $U = 4{,}69$ m/s **7)** $S = 100\,\mu$m **8)** $\psi = 1{,}25^0/_{00}$ **9)** $\vartheta_0 = 35$ °C **10)** Vol = 0,4 l **11)** $\alpha = 0{,}7 + 1{,}2\sqrt{1{,}5} = 2{,}2$ mkp/m² s °C **12)** $A = 0{,}2$ m² **13)** $M\omega^* = 8{,}45$ mkp/s **14)** $\eta^* = 10$ cP

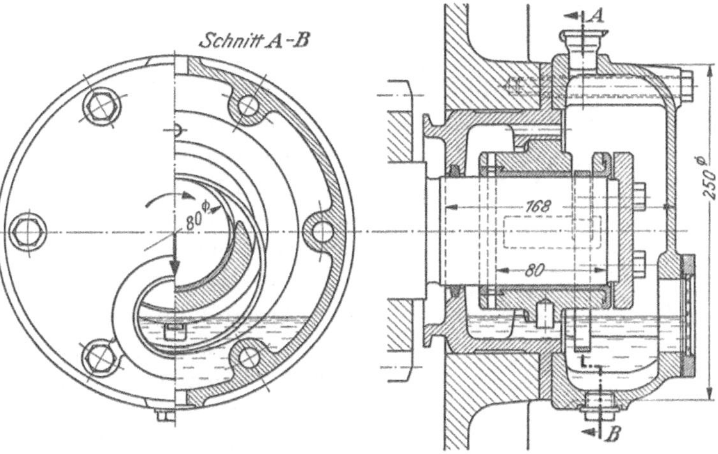

Abb. 6.7. Flanschlager nach FALZ. $D = B = 80$ mm

15a) 2 E ≈ NÖ 10, b) 4 E ≈ NÖ 25, c) 6 E ≈ NÖ 40 **16)** $\vartheta^* = 39$ °C, der Punkt $\vartheta^* = 39$ °C; $\eta^* = 10$ cP liegt unterhalb des niedrigstviskosen Öles, daher ist immer $So < 1$ **17)** $\eta_{30} = 5{,}2$ cP **18a)** $\vartheta_{20} = 43{,}5$ °C, b) $\vartheta_{20} = 57$ °C, c) $\vartheta_{20} = 64$ °C **19a)** $\vartheta = 50$ °C, b) $\vartheta = 63$ °C, c) $\vartheta = 70$ °C **20a)** $\eta = 10$ cP, b) $\eta = 15$ cP, c) $\eta = 18$ cP **21a)** $n_ü = 120$/min, b) $n_ü = 80$/min, c) $n_ü = 66{,}6$/min **22a)** $n/n_ü = 9{,}3$, b) $n/n_ü = 14$, c) $n/n_ü = 16{,}8$ **23a)** $So = 1$, b) $So = 0{,}667$, c) $So = 0{,}555$ **24a)** $M\omega = 8{,}45$ mkp/s, b) $M\omega = 12{,}7$ mkp/s, c) $M\omega = 15{,}2$ mkp/s $= 0{,}204$ PS **28a)** $f = 3{,}8 \cdot 10^{-3}$, b) $f = 5{,}7 \cdot 10^{-3}$, c) $f = 6{,}8 \cdot 10^{-3}$.

Demnach sind alle drei Öle verwendbar, wenn 70 °C noch als Lagertemperatur zugelassen wird; die Reibungsverluste sind nicht sehr unterschiedlich, ihre Größe dürfte kaum entscheidend sein. Es zeigt sich, daß wenig belastete Lager bei höheren Drehzahlen und nicht zu dünnen Ölen doch erhebliche Temperaturen annehmen, die nach den älteren Anschauungen über Lager nicht erwartet werden.

Hinsichtlich der Konstruktion ist noch erwähnenswert, daß der einteilige Lagerkörper auf schmalem zylindrischem Steg gelagert ist und sich daher Wellenschiefstellungen anzupassen vermag. Das Lagergehäuse ist längsgeteilt; der Abschlußdeckel führt den Gehäuseeinsatz in Achsrichtung, und das Schauloch ermöglicht eine gute Überwachung von Ölstand und Ölumlauf.

6.44 Sonder-Netztafel für So < 1

Am Schluß von Ziffer 6.41 und unter Ziffer 6.42 wurde von mehreren Möglichkeiten des graphischen Lösungsweges gesprochen, hier soll als Beispiel dafür eine einfache, ohne besonderen Aufwand selbst herzustellende Netztafel für den Fall $So < 1$ gegeben werden, Abb. 6.8. Jedes normale doppeltlogarithmisch geteilte Papier läßt sich dazu verwenden, zweckmäßig ist die Einheit 100 mm. In dieses werden die Viskositätskurven nach Tab. 8.5 eingetragen, und zwar für eine be-

Tabelle 6.3. *Zusammenstellung der Beispiele für So < 1 mit Luftkühlung*

Beispiel	4	5a	5b	13	14	40a	40b	40c
η_{30}	4,15	13,05	13,05	11,9	15,3	5,2	5,2	5,2
NÖ	31,5	31,5	31,5	40	63	10	25	40
ϑ_{20}	64	47	47	52	54	43,5	57	64

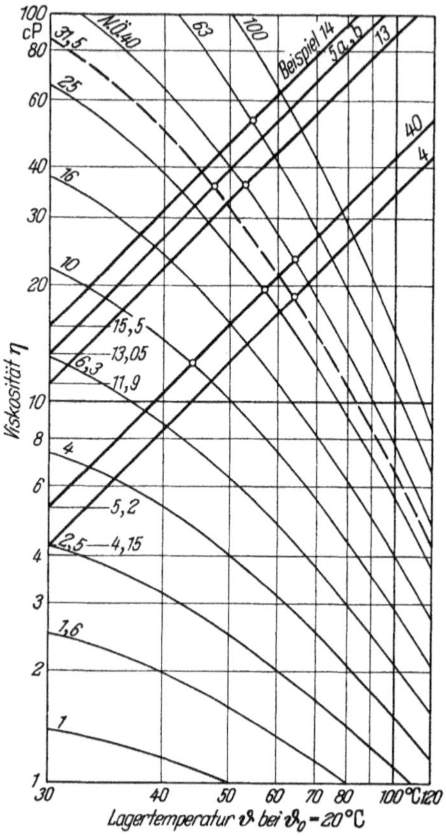

Abb. 6.8. Sonder-Netztafel zur Bestimmung der Lagertemperatur für $So < 1$

stimmte Umgebungstemperatur ϑ_0. Hier sind nur die Öle nach den Normzahlen der Reihe R 5 aufgenommen, außerdem das nun einmal eingebürgerte mittlere Maschinenöl von 4 bis 5 E/50 °C, das durch unser NÖ 31,5 vertreten wird.

Den W-Linien in der üblichen Netztafel nach Abb. 1.3 entsprechen hier ebenfalls unter 45° geneigte Geraden, die aber keine besondere Bezeichnung erhalten, weil sie durch η_{30} bereits ausreichend festgelegt sind. Auch Hilfslinien mit runden Werten für η_{30} brauchen nicht eingetragen zu werden, weil das Eintragen der 45°-Linien keine Schwierigkeiten mit sich bringt.

Auf die Durchrechnung eines besonderen Beispiels wird verzichtet; dafür sind in Abb. 6.8 diejenigen Geraden eingetragen, die den früher gerechneten Fällen $So < 1$ mit Wärmeabgabe an die Umgebungsluft genügen. Der einfacheren Lesbarkeit wegen sind in Tab. 6.3 die η_{30}-Werte, die Öle sowie Temperaturen ϑ_{20} aus den Beispielen zusammengestellt. Abb. 6.8 läßt die Einfachheit der graphischen Rechnung für $So < 1$ erkennen, insbesondere, wenn dieses von vornherein bekannt ist wie beim Führungslager und die Berechnung von η_{30} nach Gl. (6.12) erfolgen kann.

6.45 Die Grenzlast für So < 1

Der Wert P^* für $So = 1$, der den Schnellaufbereich begrenzt, für den die Verluste von P unabhängig sind, ist vielfach wissenswert. Das gilt namentlich für Führungslager ohne Zusatzkühlung, um abzuschätzen, bis zu welcher Belastung keine Temperaturerhöhung zu erwarten ist. Die Größe von P^* folgt sofort aus Gl. (6.6) für $So = 1$ zu

$$P^* = \frac{200\,\eta\, U\, B}{\psi^2}\,, \tag{6.21}$$

was mit Gl. (6.14) und (6.17) auch in der Form

$$P^* = \frac{P\,\eta}{\eta^*} = \frac{P}{So} \tag{6.22}$$

geschrieben werden kann. Die Gl. (6.22) ist für die Rechnung einfacher, wenn η oder *So* bekannt sind. Die Betriebsviskosität η muß immer vorher bestimmt werden.

Diese Beziehungen sind wichtig bei der Behandlung der Führungslager, für die die Beispiele 13 bis 15 gegeben sind.

Bei Lagern mit niedriger Belastung und hoher Drehzahl ganz allgemein, bei den Führungslagern aber im besonderen, besteht die Gefahr instabilen Verhaltens, der Halbfrequenzwirbel kann gegebenenfalls auftreten. Darüber wird der zweite Band Näheres bringen.

6.5 Die Lagertemperatur ϑ für andere Umgebungstemperaturen ϑ_0

Die zur graphischen Bestimmung der Lagertemperatur benutzte Netztafel Abb. 6.5 verwendet, um Gl. (6.3) als Gerade darzustellen, die Temperaturdifferenz $\vartheta - \vartheta_0$ als Abszisse. Das hat zur Folge, daß sich das Lösungsblatt jeweils nur für eine Umgebungstemperatur ϑ_0 zeichnen läßt. Alle hier veröffentlichten Netztafeln beziehen sich auf die übliche Umgebungstemperatur von 20 °C. Für jede andere Umgebungstemperatur muß demnach ein neues Diagramm gezeichnet werden. Das ist ein ziemlich umständlicher Weg, so daß von G. Noack (1959) versucht wurde, die Lagertemperatur auf dem Wege über ein Korrekturdiagramm zu bestimmen. Dabei kann davon ausgegangen werden, daß ϑ_0 bekannt und die Lagertemperatur bei der Umgebungstemperatur von 20 °C, ϑ_{20}, in der beschriebenen Weise bestimmt ist.

Aus Gl. (6.3) folgen die für die Lagertemperatur ϑ bei beliebiger Umgebungstemperatur ϑ_0 und für ϑ_{20} gültigen Beziehungen $\vartheta - \vartheta_0 = W\sqrt{\eta}$ und

$$\vartheta_{20} - 20 = W\sqrt{\eta_{20}}\,. \tag{6.23}$$

Der besseren Unterscheidung wegen ist auch die bei ϑ_{20} auftretende Viskosität mit dem Index 20 versehen. Die gesuchte Temperatur ϑ folgt dann aus den Gln. (6.3) und (6.23) zu

$$\vartheta = \vartheta_0 + (\vartheta_{20} - 20)\sqrt{\frac{\eta}{\eta_{20}}}\,. \tag{6.24}$$

Zur Lösung dieser Gleichung fehlt noch das Viskositäts-Temperatur-Verhalten der Öle. Mit der Beziehung von U. Rost, Gl. (8.8), die auch als Grundlage für die Auftragung der Normöle (Abb. 1.1) dient, folgt aus Gl. (6.24)

$$\vartheta = \vartheta_0 + (\vartheta_{20} - 20)\exp\left[\frac{b}{2}\left(\frac{1}{\vartheta + 95} - \frac{1}{\vartheta_{20} + 95}\right)\right] \tag{6.25}$$

mit $b = 400 \lg (\text{Nennviskosität}/\eta_x)$ und $\eta_x = 0{,}18$ cP.

Entsprechend ergibt sich für $So < 1$ mit Gl. (6.5) auf demselben Wege

$$\vartheta = \vartheta_0 + (\vartheta_{20} - 20)\exp\left[b\left(\frac{1}{\vartheta + 95} - \frac{1}{\vartheta_{20} + 95}\right)\right]. \tag{6.26}$$

Die numerische Auswertung dieser transzendenten Gleichungen kann über ein iteratives Verfahren mit beliebiger Genauigkeit erfolgen. Die Rechnungen wurden von H. Peeken (1966) durchgeführt.

Die berechneten Temperaturen hängen weit stärker von ϑ_{20} und ϑ_0 als von der Nennviskosität der Öle ab. Wird beispielsweise $\vartheta_0 = 40$ °C gewählt, so ergeben sich zu $\vartheta_{20} = 80$ °C folgende Lagertemperaturen

NÖ	bei $So > 1$ nach Gl. (6.25)	bei $So < 1$ nach Gl. (6.26)
16	92,00 °C	88,64 °C
40	91,12 °C	87,76 °C
160	90,00 °C	86,74 °C

Bei kleineren ϑ_0- und ϑ_{20}-Werten sind die Differenzen noch kleiner. Daher wurde die Korrektur auf das eine Öl NÖ 40 beschränkt. In Tabelle 6.4 ist die Abhängig-

Tabelle 6.4. *Lagertemperatur ϑ für Umgebungstemperaturen $\vartheta_0 \neq 20$ °C*

So	ϑ_0 °C	Errechnete Lagertemperatur ϑ_{20} für $\vartheta_0 = 20$ °C								
		25	30	40	50	60	70	80	90	100
$So > 1$	50	52,4	55,3	62,2	70,1	78,8	87,9	97,2	106,7	116,4
	40	43,0	46,4	54,3	62,9	72,1	81,5	91,1	100,8	110,6
	30	33,8	37,9	46,9	56,3	65,8	75,6	85,4	95,3	105,2
	10	16,7	22,6	33,7	44,3	54,6	64,8	75,0	85,0	95,1
	0	9,1	16,0	28,0	39,1	49,7	60,0	70,3	80,4	90,5
	−10	2,4	10,2	23,0	34,4	45,2	55,6	65,9	76,1	86,2
	−20	−3,0	5,2	18,4	30,2	41,0	51,5	61,5	71,0	81,5
	−30	−7,9	0,6	14,4	26,5	37,4	47,8	58,3	67,6	77,0
$So < 1$	50	51,2	53,1	58,6	65,9	74,1	83,0	92,2	101,7	111,4
	40	41,9	44,6	51,5	59,9	68,8	78,2	87,8	97,5	107,3
	30	33,1	36,8	45,3	54,6	64,2	73,9	83,7	93,6	103,5
	10	18,1	24,3	35,5	46,0	56,3	66,6	76,6	86,7	96,8
	0	12,5	19,7	31,7	42,6	53,1	63,4	73,6	83,7	93,8
	−10	8,1	15,9	28,4	39,6	50,2	60,6	70,8	80,9	91,0
	−20	5,0	12,8	25,7	36,9	47,9	58,0	68,1	77,6	87,0
	−30	2,0	10,0	23,4	34,5	45,4	55,5	66,0	75,6	85,0

keit der Lagertemperatur ϑ von der Umgebungstemperatur ϑ_0 und der aus der Netztafel zu entnehmenden Temperatur ϑ_{20} zahlenmäßig und in Abb. 1.4 in Kurvenform dargestellt.

6.6 Öl und höchstzulässige Betriebstemperatur gegeben; zulässige Belastungen und Drehzahlen gesucht

6.61 Die Gleichungen für die obere Betriebsgrenze

Vielfach wird die Frage nach den zulässigen Belastungen und Drehzahlen gestellt, wenn Lager, Öl und die noch als tragbar angesehene Temperatur gegeben sind. Damit scheint die Rechnung einfach zu werden, weil auch die Viskosität festliegt. Das ist nur teilweise der Fall, wie die weiteren Ausführungen zeigen.

Die Beziehung zwischen Belastung und Drehzahl folgt aus Gl. (6.3) für den Schwerlastbereich $So > 1$ durch Quadrieren zu

$$P\,U^3 = \frac{[\alpha\,A\,(\vartheta - \vartheta_0)]^2 \cdot 10^4}{18\,B\,\eta} \quad \text{für } So > 1\,, \tag{6.27}$$

wenn η in cP eingesetzt wird. Für gegebene Verhältnisse stellt die rechte Seite dieser Gleichung eine Konstante dar; da die Last P dem mittleren Druck proportional ist, muß auch $\overline{p}\,U^3$ eine Konstante ergeben. Die althergebrachte Beziehung $\bar{p} \cdot U =$ const wird daher nicht bestätigt, der Einfluß der Geschwindigkeit ist bedeutender als der der Belastung. Wird $U = D\pi\, n/60$ gesetzt, so findet man

$$P\, n^3 = \frac{3{,}87 \cdot 10^6\, [\alpha\, A\, (\vartheta - \vartheta_O)]^2}{D^3\, B\eta} \quad \text{für } So > 1\,, \tag{6.28}$$

die für das Rechnen vielfach bequemer ist als Gl. (6.27).

In derselben Weise ergibt sich für den Schnellaufbereich sofort aus Gl. (6.5)

$$U^2 = \frac{\alpha\, A\, \psi\, (\vartheta - \vartheta_O)}{0{,}6\, B\, \eta} \quad \text{für } So < 1 \tag{6.29}$$

und ebenso

$$n^2 = \frac{608\, \alpha\, A\, \psi\, (\vartheta - \vartheta_O)}{B\, D^2\, \eta} \quad \text{für } So < 1\,. \tag{6.30}$$

In den beiden letzten Gleichungen kommt, den Eigentümlichkeiten des Schnelllaufbereiches entsprechend, die Belastung P nicht mehr vor; sie geben die höchsten Umfangsgeschwindigkeiten und Drehzahlen an, die noch zulässig sind, wenn eine festgelegte Temperatur ϑ nicht überschritten werden soll. Die Belastung darf dabei bis zu dem Wert P^* nach Gl. (6.21) ansteigen, darüber hinaus gelten dann wieder die Gln. (6.27) und (6.28).

6.62 Das Belastungsdiagramm

In der ersten Auflage wurde im Beispiel 22 die Gl. (6.27) mit Erfolg auf die M-Lager-Serie des Eisenwerk Wülfel angewandt. In den Druckschriften über diese Lager ist für jeden Durchmesser nur ein durch eine Höchstlast $P_{\max}$ gekennzeichneter Betriebspunkt betrachtet; für diesen ist dann die zugehörige Drehzahl — in der Druckschrift als $n_{\max}$ bezeichnet — angegeben, bei der sich eine Lagertemperatur von etwa 65 °C einstellt. Durch die Rechnungen wurden diese Angaben gut bestätigt. Ein Vergleich der angegebenen Werte von $P_{\max}$ mit den Lagerabmessungen ergab ein $\bar{p}_{\max} = 24$ kp/cm².

Die Frage, welche Belastungen bei beliebigen Drehzahlen noch sicher aufgenommen werden können, läßt sich durch die Gln. (6.27) und (6.28) allein nicht beantworten; für kleine Geschwindigkeiten würden sich danach viel zu große P ergeben. Deswegen wird für niedrige Drehzahlen die Übergangsformel hinzugenommen und für einen mittleren Bereich das $P_{\max}$ durch ein auf Grund praktischer Erfahrungen gewähltes $\bar{p}_{\max}$ begrenzt. Damit gliedert sich das Belastungsdiagramm in folgende Bereiche:

1. $P_{\max}$ abhängig von der Übergangslast bei niedrigen Drehzahlen,
2. $P_{\max}$ entsprechend der durch die Konstruktion bedingten Höchstbelastung $\bar{p}_{\max}$ und
3. $P_{\max}$ nach den Gln. (6.27) oder (6.28) mit einer vorgegebenen Lagertemperatur.

Das folgende Beispiel zeigt, daß dieses Diagramm mit den Erfahrungen der Praxis gut übereinstimmt.

Beispiel 41: Losringlager 180 mm Durchmesser. Belastungszahlen in Abhängigkeit von der Drehzahl bei gegebener Höchsttemperatur

Für das BAMAG-Stehlager der Baureihe 192 TG nach Abb. 6.9 ist in der Firmenschrift die in Abb. 6.10 dargestellte Abhängigkeit der zulässigen Belastung von der Drehzahl an-

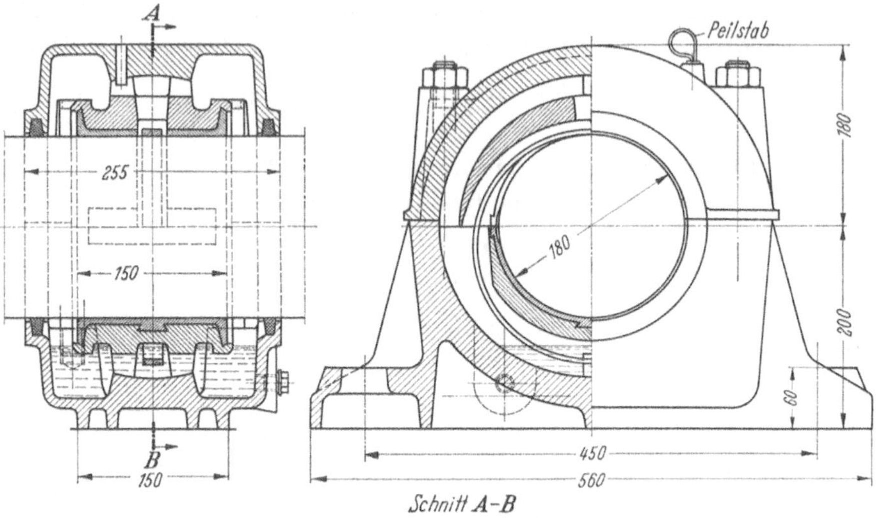

Abb. 6.9. BAMAG-Stehlager nach DIN 118 G. $D = 180$ mm, $B = 150$ mm

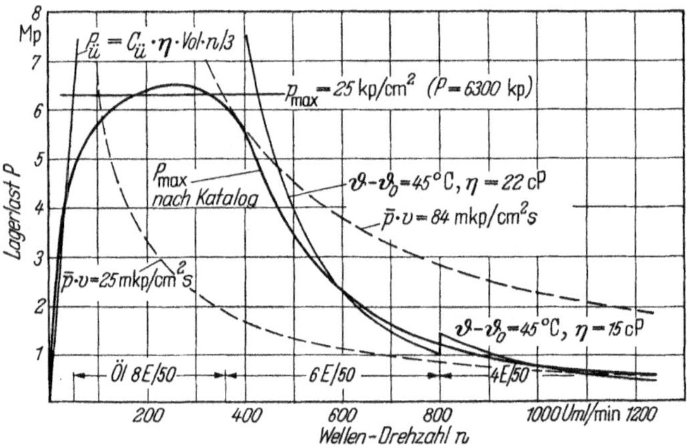

Abb. 6.10. Belastungen in Abhängigkeit von der Drehzahl für das BAMAG-Lager nach Abb. 6.9

gegeben. Der Zusammenhang mit unseren Rechnungen soll unter Verwendung folgender Daten aufgezeigt werden:

n [Uml/min]	53 bis 360	360 bis 800	800 bis 1250
U [m/s]	0,5 bis 3,5	3,5 bis 7,5	7,5 bis 12
Öl	8 E/50	6 E/50	4 E/50
η [cP] bei 65 °C	28	22	15

Die Belastungswerte werden durch die drei eingezeichneten Linienzüge angenähert; diese entsprechen

1. bis $n \approx 50$/min der Übergangslast,
2. für $n \approx 50$ bis 400/min einem $\bar{p}_{max} = 25$ kp/cm² und
3. von $n \approx 400$/min an einer vorgegebenen Lagertemperatur von 65 °C.

Beim Vergleich zwischen Rechnung und Empfehlung ist zu beachten, daß der Konstrukteur für serienmäßig hergestellte, anonym verkaufte Lager immer noch eine gewisse Sicherheit bei seinen Angaben mit berücksichtigen muß. Da auch bei sorgfältiger Montage und Behandlung Störmöglichkeiten nicht ganz ausgeschaltet werden können, darf man bei der Auslegung nicht bis an die Grenze gehen.

Für den ansteigenden Ast des gerechneten Linienzuges wird P nach der Übergangsformel Gl. (4.11) mit $C_ü = 1$ und $n_ü = n/3$ als gültig angesehen, diese liefert mit dem Volumen Vol = 3,56 l und einer zweckmäßig gewählten Viskosität von 100 cP, die das vorgegebene Öl von 8E/50 bei etwa 37 °C hat,

$$P_ü = 1 \cdot 100 \cdot 3{,}56 \cdot n/3 \approx 120\, n\,.$$

Diese Beziehung ist als Vergleich mit den Angaben gut brauchbar; die Temperaturerhöhung wird nur wenige Grad betragen. Rechnet man sie für n = 125/min, also mit mehr als doppelt so hoher Drehzahl, für die P = 6000 kp angegeben wird, so findet man ϑ = 32 °C; η = 130 cP; $n_ü$ = 13/min; $n/n_ü = 9{,}6$; $So = 6{,}3$; $M\omega$ = 13 mkp/s und $f = 1{,}83 \cdot 10^{-3}$. Die Beziehung P = 120 n ist daher wohl geeignet, den erstgenannten Verlauf zufriedenstellend zu beschreiben. Die wärmeabgebende Außenfläche des Lagers ist A = 0,53 m². Abweichend von Abb. 6.9 wird als Lagerbreite ein Wert von B = 140 mm verwendet, der sich aus der im Katalog angegebenen nutzbaren Tragfläche von 252 cm² errechnet.

Der zweite Bereich ist aus konstruktiven Gründen bedingt, was durch Erfahrungen in der Praxis bestätigt wird. Das rechte Ende wird durch die Erwärmung gegeben; hier sind auch die Übergangsdrehzahlen am ungünstigsten. Deshalb werden die Angaben n = 315/min mit P = 6550 kp und n = 400/min mit P = 5600 kp nachgerechnet. Für den ersten Fall findet man ϑ = 56 °C; η = 40 cP mit dem Öl 8 E/50; $n_ü$ = 46/min; $n/n_ü = 6{,}85$; $So = 4{,}43$; $M\omega$ = 41,6 mkp/s = 0,55 PS und $f = 2{,}14 \cdot 10^{-3}$. Für die höhere Drehzahl n = 400/min wird ϑ = 59 °C; η = 27 cP mit dem Öl 6 E/50; $n_ü$ = 58,5/min; $n/n_ü = 6{,}85$; $So = 4{,}45$; $M\omega$ = 45 mkp/s = 0,6 PS und $f = 2{,}12 \cdot 10^{-3}$. Temperaturen und Übergangsdrehzahlen bleiben in den gegebenen Grenzen.

Für den dritten Teil des Kurvenverlaufs gilt die Gl. (6.28) mit $\vartheta - \vartheta_0$ = 45 °C, entsprechend ϑ = 65 °C

$$P\, n^3 = \frac{3{,}87 \cdot 10^6\, (2 \cdot 0{,}53 \cdot 45)^2}{(0{,}18)^3 \cdot 0{,}14 \cdot \eta} = 10{,}8 \cdot 10^{12}/\eta\,.$$

Da für diesen Bereich nur die Öle 6 E/50 und 4 E/50 in Betracht kommen, nehmen mit den angegebenen Viskositäten von 22 und 15 cP die Belastungen

$$P = \frac{0{,}49 \cdot 10^{12}}{n^3} \text{ für } n = 360 \text{ bis } 800/\text{min}\,,$$

$$P = \frac{0{,}72 \cdot 10^{12}}{n^3} \text{ für } n = 800 \text{ bis } 1250/\text{min}$$

folgende Werte an:

n =	400	450	500	550	600	700	800	900	1000	1100	1200
$10^{12}/n^3$ =	15625	11000	8000	6029	4657	2924	1953	1368	1000	754	578
P =	7660	5390	3920	2955	2285	1433	957	$= 0{,}49 \cdot 10^{12}/n^3$			
P =			$0{,}72 \cdot 10^{12}/n^3$ =				1408	985	720	542	416

Die Übereinstimmung mit den Katalogwerten ist jedenfalls grundsätzlich gegeben. Die von der BAMAG genannte höhere Übertemperatur von 55 bis 60 °C liefert höhere Belastungen in dem dritten, durch die Temperatur begrenzten Bereich und entspricht damit der eingangs erwähnten Maßnahme für die Sicherheiten.

Der Kurvenverlauf zeigt die bessere Harmonie unserer Rechnungen mit den Erfahrungen der Praxis vor allem dann, wenn ein Vergleich mit „pv-Werten" vorgenommen wird. Der größte Wert dieser Art ergibt sich bei n = 400/min mit P = 5600 kp zu $\bar{p} \cdot U = p \cdot v = 22{,}2 \cdot 3{,}77$ = 84 mkp/cm² s, der kleinste liegt für n = 1250/min mit P = 530 kp bei $\bar{p} \cdot U = 2{,}1 \cdot 11{,}8$ = 24,8 mkp/cm² s. Die beiden Kurven sind in Abb. 6.10 mit eingetragen und lassen erkennen, daß die pv = const = Beziehung der Wirklichkeit nicht einmal in einem kleinen Teil des Kurvenverlaufs gerecht wird.

Die Übergangsdrehzahlen im dritten Bereich liegen niedriger als in den beiden oben gerechneten Fällen, für die $n/n_ü = 6{,}85$ war. Bei konstanten Viskositäten werden die Belastungen niedriger und damit wird auch $n_ü$ kleiner; die Drehzahlen nehmen zu und $n/n_ü$ wird größer. Für $n = 1000/\text{min}$ und $P = 810$ kp wird $n_ü = 810/1 \cdot 15 \cdot 3{,}56 = 810/53{,}5 = 15{,}1/\text{min}$; $n/n_ü = 66 > |U| = 9{,}43$.

Die Angaben der BAMAG zeigen weitgehende Übereinstimmung mit dem in diesem Buch gegebenen Bild vom Geschehen im Gleitlager und den darauf aufgebauten Rechnungen.

6.7 Zur Wahl des Lagerspieles

6.71 Das Betriebsspiel

Bei allen Überlegungen und Rechnungen in diesem Buch ist unter Lagerspiel stets derjenige Wert verstanden, der sich im Dauerzustand bei der Betriebstemperatur einstellt, das *Betriebsspiel* oder *Warmspiel*. Bei höheren Temperaturen kann dieses wegen der verschiedenartigen Wärmeausdehnungsmöglichkeiten von dem in der Fertigung dem Lager gegebenen Spiel, dem *Einbau-* oder *Kaltspiel*, erheblich abweichen. Die richtige Bemessung des Lagerspiels geschieht daher in zwei Schritten, zunächst ist das zweckmäßige Betriebsspiel zu ermitteln, dann sind nach bekannten Betriebstemperaturen die Korrekturen anzubringen, welche die Wärmeausdehnungen berücksichtigen. Der zweite Schritt wird in Ziffer 6.72 behandelt.

Die Wahl des Betriebsspiels ist so zu treffen, daß ausreichende Tragfähigkeit, gleichbedeutend mit passender Übergangsdrehzahl, und günstige Reibungsverhältnisse gewährleistet sind. Beide Forderungen stehen miteinander in Beziehung: Große Reibung erhöht die Temperatur und vermindert die Viskosität und damit die Tragfähigkeit und erhöht die Übergangsdrehzahl. Die Hauptforderung zielt also auf günstige Reibungsverhältnisse. Für $So > 1$, also höher belastete Lager bei niedrigeren Drehzahlen, ist die Reibungszahl vom Lagerspiel unabhängig, dagegen nimmt die Reibungszahl im Bereich der Petroffschen Formel, also bei höheren Drehzahlen und geringen Belastungen, wie $1/\psi$ ab. Für die Erwärmung sind aber die Reibungsleistungen und damit nicht die Reibungszahlen allein, sondern vor allem die Umfangsgeschwindigkeiten maßgebend. Daher sind für größere Gleitgeschwindigkeiten auch größere Lagerspiele zu wählen.

Höhere Belastungen werden dagegen zweckmäßig bei kleineren Lagerspielen aufgenommen, was auf verschiedene Weise gezeigt werden kann. Hier sei an die Ableitung der Tragfähigkeitsformel und die Gl. (4.6) erinnert. Nun kommen aber höhere Belastungen nur bei geringeren Gleitgeschwindigkeiten vor, für die schon nach dem Vorhergehenden kleinere Lagerspiele empfohlen werden. Beide Forderungen sind daher gleichlautend, so daß für die Wahl des Lagerspiels vor allem die Umfangsgeschwindigkeit entscheidend ist.

Aus der Rechnung läßt sich eine Beziehung zwischen Lagerspiel und Umfangsgeschwindigkeit nicht herleiten. Man könnte nach Abb. 3.15 und 3.16 fordern, daß $So \approx 1$ wird, und daraus

$$\psi \approx \sqrt{\frac{\eta\,\omega}{p}} = \sqrt{\frac{2\eta\,B\,U}{P}}$$

werden müßte. Danach wäre ψ in erster Näherung der Wurzel aus U proportional und die größtmögliche Stärke des Tragfilms an der engsten Stelle gewährleistet. Diese Forderung geht aber in manchem zu weit, sie würde zu unwirtschaftlichen

Bemessungen führen. Deshalb werden Lager bei schwerer Belastung mit $So > 1$ und für hohe Geschwindigkeit mit $So < 1$ ausgeführt.

Aus diesen Gründen wird eine Beziehung zwischen ψ und U am einfachsten auf empirischem Wege gefunden. So ist Abb. 1.2 durch Auftragen der Spiele bewährter Ausführungen entstanden; festgelegt und ausgeglichen wurden *Bereiche* für ψ und U, die letzteren nach Normzahlen gestaffelt. Als ungefährer Mittelwert ergab sich

$$\psi = 0{,}8 \sqrt[4]{U}\,, \quad U \text{ in m/s}; \ \psi \text{ in } {}^0\!/_{00}; \tag{6.31}$$

der Verlauf ist in Abb. 1.2 eingetragen. Da ein größeres Lagerspiel immer mehr zu empfehlen ist als ein zu kleines, ist auch schon erwogen worden, statt des Faktors 0,8 den runden Wert 1 in Gl. (6.31) zu nehmen. Da aber diese Beziehung sich in der Praxis gut bewährt hat, wird vorerst noch diese Formel beibehalten. Man beachte jedoch, daß in Beispiel 12 für $U = 105$ m/s das Lager mit $\psi = 5\,{}^0\!/_{00}$ ausgeführt wurde, Gl. (6.31) fordert nur die Hälfte. Das hängt allerdings auch mit dem relativ viskosen Öl zusammen, das für das Getriebe als Ganzes gewählt werden mußte.

6.72 Der Einfluß der Wärmedehnungen

Bei nur geringer Erwärmung des Lagers und der Welle entspricht das Betriebsspiel dem in der Werkstatt ausgeführten *Einbauspiel.* Bei höherer Erwärmung — von etwa 30 °C Übertemperatur an — muß geprüft werden, ob eine Lagerspielverminderung durch Wärmedehnungsunterschiede von Welle und Lager zu erwarten ist. Dieser Betrag ist dem erwünschten Betriebsspiel zuzuschlagen, um das Einbauspiel zu erhalten. Es ist also

$$\text{Einbauspiel } S_e = \text{Betriebsspiel } S + \text{Spielzuschlag } \Delta S\,.$$

Während die Wärmequerdehnung der Welle bei einer bestimmten Übertemperatur in jedem Falle leicht zu bestimmen ist, hängt die durch Erwärmung verursachte Dehnung der Bohrung nicht allein von dem Einbau des Lagerkörpers, der Schale oder Buchse ab, sondern auch von den verwendeten Werkstoffen für Lager und Gehäuse. Von Einfluß ist auch, ob der Lagerkörper oder das Gehäuse zusätzlich gekühlt werden oder infolge ihrer geometrischen Ausdehnung an der durch die Reibungswärme verursachten Wärmeausdehnung wenig oder gar nicht teilnehmen.

Es lassen sich folgende Einbaufälle unterscheiden:

1. Bei Lagern mit freier Ausdehnungsmöglichkeit und keinem oder nur geringem Temperaturunterschied zwischen Welle und Gehäuse entspricht das Betriebsspiel etwa dem Einbauspiel. Auf eine Korrektur kann verzichtet werden, weil die Beträge im Rahmen der zulässigen Fertigungstoleranzen liegen.

2. Werden Wellen von Lagern mit freier Ausdehnungsmöglichkeit nicht allein durch Reibungswärme, sondern auch noch durch Wärmezufuhr (Heiz- oder Kondensatleitungen in hohlgebohrten Wellen, Wärme von benachbarten Maschinenteilen) aufgeheizt, so ist eine Berechnung der Wärmedehnungsunterschiede notwendig, besonders aber dann, wenn das Gehäuse oder der Lagerkörper noch zusätzlich gekühlt werden. Das gleiche gilt auch für Präzisionslager, deren Betriebsspiele aus Führungsgründen so gering wie möglich gehalten werden.

Für die Wärmeausdehnung der Welle gilt

$$\Delta D_W = D\,\beta_W\,\Delta\,\vartheta_W \tag{6.32}$$

mit

D = Lagernenndurchmesser
β = Wärmedehnungszahl in 1/°C,
$\Delta\,\vartheta$ = Übertemperatur in °C.

Für die Wärmedehnung des Lagers kann man einen gewissen Anhalt finden, wenn man den von GERSDORFER (1954), S. 89, behandelten Fall betrachtet. Das Lagergehäuse wird durch einen ringförmigen Körper von rechteckigem Querschnitt wiedergegeben, in den eine Buchse von verhältnismäßig geringer Stärke W_1 eingepreßt ist. Die radiale Wandstärke des Gehäuseringes sei W_2, dann gilt für die Bohrungserweiterung ΔD_L die Beziehung

$$\Delta D_L = D\,\frac{W_1 E_1 \beta_1\,\Delta\,\vartheta_1 + W_2 E_2 \beta_2\,\Delta\,\vartheta_2}{W_1 E_1 + W_2 E_2}$$

mit E als Elastizitätsmodul, β als Wärmedehnungszahl und $\Delta\vartheta$ als Übertemperatur jeweils mit dem Zeiger 1 für die Buchse und 2 für den Gehäusering. Für diesen Fall wird der Spiel*zuschlag*

$$\Delta S = \Delta D_W - \Delta D_L\,.$$

3. Starkwandige Buchsen, die in starre Maschinenrahmen von großer Ausdehnung eingepreßt sind, wachsen bei Erwärmung nach innen. Unter der Annahme gleicher Temperaturen von Welle und Buchse wird der *Spielzuschlag*

$$\Delta S = \Delta D_W + \Delta D_L\,.$$

ΔD_L errechnet sich mit W als Wandstärke zu

$$\Delta D_L = 2\,W\,\beta_1\,\Delta\,\vartheta\,. \tag{6.33}$$

Wenn die Lagertemperatur hoch wird, nimmt auch der Maschinenrahmen in der Umgebung des Lagers eine höhere Temperatur an. Da ein großer Rahmen als Ganzes diese Temperaturerhöhung nicht erfährt, muß auch noch mit einer Durchmesserverringerung des Buchsensitzes im Maschinenrahmen infolge örtlicher Wärmeausdehnung gerechnet werden. Hier ist kaum eine allgemeine Behandlung möglich, der Konstrukteur muß auf Grund der seinem Fall entsprechenden Überlegungen einen Zuschlag für die Korrektur berücksichtigen.

6.73 Lagerspiel und Passungen

Nach der Ermittlung des Einbauspiels muß es für die Fertigung durch entsprechende Toleranzen von Welle und Bohrung ausgedrückt werden. Von Einzelfällen abgesehen, wird man versuchen, das Einbauspiel nicht in Absolutmaßen, sondern im Hinblick auf Reihenfertigung und Austauschbau in gebräuchlichen Passungen anzugeben.

Je nachdem, ob die Passungen nach dem System Einheitsbohrung oder Einheitswelle gewählt werden, kommt für die Auswahl der Passungsfamilien entweder DIN 7154 (Einheitsbohrung) oder DIN 7155 (Einheitswelle) in Betracht. Die dort besonders empfohlenen und durch farbigen Untergrund gekennzeichneten Passungen sind für die Zwecke des Gleitlagerbaues wenig geeignet, weil die Toleranzbereiche viel zu groß gewählt sind. Beispielsweise hat die Passung H 7/f 7 nach DIN 7154 einen Toleranzbereich im Mittel von etwa 1:3, damit kann die Sommerfeldzahl im Bereich von 1:9 schwanken.

Der Maschinenbau hat daher die Empfehlungen der Passungsauswahl nicht immer beachtet. Beispielsweise ist es im Transmissionsbau üblich, nach Einheitswelle mit den Passungen h 6 und h 8 für die Welle und der Bohrung D 9 zu arbeiten. Die erstgenannte ist in DIN 7155 überhaupt nicht enthalten und die letztgenannte nicht in den Auswahlreihen 1 bis 3.

Großen Spielen, vor allem solchen, die dem Durchmesser proportional zunehmen, wie die der Reihen A (a), B (b) und C (c), sind immer auch große Toleranzen zugeordnet. Zwar werden auch noch B 9 (b 9) und C 9 (c 9) erwähnt, zumeist ist diesen Reihen aber die Qualität 11 zugeordnet, von der es in DIN 7157 heißt, daß die Bohrung mit handelsüblichen Spiralbohrern ohne Nacharbeit hergestellt werden kann. Derartige Empfehlungen können dem Gleitlagerbau nicht dienlich sein.

Das Gleitlager erfordert engere Toleranzbereiche. Um den Anschluß an das bisherige Passungssystem zu finden, sind in Abb. 6.11 die Mindestabstände = Kleinstspiele nach DIN 7150 aufgetragen und die Grundtoleranzen in den für den Maschinenbau in Betracht kommenden Qualitäten IT 5 bis IT 9 zahlenmäßig angegeben. Wünschenswert sind oft die Qualitäten 5 bis 7, für viele Fälle genügen aber auch 8 und 9.

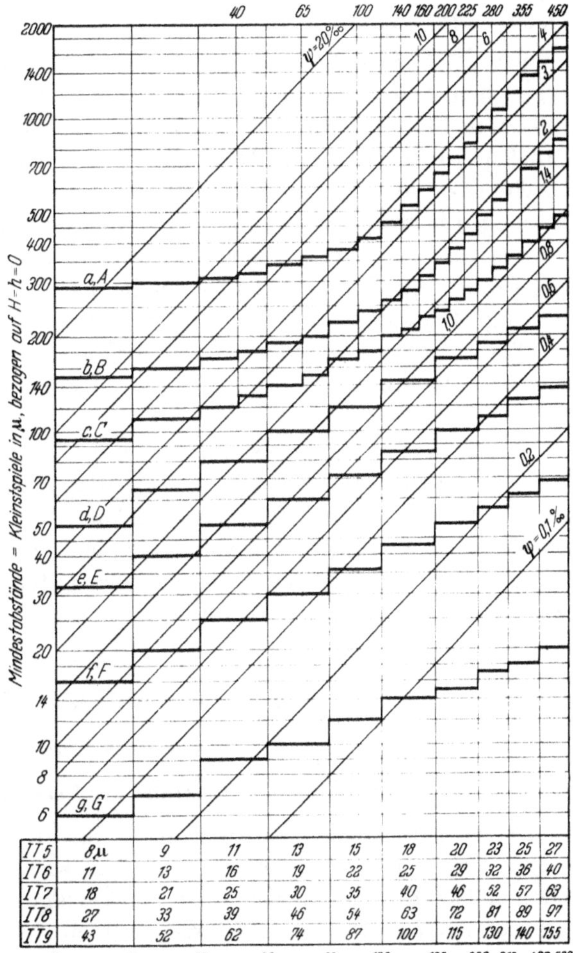

IT 5	8µ	9	11	13	15	18	20	23	25	27
IT 6	11	13	16	19	22	25	29	32	36	40
IT 7	18	21	25	30	35	40	46	52	57	63
IT 8	27	33	39	46	54	63	72	81	89	97
IT 9	43	52	62	74	87	100	115	130	140	155

Abb. 6.11. Mindestabstände = Kleinstspiele nach DIN 7150

Will man beispielsweise für ein Lager von 200 mm Bohrungsdurchmesser ein Betriebsspiel von 1,2‰ einhalten und hat nach Ziffer 6.72 einen Spielzuschlag von 0,3‰ errechnet, dann muß das Einbauspiel 1,5‰ betragen, entsprechend dem mittleren Spiel einer Passung; damit würde $S_e = 300\,\mu$m. Soll dieser Wert mit ± 20% eingehalten werden, so wäre der Kleinstwert 240 und der Größtwert 360 µm; dann bewegt sich das Spiel immer noch in dem Bereich 1:1,5.

Nach Abb. 6.11 entspricht der Forderung des Kleinstspiels die Passung c mit 240 μm. Wenn man die Welle mit IT 8 = 72 μm und die Bohrung mit IT 7 = 46 μm nach Einheitsbohrung ausführt, so erhält man als obere Grenze 358 μm. Trotz der großen Streuungen von $\pm 20\%$, die eine Änderung der Sommerfeldzahl im Verhältnis 1:2,25 zur Folge haben kann, entsprechen die Bearbeitungsqualitäten zwar den nach DIN 7160 und 7161 noch zugelassenen Passungen, nicht aber den Empfehlungen nach DIN 7154.

Um die Passungen den Gesetzmäßigkeiten des Geschehens im Gleitlager anzugleichen, bedarf es einer weitgehenden Überarbeitung, die im Rahmen dieses Buches nicht ausgeführt werden kann. FALZ (1934) hat bereits darauf hingewiesen, daß Maschinen mit hoher Drehzahl Lagerspiele erfordern, die mit dem Wellendurchmesser linear zunehmen. Die DIN-Laufsitze, aus denen die ISA-Laufsitzpassungen hervorgegangen sind, sehen dagegen nur eine Zunahme mit der dritten Wurzel aus dem Durchmesser vor. Man war der Meinung, daß Führungslaufsitze ihren Zweck nur dann erfüllen, wenn die *Geometrie* der Passung *allein* die Führung erzwingt. Der stabile und ruhige Lauf wird aber durch *dynamische Kraftwirkungen* im Tragfilm erreicht, für die Ähnlichkeitsbeziehungen gelten; demgemäß ist geometrische Ähnlichkeit des ganzen Lagers und damit auch des Lagerspiels notwendig.

Mit dieser Erkenntnis ist die von FALZ für hohe Drehzahlen ausgesprochene Forderung keinesfalls nur auf Schnellauflager beschränkt, sondern gilt ganz allgemein. Eine Passung für dynamische Ähnlichkeit im Gleitlager fordert demnach ein mit dem Durchmesser proportional wachsendes Lagerspiel. Die in DIN 7150, Blatt 1, S. 5, aufgestellten Behauptungen unter a bis c entsprechen daher nicht mehr den heutigen Erkenntnissen.

7. Die notwendigen Ölmengen

7.1 Vorbetrachtung

7.11 Ölmengen im Sinne der herkömmlichen Empirie

Die vorhergehenden Ausführungen und die daraus gezogenen Schlußfolgerungen lassen sich nur dann verwirklichen, wenn die zur Bildung des tragfähigen Films notwendigen Ölmengen auch zur Verfügung stehen. Fehlendes Öl bedeutet fehlenden Baustoff; alle Maßnahmen bleiben ohne den gewünschten Erfolg, wenn nur ungenügende Mengen bereitgestellt werden.

Über die Zusammenhänge unterrichtet die herkömmliche Erfahrung nur recht unvollkommen. Im Zeitalter der langsamlaufenden Maschine, auch der Großmaschine, hielt man Tropf- und Dochtöler für ausreichend; und im allgemeinen war damit auch auszukommen. Wo es nicht ging, kühlte man die Lager mit Wasser und führte auf diesem Wege die störende Reibungswärme ab. Bei Schiffsdampfmaschinen wurden nicht selten armdicke Wasserstrahlen über die Lager gepumpt, um Heißläufer zu vermeiden. Aus solchem Vorgehen konnten sich schwerlich Unterlagen für die benötigten Ölmengen ableiten lassen.

Langjährige Erfahrung zeigte, daß nicht nur bei langsamlaufenden, sondern vielfach auch bei schnelleren Maschinen mit geringen Schmiermittelmengen ein sicherer Betrieb erreichbar ist. Abb. 7.1 bringt die Versorgung des Kurbellagers einer Dampfmaschine mit Schleuderrohr und Tropfschmierung, wie sie früher viel ausgeführt wurde. Die dem Kurbellager auf diese Weise zugeführten Mengen bleiben weit hinter denen zurück, wie sie weiterhin durch Rechnung bestimmt werden. Trotzdem zeigten diese Maschinen einen hohen Grad von Betriebssicherheit, wenn auch verbunden mit einer gewissen Abnutzung der Gleitflächen, die als „natürlicher Verschleiß" ganz selbstverständlich in Kauf genommen wurde. Öl sollte gespart werden, doch wurde Energie vergeudet und die Lebensdauer der Maschinenteile verringert.

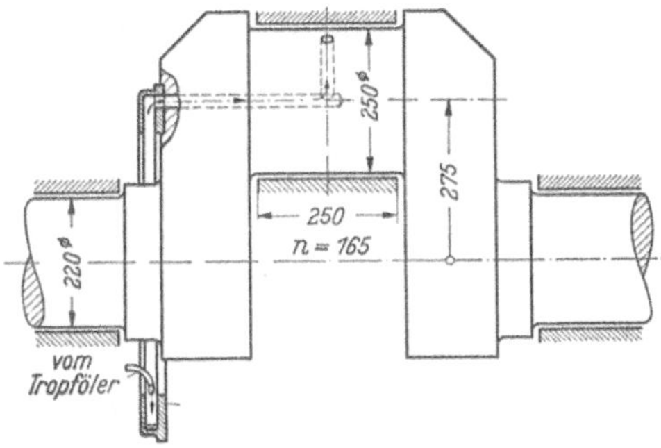

Abb. 7.1. Durch Tropföler und Schleuderring sparsam versorgtes Kurbellager einer Dampfmaschine von 230 PS bei $n = 165$/min; Baujahr 1913

Dennoch hat diese Zeit gezeigt, daß man unter gewissen Bedingungen mit sehr geringen Ölmengen auskommen kann. Sie wies damit die Wege zur einfachen Schmierung bei kleinen Lagern, vor allem, wenn sie nur zeitweise in Betrieb zu sein brauchen. Andererseits ergaben die Beobachtungen, daß die große Maschine im Dauerbetrieb auf Grund reiner Empirie namentlich bei höheren Drehzahlen nicht immer die für vollkommenes Tragen erforderliche Menge erhält.

7.12 Mangelnde Ölzufuhr als häufigste Ursache von Lagerschäden

In den Ausführungen unter der vorhergehenden Ziffer ist vielleicht der Grund dafür zu sehen, daß heute in weiten Kreisen das Verständnis für die Notwendigkeit ausreichender Ölmengen fehlt. Viele Ingenieure verstehen wohl, daß eine Erhöhung der Belastung besondere Maßnahmen erfordert, weil sie ja auch auf der Festigkeitsseite besonders berücksichtigt werden muß. Daß dagegen die Verdoppelung der Drehzahl die drei- bis vierfachen Reibungsverluste mit sich bringt, ist – wie es scheint – nicht so leicht zu begreifen; immer wieder findet man in der Praxis Zurückhaltung gegen eine Ölversorgung durch Pumpen. Der im Verhältnis zur Gesamtmaschine verschwindend geringe Preis einer Ölpumpe wird oft als untragbar empfunden. Das kann aber nur geschehen, wenn die ganze Ölversorgung und die durch sie wahrzunehmende Funktion als etwas Untergeordnetes und nicht als für die Funktion der Maschine unbedingt Notwendiges angesehen wird. Niemand wird auf die Idee kommen, den Forderungen nach einem schweren Fundament, einer schwingungsdämpfenden Aufstellung oder der Festigkeit an irgendeiner Stelle aus preislichen Gründen nicht genügen zu wollen. Wenn dagegen bei der heutigen Steigerung der Leistungsfähigkeit unserer Maschinen durch erhöhte Geschwindigkeiten gegenüber früher ein Mehraufwand in der Ölversorgung notwendig ist, dann fehlt oft jedes Verständnis dafür. Will der Käufer die dadurch bedingten Preise nicht tragen, so ist auch vielfach der Hersteller nicht in der Lage, den Käufer von der unbedingten Notwendigkeit derartiger Maßnahmen zu überzeugen.

Die Folgen eines solchen Vorgehens bleiben nicht aus. Bei Lagerschäden kann mit großer Wahrscheinlichkeit gesagt werden, daß mehr als 90% aller Fälle auf Ölmangel zurückzuführen sind. Ferner wird immer noch den festen Werkstoffen wesentlich mehr Bedeutung beigemessen als dem Werkstoff Öl. Dieser und die von ihm ausgeübte Funktion sind aber für das Verhalten des Lagers weit entscheidender, was auch heute noch oft übersehen wird.

7.2 Die umlaufende Ölmenge bei zentrischer Lage des Zapfens

7.21 Die Vergleichsölmenge nach Petroff-Couette

Die Grundlage für die weiteren Betrachtungen liefert – wie in Kapitel 3 – der Grenzfall des in der Lagermitte laufenden Zapfens, der dort zur Petroffschen Formel führte, Abb. 3.1. In diesem Fall ist der Strömungsvorgang durch die lineare Geschwindigkeitsverteilung nach Abb. 3.2 gegeben, die mittlere Durchgangsgeschwindigkeit ist $U/2$, demnach die durch jeden Querschnitt $B\,S/2$ in der Zeiteinheit fließende Menge

$$Q_V = \frac{U}{2}\,\frac{B\,S}{2} = \frac{1}{4}\,B\,U\,S\,. \tag{7.1}$$

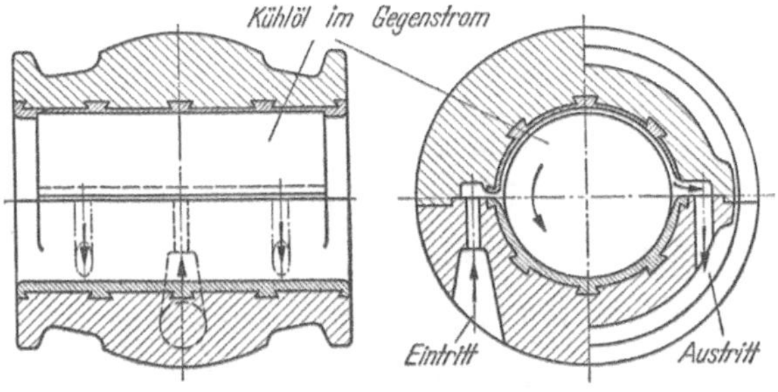

Abb. 7.2. Dampfturbinenlager nach LASCHE mit ausgesparter Oberschale für große Kühlölmengen

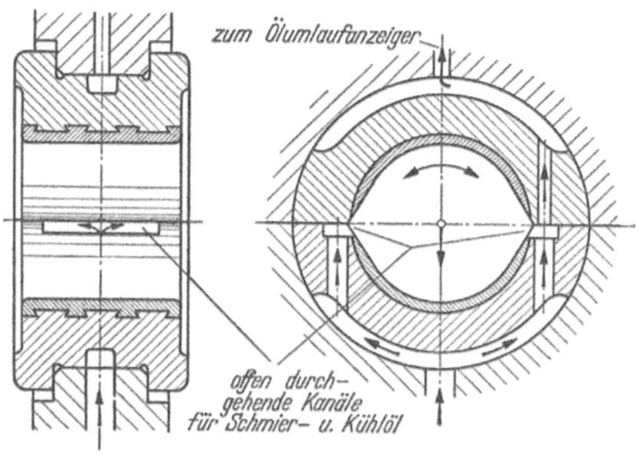

Abb. 7.3. Getriebelager mit beiderseitiger Ölzuführung

Diese Menge Q_V nach Gl. (7.1) wird als Vergleichsölmenge für die weiteren Betrachtungen genommen.

Unter den Bedingungen von Abb. 3.1 und 3.2 würde diese Menge wegen des fehlenden Seitenflusses dauernd im Lagerspalt verbleiben und sich dabei fortlaufend so lange erwärmen, bis nach den Ausführungen von Kapitel 6 das Wärmegleichgewicht eingetreten ist. Dieser Fall stellt aber nur eine gedankliche Möglichkeit dar, da der zentrische Lauf des Zapfens sehr hohe Geschwindigkeiten voraussetzt; große Gleitgeschwindigkeiten bringen aber hohe Erwärmung, die ohne zusätzliche Kühlung nicht zu beherrschen ist. Gerade für diesen Fall ist Gl. (7.1) aber besonders wichtig, da sie die Größenordnung der Ölmenge angibt, die durch das Lager hindurchgeschickt werden kann. Allerdings muß dann für ordnungsgemäßen Zu- und Abfluß des Öles gesorgt werden, wie etwa bei Dampfturbinen nach Abb. 7.2.

Wegen der dauernd gleichen Lastrichtung kann bei solchen Maschinen die Oberschale ausgespart werden, wenn bei sehr hohen Gleitgeschwindigkeiten die Wärmeabfuhr Schwierigkeit bereitet oder vom Rotor her Wärme in das Lager wandert. Die Ausbildung der Schale kann dann etwa nach Abb. 7.2 erfolgen, vergleiche LASCHE (1925), S. 152 bis 184. Die durchfließende Menge liefert wieder Gl. (7.1), wobei allerdings jetzt für S das vergrößerte (Durchmesser-!) Spiel in der Aussparung einzusetzen ist.

Bei Lagern mit nicht eindeutiger Lastrichtung, wie bei Ritzellagern, geht das Aussparen einer Hälfte nicht. Hier können aber beide Schalenhälften mit dem kühlen Öl versorgt werden, etwa nach Abb. 7.3, allerdings unter der Voraussetzung, daß das erwärmte Öl auch bereits aus dem halben Lager hinreichend abfließt und sich nur möglichst wenig mit dem zugeführten Frischöl vermischt. In diesem Fall kann man größenordnungsmäßig die doppelte Menge nach Gl. (7.1) durch ein Lager mit normaler Spaltweite hindurchschicken. Durch weitere Unterteilung der Lagerschalen läßt sich diese Menge verdrei- oder vermehrfachen, deshalb sind bei hohen Drehzahlen solche unterteilten Lagerflächen für die Wärmeabfuhr zweckmäßig. Da bei hohen Drehzahlen stets nur geringe oder mäßige Belastungen vorliegen, spielt die in Ziffer 3.6 behandelte Abnahme der Tragfähigkeit mit verkleinertem Umschließungswinkel keine Rolle, allerdings nur unter der Voraussetzung ausreichender Zufuhr von gekühltem Öl.

7.22 Zweite Form des Ausdruckes für die Vergleichsölmenge

Die Gl. (7.1) ist unabhängig vom Maßsystem, in den Einheiten des technischen Maßsystems liefert sie m^3/s, das ergibt kleine Zahlenwerte. Nun hat G. NOACK eine Umformung von Gl. (7.1) angegeben, die sich zur praktischen Bestimmung von Q_V zweckmäßig verwenden läßt. Bezeichnet n' die Drehzahl in einer beliebigen Zeiteinheit, so ist $U = D\pi n'$, mit $\psi' = S/D$ wird dann

$$Q_V = \frac{1}{4} B\, U\, S = \frac{1}{4} B\, D^2 \pi \cdot n' \cdot \psi' = \psi' \cdot \mathrm{Vol}' \cdot n' \,. \tag{7.2}$$

Darin soll der Strich bei ψ' und Vol′ andeuten, daß auch Lagerspiel und Volumen in beliebigen Einheiten ausgedrückt werden können. Gl. (7.2) ist daher eine Größengleichung. Daraus läßt sich sofort mit ψ in Promillen $= 1000\ \psi'$, Vol in Litern und n in Uml/min die Gebrauchsgleichung schreiben

$$Q_V = \psi \cdot \mathrm{Vol} \cdot n/1000 \quad \mathrm{in\ l/min}\,, \tag{7.3}$$

also in der Einheit, in der Ölmengen — als Bedarf oder auch als Pumpleistung — in der Praxis meistens angegeben werden.

7.3 Die Strömungsverhältnisse bei exzentrischer Zapfenlage

7.31 Rechnerische Ergebnisse

In keinem belasteten Lager läuft der Zapfen in der Mitte, die Spalthöhe nimmt zuerst in Drehrichtung ab und dann wieder zu. Die anfänglich eintretenden Ölmengen fließen unter Druckentwicklung teilweise seitlich ab. Dieser Seitenfluß muß unter allen Umständen dem Lager irgendwo hinter der engsten Stelle wieder zugeführt werden, wenn eine tragfähige Schicht dauernd aufrecht erhalten werden soll. Diese zur Aufrechterhaltung der tragfähigen Ölschicht notwendige Ölmenge wird als Tragölmenge Q_T bezeichnet und allgemein als der Ölbedarf eines Lagers ohne Zusatzkühlung angesehen.

Die seitlich abfließende Ölmenge ist wiederholt berechnet worden, so von GÜMBEL (1917) und (1925), FALZ (1931) und (1934), BAUER (1943), FRÄNKEL

(1944), WILCOCK und ROSENBLATT (1952), SASSENFELD und WALTHER (1954). Die Ergebnisse sind nicht einheitlich; GÜMBEL und FRÄNKEL kommen zu dem Ergebnis, daß mit zunehmender Exzentrizität ε, also steigender Belastung, die seitlich abfließende Ölmenge stetig, fast linear ansteigt und für $\varepsilon \to 1$ einem Wert zustrebt, der ungefähr dem 1,5- bis 2fachen nach Gl. (7.1) entspricht. Alle anderen Autoren finden einen zunächst mit ε ansteigenden Seitenfluß, der aber mit $\varepsilon \to 1$ auf Null zurückgeht. Als Beispiel dafür seien in Abb. 7.4 Rechnungsergebnisse

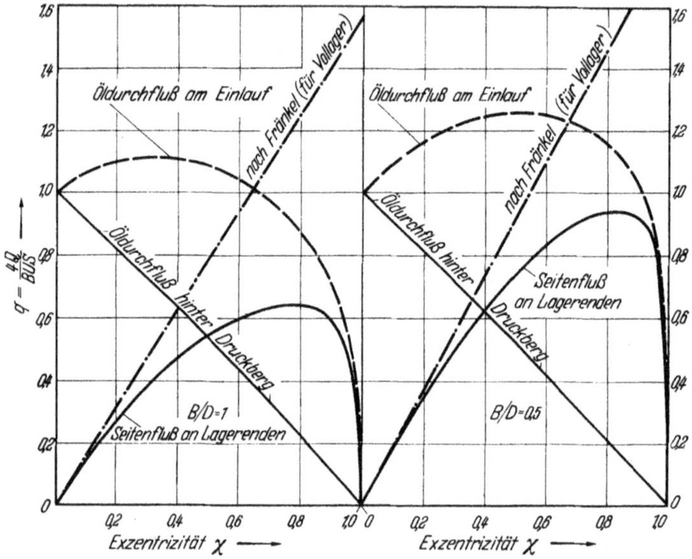

Abb. 7.4. Öldurchsatz für ein halbumschließendes Lager $B/D = 1$ und $B/D = 0{,}5$ nach Rechenergebnissen von SASSENFELD-WALTHER und FRÄNKEL; $\chi = \varepsilon$, vgl. S. 84

von SASSENFELD und WALTHER für $B/D = 1$ und $B/D = 0{,}5$ wiedergegeben. Darin ist in Abhängigkeit von der Exzentrizität ε die am Schmierspaltbeginn mitgenommene Ölmenge und die seitlich abfließende eingetragen, ebenso die letztere nach FRÄNKEL.

Die hier mitgeteilten Ergebnisse von SASSENFELD und WALTHER entsprechen auch denen von BAUER, die von FRÄNKEL (1944), S. 79, nicht als physikalisch richtig angesehen werden. Jedoch muß beachtet werden, daß FRÄNKEL unter der Annahme einer parabelförmigen Druckverteilung in Breitenrichtung für alle Exzentrizitäten ε eine Differentialgleichung für den Druck aufstellt und integriert, die gegenüber der Reynoldsschen Gleichung zu weitgehend vereinfacht ist. KOCHANOWSKY (1956) gelang es, durch Zurückgehen auf die Navier-Stokesschen Differentialgleichungen zu zeigen, daß eine vertiefte Betrachtung dieselben Ergebnisse liefert, wie die Reynoldssche Theorie. Die Rechnungen von N. TIPEI (1957), S. 297, und (1962), S. 234, zeigen dagegen einen Verlauf, der den Ergebnissen von GÜMBEL und FRÄNKEL nahekommt.

Das sonderbar erscheinende Ergebnis $Q_T \to 0$ für $\varepsilon \to 1$ findet nach WENGER und KOCHANOWSKY seine Erklärung darin, daß mit wachsender Exzentrizität das Druckgebiet kleiner und der Druck immer größer wird. In der Grenze ist der Druck ∞, das Druckgebiet wird zu einer Linie, die Spalthöhe Null, und damit der druckerfüllte Bereich des Gleitraumes Null. Aus dem Volumen Null kann nichts mehr abfließen. Die Rechnung muß aber stetig in diesen Grenzwert übergehen, daher ist der abnehmende Seitenfluß bei großen Exzentrizitäten schon verständlich.

Die Reynoldssche Gl. (3.12) erfaßt nur das druckerfüllte Gebiet und setzt voraus, daß die benötigten Ölmengen zur Verfügung stehen. Die Lager nehmen aber unabhängig von diesem Bedarf an den Stellen der Ölzufuhr, also bei großer, oder im Falle des ganz umschließenden Lagers sogar bei größter Spaltweite Mengen auf, die bis zum Doppelten der Vergleichsölmenge nach Gl. (7.1) ansteigen können. Davon wird dem Druckbereich das Notwendige abgegeben. Wie der Rest aus dem Lager abfließt, kann durch die Reynoldssche Gleichung nicht beschrieben werden, diese ist daher für den Öldurchsatz — durch das Lager als Ganzes — nicht zuständig.

Die hier sich ergebenden Zusammenhänge sind von WENGER experimentell geklärt, darüber findet sich Näheres unter Ziffer 7.41.

7.32 Folgerungen: Die Mindestölmenge

Die soeben gemachten Feststellungen klären über die in Ziffer 7.11 mitgeteilten Beobachtungen auf. Die Lager der Maschinen aus dem vorigen Jahrhundert waren groß und lang, in ihrem Gleitraum konnten sich beträchtliche Ölmengen halten. Vielfach wurden Mineralöle mit Fettölzusätzen — compoundierte Öle — verwendet, deren Oberflächenspannung geringer ist als bei reinen Mineralölen, dadurch halten sie sich länger im Gleitraum.

Das Lager lebt also im wesentlichen von der in seinem Gleitraum enthaltenen, mit der Welle umlaufenden Ölmenge. Es läuft bei großer Exzentrizität; das eigentliche Druckgebiet ist klein im Umfang, aber über die ganze Lagerbreite verteilt. Abb. 3.8 läßt erkennen, wie mit zunehmender Exzentrizität der Druckberg höher und seine Basis kürzer wird. Die durch die geringste Schichtdicke hindurchfließenden Mengen sind klein, der sich erweiternde Lagerspalt wird nicht mehr ganz vom Öl gefüllt, es bilden sich einzelne Ölstreifen, die bis zur größten Spaltweite schmaler und dann wieder breiter werden, bis sie vor dem Druckgebiet wieder die ganze Lagerbreite erfüllen und ausreichende Mengen zu meist vollkommenem Tragen darbieten.

Dabei ist der Seitenfluß verschwindend klein im Verhältnis zur umlaufenden Ölmenge, hin und wieder treten einzelne Tropfen seitlich aus, deshalb konnte hier Tropfschmierung genügen.

Dieser Vorgang wird durch umlaufende Ölnuten an den Enden der Lagerschale wesentlich unterstützt. Sie dienen als kleine Sammelbehälter für etwaige aus dem Druckgebiet austretende Mengen, die von der Welle mitgenommen und dem eigentlichen Gleitraum hinter der engsten Stelle wieder zugeführt werden, vor allem durch die dort sich einstellenden Unterdrücke. Unzweckmäßig ist es dabei, in den Nuten unten Abflußbohrungen vorzusehen.

Bis zu einem gewissen Grade übernimmt schon eine Ölfase unter 45° eine solche Sammel- und Rückführungsaufgabe.

Voraussetzung für eine einwandfreie Funktion unter solchen Bedingungen war jedoch, daß die gesamte Wärme durch Leitung an die Außenwände der Lager gebracht wurde, eine Konvektion durch das Öl in irgendeiner Form konnte dabei nicht mitwirken. Eine Nachrechnung wird in Beispiel 42 gegeben, es zeigt, daß die Voraussetzungen für ausreichende Wärmeabfuhr meist vorhanden waren.

Lagerkühlprobleme versuchte man deshalb im vorigen Jahrhundert auch nur auf dem Wege über die Schalenkühlung durch Wasser zu lösen; erst mit den Arbeiten von LASCHE (1902) wurde die Wärmeabfuhr durch hinreichende Mengen rückgekühlten Öls für Schnellauflager allgemein eingeführt. Dennoch findet sich auch heute Wasserkühlung bei Ringschmierlagern, in den Beispielen 47 bis 49 werden entsprechende Aufgaben behandelt.

Beispiel 42: Lager mit geringer Ölmenge

Abb. 7.1 zeigt schematisch das Kurbellager einer Gleichstromdampfmaschine von 525 mm Zylinderdurchmesser und 550 mm Hub bei 165/min. Die Ölversorgung erfolgt durch einen Tropföler, dessen Rohr das Öl in einen Schleuderring fallen läßt, von wo aus es mittels Fliehkraft über Bohrungen des Kurbelzapfens zwischen die Gleitflächen gelangt.

Die dem Kurbellager zugeführte Menge wird mit Rücksicht auf die Ölverluste stets so gering wie möglich gehalten, vielfach unterstützen Prämien einen geringen Verbrauch.

Bei sparsamer Tropfölung rechnet man mit einem Verbrauch von 0,6 cm³/min, der sich bis auf 6 cm³/min (reichliche Tropfschmierung) steigern läßt. Diesen Mengen entsprechen $6 \cdot 10^{-4}$ bis $6 \cdot 10^{-3}$ l/min.

Demgegenüber errechnet sich die Vergleichsölmenge Q_V nach Gl. (7.3) mit Vol = 12,25 l, $S = 50\,\mu$m (eintuschierte Lager) und $\psi = 0{,}2‰$

$$Q_V = 12{,}25 \cdot 0{,}2 \cdot 165/1000 = 0{,}405 \text{ l/min}.$$

Dieses ist 675 bis 67,5 mal mehr als durch den Tropföler zugeführt wird. Eine ausreichende umlaufende Ölmenge ist aber nur dann möglich, wenn sich größere Ölmengen im Lagerspalt halten, die zu vollkommenem Tragen führen können.

Die notwendige Voraussetzung für ein solches Verhalten ist die völlige Abgabe der Verlustwärme an die Umgebung, ohne daß das Öl daran beteiligt ist. Zur Bestimmung der Verlustleistung muß P bekannt sein, dafür nimmt man, den damaligen Gepflogenheiten entsprechend, den Mittelwert der Kolbenkraft für die indizierte Höchstleistung, hier 600 PS_i. Bei der mittleren Kolbengeschwindigkeit von 3,03 m/s wird dann $P = 600 \cdot 75/3{,}03 \approx 15000$ kp. Anzunehmen ist ferner, daß mit dem früher allgemein üblichen Maschinenöl von 4,5 E/50 °C gefahren wurde. Die Wärmeübergangszahl ist für bewegte Luft auf die Umfangsgeschwindigkeit des Kurbelmittelpunktes $w = 4{,}75$ m/s zu beziehen, die wärmeabgebende Fläche wird mit $A = 15\,B\,D = 15 \cdot (1/4)^2 \approx 1$ m² ungefähr den Verhältnissen gerecht werden. Dann ergibt das Formblatt:

1) $D = 250$ mm **2)** $B = 250$ mm **3)** $P = 15000$ kp **4)** $\bar{p} = 24{,}0$ kp/cm² **5)** $n = 165$/min **6)** $U = 2{,}16$ m/s **7)** $S = 50\,\mu$m **8)** $\psi = 0{,}2‰$ **9)** $\vartheta_0 = 20$ °C **10)** Vol = 12,25 l **11)** $\alpha = 0{,}7 + 1{,}2\sqrt{4{,}75} = 3{,}3$ mkp/m² s °C **12)** $A = 1{,}0$ m² **13)** $M\omega^* = 19{,}4$ mkp/s **14)** $\eta^* = 5{,}55$ cP **15)** NÖ 31,5 **16)** $So < 1$ **17)** $\eta_{30} = 9{,}45$ cP **18)** $\vartheta_{20} =$ **19)** $\vartheta = 52$ °C **20)** $\eta = 30$ cP **21)** $n_{\ddot{u}} = 40{,}8$/min **22)** $n/n_{\ddot{u}} = 4{,}05$ **23)** $So = 0{,}185$ **24)** $M\omega = 105$ mkp/s = 1,4 PS **27)** $Q_V = 0{,}405$ l/min **28)** $f = 3{,}24 \cdot 10^{-3}$.

Zwischen Zapfen und Schale ist ein Volumen von $^1/_2 \cdot S D \pi B = 0{,}025 \cdot 250 \cdot \pi \cdot 250 = 4900$ mm³ = 4,9 cm³ vorhanden, das fast vollständig mit Öl gefüllt sein müßte, wenn die obigen Zahlen Gültigkeit haben sollen. Zunächst ist es gut vorstellbar, daß sich eine derart geringe Ölmenge in einem flächenhaft so ausgedehnten Gleitraum durch Kapillarkräfte ohne besondere Schwierigkeiten halten kann. Der Schleuderring in Abb. 7.1 wird das in geringen Tropfmengen abspritzende Öl zur Genüge ersetzen; damit ist die Ölversorgung gesichert, die Wärmeabfuhr ist es auch, wie die Rechnung ergibt. Das Verhältnis $n/n_{\ddot{u}} = 4{,}05$ ist völlig ausreichend; außerdem kommt bei diesem Lager die wechselnde Lastrichtung hinzu, die sich in bezug auf die Tragfähigkeit wegen der zu verdrängenden Ölmenge günstig auswirkt. Daher ist volle Betriebssicherheit zu erwarten, was die Praxis auch zur Genüge bewiesen hat.

Man sollte ferner beachten, daß bei reichlicher Tropfölung mit 6 cm³/min dem Gleitraum eine Menge zugeführt wird, die zur Erneuerung des gesamten Inhalts in weniger als einer Minute ausreicht. Nun dürfte aber der Gleitraum kaum ganz gefüllt sein, das hat dann eine

Verringerung der Verluste zur Folge. Hinsichtlich des Füllungsgrades ist man auf Schätzungen angewiesen, in diesem Sinne ist auch die folgende Rechnung zu verstehen. Um den Einfluß der teilweisen Füllung ungefähr zu erfassen, wird nur mit der halben Breite gerechnet, also $B = 125$ mm angenommen. Das liefert:

14) $\eta^* = 11{,}1$ cP **16)** $So < 1$ **17)** $\eta_{30} = 18{,}9$ cP **18)** $\vartheta_{20} =$ **19)** $\vartheta = 43$ °C **20)** $\eta = 44$ cP **21)** $n_ü = 27{,}8$/min **22)** $n/n_ü = 5{,}94$ **23)** $So = 0{,}252$ **24)** $M\omega = 77$ mkp/s $= 1{,}03$ PS **28)** $f = 2{,}38 \cdot 10^{-3}$.

Durch die teilweise Füllung haben sich alle Werte nach der für die Betriebssicherheit günstigeren Seite verschoben. Selbstverständlich gibt es auch hier eine Grenze für die Ölmenge, die nicht unterschritten werden darf. Es dürfte kaum einen Sinn haben, die Bedingungen dafür festlegen zu wollen, da die Abhängigkeiten zu vielseitig und im einzelnen schwer erfaßbar sind. Vor allem aber ist eine solche Aufgabe nicht mehr aktuell, da wegen der heutigen Forderung nach höheren Gleitgeschwindigkeiten das Öl als Wärmeträger in wesentlich größeren Durchsatzmengen bereitgestellt werden muß.

Offen ist die Frage nach dem effektiven Spiel bei eingeschabten Lagern; mit $\psi = 0{,}2‰$ ist eine gewiß enge Passung wiedergegeben. Wurden aber – wie vielfach üblich – nur Bogen von 90 bis 100° auftuschiert, dann die Seiten freigeschabt und noch Zwischenbleche in die Teilfugen gelegt, so vergrößerte sich dadurch das Spiel erheblich. Eine Zwischenlage von 0,1 mm mit entsprechendem Freischaben würde das Spiel von 50 auf 150 μm, also auf $\psi = 0{,}6‰$ vergrößern, dafür wird die Rechnung:

13) $M\omega^* = 58{,}3$ mkp/s **14)** $\eta^* = 50$ cP **16)** $\vartheta^* = 37{,}7$ °C, $So < 1$ **17)** $\eta_{30} = 28{,}3$ cP **18)** $\vartheta_{20} =$ **19)** $\vartheta = 39$ °C **20)** $\eta = 53$ cP **21)** $n_ü = 23{,}1$/min **22)** $n/n_ü = 7{,}15$ **23)** $So = 0{,}944$ **24)** $M\omega = 61{,}8$ mkp/s $= 0{,}824$ PS **27)** $Q_V = 1{,}21$ l/min **28)** $f = 1{,}91 \cdot 10^{-3}$.

Unter diesen Bedingungen arbeitet das Lager bereits an der Grenze des Schwerlastbereichs, die Temperatur ist noch weiter verringert und wird mit 39 °C in jeder Hinsicht als zulässig angesehen. Das Ölvolumen im Lager ist jetzt dem dreifachen Spiel entsprechend auch dreimal so groß, also 14,7 cm³; selbst bei ganzer Füllung des Gleitraumes würde es mit reichlicher Tropfölung alle $2^1/_2$ Minuten erneuert werden.

Für $S = 250\,\mu$m und $\psi = 1{,}0‰$, der Wert mit dem man immer rechnet, wenn nähere Unterlagen fehlen, bleiben die Temperatur, der Verlust, die Übergangsdrehzahl und die Reibungszahl praktisch gleich, nur So ändert sich in $So = 2{,}62$.

Die Nachrechnung ergibt Betriebssicherheit in Übereinstimmung mit den Erfahrungen der Praxis. Wurde ein Lager bei der Inbetriebnahme einer Maschine zu warm, dann schabte man die Seiten frei und legte Zwischenbleche in die Teilfuge, vergrößerte also das Spiel; dadurch verringerte sich die Temperatur in Übereinstimmung mit der Rechnung. Dabei wurden die Grenzen eingehalten, die in diesem Buch als Voraussetzung für einen einwandfreien Lauf aufgestellt sind.

Voraussetzung dafür, daß eine empirische Entwicklung zu einer verläßlichen Funktion von Lagern führen konnte, war die völlige Abgabe der Verlustwärme durch die Oberfläche der Maschinenteile an die umgebende Luft, ohne daß in irgendeiner Form ein Ölumlauf daran beteiligt wurde. Das am schwersten belastete Lager einer 230-PS-Dampfmaschine ließ sich nach den einfachen Regeln des damaligen Maschinenbaues für einen zuverlässigen Betrieb auslegen, nach Ziffer 8.61 durften Kurbelzapfen ortsfester Kolbenmaschinen bis $pv = 60$ mkp/cm² s belastet werden, nach älteren Angaben allerdings nur bis 35 mkp/cm² s; hier ist $pv = 24 \cdot 2{,}16 = 52$ mkp/cm² s.

7.4 Experimentelle Ergebnisse

7.41 Die Arbeiten von Wenger

Aus den bisher unveröffentlichten, aber bereits mehrere Jahre hindurch laufenden Untersuchungen von Wenger können hier nur wesentliche Ergebnisse mitgeteilt werden. Die Ableitung der grundlegenden Gleichungen beschränkt sich der klaren Übersicht wegen auf vereinfachte Formen; es wird dabei die Couetteströmung nach Abb. 3.2 betrachtet und auf den Einfluß der von den Druckunterschieden herrührenden Hagen-Poiseuille-Strömung verzichtet. Dieser ist vielfach klein, deshalb liefert die Couetteströmung bereits eine gute Näherung.

Durch den weitesten Querschnitt — man vgl. Abb. 3.3 — mit der Höhe $S - h_0$, wobei $h_0 = \frac{S}{2}(1 - \varepsilon)$, fließt die Menge

$$Q_1 = B\frac{U}{2}(S - h_0) = \frac{1}{4}\,B\,U\,S\,(1 + \varepsilon) = Q_V\,(1 + \varepsilon)$$

und durch den engsten Querschnitt

$$Q_2 = B\frac{U}{2}h_0 = \frac{1}{4}\,B\,U\,S\,(1 - \varepsilon) = Q_V\,(1 - \varepsilon)\,.$$

Die Differenz $Q = Q_1 - Q_2 = \frac{1}{4}\,B\,U\,S \cdot 2\,\varepsilon$, oder

$$Q = Q_V \cdot 2\,\varepsilon \tag{7.4}$$

muß seitlich ausströmen und dem Lagerspalt wieder zugeführt werden, um einen stationären Zustand aufrecht zu erhalten. Die Menge Q wird in erster Näherung als Öldurchsatz angesehen.

In Abb. 7.5 sind die oben abgeleiteten Gleichungen graphisch dargestellt, und die erzielten Versuchsergebnisse eingezeichnet. Die Kurve wurde an Lagern von $D = 70$ mm mit den Breiten-Durchmesser-verhältnissen $\frac{B}{D} = 0{,}75$; 1 und 1,5 sowie Lagerspielen 1; 1,5 und 2‰ und Ölen von 2,8 cP/50 °C; 6,5 cP/50 °C und 25 cP/50 °C gewonnen; ebenso wurde auch eine Wasser-Bohrölemulsion von etwa 1,2 cP untersucht. Die Ergebnisse stimmen für alle innerhalb dieser Daten möglichen Kombinationen überein, und es ist zu erwarten, daß sie auch für einen größeren Bereich anwendbar sind.

Die Gl. (7.4) liefert zu große Mengen, welche man als Sicherheitszuschlag betrachten kann, falls nach längerem Betrieb Spielvergrößerung mit entsprechendem

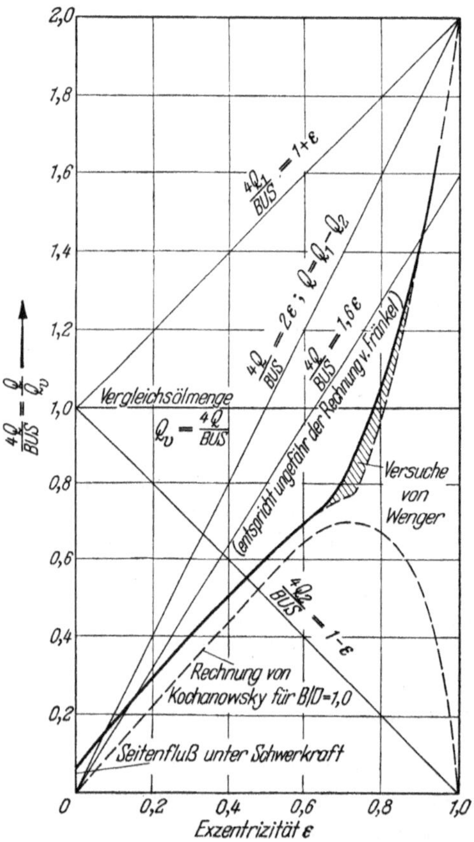

Abb. 7.5. Öldurchsatz für ein ganz umschließendes Lager $D = 70$ mm. Vergleich der Rechnung nach KOCHANOWSKY (1956) für $B/D = 1$ und Versuchen von WENGER

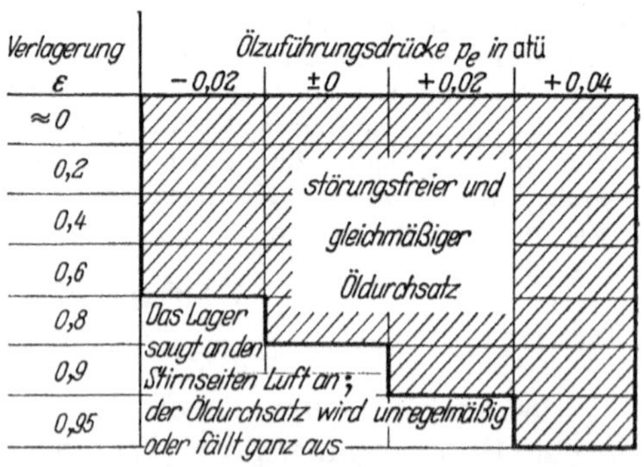

Abb. 7.6. Grenzen des störungsfreien Öldurchsatzes in Abhängigkeit von der relativen Exzentrizität und vom Ölzuführungsdruck nach Versuchen von WENGER

Mehrbedarf auftreten sollte. Ebenso kann ein Mehrbedarf gedeckt werden, der durch ein ungünstiges Zusammentreffen der Herstellungstoleranz entsteht.

Falls es notwendig ist, den Ölbedarf genauer zu bestimmen, kann statt der Gl. (7.4) der zutreffende Zahlenwert aus der Kurve in Abb. 7.5 entnommen werden. Man kann auch näherungsweise mit $Q = Q_V \cdot 1{,}6\,\varepsilon$ rechnen. das entspricht dann ungefähr den Angaben von FRÄNKEL.

WENGER hat den Seitenfluß experimentell bestimmt, indem er den Ölzuführungsdruck ungefähr auf Null atü einstellte. Das beobachtete Verhalten zeigt Abb. 7.6. Auf diese Weise wurde erreicht, daß gar keine oder nur sehr kleine Ölmengen infolge des Zuführungsdruckes durch das Lager gingen.

Die Versuchsergebnisse stellen somit den Ölbedarf eines vollumschließenden Radiallagers dar, der gerade ausreicht, den gesamten Gleitraum ohne äußeren Druck in vollem Umfang gefüllt zu halten. Diese Menge genügte in dem untersuchten Bereich bis 3000/min und Belastungen bis 3000 kp auch vollkommen, die entwickelte Reibungswärme abzuführen, ohne daß die Lagertemperatur über 60 °C anstieg.

Als Grundregeln gelten:

1. Die Ölzuführung soll möglichst in dem sich erweiternden Teil des Gleitraumes erfolgen, weil hier keine oder nur geringe Zuführdrücke erforderlich sind und das Öl sich zwanglos in die Gleitströmung einfügt.
2. Öltaschen und Ölnuten dürfen mit der Atmosphäre nicht in Verbindung stehen, sondern müssen innerhalb des Gleitraumes enden.
3. Die Tiefe der Öltaschen sollte nicht zu groß gemacht werden. vielfach genügt es, wenn die Tiefe etwa $2 \cdot S$ beträgt.
4. Wird das Öl mit höherem Druck von 1 bis 3 atü den Taschen von einigen mm Tiefe zugeführt, so dürfen diese in der Achsrichtung nicht zu lang bemessen werden, 0,5 bis 0,6 B genügt dann vollauf.

7.42 Frühere Versuche

Die ältesten Messungen in dieser Richtung sind wohl von LASCHE (1902) ausgeführt. Für sein Versuchslager $D = 200$ mm, $B = 400$ mm, $S = 0{,}34$ mm wird die Vergleichsölmenge $Q_V = 2{,}04\ U$ in l/min. Aus LASCHE (1925) Abb. 339, S. 173. liest man für die verschiedenen U die durchgesetzten Ölmengen Q in kp/min ab. mit $\gamma = 0{,}9$ kp/l ergibt sich Q in l/min. Die Q/Q_V-Werte liegen für $\overline{p} = 15$ kp/cm² zwischen 0,19 und 0,41 und für $\overline{p} = 6{,}5$ kp/cm² zwischen 0,19 und 0,3. Die Umfangsgeschwindigkeiten betrugen dabei 20 bis 50 m/s.

Eine weitere wichtige Reihe von Ergebnissen liefern die Versuche von BUSKE (1951) mit hohen Drehzahlen von 16000 bis 50000/min. In Abb. 29 auf S. 1428 seiner Arbeit sind dafür auch die Öldurchsätze Q angegeben. Das Versuchslager hatte die Abmessungen $D = B = 50$ mm, $S = 0{,}24$ mm, die Belastung war $P = 2500$ kp oder $\overline{p} = 100$ kp/cm², die Umfangsgeschwindigkeiten gingen von 42 bis 100 m/s. Die Vergleichsölmenge war $Q_V = 0{,}18\ U$ in l/min; das Verhältnis Q/Q_V nahm mit wachsendem U von 0,44 auf 0,28 ab. Es ergibt sich zwar dieselbe Größenordnung wie bei den unter ganz anderen Maß- und Betriebsverhältnissen durchgeführten Versuchen von LASCHE, aber während Q/Q_V bei diesen mit U zunimmt, ist es bei den Buskeschen Ergebnissen umgekehrt.

Die Messungen der in Amerika durchgeführten Versuche von WILCOCK und ROSENBLATT (1952) gibt Abb. 7.7 wieder. Sie sind aus der ersten Auflage übernommen, weil sie für größere ε einzelne Werte verzeichnen, die nahe der Wenger-Kurve liegen.

Nach den bisherigen Ausführungen ist der Öldurchsatz von den Abmessungen, der Umfangsgeschwindigkeit und der Lage der Welle abhängig, die durch die Belastung gegeben ist. Der Druck p_e, mit dem das Öl zugeführt wird, erscheint nicht in den Überlegungen. GÜMBEL (1925), S. 173/174, hat bereits darauf hingewiesen, daß mit höherem Druck zwar eine größere Ölmenge in das Lager gefördert werden kann; diese strömt aber nicht durch den Druckbereich, sondern „das Mehr an

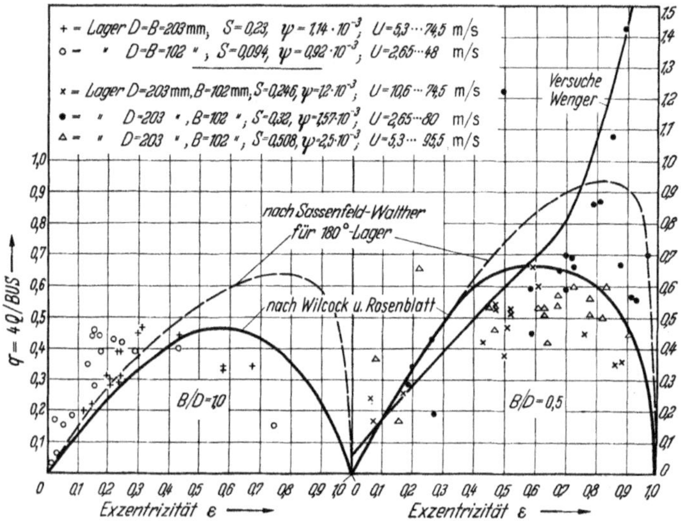

Abb. 7.7. Öldurchsatz von Gleitlagern; Vergleich der Rechenergebnisse von SASSENFELD-WALTHER mit den Meßergebnissen von WILCOCK-ROSENBLATT und WENGER

Öl fließt in dem Gebiet der Lagerschale seitlich ab, in dem der Druck in der Schmierschicht noch geringer ist als der Zuführungsdruck der Ölversorgung". Diese Ausführungen von GÜMBEL bestätigen die gründlichen Messungen von NÜCKER (1932), über die in der ersten Auflage ausführlich berichtet wurde.

Mit größerem Zuführungsdruck p_e kann man die Temperatur im tragenden Film wenig beeinflussen, wohl aber die Gesamttemperatur des Lagers niedriger halten. Die Wärme wird durch die Welle aus der Tragzone in den unbelasteten Bereich getragen und dort vom Kühlöl aufgenommen und abgeführt. Eine rechnerische Untersuchung über die Wärmewanderung in der Welle unter diesen Bedingungen wurde von JUSZA (1940) ausgeführt.

Über den Ölbedarf sehr großer Lager von $D = 860$ und 905 mm, $B = 775$ und 850 mm teilen DIEDRICH und NIERMANN (1956) Ergebnisse mit. Es handelt sich um Messungen an den Lagern der Stützwalzen einer großen Breitbandstraße, die in der ersten Auflage im Zusammenhang mit unseren Überlegungen ausgewertet wurden. Sie zeigen, daß die in Gl. (7.1) gegebene Beziehung auch für sehr große Lager als Vergleichsgröße brauchbar ist.

Aus diesen recht verschiedenartigen Untersuchungen kann zusammenfassend geschlossen werden, daß die Tragölmenge Q_T etwa ein Drittel bis zur Hälfte der Vergleichsölmenge Q_V nach Gl. (7.1) betragen muß, die zweckmäßig nach Gl. (7.3) berechnet wird.

7.5 Förderung durch Ölringe

7.51 Das Verhalten von Losringen

Hier wird zunächst über Ergebnisse von E. WENGER (1956) berichtet, die mit dem in Abb. 2.6 gezeigten mittleren großen Lager bei verschiedenen Belastungen und Drehzahlen gewonnen wurden. Abb. 7.8 zeigt die Schale des Lagers nach DIN 118 K 125 mit dem in der Mitte laufenden Schmierring. Die Abmessungen sind $D = 125$ mm, $B = 220$ mm, $S = 280\,\mu$m, $\psi = 2{,}24^0/_{00}$, Vol = 2.7 l. Ursprüng-

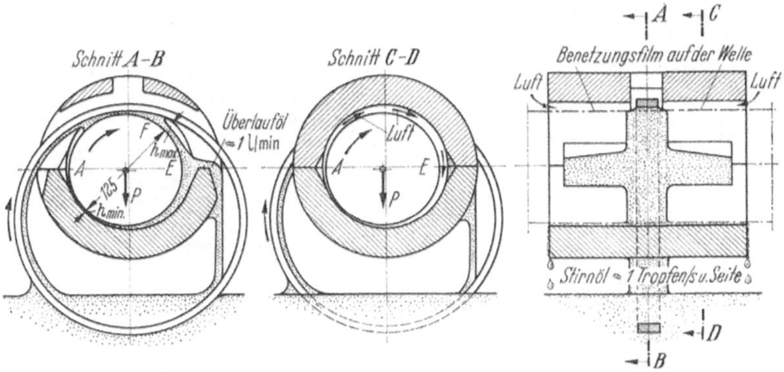

Abb. 7.8. Durchflußmengen in einem Losringlager DIN 181 K 125 bei Belastung der Unterschale

lich sollten nur die Wärmeabgabeverhältnisse näher untersucht werden, die Ergebnisse führten aber bald zu dem Schluß, daß die Ölversorgung mit den Voraussetzungen nicht im Einklang stand. Die aus der Leistungsbilanz ermittelten Verluste lagen bei kleinen Belastungen zu niedrig und stiegen bei höheren schneller an, als nach der Rechnung zu erwarten war.

Darauf wurde bei abgenommenem Lagerdeckel die Ölförderung des Ringes nachgeprüft, sie schien völlig ausreichend, da bei gefüllter Zuführungsnut große Ölmengen überliefen. Abb. 7.9 zeigt die Wirkung des Ölringes bei Drehzahlen $n = 600$ bis 3000/min. Das vom Ring geförderte Öl wird an ganz verschiedene Stellen im Lagergehäuse geschleudert, und läuft von da wieder in den Ölsumpf zurück. Im Verhältnis zum Bedarf gelangt dann ein immer kleiner werdender Anteil in den Gleitraum.

An den Stirnseiten des Lagers wurde zunächst kein Ölaustritt bemerkt, obwohl bei $n = 1000$/min etwa $0{,}3\,Q_V = 0{,}3 \cdot 2{,}24 \cdot 2{,}7 \cdot 1000/1000 \approx 1.8$ l/min durch den Gleitraum fließen könnten. Genauere Beobachtung zeigte dann, daß etwa jede Sekunde ein Tropfen Öl an der Lagerstirnseite abfloß.

Dann wurde bei $n = 1000$/min der lose Ölring abgehoben und damit die Förderung unterbunden. Die Eintrittsnut E war zunächst bis zum Rande gefüllt, ihr Inhalt nahm im Verlauf von 5 Minuten um rund ein Drittel ab. Diese Abnahme beruhte jedoch nicht auf einem Verbrauch für den Aufbau des Tragfilmes, sondern das in der Nut stehende Öl lief in ihr entlang zur Lagerstirnseite und ging hier tropfenweise verloren, ohne in den Gleitraum zu gelangen.

Auf der Welle befand sich dabei eine deutlich sichtbare Ölschicht, die mit umlief. Entfernte man diese mit einem sauberen Lappen, so blieb danach die Welle trocken, unabhängig davon, wieviel Öl in der Eintrittsnut vorhanden war. Die

Schicht auf der Welle bildete sich erst wieder, wenn Öl in die Austrittsnut oder unmittelbar auf die Welle gebracht wurde, entweder von außen oder durch Wiederaufsetzen des Ölringes.

Drehte man dagegen die Welle einige Male von Hand durch, so wurde der gesamte Vorrat aus der Eintrittsnut in den Gleitraum mitgenommen, während bei

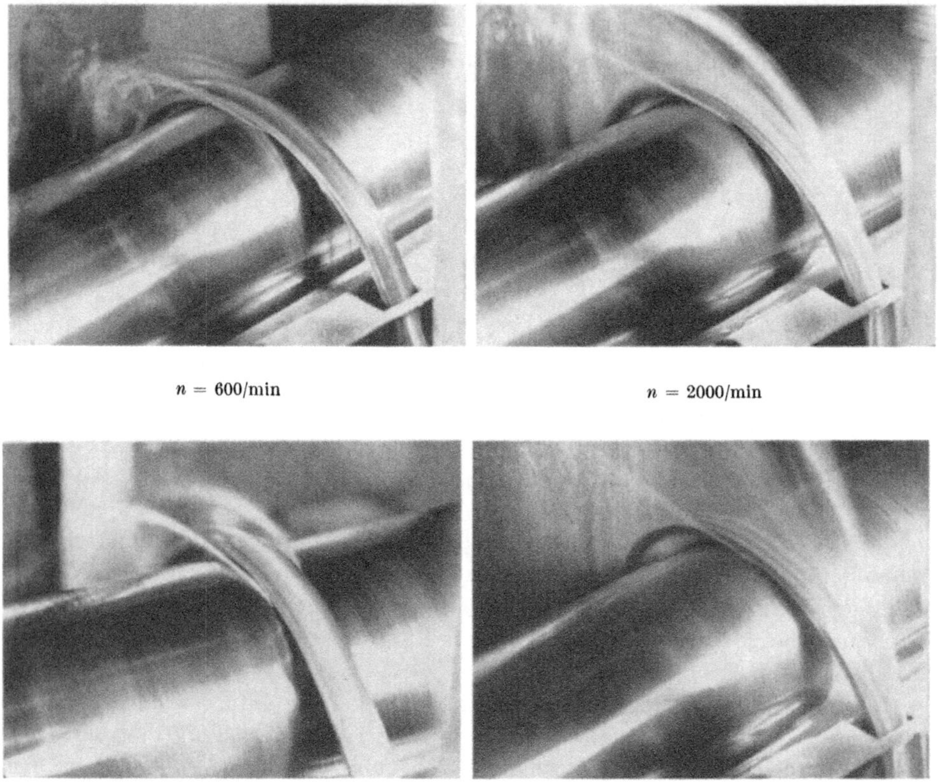

$n = 600$/min $n = 2000$/min

$n = 1000$/min $n = 3000$/min

Abb. 7.9. Förderung des Losringes für das Stehlager DIN 118 K 125 bei verschiedenen Drehzahlen

großen Drehzahlen von 1000/min und mehr durch die Welle kein Öl aus der Nut E gefördert wurde. Führte man versuchsweise an der Auslaufseite, Nut A, größere Mengen zu, so wurden diese sofort von der Welle mitgenommen; es war nur schwer möglich, diese Nut gefüllt zu halten.

Die Versuche zeigten, daß die bisher allgemein übliche Ölzuführung auf der Einlaufseite bei höheren Umfangsgeschwindigkeiten unwirksam wird. Das im Lager umlaufende Öl wird in diesem Fall an der Berührungsstelle vom Ölring an die Welle übertragen; es handelt sich dabei nur um wenige Kubikzentimeter in der Minute.

Sehr aufschlußreich waren auch Versuche mit einer von unten nach oben gerichteten Belastung, Abb. 7.10. Diese wird im allgemeinen als ungünstig angesehen, die Herstellerfirmen lassen in solchen Fällen nur geringe Last zu. Während bei einer Belastung nach unten aus der Nut E kein Öl zur Schmierung aufgenommen wurde, gingen jetzt je nach Drehzahl bis zu 0,5 l/min durch den Gleitraum und flossen als Stirnöl seitlich ab. Dabei kommt die Nut E auf die Auslaufseite, wo das Öl infolge des hier herrschenden Unterdruckes eingesaugt und von der Welle mitgenommen wird. Die durch das Lager gehende Ölmenge nimmt dann bei höheren Drehzahlen zuerst ab und dann wieder zu, was auf die Wirkungsweise des losen Ölrings zurückzuführen ist.

Die Förderung der Ringe selbst ist mehr als ausreichend, an der Eintrittsseite lief bei $n = 1000$/min eine Menge von ≈ 1 l/min über, wie in Abb. 7.8 angedeutet ist. Durch den Gleitraum fließt nur ein Bruchteil davon, das Lager lebt weitgehend von der Ölschicht, die mit der Welle umläuft.

Auf die Wiedergabe der gemessenen Mengen kann hier verzichtet werden, da man durch konstruktive Maßnahmen nicht darüber verfügen und damit die Ölversorgung nicht beeinflussen kann. Sie sind nicht größer als die in früheren Arbeiten festgestellten, der Wert der Untersuchungen von WENGER liegt vorwiegend in dem Einblick, der uns in die Strömungsverhältnisse im Ringschmierlager vermittelt wird, die ganz anders sind, als vielfach angenommen wurde.

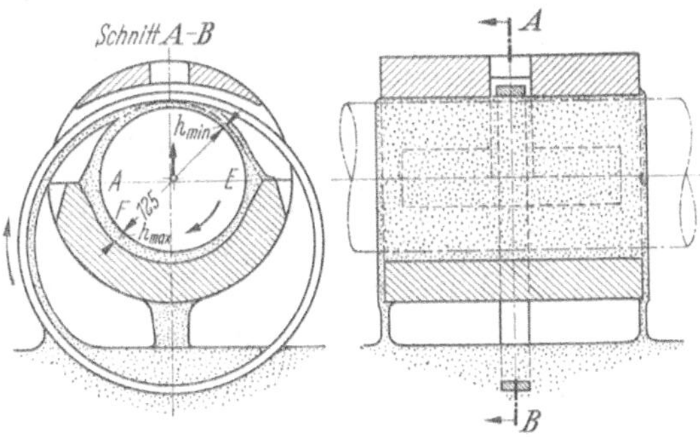

Abb. 7.10. Durchflußverteilung in dem Losringlager DIN 118 K 125 bei Belastung der Oberschale

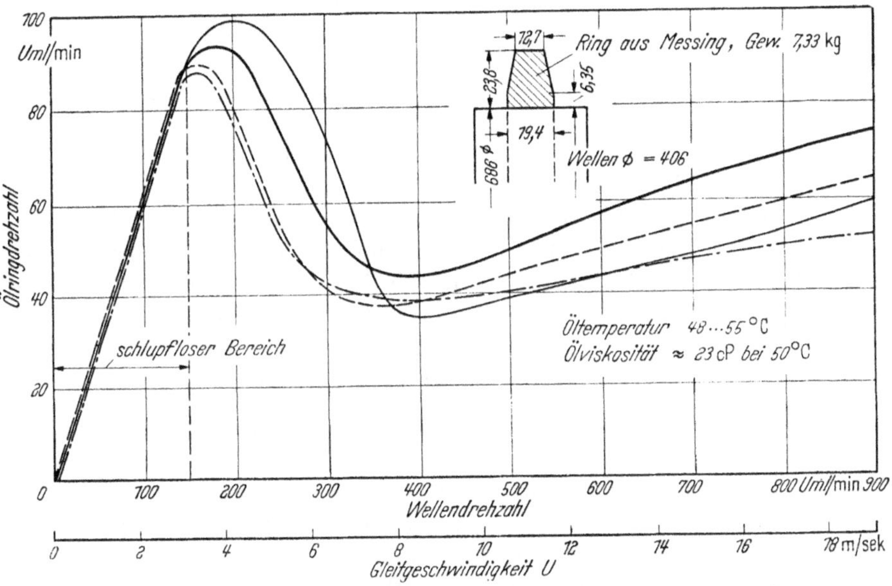

Abb. 7.11. Ringdrehzahl in Abhängigkeit von der Wellendrehzahl nach Versuchen von KARELITZ

Ringschmierlager werden seit den letzten Jahren des vorigen Jahrhunderts gebaut. Das von Amerika übernommene Sellers-Lager mit Docht- oder Tropfschmierung wurde in Deutschland von der BAMAG zum Lager mit losen Schmierringen und vom Eisenwerk Wülfel zum Lager mit festem Schmierring weiter entwickelt. Über Messungen an solchen Lagern von LASCHE (1902), CRANZ (1912), KARELITZ (1930) und MÜLLER (1932) ist in der ersten Auflage ausführlich berichtet worden. Hier soll nur aus den Untersuchungen von KARELITZ die Ringdrehzahl in Abhängigkeit von der Wellendrehzahl wiedergegeben werden, Abb. 7.11. Bis etwa $n = 150/\text{min}$ wird der Ring von der Welle, $D = 406$ mm, $U = 3{,}2$ m/s, ohne nennenswerten Schlupf mitgenommen, dann tritt ziemlich plötzlich starker Schlupf auf, der erst oberhalb $n \approx 400/\text{min}$, $U \approx 8{,}5$ m/s, wieder nachläßt. Die geförderten Ölmengen bleiben auch hier klein gegenüber der Vergleichsölmenge, bei höheren Drehzahlen $n > 200/\text{min}$ sind es nur wenige Prozent.

7.52 Das Verhalten von Festringen

Feste Ölringe, einseitig nach Abb. 1.6 oder in der Mitte zwischen der längsgeteilten Lagerschale nach Abb. 4.8, ergeben eine wesentlich günstigere Verteilung, wie WENGER (1956) beobachtet hat. Die Schale des Lagers nach Abb. 4.8 zeigt Abb. 7.12; der Abstreifer nimmt das vom Ring geförderte Öl an der höchsten Stelle ab und läßt einen erheblichen Teil davon, etwa zwei Drittel, entgegen der Drehrichtung der Welle außen über die Lagerschale in die Öltasche auf der Ablaufseite fließen. Auf diese Weise gelangt es an die Stelle, von der aus es nach den Erfahrungen mit Losringlagern von der Welle mitgenommen und in den Gleitraum gebracht wird.

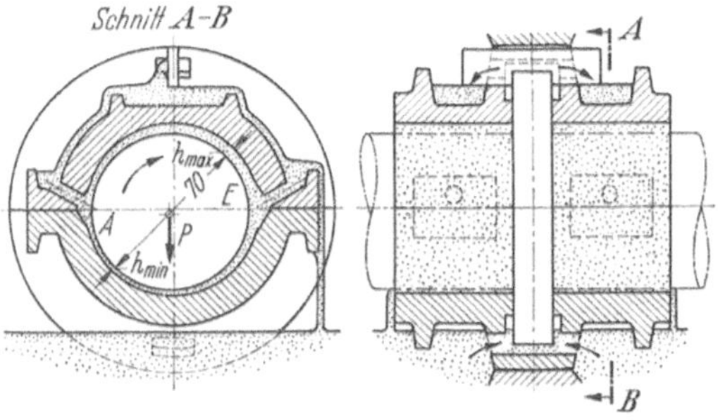

Abb. 7.12. Durchflußverteilung eines Festringlagers DIN 118 G 70

Die bei A aufgenommenen Mengen sind oft so groß, daß bei E, also auf der Einlaufseite (!) noch Öl abfließt. Bei höheren Drehzahlen läßt aber auch die Förderung des festen Ringes nach, weil das Öl wegen der hohen Umfangsgeschwindigkeiten ähnlich wie in Abb. 7.9 abgespritzt wird. Für das Lager nach Abb. 4.8 geschieht dies von $n \approx 2000/\text{min}$ an, das ist die gleiche Drehzahl, die das Eisenwerk Wülfel in den Druckschriften als die höchstzulässige angibt. Die Umfangsgeschwindigkeit ist $U = 7{,}35$ m/s bei $n = 2000/\text{min}$ für $D = 70$ mm.

7.53 Anwendungsgrenzen der Ölringe

Abb. 7.9 zeigt eindeutig, daß Ringschmierlager für höhere Geschwindigkeiten nicht geeignet sind. Festringe erreichen zwar günstigere Werte als lose, aber *wesentlich* weiter kommt man auch damit nicht. Maßgebend für die Einsatzgrenze sind selbstverständlich die Erfahrungen der Praxis, von da aus liegen zwar keine Veröffentlichungen vor, auch Untersuchungen zu dieser Frage sind dem Verfasser bisher nicht bekannt geworden. In vielerlei Gesprächen mit den Herren der Praxis wurde aber diese Angelegenheit gestreift, dabei ergab sich ein ziemlich einheitliches Bild, nämlich daß diese Grenze bei $U \approx 7$ m/s liegt.

Dieselbe Größenordnung fand — ebenfalls nach mündlicher Mitteilung — A. WEWERKA. E. HEIDEBROEK (1950) teilt viele Versuchsergebnisse mit, die allerdings mit Tropfölung durchgeführt wurden, aber meist auch bei $U \approx 6$ bis 7 m/s und Temperaturen von 80 °C die obere Betriebsgrenze erreichen. Bei festen Ringen liegt die Grenze höher: Die M-Lager des Eisenwerkes Wülfel gehen für die größeren Durchmesser bis $U \approx 10$ m/s.

Der günstige Einfluß des größeren Durchmessers hängt auch mit der Wärmeabgabe zusammen. Will man etwa nach Gl. (6.29) die Gleitgeschwindigkeit für die obere Betriebsgrenze bestimmen und wählt $\alpha = 2$ mkp/m² s °C, $A = 25\,BD$, $\psi = 1{,}5^0/_{00}$, $\vartheta = 60$ °C, $\vartheta_0 = 20$ °C, sowie das übliche Maschinenöl, das bei 60 °C eine Viskosität $\eta \approx 20$ cP hat, dann wird $U^2 = 2 \cdot 25 \cdot D \cdot 1{,}5\ (60 - 20)/0{,}6 \cdot 20 = 3000\ D/12$. Für $D = 0{,}2$ m ist dann $U^2 = 50$, also $U \approx 7$ m/s.

Trotz dieses ziemlich einheitlichen Bildes handelt es sich nicht um eine *sichere* Angelegenheit. Verschiedene, die Wirkung eines Ölringes mitbestimmende Eigenschaften, wie etwa die Kapillarität, sind Veränderungen unterworfen, die zu Labilitätserscheinungen führen können. Bei höheren Geschwindigkeiten müssen die Ölringe durch *richtige* Pumpen ersetzt werden, die einwandfrei funktionieren. Die Ölringe sind letzten Endes nichts anderes als *primitive* Pumpen, die das Öl durch Adhäsion mitnehmen, deshalb müssen die Kapillarwirkungen mit in Betracht gezogen werden.

Manchmal werden Ölringe nur als Notmaßnahme eingesetzt, um beim Versagen einer Ölversorgung durch Pumpen noch ein störungsfreies Auslaufen zu gewährleisten, wie am Schluß von Beispiel 46 erwähnt ist. Für solche Aufgaben findet man Losringe auch bei höheren Gleitgeschwindigkeiten bis zu 20 m/s.

Im folgenden Beispiel 43 wird über eine Lagerstörung berichtet, die mit großer Wahrscheinlichkeit ihre Ursache in der ungenügenden Förderung der losen Ölringe hatte.

Beispiel 43: Walzenzugmotor mit Losringlagern 400 mm Durchmesser

Das in Abb. 7.13 gezeigte Bocklager ist in sechs gleichartigen Walzenzugmotoren von je 3700 kW Nennleistung für eine kontinuierliche Walzenstraße eingebaut. Fünf dieser Motoren laufen mit Drehzahlen zwischen 180 und 250/min, der sechste dagegen mit 300 bis 375/min. Mehrfach traten bei diesem Motor Erwärmungen der Lager bis zu 80 oder 90 °C auf; beim Ausbau der Schalen zeigten sich Beschädigungen der Laufflächen. Die vermutliche Ursache dieser Schäden soll festgestellt werden.

Die Nachrechnung für die Höchstdrehzahl ergibt: **1)** $D = 400$ mm **2)** $B = 400$ mm **3)** $P = 12\,500$ kp **4)** $\bar{p} = 7{,}83$ kp/cm² **5)** $n = 375$/min **6)** $U = 7{,}85$ m/s **7)** $S = 580\,\mu$m **8)** $\psi = 1{,}45^0/_{00}$ **9)** $\vartheta_0 = 30$ °C **10)** Vol = 50,3 l **11)** $\alpha = 2{,}0$ mkp/m² s °C **12)** $A = 4{,}0$ m² **13)** $M\omega^* = 427$ mkp/s **14)** $\eta^* = 41{,}7$ cP **15)** Öl 4 bis 5 E/50; NÖ 31,5 **16)** $So > 1$ **17)** $W = 8{,}26$ **18)** $\vartheta_{20} = 59$ °C **19)** $\vartheta = 64$ °C **20)** $\eta = 18$ cP **21)** $n_ü = 13{,}8$/min **22)** $n/n_ü = 27{,}2$ **23)** $So = 2{,}32$ **24)** $M\omega = 280$ mkp/s $= 3{,}74$ PS **27)** $Q_V = 27{,}4$ l/min **28)** $f = 2{,}85 \cdot 10^{-3}$.

Die Wärme- und Tragfähigkeitsseite ist danach in Ordnung, fraglich bleibt dagegen, ob von den Ringen die notwendige Ölmenge geliefert wird. Zufällig wurden die Versuche von Karelitz mit fast den gleichen Abmessungen durchgeführt, wie sie bei obigem Motor vorliegen. Nach Abb. 7.11 beginnt der Ring bei $n = 200$/min schon erheblich zu gleiten; bei etwa $n = 375$/min, der oberen Betriebsdrehzahl, liegen gerade die niedrigsten Ringdrehzahlen vor. Die beiden Ringe fördern nur 5 bis 8% der Vergleichsölmenge; das ist mit großer Wahrscheinlichkeit zu wenig, um einen tragfähigen Film aufrechtzuerhalten.

In der unzureichenden Ölversorgung liegt daher wohl die Ursache des Versagens, was auch daraus hervorgeht, daß durch eine zusätzlich angebrachte Ölpumpe die Störungen behoben werden konnten. Allerdings muß man dabei das Öl durch eine gesonderte Bohrung in der Mitte der Oberschale zuführen; an der Stelle, wo die Ölringe arbeiten, ist eine größere Menge wirkungslos, weil die Ringe das zusätzliche Öl genau so abspritzen wie das, was sie selbst fördern.

Der aufmerksame Leser wird bemerken, daß das Lager im Beispiel 3 die gleiche Umfangsgeschwindigkeit und auch eine Ölversorgung durch Losringe hatte. Dazu muß noch einmal gesagt werden, daß bei der Förderung durch Losringe Labilitätserscheinungen mitwirken, es kann in einem Fall gut gehen und im anderen nicht. Dann kommt bei dem Lager in Beispiel 3 die wassergekühlte Lauffläche hinzu, die eine höhere Viskosität und damit im ganzen eine vermutlich niedrigere Lagertemperatur zur Folge hatte. Viskoseres Öl bleibt aber auch in größeren Mengen am Ölring haften und läßt sich besser auf die Welle übertragen als dünnflüssiges Öl. Außerdem weiß man nicht, in welcher Weise von der Zusatzölung durch die

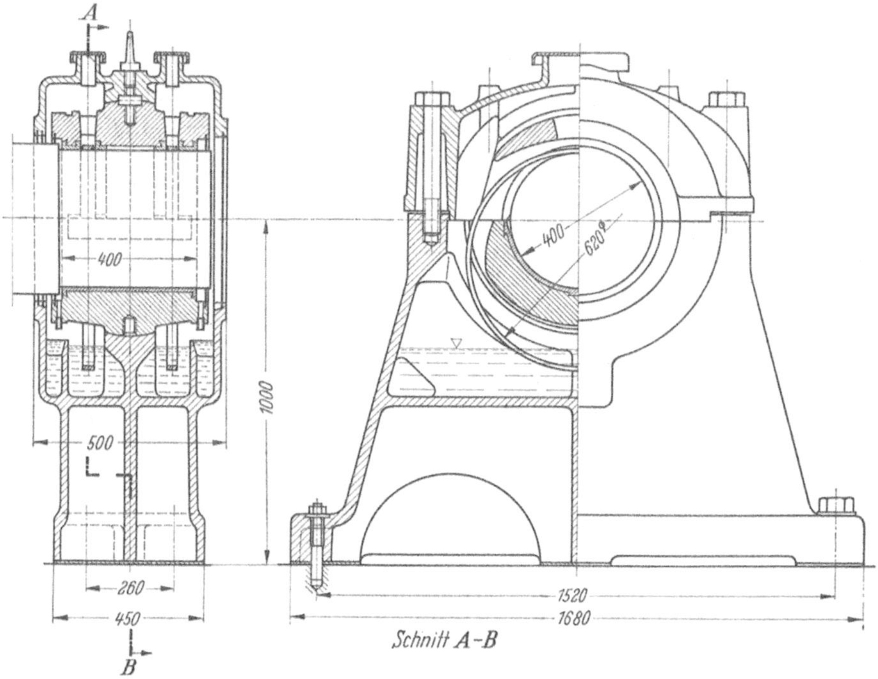

Abb. 7.13. Losringlager für einen Walzenzugmotor. $D = B = 400$ mm.

Motorpumpe auch im Betrieb Gebrauch gemacht wurde, obwohl diese Anordnung nur für den An- und Auslauf vorgesehen war. Das Lager im Beispiel 3 verfügt gegenüber dem vorliegenden über zwei zusätzliche Maßnahmen zur Erhöhung der Betriebssicherheit.

7.6 Einzellager mit Ölumlaufpumpen

7.61 Das Öl als Wärmeträger

Das Öl hat neben dem zum Tragen notwendigen Vorhandensein im Gleitraum die Aufgabe, die entwickelte Wärme aus dem Druckgebiet an die Gehäusewand des Lagers zu transportieren, so daß sie von dessen Außenfläche an die Luft abgegeben werden kann. Diesem Wärmetransport durch Konvektion kommt weit größere Bedeutung zu, als der Wärmeleitung durch die festen Bauteile, deren Querschnitte im Hinblick auf ein zumutbares Gewicht gewisse Grenzen nicht überschreiten dürfen. Diese Querschnitte reichen für die Wärmeleitung nicht annähernd aus, genügen aber für die Festigkeit. Eine Bauart in der Grundform einfacher Stehlager mit massivem Lagerkörper ist für größere Durchmesser nicht mehr tragbar.

Nun läßt sich nicht leugnen, daß selbst ein Losring die Füllung eines Ringschmierlagers ganz erheblich umwälzt, das zeigt Abb. 7.9 deutlich. Die Aufgabe des Wärmetransports könnte daher auch noch bei höheren Geschwindigkeiten als 7 m/s durch Losringe erfüllt werden, die vom Lagergehäuse abführbare Wärme und die ausreichende Versorgung des Gleitraumes ziehen aber die entscheidende Grenze.

Einsichtsvolle Konstrukteure haben auch bei Lagern mit Losringen durch besondere Maßnahmen dafür gesorgt, daß der ganze Ölinhalt umgewälzt wird, eine Ausführung in diesem Sinne ist in Abb. 6.6 wiedergegeben.

Die Erkenntnis von der Bedeutung des intensivierten Ölumlaufs hat die Entwicklung des Ringschmierlagers doch immerhin so weit gefördert, daß die früher von der „Hütte" für Transmissionslager zugelassenen pv-Werte bis 20 jetzt bei den modernen Lagern bis zu $pv = 75$ mkp/cm² s gesteigert werden konnten.

Dennoch verläßt man sich bei großen Lagern oder höheren Geschwindigkeiten hinsichtlich der Versorgung des Gleitraumes und der Umwälzung des Öls zum Wärmetransport nicht auf Ringe, sondern wendet Pumpen an, die von der Maschinenwelle oder durch besondere E-Motoren angetrieben werden. Gegen den Antrieb von der Welle aus ist vielfach der Einwand zu hören, daß beim An- und Auslauf nicht genügend Öl gefördert würde. Das ist ein nicht zu verstehender Irrtum. Die Pumpen sind meist Zahnradpumpen, deren Fördermenge proportional der Drehzahl ist. Der Ölbedarf des Lagers ist aber nach den Gln. (7.1) und (7.3) ebenfalls proportional der Drehzahl, daher entspricht eine richtig ausgelegte, von der Welle angetriebene Pumpe, die proportional der Drehzahl fördert, der Forderung nach Betriebssicherheit in vollem Maße, auch bei langandauerndem, gegebenenfalls mehrstündigem Auslaufen.

7.62 Ausgeführte Bauarten

Beispiel 44: Schwungradwellenlager für ein Pilgerwalzwerk D = 550 mm Durchmesser

Bei großen Lagern vertraut nicht jeder Konstrukteur auf die Ölversorgung durch Ringe; eine Lösung mit einer von der Maschinenwelle angetriebenen Zahnradpumpe zeigt

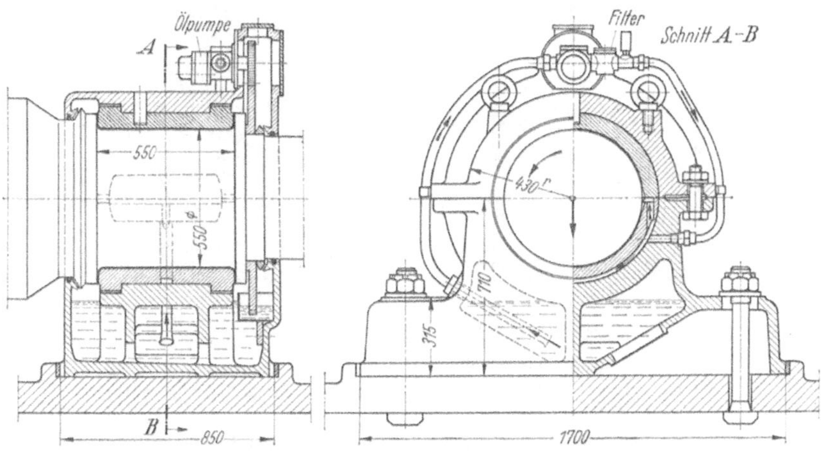

Abb. 7.14. Schwungradwellenlager für ein Pilgerwalzwerk. $D = B = 550$ mm, $n = 120$/min. Ölpumpe durch Zahnräder angetrieben

Abb. 7.14. Die Pumpe hat eine Fördermenge von 50 l/min bei 900/min, diese wird nur bei vorübergehender Höchstdrehzahl der Maschine von 160/min erreicht, während die übliche Betriebsdrehzahl $n = 120$/min ist. Die Belastung des Lagers ist $P = 50000$ kp, die Maße sind aus Abb. 7.14 zu entnehmen. Die wärmeabgebende Außenfläche wird nach der Palmgrenschen Formel mit $H = 1{,}14$ m und $L = 0{,}85$ m berechnet; das Öl ist ein schweres Maschinenöl von 9 E/50 °C, was unserem NÖ 63 entspricht.

Die Nachrechnung bringt keine Besonderheiten, es muß jetzt auch Pos. 27 berechnet werden, um die Pumpenleistung festzulegen oder – wie hier – zu beurteilen. Im einzelnen wird: **1)** $D = 550$ mm **2)** $B = 550$ mm **3)** $P = 50000$ kp **4)** $\bar{p} = 16{,}5$ kp/cm² **5)** $n = 120$/min **6)** $U = 3{,}46$ m/s **7)** $S = 550\,\mu$m **8)** $\psi = 1{,}0\,‰$ **9)** $\vartheta_0 = 20$ °C **10)** Vol = 130 l **11)** $\alpha = 2{,}0$ mkp/m² s °C **12)** $A = 5{,}08$ m² **13)** $M\omega^* = 519$ mkp/s **14)** $\eta^* = 131$ cP **15)** NÖ 63 mit $\eta = 63$ cP/50 °C **16)** $\vartheta = 71$ °C, $So > 1$ **17)** $W = 4{,}45$ **18)** $\vartheta_{20} = 53$ °C **19)** $\vartheta = 53$ °C **20)** $\eta = 55$ cP **21)** $n_a = 7$/min **22)** $n/n_a = 17{,}2$ **23)** $So = 2{,}38$ **24)** $M\omega = 336$ mkp/s **27)** $Q_V = 15{,}6$ l/min **28)** $f = 1{,}94 \cdot 10^{-3}$.

Die Vergleichsölmenge muß mit der Fördermenge der Pumpe Q_P verglichen werden, letztere ist, auf die Maschinendrehzahl umgerechnet,

$$Q_P = 0{,}312\, n \quad \text{l/min}.$$

Für $n = 120$/min sind das $Q_P = 37{,}5$ l/min, das 2,4fache der Vergleichsölmenge, also das fünf- oder nochmehrfache der benötigten Tragölmenge. Die Ölförderpumpe ist damit sehr reichlich ausgelegt.

Die Übergangsdrehzahl ist wegen des schweren Maschinenöles besonders niedrig; aber das ist erwünscht, weil das Walzwerk nicht immer mit der üblichen Betriebsdrehzahl arbeitet, sondern oft auch langsamer läuft.

Beispiel 45: Gleichstrommotorlager D = 160 mm

Ein lehrreiches Beispiel dafür, daß in gewissen Fällen auch für höhere Geschwindigkeiten noch ohne zusätzliche Kühlung auszukommen ist, bietet das in Abb. 7.15 gezeigte Schildlager für einen Gleichstrommotor. Der große Ölvorrat von 15 l, die wärmeabgebende Fläche $A = 1{,}0$ m² und der intensive Ölumlauf durch die Zahnradpumpe anstelle von losen oder

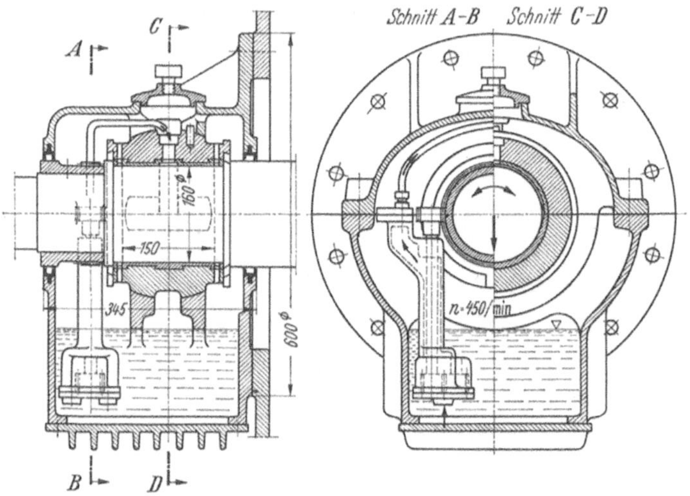

Abb. 7.15. Schildlager eines Gleichstrommotors.
$D = 160$ mm, $B = 150$ mm, $n = 1500$/min. Ölpumpenantrieb durch Schraubenräder

festen Schmierringen sowie eine zugelassene Lagertemperatur bis 80 °C machen die Fremdkühlung auch bei der hohen Raumtemperatur von $\vartheta_0 = 45$ °C entbehrlich. Das verwendete Öl hat 2 bis 2,5 E/50, entspricht also unserem NÖ 12,5. Die Rechnung liefert dann in der Erwartung, daß $So < 1$ und demnach auf die Berechnung von W verzichtet und unter **17)** sofort η_{30} bestimmt wird:

1) $D = 160$ mm **2)** $B = 150$ mm **3)** $P = 825$ kp **4)** $\bar{p} = 3{,}44$ kp/cm² **5)** $n = 1500$/min **6)** $U = 12{,}6$ m/s **7)** $S = 280\,\mu$m **8)** $\psi = 1{,}75\,‰$ **9)** $\vartheta_0 = 45$ °C **10)** Vol = 3,02 l **11)** $\alpha = 2{,}0$ mkp/

m²s °C **12)** A = 1,0 m² **13)** $M\omega^*$ = 54,5 mkp/s **14)** η^* = 6,68 cP **15)** Öl 2 bis 2,5 E/50, entspricht NÖ 12,5 **16)** ϑ^* = 47,3 °C, $So < 1$ **17)** η_{30} = 2,45 cP **18)** ϑ_{20} = 59 °C **19)** ϑ = 70 °C **20)** η = 6,7 cP **21)** $n_{ü}$ = 40,7/min **22)** $n/n_{ü}$ = 36,8 **23)** So = 0,996 **24)** $M\omega$ = 54,6 mkp/s = 0,536 kW **28)** $f = 5{,}25 \cdot 10^{-3}$.

Für die hohe Gleitgeschwindigkeit wurde hier das geeignete Öl ausgesucht, die Temperaturerhöhung beträgt noch keine 30 °C. Wegen der geringen Last liegt auch die Viskosität niedrig, das hat zur Folge, daß So in die Nähe von eins kommt. Hauptsächlich geschieht das durch die Korrektur wegen der hohen Umgebungstemperatur; es kann also vorkommen, daß auf diese Weise ein Lager aus dem Bereich $So < 1$ in den von $So > 1$ hineingerät. Die dadurch bedingten Unterschiede in den Zahlen sind allerdings unbedeutend.

Beispiel 46: Lager eines Walzenzugmotors 650 mm Durchmesser

Bei Lagern für Walzenzugmotoren, die an Umkehrstraßen häufig die Drehrichtung wechseln müssen, ist eine Ölversorgung mit losen Schmierringen unzweckmäßig, wenn nicht gar unmöglich, wie bei Blockstraßen, die nur ganz kurze Walzzeiten haben. Der lose Ring kommt

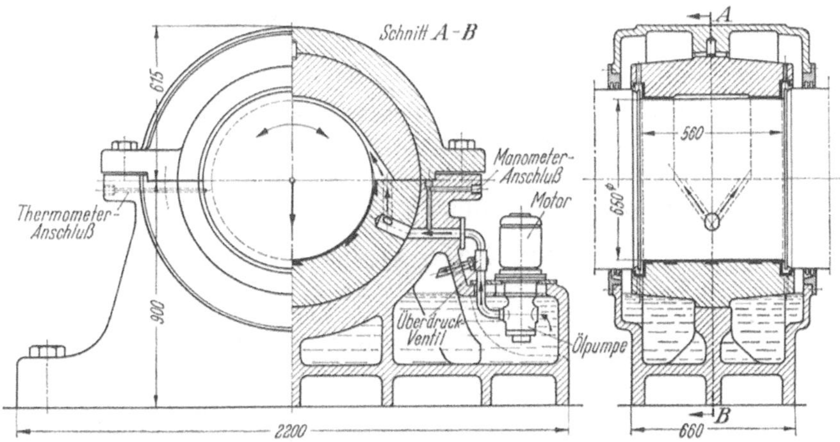

Abb. 7.16. Lager eines 200 mt-Walzenzugmotors.
D = 650 mm, B = 560 mm, n = 140/min, mit elektrisch angetriebener Ölpumpe

wegen der jeweils wenigen Umdrehungen des Motors gar nicht dazu, Öl auf die Welle zu fördern. Daher wird in solchen Fällen eine elektrisch angetriebene Ölumwälzpumpe vorgesehen, wenn nicht eine zentrale Ölversorgungsanlage vorhanden ist.

Abb. 7.16 zeigt ein Lager eines Umkehrwalzenzugmotors von 200 mt Drehmoment, mit eingebauter Umwälzpumpe; Belastung P = 41 000 kp, Drehzahl $n = \pm 140$/min. Das Lagerspiel ist S = 0,78 mm, die wärmeabgebende Außenfläche A = 7,0 m², verwendet wird ein Öl mit 6 E/50, also das NÖ 40. Zur Beurteilung des Wärmeverhaltens wird der ungünstigste Fall behandelt, nämlich daß der Motor im Dauerbetrieb mit n = 140/min läuft; die Umgebungstemperatur kann auf ϑ_0 = 35 °C ansteigen. Betriebstemperatur, Übergangsdrehzahl und Ölbedarf sind zu berechnen.

Die Zahlen des Rechnungsblattes werden: **1)** D = 650 mm **2)** B = 560 mm **3)** P = 41 000 kp **4)** $\bar{p}$ = 11,25 kp/cm² **5)** n = 140/min **6)** U = 4,77 m/s **7)** S = 780 µm **8)** ψ = 1,2 ‰ **9)** ϑ_0 = 35 °C **10)** Vol = 186 l **11)** α = 2,0 mkp/m² s °C **12)** A = 7,0 m² **13)** $M\omega^*$ = 705 mkp/s **14)** η^* = 110 cP **15)** NÖ 40, η = 40 cP/50 °C **16)** ϑ^* = 70 °C, $So > 1$ **17)** W = 4,8 **18)** ϑ_{20} = 50 °C **19)** ϑ = 59 °C **20)** η = 27 cP **21)** $n_{ü}$ = 8,2/min **22)** $n/n_{ü}$ = 17,1 **23)** So = 4,07 **24)** $M\omega$ = 349 mkp/s = 4,65 PS **27)** Q_V = 31,2 l/min **28)** $f = 1{,}78 \cdot 10^{-3}$.

Selbst bei der Höchstdrehzahl im Dauerbetrieb bei der Umgebungstemperatur von 35 °C bleibt die Lagertemperatur in vernünftigen Grenzen, die Übergangsdrehzahl liegt günstig. Die Ölpumpe ist für eine Förderung von etwa 30 l/min auszulegen, ein Druck von 1,5 bis 2,0 atü ist dabei ausreichend.

Die ausreichende Ölversorgung hat außerdem noch den Vorteil, daß während des Umkehrens beim Durchgang durch die niedrigen Drehzahlen keine Mischreibung auftritt. Der Richtungswechsel vollzieht sich so schnell, daß dem verbleibenden Öl in dem bei der hohen Drehzahl aufgebauten dicken Tragfilm keine Zeit zum seitlichen Ausfließen gelassen wird. Das wäre erst möglich, wenn der Motor mehrere Umdrehungen weit unterhalb der Übergangsdrehzahl ausführen würde. Eine solche Zeitdauer läßt der übliche Betrieb nicht zu; deshalb kann damit gerechnet werden, daß auch beim Umkehren Fließreibung erhalten bleibt.

Aus Sicherheitsgründen werden bei solchen Lagern teilweise noch Losringe belassen, um bei einem Versagen der Pumpe eine gewisse Zeit einen annehmbaren Betrieb aufrechtzuerhalten. Besser wäre es, die Ölzufuhr über einen Hochbehälter zu leiten, dessen Inhalt so groß gewählt wird, daß beim Ausfall der Pumpe ein schadenfreies Auslaufen gesichert ist. Eine Alarmanlage, die das Ausbleiben des Pumpendruckes anzeigt, ist bei so großen Anlagen sicher zweckmäßig.

7.7 Der Kühlmittelbedarf

7.71 Allgemeine Beziehungen

Mit der Kühlölmenge Q_K wird in der Zeiteinheit die Wärmemenge

$$Q_K \cdot c\,\gamma\,(\vartheta_2 - \vartheta_1) \tag{7.5}$$

aus dem Lager abgeführt. Darin bezeichnen c die spezifische Wärme, γ das spezifische Gewicht der Kühlflüssigkeit und ϑ_1 und ϑ_2 die Zu- und Abflußtemperatur. Die *allgemeine Form des Energiesatzes für das Gleitlager* wird durch Ergänzung der Gl. (6.1) mit dem Ausdruck Gl. (7.5) zu

entwickelte Wärme = abgeführte Wärme

durch Gehäuse durch Umlauföl

$$M\omega = f\,P\,U = \alpha\,A\,(\vartheta - \vartheta_0) + c\,\gamma\,Q_K\,(\vartheta_2 - \vartheta_1) \tag{7.6}$$

erhalten. Daraus ergibt sich sofort die notwendige Kühlmittelmenge

$$Q_K = \frac{M\omega - \alpha\,A\,(\vartheta - \vartheta_0)}{c\,\gamma\,(\vartheta_2 - \vartheta_1)}\,. \tag{7.7}$$

Die Gln. (7.6) und (7.7) sind Größengleichungen.

Die vom Kühlöl aufgenommene Wärmemenge ist gegenüber der vom Gehäuse abgegebenen meistens groß, so daß bei hohen Gleitgeschwindigkeiten die Wärmeabgabe durch das Gehäuse $\alpha\,A\,(\vartheta - \vartheta_0)$ unberücksichtigt bleiben kann; sie geht dann als Sicherheit in die Rechnung ein. Bei Lagern, die mit der umgebenden Luft nicht in Berührung kommen, wie die unter der Blechverschalung von Dampfturbinen oder innerhalb von Kurbelgehäusen, ist dieser Teil sowieso Null.

Unter Berücksichtigung dieses Umstandes ergibt sich eine einfache Gebrauchsgleichung für Q_K in l/min, der in der Praxis üblichen Einheit, mit $c\,\gamma = 180$ mkp/l °C für Öle nach Ziffer 8.42 und 60 $M\omega$ für die in der Minute entwickelte Wärme

$$Q_K = \frac{M\omega}{3\,(\vartheta_2 - \vartheta_1)} \quad \text{in l/min}\,. \tag{7.8}$$

Das Rechnen mit Wärmemengen ist wegen deren skalaren Charakters recht einfach; das Problem liegt vorwiegend im Konstruktiven. Das Kühlöl muß so durch das Lager geführt werden, daß ein ausreichender Wärmeübergang vom Lager an das Öl erfolgt. Das bietet aber in den seltensten Fällen Schwierigkeiten, weil große Wärmeentwicklung nur in Lagern mit hohen Umfangsgeschwindigkeiten auftritt, die aber schon eine große Tragölmenge erfordern. Daher ist es sinnvoll, zunächst die Temperaturerhöhung zu berechnen, welche die Vergleichsölmenge nach Gl. (7.1) erfährt, wenn die Reibungswärme ganz in das Öl übergeht. Dann wird

$$M\omega = f\,P\,U = \frac{1}{4}\,B\,U\,S\,c\,\gamma\,\Delta\,\vartheta\,,$$

also

$$\Delta\,\vartheta = \frac{4\,f\,P}{B\,S\,c\,\gamma}\,,$$

mit $f = K\psi\,/So$ folgt dann

$$\Delta\,\vartheta = \frac{4\,K\,\eta\,\omega}{c\,\gamma\,\psi^2} \quad \text{für } So < 1$$

und mit $f = K\,\psi/\sqrt{So}$ wird

$$\Delta\,\vartheta = \frac{4\,K\,\eta\,\omega}{c\,\gamma\,\psi^2}\,\sqrt{So} \quad \text{für } So > 1\,.$$

Die Temperaturerhöhung hängt also im wesentlichen von ω und damit von der Drehzahl ab. Wird eine bestimmte Temperaturerhöhung $\Delta\,\vartheta$ als zulässig angenommen, so ergibt sich daraus die höchstzulässige Drehzahl, für die keine Kühlmengen bereitgestellt werden müssen, zu

$$\omega = \frac{\Delta\,\vartheta\,c\,\gamma\,\psi^2}{4\,K\,\eta} \quad \text{für } So < 1\,;$$

für $So > 1$ ist die rechte Seite noch durch $\sqrt{So}$ zu dividieren. Als obere Grenze für $\Delta\,\vartheta$ wird im allgemeinen $\vartheta_2 - \vartheta_1 = 20$ °C angesehen, niedrigere Werte bis zu 5 °C herunter kommen auch vor, die meisten Ausführungen bewegen sich zwischen $\Delta\,\vartheta = 10$ bis 15 °C. Die Öltemperaturen selbst liegen im Bereich von 40 bis 60 °C.

Nimmt man $So < 1$, $\Delta\,\vartheta = 20$ °C, $c\,\gamma = 180000$ mkp/m³ °C, $\psi = 1\cdot10^{-3}$, $K = 3$, $\eta = 10\cdot10^{-4}$ kps/m², so wird

$$\omega = \frac{20\cdot 180000\cdot 1\cdot 10^{-6}}{4\cdot 3\cdot 10\cdot 10^{-4}} = 300\ \text{sec}^{-1}\,.$$

Für Drehzahlen bis etwa 3000/min wäre also keine besondere Kühlölmenge erforderlich, wenn nach Gl. (7.1) der Schmiermittelbedarf bereitgestellt und in solcher Weise durch das Lager geleitet wird, daß die Reibungswärme an das Lageröl abgegeben werden kann.

Wird Wasserkühlung für zweckmäßig gehalten, so berechnet sich die dadurch abgeführte Wärme ebenfalls nach Gl. (7.7) mit $c\,\gamma = 427000$ mkp/m³ °C oder 427 mkp/l °C. Jedoch soll beachtet werden, daß Wasserleitungen im Innenraum des Lagers oberhalb des Ölspiegels wegen der niedrigen Wassertemperaturen den Wasserdampf aus der Luft kondensieren und Schwitzwasser bilden, das dann in das Öl gelangt. Deshalb ist Wasserkühlung nur dann unbedenklich, wenn sämtliche Leitungen unterhalb des Ölspiegels liegen, so daß sie mit Luft nicht in Berührung kommen wie in Abb. 1.14. Bei Anordnungen wie in Abb. 1.9, wo die Schale durch ein Röhrensystem gekühlt wird, ist sorgfältige Überwachung des Öles auf etwaigen Wassergehalt notwendig. Der Wärmeübergang bei dieser Art der Kühlung ist allerdings sehr gut, im allgemeinen besser als bei der Ölbadkühlung. Wenn diese sehr intensiv wirkt, kann das Öl im Bereich der Kühlschlange so viskos werden, daß sich über eine untere kalte zähflüssige Schicht eine warme dünnflüssige lagert, die an der Kühlung kaum beteiligt ist. Die Ölführung ist also in diesem Fall konstruktiv so auszubilden, daß der gesamte Inhalt des Ölraumes in Umlauf gehalten wird. Eine Ausführung, bei der das der Fall ist, zeigt Abb.1.14; der Schöpfer nimmt das Öl aus dem gekühlten Bereich. Gute Umwälzung verspricht auch die tiefe Anordnung der Ölringe in Beispiel 39. Der Einbau von Kühlschlangen würde die gute Durchmischung der gekühlten und ungekühlten Ölmengen nicht behindern.

7.72 Neuere Messungen

Für die Lager großer Schiffsturbinengetriebe hat NEWMAN (1956), S. 208, die benötigten Ölmengen mitgeteilt, und zwar in unserer Schreibweise

$$Q = 0{,}92\, Q_V \text{ für } B/D = 1 \text{ bis } 2/3$$

und

$$Q = 1{,}23\, Q_V \text{ für } B/D = 1/2 \text{ bis } 1/3.$$

Der Öldurchsatz ist größer als nach den Ergebnissen von LASCHE und BUSKE; da keine Zeichnungen von den Lagern mitgeteilt sind, können die Zahlen hier nur wiedergegeben, aber nicht diskutiert werden.

Für ein Dampfturbinen-Dreikeillager hat OTT (1957) die Öldurchsätze auch in Abhängigkeit vom Ölzuführungsdruck angegeben, die Beträge steigen vom Doppelten der Vergleichsölmenge bis zum Fünffachen an. Für die Kühlungsfrage ist die Tatsache von besonderer Bedeutung, daß die Konstruktion einen so großen Öldurchlaß ermöglicht. Wegen weiterer Einzelheiten muß auf die Originalveröffentlichung verwiesen werden. Das gilt ebenso für die Untersuchung eines Verdichterlagers $D = 32$ mm, $n = 22000$/min, $U = 36{,}9$ m/s von H. LINNECKEN (1962). Seine Ergebnisse wurden maßgeblich durch die Art der Ölzuführung beeinflußt. Allgemeine Regeln, wie die Lagerform für einen großen Öldurchsatz zu gestalten ist, gibt es noch nicht.

Beispiel 47: Festring-Stehlager 125 mm Durchmesser mit Ölbadkühlung im Lagerfuß

Für höhere Drehzahlen bei nennenswerten Lasten hat das Eisenwerk Wülfel das MK-Lager mit wassergekühltem Gehäusefuß entwickelt. Dieses hat den Vorteil der einfachen Bauweise und der sicheren Trennung von Öl- und Wasserführung, alle Dichtungen des Wassers gegenüber dem Öl und Stellen, an denen sich Schwitzwasser bilden könnte, werden vermieden. In den Druckschriften werden die Höchstbelastungen $P_{\max}$ und die dabei zulässigen Drehzahlen n angegeben, mit denen die Lagertemperaturen 65 °C bei Verwendung von Öl mit 4 bis 5 E/50 und 20 °C Raumtemperatur nicht überschreiten.

Die Nachrechnung wird für das in Abb. 7.17 dargestellte MK-Lager $D = 125$ mm durchgeführt, dafür sind $P_{\max} = 4500$ kp bei $n = 450$/min ohne und $n = 670$/min mit Wasserkühlung angegeben. Beide Fälle werden behandelt; zu beachten ist die 50% größere Reibung durch den mittleren Schmierring wie im Beispiel 33. Zunächst werden die Zahlen:
1) $D = 125$ mm **2)** $B = 140$ mm **3)** $P = 4500$ kp **4)** $\overline{p} = 25{,}7$ kp/cm² **5)** $n = 450$/min **6)** $U = 2{,}94$ m/s **7)** $S = 200\,\mu$m **8)** $\psi = 1{,}6\,‰$ **9)** $\vartheta_0 = 20$ °C **10)** Vol $= 1{,}72$ l **11)** $\alpha = 2{,}0$ mkp/m² s °C **12)** $A = 0{,}4$ m² **13)** $M\omega^* = 95{,}3$ mkp/s **14)** $\eta^* = 140$ cP **15)** NÖ 31,5 **16)** $So > 1$ **17)** $W = 10{,}1$ **18)** $\vartheta_{20} = 63$ °C **19)** $\vartheta = 63$ °C **20)** $\eta = 18$ cP **21)** $n_{\ddot{u}} = 145$/min **22)** $n/n_{\ddot{u}} = 3{,}1$ **23)** $So = 7{,}8$ **24)** $M\omega = 34$ mkp/s $= 0{,}453$ PS **28)** $f = 2{,}58 \cdot 10^{-3}$. Die Rechnung liefert Zahlen, die alle innerhalb der zulässigen Grenzen liegen.

Für die höhere Drehzahl bei Wasserkühlung ändern sich nun diese Werte wie folgt: **5)** $n = 670$/min **6)** $U = 4{,}38$ m/s **13)** $M\omega^* = 142$ mkp/s **14)** $\eta^* = 94$ cP **16)** $So > 1$ **17)** $W = 18{,}4$ **18)** $\vartheta_{20} = 80$ °C; diese wird als zu hoch angesehen, deshalb wird die Rechnung für dieselbe Temperatur wie vorher weitergeführt, also **19)** $\vartheta = 63$ °C **20)** $\eta = 18$ cP **21)** $n_ü = 145/\text{min}$ **22)** $n/n_ü = 4{,}62$ **23)** $So = 5{,}23$ **24)** $M\omega = 62$ mkp/s $= 0{,}83$ PS **28)** $f = 3{,}15 \cdot 10^{-3}$. Es werden also durch das Wasser $62 - 34 = 28$ mkp/s abgeführt; nach der Druckschrift sollen 3,5 l/min das Lager durchfließen, diese haben eine Wärmekapazität von 3,5 kcal/min °C $= 3{,}5 \cdot 427/60 \approx 25$ mkp/s, das Wasser wird sich daher nur um 1,12 °C erwärmen.

Das Ergebnis mag befremden. Man hat es hier aber nicht mit einer unmittelbaren Kühlung zu tun, wie beim Öl, das durch ein Lager gepumpt wird und sich um 10 °C oder mehr erwärmen kann. Im vorliegenden Fall sind die Gesetze des Wärmeüberganges aus dem gekühlten

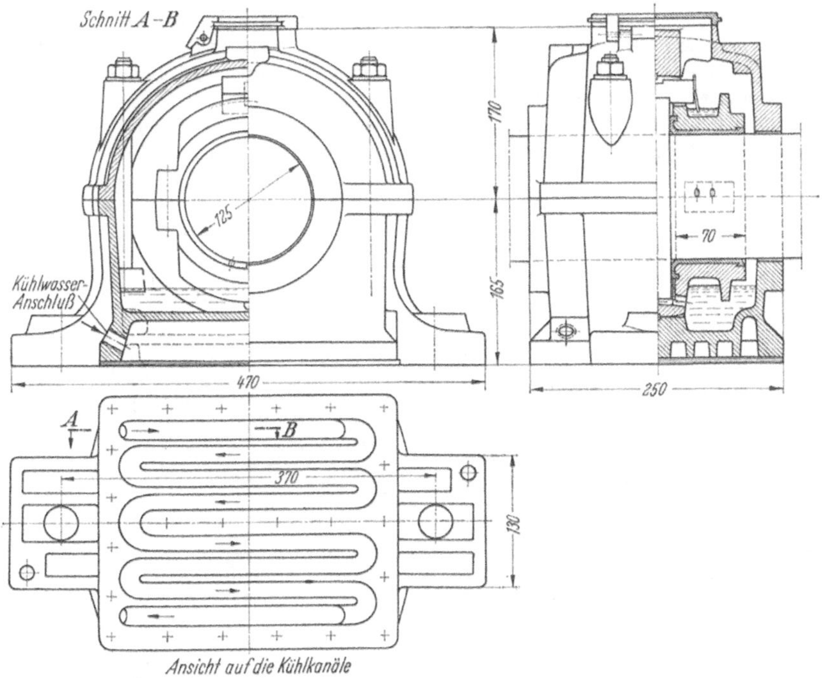

Abb. 7.17. Festring-Stehlager DIN 118 G 125 mit Ölbadkühlung im Lagerfuß

Gehäusefuß an das Öl maßgebend, diese Übergangsverhältnisse sind nicht günstig. Für einen rechnerischen Vergleich soll die freie Strömung über waagerechten ebenen Wänden betrachtet werden, vgl. „Hütte" I, 27. Aufl., S. 595; zunächst gilt für Wasser

$$\alpha = 0{,}64\, c_W \sqrt[4]{\vartheta_w - \vartheta_f} \quad \text{kcal/m}^2\,\text{h °C}$$

an der ebenen senkrechten Wand, für waagerechte Wände ist α um ein Viertel größer. Darin ist ϑ_w die Oberflächentemperatur der Wand, ϑ_f die Wassertemperatur und c_W eine tabellierte Größe, die von der mittleren Temperatur $\vartheta = (\vartheta_w - \vartheta_f)/\ln\,[(\vartheta_w + 273)/(\vartheta_f + 273)] - 273$ abhängt. Da hier die Wärmeübertragung vom Öl an den Lagerfuß erfolgt, sind die Temperaturen ϑ_w und ϑ_f zu vertauschen. Es möge $\vartheta_w = 13$ °C sein. Dann folgt aus $\vartheta_f = 63$ °C und $c_W = 376$ für die mittlere Temperatur $\vartheta \approx 40$ °C

$$\alpha = 1{,}25 \cdot 0{,}64 \cdot 376 \sqrt[4]{50} = 777 \quad \text{kcal/m}^2\,\text{h °C}.$$

Nun ist die Wärmeübergangszahl der Öle nach ebenda, S. 594 oben, nur 0,05 von der des Wassers, den gleichen Wert nennt Schack (1948), S. 148; die Grundfläche des Lagergehäuses ist 250×200 mm = 0,05 m², daher können von diesem

$$777 \cdot 0{,}05 \cdot 0{,}05 = 1{,}94 \text{ kcal/h °C} = 0{,}23 \text{ mkp/s °C}$$

aus dem Öl abgeführt werden, für $\vartheta_f - \vartheta_w = 50$ °C also $50 \cdot 0{,}23 = 11{,}5$ mkp/s.

Durch die Wasserkühlung fließen aber 28 mkp/s ab, also rund das Zweieinhalbfache; der Wärmeübergang ist also erheblich günstiger als nach dieser Rechnung. Das wird wohl auf den Ölumlauf zurückzuführen sein; andererseits zeigt das Ergebnis, daß auf diesem Wege eine Grenze gegeben ist. Die wärmeabgebende Fläche läßt sich kaum vergrößern, bei einer Kühlschlange geht das schon eher. Eine gewisse Wassergeschwindigkeit ist nötig, um den Durchfluß für alle Fälle zu sichern, damit ergibt sich dann die geringere Temperaturerhöhung für das Kühlwasser.

Beispiel 48: Losringlager mit Wasserkühlung 110 mm Durchmesser

Ein serienmäßig hergestelltes Lager mit wassergekühlter Schale wird von der BAMAG geliefert; nach den Druckschriften kann bei diesem die Drehzahl gegenüber einem normalen, nicht wassergekühlten Lager um 75% erhöht werden. Wie unter solchen Bedingungen die Verhältnisse aussehen, ist nachzurechnen.

Dafür soll das in Abb. 7.18 dargestellte Lager $D = 110$ mm, $B = 250$ mm gewählt werden, das im nächsten Beispiel im Zusammenhang mit einem Heißgasventilator behandelt wird. Nach dem Katalog läßt sich das Lager bei $n = 1000$/min mit $P = 850$ kp belasten, die Tem-

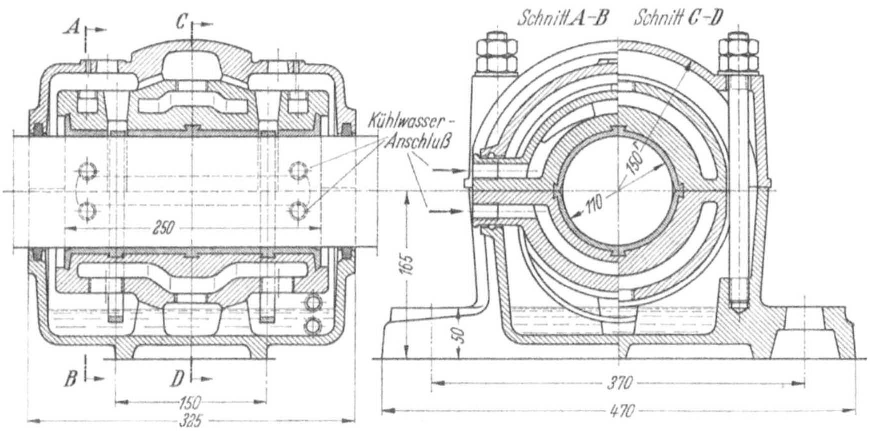

Abb. 7.18. Losring-Lager mit wassergekühlten Schalen DIN 118 L 110

peraturerhöhung soll dabei 40 bis 45 °C betragen, wenn die Raumtemperatur 20 °C beträgt und ein gutes handelsübliches Maschinenöl von 4 bis 5 E/50 °C, für Gleitgeschwindigkeiten über 5 m/s dagegen ein Öl von 3 bis 4 E/50 °C, verwendet wird. Nach den Maßtabellen ist das Lagergehäuse 320 mm hoch und 325 mm lang, die Palmgrensche Formel ergibt dann $A = \pi \cdot 0{,}32\,(0{,}325 + 0{,}16) = 0{,}49\ \text{m}^2$. Passung h7/D10 = 120 + 0,5 (35 + 140) ≈ 208 μm.

Zunächst ist die Rechnung für das Lager ohne Wasserkühlung durchzuführen, es wird dann:

1) $D = 110$ mm **2)** $B = 250$ mm **3)** $P = 850$ kp **4)** $\bar{p} = 3{,}09$ kp/cm² **5)** $n = 1000$/min **6)** $U = 5{,}76$ m/s **7)** $S = 208\ \mu$m **8)** $\psi = 1{,}9\,‰$ **9)** $\vartheta_0 = 20$ °C **10)** Vol = 2,38 l **11)** $\alpha = 2$ mkp/m² s °C **12)** $A = 0{,}49$ m² **13)** $M\omega^* = 27{,}9$ mkp/s **14)** $\eta^* = 10{,}6$ cP **15)** entsprechend $U > 5$ m/s: Öl 3 bis 4 E/50 °C entspricht NÖ 25 **16)** $\vartheta^* = 48{,}5$ °C; So < 1 **17)** $\eta_{30} = 3{,}72$ cP **18)** $\vartheta_{20} = 63$ °C **19)** $\vartheta = 63$ °C **20)** $\eta = 16$ cP **21)** $n_ü = 22{,}3$/min **22)** $n/n_ü = 44{,}8$ **23)** $So = 0{,}66$ **24)** $M\omega = 42{,}3$ mkp/s = 0,564 PS **28)** $f = 8{,}6 \cdot 10^{-3}$.

Das Ergebnis stimmt mit den Katalogangaben bestens überein, die errechnete Temperatur $\vartheta = 63$ °C wird auch dem Wasserkühllager zugrunde gelegt. Über die Wassermengen und deren Zu- und Abflußtemperaturen enthalten die Druckschriften nichts Näheres, der Durchfluß soll so geregelt werden, daß sich die als zulässig angesehene Öltemperatur einstellt, hier also 63 °C. Bis auf die Drehzahl und die davon abhängigen Größen bleiben die Zahlen dieselben, geändert werden: **5)** $n = 1750$/min **6)** $U = 10{,}1$ m/s **13)** $M\omega^* = 48{,}9$ mkp/s **14)** $\eta^* = 6{,}1$ cP **23)** $So = 0{,}38$ **24)** $M\omega = 129$ mkp/s = 1,72 PS **28)** $f = 15 \cdot 10^{-3}$.

Die Reibungszahl ist verhältnismäßig groß, es zeigt sich wieder der Einfluß der hohen Drehzahl. Die Wärmebilanz ist einfach aufzustellen: Das Gehäuse führt an die Luft $\alpha A (\vartheta - \vartheta_0) = 2 \cdot 0{,}49 (63 - 20) = 42$ mkp/s ab. Der Rest der entwickelten Wärme von $M\omega = 129$ mkp/s, also 87 mkp/s, muß vom Wasser aufgenommen werden, in der Minute sind das $60 \cdot 87 = 5220$ mkp/min. Bei einem Durchfluß von 3 l/min würde sich das Wasser um $5220/3 \cdot 427 = 4{,}1$ °C erwärmen. Die Rohranschlüsse sind mit $^3/_8$″ vorgesehen, diese haben 0,7 cm² Querschnitt; die Wassergeschwindigkeit in den Rohren wäre also etwa 0,72 m/s, ein niedriger Wert. Die Kühlverhältnisse auf der Wasserseite sind also günstig ausgelegt; wie sich die einzelnen Werte einstellen, hängt von den Wärmeübergangsverhältnissen in der Schale ab, deren nicht einfache geometrische Form eine rechnerische Verfolgung äußerst schwierig, wenn nicht unmöglich macht. Die Erfahrungen der Herstellerfirma sind hier entscheidend, dennoch geben die obigen Zahlen ein gutes Bild vom Einfluß der Zusatzkühlung, die bei dem Losringlager des nächsten Beispiels nochmals behandelt wird.

Beispiel 49: Lagerung eines Heißgas-Ventilators mit wassergekühltem Losringlager 110 mm Durchmesser

Das im vorigen Beispiel behandelte Lager wird in dem in Abb. 7.19 dargestellten Heißgasventilator als Hauptstützlager verwendet, der Axialschub des Lüfters wird von dem anderen Stützlager, einem Pendelrollenlager, mit aufgenommen. Die Temperaturen werden wie folgt angegeben:

Welle an der Kühlscheibe	250 bis 300 °C
Welle am Lagereintritt	etwa 150 °C
Welle im Lager bei eingeschalteter Wasserkühlung	50 bis 60 °C
Kühlwassereintritt	$\vartheta_{K1} \approx 14$ °C
Kühlwasseraustritt	$\vartheta_{K2} \approx 20$ °C
Kühlwassermenge	etwa 3 l/min
Umgebungstemperatur (geringe Luftbewegung, keine Ventilation von Bedeutung)	30 bis 40 °C
Viskosität des verwendeten Öles	3 bis 4 E/50 °C

Hier tritt als Problem die Wärmewanderung aus dem Lüfter in das Lager auf, die Verhältnisse lassen sich nur überschläglich erfassen. Die Wärmeleitung in der einfachsten Form der linearen Wärmeströmung durch einen Kreiszylinder vom Durchmesser D und der Länge l wird durch Gl. (5.14) gegeben.

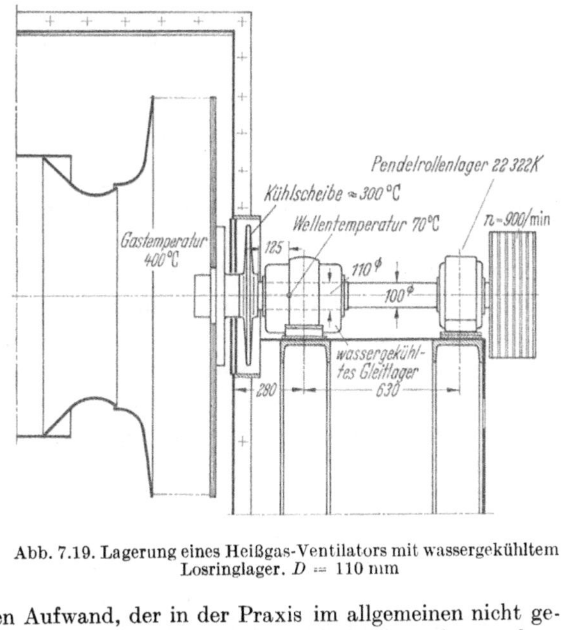

Abb. 7.19. Lagerung eines Heißgas-Ventilators mit wassergekühltem Losringlager. $D = 110$ mm

Nach den obigen Angaben wird angenommen, daß im ersten Viertel der Lagerschalenlänge ungefähr die Oberflächentemperatur der Welle von rund 60 °C erreicht ist; da aber gewiß keine lineare Wärmeströmung vorliegt, und die Temperatur in der Wellenmitte höher ist, wird $\vartheta_2 = 70$ °C gesetzt. Die Wärme wird im Innern der Welle durch das Lager hindurch und dann radial nach außen weiterwandern, die rechnerische Verfolgung eines solchen Vorgangs ist zwar grundsätzlich möglich, erfordert aber einen großen Aufwand, der in der Praxis im allgemeinen nicht gerechtfertigt erscheint. Viel wichtiger ist es, physikalisch richtige einfache Formeln zu geben, mit denen eine vernünftige Abschätzung vorgenommen werden kann. Hier liegen die Verhältnisse wie folgt:

Die Wärmeleitzahl für Stahl ist $\lambda = 50$ kcal/m h °C ≈ 6 mkp/m s °C, das erste Viertel der Lagerlänge ist rund 65 mm von der Lagermitte entfernt, damit wird $l \approx 125$ mm; $\vartheta_1 = 300$ °C; $\vartheta_2 = 70$ °C; $D = 0{,}11$ m. Es wandern also von der Kühlscheibe her nach Gl. (5.14)

$$Q = \frac{0{,}11^2 \cdot \pi \cdot 6}{4 \cdot 0{,}125} (300 - 70) = 0{,}456 \cdot 230 = 105 \text{ mkp/s}$$

in das Lager, die durch Luft- und Wasserkühlung abgeführt werden müssen. Die im Lager selbst erzeugte Wärme wird in üblicher Weise für die gegebene Temperatur $\vartheta = 60$ °C gerechnet:

1) $D = 110$ mm **2)** $B = 250$ mm **3)** $P = 1000$ kp **4)** $\bar{p} = 3{,}64$ kp/cm² **5)** $n = 900$/min **6)** $U = 5{,}19$ m/s **7)** $S = 208\,\mu$m **8)** $\psi = 1{,}9$‰ **9)** $\vartheta_0 = 40$ °C **10)** Vol $= 2{,}38$ l **11)** $\alpha = 2$ mkp/m² s °C **12)** $A = 0{,}49$ m² **13)** $M\omega^* = 29{,}6$ mkp/s **14)** $\eta^* = 13{,}9$ cP **15)** Öl 3 bis 4 E/50 °C, NÖ 25 **16)** bis **18)** fallen weg **19)** $\vartheta = 60$ °C **20)** $\eta = 17$ cP **21)** $n_ü = 24{,}8$/min **22)** $n/n_ü = 36{,}3$ **23)** $So = 0{,}82$ **24)** $M\omega = 36{,}1$ mkp/s $= 0{,}481$ PS **28)** $f = 7{,}7 \cdot 10^{-3}$.

Mit diesen Zahlen ergibt sich nun die Wärmebilanz, für die noch die Wärmeabgabe des Gehäuses $\alpha\, A\, (\vartheta - \vartheta_0) = 2 \cdot 0{,}49\, (60 - 40) = 19{,}6$ mkp/s und die im Kühlwasser abgeführte Wärme $c \cdot Q_K\, (\vartheta_{K2} - \vartheta_{K1}) = 1 \cdot 3\, (20 - 14) = 18$ kcal/min $= 128$ mkp/s benötigt werden.

Dann ist

In das Lager durch die Welle einströmende Wärme	105 mkp/s
Durch Laufwiderstand entwickelte Wärme	36 mkp/s
Gesamtwärme	141 mkp/s
An die Luft abgegeben rund	20 mkp/s
Im Kühlwasser abgeführt	128 mkp/s
Gesamte abgeführte Wärme	148 mkp/s

Die beiden Beträge weichen um 5% voneinander ab, ein Zeichen dafür, daß eine vernünftige Näherung zu brauchbaren Ergebnissen führt.

8. Die Werkstoffe

8.1 Allgemeines über die Werkstoffe

8.11 Vorbemerkung: Schmierstoff als Werkstoff

In einem 1936 gehaltenen Vortrag hat der Verfasser erstmalig darauf hingewiesen, daß dem Ölfilm bei der Gleitlagerung dieselbe Aufgabe zukommt, wie den Wälzkörpern bei der Wälzlagerung, denn in den Ölschichten vollzieht sich der eigentliche Vorgang der Kraftübertragung von den bewegten Maschinenteilen auf die festen. In der Veröffentlichung dieses Vortrages, vgl. Vogelpohl (1937a), S. 173, heißt es:

„Die Rolle, die dem Schmiermittel im Lager zukommt, ist bisher zwar als etwas Notwendiges, aber doch mehr Nebensächliches behandelt worden. Dabei hat gerade das Schmiermittel die Aufgabe zu erfüllen, *die Last von dem sich bewegenden Teil auf den ruhenden zu übertragen, es ist der eigentliche Tragkörper im Lager.*"

Seitdem hat sich immer mehr die Auffassung durchgesetzt, daß Schmiermittel keine Betriebsstoffe sind, sondern Werkstoffe für das eigentliche, kräfteübertragende Element, den Tragfilm. Die Technische Hochschule Delft veranstaltete 1962 einen Lehrgang unter dem Titel „Der hydrodynamische Schmierfilm als Konstruktions-Element" mit einem Beitrag des Verfassers (1963), in dem erstmalig die unter 2.31 bis 2.34 beschriebenen Beobachtungen veröffentlicht wurden.

Sowohl die mechanische Funktion als auch das betriebliche Verhalten rechtfertigen die Einordnung der Schmierstoffe unter die Werkstoffe. Vielleicht mag es auf den ersten Blick befremdend erscheinen, daß die Mineralöle mit den festen Werkstoffen für Gleitlager in einem Kapitel behandelt werden, das kommt aber den Bestrebungen nach einem geschlossenen Bild von der Werkstoffseite entgegen.

Gegenüber der ersten Auflage wird die Darstellung hier erheblich gekürzt, aber auch durch neue Beiträge erweitert. Nicht an allen Stellen konnte darauf hingewiesen werden, was in der ersten Auflage umfangreicher behandelt wurde.

8.12 Die flüssigen und plastischen Werkstoffe

Als Schmiermittel werden feste Körper in Pulverform, plastische Massen, Flüssigkeiten, Gase und Dämpfe verwendet.

Feste Körper in Pulverform, wie Talkum, Graphit und Molybdändisulfid werden vielfach anderen Schmiermitteln zugesetzt und finden in Form von Pasten oder versetzten Ölen Verwendung. Bei sehr langsamer Bewegung, bei hohen Temperaturen von mehreren hundert Celsiusgraden dienen sie aber auch unmittelbar als Trockenschmiermittel.

Plastische Massen, meist als Schmierfette oder konsistente Fette bezeichnet, werden nach verschiedenartigen chemischen Verfahren hergestellt. Früher wurden auch tierische Fette, wie Rinder- oder Hammeltalg, Schweineschmalz und für gegossene Zahnräder Speck, zum Schmieren genommen.

Die plastischen Massen zeigen unter Druck von einigen Atmosphären aufwärts ein dem Fließen tropfbarer Flüssigkeiten ähnliches Verhalten. Daher wird in den Grundzügen die Tragwirkung bei der Verwendung konsistenter Fette ähnlich zustande kommen wie bei Flüssigkeiten. Dieser Vorgang ist aber noch nicht in dem Maße zugänglich wie bei der Ölschmierung. Wertvolle Untersuchungen liegen schon vor, genannt seien hier v. SCHROETER (1934), TRAEG (1944) und COHN und OREN (1949), ebenso die neue Arbeit von DOTTERWEICH (1965).

Flüssigkeiten sind die meist verwendeten Tragmittel, und unter diesen sind die *Mineralöle* am wichtigsten. Von der Verwendung tierischer und pflanzlicher Öle, wie Knochenöl, Specköl, Walratöl, Rüböl, Olivenöl, Rizinusöl und Erdnußöl, ist man fast gänzlich abgekommen, da sich infolge der geringen chemischen Stabilität ihre physikalischen Eigenschaften schon nach kurzem Gebrauch ändern. Sie können dagegen in geringen Mengen als Zusätze zu Mineralölen verwendet werden. Bei Lagern aus bestimmten Werkstoffen, wie Kunstharz-Preßstoffen, Pockholz und Gummi, erweist sich Wasser als geeignet, es ist auch mit geringen Ölzusätzen als Wasser-Öl-Emulsion bei niedrig belasteten Metallagern zu gebrauchen. Letzten Endes kann jede Flüssigkeit als Schmiermittel verwendet werden: jedoch ist eine rechnerische Erfassung der Vorgänge bisher nur möglich, wenn es sich um Newtonsche Flüssigkeiten handelt, also um Flüssigkeiten, deren Viskosität von den Geschwindigkeitsverhältnissen in der Strömung unabhängig ist.

Gase und Dämpfe, vorwiegend Luft, erweisen sich in Sonderfällen bei geringer Belastung und hinreichend hohen Drehzahlen als durchaus brauchbar. Ob sie zweckmäßig eingesetzt werden können, läßt sich mit der Rechnung leicht entscheiden, da ihre Viskositäten gut bekannt sind.

8.13 Schmierverfahren

In bezug auf die Versorgung der Gleitstelle mit Öl sind zwei grundsätzlich verschiedene Arten zu unterscheiden, die *Durchlaufschmierung* und die *Umlaufschmierung*.

Bei der *Durchlaufschmierung*, besser als *Verlustschmierung* bezeichnet, kommt das Öl *nur einmal* zur Wirkung. Ihre Anwendung ist trotz einer gewissen Unrentabilität an allen Stellen erforderlich, an denen das Öl infolge Vermischung mit anderen Stoffen seine anfänglichen Eigenschaften einbüßt. In vielen Fällen der Durchlaufschmierung kann man das Schmiermittel mit besonderen Vorrichtungen (z. B. Abdampfentöler hinter Dampfmaschinen) zurückgewinnen; es muß jedoch vor einer erneuten Verwendung einer gründlichen mechanischen und chemischen Aufbereitung unterworfen werden.

Die Versorgung der Lager erfolgt bei der Durchlaufschmierung bei Anwendung von Öl entweder von Hand mit der Ölkanne, oder durch Docht- und Tropföler. Es können auch maschinell betriebene Druckschmierapparate zur Anwendung gelangen, wie bei den Zylindern der Dampfmaschinen und Kompressoren, denen das Öl gegen den im Zylinder herrschenden Druck zugeführt werden muß.

Konsistente Fette werden nur in seltenen Fällen nach Gebrauch aufgefangen und daher meist in der Durchlaufschmierung verwendet; die Zuführung erfolgt mit Hilfe von Stauffer- oder Federdruckbuchsen. Verschiedentlich, vor allem bei größeren Lagern, findet man auch noch die Fettbrikettschmierung. Sollen mehrere Lager von einer Stelle aus bedient werden, so gelangen ähnlich wie beim Öl Druckschmierapparate zur Anwendung.

Um wirtschaftlich zu arbeiten, ist man bestrebt, mit geringen Öl- oder Fettmengen eine möglichst gute Wirkung zu erreichen.

Eine Kühlung ist bei der Verlustschmierung nicht zu erzielen. Ausgenommen ist die Wasserschmierung von Kunststofflagern, bei denen eine erhebliche Kühlwirkung beabsichtigt und auch erreicht wird, weil Wasser ohne große Kosten in ausreichenden Mengen auch für einmaliges Durchlaufen bereitgestellt werden kann.

Bei der *Umlaufschmierung* werden aus einem größeren Ölbehälter die notwendigen Mengen durch ein Förderorgan fortlaufend den Gleitstellen zugeführt, die dadurch im allgemeinen reichlich oder sogar überreichlich versorgt werden, wenn das Öl auch noch die Aufgabe eines *Kühlmittels* übernehmen soll. Nach dem Durchfließen wird es aufgefangen und dem Vorratsbehälter wieder zugeführt und dort gegebenenfalls gekühlt und gereinigt; es ist also einer dauernden Wiederverwendung unterworfen.

Die Umlaufschmierung kann für einzelne Lager oder als Zentralschmierung für ganze Maschinen oder auch Maschinengruppen ausgebildet sein. Das einfache Ringschmierlager hat bereits Umlaufschmierung; als Förderorgan dienen feste oder lose Schmierringe, Schöpforgane, Ölförderringe oder Ketten. Bisweilen werden auch die Kissenschmierung der Eisenbahnachsen und die Fettfüllung der Wälzlager als einfachste Umlaufsysteme aufgefaßt. Bei Versorgung von mehreren Gleitstellen durch Umlaufschmierung werden Pumpen als Förderorgane verwendet; das Öl wird in besonderen Tanks gehalten, in denen es gepflegt, nötigenfalls auch gekühlt oder erwärmt wird. Am vollendetsten sind diese Schmiersysteme bei Großkraftmaschinen, großen Getrieben, Walzwerksanlagen, vor allem aber bei Dampfturbinen durchgebildet.

8.2 Die Viskosität von Flüssigkeiten und Gasen

8.21 Die grundlegende Definition der Viskosität

Der gegenseitigen Verschiebung von Flüssigkeitsteilchen setzt sich erfahrungsgemäß ein Widerstand entgegen, der als *innere Reibung* bezeichnet wird. Ihre Größe wächst wie die Größe der Fläche der in Betracht kommenden Flüssigkeitsschichten; daher wird die innere Reibung zweckmäßig auf die Flächeneinheit bezogen und ergibt so eine Schubspannung τ. Bei einer Strömung parallel zur x-Achse mit der Geschwindigkeitsverteilung $u = u(y)$ senkrecht zur y-Achse hat sich für die Schubspannung der Ansatz von NEWTON

$$\tau = \eta \frac{\mathrm{d}u}{\mathrm{d}y} \tag{8.1}$$

bewährt, in dem η die dem Stoff eigentümliche *Viskosität* und $\mathrm{d}u/\mathrm{d}y$ *das Geschwindigkeitsgefälle* oder die *Schergeschwindigkeit* bezeichnen. Die Viskosität ist darin eine vom Zustand des Stoffes — Temperatur und Druck — abhängige Größe; dagegen ist sie im allgemeinen von der Schergeschwindigkeit $\mathrm{d}u/\mathrm{d}y$ unabhängig. Das ist bei Gasen und vielen Flüssigkeiten der Fall, die als *Newtonsche Flüssigkeiten* bezeichnet werden. Ändert sich dagegen η auch noch mit dem Geschwindigkeitsgefälle, so spricht man von *Nicht-Newtonschen Flüssigkeiten*; darunter fallen die Schmierfette.

Zur Unterscheidung von der in Ziffer 8.23 eingeführten kinematischen Viskosität wird η vielfach auch als *dynamische* oder *absolute* Viskosität bezeichnet.

8.22 Dimension und Maßeinheiten

Die Dimension der Viskosität ergibt sich aus Gl. (8.1): Kraft·(Länge)$^{-2}$ $= [\eta]\cdot$(Zeit)$^{-1}$ zu

$$[\eta] = \frac{\text{Kraft}\cdot\text{Zeit}}{(\text{Länge})^2}. \tag{8.2}$$

Im technischen Maßsystem ist die Einheit der Viskosität kp s/m^2, im physikalischen Maßsystem dyn·s/cm^2 und im englischen Maßsystem lb·s/in^2. Die Einheit dyn·s/cm^2 heißt Poise zu Ehren von POISEUILLE; der hundertste Teil heißt Zentipoise (cP). Wasser von Zimmertemperatur, genau 20,2 °C, hat die Viskosität

Tabelle 8.1. *Umrechnungsfaktoren für Viskositätseinheiten*

Gegebene Zahlenwerte in	Multiplikatoren für gesuchte Zahlenwerte in				
	kp s/m^2	Poise = dyn s/cm^2	Zentipoise	Reyn = lb s/in^2	Mikroreyn
1 kp s/m^2	1	98,1	$0{,}981\cdot10^4$	0,001422	1422
1 Poise = 1 dyn s/cm^2	0,0102	1	10^2	$14{,}50\cdot10^{-6}$	14,50
1 Zentipoise	$1{,}02\cdot10^{-4}$	10^{-2}	1	$0{,}145\cdot10^{-6}$	0,145
1 Reyn = 1 lb s/in^2	703,07	$6{,}895\cdot10^4$	$6{,}895\cdot10^6$	1	10^6
1 Mikroreyn	$7{,}0307\cdot10^{-4}$	0,06895	6,895	10^{-6}	1

von einer Zentipoise. Die englische Einheit lb·s/in² wird zu Ehren von REYNOLDS als Reyn bezeichnet. Sie ist für den Gebrauch recht groß, deshalb rechnet man üblicherweise mit dem millionsten Teil, dem Mikroreyn. Die Umrechnung kann nach der vorstehenden Tabelle (s. S. 209) vorgenommen werden.

Der zur Verfügung stehende Bereich der Viskosität ist außerordentlich groß; es gibt sehr zähe, aber auch sehr dünnflüssige Stoffe. Die ungefähren Grenzen liegen bei $\approx 30 \cdot 10^6$ cP (schwerste Schmiermittel für offene Zahnradgetriebe bei 20 °C) und 0,0088 cP (Wasserstoff bei 20 °C), damit wird ein Bereich von $3{,}4 \cdot 10^9$ überdeckt. Die Viskosität der Flüssigkeiten nimmt mit steigender Temperatur ab und die der Gase mit steigender Temperatur zu.

Mit steigendem Druck nimmt die Viskosität der Flüssigkeiten zu. Die Abhängigkeit ist jedoch weit geringer als die von der Temperatur, so daß sie nur in besonderen Fällen beachtet werden muß. Die Viskosität der Gase ist vom Druck weitgehend unabhängig, nur im Hochvakuum wäre sie zu berücksichtigen; das kommt aber bei den hier behandelten Problemen nicht in Betracht.

8.23 Die Messung der Viskosität; Viskositäts-Dichte-Verhältnis

Die Messung der Viskosität erfolgt unmittelbar in Rotations- oder Kugelfallviskosimetern. Rotationsviskosimeter haben sich für den Gebrauch in der Praxis nicht durchgesetzt, von den Kugelfallviskosimetern ist das Höppler-Viskosimeter nach DIN 53015 genormt. Ein Kapillarviskosimeter zur unmittelbaren Bestimmung der dynamischen Viskosität ist das nach VOGEL-OSSAG, seine Handhabung ist in DIN 51561 beschrieben. Bei den Kapillarviskosimetern wird die Ausflußzeit für eine bestimmte Menge gemessen; je viskoser die Flüssigkeit, desto länger ist die Ausflußzeit. Erfolgt der Durchfluß unter der Wirkung des Eigengewichtes der Flüssigkeit, so hängt die Ausflußzeit auch noch von der Dichte der Flüssigkeit ab; bei einer schweren Flüssigkeit ist die Ausflußzeit kleiner als die einer leichten bei gleicher Viskosität. Ein Kapillarviskosimeter mißt dann das Verhältnis der Viskosität η zur Dichte $\varrho = \gamma/g$, das auch als *kinematische Viskosität* $\nu = \eta/\varrho$ bezeichnet wird. Sie spielt in der Strömungslehre eine große Rolle bei der Lehre vom Widerstand umströmter Körper oder beim Durchfluß durch Rohrleitungen, wenn das Verhältnis der Reibungs- zu den Trägheitswirkungen betrachtet wird. In der Schmiertechnik treten die Trägheitswirkungen völlig zurück, daher ist hier nur die Viskosität selbst maßgebend, also die dynamische oder absolute Viskosität. Die Bezeichnung kinematische Viskosität hat zu vielen Irrtümern und Verwechselungen Anlaß gegeben.

Die Dimension von ν ist $(\text{Länge})^2 \cdot (\text{Zeit})^{-1}$, die Einheiten sind m²/s im technischen und cm²/s im physikalischen Maßsystem, die letztere heißt zu Ehren von STOKES ein Stokes (St), der hundertste Teil heißt Zentistokes (cSt); es gilt also

$$1 \text{ Zentistokes} = 10^{-6} \text{ m}^2/\text{s}.$$

Die im Handel üblichen Angaben zur Kennzeichnung der Viskosität erfolgen in Deutschland noch meist in Englergraden (E). Der Englergrad ergibt sich als Verhältnis zweier Ausflußzeiten aus dem in DIN 51560 beschriebenen Gefäß in der von ENGLER (1885) gegebenen Form: es ist

$$\text{Englergrad} = \frac{\text{Ausflußzeit von 200 ml Öl bei Meßtemperatur}}{\text{Ausflußzeit von 200 ml dest. Wassers bei 20 °C}}.$$

Tabelle 8.2. *Viskositäts-Dichte-Verhältnis $\nu = \eta/\varrho$ in Zentistokes, Engler-Graden E, Redwood-Sekunden R und Saybolt-Sekunden S*

ν	E	R	S	ν	E	R	S
1,0	1,00	28,5	28,9	25	3,46	105	119
1,2	1,03	29,0	29,6	26	3,58	109	124
1,4	1,05	29,5	30,4	27	3,70	113	128
1,6	1,08	30,0	31,2	28	3,82	117	132
1,8	1,10	30,5	31,9	29	3,94	120	137
2,0	1,12	31,0	32,7	30	4,07	124	141
2,2	1,14	31,5	33,4	31	4,19	128	146
2,4	1,16	32,0	34,1	32	4,32	132	150
2,6	1,18	32,5	34,8	33	4,44	136	155
2,8	1,20	33,0	35,4	34	4,57	140	159
3,0	1,22	33,5	36,1	35	4,70	144	164
3,2	1,24	34,0	36,7	36	4,82	148	168
3,4	1,25	34,5	37,4	37	4,95	152	173
3,6	1,27	35,0	38,0	38	5,08	156	177
3,8	1,29	35,5	38,6	39	5,21	160	182
4,0	1,31	36,0	39,2	40	5,33	164	186
4,2	1,32	36,5	39,8	41	5,46	168	191
4,4	1,34	37,0	40,5	42	5,59	172	195
4,6	1,36	37,5	41,1	43	5,72	176	200
4,8	1,38	38,0	41,7	44	5,85	180	204
5,0	1,39	38,5	42,4	45	5,98	185	208
5,5	1,44	39,8	44,0	46	6,11	189	213
6,0	1,48	41,1	45,6	47	6,23	193	218
6,5	1,52	42,4	47,2	48	6,37	197	223
7,0	1,56	43,7	48,8	49	6,50	201	227
7,5	1,61	45,0	50,4	50	6,62	205	232
8,0	1,65	46,4	52,1	52	6,88	213	241
8,5	1,70	47,8	53,8	54	7,14	221	250
9,0	1,74	49,1	55,5	56	7,41	229	260
9,5	1,79	50,6	57,2	58	7,67	237	269
10	1,83	52,0	58,9	60	7,93	245	278
11	1,92	55,0	62,4	62	8,19	254	287
12	2,02	58,1	66,0	64	8,45	262	296
13	2,12	61,3	69,7	66	8,71	270	306
14	2,22	64,6	73,5	68	8,97	278	315
15	2,32	68,0	77,4	70	9,23	286	324
16	2,43	71,4	81,3	72	9,50	294	333
17	2,53	74,9	85,3	74	9,76	302	343
18	2,64	78,5	89,4	76	10,02	310	352
19	2,75	82,1	93,5	78	10,28	318	361
20	2,87	85,8	97,7	80	10,54	327	370
21	2,98	89,5	101,9	85	11,20	347	393
22	3,10	93,3	106,2	90	11,86	367	417
23	3,22	97,1	110,5	95	12,51	388	440
24	3,34	100,9	114,8	100	13,17	408	463

R für 140 °F = 60 °C S für 130 °F = 54,4 °C

Für größere Werte gilt: ν = 7,6 E = 0,245 R = 0,216 S

Wasser hat bei 20 °C nach dieser Definition den Englergrad eins. Wegen der verhältnismäßig großen Weite und der geringen Länge des Ausflußröhrchens besteht bei niedrig viskosen Ölen keine Proportionalität zwischen den Zahlenwerten der kinematischen Viskosität ν und denen der Englergrade. Mehrere Umrechnungsformeln wurden angegeben, die genaueste ist die von VOGEL (1922), wie ERK (1927) festgestellt hat; sie ist aber nicht einfach, der Gebrauch der Tabelle 8.2 ist bequemer.

In Amerika wird ein dem Englerschen ähnliches Gerät nach SAYBOLT verwendet. Die Ausflußzeiten von jeweils 60 ml Öl durch eine Kapillare von 1,76 mm Durchmesser und 12,25 mm Länge in Sekunden gemessen, werden als Saybolt-Universal-Viskosität (SUV), kurz auch als Saybolt-Sekunden (SUS) bezeichnet; vgl. SHAW-MACKS (1949), S. 150, oder MICHELL (1950), S. 41/42.

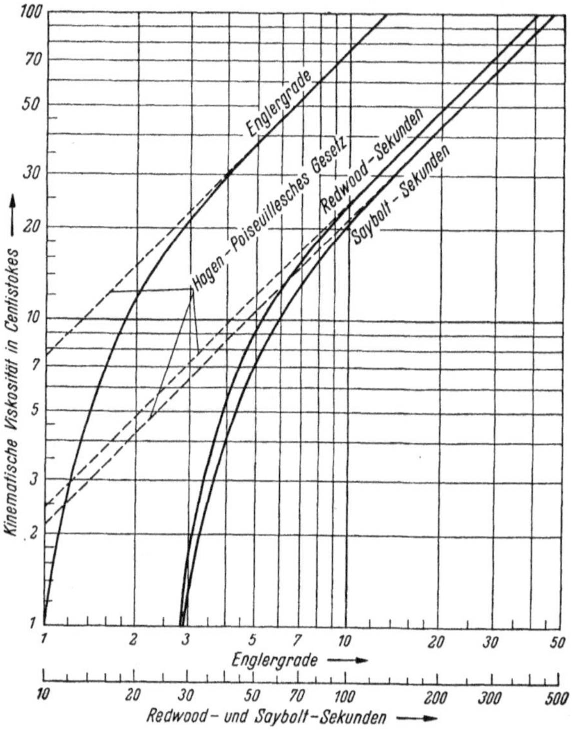

Abb. 8.1. Zusammenhang zwischen Englergraden, Redwood-Sekunden, Saybolt-Sekunden und Zentistokes

In England läßt man nach REDWOOD (1886) durch ein Röhrchen von 1,5 mm Durchmesser und 10 mm Länge eine Menge von 50 ml ausfließen; die beobachteten Ausflußzeiten in Sekunden heißen Redwood-Sekunden und dienen als Maß für die kinematische Viskosität. Einen Vergleich der einzelnen Zahlenwerte zeigt Abb. 8.1; für genauere Rechnungen dienen Tab. 8.2 oder das Buch von UBBELOHDE (1943).

Bei allen diesen Geräten erfolgt der Ausfluß aus dem Meßröhrchen durch die Schwere der Flüssigkeit, sie geben daher zunächst ein Maß für das Verhältnis der Viskosität zur Dichte. Da aber die Geräte seit ihrer Entstehung in den 80er Jahren des vorigen Jahrhunderts unzutreffend Viskosimeter genannt wurden, werden ihre Angaben auch als Viskosität bezeichnet. Das ist nicht richtig, am deutlichsten sieht man das bei der Saybolt-Universal-Viskosität, die der Viskosität die Dimension Zeit zuordnet.

Die diesen Geräten zugeordneten Maße werden vielfach als „konventionell" bezeichnet. Das kann man zwar tun, aber konventionell sind im Grunde alle Maße. Hier aber paßt die Einheit nicht zur Dimension der physikalischen Größe; so etwas sollte man als Behelfsmaß bezeichnen, wie etwa die Wegstunde — eine Zeit — als Behelfsmaß für eine Entfernung — eine Länge — anzusehen ist.

In der weiteren Entwicklung hat man sich damit begnügt, die Anzeigen auf eine gemeinsame Einheit zu bringen und sie auf Zentistokes umzurechnen. Dagegen wäre nichts einzuwenden, wenn diese Zentistokes nicht auch als Viskosität bezeichnet und darüber hinaus zur Kennzeichnung der Viskosität von Mineralölen benutzt würden. Damit werden zwei Unrichtigkeiten begangen:

1. Spezifisch leichteren Ölen werden zu große und schwereren Ölen zu kleine Viskositäten zugeschrieben, und

2. den Ölen wird eine Größe zur Kennzeichnung als Schmiermittel zugeordnet, die dafür nicht maßgebend ist.

Die erste Unrichtigkeit bleibt unter allen Umständen bestehen, wenn auf Feinheiten eingegangen wird. Bei der zweiten könnte man anführen, daß das spezifische Gewicht der Mineralöle sich nur wenig ändert und daher sowohl die Viskosität allein, als auch das Verhältnis Viskosität zu Dichte zur Kennzeichnung der Schmieröle gleichberechtigt seien. Das ist schon richtig, gilt aber nur für *Mineralöle*, jedoch nicht für Flüssigkeiten und Gase allgemein oder gar für Vorgänge im Gleitlager; letztere bilden aber die Grundlage der Lagerberechnung und dabei tritt nur die dynamische Viskosität auf.

Man könnte auch einwenden, daß bisher die Kennzeichnung der Öle durch das Viskositäts-Dichte-Verhältnis ausgereicht habe, daß es also eine die Praxis kaum berührende Frage sei, ob man die dynamische oder die kinematische Viskosität verwenden soll und darf.

Das trifft zwar zu, aber das Bisherige reicht eben nicht mehr für die Gegenwart und noch weniger für die Zukunft aus. Früher wurden keine Lager berechnet; die Forderung danach wird aber vom Maschinenbau in steigendem Maße erhoben. Damit ist es auch für die Praxis wichtig, daß ihr die Angaben gemacht werden, die sie braucht.

Wenn man sich auf Mineralöle beschränkt, deren Dichten sich nur wenig voneinander unterscheiden, hätte der erwähnte Standpunkt eine gewisse Berechtigung. Aber wissenschaftlich gesehen ist es verwerflich, einen Standpunkt selbst dann noch beizubehalten, wenn man seine Inkorrektheit erkannt hat. Es soll daher an dieser Stelle noch einmal betont werden, daß der Konstrukteur die *dynamische* Viskosität unbedingt kennen muß, um Lagerberechnungen durchführen zu können.

Daher ist die Angabe der Viskosität in $kp \cdot s/m^2$, Poisen oder Zentipoisen erforderlich. Damit wird einmal die Verschiedenheit der einzelnen Maßsysteme umgangen, und zum anderen wird der Forderung nach physikalischer Korrektheit genügt. ,,Viskositäten in Zentistokes" ist eine unrichtige Bezeichnung und letzten Endes etwas ähnliches wie Englergrade, Redwood- oder Saybolt-Sekunden, nur in anderem Maßstab und anderer Dimension. Zur Kennzeichnung der Vorgänge im Lager sind sie durchaus nicht besser geeignet als die Behelfsmaße, weil das physikalische Geschehen durch die dynamische Viskosität bestimmt wird.

Die Angabe in Poisen ist keine neu gestellte Forderung. Vor mehr als zwei Jahrzehnten, auf dem Welt-Erdöl-Kongreß in London 1933, wurde die Poise als Standardmaß für die Viskosität angenommen. ,,The industry, unfortunately, has failed as yet to adhere consistently to that decision", vgl. MICHELL (1950), S. 43.

8.24 Das Viskositäts-Temperatur-Verhalten (V-T-Verhalten)

Das Viskositäts-Temperatur-Verhalten der Flüssigkeiten allgemein und der Mineralöle im besonderen läßt sich nicht durch einfache mathematische Gesetzmäßigkeiten ausdrücken. Man muß entweder die Meßwerte in Tabellen und Kurven niederlegen oder sie durch empirische Formeln interpolieren, die dann

— immer in einem beschränkten Temperaturbereich — die Messungen mehr oder weniger gut wiedergeben. Zunächst hat man versucht, durch Potenzformeln das V-T-Verhalten darzustellen; die älteste ist die von POISEUILLE (1840); sie wird in den Büchern von GÜMBEL-EVERLING (1925), S. 30/32, und SCHIEBEL (1933), S. 4/5, verwendet.

Die schon im Kapitel 6 gebrauchte Gl. (6.9) ist ein Sonderfall der Formel von SLOTTE (1892), in der statt des Exponenten 2 der allgemeine Wert m steht

$$\eta = \frac{A}{(\vartheta + B)^m} .$$

Mit $B = 0$ und $m = 2{,}6$ wurde diese Formel von FALZ (1931), S. 104—106, in der Form $\eta = i\,(0{,}1\,\vartheta)^{-2{,}6}$ verwendet, um die Bestimmung des Wärmegleichgewichts analytisch durchführen zu können. Die Anpassungsmöglichkeit dieser Gleichung an den Viskositätsverlauf wirklicher Öle ist aber nicht immer ausreichend.

Potenzformeln passen sich nur bei drei verfügbaren Bestimmungsstücken in einem größeren Bereich — von etwa 20 °C bis 80 °C — den Meßwerten brauchbar an. Der mittlere Fehler wird kleiner, wenn die Versuchsergebnisse durch Exponentialformeln interpoliert werden. Schon REYNOLDS (1886) hatte die Viskosität von Olivenöl durch eine solche dargestellt, aber erst VOGEL (1921) versuchte, die Viskosität verschiedener Flüssigkeiten durch die Formel

$$\eta = k \cdot e^{\frac{b}{\vartheta + c}} \tag{8.3}$$

wiederzugeben.

Mit den drei Konstanten k, b, c gelingt das gut. Man vermutete deshalb, daß diese Formel dem physikalischen Verhalten der Flüssigkeiten entspricht und sich daher aus theoretischen Betrachtungen ableiten lassen müßte. Diese Vermutung bestätigte sich auch; molekular-physikalische Überlegungen führten PRANDTL, EYRING, ANDRADE sowie BORN und GREEN, vgl. ROST (1955a), auf verschiedenen Wegen zu der zweikonstantigen Viskositätsformel $\eta = A\, e^{b/T}$; T = absolute Temperatur. Berücksichtigt man noch, daß die Größe b eine Aktivierungsenergie darstellt und als solche nicht konstant ist, sondern von der Packungsdichte der Moleküle und damit also von der Temperatur abhängt, so gelangt man, wie aus der Arbeit von ROST (1955a) hervorgeht, schließlich in erster Näherung zur Vogelschen Formel. Formal-mathematisch hatten schon GUTMANN und SIMMONS (1952) dieses Ergebnis gewonnen.

Auf Grund der Messungen von ERK und ECK (1936) zeigte CAMERON (1945), daß bei Mineralölen der Viskositätsverlauf von der Konstanten c in Gl. (8.3) nur wenig abhängt. Der Mittelwert $c = 95$ °C genügt für eine gute Wiedergabe von Viskositätsmessungen an Mineralölen. Mit nur zwei Konstanten läßt sich nach Gl. (8.3) ein einfaches Diagramm aufstellen, in dem die V-T-Kurven durch gerade Linien dargestellt werden; das wird in Ziffer 8.25 durchgeführt.

Die Abhängigkeit der Viskosität von Gasen von der Temperatur läßt sich nach der kinetischen Theorie der Gase bis zu einem gewissen Grade gut beschreiben. SUTHERLAND (1893) hat eine Formel entwickelt, die allgemein zur Wiedergabe des Viskositätsverhaltens von Gasen verwendet wird,

$$\eta = \frac{B \sqrt{T}}{1 + C/T} . \tag{8.4}$$

Die Konstanten B und C sind in Tabelle 8.3 nach ERK (1933), S. 72, angegeben, mit ihnen erhält man η nach Gl. (8.4) in Zentipoisen; T ist die absolute Temperatur in °K.

Tabelle 8.3. *Viskosität* η_0, *Dichte* ϱ_0, *Viskositäts-Dichte-Verhältnis* ν_0 für *die Temperatur* ϑ_0 *und die Werte der Sutherlandschen Konstanten von Gasen und Dämpfen* ($p = 760$ *mm Hg*)*

	ϑ_0 °C	η_0 cP	$\varrho_0\,10^3$ g cm^{-3}	ν_0 cSt	B 10^3	C	Temperaturbereich** °C
Acetylen	20	0,01020	1,091	9,35	0,998	198,2	20 bis 120
Ammoniak	20	0,00982	0,718	13,7	1,801	626	20 bis 450
Kohlendioxyd	0	0,01366	1,977	6,92	1,655	274	0 bis 100
Kohlenmonoxyd	0	0,01665	1,250	13,32	1,377	101	−78 bis +250
Luft	0	0,01710	1,293	13,2	1,503	123,6	0 bis 400
Sauerstoff	0	0,01920	1,429	13,4	1,747	138	0 bis 80
Schwefeldioxyd	0	0,01168	2,927	3,99	1,784	416	0 bis 100
Stickstoff	0	0,01665	1,251	13,32	1,378	103	−78 bis +250
Wasserdampf ($p = 1$ kp/cm^2)	99	0,01255	0,579	21,7	1,823	673	100 bis 350
Wasserstoff	0	0,00850	0,0899	94,5	0,671	83	−40 bis +250

* Anmerkung: Tab. 8.3 ist in den Einheiten des physikalischen Maßsystems angegeben.
** Innerhalb des angegebenen Temperaturbereiches wurden die Versuche ausgeführt, die der Berechnung der Konstanten zugrunde liegen.

8.25 Die Darstellung des V-T-Verhaltens von Mineralölen

Viskositätsmessungen sind umständlich und zeitraubend, deshalb haben sich auch die einfachen Geräte von ENGLER, REDWOOD und SAYBOLT bis in die Gegenwart gehalten. Es zielten aber schon früh Bestrebungen darauf hin, Diagramme mit solchen Maßstäben zu schaffen, daß die V-T-Kurven durch Geraden wiedergegeben werden können. Dann genügen zur Erfassung des gesamten Viskositäts-Temperatur-Verhaltens zwei Viskositätsmessungen bei verschiedenen Temperaturen. Die V-T-Kurve ist in einem solchen Blatt die durch die beiden Meßpunkte laufende Gerade. Dabei ist es jedoch erwünscht, noch eine oder zwei weitere Messungen bei anderen Temperaturen zur Kontrolle durchzuführen.

Hier soll zunächst das für die Lagerberechnung geeignetste Diagramm entwickelt werden. Es wurde von NIEMANN (1950), S. 265–267, entsprechend den Überlegungen von CAMERON (1945) entworfen. Grundlage ist die Formel von VOGEL, Gl. (8.3), in logarithmischer Form

$$\ln \eta = \ln k + \frac{b}{\vartheta + c}\,. \tag{8.5}$$

Danach stellt sich der Viskositätsverlauf in einem Diagramm mit logarithmischer Ordinatenskala und gleichmäßiger Abszissenteilung als gleichseitige Hyperbel dar. Setzt man nämlich $\ln \eta - \ln k = u$ und $\vartheta + c = v$, so folgt aus Gl. (8.5) $u = b/v$. Um statt der Hyperbel eine Gerade zu bekommen, kann man entweder u und v in einem Diagramm mit logarithmischer Abszissen- und Ordinatenskala auftragen oder aber bei der Auftragung von v eine reziproke Abszissenskala verwenden. NIEMANN hat den zweiten Weg beschritten, setzt also $\ln \eta = y$ und $1/(\vartheta + c) = x$. Führt man diese Substitutionen in Gl. (8.5) durch, so ergibt sich die Gleichung einer Geraden: $y = \ln k + bx$. NIEMANN richtete die X-Achse von rechts nach links, so daß sich von links nach rechts steigende Temperaturen ergeben. Mit dem vorher erwähnten Mittelwert $c = 95$ °C werden die Werte $1/(\vartheta + 95)$ nach links aufgetragen, die Ordinate erhält die Werte $\ln \eta$. Abb. 1.1 zeigt das so gewonnene einfache und klar übersichtliche Diagramm, in dem der V-T-Verlauf der von ROST (1955b) ausgewerteten Mineralöle, wie er von der PTB und durch eigene Messungen gefunden wurde, gut durch Geraden darstellbar ist.

Ein anderes Diagramm wurde von WALTHER und UBBELOHDE gegeben. Grundlage ist eine von WALTHER (1931) aufgestellte Formel für das Verhältnis ν = Viskosität/Dichte mit drei Konstanten

$$\nu + a = k'^{\left(\frac{1}{T}\right)^m}, \tag{8.6}$$

die aber nach Untersuchungen von ERK und ECK (1936) die Messungen weniger genau wiedergibt als die Formel von VOGEL. In logarithmischer Schreibweise lautet sie

$$\ln(\nu + a) = \frac{\ln k'}{T^m} \tag{8.7}$$

und stellt ebenso wie Gl. (8.5) eine Hyperbel dar. Allerdings ist es wegen des Exponenten m, der für jedes Öl verschieden ausfallen kann, keine gleichseitige, sondern eine allgemeine Hyperbel. In der Waltherschen Gleichung ist nun a wenig veränderlich, insbesondere für Öle mit $\nu > 50$ Zentistokes bei 20 °C. Unter Be-

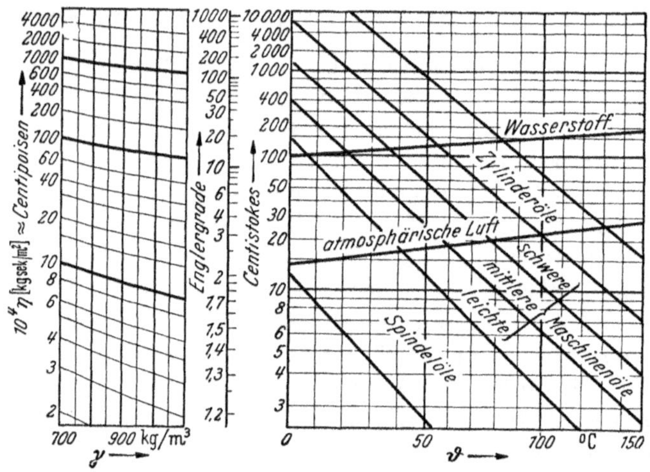

Abb. 8.2. η-ν-Diagramm zur Bestimmung der Viskosität aus Messungen von Ausflußzeiten nach UBBELOHDE-WALTHER

achtung dieser unteren Grenze setzt WALTHER zunächst $a = 0{,}95$; später wurde in Vereinbarung mit der American Society for Testing Materials $a = 0{,}8$ festgelegt.

Für eine graphische Behandlung von Gl. (8.7) entfällt die zweite der vorher genannten Möglichkeiten wegen des veränderlichen Exponenten m von T. Daher logarithmiert WALTHER die Gl. (8.7) noch einmal

$$\ln \ln(\nu + 0{,}8) = \ln \ln k' - m \ln T$$

und baut auf diese Gleichung sein zusammen mit UBBELOHDE entwickeltes in DIN 51563 beschriebenes Diagramm auf, Abb. 8.2, in dem die V-T-Kurven auch gut durch Geraden wiedergegeben werden. Für den Maschinenbau ist immer noch die Umrechnung auf die Viskosität selbst und dafür die Angabe der Dichte erforderlich; für Überschlagsrechnungen genügt zwar ein Mittelwert $\gamma = \varrho \cdot g = 900$ kp/m³, um ungefähr $\eta = \nu \cdot \varrho$ zu erhalten.

Zu diesem Nachteil, daß es sich um ein Diagramm für $\nu = \eta/\varrho$ und nicht für η handelt, kommen noch weitere. Zunächst wird durch das zweimalige Logarithmieren der Maßstab für ν stark verzerrt und unübersichtlich. Der wesentlich steilere V-T-Verlauf der zäheren Öle wird wegen dieser Verzerrung längst nicht so deutlich wie bei dem Diagramm nach Abb. 1.1. Bei letzterem läßt sich der Maßstab für η ohne weiteres um Zehnerpotenzen verschieben, wenn es erwünscht ist.

Die Umrechnung von η auf ν erfolgt bei bekanntem ϱ am besten mit dem Rechenschieber; das ist einfacher und genauer als irgendein graphisches Verfahren.

Der Verfasser (1954a) hat früher versucht, das Ubbelohde-Walther-Diagramm für die Rechnungen des Maschinenbaues nutzbar zu machen. Links in Abb. 8.2 ist eine Netztafel hinzugefügt, die für $\gamma = 700$ bis 1100 kp/m³ die ν- und η-Werte umzuwandeln ermöglicht. Man erkennt sofort die große Umständlichkeit beim Arbeiten mit dem Viskositäts-Dichte-Verhältnis, wenn es maschinentechnischen Rechnungen zugrunde gelegt wird. Nach Bekanntwerden des Niemannschen Diagrammes wurde das obengezeigte nicht mehr benutzt.

Abb. 8.2 wird aber noch gebracht, weil sie den Verlauf von ν für Luft und Wasserstoff bei Atmosphärendruck zeigt. Zum Vergleich sind die Bereiche für Maschinenöle eingetragen, wie sie von FALZ (1931), S. 202, für übliche Verwendungszwecke angegeben sind. Bei 150 °C ist die „Viskosität der Luft in Zentistokes" bereits größer als die der zähesten Zylinderöle. Die Darstellung soll zeigen, wie abwegig es ist, die Viskosität für Mineralöle durch das Viskositäts-Dichte-Verhältnis kennzeichnen zu wollen.

8.26 Abhängigkeit der Viskosität vom Druck

Mit höherem Druck im Innern der Flüssigkeit nimmt die Viskosität zu; dadurch wird bei schwer belasteten Lagern die Abnahme der Viskosität durch die Temperatursteigerung teilweise ausgeglichen. Meist ist dieser Ausgleich klein, da erst bei Drücken von mehreren hundert Atmosphären die Viskositätszunahme fühlbar wird und bei solchen Belastungen die Abnahme durch die Erwärmung im allgemeinen weit größer ist.

Zur Feststellung des Viskositätsverhaltens unter höherem Druck sind viele Messungen ausgeführt worden, aber es ist noch keine einfache und vor allem einheitliche Gesetzmäßigkeit gefunden worden. Deshalb wird hier ein Auszug aus den Messungen von KIESSKALT (1927) in Tab. 8.4 wiedergegeben. Es ist zu erkennen, daß die Änderung der Viskosität mit dem Druck nicht von der Größe der Viskosität bei Atmosphärendruck abhängt.

Umfangreiche Messungen der Viskosität an über 40 für Schmierzwecke verwendeten Flüssigkeiten unter Drücken bis zu 150000 psi = 10546 kp/cm² bei Temperaturen bis zu 425 °F = 216 °C sind von der American Society of Mechanical Engineers (1953) durchgeführt worden. Der zweibändige sehr ausführliche Bericht enthält sogar die Werkstattzeichnungen der wichtigsten Bauteile des Viskosimeters und alle wissenswerten Angaben. Gesetzmäßigkeiten ließen sich daraus aber noch nicht ableiten; die von BRADBURY, MARK und KLEINSCHMIDT

Tabelle 8.4. *Abhängigkeit der Viskosität vom Druck* [Messungen von KIESSKALT (1927)]
η_0 = Viskosität bei Atmosphärendruck, η = Viskosität beim Druck p in kp/cm², $\eta/\eta_0 = K$ = relative Druckviskosität

Mineralöl Marke Herkunft	Mobilöl BB Deutsche Vacuum			Gg. Artic Schwer Deutsche Vacuum			Turbinenöl V 989 Rhenania-Ossag			Ropa-Spindelöl 4 Paschkis-Stuttgart		
Temperatur °C	20°	50°	80°	20°	50°	80°	20°	50°	80°	20°	50°	80°
γ kp/m³	907	889	872	917	899	882	901	883	866	878	861	844
$10^4\eta_0$ kp s/m² ≈ cP	612	85	26,8	105	19,4	6,4	97	19,9	6,6	24,8	7,9	3,3
Relative Viskosität % ..	100	13,70	4,37	100	18,47	6,10	100	20,54	6,84	100	31,60	13,41
Relative Druck-Viskosität K für 100 at	1,29	1,23	1,21	1,34	1,22	1,16	1,27	1,20	1,16	1,20	1,15	1,13
400 at	2,75	2,32	2,16	3,24	2,23	1,80	2,64	2,05	1,80	2,08	1,73	1,60
600 at	4,55	3,52	3,18	5,86	3,32	2,42	4,28	2,92	2,41	2,99	2,27	2,03
1000 at	12,50	8,17	6,87	19,01	7,38	4,34	11,25	5,98	4,35	6,22	3,91	3,26
Druckviskositätszahl a	1,00253	1,00210	1,00193	1,00295	1,00200	1,00147	1,00242	1,00179	1,00147	1,00183	1,00136	1,00118

(1951) gegebenen, in der ersten Auflage noch mitgeteilten Formeln sind zu problematisch, um in der Praxis verwendet werden zu können.

Wichtig ist vor allem zu wissen, daß der Einfluß der Viskositätszunahme mit dem Druck auf die Gesetzmäßigkeiten im Lagerspalt zu physikalischen Widersprüchen führen kann, wenn nicht gleichzeitig die Abnahme der Viskosität durch die Erwärmung in Betracht gezogen wird. NEEDS (1937, 1938) und namentlich MUSKAT und EVINGER (1940) haben solche Rechnungen durchgeführt und unberechtigte Schlüsse daraus gezogen; KOCHANOWSKY (1953) hat hier die notwendige Klarheit geschaffen.

Zusammenfassend ist über den Einfluß des Druckes auf die Viskosität zu sagen, daß sich bisher noch keine einfachen Gesetzmäßigkeiten haben erkennen lassen, und daß andererseits die Bedeutung dieser Viskositätssteigerung für die Vorgänge im Lager erheblich überschätzt wird.

Trotzdem dürfen Untersuchungen von E. KUSS (1960) in diesem Zusammenhang nicht unerwähnt bleiben. Sie sind zwar vorläufig für die Praxis noch nicht anwendbar, denn sie befassen sich mit dem strukturellen Aufbau der Flüssigkeiten und der davon abhängigen Viskosität. Aber hier sind bereits Zusammenhänge gefunden, die uns hoffen lassen, daß in Zukunft bessere und vor allen Dingen auch formelmäßige Unterlagen für die Erfassung der Zunahme der Viskosität mit dem Druck erhalten werden können.

8.27 Viskositäten von Ölen, Wasser und Gasen

Bis jetzt ist es noch nicht üblich, den Viskositäts-Temperatur-Verlauf für die in den Handel gebrachten Mineralöle anzugeben. Bei der Lagerberechnung wird er aber benötigt, deshalb mußte in irgendeiner Form eine Lösung gefunden werden. Der Weg zu einem zufriedenstellenden Ergebnis erforderte umfangreiche Arbeit, wenngleich er einfach war: aus sorgfältigen Messungen wurde der mittlere Verlauf über der Temperatur bestimmt, der durch die Größe b in Gl. (8.3) gegeben ist. Es fanden sich nach von ROST (1955b) durchgeführten Untersuchungen für die Koeffizienten $k = 0{,}1282\,(\eta_{50})^{-0{,}198}$ und $b = 400 \lg \eta_{50} + 297{,}9$, während $c = 95$ zu setzen ist, wie schon unter Ziffer 8.24 erwähnt wurde. Damit lautet die Gleichung für die Viskosität der Öle für die Lagerberechnung in Zentipoisen mit Briggschen Logarithmen in der Gl. (8.5) entsprechenden Form

$$\lg \eta = -0{,}198 \lg \eta_{50} - 0{,}8921 + \frac{174 \lg \eta_{50} + 129.4}{\vartheta + 95}\,. \tag{8.8}$$

Auf diese Weise ist nur der Verlauf der V-T-Kurven festgelegt, zweckmäßige

Tabelle 8.5. *Viskositäten der Normöle für die Lagerberechnung in cP.*
Zur Kennzeichnung dient die stark eingerahmte Viskosität bei 50 °C;
die Engler-Grade für 50 °C sind zum Vergleich mit angegeben

E/50	20°	25°	30°	35°	40°	45°	50°	55°	60°	65 °C
1,00	1,71	1,53	1,39	1,27	1,16	1,08	1,0	0,93	0,88	0,83
1,10	3,17	2,76	2,43	2,16	1,94	1,76	1,6	1,47	1,35	1,25
1,20	5,69	4,82	4,14	2,60	3,16	2,80	2,5	2,25	2,04	1,86
1,35	10,55	8,68	7,25	6,14	5,27	4,57	4,0	3,53	3,15	2,82
1,56	19,14	15,30	12,45	10,30	8,64	7,34	6,3	5,47	4,79	4,23
1,94	35,10	27,26	21,60	17,43	14,29	11,88	10	8,52	7,33	6,37
2,21	47,04	36,02	28,18	22,46	18,21	14,99	12,5	10,55	9,01	7,76
2,62	65,04	49,03	37,81	29,74	23,82	19,38	16	13,37	11,31	9,67
3,12	87,18	64,80	49,34	38,35	30,38	24,47	20	16,57	13,90	11,78
3,80	116,8	85,64	64,36	49,44	38,73	30,87	25	20,53	17,07	14,36
4,25	158,3	114,3	84,76	64,33	49,82	39,29	31,5	25,63	21,13	17,64
5,91	216,6	154,1	112,7	84,43	64,62	50,41	40	32,24	26,35	21,80
7,34	290,3	203,7	147,0	108,8	82,39	63,61	50	39,94	32,37	26,58
9,23	393,1	271,8	193,6	141,6	105,9	80,95	63	49,85	40,06	32,63
14,6	720,8	484,2	335,8	239,6	175,2	131,0	100	77,70	61,35	49,17
23,4	1336	871,2	587,9	409,0	292,3	213,9	160	122,0	94,67	74,63
36,6	2399	1522	1000	679,7	475,1	340,7	250	187,2	142,9	110,9
58,5	4447	2735	1752	1161	792,9	556,3	400	294,1	220,5	168,3
92,1	8072	4828	3010	1946	1300	893,1	630	454,7	335,2	251,9
146	14800	8604	5222	3294	2150	1446	1000	708,8	513,6	379,7

NÖ	70°	75°	80°	85°	90°	95°	100°	110°	120°	130°	140°	150 °C
1,0	0,78	0,74	0,70	0,67	0,64	0,62	0,59	0,55	0,51	0,48	0,45	0,43
1,6	1,17	1,09	1,02	0,96	0,91	0,86	0,82	0,74	0,68	0,63	0,59	0,55
2,5	1,71	1,57	1,46	1,35	1,26	1,18	1,11	0,99	0,90	0,82	0,75	0,69
4,0	2,55	2,32	2,12	1,94	1,79	1,66	1,54	1,35	1,19	1,07	0,96	0,88
6,3	3,76	3,37	3,04	2,75	2,51	2,30	2,11	1,81	1,57	1,39	1,23	1,11
10	5,58	4,93	4,38	3,92	3,53	3,20	2,91	2,45	2,09	1,81	1,58	1,40
12,5	6,75	5,92	5,23	4,65	4,17	3,75	3,40	2,83	2,39	2,05	1,79	1,57
16	8,34	7,26	6,37	5,63	5,00	4,48	4,03	3,32	2,78	2,37	2,04	1,78
20	10,03	8,72	7,60	6,68	5,90	5,25	4,71	3,83	3,19	2,69	2,30	2,00
25	12,21	10,48	9,08	7,92	6,97	6,17	5,49	4,43	3,65	3,06	2,60	2,24
31,5	14,88	12,68	10,90	9,46	8,27	7,28	6,45	5,15	4,20	3,49	2,95	2,52
40	18,25	15,44	13,19	11,36	9,87	8,63	7,61	6,02	4,86	4,00	3,35	2,85
50	22,09	18,55	15,74	13,48	11,64	10,13	8,88	6,95	5,57	4,55	3,78	3,19
63	26,91	22,45	18,91	16,10	13,81	11,95	10,42	8,08	6,41	5,20	4,29	3,59
100	39,94	32,84	27,31	22,94	19,45	16,64	14,35	10,90	8,50	6,77	5,50	4,55
160	59,69	48,37	39,67	32,90	27,55	23,30	19,87	14,79	11,32	8,87	7,10	5,78
250	87,40	69,86	56,55	46,33	38,35	32,08	27,07	19,77	14,86	11,46	9,03	7,26
400	130,6	102,9	82,17	66,44	54,35	44,92	37,50	26,82	19,80	15,01	11,65	9,24
630	192,6	149,6	117,9	94,13	76,07	62,19	51,36	36,02	26,12	19,48	14,90	11,65
1000	285,9	218,9	170,2	134,2	107,2	86,58	70,75	48,63	34,63	25,40	19,13	14,75

Tabelle 8.6. *Viskositäten von Wasser, Wasserdampf, Luft, Wasserstoff und Quecksilber*

a) Wasser H_2O

ϑ (°C)	η (cP)	ϱ (g/ml)	ν (cSt)	ϑ (°C)	η (cP)	ϱ (g/ml)	ν (cSt)
0	1,792	0,9999	1,792	55	0,507	0,9857	0,514
5	1,519	1,0000	1,519	60	0,469	0,9832	0,477
10	1,308	0,9997	1,308	65	0,436	0,9806	0,445
15	1,140	0,9991	1,141	70	0,406	0,9778	0,415
20	1,005	0,9982	1,007	75	0,380	0,9749	0,390
25	0,894	0,9971	0,897	80	0,356	0,9718	0,366
30	0,801	0,9957	0,804	85	0,336	0,9686	0,347
35	0,722	0,9941	0,726	90	0,317	0,9653	0,328
40	0,656	0,9922	0,661	95	0,299	0,9619	0,311
45	0,599	0,9902	0,605	100	0,284	0,9584	0,296
50	0,549	0,9881	0,556				

b) Wasserdampf H_2O bei 1 atm

ϑ (°C)	η (cP)	$10^4\ \varrho$ (g/ml)	ν (cSt)	ϑ (°C)	η (cP)	$10^4\ \varrho$ (g/ml)	ν (cSt)
100	0,0124	5,8	21,5	320	0,0209	3,6	58,3
120	0,0132	5,5	24,1	340	0,0217	3,5	62,5
140	0,0140	5,2	26,9	360	0,0225	3,4	66,8
160	0,0148	4,9	29,9	380	0,0232	3,3	71,2
180	0,0155	4,7	32,9	400	0,0240	3,2	75,8
200	0,0163	4,5	36,1	420	0,0247	3,1	80,4
220	0,0171	4,3	39,5	440	0,0254	2,98	85,2
240	0,0179	4,2	43,0	460	0,0262	2,90	90,2
260	0,0186	4,0	46,6	480	0,0269	2,83	95,2
280	0,0194	3,8	50,4	500	0,0277	2,76	100,4
300	0,0202	3,7	54,3				

c) Luft bei 1 atm

ϑ (°C)	η (cP)	$10^3\ \varrho$ (g/cm²)	ν (cSt)	ϑ (°C)	η (cP)	$10^3\ \varrho$ (g/cm²)	ν (cSt)
0	0,01710	1,293	13,22	60	0,01998	1,060	18,85
10	0,01760	1,248	14,10	70	0,02044	1,029	19,86
20	0,01809	1,205	15,01	80	0,02089	1,000	20,89
30	0,01857	1,165	15,94	90	0,02133	0,972	21,94
40	0,01904	1,127	16,89	100	0,02176	0,946	23,00
50	0,01951	1,092	17,86				

d) Wasserstoff H_2 bei 1 atm

ϑ (°C)	η (cP)	$10^4\ \varrho$ (g/ml)	ν (cSt)	ϑ (°C)	η (cP)	$10^4\ \varrho$ (g/ml)	ν (cSt)
0	0,00835	0,899	92,9	300	0,01381	0,428	323
50	0,00937	0,760	123,3	400	0,01535	0,365	421
100	0,01034	0,658	157,1	500	0,01682	0,318	529
150	0,01126	0,580	194,1	600	0,01825	0,282	647
200	0,01214	0,519	233,9	700	0,01965	0,252	780
250	0,01299	0,469	277,0				

e) Quecksilber Hg

ϑ (°C)	η (cP)	ϱ (g/ml)	ν (cSt)	ϑ (°C)	η (cP)	ϱ (g/ml)	ν (cSt)
0	1,685	13,60	0,1239	60	1,367	13,45	0,1016
10	1,615	13,57	0,1190	70	1,331	13,42	0,0992
20	1,554	13,55	0,1145	80	1,298	13,40	0,0969
30	1,499	13,52	0,1109	90	1,268	13,38	0,0948
40	1,450	13,50	0,1074	100	1,240	13,35	0,0929
50	1,407	13,47	0,1045				

Werte für η bei 50 °C fehlen aber noch; diese können auch aus Viskositätsbetrachtungen allein nicht gefolgert werden. In der ersten Auflage war unter der dortigen Ziffer 6.8 gezeigt, wie eine zweckmäßige Staffelung abzuleiten ist. Dafür wurde die Forderung aufgestellt, daß Öle mit dem durch Gl. (8.8) gegebenen Viskositätsverlauf in normalen Lagern mit Selbstkühlung beim Übergang zur nächsten Viskositätsstufe Temperaturunterschiede von etwa 5 °C im Dauerbetrieb ergeben sollten. Diese Forderung hat sich bewährt, sie führte zwangläufig auf eine Staffelung nach Normzahlen (DIN 323, Blatt 1) und damit zu der Darstellung von Abb. 1.1. Diese Öle sollen *Normöle* genannt werden.

In Abb. 1.1 ist die Viskositätsstaffelung nach der Reihe R 5 vorgenommen: 1,0; 1,6; 2,5; 4,0 und 6,3. Eine so gestaffelte Reihe würde bereits ausreichen, aber sie hat einen Schönheitsfehler, weil das sogenannte mittlere Maschinenöl mit 4 bis 5 E/50 °C gerade zwischen zwei durch Normzahlen festgelegte Öle fällt. Deshalb sind in Abb. 1.1 für die Umgebung dieses mittleren Maschinenöles auch noch die Vergleichsöle nach der Reihe R 10 hinzugenommen: 1,00; 1,25; 1,60; 2,00; 2,50; 3,15; 4,0; 5,0 und 6,3. Dem „viereinhalber Öl" entspricht also unser Normöl mit der Nennviskosität 31,5 cP/50 °C.

In Tab. 8.5 sind die der Gl. (8.8) entsprechenden Viskositätswerte ausführlich wiedergegeben, einmal, um gegebenenfalls ein Rechenblatt wie unter Ziffer 6.41 und 6.44 selbst anfertigen zu können, zum anderen auch, um in der Rechnung bei runden Temperaturwerten die Viskositätszahlen einfacher als aus Abb. 1.1 entnehmen zu können.

Den vorhergehenden Auswertungen sind Messungen der Physikalisch-Technischen Bundesanstalt und eigene zugrunde gelegt, ferner die von Michell (1950), der den Viskositätsverlauf von 42 handelsüblichen Maschinenölen in einem Bereich von 3,3 bis 440 cP/50 °C ausgewertet hat. Seit der Bearbeitung dieser Grundlagen für die erste Auflage sind auch von uns viele weitere Öle auf ihre Viskosität untersucht worden; sie passen sich dem durch Gl. (8.8) gegebenen Verlauf mit mehr als ausreichender Genauigkeit an.

Der Leser wird fragen, ob die Ölindustrie auch solche Öle liefert, wie sie durch Abb. 1.1 oder Tabelle 8.5 gegeben sind. Die Frage ist im großen Umfang mit ja zu beantworten, wenn auch — namentlich für die sehr dick- oder sehr dünnflüssigen Öle — die im Handel befindlichen Viskositäten noch nicht so fein differenziert sind, wie sie hier aufgeführt werden. Das ist aber vorläufig ohne Belang, es stellen sich dann etwas andere Temperaturen ein. Die Unterlagen dafür verdanken wir H. Feighofen (1957, 1962). In beiden Veröffentlichungen sind Zusammenstellungen der Erzeugnisse unserer großen Ölfirmen gegeben, die den hier festgelegten Normölen entsprechen.

Zur Ergänzung werden in Tab. 8.6 noch Viskosität η, Dichte ϱ und Viskositäts-Dichte-Verhältnis ν a) für Wasser, b) für Wasserdampf, c) für Luft, d) für Wasserstoff und e) für Quecksilber mitgeteilt.

8.3 Viskositätsangaben im Handel

8.31 Die im vorigen Jahrhundert gebräuchlichen Öle

Unter Ziffer 8.23 wurde bereits über die Behelfsmaße zur Charakterisierung der Zähflüssigkeit ausführlich gesprochen. Die in den 80er Jahren geschaffenen

Meßgeräte haben sich bis in die Gegenwart gehalten, der Grund dafür ist wohl in der einfachen Handhabung und der Kürze der Meßzeit zu suchen. Zwar wurden damit begriffliche Unklarheiten in die Viskositätsfragen hineingebracht, das hat aber nicht zu größerem Schaden geführt, weil es bis zum ersten Weltkrieg eigentlich nur drei Typen von Ölen gab. Zunächst das *Maschinenöl*, das bei den Elektrotechnikern *Dynamoöl* genannt wurde und eine Viskosität von etwa 4 bis 5 E/50 °C besaß; dieses Öl fand ganz allgemein Anwendung in den verschiedensten Maschinenbaubetrieben. Ferner dünne *Spindelöle* für Schnellauflager, namentlich in der Textilindustrie, und hochviskose *Zylinderöle* für die Zylinder der Dampfmaschinen. Mit diesen drei Sorten kam man im allgemeinen aus, so spielten Viskositätsfragen nur eine untergeordnete Rolle. Heute sind die Anforderungen so gestiegen, daß noch nicht einmal die in Abb. 1.1 wiedergegebenen Öle ausreichen; im Beispiel 9 mußte ein noch viskoseres Öl eingesetzt werden. Jetzt hat die Viskosität eine ganz andere Bedeutung als damals.

8.32 Oiliness und ähnliche Vorstellungen

Klarheit über den Viskositätsbegriff ist auch heute keinesfalls Allgemeingut in den weiten Kreisen, die damit zu tun haben. Die Ursachen dafür sind zu einem großen Teil in den Behelfsmaßen aus dem vorigen Jahrhundert zu suchen, die zur ungefähren Erfassung der Zähflüssigkeit von Mineralölen geschaffen wurden. Die physikalischen Zusammenhänge, die zum Viskositätsbegriff führen, wie sie hier unter Ziffer 8.2 angegeben sind, waren damals nur wenigen Physikern bekannt. So kam es auch, daß man sich des hehelfsmäßigen Charakters der Geräte nach Engler, Redwood und Saybolt gar nicht bewußt war und deren Angaben mit der Viskosität selbst identifizierte.

Erfahrungen der Praxis führten zusammen mit solchen Verwechselungen dann dazu, daß man der Viskosität Mißtrauen entgegenbrachte. Deshalb wurden schon um die Jahrhundertwende Eigenschaften definiert, die neben der Viskosität — im damaligen Sinn — eine Bedeutung haben sollten. Von diesen vielen mit Schmierfähigkeit, Schmierwert, Schmierergiebigkeit, Schlüpfrigkeit, französisch onctuosité, hat sich wohl am meisten das von Archbutt und Deeley (1900) geprägte englische Wort „Oiliness" gehalten. Letztere ist definiert als diejenige Eigenschaft, die bei gleicher Viskosität verschiedene Reibung verursachen soll.

Trotz der an sich klaren Begriffsbildung und vieler Bemühungen ist es bislang noch nicht gelungen, ein Maß dafür anzugeben. Der Verfasser, der diese Dinge früher eingehend verfolgt hat, hält solche Maße auch kaum für möglich. In einigen Veröffentlichungen (1936, 1937, 1942) sind die Gründe dafür angegeben, indem vor allem gezeigt werden konnte, daß die beobachteten Erscheinungen nicht in geheimnisvollen unbekannten Eigenschaften zu suchen sind, sondern sich auf andere bekannte Größen, wie die spezifische Wärme, die Dichte und die Steilheit der Viskositätskurven zurückführen lassen.

Die Vermutung, daß es neben der Viskosität noch weitere „reibungsmindernde" Eigenschaften der Schmierstoffe gebe, entstand vor allem auf Grund von Erfahrungen in den Spinnereien. Denn Änderungen der Öle machten sich dort durch den Kohleverbrauch der Antriebsdampfmaschinen in besonderem Maße bemerkbar; die Verarbeitung des Rohmaterials zum Faden durch Spinnen erfordert aber kaum einen Energieaufwand, da die Spinnspindel fast nur Leerlaufleistung benötigt. Hier ergaben sich nicht immer Parallelen zwischen dem Kohleverbrauch der Dampfmaschinen und den verschiedenen „Viskositäten" der Spindelöle nach den Angaben des Engler-Gerätes. Abb. 8.1 läßt die Ursache dafür ohne weiteres erkennen: Wenn der Englergrad von eins auf zwei ansteigt, nimmt die kinematische Viskosität um das zehnfache zu. Wird nun Englergrad gleich Viskosität gesetzt, dann ist das Mißverhältnis zwischen Gerätanzeige und Kohleverbrauch sofort verständlich, denn die Spindelöle haben niedrige Viskositäten. Für deren Prüfung hat man deshalb schon frühzeitig andere Vorrichtungen entwickelt; ein teilweise auf dem Prinzip des Rotationsviskosimeters aufgebautes Gerät beschreibt S. Kapff (1898) in einem auch heute noch lesenswerten Aufsatz.

Auf jeden Fall hat der „Oiliness"-Begriff dazu beigetragen, die Klarheit über die Viskosität und ihren Zusammenhang mit den Vorgängen im Lager erheblich zu erschweren.

8.33 Die SAE-Klassifikation

Aus einer solchen Sachlage heraus sind Viskositätsklassifikationen entstanden, die einen Zusammenhang mit den eigentlichen Aufgaben der Mineralöle in der Maschine vermissen lassen; sie sind auf den internationalen Handel abgestimmt. Da ist die von der Society of Automotive Engineers gegebene SAE-Klassifikation für Motoren- und Getriebeöle zu nennen, die den amerikanischen Gepflogenheiten entsprechend auf Saybolt-Sekunden ausgerichtet wurde. Sie dient vorwiegend dem Kraftfahrzeugverkehr, wird aber ebenso im Großmotorenbau, vor allem für

Tabelle 8.7. *SAE-Klassifikation für Motoren- und Getriebeöle nach DIN 51511 und DIN 51512*

Viskositäten bei —17,8 °C (0 °F)				bei 98,9 °C (210 °F)			
Normen für	SAE-Klasse	cP	E	cP	E	cP	E
Motorenöle nach DIN 51511	5 W	bis 780	bis 115	mindestens 3,5	1,3		
	10 W	1170 bis 2340	172 bis 344				
	20 W	2340 bis 9400	344 bis 1376				
	20					5,2 bis 8,7	1,46 bis 1,8
	30					8,7 bis 11,7	1,80 bis 2,12
	40					11,7 bis 15,1	2,12 bis 2,52
	50					15,1 bis 20,4	2,52 bis 3,19
Getriebeöle nach DIN 51512	75	bis 2940	bis 430	mindestens 3,76	1,33		
	80	2940 bis 19500	430 bis 2867				
	90					12,8 bis 22,5	2,25 bis 3,47
	140					22,5 bis 38,4	3,47 bis 5,71
	250					38,4 keine obere Grenze	5,71 keine obere Grenze

Schiffsdieselmotoren, verwendet. Ein Viskositätsverlauf über der Temperatur ist in den Vorschriften nicht enthalten, für die dünnflüssigen Öle werden Werte bei 0 °F = −17,8 °C und für die zähflüssigeren Werte bei 210 °F = 98,9 °C angegeben. Wegen ihrer internationalen Bedeutung mußte die SAE-Klassifikation auch in das deutsche Normenwerk übernommen werden, DIN 51511 bezieht sich auf Motorenöle und DIN 51512 auf Getriebeöle. In Tab. 8.7 sind die

Englergrade aus den Normblättern übernommen, während die in Zentistokes gemachten Angaben auf cP umgerechnet wurden. Eine Gegenüberstellung mit unseren Normölen gibt die Tab. 8.8. Man erkennt zunächst, daß *verschiedene Bezeichnungen für gleiche Viskositäten* verwendet werden, je nachdem, ob es sich um Motoren- oder Getriebeöle handelt. Außerdem ist die Unterteilung nicht fein genug; die leichten und schweren Maschinenöle werden nicht berücksichtigt und es fehlt jede Angabe über den Viskositätsverlauf. Für die Lagerberechnung im allgemeinen Maschinenbau sind solche Angaben nicht geeignet.

Tabelle 8.8. *Gegenüberstellung von SAE- und Normölen*

SAE-Öle für			Normöle
Motoren		Getriebe	cP/50 °C
(5 W)			12,5
10 W		75	16
20 W		75	20
20 W	20	80	25
20 W	20	80	31,5
	20	80	40
	30	80	50
	30		63
	40		
	50	90	100
		90	160
		140	250
		250	400 und höher

8.34 Die Industrieölklassifikation der ASTM

In neuester Zeit ist von der American Society for Testing Materials ein Viskositätssystem für industrielle Schmiermittel ausgearbeitet worden, über das J. Boyd (1964) berichtet. Die Angaben erfolgen ebenfalls in Saybolt-Sekunden, die auf 100 °F = 37,8 °C bezogen sind. Tab. 8.9 enthält in der ersten Spalte die Nennwerte, die dann in Zentistokes und mit $\varrho = 0{,}9$ g/cm³ in Zentipoisen und Mikroreyn umgerechnet wurden. Dem Viskositätsverlauf unserer Normöle entsprechend sind dann die Nennviskositäten für 50 °C in cP angegeben und unserer Klassifikation nach Abb. 1.1 gegenübergestellt.

Tabelle 8.9. *ASTM-Viskositäts-System für Industrieöle, Angaben in Saybolt-Sekunden (SUS)*

100 °F = 37,8 °C				cP bei 50 °C	
SUS	cSt	cP	μreyn	ASTM	NÖ
32	1,8	1,6	0,23	1,3	1,6
40	4,3	3,9	0,57	2,8	2,5
60	10,3	9,3	1,35	6,5	6,3
75	14,4	13,0	1,98	8,5	10
105	21,8	19,6	2,84	12,4	12,5
150	32,0	28,8	4,18	17	16
215	46,5	41,8	6,06	25	25
315	68,0	61,2	8,88	33	31,5
465	101	90,9	13,0	49	50
700	151	136	19,7	69	63
1000	216	194	28,1	94	100
1500	324	292	42,3	130	160
2150	465	418	60,6	195	160
3150	680	612	88,8	270	250
4650	1005	904	131	400	400
7000	1510	1360	197	560	630

Wenn man bedenkt, daß die gleiche Absicht auf verschiedenen Wegen mit jeweils anderen Maßeinheiten für Viskositäten und Temperaturen verfolgt wurde, so muß die Übereinstimmung als überraschend gut bezeichnet werden. Die verbleibenden Abweichungen erscheinen in den Zahlen zwar nicht klein, sind aber praktisch kaum von Bedeutung. Das NÖ 630 hat bei 52 °C eine Viskosität von 560 cP, die dem ASTM-Öl 7000 bei 50 °C entspricht; ein Temperaturunterschied von 2 °C gleicht das schon aus. Eine Viskosität von 160 cP hat das ASTM-Öl 1500 bei 47 °C und das 2150er bei 53 °C, mit 50 ± 3 °C sind diese Differenzen schon erfaßt; das sind aber die größten Abweichungen, die im Bereich üblicher Viskositäten überhaupt vorkommen. Man beachte auch, daß die Nennwerte nur im Rahmen gewisser Toleranzen geliefert werden können und daß für diese bei den dünnflüssigen Ölen bis zu ±30% oder mehr vorzusehen sind. Hier kann eine Übereinstimmung nur Zufall sein, sie zu fordern, wäre zuviel verlangt.

Weniger gut stimmen die Nennwerte der ASTM-Öle in Mikroreyn bei 100 °F mit Normzahlen überein. Eine solche Skala hat der Verfasser (1965) für die Lagerberechnung mit den in Amerika üblichen Einheiten zusammengestellt, darüber wird im zweiten Band berichtet.

Auf den Viskositätsverlauf in Abhängigkeit von der Temperatur wird von Boyd nicht eingegangen, daher ist auch diese Industrieölklassifikation vorwiegend immer noch auf den Handel abgestellt; für Berechnungszwecke kann sie in der vorliegenden Form nicht verwendet werden.

Boyd erwähnt ebenfalls, daß die Viskositätszahlen nicht mit der SAE-Klassifikation unter einen Begriff gebracht werden sollen und auch nichts mit der Qualität von Ölen zu tun haben, was mit unseren Überlegungen in Einklang steht. Weitere Ausführungen dazu folgen im zweiten Band.

8.35 Der Viskositätsindex von Dean und Davis

1929 wurde von Dean und Davis der Viskositätsindex (V.I.) als Maß für die Beurteilung der Steilheit der Viskositäts-Temperatur-Abhängigkeit vorgeschlagen. Er wird aus den kinematischen Viskositäten bei 100 °F und 210 °F nach einem umständlichen Verfahren gebildet. Ursprünglich wurde dabei das Behelfsmaß Saybolt-Sekunde verwendet. Hersh, Fisher und Fenske schlugen dann 1935 den sogenannten kinematischen Viskositätsindex vor, bei dem an Stelle der Saybolt-Sekunden die kinematischen Viskositäten in cSt benutzt werden. Aber auch dieser verbesserte V.I. stellt kein vernünftiges Maß für die Viskositäts-Temperatur-Abhängigkeit dar. In einem gewissen Bereich besitzt er nämlich, wie Göttner zeigen konnte, Doppeldeutigkeiten. Außerdem ist, um aus dem V.I. die Temperaturabhängigkeit der Viskosität zu bekommen, unbedingt die Kenntnis der Viskosität bei 210 °F erforderlich. Ist die Viskosität bei einer anderen Temperatur gegeben, so läßt sich der Viskositäts-Temperatur-Verlauf nur durch sehr umständliche und langwierige Rechnungen ermitteln. Im übrigen sind, wie man aus Abb. 8.3 ersehen kann, die V.I.-Bereiche zum mindesten bei kleineren und mittleren Viskositäten bedeutend kleiner als die Toleranzbereiche, die man dem Ölhersteller wegen der nicht gleichbleibenden Beschaffenheit der Rohöle zugestehen muß, so daß schon aus diesen Gründen die Benutzung des V.I. bei der Lagerberechnung ohne Bedeutung ist.

Auf dem fünften Welt-Erdöl-Kongreß in New York 1959 war das Symposium II dem Viskositäts-Temperatur-Verhalten von Mineralölen gewidmet. Dort wurde mehrfach betont, daß der V.I. nur dem Handel, aber nicht der Schmiertechnik diene; der Verfasser (1960) hat darüber berichtet.

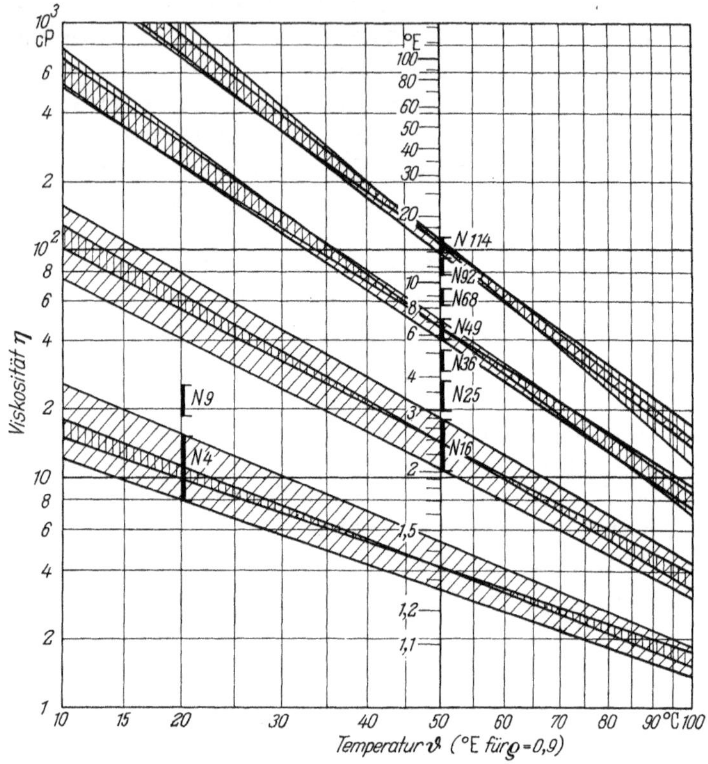

Abb. 8.3. Bereiche der Toleranzen (schräg schaffiert) für die Normalschmieröle nach DIN 51501 und des Viskositätsindex nach DEAN und DAVIS (senkrecht schraffiert)

8.36 Zentistokes als Handelsmaß

Mehrfach ist darauf hingewiesen worden, daß die Viskosität durch richtige Maße wiedergegeben werden muß, deren Dimension Kraft×Zeit/Fläche ist. Diese Größe ist für die Kennzeichnung der Lageröle maßgebend.

MAXWELL hatte keine glückliche Hand, als er das Verhältnis Viskosität : Dichte als neue selbständige physikalische Stoffeigenschaft einführte und sie obendrein noch „kinematische Viskosität" nannte. Die Dimension dieser Größe ist Fläche/Zeit, die Kraft ist in ihr nicht mehr enthalten. Das wäre an sich noch nicht von Bedeutung, wenn die zahlenmäßigen Verhältnisse immer so liegen würden wie bei den Mineralölen; das ist aber nicht der Fall, wie mit aller Deutlichkeit Abb. 8.2 zeigt.

Zur Bekräftigung ist in der folgenden Zusammenstellung das Viskositäts-Dichte-Verhältnis für Luft, Wasserstoff und das mittlere Maschinenöl NÖ 31,5 in Zentistokes bei den Temperaturen 20 °C und 100 °C aufgeführt, ferner sind nach Tab. 8.2 die entsprechenden Engler-Grade und Saybolt-Sekunden hinzugefügt:

Luft	von 20 °C hat ≈	15 cSt ≈	2,3 E ≈	77 SUS
	von 100 °C hat ≈	23 cSt ≈	3,2 E ≈	111 SUS
Wasserstoff	von 20 °C hat ≈	105 cSt ≈	13,8 E ≈	486 SUS
	von 100 °C hat ≈	157 cSt ≈	20,1 E ≈	727 SUS
NÖ 31,5	von 20 °C hat ≈	176 cSt ≈	23,2 E ≈	815 SUS
	von 100 °C hat ≈	7 cSt ≈	1,6 E ≈	49 SUS

Vielleicht trägt ein Vergleich dieser Zahlenwerte dazu bei, das richtige Verstehen des Viskositätsbegriffes zu festigen.

Das Bestreben, die Engler-Grade, Redwood- und Saybolt-Sekunden auf das einheitliche Maß der Zentistokes zu bringen, ist in gewisser Weise begrüßenswert. Aber es ist auch ein bedenklicher Schritt, der eher zu Verwirrung führen kann als die Behelfsmaße, denn diese sind auf Mineralöle beschränkt. Niemandem würde es einfallen, die Viskosität der Luft mit Engler-Graden zu kennzeichnen, wie es in obiger Zusammenstellung geschehen ist. Das Viskositätsdichteverhältnis aber ist ein allgemein verwendbares physikalisches Maß, das für Gase genau so gilt wie für Flüssigkeiten. So wird durch die unvollkommene Maßnahme der Umrechnung auf Zentistokes im Grunde nur das Arbeiten mit dem Viskositätsbegriff erschwert.

8.4 Weitere Schmierstoffeigenschaften

8.41 Dichte und spezifisches Gewicht

Dichte und spezifisches Gewicht sind Eigenschaften, die nur vom Stoff und seinem Zustand, also von Druck und Temperatur, abhängen.

Die Dichte ϱ eines Stoffes ist durch den Quotienten aus der in einem Volumen V enthaltenen Stoffmasse m und der Größe des Volumens definiert: $\varrho = m/V$. Im physikalischen Maßsystem wird die Dichte in g/cm³ und im technischen Maßsystem in kp · sec²/m⁴ gemessen. Die Bestimmung der Dichte erfolgt nach DIN 51 757.

Unter dem spezifischen Gewicht (Wichte) γ versteht man den Quotienten aus dem Gewicht G der in einem Volumen V enthaltenen Stoffmenge und der Größe des Volumens: $\gamma = G/V$. Im physikalischen Maßsystem wird das spezifische Gewicht in g/cm² sec² und im technischen in kp/m³ gemessen. Die Bestimmung des spezifischen Gewichtes erfolgt nach DIN 51 757.

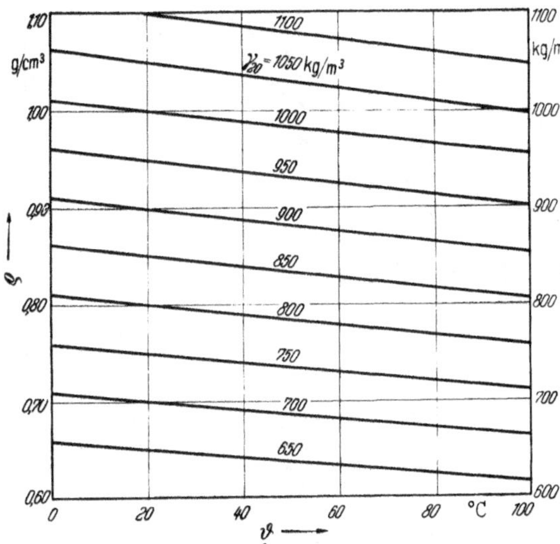

Abb. 8.4. Abhängigkeit der Dichte ϱ und des spezifischen Gewichtes γ von der Temperatur ϑ; $\gamma = \gamma_{20}\,[1 - 65 \cdot 10^{-5}\,(\vartheta - 20)]$

Die Temperaturabhängigkeit der Dichte und des spezifischen Gewichtes wird durch den isobaren Ausdehnungskoeffizienten α des Stoffes bestimmt. Bei Flüssigkeiten ist dieser Koeffizient eine sehr kleine Größe, die im technisch wichtigen Temperaturbereich als ungefähr konstant angenommen werden kann. Bei einer großen Anzahl von Ölen, die in der Physikalisch-Technischen Reichsanstalt untersucht wurde, liegt sein Wert bei Atmosphärendruck zwischen $64 \cdot 10^{-5}$ grd^{-1} und $68 \cdot 10^{-5}$ grd^{-1}. Für die Praxis wird als Mittelwert $\alpha = 65 \cdot 10^{-5}$ grd^{-1} empfohlen, vgl. VOGELPOHL (1937), S. 21; das bestätigen auch Messungen von WOOG (1926), S. 41/42. Abb. 8.4 zeigt den Verlauf von ϱ und γ in Abhängigkeit von der Temperatur.

Die *Druckabhängigkeit der Dichte* und des spezifischen Gewichtes bei konstanter Temperatur kann aus der isothermen Kompressibilität K, das heißt aus der relativen Volumenänderung, die bei Erhöhung des Druckes um eine Einheit auftritt, bestimmt werden. Dabei kann man mit guter Näherung annehmen, daß sie im Bereiche bis zu 1000 kp/cm² konstant ist. Ihr Wert liegt bei Ölen zwischen $43 \cdot 10^{-6}$ at^{-1} und $46 \cdot 10^{-6}$ at^{-1}. Für die Praxis wird als Mittelwert $K = 45 \cdot 10^{-6}$ at^{-1} vorgeschlagen.

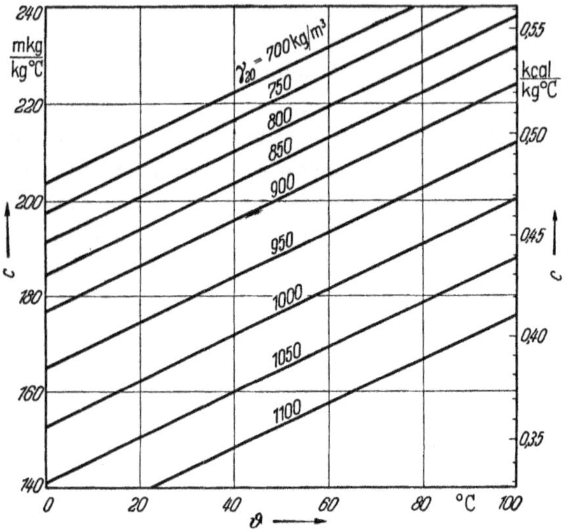

Abb. 8.5. Spezifische Wärme von Mineralölen nach KRAUSSOLD (1932)

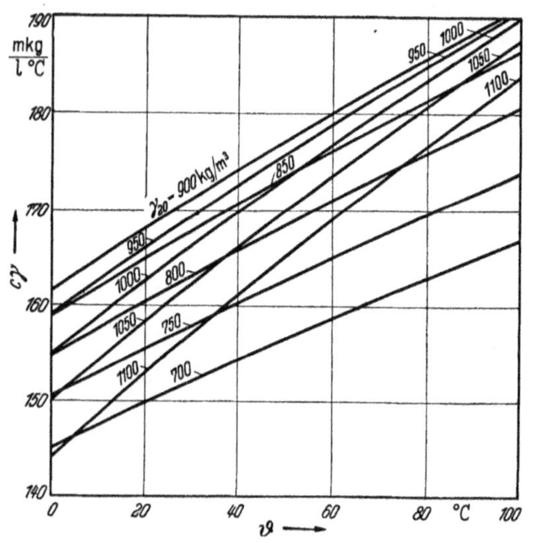

Abb. 8.6. Raumspezifische Wärme in mkp/l °C für Mineralöle nach der Formel von KRAUSSOLD

8.42 Spezifische Wärme

Die Kenntnis der spezifischen Wärme ist einmal notwendig zur Bestimmung der Temperaturerhöhung des Tragfilms durch die Reibungswärme und der damit verbundenen Abnahme der Viskosität, dann aber auch zur Bemessung der Kühlölmenge bei der Ölkühlung.

Die *spezifische Wärme* ist die Wärmemenge, die einem Kilopond eines Stoffes zugeführt werden muß, um seine Temperatur um 1 °C zu erhöhen. Je nachdem, ob man die Wärmemenge in kcal oder mkp ausdrückt, wird die spezifische Wärme in kcal/kp °C oder in mkp/kp °C gemessen. Zwischen beiden Maßeinheiten besteht die Beziehung 1 kcal/kp °C = 427 mkp/kp °C.

In unseren Rechnungen wird meist die auf die Raumeinheit bezogene spezifische Wärme, die *raumspezifische Wärme* $c\gamma$ benötigt. Ihre Maßeinheit ist kcal/m³ °C oder mkp/l °C.

Die spezifische Wärme läßt sich in Abhängigkeit vom spezifischen Gewicht und der Temperatur durch verhältnismäßig einfache Formeln erfassen. Nach KRAUSSOLD (1932) ist der Verlauf von c in Abb. 8.5 und der der raumspezifischen Wärme $c\,\gamma$ in Abb. 8.6 wiedergegeben. Darin ist zu beachten, daß $c\,\gamma$ für $\gamma = 900$ kp/m³ die höchsten Werte erreicht. In Abb. 8.6 sind die Wärmemengen auf das Liter bezogen, da es üblich ist, Ölmengen in Litern anzugeben.

8.43 Wärmeleitvermögen

Die Wärmeleitverhältnisse im Öl werden zwar in diesem Buch nicht näher verfolgt, dennoch ist es gut, über die Wärmeleitzahl und ihre Größenordnung Bescheid zu wissen und die Tatsache zu kennen, daß Öle schlechte Wärmeleiter sind.

Die *Wärmeleitzahl* λ gibt diejenige Wärmemenge an, die in der Zeiteinheit (h, s) durch die Fläche eins (m²) beim Temperaturgefälle eins (°C/m) hindurchfließt. Die übliche Maßeinheit ist kcal/m h °C, sie entsteht aus kcal/m² h (°C/m). Die aus den Grundeinheiten des technischen Maßsystems abgeleitete Einheit der Wärmeleitzahl ist 1 mkp/m s °C = 1/8,431 kcal/m h °C = 0,1185 kcal/m h °C.

Tabelle 8.10. *Wärmeleitzahlen von Flüssigkeiten*
λ für $\vartheta = 50$ °C, ϱ = Dichte bei 20 °C in g/ml bei den Ölen, bei 25 °C für die Glyzerin-Wasser-Gemische

Flüssigkeit	ϱ g/ml	λ $\frac{\text{kcal}}{\text{m h grd}}$	λ $\frac{\text{mkp}}{\text{m s grd}}$
Olivenöl	0,91	0,143	0,0170
Rizinusöl	0,96	0,153	0,0181
Paraffinöl	0,81	0,105	0,0125
Spindelöl	—	0,122	0,0145
Transformatorenöl	0,84	0,111	0,0132
Zylinderöl	0,89	0,130	0,0154
Zylinderöl (Magnet A)	0,87	0,120	0,0143
Glyzerin-Wasser-Gemisch			
Gewichtsprozent Glyzerin 0	0,997	0,550	0,0652
Gewichtsprozent Glyzerin 20	1,045	0,487	0,0578
Gewichtsprozent Glyzerin 40	1,097	0,423	0,0502
Gewichtsprozent Glyzerin 60	1,151	0,358	0,0425
Gewichtsprozent Glyzerin 80	1,206	0,294	0,0349
Gewichtsprozent Glyzerin 100	1,258	0,246	0,0292

Die Veränderlichkeit von λ mit der Temperatur ist gering, für die Öle bleibt sie zwischen 0 und 100 °C fast ganz in der dritten Stelle.

Bei Flüssigkeiten muß die gesamte Masse ruhen, wenn das Wärmeleitvermögen betrachtet wird; Wärmeübertragung durch strömende Flüssigkeit wird als Konvektion bezeichnet, vgl. Abschn. 5.1.

Die Wärmeleitzahlen einiger Mineral- und sonstiger Öle vermittelt Tab. 8.10 nach F. HENNING (1938).

8.44 Kälteverhalten, Stockpunkt

Dichte, spezifische Wärme und Wärmeleitzahl sind eindeutig festliegende physikalische Stoffeigenschaften; daneben gibt es auch solche, die sich physikalisch nur schlecht erfassen lassen, aus denen sich aber Grenzen für die Anwendung ergeben. Es handelt sich dabei um das Wärme- und Kälteverhalten der Flüssigkeiten, also um die Grenzen der Temperaturgebiete, in denen die Öle verwendet werden dürfen. Man kann für diese Grenztemperaturen keine genauen Zahlen angeben. Da sich Mineralöle meist aus verschiedenartigen chemischen Bestandteilen zusammensetzen, vollziehen sich die Zustandsänderungen in ihnen nicht immer bei bestimmten Temperaturen, sondern meist in gewissen Temperaturbereichen. Man kann lediglich mit Hilfe konventioneller Meßmethoden ihre ungefähre Lage ermitteln. Aus diesem Grunde ist es notwendig, im Betrieb möglichst weit von den so ermittelten Temperaturwerten entfernt zu bleiben.

Mit abnehmender Temperatur nimmt die Viskosität der Flüssigkeiten immer weiter zu, es kommt dann zu einem starken Anstieg in einem bestimmten Temperaturbereich, in dem das Mineralöl vom flüssigen in den plastischen Zustand übergeht. Die Kenntnis dieses Bereiches ist von Bedeutung, da ein Öl im plastischen Zustand nur schwer an die Bedarfsstelle zu fördern ist. Zur ungefähren Ermittlung dieser Lage dient die Bestimmung des sogenannten Stockpunktes. Der Stockpunkt ist die Temperatur, bei der ein Öl so fest wird, daß es unter der Einwirkung der Schwerkraft nicht mehr fließen kann, seine Ermittlung erfolgt nach DIN 51583.

Die Bedeutung dieses Prüfverfahrens ist umstritten. Denn es ist nicht allein der Stockpunkt selbst wichtig, sondern auch das Viskositätsverhalten *bis zu diesem Punkt*. Das kann bei verschiedenen Ölen je nach dem chemischen Aufbau sehr verschieden sein und der Übergang in den plastischen Zustand mehr oder weniger schnell erfolgen. Deshalb wird versucht, daß Fließverhalten bei niedrigen Temperaturen im ganzen und nicht den Stockpunkt allein zu ermitteln; die dafür verwendete Methode ist nach DIN 51568 genormt, sie wird als Prüfung auf Fließvermögen im U-Rohr bezeichnet.

8.45 Flammpunkt, Brennpunkt, Zündtemperatur

Zur Beurteilung der Verdampfungsneigung von Mineralölen wird der Flammpunkt nach DIN 51584 oder 51758 bestimmt. Damit wird die Temperatur bezeichnet, bei der sich aus einem Öl unter konventionell festgelegten Bedingungen so viel Dämpfe entwickeln, daß das Gemisch aus Öldampf und Luft beim Annähern einer Flamme erstmalig entflammt werden kann. Bei dieser Temperatur ist die Dampfentwicklung noch nicht so groß, daß die einmal entzündete Flamme weiterbrennt. Nach einem kurzen Aufflackern verlöscht sie wieder. Erst bei einer Temperatur, die in den meisten Fällen um 30 bis 60 °C über dem Flammpunkt liegt, werden so viele Dämpfe entwickelt, daß eine einmal entzündete Flamme dauernd weiterbrennt. Die Temperatur, bei der dies eintritt, wird als Brennpunkt bezeichnet. Die Bestimmung des Brennpunktes ist nicht genormt. Der Flammpunkt hängt von der Zusammensetzung des Öles ab; er liegt im allgemeinen um so höher, je viskoser das Öl ist.

Wegen der Entzündbarkeit und der Ölverluste durch Verdampfung sollte man möglichst weit unter dem Flammpunkt bleiben; bei Lagern ist das im allgemeinen auch der Fall. Jedoch läßt sich diese Bedingung nicht immer einhalten; die Dampftemperaturen der Heißdampfmaschinen liegen zum Teil weit über den höchst erreichbaren Flammpunkten. Ebenso kommt das Öl in den Verbrennungsmotoren mit den weit heißeren Verbrennungsgasen zusammen. Die hohen Drücke in diesen Maschinen setzen jedoch die Dampfbildung und damit auch die Möglichkeit der Entzündung wesentlich herab. Da der Flammpunkt bei Atmosphärendruck unter bestimmten Bedingungen ermittelt wird, in den wirklichen Maschinen aber ganz andere Bedingungen vorliegen, wird der Bestimmung des Flammpunktes heute nicht mehr die Bedeutung zuerkannt wie früher.

Die Bestimmung der Zündtemperatur, bei der sich die Öle von selbst an heißen Körpern entzünden, wird nach DIN 51794 vorgenommen. Die Verhältnisse sind recht verwickelt. Zur Selbstentzündung einer Mischung aus Luft und völlig verdampftem Öl ist eine Temperatur von etwa 600 °C notwendig, spritzt aber flüssiges Öl auf heißes Metall, so kann schon bei einer Temperatur von 200 °C eine Zündung eintreten. Daher ist bei der Verlegung von Ölleitungen größte Sorgfalt geboten, damit nicht durch etwaige Undichtigkeiten Öl an heiße Dampfleitungen oder Maschinenteile gelangen kann. Die Gefahr von Ölbränden beruht hauptsächlich auf dieser eigenartigen Entzündbarkeit.

8.46 Molekulareigenschaften: Oberflächenspannung, Kapillarkonstante

Oberflächenspannung ist die Kraftwirkung zwischen den Teilchen, die die freie Oberfläche einer Flüssigkeit bilden. Sie erfolgt nur in der Richtung der Oberfläche selbst und versucht, diese zu verkleinern. Am Zustandekommen der Oberflächenspannung sind meist mehrere (bis zu 30) Moleküllagen beteiligt, die Wirkung kann aber auch von nur einer Molekülschicht herrühren.

Die Größe der Oberflächenspannung ist unabhängig von der Richtung innerhalb der Oberfläche und der Größe der Oberfläche; bei deren Vergrößerung ist daher eine der Zunahme proportionale Arbeit aufzuwenden.

Die Einheit der Oberflächenspannung wird als Kapillarkonstante bezeichnet. Ihre Dimension ist Kraft/Länge, zweckmäßig als Maß ist dyn/cm. Die Kapillarkonstante kann vermöge des im vorigen Absatz ausgesprochenen Zusammenhanges auch als Arbeit/Fläche ausgedrückt werden, die Einheit ist dann erg/cm^2. In der Dimension der Kapillarkonstanten tritt Kraft/Länge auf, weil die Stärke der Kapillarschicht als gegeben anzusehen und von den übrigen Abmessungen unabhängig ist.

Diese Fassung versucht, den Erscheinungsformen so gut wie möglich gerecht zu werden, da in den Physikbüchern die Darstellungen nicht einheitlich und teilweise auch anfechtbar sind, wie L. Prandtl (1947) gezeigt hat; von englischer Seite wurde eine ähnliche Kritik ausgesprochen, vgl. R. C. Brown (1947). Die Ursache der Oberflächenspannung ist eine Kraftwirkung und nicht die zur Vergrößerung der Oberfläche aufzuwendende Energie. Diese ist eine *Folge* des Vorhandenseins der Oberflächenspannung, die auch eben eine „Spannung" (Kraft/Fläche) und nicht eine Energiegröße darstellt.

Grenzflächenspannung, Randwinkel. Wird die Oberfläche nicht gegen das Vakuum oder den eigenen Dampf der Flüssigkeit gebildet, sondern berührt sie andere Gase, Flüssigkeiten oder feste Körper, so spricht man von Grenzflächen. Auch darin wirkt gleichartig wie die Oberflächenspannung eine „Grenzflächenspannung", die je nach der Art der angrenzenden Flüssigkeit oder Festkörper verschiedene Werte annehmen kann.

Der Winkel, den die freie Oberfläche einer Flüssigkeit (als größere Masse im Gefäß oder als Tropfen auf einer festen Ebene) gegenüber festen Wandungen bildet, heißt Randwinkel. Er wird im Innern der Flüssigkeit gemessen. Ist er spitz, so benetzt die Flüssigkeit den festen Körper, ist er stumpf, so ist sie nicht netzend. Bei dem Randwinkel Null überzieht die Flüssigkeit gleichmäßig den festen Körper.

Ist die Grenzflächenspannung zwischen verschiedenen Flüssigkeiten Null, so sind die Flüssigkeiten miteinander mischbar.

Oberflächen- und Grenzflächenspannung sind wichtig für die selbständige Versorgung der Gleitstelle mit Öl, da sie die Benetzungseigenschaften bestimmen. Damit spielen sie in der allgemeinen Schmiertechnik bei der Tropf-, Kissen- und Dochtschmierung und ebenso in den Fällen eine besondere Rolle, wo die Gleitstelle nur zeitweilig von Hand mit der Ölkanne versorgt wird. In die Lagerberechnung gehen sie aber nicht ein, da Lager, die berechnet werden, eine ausreichende Ölversorgung erfordern, die mit den Benetzungskräften allein nur in Ausnahmefällen gesichert werden kann.

Grenzreibung, Grenzschmierung. Oberflächenspannung, Grenzflächenspannung und Benetzen sind unmittelbare Äußerungen von Molekularkräften. Die sich ergebenden Kraftwirkungen sind klein. Seit mehr als zwei Jahrhunderten ist immer wieder versucht worden, diese oder gleichartige Wirkungen als Ursache der Reibungserscheinungen anzusehen. Von W. B. HARDY (1919) wurde dieser Gedanke erneut propagiert, er führte dafür die Bezeichnung Grenzreibung (boundary friction) ein. Eine Herabsetzung der Grenzreibung wurde als Grenzschmierung (boundary lubrication) bezeichnet, bei der das Molekulargewicht des Schmiermittels eine wesentliche, die Viskosität aber kaum eine Rolle spielen soll. Die erste Arbeit von HARDY wurde vom Verfasser (1942) ins Deutsche übersetzt.

Die diesen Begriffen zugrunde liegenden Vorstellungen sind physikalisch sehr anfechtbar, mit größter Wahrscheinlichkeit unhaltbar. Daher sind sie auch nicht einheitlich aufgenommen worden; mehr als zehn verschiedene Fassungen lassen sich im Schrifttum darüber nachweisen, was unter *Grenzreibung* verstanden werden soll; sie durchlaufen vom Widerstand gegen Eintritt der Bewegung aus der Ruhe heraus alle Phasen der Mischreibung bis zur reinen Flüssigkeitsreibung.

Wegen dieser Uneinheitlichkeit und der Unsicherheit der physikalischen Grundlagen werden die Begriffe Grenzreibung und Grenzschmierung hier nicht erörtert und verwendet, ebenso die mit der Grenzreibung zusammenhängenden Begriffe, wie Haftfestigkeit, Filmfestigkeit, Filmdurchbruch (breakdown of the lubricating film). Sie werden meist im Zusammenhang mit bestimmten Ölprüfmaschinen gebraucht, haben daher auch keine allgemeine Bedeutung. Ebenso wie der Verfasser wendet sich auch A. G. M. MICHELL (1950), S. 3/4, gegen solche Neologismen, mit denen Jahrhunderte alte, längst als unrichtig erkannte Vorstellungen unter neuen Bezeichnungen wieder hervorgeholt wurden. MICHELL weist auch darauf hin, daß diese Begriffe keine zahlenmäßige Behandlung der Zusammenhänge ermöglichen.

Vor allem muß die Bezeichnung „Grenz“ ... für wirkliche Grenzen wie Grenzbelastung, Tragfähigkeitsgrenze, Grenzdrehzahl, Grenztemperatur zur Verfügung bleiben und darf nicht für eine höchst fragwürdige Ursache der Reibungserscheinungen verwendet werden.

8.5 Allgemeines über die festen Lagerwerkstoffe

8.51 Einleitende Vorbemerkung

Über die festen Lagerwerkstoffe soll hier nur in dem Umfang gesprochen werden, wie sie mit der Berechnung im Zusammenhang stehen. Diese Beschränkung ist um so mehr gerechtfertigt, als über die Werkstofffragen selbst genügend Werke vorliegen, vor allem die Bücher von KÜHNEL (1952) und SCHMID-WEBER (1953). Darin kann der Leser alles Wissenswerte finden: eine auszugsweise Übernahme wäre unzweckmäßig.

Die Ölauswahl ließ sich über die Viskosität auf rechnerischem Weg erledigen. der bestgeeignete Lagerwerkstoff kann auf diese Weise nicht ermittelt werden. Die Rechnung erfaßt lediglich einfache Festigkeitsfragen. die mit der Streck- bzw. Quetschgrenze sowie dem Elastizitätsmodul zusammenhängen. Da sind einmal die Tragschichtdrücke während des Betriebes und die während des Stillstandes auftretenden Beanspruchungen bei der Berührung von Schale und Welle.

8.52 Festigkeit und Druck in der Tragschicht

Der Lagerwerkstoff muß die während des Betriebes auftretenden höchsten Beanspruchungen ohne bleibende Verformung aufnehmen können. sie müssen noch unterhalb der Streck- bzw. Quetschgrenze σ_F (oder auch Fließgrenze genannt) liegen. Auf Grund von Rechnungsergebnissen und in Übereinstimmung mit den Messungen von BUSKE erreicht der maximale Tragfilmdruck die drei- bis vierfache Größe des Flächendruckes $\overline{p}$.

Mit der Bedingung $\sigma_F > \max p_{\text{hydr}} \approx 4\,\overline{p}$ oder

$$\overline{p} < \frac{\sigma_F}{4} \tag{8.9}$$

wäre diese Forderung erfüllt. Hierin bezeichnet σ_F die Fließgrenze bei der Temperatur ϑ; diese Größe ist bei Metallen wenig ausgeprägt. Deshalb wird in der folgenden Zusammenstellung für einige Lagerwerkstoffe statt σ_F die $\sigma_{0,2}$-Dehngrenze oder die $\sigma_{d0,2}$-Quetschgrenze angegeben. soweit für letztere Zahlen vorliegen. Bei der im Lager auftretenden Beanspruchung ist diese eigentlich maßgebend, doch unterscheiden sich deren Werte nur wenig von der im Zugversuch ermittelten Dehngrenze.

$\sigma_{0,2}$-Grenzen in kp/cm² für

Weißmetalle nach DIN 1703:
Lg PbSnCd 6 (Thermit): 470; Lg PbSn 10 (WM 10): 480; Lg Sn 80 (WM 80): 630
Rotguß und Zinnbronzen nach DIN 1705:
G-Rg 7: 1100; G-Rg 10: 1500; G-SnBz 12: 1700; G-SnBz 14: 1800
Zinnbronze (Knetlegierung) nach DIN 17662:
SnBz 8: 3200
Zinn-Bleibronzen nach DIN 1716:
G-SnPbBz 15: 1300; G-SnPbBz 20: 1200
Sondermessinge nach DIN 1709 und 17661:
G-SoMs F 45: 1800; SoMs 68: 2500
Aluminium-Mehrstoffbronze nach DIN 1714:
G-FeAlBz F 50: 1900

Eine ausführliche Tabelle der Stoffwerte von Wellenstählen und Lagermetallen wird im zweiten Band gebracht.

Die Gl. (8.9) schließt selbstverständlich als Voraussetzung ein, daß der Lagerwerkstoff für die auftretenden Drücke vollkommen dicht ist. Selbst geringste Ölverluste infolge durchgehender Poren oder Riefen, die Gebiete großer Druckunterschiede verbinden, vermindern den Druck in der Tragzone ganz erheblich

Abb. 8.7. Pleuelkopf eines Sternmotors mit bleibenden, von hohem Öldruck herrührenden Verformungen in der Lauffläche

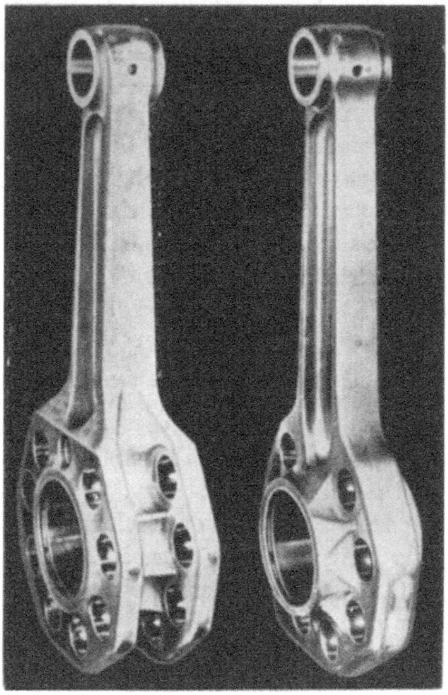

Abb. 8.8. Hauptpleuel eines Sternmotors alter und neuer Bauart

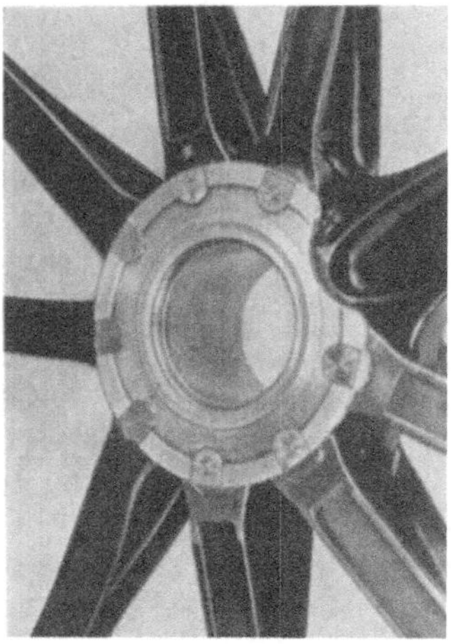

Abb. 8.9. Erfolg der neuen Bauart. Einwandfreie Lauffläche

und ergeben nur einen Bruchteil der errechneten Tragfähigkeit.

Diese Wirkungen des Tragschichtdruckes dürfen nicht unterschätzt werden. Abb. 8.7 zeigt aus den Arbeiten von Buske (1951) das Hauptpleuel eines Sternmotors, bei dem an den Ausnehmungen für die Nebenpleuel die Lauffläche ausgebeult ist, was zur Zerstörung des Lagers führte. Abhilfe wurde durch konstruktive Maßnahmen geschaffen, Abb. 8.8: Das Hauptpleuel erhielt einen Mittelsteg, der der Lauffläche an den Stellen der höchsten Beanspruchung die notwendige Festigkeit verbürgte. Die Nebenpleuel wurden durch ein gegabeltes Ende angelenkt; Abb. 8.9 zeigt den Erfolg, ein einwandfreies Laufbild, das Betriebssicherheit verspricht.

In diesem Zusammenhang soll noch auf eine Konstruktionssünde hingewiesen werden, die oft begangen wird. Im Bestreben nach geringem Aufwand an Arbeit und Material werden – auch heute noch – die Schalen nur an den Enden aufliegend hergestellt, während ihre Mitte verhältnismäßig schwach bleibt. Eine solche

Bauweise ergibt nicht die notwendige Festigkeit an den Stellen hoher Tragdrücke, es muß Kantenpressung auftreten; man vergleiche auch Ziffer 10.3.

Ebenso abwegig wie solche Konstruktionen ist das Bestreben, durch „kantenpreßunempfindliche“ Werkstoffe derartige Mängel beseitigen zu wollen. Mit dem Werkstoff hat die Kantenpressung wenig zu tun, was wiederum durch die Untersuchungen von BUSKE bewiesen wird, Ziffer 8.71 bringt Näheres darüber; Kantenpressung muß durch Konstruktion und Formgebung vermieden werden.

Es mag hier noch einmal auf die Ausführungen unter Ziffer 2.61 hingewiesen werden, daß in den Zahlenangaben der Normblätter, insbesondere DIN 1705, die Gl. (8.9) nicht beachtet wurde. Dieses Normblatt gibt in einem Fall 1200 kp/cm^2 als zulässige Belastung bei einer Streckgrenze von 1700 kp/cm^2 an. Deshalb ist Vorsicht geboten; zu solcher Vorsicht kann nie genug gemahnt werden.

8.53 Festigkeitsverhalten im Stillstand

Vor dem Anlaufen und nach dem Auslaufen eines Lagers sind für die Spannungen in der Berührungsfläche die Ergebnisse der Festigkeitslehre maßgebend. Dafür haben L. GÜMBEL (1925), S. 184/86, und M. TEN BOSCH (1951), S. 299, die Formeln von H. HERTZ für die Berührung von Walze und ebener Platte angewendet. Geht man von deren Schreibweise in der „Hütte“ I, 28. Aufl., S. 966, und dem dortigen Bild 4 aus, so ergeben sich für die halbe Breite b der Berührungsfläche $b^2 = 8\,Pr\,(1-\mu^2)/\pi\,El$, Gl. (15), und für max p als auftretende Höchstspannung $\max p^2 = P\,E/[2\,\pi\,l\,r\,(1-\mu^2)]$, Gl. (16). Statt mit ν wird hier die Querzahl mit μ bezeichnet.

Mit $P = \bar{p}\,B\,D$; $l = B$: $2/E = 1/E_1 + 1/E_2$; $1/r = 1/R - 2\,(D+S) \approx \psi/R = 2\,\psi/D$ und $\mu = 0{,}3$ wird

$$b/D = 1{,}077\,\sqrt{\bar{p}/E\,\psi} \quad \text{und} \quad \max p = 0{,}591\,\sqrt{\bar{p}\,\psi\,E}\,. \tag{8.10}$$

Werden diese Gleichungen ausgewertet, um einen Überblick von den Größenordnungen zu bekommen, und zwar für WM 80 (Lg Sn 80) mit $E_1 = 0{,}6\cdot10^6$ kp/cm^2 und Gbz 10 (G-Sn Bz 10) mit $E_1 = 1{,}2\cdot10^6$ kp/cm^2 gegenüber Stahl mit $E_2 = 2{,}1\cdot10^6$ kp/cm^2, während $\psi = 10^{-3}$, $\bar{p} = 50$ und 250 kp/cm^2 groß sind, so ergibt sich die Übersicht in Tab. 8.11.

Tabelle 8.11 *Zahlenwerte nach den Hertzschen Gleichungen*

Lagermetall	E kp/cm²	$\bar{p} = 50$ kp/cm² b/D			$\bar{p} = 250$ kp/cm² b/D		
		b/D	max p kp/cm²	max p / $\bar{p}$	b/D	max p kp/cm²	max p / $\bar{p}$
WM 80	$0{,}94\cdot10^6$	0,248	128	2,56	0,555	285	1,14
Gbz 10	$1{,}53\cdot10^6$	0,193	163	3,27	0,435	365	1,46

Die Theorie von HERTZ setzt die Ausdehnung der Berührungsfläche als klein gegenüber dem Durchmesser voraus. Bei einem normalen Lagerspiel $\psi = 1^0/_{00}$ ist diese Forderung schon nicht mehr erfüllt, für $\bar{p} = 50$ kp/cm^2 wird bei WM 80 die Breite der Druckfläche bereits gleich dem halben Wellendurchmesser, bei 250 kp/cm^2 wird der Durchmesser sogar überschritten. Bei einem harten Lagerwerkstoff sind die Zahlen nicht ganz so extrem, aber solche Ergebnisse zeigen, daß die Gleichungen hier weit über ihren Gültigkeitsbereich hinaus angewendet wurden; dasselbe ist aus den Verhältnissen max $p/\bar{p}$ zu folgern. Das Festigkeitsverhalten im Stillstand kommt der einfachen Druckbeanspruchung nahe; danach hat man größere Verformungen und niedrigere Beanspruchungen zu erwarten als nach der Theorie von HERTZ. *Es ist ein für weitere Arbeiten wichtiges Ergebnis, daß die Beanspruchung durch den Flüssigkeitsdruck ungleich größer wird, als durch die nach der Festigkeitslehre errechneten Spannungen.*

Mit diesen Betrachtungen erschöpft sich im wesentlichen das, was man für die Lagerwerkstoffe auf rechnerischem Wege ermitteln kann. Erst in neuerer Zeit ist ein Beitrag von K. DROSTE (1957) gegeben worden, der besonders wichtig erscheint; im zweiten Band wird darauf näher eingegangen.

In vielen — und leider auch neuen — Büchern und Aufsätzen wird noch eine „Lagerberechnung" auf Grund des Werkstoffes mitgeteilt; dazu soll hier Stellung genommen und untersucht werden, ob die damit gewonnenen Ergebnisse brauchbar sind. Der Weg zu einem Verstehen der Zusammenhänge führt nur über den geschichtlichen Werdegang, der im Jahre 1862 mit den Beobachtungen an Schiffsmaschinen von R. H. THURSTON, dem ersten Präsidenten der American Society of Mechanical Engineers, beginnt.

8.6 Die Lagerberechnung nach altem Verfahren

8.61 Die Berechnung nach Thurston

Die Berechnung von Gleitlagern im vorigen Jahrhundert folgte entsprechend dem damaligen Stand der Kenntnisse über den Reibungsvorgang einem immerhin logisch aufgebauten System. In unserer Gl. (6.1)

$$M\omega = f\,P\,U = \alpha\,A\,(\vartheta - \vartheta_0)$$

wurde damals f als werkstoffeigentümliche, von der Geschwindigkeit unabhängige Konstante angesehen; A steht in einem gewissen Verhältnis zu $B\,D$, das sich gar nicht so sehr viel ändert, wie unter Ziffer 5.4 gezeigt wurde. Ebenso liegen auch α und $\vartheta - \vartheta_0$ in engen Grenzen fest. Wird Gl. (6.1) durch $f\,B\,D$ dividiert,

$$U = \frac{\alpha\,A}{f\,B\,D}\,(\vartheta - \vartheta_0)\,,$$

so steht wegen der als konstant vorausgesetzten Reibungszahl f rechts eine Größe, die sich nur wenig ändert, also $\bar{p}\,U \approx$ const, oder wenn für dieses Produkt die früher üblichen Bezeichnungen p für $\bar{p}$ und v für die Umfangsgeschwindigkeit U genommen werden

$$pv \approx \text{const}; \tag{8.11}$$

das sind die bekannten pv-Werte für die frühere Lagerberechnung. Die Werte der Konstanten wurden empirisch bestimmt. Die übliche Einheit dafür ist mkp/cm²s.

Man ging von richtigen Vorstellungen bezüglich der Beherrschung der Reibungswärme aus, nahm aber mit dem damaligen Stand des Wissens nach COULOMB und MORIN die Reibungszahl als eine von der Gleitgeschwindigkeit, der Viskosität, der Flächenbelastung und der Spaltweite unabhängige Größe an. *Gerade hier liegt die Ursache für die Unrichtigkeit dieser Berechnung.* Denn unrichtig ist sie in höchstem Maße: lange Zapfen ergeben vergrößerte Reibung proportional zur Gleitfläche; bei geringer Belastung ist die Reibungsleistung sogar von der Belastung unabhängig, Abschnitt 3.2. Kommt zu der höheren Drehzahl auch noch eine nennenswerte Last, dann biegen sich die langen dünnen Zapfen durch und ergeben Kantenpressungen mit metallischer Berührung. Nach THURSTONs Angabe wurden damals langsamdrehende Zapfen mit einer Länge von oft nur einem Wellendurchmesser ausgeführt, schnellaufende dagegen waren oft sechs bis acht Durchmesser lang. Im Sinne der Petroffschen Formel war das eine höchst unglückliche Bemessung.

Trotz dieser Mängel ist das von THURSTON begründete Verfahren von der gesamten Fachwelt übernommen worden. Lehr- und Handbücher der Maschinenelemente und des Maschinenbaues enthalten Angaben über die zulässigen Werte des Produktes aus mittlerem Flächendruck und der Zapfengeschwindigkeit. BACH (1924), S. 36/37, bemühte sich, die Reibungsarbeit genauer zu erfassen, aber wegen der Unsicherheit der Reibungszahlen empfiehlt er auch, pv-Werte von bewährten Konstruktionen den Neuberechnungen zugrunde zu legen, S. 40.

GÜLDNER (1922), S. 198 bis 200, empfiehlt eine Begrenzung des höchsten Flächendruckes $\bar{p}_{\max}$ bei Verbrennungskraftmaschinen auf 100 bis 110 kp/cm², „damit die Ölschicht zwischen den Gleitflächen erhalten bleibt“. Höhere Werte bis 130 kp/cm² sind nur gezwungen zulässig. Es sei für Rotgußschalen $pv \approx 25$, Bronzeschalen $pv \approx 28$, Weißmetallschalen $pv \approx 30$, und nur in Ausnahmefällen gehe man bei sorgsamer Ausführung und vorzüglicher Schmierung bis $pv \approx 35$; BACH (1924), S. 34 und 39/40, gibt die entsprechenden Werte. Die Angaben von BACH sind in den älteren Auflagen der „Hütte“ enthalten, ebenso in den älteren Auflagen des Taschenbuches für den Maschinenbau von DUBBEL.

In der 22. und 23. Auflage der „Hütte“ (1915 und 1919) finden sich von KAMMERER bearbeitete Zahlen, in der 24. bis 26. Auflage (1923, 1926 und 1937) hat K. KUTZBACH den Abschnitt „Lager“ übernommen: in Bd. II der 26. Auflage heißt es auf S. 120 bis 121:

$pv \leqq$ 8 bis 20 für normale ungekühlte Gleitlager mit Flüssigkeitsreibung,
$=$ 20 bis 60 bei Kurbelzapfen ortsfester Kolbenmaschinen,
$=$ 50 bis 70 bei Kurbelzapfen von Schiffskolbenmaschinen,
$=$ 70 bis 100 und mehr bei luftgekühlten Kurbelzapfen von Lokomotiven,
$=$ 5 für Exzenterzapfen, Flußeisen oder Stahl auf Gußeisen, gemischte Reibung,
$=$ 10 für Exzenterzapfen, Weißmetall auf Gußeisen, bei Lokomotiven höher; gemischte Reibung.

Die Zusammenstellung findet sich schon in der 24. Auflage mit teilweise etwas anderen Werten, die jedoch beweisen, daß KUTZBACH die Angaben überarbeitet hat. Ferner zeigt der Hinweis „gemischte Reibung“ in allen drei Auflagen deutlich, daß bei ihm völlige Klarheit über das Reibungsgeschehen im Lager herrschte, zumal schon 1923 deutlich gesagt wird, daß $pv = 8$ bis 20 für normale ungekühlte Lager mit Flüssigkeitsreibung in Betracht kommt. Daher ist es wenig verständlich, wie den pv-Werten später das Mischreibungsgebiet zugeordnet werden konnte.

Die Zusammenstellung der pv-Werte wurde in der ersten Auflage ausführlicher mitgeteilt, um dreierlei erkennen zu lassen:

1. Die Werte für die einzelnen Lagergattungen stimmen trotz verschiedener Herkunft (THURSTON, BACH, GÜLDNER, KAMMERER, KUTZBACH) in engen Grenzen überein.

2. Größere Unterschiede in den *pv*-Werten werden ausschließlich durch die Bauart der Lager und die Betriebsbedingungen (Achslager, Kurbelzapfen) bedingt.

3. Vom Lagerwerkstoff ist gar nicht oder nur vereinzelt die Rede. Die sich auf verschiedene Werkstoffe beziehenden zahlenmäßigen Unterschiede treten gegenüber den von der Konstruktion und den Betriebsbedingungen herrührenden weitgehend zurück.

Die *pv*-Werte sind also ganz eindeutig *kennzeichnend* für die *Lagerbauart* und die Betriebsweise.

8.62 Die Versuche von Kammerer

Bis zur Zeit des ersten Weltkrieges waren die Weißmetalle auf Zinn- und Zinn-Blei-Basis neben Rotguß und Bronze die fast ausschließlich verwendeten Lagermetalle. Durch die Kriegsereignisse standen diese nicht mehr in ausreichendem Maße zur Verfügung; Ersatz mußte geschaffen werden. Eine Prüfung der Ersatzstoffe war dahingehend notwendig, ob sie dieselben Belastungen bei den gleichen Geschwindigkeiten aushielten wie die alten. Demnach wurde in Prüfmaschinen die Belastungsmöglichkeit bei verschiedenen Geschwindigkeiten ermittelt; als Merkmal wurden die sich einstellenden Temperaturen angesehen.

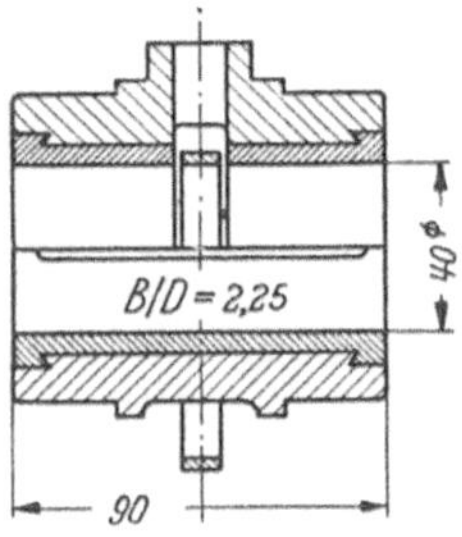

Abb. 8.10. Versuchslager von KAMMERER $B/D = 2{,}25$

Die im Versuchsfeld für Maschinenelemente an der Technischen Hochschule Berlin durchgeführten Versuche von KAMMERER (1920) entsprachen ganz den Verhältnissen und Bedingungen, auf denen THURSTON seine Lagerberechnung aufgebaut hatte; im Bereich reiner Vergleichsversuche sind die Ergebnisse auch auf die Wirklichkeit übertragbar.

Es blieb aber nicht bei reinen Vergleichsversuchen mit normalen Lagerschalen nach Abb. 8.10. Die Lagerwerkstoffe sollten auch bei höheren spezifischen Belastungen untersucht werden, dazu wurde die Lauffläche der Lagerschale nach Abb. 8.11 verkürzt.

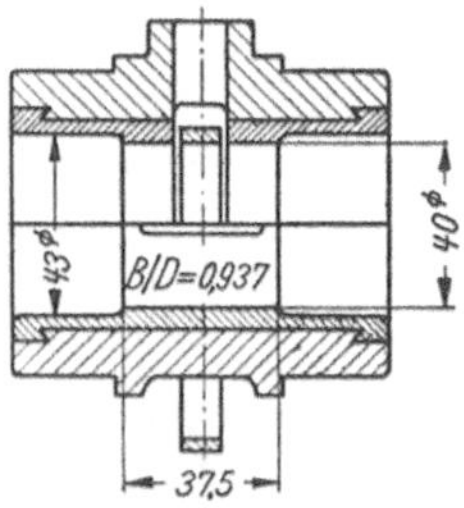

Abb. 8.11. Versuchslager von KAMMERER. Lauffläche zur Erzielung höherer Flächenpressungen auf $B/D = 0{,}937$ verkürzt

Gewisse Unterschiede in den Gleiteigenschaften und der Belastungsfähigkeit von Werkstoffen lassen sich zwar herausmessen, eine Übertragung der Ergebnisse auf die Verhältnisse der Praxis ist aber nicht möglich, wenn nur die Temperatur als Maßstab angesehen wird. Nach Gl. (2.4) ist diese unter Voraussetzung von Flüssigkeitsreibung, die auch hier gemacht werden muß, da sonst das Lager heiß läuft,

$$\Delta\vartheta = \frac{4{,}25\,U}{\alpha A}\sqrt{\eta\,P\,U\,B} = \frac{3\,U\,B\,D}{\alpha A}\sqrt{\eta\,\omega\,\overline{p}}\,,$$

sie nimmt also mit der Wurzel aus der Lagerbreite ab. Soll am geänderten Prüflager dieselbe Temperatur wie bei dem mit langer Lauffläche erreicht werden, so ist die Last P in dem Verhältnis zu vergrößern, wie B verkleinert wurde, damit steigt aber der mittlere Druck im Quadrat der Verkürzung, wie die zweite Form obiger Gleichung erkennen läßt, da $\overline{p}$ unter der Wurzel steht. Wird also die Temperatur der normalen Lagerschale erreicht, ohne daß Zeichen für partielles Tragen — durch einen plötzlichen Knick in der Temperaturkurve nach oben wie in Beispiel 29 und 30 deutlich zu erkennen — sichtbar werden, dann handelt es sich zweifellos um gute

Laufeigenschaften des Lagerwerkstoffes. Aber zur Untersuchung diente ein *anormales* Lager, was bisher nicht beachtet wurde.

O. KAMMERER hat den Einfluß der Lagerschalenverkürzung gesondert untersucht und beschreibt auf S. 56 seines Berichtes das Verhalten ganz einleuchtend: ,,Alle Wärme, die durch Reibung erzeugt wird, muß durch die Oberfläche des Lagers ausgestrahlt werden, um die Temperatur auf einer erträglichen Höhe zu erhalten. Wird nun die Lagerschale um das Zwei- und Dreifache verkürzt, d. h. die Reibungsfläche zwischen Zapfen und Schale verringert, so wird weniger Wärme zwischen Zapfen und Schale erzeugt, weil die Wärme nicht proportional mit dem spezifischen Drucke steigt. Infolgedessen muß die Lagertemperatur bei unverminderter Ausstrahlfläche niedriger werden''. Leider wurden aber daraus nicht die notwendigen Folgerungen gezogen, denn auf S. 57 heißt es nach der Feststellung, daß die Lager mit bis zu $B = 15$ mm verkürzter Lauffläche bei 2,1 m/s Gleitgeschwindigkeit noch Flächenbelastungen von 300 kp/cm² aushielten, ,,oder $pv \approx 600$, Zahlen, die man nicht recht mit den bisherigen Berechnungen über Lager in Übereinstimmung bringen kann und die man anzuzweifeln geneigt ist.''

Obwohl hier kein Grund zu einem Zweifel vorlag, sondern nur das Verhalten eines *anormalen* Lagers festgestellt wurde, hätte die Bemerkung KAMMERERS als *Warnung* dienen sollen. Diese Warnung wurde aber nicht beachtet, und die gemessenen hohen pv-Werte wurden *nicht mit Vorsicht*, sondern *mit Begeisterung* von der Fachwelt aufgenommen. Es geschah sogar das *Unglücklichste*, was geschehen konnte: *Die hohen pv-Werte wurden als Werkstoffeigenschaften angesehen und sollten eine Eigentümlichkeit der Lagermetalle darstellen*! Man berauschte sich an den auf Prüfständen erreichten großen Zahlen, wodurch ein gründliches Eingehen auf das Wesen des Gleitlagers verhindert wurde.

Zunächst war es die Metallindustrie, die sich das Kammerersche Prüfverfahren zu eigen machte. Die damit gewonnenen Zahlen wurden dann aber bedenkenlos vom Maschinenbau übernommen, trotz der eindringlichen Mahnung BACHS (1924), S. 40: ,,Der Konstrukteur soll vor der Verwendung hoher Werte von p oder pv sich beim Nachrechnen bewährter Konstruktionen vergewissern, auf welchem Rechnungsgange die hohen Werte ermittelt worden sind.'' Sie haben sich bis in die Gegenwart erhalten, wie DROSTE (1954) berichtet.

8.63 Die Folgerung aus den Versuchen

Der Versuchsbericht von KAMMERER (1920), S. 4, erwähnt 278 Lagerschalen mit 3940 Einzelversuchen zur Feststellung der Brauchbarkeit von Austauschwerkstoffen. Die Ergebnisse aber zeigten mehr, nämlich, daß die weitaus meisten Lager fehlerhaft gebaut sind, falsche Auflagerung der Schalen, unrichtige Anordnung der Ölnuten und ungeeignete Wärmeabfuhr haben. Auf S. 7 heißt es wörtlich: ,,Hauptzweck des Versuchsberichtes. Die Erkenntnis, daß die Mehrzahl aller Lager fehlerhaft gebaut wird, macht es notwendig, die Versuche, aus denen diese Überzeugung sich aufgedrängt hat, der Öffentlichkeit zugänglich zu machen. Der ursprüngliche Zweck der Versuche — eine Auslese unter den Ersatzmetallen zu gewinnen — ist längst erfüllt; von dem erst während der Versuche aufgetauchten Ziel — die übliche falsche Bauart der Lager als solche zu erkennen — sind wir insofern noch weit entfernt, als die meisten Lager immer noch grundsätzlich verkehrt ausgeführt werden. Sollte hierin demnächst ein Wandel eintreten, dann hätte der Versuchsbericht seinen Hauptzweck erreicht.“

Diese Hoffnung KAMMERERS ist nicht verwirklicht worden. Zum Teil mag das auch daran liegen, daß er sich mit der Feststellung der Tatsachen begnügte und die Wege zu einer Verbesserung noch nicht in dem notwendigen Umfange aufzeigen konnte. Dazu war schon die Auswertung der Versuche zu unvollständig; der Einfluß des Öles wurde vernachlässigt, indem nicht die Viskosität, sondern nur die Temperatur berücksichtigt wurde. Daher ist es verständlich, daß die Fachwelt auf die Feststellungen KAMMERERS über die Unvollkommenheit der Lager nicht näher einging und nur das *Bestechende der Versuchsergebnisse* sah: *Die hohen pv-Werte*. Daß diese aber nur mit den verkürzten Lagerschalen, also den abnormen Bauarten erreicht wurden, hat man dabei übersehen. Schließlich kam es dazu, daß die *pv*-Werte als Kennzeichen des Lagerwerkstoffes angesehen wurden.

In der Lehre von den Maschinenelementen sind die *pv*-Werte immer folgerichtig als Eigentümlichkeiten der Lager behandelt worden; bei Eisenbahnachsen, noch mehr beim Lokomotivtriebwerk, können wegen der guten Kühlverhältnisse wesentlich höhere Werte zugelassen werden als bei stationären Maschinen, bei diesen wieder höhere Werte für den Kurbelzapfen als für ein Außenlager. Auch ist es nicht gleichgültig, ob die benachbarten Maschinenteile — Schwungrad oder Anker eines Stromerzeugers — eingekapselt sind oder sich in freier Luft bewegen; in letzterem Fall hat das Lager wegen der guten Ventilation eine bessere Wärmeabgabe. Mit dem Lagerwerkstoff hat das gar nichts zu tun, sofern eine gewisse Qualität nicht unterschritten wird. Zusammenfassend ist zu sagen:

Die *pv*-Werte sind Eigentümlichkeiten der jeweiligen Lager- oder Maschinenkonstruktionen, aber keine Gütekennzeichen von Lagerwerkstoffen.

Die *pv*-Werte sind eine erste Näherung zur Beurteilung der thermischen Belastung eines Lagers, aber keine Stoffeigenschaft der Lagerwerkstoffe. Der „klassische“ Maschinenbau wußte das; dafür sei noch ein Beleg aus dem Buch „Schiffsturbinen“ von G. BAUER und O. LASCHE (1913), S. 222, angeführt: „Es empfiehlt sich, auch für die Drucklager das Produkt: Flächendruck mal mittlere Umfangsgeschwindigkeit, *das für die Wärmeabgabe maßgebend ist*, zu prüfen und bestimmte Höchstsätze hierfür nicht zu überschreiten.“

8.64 Ergänzende Berechnungen

Die vorliegenden Betrachtungen sollen durch drei Beispiele erweitert und vertieft werden.

Beispiel 50: Losring-Stehlager 340 mm Durchmesser

Das in Abb. 8.12 gezeigte Lager für eine große Belüftungsanlage wurde vor etwa 40 Jahren geliefert, an seine Stelle trat die in Beispiel 2 behandelte wesentlich kürzere Konstruktion. Hier ist nur der Längsschnitt wiedergegeben, der Querschnitt stimmt mit dem von Abb. 1.8 überein. Bemerkenswert sind die fünf Losringe, die von der besonderen Beachtung der Notwendigkeit einer ordentlichen Ölversorgung zeugen. Die Vorteile einer kurzen Bauart waren damals noch unbekannt, man war der Meinung, daß mit der Länge der Lagerschale auch die Betriebssicherheit zunehme. Bei einer Umgebungstemperatur $\vartheta_0 = 35$ °C wurde mit üblichem Maschinenöl von etwa 6 E/50 die Lagertemperatur zu $\vartheta = 60$ bis 62 °C erwartet; sie wurde überschritten, so daß Ölkühlung eingebaut werden mußte. Das Lagerspiel war eng, die Wellenabmaße 0 bis 100 μm, die der Bohrung 50 bis 170 μm, nach der üblichen Mittelwertbildung muß also mit $S = 160\,\mu$m gerechnet werden. Die Zahlen unseres Schemas werden:

1) $D = 340$ mm **2)** $B = 1100$ mm **3)** $P = 13500$ kp **4)** $\overline{p} = 3{,}61$ kp/cm² **5)** $n = 245$/min **6)** $U = 4{,}36$ m/s **7)** $S = 160\,\mu$m **8)** $\psi = 0{,}47\,^0/_{00}$ **9)** $\vartheta_0 = 35$ °C **10)** Vol = 100 l **11)** $\varkappa = 2{,}0$ mkp/m² s °C **12)** $A = 3{,}55$ m² **13)** $M\omega^* = 83$ mkp/s **14)** $\eta^* = 3{,}1$ cP **15)** NÖ 40 **16)** $So < 1$, bei der Kleinheit von η^* sofort zu erkennen **17)** $\eta_{30} = 2{,}65$ cP **18)** $\vartheta_{20} = 76$ °C **19)** $\vartheta = 83$ °C **20)** $\eta = 12$ cP **21)** $n_ü = 11{,}3$/min **22)** $n/n_ü = 21{,}6$ **23)** $So = 0{,}26$ **24)** $M\omega = 320$ mkp/s $= 4{,}27$ PS **28)** $f = 5{,}43 \cdot 10^{-3}$.

Die Betriebstemperatur war also über 20 °C höher als erwartet, es ist daher verständlich, daß Ölkühlung nachträglich eingebaut wurde.

Das Lager wurde an dieser Stelle behandelt, um das ungünstige Verhalten übermäßig langer Lager zu zeigen, obwohl sie einen kleinen „*pv*-Wert“ aufweisen, der hier $3{,}61 \cdot 4{,}36$

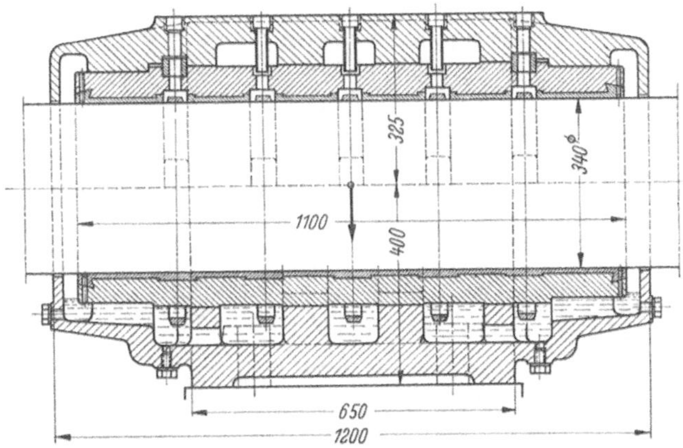

Abb. 8.12. Losringlager alter Bauart. $D = 340$ mm, $B = 1100$ mm

$= 15{,}8$ mkp/cm² s ist. Mit ihm wird $\vartheta = 83$ °C, während im Beispiel 2 mit $pv = 13{,}2 \cdot 4{,}36 = 57{,}6$ mkp/cm² s nur $\vartheta = 64$ °C erreicht wird. Der „*pv*-Wert“ berücksichtigt eben nicht den Einfluß des Lagerspiels, der Ölviskosität, und daß für $So < 1$ andere Gesetzmäßigkeiten gelten, nämlich die Unabhängigkeit von der Belastung; ebenso wird alles das nicht berücksichtigt, was mit der Übergangsdrehzahl zusammenhängt.

Eine Konstruktion in der Art nach Abb. 8.12 hat schon Kammerer (1920), S. 5, als nicht vorbildlich gekennzeichnet; auch wird dort auf S. 7 die schon unter Ziffer 8.63 erwähnte wichtige Feststellung gemacht, „daß die Mehrzahl aller Lager fehlerhaft gebaut wird“. Worin allerdings diese Fehler bestehen, wird nicht in Einzelheiten erläutert, demnach fehlen auch die Anweisungen, wie die Fehler vermieden werden und wie eine brauchbare oder gar vorbildliche Konstruktion auszuführen ist. Beispiel 2 zeigt eine solche verbesserte Konstruktion.

Beispiel 51: Führungslager 125 mm Durchmesser

Zur Vertiefung des Verständnisses soll noch der Fall mit niedriger Last $P = 10$ kp und hoher Drehzahl $n = 3000$/min für das Lager nach Beispiel 1 betrachtet werden. Unter diesen Bedingungen arbeitet es praktisch als Führungslager mit $\overline{p} = 0{,}067$ kp/cm² bei $U = 19{,}65$ m/s; das Produkt ist wieder $pv = 1{,}31$ mkp/cm² s, also der gleiche *pv*-Wert wie in den Beispielen 22 und 34. Die Rechnung liefert zunächst, Fall a):

1) $D = 125$ mm **2)** $B = 120$ mm **3)** $P = 10$ kp **4)** $\overline{p} = 0{,}067$ kp/cm² **5)** $n = 3000$/min **6)** $U = 19{,}65$ m/s **7)** $S = 200\,\mu$m **8)** $\psi = 1{,}6\,^0/_{00}$ **9)** $\vartheta_0 = 20$ °C **10)** Vol = 1,47 l **11)** $\varkappa = 2{,}0$ mkp/m² s °C **12)** $A = 0{,}4$ m² **13)** $M\omega^* = 0{,}945$ mkp/s **14)** $\eta^* = 0{,}054$ cP **15)** Öl 4 bis 5 E, unser NÖ 31,5 **16)** $So < 1$ **17)** $\eta_{30} = 0{,}46$ cP; $\eta_{120} = 4{,}6$ cP; der Wert $\eta_{30} = 0{,}46$ muß auf der $\vartheta = 30$ °C-Linie nach unten eingetragen werden **18)** $\vartheta_{20} =$ **19)** $\vartheta = 116$ °C **20)** $\eta = 4{,}5$ cP **21)** $n_ü = 1{,}52$/min **22)** $n/n_ü = 1970$ **23)** $So = 0{,}012$ **24)** $M\omega = 79$ mkp/s $= 1{,}05$ PS **28)** $f = 79/10 \cdot 19{,}65 = 0{,}4 = 400 \cdot 10^{-3}$.

Somit ergibt sich: Ein Lager mit $pv = 1{,}31$ nimmt eine Temperatur von nahezu 120 °C an, die Reibungszahl ist dabei größer als die der üblichen Festkörperreibung. Dennoch arbeitet es im Bereich vollkommenen Tragens, die Tragfähigkeit reicht für die hundertfache Last. Solange das Öl unter den hohen Temperaturen seine physikalische Konstitution, vor allem seine Viskosität, nicht ändert, ist es sogar völlig betriebssicher.

Besser ist natürlich die Wahl eines weniger viskosen Öls, etwa NÖ 1 oder NÖ 1,6; selbst Wasser würde hier mit seiner Viskosität von 1 cP bei 20,2 °C gut ausreichen. Der Eindeutigkeit wegen soll mit NÖ 1,6 gerechnet werden, das ergibt Fall b):

18) ϑ_{20} = **19)** ϑ = 52 °C **20)** η = 1,5 cP **21)** $n_{ü}$ = 4,55/min **22)** $n/n_{ü}$ = 660 **23)** So = 0,036 **24)** $M\omega$ = 26,2 mkp/s = 0,35 PS **28)** f = 133 · 10^{-3}.

In der Tab. 8.12 sind die Ergebnisse der Beispiele 1, 4, 22, 34 und 51 zusammengestellt. In den drei letzten sind die pv-Werte gleich und so niedrig, daß ein einwandfreies Verhalten zu erwarten wäre; dennoch ergibt sich einmal ein unzulässig hoher Verschleiß, im anderen Fall

Tabelle 8.12. *Zusammenstellung der Ergebnisse für das Festringlager D = 125* mm, *B = 120* mm, ψ = 1,6% *bei verschiedenen Betriebszuständen*

Beispiel	1	4	22	34	51 a	51 b
P (kp)	3000	500	3000	3000	10	10
$\bar{p}$ (kp/cm²)	20	3,33	20	20	0,0667	0,0667
n (Uml/min)	500	1000	10	10	3000	3000
U (m/s)	3,27	6,55	0,0655	0,0655	19,65	19,65
Öl	NÖ 31,5	NÖ 31,5	NÖ 31,5	NÖ 100	NÖ 31,5	NÖ 1,6
ϑ (°C)	52	64	65	20,5	116	52
η (cP)	29	18	17,6	720	4,5	1,5
$n_{ü}$ (Uml/min)	70,5	19	13	2,83	1,52	4,55
$n/n_{ü}$	7,1	52,6	0,77	3,53	1970	660
So	3,38	0,453	278	6,8	0,012	0,036
$M\omega$ (mkp/s)	25,7	34,7	36,2	0,362	79	26,2
$10^3 f$	2,62	10,7	183	1,84	400	133
pv (mkp/cm²s)	65,4	21,8	1,31	1,31	1,31	1,31

eine unerwartet hohe, nicht mehr zulässige Temperatur. Ein zufriedenstellender Betrieb kann dabei mit der großen Belastung nur durch ein geeignetes hochviskoses Öl, im zweiten Fall bei der hohen Temperatur nur durch Kühlmaßnahmen oder ein sehr dünnes Öl erreicht werden. In keinem Fall aber ist Betriebssicherheit durch Wahl eines besonderen Lagerwerkstoffes zu verwirklichen.

Die obige Zusammenstellung zeigt, daß mit pv-Werten und Reibungszahlen keine Lager ausgelegt werden können.

Beispiel 52: Lager 200 mm Durchmesser, ausgelegt nach pv = 300

In einer während des letzten Krieges erschienenen Veröffentlichung von J. Irtenkauf und H. Schumacher (1941) wurden im Rahmen der damals angestrebten Werkstoffumstellung auch Empfehlungen über die Belastbarkeit von Gleitlagern gegeben. Es sollte sein bei gehärtetem Zapfen für

	p_{max}	v_{max}	$(p \cdot v)_{max}$
Gußeisen nach DIN 1961	40 kp/cm²	1,5 m/s	40 mkp/s cm²
Weißmetall nach DIN 1703 U	20 kp/cm²	3,5 m/s	60 mkp/s cm²
Feinstzink, Schleuderguß	80 kp/cm²	4,5 m/s	200 mkp/s cm²
Bleibronze nach DIN 1716	120 kp/cm²	5 m/s	300 mkp/s cm²

Für das Lager nach Abb. 2.19 mit Bleibronzeausguß soll geprüft werden, ob es bei $U \approx$ 5 m/s und $\bar{p}$ = 60 kp/cm², also bei pv = 300 mkp/cm² s, Betriebssicherheit erwarten läßt. Über die zu verwendenden Öle ist nichts Näheres gesagt, wegen der hohen Belastung wird ein schweres Maschinenöl entsprechend dem NÖ 63 gewählt.

Das Formblatt wird:

1) D = 200 mm **2)** B = 150 mm **3)** P = 18000 kp **4)** $\bar{p}$ = 60 kp/cm² **5)** n = 475/min **6)** U = 4,98 m/s **7)** S = 200 μm **8)** ψ = 1‰ **9)** ϑ_0 = 20 °C **10)** Vol = 4,71 l **11)** α = 2,0 mkp/m² s °C **12)** A = 0,9 m² **13)** $M\omega^*$ = 269 mkp/s **14)** η^* = 121 cP **15)** NÖ 63, η = 63 cP/50 °C **16)** $So > 1$ **17)** W = 13,6 **18)** ϑ_{20} = **19)** ϑ = 80 °C **20)** η = 19 cP **21)** $n_{ü}$ = 201/min **22)** $n/n_{ü}$ = 2,36.

Die Temperatur ist mit 80 °C vielleicht noch annehmbar, die Übergangsdrehzahl ist aber zu hoch; ein Betrieb mit $pv = 300$ mkp/s cm² ist nicht möglich. Benutzt man etwa Gl. (4.15), um die nötige Mindestviskosität festzulegen, so wäre $\eta_{min} = 0{,}667 \cdot \overline{p} = 40$ cP. Mit der Geraden $W = 13{,}6$ würde das einer Temperatur von 106 °C entsprechen, ein Öl von 630 cP/50 °C müßte eingesetzt werden, das ist ebensowenig zumutbar. Im Gegensatz zu den Beispielen 34 und 35, bei denen durch Auswahl geeigneter Öle noch ein Betrieb mit Selbstkühlung möglich war, geht das hier nicht mehr.

Der Vollständigkeit halber soll noch die Zusatzkühlung mit durchgerechnet werden, um zu zeigen, daß schwierige Lagerungen damit weitgehend beherrschbar sind. Die gewählte Temperatur sei 55 °C, dann wird die Fortsetzung des Formblattes: **19)** $\vartheta = 55$ °C **20)** $\eta = 50$ cP **21)** $n_{ü} = 76{,}5$/min **22)** $n/n_{ü} = 6{,}2$ **23)** $So = 2{,}42$ **24)** $M\omega = 173$ mkp/s $= 2{,}3$ PS **25)** $\vartheta_1 = 40$ °C, $\vartheta_2 = 50$ °C, $\vartheta_2 - \vartheta_1 = 10$ °C **26)** $Q_K = 5{,}8$ l/min **27)** $Q_V = 2{,}24$ l/min **28)** $f = 1{,}9 \cdot 10^{-3}$.

In dem Aufsatz von Irtenkauf und Schumacher heißt es über die Angaben zu den pv-Werten: „Im Vergleich zu den auf Gleitlagerprüfständen erzielten Höchstleistungen erscheinen die hier angegebenen Werte klein. Dies hat seinen Grund darin, daß im Gebiet ungünstiger Mischreibung die Übertemperatur im Lager höchstens 50 °C betragen darf.“ Damals wußte man eben noch nicht, daß auch günstigste Reibungsverhältnisse zu erheblichen und oft genug zu nicht mehr tragbaren Temperaturen führen, und daß ein Betrieb in der Mischreibung überhaupt nicht möglich ist. Das zeigen die Beispiele 22 und 23.

Man könnte der Meinung sein, daß die erwähnte Veröffentlichung eine Zeiterscheinung und jetzt weit überholt sei. Das ist leider nicht der Fall, die darin vertretenen Auffassungen sind noch weit verbreitet. Auch heute noch arbeitet die Mehrzahl der Konstrukteure mit pv-Werten, wie Lagerwerkstoff herstellende Firmen immer wieder versichern; viele Druckschriften beweisen das, ebenso sich immer wiederholende an uns gerichtete Aufforderungen, als neutrale Stelle für neu entwickelte Werkstoffe die Belastungsmöglichkeiten im Sinne der pv-Werte zu bestimmen. Es kann also nie genug Aufklärungsarbeit geleistet werden.

8.7 Über den Einsatz der Lagerwerkstoffe

8.71 Der Lagerwerkstoff im Bereich vollkommenen Tragens

Nach dem Vorhergehenden könnte der Leser zu der Ansicht kommen, daß dem Lagerwerkstoff kaum eine, und wenn, eine nur ganz untergeordnete Rolle zukommen würde. Das trifft aber nicht zu; es ist nur gesagt worden, daß eine *Berechnung* für das Verhalten des Lagers im Betrieb nicht auf die Werkstoffeigenschaften aufgebaut werden kann, und daß bisherige Gepflogenheiten in dieser Richtung nicht in Ordnung sein können. Damit wird aber die Bedeutung der Lagerwerkstoffe nicht eingeschränkt.

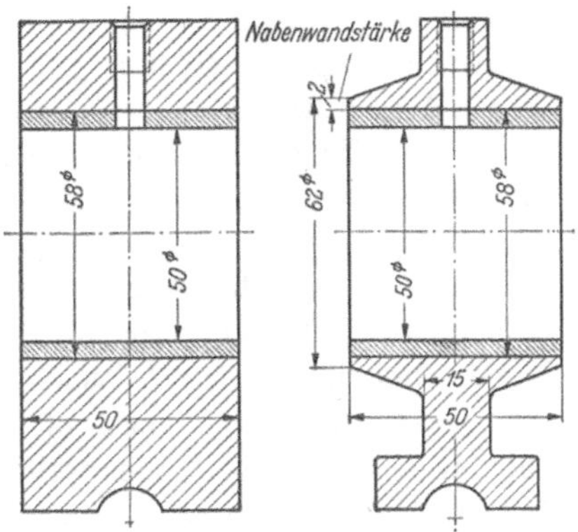

Abb. 8.13. Versuchslager von Buske; Lagerkörper links massiv, rechts mit einer Nabenwandstärke von 2 mm

Die vielfach geäußerte Ansicht, es komme im Bereich der Volltragfähigkeit nicht auf den Lagerwerkstoff an, ist nur teilweise richtig, und zwar bei schwacher Belastung und bester Werkstattarbeit. Ist dagegen die Belastung groß, dann muß das Lager — und teilweise erheblich der Werkstoff — nachgeben und sich der Verformung der Welle anpassen. Daß mit dem Einlaufen die Aufgabe des Lagerwerkstoffes noch nicht erledigt ist, lehren am eindringlichsten die Versuche von Buske.

Die Anpassungsfähigkeit des Lagermetalls auf starrer Unterlage wie in Abb. 8.13

links hat eine Grenze; Buske fand sie bei einer Belastung von etwa 400 kp/cm². Mit nachgiebiger Stützung der Lagerbuchse konnte die Belastung auf 1200 kp/cm² gesteigert werden. Abb. 8.13 zeigt rechts die von Buske angewandte Ausbildung des Stützkörpers für das Versuchslager, das sich je nach der Nabenwanddicke mehr oder weniger gut der Wellendurchbiegung anpassen kann. Die Stärke der Nabenwand wurde bei den Versuchen von 1 bis 18 mm geändert; Abb. 8.13 rechts zeigt eine Stärke von 2 mm. Je nach Eigenart der einzelnen Lagermetalle trat der Beginn des Fressens, also die äußerste Grenze der Belastbarkeit, bei ganz verschiedenen Nabenwandstärken auf; die Ergebnisse zeigt Abb. 8.14.

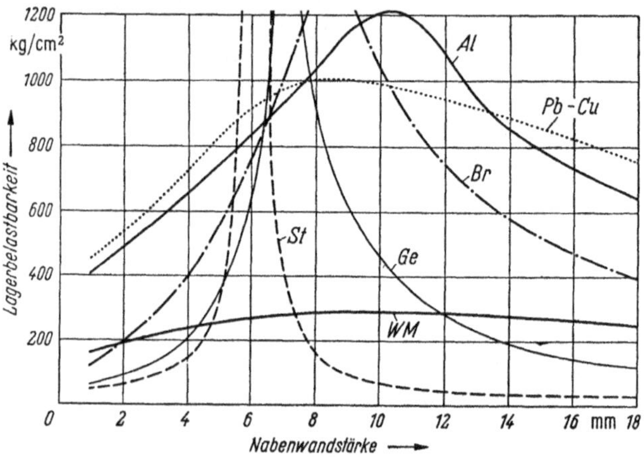

Abb. 8.14. Einfluß der Nabenwandstärke auf die Belastbarkeit verschiedener Lagermetalle ($D = B = 50$ mm, $U = 7{,}6$ m/s).
WM Weißmetall, Ausgußstärke 1 mm; Pb-Cu Bleibronze mit 20% Pb, Ausgußstärke 1 mm; Al Aluminium KS 1275 mit 13% Si, 1,5% Cu, 1,5% Ni; Br Walzbronze mit 9% Sn; Ge Gußeisen mit perlitischem Gefüge; St Stahl, hart oder weich

Die Grenze der Tragfähigkeit für Weißmetall ist von der Nabenwandstärke wenig abhängig, infolge der niedrigen Fließgrenze wird nur eine höchste Belastbarkeit von etwa 290 kp/cm² erreicht; der flache Verlauf der Kurve zeigt die gute Anpassungsfähigkeit der Weißmetalle.

Bei der Bleibronze ergibt sich ein deutliches Maximum von $\bar{p} = 1000$ kp/cm² bei 8 bis 9 mm Nabenwandstärke. Ist diese größer, wodurch Kantenpressungen entstehen, so verhält sich die Bleibronze günstiger, als wenn in der Mitte des Lagers Überbeanspruchungen auftreten, wie es der linke Teil der Kurve bei dünner Nabenwandstärke aufweist.

Die von Buske untersuchten Aluminiumlegierungen lassen eine Belastbarkeit bis 1200 kp/cm² zu, sind aber in der Abhängigkeit von der Nabenwandstärke bereits empfindlicher. Eine noch größere Empfindlichkeit zeigen Bronze, Gußeisen und gehärteter oder ungehärteter Stahl. Sie erreichen die Prüfstandhöchstbelastung von 1200 kp/cm² nur bei einer jeweils in engen Grenzen einzuhaltenden Nabenwandstärke. Die Versuche lehren folgendes:

1. Mit guten Lagerwerkstoffen werden Belastungen erreicht, die die Forderungen des Maschinenbaues weit übersteigen, da die in den Wellen auftretenden Beanspruchungen die zulässigen Festigkeitsgrenzen überschreiten, vgl. Ziffer 2.6.

2. Die Grenzbelastung hängt bei den warmfesten Lagerwerkstoffen mehr von der Konstruktion des Lagers ab als vom Werkstoff.

3. Für den Bereich der maximalen Tragfähigkeiten – 4 bis 14 mm Nabenwandstärke – ist ein Zusammenhang zwischen der erzielten Tragfähigkeit, der Nabenwandstärke und den Elastizitätsmoduln zu erkennen.

4. Außerhalb des Bereichs der höchsten Tragfähigkeit verläuft sowohl für zu schwache als auch für zu starke Naben die erzielte Belastbarkeit im gleichen

Sinne, der Festigkeit entsprechend: Bleibronze, Aluminium, Bronze, Gußeisen, Stahl. Nur das weniger warmfeste Weißmetall zeigt ein anderes Verhalten.

Bei den Versuchen von Buske wurden außergewöhnlich hohe Belastungen angewendet, die in ausgeführten Maschinen nicht auftreten. Dafür waren aber die Lager frei einstellbar, was wiederum bei den Maschinen nur selten der Fall ist. Durch Nichtfluchten, Verkantungen, Wärmedehnungen, Verziehen infolge einseitiger Erwärmung, Fundamentverlagerungen und ähnliche Möglichkeiten können Zusatzbeanspruchungen auftreten, die ganz ähnlich wie die hohen Belastungen den Aufbau eines tragfähigen Ölfilms stören. Dann muß der Lagerwerkstoff in derselben Weise durch seine Anpassungsfähigkeit den für Dauerbetrieb notwendigen Ausgleich als Voraussetzung für hydrodynamischen Betrieb schaffen.

Abb. 8.14 zeigt noch etwas sehr Wichtiges: Mit allen Werkstoffen hinreichender Warmfestigkeit konnte die Höchstbelastung erreicht werden, die Werkstoff*paarung* ist dafür also nicht entscheidend. Aber der Bereich der Brauchbarkeit wird in der Reihenfolge Aluminium, Bronze, Gußeisen, Stahl immer enger, und damit wächst die Schwierigkeit, die für diese Werkstoffe passende konstruktive Ausbildung zu finden.

Bei der Verwendung von WM 80 ist der Konstrukteur dieser Schwierigkeiten teilweise enthoben. Das macht einen Ausspruch von E. Falz verständlich: „WM 80 erlaubt dem Konstrukteur zu sündigen"; Abb. 8.14 läßt den Grund dafür erkennen. Hinzuzufügen wäre noch, daß die *Sünden* sich *nur auf die Konstruktion* beziehen dürfen. Unpassende Ölauswahl, ungenügende Ölzufuhr oder unzureichende Wärmeabgabe kann auch WM 80 nicht ausgleichen; diese Dinge aber richtig zu erfassen, ermöglicht die Berechnung.

Ferner ist zu beachten, daß die Ergebnisse von Buske unter anderen Bedingungen als im wirklichen Betrieb gewonnen wurden. Auf der Lagerprüfmaschine wird die Last bei einer festgelegten Drehzahl mehr und mehr gesteigert, bis die Grenze der Tragfähigkeit erreicht ist, man beachte dazu die Beispiele 29 und 30. Während dieser allmählichen, stufenweisen Aufbringung der Last hat der Werkstoff Gelegenheit, sich den zunehmenden Formänderungen fortlaufend langsam anzugleichen. Aus dieser Gepflogenheit, die Lagerprüfmaschinen zu betreiben, folgen dann die hohen Tragfähigkeiten. Der eigentliche Aufgabenbereich des Lagerwerkstoffes, das An- und Auslaufen im Bereich der Mischreibung, wird dabei fast völlig umgangen oder wenigstens sehr vorsichtig durchfahren. In der Bewertung erscheint das Verhalten des Lagerwerkstoffes im Bereich partiellen Tragens überhaupt nicht.

8.72 Der Lagerwerkstoff im Verschleißbereich beim An- und Auslauf

Kommt dem Lagerwerkstoff schon im Dauerbetrieb in vielen Fällen eine erhebliche Bedeutung zu, so ist dieser von entscheidendem Einfluß für den Bereich unvollkommenen Tragens. Allerdings nicht in der Weise, daß auch für niedrige Belastungen und Geschwindigkeiten ein Dauerbetrieb unter solchen Bedingungen möglich wäre, obwohl bei vielen Lagern mit nicht ausreichender Ölversorgung dieser Zustand nicht ganz vermeidbar ist. Die Folgen sind dann Verschleiß und geringe Betriebssicherheit, die neben der sorgfältigen Werkstoffauswahl auch eine wesentlich umfangreichere Überwachung erfordern. Solche Lager sind zwar Sonderfälle, aber zahlenmäßig keine Seltenheit. Als Beispiel sei das Lokomotivtriebwerk genannt, bei dem günstige äußere Kühlbedingungen einen brauchbaren Betrieb bei sparsamster Ölzufuhr ermöglichen. Bau, Betrieb und Pflege sind durch jahrzehntelange Erfahrungen sehr gut aufeinander abgestimmt, so daß Betriebsstörungen selten auftreten. Eine solche Entwicklung bleibt aber auf den Lokomotivbau beschränkt, und die dort erzielten Belastungen sind nicht auf andere Maschinen übertragbar.

Unvermeidlicher Verschleiß tritt aber beim Anfahren und Auslaufen auf; der gesamte in Ziffer 2.44 und 2.5 gekennzeichnete Bereich muß stets durchfahren werden. Dabei läßt sich nicht mit Sicherheit sagen, ob das Anfahren oder das Auslaufen die größeren Schwierigkeiten bereitet. Beim Anfahren nach längerem Stillstand befindet sich zwischen den belasteten Gleitflächen — mit Ausnahme des sichelförmigen Lagerspiels — keine trennende Ölschicht. Das gleich nach dem Anlaufen zwischen die belasteten Gleitflächen mitgenommene Öl ist jedoch kalt und von hoher Viskosität, so daß es trotz der geringen Geschwindigkeit sofort zu tragen beginnt. Dem Lagerwerkstoff wird also nur eine kurze Zeit der Lauf unter Festkörperreibung zugemutet.

Beim Auslauf nach langem Dauerbetrieb liegen die Verhältnisse anders. Das Öl ist bei der Betriebsviskosität entsprechend dünnflüssig, und die Tragfähigkeit nimmt mit der Drehzahl ab. Beim Erreichen der Übergangsdrehzahl bestimmen zwei Dinge den weiteren Verlauf: 1. die in diesem Augenblick der Maschine noch innewohnende kinetische Energie, die durch die Reibung in den Lagern vernichtet werden muß, 2. die Wärmekapazität der Lager, die diesen Energiebetrag ohne unzulässige Erwärmung — weder örtlich noch für die Lager als Ganzes — sicher aufnehmen müssen. Am augenfälligsten erkennt man diese Zusammenhänge bei schnellaufenden Maschinen mit großem Schwungmoment, bei denen die Übergangsdrehzahl möglichst niedrig liegen soll, damit der vom Lager zu verarbeitende Energiebetrag keinen Schaden im Bereich des Auslaufens anrichten kann, wie unter Ziffer 4.45 ausgeführt wurde.

Damit ist dem Lagerwerkstoff eine klare, bisher noch nicht umrissene Aufgabe gestellt. Als Voraussetzung dazu ist eine Berechnung nach der Übergangsformel notwendig, die in Kapitel 4 in brauchbarer und einfacher Form gegeben wurde.

Über die Verhältnisse beim Anlaufen hat man sich im Gegensatz zum Auslaufen erheblich mehr Gedanken gemacht. Das im Anlaufzustand fehlende Öl bereitete Sorge, vor allem, als die Erkenntnis vom hydrodynamischen Tragen mit der Einführung des Michell-Lagers allmählich verbreitet wurde. Bei Turbinen mit senkrechter Achse versuchte man beispielsweise vor dem Anlauf das Axiallager zu entlasten; ein Hilfswälzlager wurde eingebaut, das ganze Rotorsystem hydraulisch gehoben und erst nach der Ingangsetzung wieder auf das Michell-Lager gesenkt, vgl. E. A. Kraft (1928).

Ob solche oder ähnliche Maßnahmen mit Rücksicht auf den Lagerwerkstoff notwendig sind, steht noch nicht einwandfrei fest. Vielfach müssen Maschinen unter teilweise noch schwereren Bedingungen anlaufen, häufig sogar mit weit einfacherer Ölversorgung, ohne daß der Lagerwerkstoff frühzeitig versagt. Ein Schulbeispiel dafür ist das Eisenbahnachslager, das in bezug auf Ausbildung und Schmierung sehr einfach gehalten ist. Der Betrieb ist rauh und die Pflege nicht annähernd mit derjenigen anderer Maschinen vergleichbar. Nur wenige Eisenbahnzüge laufen ununterbrochen länger als zwei Stunden; in der Regel besteht eine häufige Betriebsunterbrechung. Viele Millionen solcher Lager fahren täglich oft mehrere dutzendmal unter Last an. Heißläufer entstehen nicht infolge häufigen Anfahrens, sondern beim Versagen der Ölzufuhr während einer längeren Fahrt. Eindrucksvoller als durch den Eisenbahnbetrieb kann durch keinen planmäßig ausgeführten Großzahlversuch die Tatsache belegt werden, daß durch häufiges Anlaufen unter Last keine besonderen Lagerschwierigkeiten entstehen. Das Problem des Anlaufens ist durch das Lagermetall weitgehend gelöst.

Diese Überlegungen beziehen sich auf das Gleitverhalten, nicht aber auf den Verschleiß; im Bereich partiellen Tragens ist Verschleiß nicht zu vermeiden. Aus diesem Grunde bestimmt der unvermeidliche Verschleißbereich beim An- und Auslaufen die Lebensdauer des Lagers; durch eine möglichst niedrige Übergangsdrehzahl läßt sich die Lebensdauer günstig beeinflussen.

In der Übergangsformel erfaßt der Wert $C_{ü}$ teilweise die Eigenschaften des Lagerwerkstoffes, doch liegen noch zu wenig Erfahrungen für eine wünschenswerte Klassifikation in dieser Richtung vor. Die Ausführungen in Kapitel 4 können daher noch nicht verallgemeinert werden.

9. Axiallager

9.1 Einiges aus der geschichtlichen Entwicklung

Bei der Besprechung der allgemeinen Grundlagen in Ziffer 2.22 waren die konstruktiven Maßnahmen zur Schaffung eines tragfähigen Lagerspaltes bei Axiallagern schon ausführlich erörtert worden. Die Unterteilung des festen Druckringes in einzelne Segmente, die sich zum Laufring geneigt einstellen konnten, zeigten Kingsbury und Michell. A. Kingsbury führte seine Untersuchungen im New Hampshire College in den USA in den letzten Jahren des vorigen Jahrhunderts aus, A. G. M. Michell unabhängig davon in Melbourne in Australien zu Anfang dieses Jahrhunderts. Michell (1905) gab auch eine strenge mathematische Lösung der Reynoldsschen Gleichung für die Druckentwicklung bei Gleitschuhen endlicher Breite. Hier liegt einer der seltenen Fälle vor, daß eine vollständige mathematische Klärung der technischen Lösung vorausging. Einen geschichtlichen Rückblick über die Entwicklung gab Michell (1929).

Versuchsergebnisse zeigten bald die Überlegenheit der neuen Bauart. W. W. Smith (1912) berichtet über Versuche der Amerikanischen Westinghouse Co. mit Kingsbury-Drucklagern, bei denen Flächenlasten bis 700 kp/cm² bei Umfangsgeschwindigkeiten von 16,5 m/s erreicht wurden, allerdings nicht im Dauerbetrieb. Das Weißmetall quetschte sich weg und vergrößerte die Druckflächen. bis bei $\overline{p} = 490$ kp/cm² ein stationärer Zustand ohne unzulässige Temperaturerhöhung erreicht war. Trotz eines Berichtes in der Z. ges. Turbinenwes. (1914) über die Ergebnisse blieben diese in Deutschland auch in den maßgebenden Kreisen unbekannt. J. v. Freudenreich (1917b) erreichte bei Versuchen mit Längslagern Belastungen bis 90 kp/cm² bei Umfangsgeschwindigkeiten bis 50 m/s. Diese Ergebnisse werden bei Bach (1924), S. 28, erwähnt, die von Smith dagegen nicht. Das Einscheibendrucklager mit einstellbaren Segmenten fehlt in Bachs Werk vollständig; auf die Keilform des Schmierspalts wird nur ganz beiläufig hingewiesen. Die konstruktive Ausbildung der Ringzapfen wird zwar richtig angegeben, Abb. 9.1; daß aber durch die Keilwirkung die hohe Tragfähigkeit erreicht wird, ist nicht erwähnt. Es heißt nur: „Damit das Öl in der Drehrichtung vom Zapfen mitgenommen und so die Schmierung gesichert wird, sind die zwischen den Schmiernuten vorhandenen Kreisringelemente zum Teil und in sehr zartem Maße als schiefe Ebenen gestaltet, wie in Fig. 548 (unsere Abb. 9.1) unten, welche die Zylinderfläche abgewickelt darstellt, in stark übertriebenem Maße gezeichnet ist.“ Somit wurde zwar – unbewußt – richtig gestaltet, es konnten aber die den Konstruktionen innewohnenden Möglichkeiten nicht ausgenutzt werden. Das beweisen die folgenden Betrachtungen.

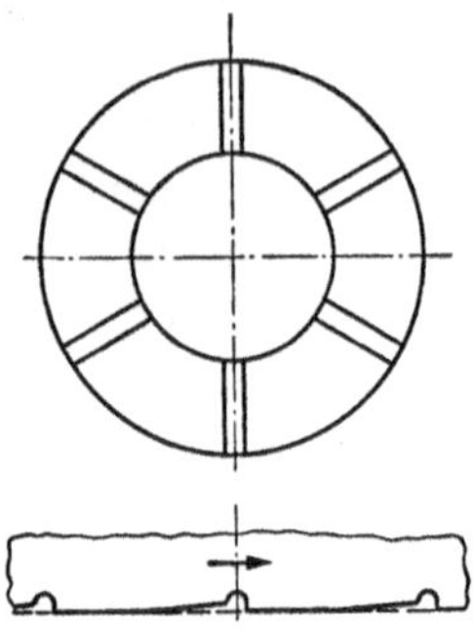

Abb. 9.1. Einscheiben-Spurlager

Die ableitbare Wärmemenge wird bei BACH (1924), S. 45 bis 50, ganz so wie bei Querlagern durch das Produkt pv gekennzeichnet; unter gewöhnlichen Verhältnissen soll für die Stützlager von Triebwerken nicht über $pv = 17$ mkp/cm²s hinausgegangen werden. Höheren Werten bis $pv = 60$, die bei Wasserturbinen auftreten sollen, schenkt BACH keinen rechten Glauben. Das von LASCHE (1906) untersuchte Drucklager für den Turbinendampfer „Kaiser“ mit fünf Laufringen wird erwähnt, das $p = 23{,}3$ kp/cm² bei $v = 11{,}4$ m/s, also $pv = 266$ mkp/cm²s erreichte. Erklärend wird die besondere, sehr wirksame Kühlung hervorgehoben.

Demgegenüber wurden bei den Versuchen von v. FREUDENREICH pv-Werte bis 4500 mkp/cm²s und von SMITH solche bis 8100 mkp/cm²s erzielt. Das sind zwar Prüfstandswerte, doch hätten sie von der Fachwelt beachtet werden müssen.

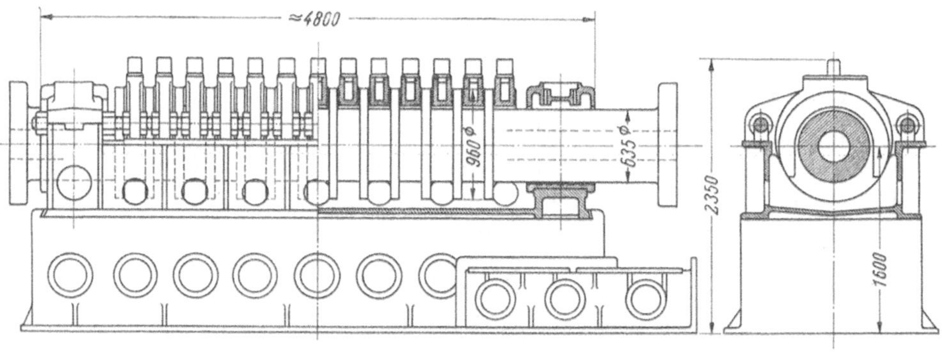

Abb. 9.2. Drucklager mit 13 Kämmen des Schnelldampfers „Kaiser Wilhelm II“ für 100000 kp Belastung bei $n = 80$ Uml/min und $\bar{p} = 3$ kp/cm²

KAMMERER wäre bei deren Kenntnis kaum zu Zweifeln veranlaßt worden, wenn seine Versuche – allerdings bei Querlagern – $pv = 600$ mkp/cm²s lieferten. Hier sei auch noch auf die unter Ziffer 8.63 erwähnte Bemerkung von G. BAUER und O. LASCHE (1913), S. 222, hingewiesen.

Das Segmentdrucklager fand nach 1920 allmählich Eingang in den Maschinen- und Schiffsmaschinenbau, vorwiegend unter dem Namen Michell-Lager. Auf manchen Gebieten wirkte es geradezu umwälzend. Das Propellerschublager großer Schiffe mußte früher mit vielen Druckringen ausgeführt werden, war daher oft mehrere Meter lang und ein Sorgenkind im Betrieb. Abb. 9.2 zeigt das Drucklager des Schnelldampfers „Kaiser Wilhelm II“ nach W. Kaemmerer (1903); es hat 13 Kämme. Bei einer Leistung der Maschine von 20000 WPS und einer Geschwindigkeit von 23 Kn = 11,8 m/s wird es durch den Propellerschub mit rund 100000 kp bei $n = 80$/min belastet, wenn der Wirkungsgrad der Schraube 80% beträgt. Der Außendurchmesser der Kämme ist 960 mm, der Wellendurchmesser

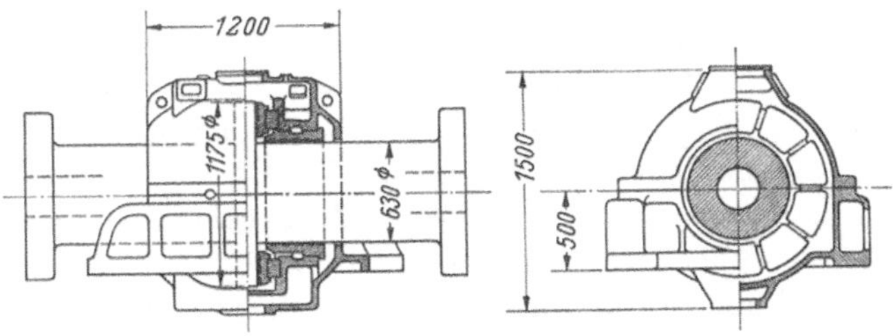

Abb. 9.3. Einscheiben-Drucklager nach Michell des Schnelldampfers „Bremen“ für die gleiche Belastung von 100000 kp bei $n = 180$ Uml/min, jedoch $\bar{p} = 19{,}5$ kp/cm². Man beachte die Größenverhältnisse der beiden Lager!

635 mm, von der Kreisringfläche mit 3900 cm² tragen wegen der hufeisenförmigen Druckstücke nur etwa zwei Drittel, das sind rund 2600 cm². Die gesamte Tragfläche ist also $13 \cdot 2600 \approx 34000$ cm², so daß sich ein mittlerer Druck von 3,0 kp/cm² ergibt.

In der Michell-Bauart genügt ein einziger Druckring, dessen Betriebssicherheit nichts zu wünschen übrigläßt. Als Beispiel sei das Drucklager des Schnelldampfers „Bremen“ nach W. Koch (1930) angeführt, Abb. 9.3. Das Lager wird bei 22500 WPS und 27,9 Kn ebenfalls mit rund 100000 kp belastet. Die Fläche des Segmentringes ist $DB\pi = 94 \cdot 22 \cdot \pi = 6500$ cm² groß; tragen davon etwa 80%, wie unter Ziffer 9.22 ausgeführt ist, so sind das 5200 cm². Damit wird der mittlere Druck $\bar{p} = 19{,}5$ kp/cm², das Sechseinhalbfache der mittleren Flächenlast bei dem Drucklager des Dampfers „Kaiser Wilhelm II“. Mehr Beachtung verdient noch die Drehzahl, die bei der „Bremen“ 2,25 mal höher ist als bei „Kaiser Wilhelm II“. Da die Durchmesser beider Lager fast gleich sind, wird die Umfangsgeschwindigkeit auch im Verhältnis der Drehzahlen größer. Der Konstrukteur von 1903 hätte der Regel $pv =$ const entsprechend den Druck herabsetzen müssen und statt der dreizehn 29 Druckringe für die Verhältnisse bei der „Bremen“ vorsehen müssen: eine unmögliche Lagerbauart! Mit *demselben Öl* und *demselben Lagerwerkstoff* läßt sich durch richtige Anwendung der Erkenntnis vom Geschehen im Axiallager mit *einem* Druckring bequem auskommen, unter Erhöhung der Betriebssicherheit. Der Schiffsantrieb mit Turbinen hoher Leistung wäre ohne das Michell-Lager unmöglich gewesen.

Im Wasserturbinenbau konnten wesentlich größere Einheiten als früher mit senkrechter Welle gebaut werden, was sich namentlich für Anlagen mit mäßigem Gefälle und großer Wassermenge sehr vorteilhaft auswirkt. So wurde das Rheinkraftwerk Ryburg-Schwörstadt nach A. Demmel und O. Schmidt (1931) mit vier Turbinen ausgeführt, die bei einer mittleren Leistung von je 35000 PS Wirkungsgrade von über 90% (max. Wirkungsgrad 92,7%) erreichten. Die günstige Wasserführung und die weiten Kanäle, die dem Wasser wenig Wandreibfläche darbieten, sind mit eine wesentliche Ursache dieser Möglichkeit, deren Ausnutzung erst das leistungsfähige Einscheiben-Segment-Drucklager bot.

Bei der im Jahre 1912 erbauten, in den baulichen Außenabmessungen ebenso großen Anlage Augst-Wyhlen mußte nach O. ALBRECHT (1913) das Wasser auf 10 Maschinensätze mit waagerechter Achse mit je vier Laufrädern, also auf insgesamt 40 Laufräder verteilt werden, weil man große Maschinen mit senkrechter Achse wegen der Lager nicht zu bauen wagte. Die stark verästelten Wasserwege gestatteten nur eine wesentlich ungünstigere Ausnutzung der in dem Wasser enthaltenen Energie; es wurden Wirkungsgrade bis 78% bei voller Beaufschlagung und bis 83,8% bei $^3/_4$-Beaufschlagung erreicht; die Maschinengesamtleistung beträgt 30000 PS. In Ryburg-Schwörstadt hat eine Turbine eine Höchstleistung von 35000 PS, die vier Turbinen leisten also 140000 PS. — Zwar sind auch 1913 schon große Wasserturbinen mit senkrechter Welle gebaut worden, wie die Anlage Keokuk am Mississippi mit 30 Turbinen von je 10000 PS, über die E. N. FALES (1913) berichtet. Dabei wurden hydrostatische Lager verwendet, die als Sicherheit noch ein Rollenlager eingebaut haben, um beim Versagen des Öldruckes auf den Rollen auszulaufen. Es fehlte also das rechte Vertrauen zu der Betriebssicherheit, die sich erst das Segmentdrucklager nach MICHELL und KINGSBURY erwarb. Diese Lagerbauart ist somit für die Entwicklung im Großturbinenbau entscheidend gewesen.

In der ersten Auflage, S. 235, sind die Wasserkraftanlagen ausführlicher beschrieben, ebenso in einem Aufsatz des Verfassers (1958). Abbildungen des den Kenntnissen von 1903 entsprechenden Schiffdrucklagers mit 29 Ringen wurden (1964), S. 27, und (1965), S. 768, veröffentlicht.

9.2 Die Gesetzmäßigkeiten des hydrodynamischen Axiallagers

9.21 Die rechnerischen Beziehungen

Die mathematische Behandlung der Reynoldsschen Gleichung für die Druckentwicklung im Tragfilm für den ebenen Gleitschuh ohne Seitenfluß wurde schon von REYNOLDS (1886) selbst gegeben, für den ebenen Gleitschuh endlicher Breite liegen Lösungen von MICHELL (1905), MUSKAT, MORGAN und MERES (1940) und FRÖSSEL (1941) vor; DUFFING (1931) gibt auch eine Lösung für den Fall einer in der Bewegungsrichtung veränderlichen Viskosität. Die Lösungen selbst haben die Form von Doppelreihen, deren einzelne Glieder Produkte aus Kreis- und Besselschen Funktionen bilden. Damit ist zwar alles Wünschenswerte gegeben, aber in einer Form, die zu viel Rechenaufwand in der praktischen Anwendung erfordert. Dafür eignen sich weit besser einfache Näherungslösungen, die die grundlegende Differentialgleichung zwar nicht streng erfüllen, aber das Wesentliche mit einer für den Gebrauch ausreichenden Genauigkeit wiedergeben.

Die mathematische Behandlung des Gleitschuhes ist wegen des linearen Spaltverlaufs beim Axiallager wesentlich einfacher als die des Radiallagers mit der Spaltweite h nach einer trigonometrischen Funktion entsprechend Gl. (3.7). Deshalb wird sie hier etwas eingehender vorgenommen, obwohl auch nur — allerdings sehr brauchbare — Näherungen nach dem Vorgehen von A. SCHIEBEL (1933), A. STELLER (1950, 1954) und H. DRESCHER (1956) gebracht werden.

Für die Näherungslösungen wird angenommen, daß die Form des Druckverlaufes in der Bewegungsrichtung mit der beim Gleitschuh ohne Seitenfluß bis auf einen Proportionalitätsfaktor übereinstimmt und quer dazu nach einer Sinus-

oder Cosinuskurve – je nach Wahl des Koordinatensystems – oder nach einer Parabel abnimmt. GÜMBEL (1925), S. 146, nahm die Cosinuskurve, SCHIEBEL (1933), S. 10, die Parabel. Den Proportionalitätsfaktor bestimmte GÜMBEL aus der Kontinuitätsgleichung, SCHIEBEL aus der Bedingung, daß die Abweichungen (im Sinne der kleinsten Quadrate) zwischen der wirklichen und der Näherungslösung ein Minimum werden. Der von SCHIEBEL beschrittene Weg ergibt kleinere Fehler, zumal auch – für normale, nicht aber für große L/B – die Parabel sich dem Verlauf der Druckentwicklung quer zur Bewegungsrichtung besser anpaßt als die Cosinuskurve, deshalb werden hier die Ergebnisse von SCHIEBEL wiedergegeben.

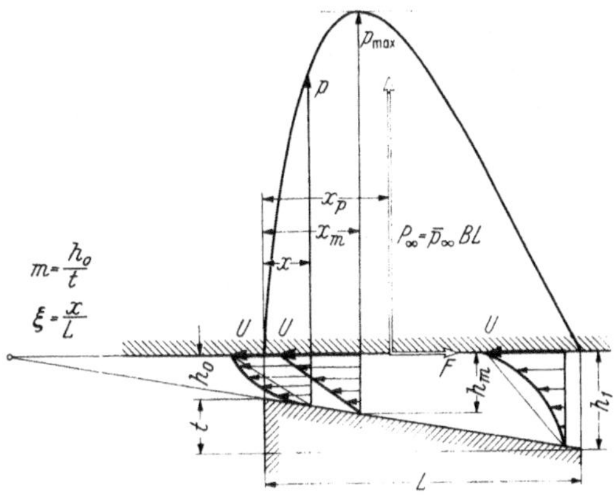

Abb. 9.4. Bezeichnungen beim ebenen Gleitschuh

Für den ebenen Gleitschuh ohne Seitenfluß ergibt sich aus Gl. (3.16) mit den Bezeichnungen nach Abb. 9.4 der Druck p in der Entfernung x von der Hinterkante des Segmentes mit $\xi = x/L$

$$p = \frac{6\eta\, U\, L}{h_0^2} \, \frac{m^2\,(1-\xi)\,\xi}{(1+2m)\,(m+\xi)^2} \,. \tag{9.1}$$

An der Stelle

$$\xi_m = x_m/L = \frac{m}{1+2m} \tag{9.2}$$

hat p einen höchsten Wert

$$p_{\max} = \frac{6\eta\, U\, L}{h_0^2} \, \frac{m}{4\,(1+m)\,(1+2m)} \,. \tag{9.3}$$

Dieser wiederum hat für $m = 1/\sqrt{2} = 0{,}707$ einen Höchstwert, wobei $\xi_m = 1/(2+\sqrt{2})$ $= 0{,}293$ wird; dann ist $h_1/h_0 = 1 + \sqrt{2} = 2{,}414$.

Die Gesamtlast P_∞, die von einem ebenen Gleitschuh ohne Seitenfluß getragen wird, ist bei der Ausdehnung B senkrecht zur Bewegungsrichtung

$$P_\infty = \frac{\eta\, U\, B\, L^2}{h_0^2} \, 6m^2 \left(\ln \frac{1+m}{m} - \frac{2}{1+2m}\right) . \tag{9.4}$$

und die mittlere Flächenlast

$$\bar{p}_\infty = \frac{P_\infty}{B\,L} = \frac{\eta\, U\, L}{h_0^2} \, 6m^2 \left(\ln \frac{1+m}{m} - \frac{2}{1+2m}\right) .$$

Auch P_∞ und $\bar{p}_\infty$ erreichen einen Höchstwert, und zwar für $m = 0{,}84126$; dabei wird $h_1/h_0 = 2{,}1887$. Die Maxima für den Druck und die Gesamtlast in Abhängigkeit von m oder h_1/h_0 fallen nicht zusammen.

Beim Gleitschuh endlicher Breite, also mit Berücksichtigung des Seitenflusses, wird die Gesamtlast

$$P = \frac{2}{3} \, \frac{5}{4} \, \frac{P_\infty}{1 + a\,(L/B)^2} \,. \tag{9.5}$$

Darin ist

$$a = \frac{10}{(1+2m)^2}\left[(m+m^2)^2 + \frac{1-2(m+m^2)}{12\left[(1+2m)\ln\frac{1+m}{m} - 2\right]}\right]$$

eine Funktion von m allein; das ist aber eine Folge der Beschränkung auf das erste Glied der Reihenentwicklung. Den Verlauf von $\overline{p}$ in der Form der dimensionslosen Größe $\overline{p}h_0^2/\eta\, U\, L$ in Abhängigkeit von $m = h_0/t$ und L/B zeigt Abb. 9.5.

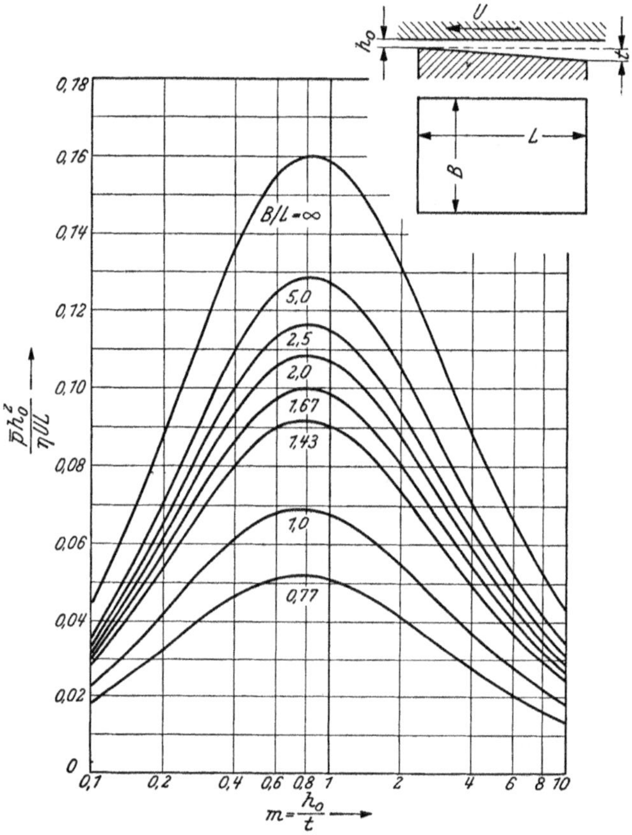

Abb. 9.5. Kennlinien für den ebenen Gleitschuh endlicher Breite, dimensionslose Darstellung durch L

Diese Darstellung, bei der der Druck mit Hilfe von L in eine dimensionslose Kennzahl gebracht wird, ist für die Anwendung in der Praxis wenig geeignet. Da ist meist B innerhalb enger Grenzen gegeben, während L noch weitgehend frei wählbar ist. Seine Wahl bestimmt die Anzahl der Segmente, in die die tragende Ringfläche nach Abb. 1.24 unterteilt wird. Daher ist es nach dem Vorgehen von DRESCHER (1956) zweckmäßig, die dimensionslose Darstellung von $\overline{p}$ mit B in der Form

$$\frac{\overline{p}\,h_0^2}{\eta\,U\,B} = \frac{\overline{p}\,h_0^2}{\eta\,U\,L}\,\frac{L}{B}$$

zu bilden. Dann wird aus Gl. (9.4) und (9.5)

$$\frac{\overline{p}\,h_0^2}{\eta\,U\,B} = \frac{L/B}{1+a\,(L/B)^2}\,5m^2\left(\ln\frac{1+m}{m} - \frac{2}{1+2m}\right) \tag{9.6}$$

oder auch

$$\frac{\bar{p}\,h_0^2}{\eta\,U\,B} = \frac{L/B}{1{,}2\,[1 + a\,(L/B)^2]}\left[\frac{\bar{p}_\infty\,h_0^2}{\eta\,U\,L}\right]. \tag{9.7}$$

Die zweite Form, Gl. (9.7), läßt sich ohne weiteres auch verwenden, wenn andere Spaltformen als der ebene Gleitschuh gegeben sind. Für diesen liefert Gl. (9.6) unmittelbar die zahlenmäßigen Beziehungen, die in Abb. 9.6 wiedergegeben sind. Durch Differentiation von Gl. (9.7) nach L/B ergibt sich das größte $\bar{p}$ aus

$$\frac{d}{d\,(L/B)}\left(\frac{L/B}{1 + a\,(L/B)^2}\right) = \frac{[1 + a\,(L/B)^2] - 2a\,(L/B)^2}{[1 + a\,(L/B)^2]^2} = 0$$

zu $a\,(L/B)^2 = 1$ oder $L/B = 1/\sqrt{a}$, also abhängig von m. Nun ist diese Abhängigkeit aber nicht groß, es ist $a \approx 1$; mit diesem Wert rechnet SCHIEBEL für alle m. Die höchste erreichbare Flächenlast ist also für $a \approx 1$ und damit $B/L = 1$ zu erwarten, wie Abb. 9.7 zeigt; das Verhalten der Kenngröße $\bar{p}\,h_0^2/\eta\,U\,B$ ist ganz anders als das von $\bar{p}h_0^2/\eta\,U\,L$.

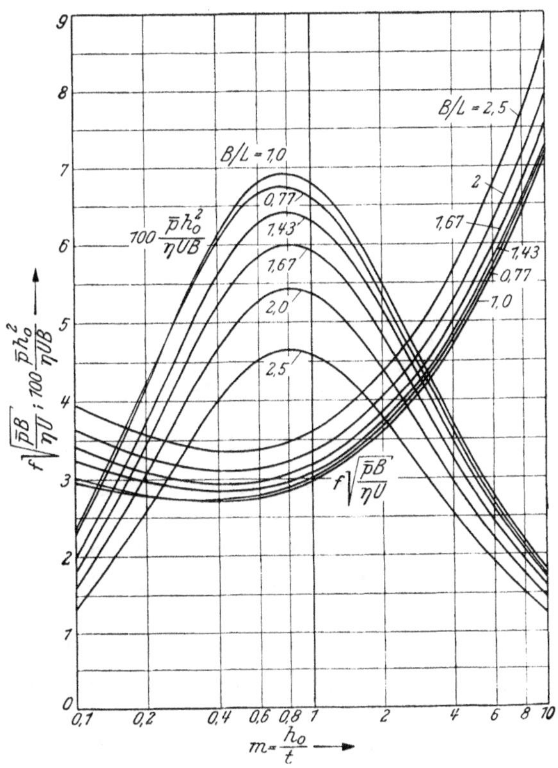

Abb. 9.6. Belastungs- und Reibungskennzahlen für den ebenen Gleitschuh endlicher Breite, dimensionslose Darstellung durch B

Der Abstand $\xi_p = x_p/L$ der Resultierenden von der Hinterkante der Gleitschuhe wird durch den Seitenfluß nicht geändert, wenigstens nicht im Rahmen der hier durchgeführten Rechnungen mit den Annahmen von SCHIEBEL. Sie läßt erkennen, daß eine Unterstützung an der Stelle $\xi_p = 0{,}42$ für hohe Tragkraft günstig ist. Kippelig aufgelagerte Gleitschuhe wie beim Michell-Lager müßten an dieser Stelle unterstützt werden. Durch die Erwärmung und die damit verbundene Abnahme der Viskosität des Öles in der Bewegungsrichtung rückt die Lage der Resultierenden etwas nach vorn, so daß auch in der Mitte unterstützte Gleitschuhe noch ihren Zweck erfüllen, namentlich bei höheren Drehzahlen. Das ermöglicht außerdem einen Betrieb in beiden Drehrichtungen.

Die Reibungszahl f ergibt sich für beliebiges Seitenverhältnis zu

$$f = \frac{\eta\,U}{\bar{p}\,h_0}\,\frac{4m}{1 + 2m}\left[(1 + 2m)\ln\frac{1 + m}{m} - 1{,}5\right]. \tag{9.8}$$

Wird h_0 mit Hilfe der Gl. (9.6) eliminiert, so folgt

$$f = K\sqrt{\frac{\eta\,U}{\bar{p}\,B}}\,, \tag{9.9}$$

also dieselbe Form wie für das Querlager bei $So > 1$, nur steht hier B an Stelle des Zapfenradius. Darin hat K den Verlauf nach Abb. 9.6. Für die günstigen Seitenverhältnisse $B/L \approx 0{,}77$ bis 1,43 und relativen Schmierspaltweiten $h_0/t \approx 0{,}2$ bis 1 kann mit guter Näherung $K = 3$ gesetzt werden, so daß sich für Längs- und Querlager die Reibungsvorzahlen für die empfohlenen Mittelwerte als gleich ergeben.

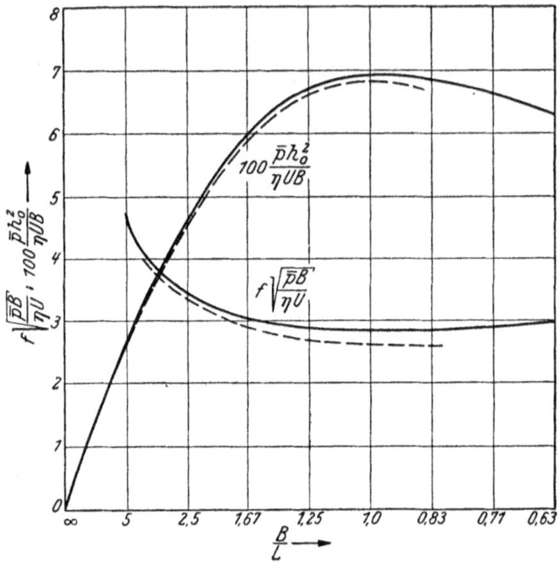

Abb. 9.7. Einfluß des Seitenverhältnisses auf die maximale Tragkraft und die zugehörige Reibung beim ebenen Gleitschuh. ——— Näherungsrechnung nach SCHIEBEL; — — — exakte Rechnung nach FRÖSSEL

Die Abhängigkeit der größten Tragfähigkeit bei den günstigsten Keiltiefen $h_0/t \approx 0{,}8$ vom Seitenverhältnis B/L zeigt Abb. 9.7. Hier ist die Rechnung nach SCHIEBEL mit den Ergebnissen der strengen Lösung nach FRÖSSEL (1941) verglichen; der Unterschied ist nicht groß. Wählt man als zulässig $\bar{p}\, h_0^2/\eta\, UB \approx 0{,}06$, so sind damit die Seitenverhältnisse $B/L = 0{,}63$ bis 1,67 erfaßt; das ist ein Bereich, in dem alle praktischen Ausführungen liegen dürften.

9.22 Die zweckmäßigen Gleichungen

Aus den allgemeinen Ergebnissen müssen die für den Rechnungsgang geeigneten Gleichungen aufgestellt werden.

Der in Gl. (9.9) auftretende mittlere Druck $\bar{p}$ ist auf die wirkliche Tragfläche $z\,B\,L$ bezogen, wenn z die Anzahl der Segmente bezeichnet,

$$\bar{p} = \frac{P}{z\,B\,L}\,. \tag{9.10}$$

Liegen keine genauen Angaben über z und L vor, so rechnet man mit dem vielfach gut zutreffenden Mittelwert $z\,L\,B \approx 80\%$ der Kreisringfläche $\pi\,B\,D$, also $0{,}8\,\pi\,B\,D \approx 2{,}5\,B\,D$, woraus die gute Näherungsformel

$$\bar{p} = \frac{0{,}4\,P}{B\,D} \tag{9.11}$$

folgt. Dann ergeben sich für die Verluste zunächst mit den Gln. (9.9) und (9.10)

$$M\omega = f\,P\,U = 3\sqrt{\frac{\eta\,U}{\bar{p}\,B}}\,P\,U = 3\,U\sqrt{P\,U\,z\,L\,\eta} \tag{9.12}$$

oder die Mittelwertformel mit Gl. (9.11)

$$M\omega = 4{,}75\,U\sqrt{P\,U\,D\,\eta}\,. \tag{9.13}$$

Die geringste Tragschichthöhe h_0 folgt aus Abb. 9.6 zu

$$h_0 = \sqrt{\frac{0{,}06\,\eta\,U\,B}{\bar{p}}}\,, \tag{9.14}$$

wenn $\bar{p}\,h_0^2/\eta\,U\,B = 0{,}06$ als guter Mittelwert angesehen wird. Dabei kann statt 0,06 nach Abb. 9.6 auch ein anderer Betrag genommen werden, wenn h_0/t und B/L entsprechend liegen.

Die Wärmeabgabe der Axiallager unterscheidet sich nicht von der der Radiallager, daher gelten hier sinngemäß auch die Gln. (6.1) und (7.7). Die wärmeabgebende Fläche muß allerdings meistens aus den Zeichnungen ermittelt werden; Beispiel 17 ist eine Ausnahme, weil die Gehäuseform der eines Radiallagers entspricht.

Die beim ebenen Gleitschuh ohne Seitenfluß durch den Spalt fließende Ölmenge ist

$$Q_T = B\,U\,h_0\,\frac{1+m}{1+2m}\,.$$

Für die oben als günstig empfohlenen Verhältnisse kann praktisch gesetzt werden

$$Q_T \approx 0{,}7\,B\,U\,h_0\,. \tag{9.15}$$

Da bei Axiallagern meist erheblich größere Ölmengen bereitgestellt werden als bei Querlagern, hat die rechnerische Ermittlung hier nicht eine solche Bedeutung wie beim Radiallager.

9.23 Experimentelle Prüfungen

Den Axiallagern ist nicht so viel Aufmerksamkeit gewidmet worden wie den Querlagern. Die Untersuchungen von Lasche (1906) an einem Lager alter Bauart mit mehreren Druckringen sowie die von Smith (1912) und v. Freudenreich (1917) an Einscheibendrucklagern wurden schon erwähnt. In neuerer Zeit wurde über Versuche an Dampfturbinenlagern von Linn und Sheppard (1937) berichtet; Morgan, Muskat und Reed (1940) untersuchten kleinere Lager zur Nachprüfung der Rechnungen von Muskat, Morgan und Meres (1940), es ergab sich gute Übereinstimmung zwischen Rechnung und Versuch. A. Tenot (1940) berichtet über Versuche bei geringen Belastungen, die bei höheren Drehzahlen große Erwärmung ergaben. Ein zu warm werdendes Michell-Lager einer Wasserturbine lief nach Verminderung der Segmentzahl auf die Hälfte mit wesentlich geringerer Temperatur.

Hier soll noch über Messungen von H. Drescher (1956) berichtet werden. Untersucht wurde ein Druckring mit $z = 15$ feststehenden Segmenten, $L = B =$ 28 mm, $D = 182$ mm. Die Tiefe der aus dem feststehenden Bronzering herausgearbeiteten Keilflächen betrug $t = 0{,}025$ mm, das verwendete Öl hatte 28 cP/50 °C.

Bei den Drehzahlen $n = 500$/min und $n = 1500$/min wurden Belastungen bis zu $P = 6000$ kp aufgebracht und die für Abb. 9.8 notwendigen Größen gemessen. Die Reibungszahl f ergab sich aus dem ermittelten Reibungsmoment, dividiert durch P und $D/2$. Für die Ölviskosität η wurde jener Wert eingesetzt, der zu der mit Thermoelementen gemessenen Gleitflächentemperatur gehört. Als Maß für die kleinste Schichtstärke h_0 wurde die Lage der Welle relativ zur Spurplatte im Betrieb und anschließend im Ruhezustand ermittelt, wobei im Ruhezustand eine Belastung von 500 kp die Gleitflächen aneinanderdrückte. Zu dem so bestimmten axialen Weg der Welle $\Delta\,h_0$ muß man sich die als „zulässige Spaltweite" bezeichnete Größe h_{zul} hinzugefügt denken, um die im Betriebe wirksame Schichtstärke $h_0 = \Delta\,h_0 + h_{zul}$ zu erhalten.

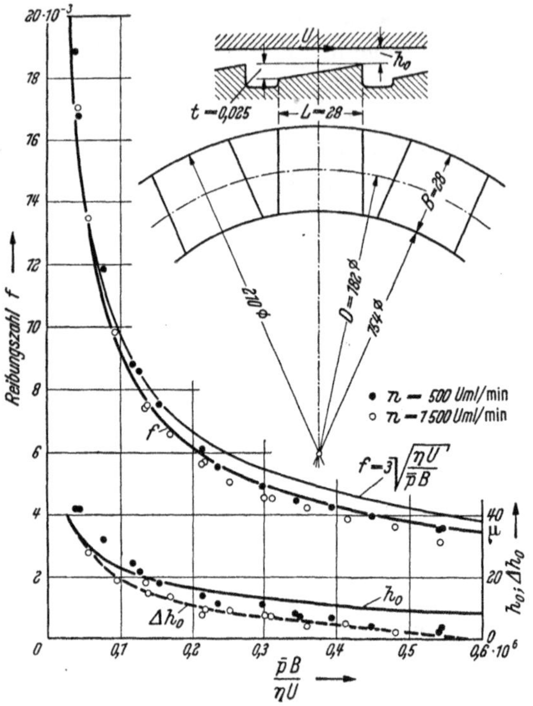

Abb. 9.8. Reibungszahlen und Tragschichtdicken für ein Axiallager mit festen ebenen Keilflächen nach Rechnungen und Versuchen von DRESCHER.
——— Rechnung; — o • Versuch

In die Abb. 9.8 sind (voll ausgezogen) die nach der Theorie unter Verwendung der in Abb. 9.6 dargestellten Funktionswerte gerechneten Kurven f und h_0 eingezeichnet. Die gute Übereinstimmung der gerechneten mit den gemessenen Reibungszahlen zeigt die Brauchbarkeit des hier angegebenen Berechnungsverfahrens. Außerdem ist die Kurve $f = 3\sqrt{\eta\, U/\bar{p}\, B}$ nach der für die Rechnung empfohlenen Gl. (9.9) mit $K = 3$ eingetragen; sie liefert nur unwesentlich höhere Werte. Die Versuche rechtfertigen daher ihre Verwendung.

Die Auftragung der gemessenen $\Delta\, h_0$ und der gerechneten h_0-Werte ermöglicht eine Bestimmung der „zulässigen Spaltweite" h_{zul}. Im Schnittpunkt der $\Delta\, h_0$-Kurve mit der Abszissenachse ist der Zustand erreicht, bei dem Berührung zwischen den bewegten Teilen eintritt, es ist $\Delta\, h_0 = 0$, die zugehörige rechnerische Schichtdicke ist h_{zul}. Aus der Abbildung folgt $h_{zul} = 9\,\mu$m. Dieser Wert ordnet sich gut in die unter der nächsten Ziffer behandelte Abb. 9.9 ein, die eine Zusammenstellung der von verschiedenen Seiten empfohlenen Annahmen für h_{zul} gibt.

9.3 Die Grenzen der Rechnung

Nach Gl. (9.6) und (9.7) ergibt die Rechnung mit $h_0 \to 0$ beliebig große Tragfähigkeiten und Drücke; die Berücksichtigung der endlichen Breite des Gleitschuhes ändert daran nichts. Die Spaltweite $h_0 = 0$ käme einem völlig abgesperrten Durchfluß gleich; das ist hier ebensowenig möglich wie beim Zapfenlager. Die Ausführungen des Abschnittes 4.41 kommen hier sinngemäß genauso zur Anwendung, $h_0 \to 0$ ist nicht möglich; auch beim Axiallager gilt nur $h_0 \to h_{zul}$, die kleinstzulässige Tragspaltweite.

Beim Axiallager ist es schwierig zu erreichen, daß bei der wirklichen Ausführung die engsten Spaltweiten bei allen Segmenten gleich groß werden. Ungenauigkeiten der Herstellung und Montage sowie Verformungen, die im Betrieb durch die mechanische Beanspruchung und Erwärmung entstehen, können ungleiche Werte von h_0 zur Folge haben. Bei einzelnen Segmenten kann daher h_0 schon den Wert von h_{zul} angenommen haben, während bei anderen Segmenten h_0 noch erheblich größere Beträge aufweist. Diese Segmente tragen nicht so viel wie die mit dem kleineren h_0; dadurch ergeben sich Überlastungen bei einzelnen

Segmenten, die den Mittelwert der Tragfähigkeit des ganzen Lagers vermindern. Die Lauffläche des umlaufenden Tragringes und die Segmente sollen im Betrieb unter Last so gut wie möglich nach der Rechnung festgelegte Formen haben. Das sind Forderungen, die beim Querlager wegen der anderen Bauart nicht so in Erscheinung treten; sie können nur durch höhere Werte von h_{zul} als beim Querlager berücksichtigt werden.

Die Abhängigkeit der zulässigen Mindestschichtstärke von mehr Einflüssen als beim Querlager bringt es außerdem mit sich, daß die mit größeren Abmessungen allgemein wachsenden Ungenauigkeiten auch darin eingehen. Dadurch wird h_{zul} vom Durchmesser abhängig, was beim Querlager so wenig der Fall war, daß dieser Einfluß vernachlässigt werden konnte.

Die Werte für h_{zul} sollten auf experimentellem Wege bestimmt werden; dafür liegen aber kaum Untersuchungen vor. FALZ (1931), S. 78, leitet h_{zul} noch aus Rauhigkeitsbetrachtungen her, je nach Baustoff und Bearbeitung wird $h_{zul} = 4\,\mu$m bis $10\,\mu$m empfohlen. Dieser Auffassung schließt sich TEN BOSCH (1951), S. 264, an, es wird $h_{zul} = 10\,\mu$m für gute, $h_{zul} = 5\,\mu$m und weniger für sehr genaue Ausführung angegeben.

GERSDORFER (1954), S. 107, übernimmt unmittelbar die Werte, die auf S. 97 seines Buches für das Querlager angegeben werden, $h_{zul} = 3$ bis $10\,\mu$m; auf eine Abhängigkeit vom Durchmesser wird dabei nicht hingewiesen. Diese bringt die Annahme von NIEMANN (1950), S. 254, die sich aber nicht auf h_{zul} bei der Übergangsdrehzahl bezieht, sondern die engste Spaltweite $h_0 \geqq 5 \cdot 10^{-5}\,D$ für die Betriebsdrehzahl darstellt, was NIEMANN klar ausspricht. Die für h_0 folgenden Werte liegen für kleine Durchmesser niedrig, für $D = 100$ mm wird $h_0 = 5\,\mu$m, damit nähert sich h_0 schon weitgehend den unteren Werten für h_{zul}. Für große Durchmesser dagegen werden die h_0-Werte recht groß.

Diese Verschiedenheiten veranlaßten H. DRESCHER, auf Grund eigener Arbeiten und denen von LINN und SHEPPARD (1937) durch Versuche mit besonders sorgfältig hergestellten und vermessenen Lagern zwei Formeln zu erproben, nämlich

$$h_{zul} = (5 \text{ bis } 15\,\mu\text{m})\left(1 + \frac{D}{400}\right), \quad D \text{ in mm}$$

und

$$h_{zul} = (10 \text{ bis } 20\,\mu\text{m})\sqrt{\frac{D}{200}}, \quad D \text{ in mm};$$

oder bei bester Ausführung

$$h_{zul} = 10^{-5}\sqrt{5D}, \quad h_{zul} \text{ und } D \text{ in m}. \tag{9.16}$$

Die erste Form ist von DRESCHER (1956), S. 97, veröffentlicht. Eine der zweiten ähnliche Form bringt O. GERSDORFER (1956), S. 92, mit $h_{zul} \approx 2\sqrt{(D+B)^2}$ in μm, wenn D und B in cm eingesetzt werden.

Der Verlauf der einzelnen Beziehungen für h_{zul} (und für h_0 nach NIEMANN) ist in Abb. 9.9 wiedergegeben. Die Zahlenwerte sind weit schwieriger zu finden als beim Querlager.

Die Berechnung von h_0 für den Betriebszustand ist bei festen Keilflächen notwendig, um die Tiefe t zu bestimmen, die zweckmäßig zu $1{,}25\,h_0$ ausgeführt wird;

Werte $t < 40\,\mu$m lassen sich nur schwer herstellen. Kippelig oder hinreichend elastisch aufgelagerte Segmente nehmen von selbst die jeweils günstigste Neigung zum umlaufenden Tragring ein.

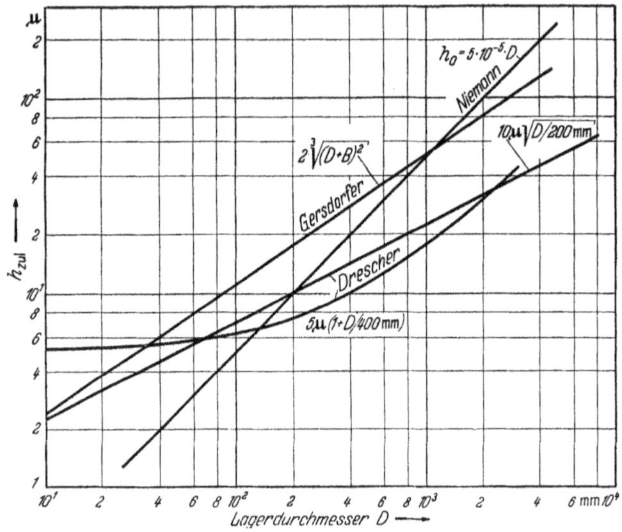

Abb. 9.9. Die Abhängigkeit von h_{zul} vom Lagerdurchmesser nach DRESCHER und GERSDORFER und h_0 nach NIEMANN

9.4 Die Tragfähigkeitsformel

Im Kapitel 4 waren durch die Formel $P = C_{ü}\,\eta\,\text{Vol}\,n_{ü}$ die einzelnen Veränderlichen in einfacher Weise miteinander verbunden dargestellt. Mit dem daraus folgenden Begriff der Übergangsdrehzahl hatte sich eine rechnerisch einfach und begrifflich klare Behandlung der Tragfähigkeit eines Querlagers ergeben. Eine gleichartige Formel für das Längslager läßt sich ebenfalls aufstellen. Zu deren Ableitung wird von Gl. (9.14) ausgegangen, die jetzt in der Form mit $\bar{p}$ nach Gl. (9.11)

$$\bar{p} = 0{,}06\,\frac{\eta\,U\,B}{h_0^2} = \frac{P}{0{,}8\,\pi\,B\,D}$$

geschrieben wird. Dabei ist der Wert von 80% der Kreisringfläche $\pi\,B\,D$ als Tragfläche für die Segmente angenommen. Nach P aufgelöst folgt mit $U = D\pi n/60$

$$P = \frac{8\cdot 10^{-4}\,\pi^2}{h_0^2}\,\eta\,B^2 D^2 n\,.$$

Wäre h_{zul} vom Durchmesser nahezu unabhängig wie beim Querlager, so würde beim Grenzübergang $h_0 \to h_{zul}$ für geometrisch ähnliche Lager die Tragfähigkeit mit der vierten Potenz des Durchmessers wachsen. Nun ist aber h_{zul} vom Lagerdurchmesser abhängig. Wird dafür Gl. (9.16) gewählt, also $h_{zul}^2 = 5\cdot 10^{-10}\,D$ und $\pi^2 \approx 10$ genommen, so folgt

$$P_{ü} = 1{,}6\cdot 10^7\,\eta\,B^2 D\,n\,, \tag{9.17}$$

da wegen des Einsetzens von h_{zul} für h_0 jetzt P in $P_{ü}$ übergeht. In Gl. (9.17) ist mit B und D in m und η in kp s/m² zu rechnen. Werden in gleicher Weise wie in

4.42 B und D in dm und η in cP eingesetzt, so folgt

$$P_{ü} = 1{,}6\,\eta\,B^2 D\,n\,. \tag{9.18}$$

Bei gegebenem P wird die Übergangsdrehzahl

$$n_{ü} = \frac{P}{1{,}6\,\eta\,B^2 D} \tag{9.19}$$

oder die erforderliche Viskosität für gegebene Werte von P, D, B und $n_{ü}$

$$\eta_{\min} = \frac{P}{1{,}6\,B^2 D\,n_{ü}}\,. \tag{9.20}$$

Der Faktor 1,6 entspricht dem $C_{ü}$ beim Querlager, auch hier hat er der Ableitung entsprechend die Dimension einer reziproken Länge. Bei der Anwendung der Gln. (9.17) bis (9.20) ist für den Faktor 1,6 stets zu beachten, daß ihm die Zahlenwerte 0,8 und 0,06 in der obigen Gleichung für $\overline{p}$ sowie die Gl. (9.16) für h_{zul} zugrunde liegen. Wenn auch alle diese Werte mit Sorgfalt gewählt sind, so kann doch unter abweichenden Bedingungen — namentlich bei festen Flächen, wenn $h_0/t = 0{,}8$ nicht eingehalten wurde, oder bei weniger guter Werkstattarbeit — der Faktor 1,6 schon zu groß sein, um das P bei der Übergangsdrehzahl richtig wiederzugeben. Man muß unter solchen Bedingungen mit einem kleineren Wert als 1,6 rechnen. Die wenigen experimentellen Unterlagen erlauben es bisher leider nicht, die Gln. (9.18) bis (9.20) so weitgehend zu unterbauen, wie es beim Querlager möglich war.

9.5 Die Betriebstemperatur

9.51 Gebrauchsgleichungen

In den meisten Fällen werden die Axiallager mit Umlaufschmierung arbeiten, dabei läßt sich die Betriebstemperatur nach den in den Kapiteln 1 und 7 gemachten Angaben bestimmen und durch entsprechenden Ölumlauf oder Wasserkühlung innerhalb gewünschter Grenzen halten. Bei kleineren Lagern und bei niedrigen Drehzahlen reicht auch die natürliche Wärmeabfuhr des Lagergehäuses für eine annehmbare Betriebstemperatur aus. Voraussetzung zur Berechnung ist in beiden Fällen die Kenntnis der Reibungswärme, die durch die Gln. (9.12) oder (9.13) gegeben ist. Das sind Gleichungen für beliebige Maßsysteme und Grundeinheiten; auch hier ist es zweckmäßig, für die praktische Anwendung handliche Gleichungen anzugeben, in denen gebräuchliche Einheiten erscheinen. Diese sind unter Ziffer 1.81 zusammengestellt und brauchen nicht wiederholt zu werden, wohl aber ist zu den Gleichungen noch einiges zu sagen.

Die entwickelte Wärme ist mit η in cP statt Gl. (9.12)

$$M\omega = \frac{3\,U}{100}\sqrt{P\,U\,z\,L\,\eta} \quad \text{in mkp/s}\,, \tag{9.21}$$

wird $z\,L\,B \approx 0{,}8\,\pi\,B\,D$ gesetzt, so folgt aus Gl. (9.13) dann

$$M\omega = \frac{4{,}75\,U}{100}\sqrt{P\,U\,D\,\eta}\,. \tag{9.22}$$

Diese Form wird aber im üblichen Rechnungsgang nicht gebraucht, weil darin zweckmäßig die genaue Tragfläche einzusetzen ist, um solchen Fällen wie in Beispiel 20 von vornherein gerecht zu werden.

Wenn die Verlustwärme durch das Lagergehäuse allein an die umgebende Luft abgegeben werden soll, so folgt die Temperaturerhöhung aus den Gln. (2.1) und (9.21)

$$\vartheta - \vartheta_0 = \frac{3\,U}{100\,\alpha\,A}\sqrt{P\,U\,z\,L}\cdot\sqrt{\eta} = W_{\mathrm{ax}}\sqrt{\eta}\ \text{in}\ ^\circ\mathrm{C}. \tag{9.23}$$

Das ist gleichzeitig die Definitionsgleichung für den der Gl. (6.3) entsprechenden Faktor W, der beim Axiallager mit W_{ax} bezeichnet wird.

Wird bei Gl. (9.14) wieder vom technischen Maßsystem ausgegangen, jetzt aber η in cP und $\bar{p}$ in kp/cm² eingesetzt, so wird der Radikand 10^8 mal größer. Um h_0 in μm zu erhalten, muß noch mit 10^4 erweitert werden, so daß

$$h_0 = \sqrt{\frac{600\,\eta\,U\,B}{\bar{p}}}\ \text{in}\ \mu\mathrm{m} \tag{9.24}$$

folgt. Was den Faktor 600 anbetrifft, so ist die Bemerkung zu Gl. (9.14) zu beachten.

Die Tragölmenge nach Gl. (9.15) würde in m³/s eine sehr kleine Zahl ergeben, wenn man B und h_0 in m und U in m/s einsetzt. Für die Gebrauchsmaße Q_T in l/min und h_0 in μm sind die Multiplikationen für die Minute mit 60, für Liter mit 10^3 und für h_0 mit 10^{-6} notwendig. Die rechte Seite der Gl. (9.15) ist also mit $60\cdot10^{-3}$ zu multiplizieren, dann wird

$$Q_T = 0{,}042\cdot z\,U B\,h_0\quad \text{in l/min} \tag{9.25}$$

für das ganze Lager mit z Tragsegmenten.

Die Kühlölmenge Q_K wird beim Axiallager ebenso durch Gl. (7.7) gegeben wie beim Radiallager; dieselben Überlegungen wie dort gelten auch über den Anteil der Wärmeabgabe an die Luft, so daß auch die Gl. (7.8) gültig bleibt, sie wird hier nur noch durch $M\omega$ nach Gl. (9.21) ergänzt,

$$Q_K = \frac{M\omega}{3\,(\vartheta_2 - \vartheta_1)} = \frac{U\sqrt{P\;U z\,L\eta}}{100\,(\vartheta_2 - \vartheta_1)}, \tag{9.26}$$

um einfacheres Rechnen zu ermöglichen, wenn für gegebenes Öl ϑ angenommen wird und damit η bekannt ist.

Bei Lagern mit Luftkühlung wäre zur Bestimmung der Verlustleistung nach Gl. (9.21) die Wurzel noch einmal auszurechnen. Das läßt sich vermeiden, da von der vorangegangenen Ermittlung der Betriebstemperatur und Betriebsviskosität nach Gl. (9.23) W_{ax} bekannt ist. Aus $W_{\mathrm{ax}} = M\omega/\alpha\,A\sqrt{\eta}$ folgt sofort

$$M\omega = W_{\mathrm{ax}}\,\alpha\,A\sqrt{\eta}\quad \text{in mkp/s}. \tag{9.27}$$

Bei bekanntem W_{ax} ist dieser Ausdruck für die Rechnung einfacher als Gl. (9.21).

Befinden sich Radial- und Axiallager in einem Gehäuse, so addieren sich die Verlustleistungen $(M\omega)_{\mathrm{rad}}$ nach Gl. (6.2) und $(M\omega)_{\mathrm{ax}}$ nach Gl. (9.21); dabei wird angenommen, daß beide die gleiche Temperatur und demnach die gleiche Viskosität haben. Für die Wärmeabfuhr durch die Außenfläche des Gehäuses gilt dann mit Gl. (2.1)

$$(M\omega)_{\mathrm{rad}} + (M\omega)_{\mathrm{ax}} = \alpha\,A\,(\vartheta - \vartheta_0);$$

daraus wird mit Gl. (6.3) und (9.23)

$$\vartheta - \vartheta_0 = (W_{\text{rad}} + W_{\text{ax}}) \sqrt{\eta} = W \sqrt{\eta}\,. \tag{9.28}$$

Mit diesem W ist dann wie beim Radiallager für $So > 1$ weiterzurechnen.

Ist Zusatzkühlung erforderlich, was bei Axiallagern meistens der Fall ist, so müssen beim kombinierten Lager die Verluste unmittelbar mit der der angenommenen Temperatur entsprechenden Viskosität aus

$$M\omega = \left[4{,}25\, U_r \sqrt{P_r\, U_r\, B_r} + 3\, U_a \sqrt{P_a\, U_a\, z\, L}\right] \frac{\sqrt{\eta}}{100} \tag{9.29}$$

ermittelt werden; die Indizes r und a beziehen sich dabei auf das Radial- und Axiallager. Für den Fall, daß das Radiallager ein Führungslager und damit die Last P_r unbekannt oder so klein ist, daß $So < 1$ wird, so ergibt sich

$$M\omega = 0{,}6\, B_r\, U_r^2\, \eta/\psi + \frac{3\, U_a}{100} \sqrt{P_a\, U_a\, z\, L}\, \sqrt{\eta} \tag{9.30}$$

mit Gl. (6.4) für den ersten Summanden.

9.52 Der Rechnungsgang

Das Vorgehen zur Berechnung der Axiallager ist anders, vor allem einfacher als beim Radiallager, weil es die Unterscheidung in Schnellauf- und Schwerlastbereich nicht gibt. Damit erübrigen sich ähnliche Ausführungen wie unter Ziffer 6.43, die sich zur vorherigen Bestimmung, ob $So > 1$ oder < 1 ist, als zweckmäßig erweisen. Vielmehr genügt der Ziffer 6.42 entsprechende unmittelbare Rechnungsgang, der allerdings die Auswertung der langen Wurzel in Gl. (9.21) oder (9.23) erforderlich macht, dann aber keine weiteren Schwierigkeiten aufweist, so daß hier auf die Darstellung im ersten Kapitel verwiesen werden kann, in der die einzelnen Schritte für eine bequeme praktische Rechnung gegeben werden. Weitere Beispiele mußten wegen ihres Umfanges in den zweiten Band übernommen werden.

10. Schlußbetrachtungen

10.1 Rückblick auf den Inhalt des Buches

In der vorliegenden Schrift wird ein Rechnungsgang mitgeteilt, der in den meisten Fällen mit geringem Aufwand darüber Aufschluß gibt, ob für ein Lager Betriebssicherheit zu erwarten ist oder nicht. Die Durchführung der Rechnung wird als Einleitung im ersten Kapitel gebracht, um den Leser schnell mit der Handhabung vertraut zu machen. Zwanzig Beispiele, denen Ausführungen der Praxis zugrunde liegen, erläutern nicht nur den Umgang mit der Rechnung nach einem zweckmäßig ausgearbeiteten Schema, sondern vermitteln auch teilweise ungewohnte Zahlen für betriebliche Grenzen bei sehr verschiedenen Bauarten und Lagergrößen. Dazu gehören schwer belastete Langsamlauf- und leicht belastete Schnellauf-Lager, Führungslager ohne angebbare Last und Axiallager, jeweils ohne oder mit zusätzlicher Kühlung.

Zur Begründung des Verfahrens sind diejenigen Arbeiten und Ergebnisse zusammengetragen, die, auf den Grundlagen der Mechanik und Wärmelehre basierend, ein physikalisch einwandfreies Bild von dem im Gleitlager ablaufenden Naturgeschehen ermöglichen. Dabei wurde von der Erwärmung eines Ringschmierlagers ausgegangen, dessen Temperaturkurven sich zur Beschreibung des Betriebsverhaltens besser eignen als die Stribeck-Kurven. Vor allem läßt diese Darstellung den Schwerlast- und Schnellaufbereich, vom Verfasser (1962) neu eingeführte Begriffe, klar unterscheiden.

Auf die Wiedergabe mathematischer Entwicklungen wurde weitgehend verzichtet, doch dienen sie als Grundlage für den Aufbau von Regeln zum technischen Handeln. Solche Regeln sind nicht kurz, was bei der Vielfältigkeit der Maschinengattungen und der vielen Lagerbauarten auch nicht zu erwarten ist. Dennoch konnte der Rechnungsgang so weit vereinfacht werden, daß er sich im allgemeinen auf einer Seite im Format DIN A 4 unterbringen läßt.

Die hier gegebenen Mitteilungen sind im wesentlichen für die Lagerungen in Einzelausführung und in großen Maschinen gedacht. Kleinere, namentlich in großen Serien gefertigte Maschinen, wie etwa Automobilmotoren, können vor Beginn einer laufenden Produktion gründlich untersucht werden. Bei der Großmaschine ist das nicht möglich; der Konstrukteur muß die Gesetzmäßigkeiten kennen, um durch Rechnung die einzelnen Veränderlichen vorher abzustimmen und das Ganze so auszulegen, daß Betriebssicherheit gewährleistet ist.

Die Rechnungen gelten aber ganz allgemein, auch für kleine Abmessungen. In der ersten Auflage wurde ein Greiferwellenlager mit $D = 8$ mm, $n = 12000$/min für eine Industrie-Schnellnähmaschine durchgerechnet.

So einfach wie die Bestimmung einer geeigneten Wälzlagergröße für gegebene Lasten und Drehzahlen ist ein solcher Rechnungsgang nicht oder jedenfalls *noch* nicht. Die Wälzlager können ausgewählt werden, während die Gleitlager berechnet und konstruiert werden müssen. Hier läßt sich etwas Ähnliches erreichen; im zweiten Band werden Unterlagen dafür gegeben, daß auch beim Gleitlager eine unmittelbare Auswahl möglich ist. Die Industrie beginnt, Gleitlager — genauer gesagt Lagerschalen, Lagerbuchsen und Axiallager — einbaufertig herzustellen, so daß dem Konstrukteur in Zukunft bei deren Auslegung nicht mehr Arbeit erwachsen wird, als bei der Verwendung von Wälzlagern.

Die Lagerberechnung stellt bis zu einem gewissen Grad ein Analogon zur Festigkeitsrechnung dar. Nach dieser Lehre werden Spannungen errechnet, die sich innerhalb bestimmter Grenzen bewegen müssen, wenn die Haltbarkeit der Bauteile gewährleistet sein soll. Die Materialprüfung wird in Zerreiß- oder entsprechenden Sonderversuchen durchgeführt; zulässige Spannungen und Bruchfestigkeiten stehen in Beziehung miteinander, niemals darf jedoch die zulässige Spannung die Bruchfestigkeit erreichen.

Beim Gleitlager hat man Versuche bis zur Grenze der Belastungsfähigkeit durchgeführt, worüber besonders in den Beispielen 29 und 30 berichtet wird. Infolge Fehlens einer der Festigkeitslehre entsprechenden Disziplin glaubte man, die in den Versuchen enthaltenen Grenzwerte auch für die Belastungen in der Praxis anwenden zu können. Das mußte notwendigerweise zu gleichen Mißerfolgen führen, wie etwa in der Festigkeitslehre, wenn mit der Bruchfestigkeit als betrieblich zulässiger Spannung gerechnet wird. Darüber hinaus wirken im Lager, bei dem die Bewegung das Wesentliche ist, noch Dissipativkräfte, die Energieverluste und daraus folgende Temperaturerhöhungen mit sich bringen und ein Miteinbeziehen der Wärmefragen unerläßlich machen. Daher ist die Lehre vom Gleitlager nicht so einfach, wie die Festigkeitslehre, in der nur die Reaktionskräfte betrachtet werden, die keine Energie verzehren.

Aus dem Fehlen grundlegender Regeln und der langjährigen Gepflogenheit der Gleitwerkstoff-Hersteller, mit möglichst großen Zahlen imponieren zu wollen, folgen heute noch undiskutable Forderungen der Praxis. Dazu mag der Satz aus Ziffer 2.13 wiederholt werden: Man kann von der Rechnung nicht verlangen, daß sie Unmögliches erfüllen hilft; sie kann nur eine Aussage dahingehend geben, was geschehen muß, um einen ordentlichen Betrieb zu gewährleisten.

10.2 Die empirische Entwicklung des Radiallagers bis zu technischen Großleistungen

Die aus der Praxis kommenden nicht erfüllbaren Forderungen haben noch eine andere Ursache: Die große Anpassungsfähigkeit des Gleitlagers. Die Ausführungen dazu sind auch geeignet, ein besseres Verstehen der Zusammenhänge einzuleiten; der interessierte Leser möge dabei noch die ersten vier Absätze des Vorworts zur ersten Auflage beachten.

Mit dem Gleitlager wurde der Technik ein Maschinenelement gegeben, dessen entscheidenden Vorgang die Natur geheimhielt. Sie hat dem Öl oder Fett Funktionen zugewiesen, die dem Konstrukteur unbewußt bleiben, ihm seine Aufgabe aber weitgehend erleichtern. Es genügt eine Zeichnung nach bewährten Vorlagen und das Einhalten gewisser Grenzen für Belastung und Drehzahl, dann funktioniert das Gleitlager im Rahmen der Anforderungen zufriedenstellend und erübrigt damit vertieftes Nachdenken; es wird seiner Anpassungsfähigkeit wegen auch als „geduldiges" Maschinenelement bezeichnet.

Trotz dieses bescheidenen Standes des Wissens wurden technische Großleistungen verwirklicht. Geht man etwa 50 Jahre zurück, so gab es damals schon Schnellzuglokomotiven bis 150 km/h, Güterzuglokomotiven bis 7000 PS, elektrische Schnelltriebwagen bis 210 km/h, Großgasmaschinen bis 10000 PS, Schiffsmaschinen bis 20000 PS, Walzenzugmaschinen bis 25000 PS, Dampfturbinen mit Wellendrehzahlen bis 30000/min oder Leistungen bis 50 MW. Der direkte Turbinenantrieb des Vierschrauben-Schnelldampfers „Imperator" war für 61000 PS ausgelegt, die Maximal-Dauerleistung betrug jedoch als Mittelwert mehrerer Reisen über den Ozean 75000 PS.

Betriebssicher in unserem heutigen Sinne waren die meisten Lager aber nicht, nur die Turbinenlager machten wegen der Umlauföl-Versorgung eine Ausnahme. Sonst hatte der Betreuer seine Sorgen: Beim Halt eines Schnellzuges ging der Lokomotivführer um die Maschine herum, prüfte mit der Hand die Temperatur der Achsen und gab bei bedenklicher Erhöhung einen Schuß Zylinderöl auf die Achse. Warmgehende Lager von Schiffsmaschinen hat man mit dicken Wasserstrahlen überflutet, man nannte es direkte Kühlung; von indirekter Kühlung sprach man bei wasserdurchflossenen hohlen Lagerschalen. Bei Großgasmaschinen waren nicht nur Ersatzlager vorhanden, ganze Triebwerke, Kurbelwelle, Schubstange und Kreuzkopf lagen oft neben der Maschine, um nötigenfalls sofort zur Hand zu sein. Es ist sogar die Meinung geäußert worden, daß die wärmetechnisch sehr günstig arbeitende Großgasmaschine durch die hohen Instandhaltungskosten für das Triebwerk unwirtschaftlich wurde. Walzwerkslager konnten bei langen Stichen so warm werden, daß sich dunkelrot-glühende Ringe um die Zapfen bildeten.

Man muß sich dabei vergegenwärtigen, daß zum Erreichen derartiger Erwärmungen 1000 PS je Lager oder noch weit mehr erforderlich sind; Walzenzugmaschinen mit den genannten Leistungen waren stark genug, solche Verluste zu überwinden. Befriedigende Unterlagen über die notwendige Energie zum Walzen gab es damals ebensowenig wie über die Verluste in Lagern und die Möglichkeiten zu deren Verminderung.

10.3 Störungen bei Lagern und anderen Maschinenteilen

Von einer allgemein befriedigenden Funktion des Maschinenelementes Gleitlager kann daher keine Rede sein. Das wirft die Frage auf, warum denn diesem Problem nicht mehr Aufmerksamkeit gewidmet wurde. Darauf läßt sich erwidern, daß andere Störungen, vorwiegend Brüche, weit augenfälliger in Erscheinung traten und die Maschinen zum sofortigen Stillstand brachten. Demgegenüber zeigten sich Mängel an Lagern weniger plötzlich, bei guter Überwachung kündigten sie sich rechtzeitig an, man konnte vorbeugende Maßnahmen ergreifen. Mit vorsichtigem Fahren ließ sich ein Zug noch zum nächsten Bahnhof oder ein Schiff in einen Hafen bringen; bei Walzwerken wurden Pausen eingelegt, in denen man die Lager intensiv kühlte. Überschüssige Wärme ließ sich in vielen Fällen immer noch aus den Lagern herausholen und ein Weiterfahren ermöglichen, mit gebrochenen Teilen geht das nicht.

Veröffentlichungen über derartige betriebliche Vorkommnisse gibt es kaum. H. Haeder (1904) berichtet in seinem Buch „Die kranke Dampfmaschine" über 150 Schäden, ihre Ursachen und Behebung. Ein Fall aus dem Bereich der Lagerstörungen sei hier größtenteils wörtlich wiedergegeben: „Wie geduldig überhaupt ein Lager sein kann, zeigt folgender Vorfall. Eine vertikale Maschine von 530 mm Bohrung, 600 mm Hub, war 9 Jahre im Betrieb und tat, abgesehen von etwas Schlag im Hauptlager, ihre Schuldigkeit, obwohl sie für ihre Größe überlastet war. Unregelmäßigkeit: Endlich wurde der Schlag in dem zweiteilig ausgeführten Hauptlager immer stärker, man sah, wie die Welle an der Kurbelseite bei jedem Hub hin und her zuckte. Die alten Lagerschalen hatten nach neunjährigem Betrieb an einigen Stellen der Auflage nur noch eine Wandstärke von 0,6 mm statt der ursprünglichen 20 mm. Ursache: Die Auflagefläche der Lagerschale war zu klein, bei $B = 250$ mm war die axiale Breite der Auflage insgesamt nur etwa 85 mm. Abhilfe: Einbau neuer Lagerschalen." Hier war die in 8.52 erwähnte Konstruktionssünde begangen, die Schalen nur an den Enden aufliegend mit verhältnismäßig schwacher Mitte herzustellen; trotzdem lief die Maschine damit neun Jahre. Ein anderer Maschinenteil als ein Lager hätte unter ähnlichen Umständen seine Funktion nicht so lange ausüben können, die Bezeichnung „geduldig" ist daher gerechtfertigt.

Wie andere Unfälle ausgehen können, möge man aus Haeder (1904) S. 251 bis 257 entnehmen. Der Hochdruckschieber einer Schiffsmaschine war infolge starker Abnutzung gebrochen, so kam Dampf unter Kesseldruck in den Niederdruckzylinder und führte zum Bruch des Schieberkastendeckels, der für den hohen Druck nicht bemessen war. Durch den ausströmenden heißen Dampf kamen sechs Menschen ums Leben.

Brüche in den verschiedensten Formen machten dem Maschinenbetrieb mehr Sorgen als Lagerstörungen. J. Hartig (1908) beschreibt über 60 Unfallmöglichkeiten bei Schiffsmaschinen, von denen sich nur zwei auf die Lager beziehen; die übrigen befassen sich mit Brüchen von Zylinderdeckeln, Kolben, Kolbenstangen, Pleuelstangen, Schiebern, Schieberkastendeckeln, Kulissen, Exzenterstangen, Kurbelwellen oder Teilen der Wellenleitungen und Pumpen. Auch hier erscheinen die Schwierigkeiten mit Lagern von untergeordneter Bedeutung. Im gleichen Sinne ist ein weiterer literarischer Beleg zu werten, der vor allem der Kuriosität wegen mitgeteilt sei. OSKAR VON MILLER berichtet in seinen Aufzeichnungen, die W. VON MILLER (1932) veröffentlichte, über die Schwierigkeiten bei der Inbetriebnahme der ersten Station für die öffentliche Stromversorgung in Berlin im September 1884: „Die Maschinenanlage war die reinste Teufelsküche. Einmal blies der Dampf aus, dann ging die Maschine durch, dann schmolz ein Kupferstab ab usw. ... Die Maschinen liefen, bis wir Wasserkühlung an den Lagern eingerichtet hatten, sehr oft warm, so daß es einmal vorkam, daß RATHENAU und ich mit rasch aus dem Café herbeigeholten Servietten und Sektkühlern die Lager kühlen mußten".

Diese Ausführungen geben zwar ein Bild von der Leistungsfähigkeit und Anspruchslosigkeit des Gleitlagers, sie lassen aber auch erkennen, daß wenig Anlaß zu einer Vertiefung des Wissens darüber gegeben war. Zunächst einmal mußte die Haltbarkeit der Bauglieder gesichert sein; Festigkeits- und Schwingungslehre sowie die Werkstoffkunde wurden daher mit großem Erfolg so weit entwickelt, daß Brüche heute nur noch vereinzelt auftreten.

Die „Geduld und die Anspruchslosigkeit" des Gleitlagers, genau genommen aber nur des Radiallagers, führten und führen heute noch zu dem Schluß, bei diesem Maschinenelement handele es sich um etwas Untergeordnetes, das keine vertieften theoretischen Betrachtungen erfordere, mit der Wahl eines geeigneten Lagerwerkstoffes sei eben alles getan. Jedermann fühlt sich leicht berufen, hier mitzureden oder Untersuchungen durchzuführen. Messungen ohne feste theoretische Grundlage vermehren aber nach Ziffer 2.7 nur die ohnehin schon recht umfangreiche Literatur; sie liefern weder für die Praxis brauchbare Zahlenunterlagen, noch führen sie zu wissenschaftlichem Fortschritt.

Zu den Versuchen ohne feste theoretische Grundlage gehören auch viele „Vergleichsversuche", wie solche seit etwa 1920 in großer Zahl durchgeführt sind. Meist sollten dabei besondere Eigenschaften von Werkstoffen festgestellt werden. Das geschah durch Herauslösen von Einzelheiten aus dem Zusammenhang und deren gesonderter Untersuchung; dabei erscheinen dann die gesuchten Einflüsse weit übertrieben. Sinnvolle Ergebnisse können nur im hinreichend großen Rahmen einer Gesamtaufgabe erhalten werden. Viele Untersuchungen über Lager wurden zu weit vereinfacht vorgenommen; das Wissen auf diesem Gebiet konnte dadurch weder erweitert noch vertieft werden.

10.4 Der Einfluß der Wälzlagertechnik

Der Konstrukteur hat den fehlenden Fortschritt weniger empfunden, weil ihm — seit etwa 1920 — auch Wälzlager als genormte Bauelemente zu annehmbaren Preisen zur Verfügung stehen. Deren Hersteller machten technisch vernünftige Angaben über Belastungsverhältnisse und Lebensdauer; danach ausgelegte Lagerungen funktionierten zufriedenstellend. Die Gleitlagerwerkstoff-Lieferanten versuchten dagegen, für ihre Erzeugnisse mit den auf Prüfständen ermittelten *pv*-Höchstwerten zu werben, ohne daß gleichzeitig eine sinnvolle Regel zum technischen Handeln mitgegeben wurde. Die *pv*-Werte waren praktisch nur in engem Bereich weit unter den Prüfstand-Höchstwerten anwendbar und schon deshalb unvollkommen, weil das eigentliche kräfteübertragende Mittel – das Öl – nicht berücksichtigt wurde. Das tat der Anwendung von Gleitlagern erheblichen Abbruch, förderte aber den Einsatz von Wälzlagern in ungeahnter Weise.

10.5 Das Versagen der empirischen Entwicklung beim Axiallager

Die gewiß stattliche Reihe der vor fünf Jahrzehnten schon erreichten technischen Großleistungen ist nur mit Radiallagern verwirklicht, große Axiallager ließen sich damals noch nicht bauen. Mit einigem Wagemut war man bei den Drucklagern von Turbinenschiffen mit dem Produkt $p \cdot v$ auf Werte bis 85 gegangen, und zwar bei Torpedobooten; sonst blieb man damit unter $pv =$ 20 kpm/cm²s. Der 1914 gebaute 57000 t-Dampfer „Imperator“ hatte Drucklager mit vier Ringen, $P = 114000$ kp, $\overline{p} = 7{,}7$ kp/cm², $U = 6{,}93$ m/s, also $pv =$ 53,3 kpm/cm²s, während die Lager des 1903 gebauten Schnelldampfers „Kaiser Wilhelm II.“ nur für $pv = 10$ kpm/cm²s ausgelegt waren. Bei den Turbinenschiffen wurden die Drucklager an die Umlauf-Ölanlage mit angeschlossen, die für die Turbinen sowieso notwendig war; die damit gegebene bessere Ölversorgung und Wärmeabfuhr ermöglichte die höheren Werte. Das wird aber in der Literatur nicht besonders erwähnt, derartige Angaben muß man sich mühsam aus verstreuten Mitteilungen zusammenstellen; oft stimmen die Zahlenangaben nicht.

So wie es scheint, blieben Schiffs-Drucklager die einzigen Ausführungen für derartige Belastungen und Drehzahlen. Großmaschinen mit senkrechter Welle wurden nicht gebaut, und wenn schon, dann erhielten sie hydrostatische Lager mit Tragdruck von außen. Bei den zu Anfang dieses Jahrhunderts erstellten Curtis-Dampfturbinen von 5000 kW hatten die rotierenden Teile ein Gewicht von etwa 50000 kp bei $n = 500$/min. Die 1913 gebauten 10000 PS-Wasserturbinen von Keokuk liefen mit $n = 57{,}7$/min bei einer Axiallast von 250000 kp. Den hydrostatischen Lagern wurde aber kein Vertrauen entgegengebracht; eine Notwendigkeit zum Bau derartiger Anlagen wurde auch gar nicht anerkannt, weil es zur Lösung der von der Technik damals gestellten Aufgaben genügend Möglichkeiten gab, ohne große Axiallager auszukommen.

Die in 10.2 gegebene Zusammenstellung über Großausführungen läßt das gut erkennen; sie gibt trotz ihrer Kürze ein überzeugendes Bild von der Leistungsfähigkeit des Radial-Gleitlagers. Dieses konnte auf empirischem Wege weiter entwickelt werden, weil es durch seine Geometrie das verborgene – latente – Tragvermögen in sich birgt. Eine ähnliche Steigerung war beim Axiallager nicht möglich. Hier mußte eine intellektuell gewonnene *Erkenntnis* einsetzen, die mit den rein empirischen Fortschritten nie zu erreichen war. Die zum Tragen notwendige Geometrie mußte durch konstruktive Maßnahmen geschaffen werden.

Wenn das Radiallager versagte, war es meist der Mangel an Öl. Auch in den zwanziger Jahren wurden die wichtigen Lager großer Maschinen entweder noch aus Dochtschmiergefäßen oder durch automatische Vorrichtungen versorgt, die ähnlich kleine Mengen abgaben wie die Dochte. Zur Ableitung der Wärme wurden besondere Kühlsysteme vorgesehen. Mit Umlauf-Ölversorgung hätten diese Lager vermutlich ohne jede Störung gearbeitet und sicher auch ohne besondere Kühlung, denn bei den kleinen Gleitgeschwindigkeiten hätte das Umlauföl zur Wärmeabfuhr ausgereicht.

Beim Axiallager aber genügte die Ölmenge allein nicht, viele alte Spurlager liefen im Ölbad und versagten trotzdem: Das *Schmieren reicht allein nicht aus, das Lager muß tragen.* Das Radiallager trägt und durch das Tragen vermindert sich der Laufwiderstand. Die Urform des Axiallagers, das alte Kammlager mit parallelen Flächen, trägt nicht oder nur sehr wenig und das fehlende Tragen bringt keine Verminderung des Laufwiderstandes.

10.6 Die Aufgabe des Öles im Lager und in der Maschine

Damit mag noch einmal auf die Fragwürdigkeit der Bezeichnung „Schmieren" eingegangen werden. Für die Versorgung mit Öl oder Fett ist sie angebracht, für die Kennzeichnung der Widerstandsverminderung dagegen nicht. Alte Spur- und Kammlager waren gut geschmiert, ohne daß man sie so belasten konnte wie ein Radiallager. C. Bach (1924), S. 199, beschreibt ein Kammlager für eine waagerechte Welle mit Ölbehälter im unteren Gehäuseteil, „so daß die Kammzapfen zur Hälfte im Öl baden, wodurch eine vollkommene Schmierung gesichert wird." Was hier unter „vollkommener Schmierung" verstanden werden soll, bleibt unklar. Wenn eine ausreichende Ölversorgung damit gemeint ist, so wäre der Ausdruck berechtigt, vollkommenes Tragen im Sinne von Ziffer 2.43 war gewiß nicht vorhanden, das wird aber meistens ebenso bezeichnet.

Beachtenswert sind früher gebrauchte Bezeichnungen, die die Überflüssigkeit der Vorsilbe „Schmier" beweisen, so schreibt O. Banner (1916) von der „Ölhaut", dem „Ölkeil" und der „tragenden Ölschicht", ebenso O. Lasche (1921). J. v. Freudenreich (1917) gebraucht den Ausdruck „Ölband", M. Schwarzmann (1923/24) spricht vom „tragfähigen Ölfilm" und in der Festschrift der AEG (1928) heißt es auch „Ölkeil".

Für die Bezeichnung „Schmierstoff" wird die angebliche Allgemeinheit geltend gemacht, dem wäre zuzustimmen, wenn der Begriff des Schmierens klar oder eindeutig wäre. Die Ausdrücke Öl und Fett sind allgemein genug; Öle und Fette können pflanzlich, tierisch, mineralisch oder synthetisch sein. Für die Lager ist die Herkunft erst in zweiter Linie von Bedeutung, aber Öl oder Fett geben einschneidende Unterschiede: Mit Fett kommt man über $U \approx 2$ m/s nicht recht hinaus, mit Öl lassen sich $U = 100$ m/s und mehr erreichen. Deshalb ist Öl, und zwar Mineralöl als Lageröl oder Maschinenöl, der Prototyp für den Bereich der Stoffe zur Kräfteübertragung zwischen Welle und Lager und aufeinander gleitender Maschinenteile überhaupt.

Mit dieser Fassung ist auch die *Aufgabe des Öles* im Lager oder ganz allgemein in der Maschine gekennzeichnet: *Kräfte übertragen und Wärme abführen.* Das ist eine klare und den physikalischen Inhalt kennzeichnende Formulierung, der gegenüber Schmierung = Reibungsminderung als ein mühsam herangezogenes Behelfswort erscheint.

10.7 Schlußwort

In der Vorrede zur ersten Auflage war dem Buch — wenn auch etwas versteckt — noch eine weitere Aufgabe zugedacht, die sich auf die wissenschaftliche Erforschung der grundlegenden Zusammenhänge bezieht. Zunächst sollte es zwar dem Konstrukteur Anweisungen für die Auslegung seiner Lager und eine gebührende Berücksichtigung des Öls auf die ihm in der Maschine zukommende Aufgabe vermitteln. Würde sich dann ein sicherer Betrieb einstellen, so müßte daraus der Schluß gezogen werden, daß das Geschehen im Lager richtig erkannt und beschrieben wurde. Damit wäre eine sichere Basis für die Grundlagen des Reibungsvorganges geschaffen, die in den letzten Jahrzehnten größtenteils in Bereichen gesucht wurden, in denen sie nicht zu finden sind. Von anderer Seite wurde diese Entwicklung etwas hart, doch wohl treffend als *Reibungsmystik* bezeichnet. Im ersten Vorwort wurde von der teilweise stark entarteten Grundlagenforschung im Bereich der Reibung gesprochen. Auf dem Wege über die technische Anwendung sollte diese in wirklichkeitsnahe Bahnen zurückgelenkt werden. Dabei eine Hilfe zu sein, wurde auch als Aufgabe des Buches angesehen.

Die Erwartungen haben sich bestätigt, teilweise sogar in entscheidenden Fällen mit treffender Deutlichkeit. Gemessene und gerechnete Verluste an großen elektrischen Maschinen stimmen gut überein, ebenso bei großen Axiallagern; teilweise wird darüber im zweiten Band berichtet werden. Ein Unternehmen für Walzwerksbau schreibt 1964:

„In bezug auf Tragfähigkeit und Lebensdauer sind beim richtig ausgelegten Gleitlager Werte zu erzielen, die den extremsten Bedingungen gerecht werden können. Bei über 50 von uns gebauten Walzwerken mit Gleitlagern als Walzenzapfenlager liegen inzwischen allerbeste Erfahrungen vor, wobei Flächenpressungen von etwa 340 kg/cm² erreicht werden.

Die Berechnung erfolgt nach der von Ihnen in Ihrem Buch ‚Betriebssichere Gleitlager' gegebenen Lehre. Die Praxis bestätigte die Richtigkeit dieser Berechnungsmethode in vollem Umfang. Selbst bei Vernachlässigung einzelner Werte in der Rechnung ist die exakte Bestimmung des zum Betrieb erforderlichen Schmiermittels möglich, und es hat sich gezeigt, daß hiermit die größte Betriebssicherheit erreichbar ist. Diese Unterlagen bestätigen die Richtigkeit Ihrer Lehre."

Darin ist all das enthalten, was bei der Herausgabe des Buches erwartet wurde.

Literaturverzeichnis

ALBRECHT, O.: Die Wasserkraftanlage Augst-Wyhlen, II. Das Kraftwerk Wyhlen. Schweiz. Bauztg. 62 (1913) 1–5, 15–19 u. 29–31.

American Society of Mechanical Engineers, Research Committee on Lubrication: Viscosity and density of over 40 lubricating fluids of known composition at pressures to 150000 psi and temperatures to 425 °F, Vols. I and II, New York: American Society of Mechanical Engineers 1953.

AMONTONS, G.: De la résistance causée dans les machines, tant par les frottements des parties qui les composent, que par la roideur des cordes, qu'on y employe, et la manière de calculer l'un et l'autre, Mémoires de l'Académie Royale des Sciences pour l'année 1699, Paris, S. 206.

ARCHBUTT, L., u. R. M. DEELEY: Lubricants and Lubrication, London: Griffin 1900.

ARNOLD, E., u. J. L. LA COUR: Die Gleichstrommaschine, Bd. 1, 1. Aufl. 1902, 2. Aufl. 1906, 3. Aufl. 1919, Berlin: Springer.

BACH, C.: Die Maschinen-Elemente, ihre Berechnung und Konstruktion, 1. Bd., 1. Aufl. 1881, 8. Aufl. 1901, Stuttgart: Arnold Bergsträsser, 2. Bd., 12. Aufl., Leipzig: Kröner 1924.

BANNER, O.: Turbokompressoren für Bordbetrieb. Jahrb. d. Schiffbautechn. Gesellsch. Bd. 17, 1916, S. 498–516.

BARWELL, F. T.: Lubrication of Bearings, London: Butterworth 1956.

BAUER, G., u. O. LASCHE: Schiffsturbinen, 2. Aufl., München u. Berlin: Oldenbourg 1913.

BAUER, K.: Einfluß der endlichen Breite des Gleitlagers auf Tragfähigkeit und Reibung, Forsch. Ing.-Wes. 14 (1943) 48–62.

BERNDT, G.: Die Oberflächenbeschaffenheit bei verschiedenen Bearbeitungsverfahren. Loewe-Notizen 9 (1924) 26ff.

BIEL, C.: Die Reibung in Gleitlagern bei Zusatz von Voltolöl zu Mineralöl und bei Veränderung der Umlaufzahl und der Temperatur. Z. VDI 64 (1920) 449–452 u. 483–485.

BOLZ, R. W.: Design Considerations for Manufacturing Economy. Mech. Engng. 71 (1949) 1004–1010.

TEN BOSCH, M.: Berechnung der Maschinenelemente, 3. Aufl., Berlin/Göttingen/Heidelberg: Springer 1951.

BOSNJAKOVIC, F.: Technische Thermodynamik, Dresden u. Leipzig: Theodor Steinkopff 1944.

BOYD, J.: A Viscosity System for Industrial Lubricants. Lubrication Engng. 20 (1964) 142–144.

BRADBURY, M. M., M. MARK u. R. V. KLEINSCHMIDT: Viscosity and Density of Lubricating Oils from 0 to 150000 psig and 32 to 425 °F. Trans. ASME 73 (1951) 667–676.

BROWN, R. C.: The Fundamental Concepts Concerning Surface Tension and Capillarity. Proc. Phys. Soc. 1947, 429–448.

BÜCHE, W.: Untersuchungen über molekularphysikalische Eigenschaften der Schmiermittel und ihre Bedeutung bei halbflüssiger Reibung. Petroleum 1931, H. 33.

BUSKE, A.: Lager für hohe Anforderungen, Preisausschreiben 1940 der Lilienthal-Gesellschaft, Bericht S 11, S. 7–48.

— (1951a): Der Einfluß der Lagergestaltung auf die Belastbarkeit und Betriebssicherheit. Stahl u. Eisen 71 (1951) 1420–1433.

— (1951b): Erörterung zu dem Vortrag von Dr. Frössel, Mehrgleitflächenlager. Stahl u. Eisen 71 (1951) 1379–1388, insbes. 1386.

CAMERON, A.: Determination of the Pressure-Viscosity-Coefficient and Molecular Weight of Lubricating Oils by means of the Temperature-Viscosity Equations of Vogel and Eyring. J. Inst. of Petroleum 31 (1945) 401–414.

CAMERON, A., u. W. L. WOOD: The Full Journal Bearing. Proc. Inst. mech. Engrs. 161 (1949) 59–72.

CARL, T.: Das zylindrische Gleitlager unter konstanter und sinusförmiger Belastung – eine experimentelle Untersuchung. Diss. TH Karlsruhe 1962.

— : Schmierfilmdruck und Wellenverlagerung in zylindrischen Gleitlagern unter konstanter und sinusförmiger Belastung. Konstruktion 15 (1963) Nr. 6, S. 209–217.

CLAYTON, D., u. C. JAKEMAN: The Measurement of Attitude and Eccentricity in Complete Clearance Bearings. Proc. Instn. mech. Engrs. 134 (1936) 437–506.

COHN, G., u. J. W. OREN: Film-Pressure-Distribution in Grease-Lubricated Journal Bearing. Trans. ASME 71 (1949) 555–560.

CONSTANTINESCU, V. N.: Teoria Lubrificatiei in regim turbulent, Bucureşti: Editura Academiei Republicii Populare Romîne 1965.

CONTI, G.: Antifriction Bearings. Milano: Ulrico Hoepli, Vol. 1: 1957, Vol. 2: 1959. Deutsche Übersetzung: Die Wälzlager, München: Carl Hanser, Bd. 1: 1963, Bd. 2: 1965.

COUETTE, M. M.: Études sur le Frottement des Liquides. Annales de Chimie et de Physique. VI. Série 21 (1890) 433–510.

COULOMB, C. A.: Théorie des machines simples, en ayant égard au frottement de leurs parties et à la roideur des cordages. Pièce qui a remporté le prix double de l'académie des sciences pour l'année 1781, Mém. de mathem. et de physique présentées à l'académie Royale des Sciences, par divers Savants, Bd. 10 (1785) 161–332 und 5 Tafeln.

CRANZ, H.: Versuche mit Schmierringen bei höheren Tourenzahlen, Diss. 1912, Verlagsanstalt Stuttgart.

DEMMEL, A., u. O. SCHMIDT: Das Rheinkraftwerk Ryburg-Schwörstadt. Z. VDI 75 (1931) 441–452.

DEPREZ, M.: Sur le loi du frottement. Comptes rendus 99 (1884) 861–864.

DETTMAR, G.: Die Reibungsverluste in elektrischen Maschinen. ETZ 22 (1899) 397–400.

DIEDRICH, A., u. W. NIERMANN: Die Schmierungsanlagen einer neuen Block-Brammen-Straße und einer neuen Breitbandstraße. Stahl u. Eisen 76 (1956) 469–474.

DOTTERWEICH, E.: Untersuchungen des Schmiervorgangs an fettgeschmierten Gleitlagern. Diss. TH Darmstadt: 1965.

DRESCHER, H.: Gleitlager mit Luftschmierung. Z. VDI 95 (1953) 1182–1190.

— : Zur Berechnung von Axial-Gleitlagern mit hydrodynamischer Schmierung. Konstruktion 8 (1956) 94–104.

— (1956a): Versuchsstand für Querlager mit schwimmender Reibungswaage. Konstruktion 8 (1956) 228–231.

DROSTE, K.: Zur Frage der Betriebssicherheit bei Quergleitlagern. Schmiertechnik 1954, S. 2–6.

— : Schmierung und Gestaltung von Gleitlagern, I. Entwicklungslinie und Grundsätze der Gleitlagertechnik. Stahl u. Eisen 77 (1957) 1135–1145 und II. Lagerkennzahl, Gleitraumgestaltung und Lagerwerkstoffe. Stahl u. Eisen 77 (1957) 1196–1204.

DUFFING, G.: Die Schmiermittelreibung bei Gleitflächen von endlicher Breite. In AUERBACH-HORT, Handb. d. phys. u. techn. Mechanik, Bd. 5, Leipzig: Barth 1931, S. 839–850.

ENGLER, C. (1885a): Ein Apparat zur Bestimmung der sogenannten Viscosität der Schmieröle. Chemiker-Ztg. 9 (1885) 189/190.

— (1885b): Über einen Apparat zur Bestimmung der Viscosität (Zähflüssigkeit) der Öle. Z. VDI 29 (1885) 882/883.

ERK, S.: Untersuchung einiger technischer Zähigkeitsmesser. Z. techn. Physik 8 (1927) 595–599.

— : Die Zähigkeit als hydrodynamisch maßgebende Stoffeigenschaft. In: A. EUCKEN u. M. JACOB: Der Chemie-Ingenieur, Bd. I, Leipzig: Akademische Verlagsgesellschaft 1933, S. 57–96.

ERK, S., u. H. ECK: Über die Temperaturabhängigkeit der Zähigkeit von Schmierölen. Phys. Z. 37 (1936) 113–119.

ESCHMANN, P., L. HASBARGEN u. R. WEIGAND: Die Wälzlagerpraxis, München: Oldenbourg 1953.

EULER, L.: Sur le frottement des corps solides. Histoire l'Académie Royale de Berlin, Bd. 4, 1748, S. 122–132.

FALES, E. N.: The Mississippi River Dam at Keokuk, Iowa, USA. The Power House. Engineering 96 (1913) 712–714.

FALZ, E.: Grundzüge der Schmiertechnik, 1. Aufl. 1926, 2. Aufl. 1931, Berlin: Springer.

— (1934a): Lagerspiele für hohe Drehzahlen. Schweiz. Bauztg. 103 (1934) 183.

— (1934b): Der Ölverbrauch bei Preßschmierung. Z. Petroleum, 1934, H. 9.

FEIGHOFEN, H.: Schmieröle für Gleitlagerungen. Maschinenmarkt 63 (1957) Nr. 1/2.

— : Wissenswertes über Schmiermittel für Gleitlagerungen. Maschine – Werkzeug, 1962, H. 18.

FOGG, A.: Film Lubrication of Parallel Thrust Surfaces. Proc. Instn. mech. Engrs., Lond. 155 (1946) 49ff.

FRÄNKEL, A.: Berechnung von zylindrischen Gleitlagern, Zürich u. Leipzig: Leemann 1944.

v. FREUDENREICH, J. (1917a): Zur Theorie moderner Drucklager. Z. ges. Turbinenwesen 14 (1917) 293–295.

— (1917b): Moderne Drucklager. BBC-Mitt. (Baden) 4 (1917) 3–9, 35–44, 58–65 und 80–85. BBC-Mitt. (Mannheim) 5 (1918) 9–16, 27–35, 46–54 u. 71–75.

FRÖSSEL, W.: Berechnung der Reibung und Tragkraft eines endlich breiten Gleitschuhes auf einer ebenen Gleitbahn. Z. angew. Math. Mech. 21 (1941) 321–340.

FULLER, D. D.: Theory and Practice of Lubrication for Engineers, New York: Wiley, London: Chapman & Hall 1956.

GERSDORFER, O.: Das Gleitlager. Wirkungsweise, Konstruktion, Baustoffe und Berechnung. Wien u. Heidelberg: Bohmann 1954.

— : Die Berechnung der Betriebstemperatur von Gleitlagern. Maschinenbau u. Wärmewirtschaft 10 (1955) 69–75, 184–188, 219–223 u. 233–238.

— : Axialdruck-Gleitlager. Konstruktion 8 (1956) 87–94.

GIRARD, L. D. (1862a): Note sur un nouveau système de chemin de fer, dit chemin de fer glissant. Comptes rendus 54 (1862) 932/933.

— (1862b): Note sur les expériences des surfaces glissantes et sur leur application aux pivots des arbres verticaux. Comptes rendus 55 (1862) 926–928.

v. GLINSKI, H.: Der Bewegungswiderstand von Eisenbahnfahrzeugen zu Beginn des Anfahrens. Z. VDI 56 (1912) 2065–2067.

GOODMAN, J.: An experimental determination of the distribution and thickness of the oil film in a flooded cylindrical bearing (Part II). Min. Proc. Instn. civ. Engrs. 233 (1933) 244–266.

GOTTER, G.: Erwärmung und Kühlung elektrischer Maschinen, Berlin/Göttingen/Heidelberg: Springer 1954.

GOTTWEIN, K.: Einfache Ermittlung der Reibungszahlen bei vergleichenden Lagermetall- u. Ölprüfungen. Maschinenbau 5 (1926) 844/845.

GRÖBER, H.: Die Grundgesetze der Wärmeleitung und des Wärmeüberganges, Berlin: Springer 1921.

GÜLDNER, H.: Entwerfen und Berechnen der Verbrennungskraftmaschinen, 3. Aufl. (Neudr.), Berlin: Springer 1922, S. 198–200: Reibungsarbeit der Zapfen.

GÜMBEL, L.: Das Problem der Lagerreibung. Mbl. Berlin. Bez.-Ver. dtsch. Ing. 5 (1914) 87–104 u. 109–120.

— : Der Einfluß der Schmierung auf die Konstruktion. Jb. schiffbautechn. Ges. Bd. 18, 1917, S. 236–322.

GÜMBEL, L., u. E. EVERLING: Reibung und Schmierung im Maschinenbau, Berlin: Krayn 1925.

GUTMANN, F., u. L. M. SIMMONS: The Temperature Dependence of the Viscosity of Liquids. J. appl. Physics 23 (1952) 977/978.

HAEDER, H.: Die kranke Dampfmaschine und erste Hilfe bei Betriebsstörung, 3. Aufl., Duisburg: Haeder 1904.

HANOCQ, C.: Vérification expérimentale de la théorie de Reynolds et Sommerfeld sur le frottement „fluide". Verh. 3. Int. Kongr. Techn. Mech., Stockholm 1930; Teil I, S. 298 bis 306.

— : Experimental Study of Journal bearings. Proc. Gen. Discussion on Lubrication and Lubricants, London, 13.–15. Okt. 1937, Bd. 1, S. 122–132.

— : Recherches sur la loi de dissipation de la chaleur dans les paliers. Rev. univ. Mines. 9. Bd. 3 (1947) 245–258.

HARDY, W. B., u. J. K. HARDY: Notes on Static Friction and on the Lubricating Properties of Certain Chemical Substances. Phil. Mag. (6) Bd. 38 (1919) 32–48. Deutsche Übersetzung: Bemerkungen zur Reibung der Ruhe und zu den Schmiereigenschaften gewisser chemischer Stoffe, von G. VOGELPOHL. Öl u. Kohle 38 (1942) 111–116.

HARRISON, W. J.: The Hydrodynamical Theory of Lubrication with Special Reference to Air as a Lubricant. Trans. Cambr. Phil. Soc. 22 (1912/1913) 39–54.

HARTIG, J.: Handbuch für Schiffsingenieure, 6. Aufl., Bremerhaven: v. Vangerow 1908.

HEIDEBROEK, E.: The Nature of Limit Friction. Proc. of the General Disc. on Lubrication and Lubricants, Bd. 1, London: The Inst. of Mech. Engrs., 1937, S. 133–137.

— : Richtlinien für den Austausch von Wälzlagern gegen Gleitlager, Dresden: Dresdener Verlagsgesellschaft 1950.

HEIDEBROEK, E., u. A. DÖRING: Vergleichende Untersuchungen an Lagerschalen-Werkstoffen. Dtsch. Kraftfahrtforsch. H. 52, Berlin: VDI-Verlag 1940.

HEILMANN, R. H.: Mellon Inst. Heat Transmission from Bare and Insulated Pipes. Industr. Engng. Chem. 16 (1924) 451–458.

HEIMANN, H.: Versuche über Lagerreibung nach dem Verfahren von Dettmar. Z. VDI 49 (1905) 1161–1168 u. 1224–1228.

HENNING, F.: Wärmetechnische Richtwerte, Berlin: VDI-Verlag, S. 83.

HERSCHEL, J. F. W., Light, Encyclopaedia Britannica 1830. Deutsche Übersetzung von E. SCHMIDT: Vom Licht, Stuttgart u. Tübingen: Cottasche Buchhandlung 1831.

HERSEY, M. D.: The Laws of Lubrication of Horizontal Journal Bearings. J. Washington Acad. Sci. 4 (1914) 542–552.

— : Theory of Lubrication, 1. Aufl. 1936, 2. Aufl. 1938, New York: Wiley, u. London: Chapman & Hall.

HILPERT, R.: Wärmeabgabe von geheizten Drähten und Rohren im Luftstrom. Forsch. Ing.-Wes. 4 (1933) 215–224.

HODGKINSON, F.: Journal Bearing Practice. Proc. Instn. mech. Engrs., Lond., 1929, 843–904.

HUMMEL, C.: Kritische Drehzahlen als Folge der Nachgiebigkeit des Schmiermittels im Lager. VDI-Forsch.-Heft 287, 1926.

IRTENKAUF, J., u. H. SCHUMACHER: Werkstoffumstellung im Werkzeugmaschinenbau. Werkstattstechnik u. Werksleiter 35 (1941) 109–112.

JAKEMAN, C., u. A. FOGG: The performance of complete clearance bearings as affected by changes in load, speed, clearance, and lubricants. General Discussion on Lubrication and Lubricants. Proc. Instn. mech. Engrs., Lond. 1 (1937) 138–144.

JAQUEROD, A., L. DEFOSSEZ u. H. MÜGELI: Recherches expérimentales sur le frottement de pivotement. a) Journal Suisse d'Horlogerie et de Bijouterie 1922, S. 269–274 u. 293–297; 1923, S. 8–10, 29–35 u. 53–57. b) Engl. Übers. in NACA Techn. Mem. Nr. 566 (1930) 54ff.

JODLBAUER, K.: Das Temperatur- und Geschwindigkeitsfeld um ein geheiztes Rohr bei freier Konvektion. Forsch. Ing.-Wes. 4 (1933) 157–172.

JÜRGENSMEYER, W.: Die Wälzlager, Berlin: Springer 1937.

JUSZA, J.: Raschlaufende Radiallager. Skoda-Mitt. 2 (1940) 11–16.

KAEMMERER, W.: Der Doppelschraubendampfer „Kaiser Wilhelm II". Z. VDI 47 (1903) 1093–1100 u. 1137–1145.

KAMMERER, O., G. WELTER u. G. WEBER: Entstehung und Durchführung der Lagerversuche (Ergebnisse d. Versuchsfeldes f. Maschinenelemente d. Techn. Hochschule Berlin, Heft 2), München u. Berlin: Oldenbourg 1920.

KAPFF, S.: Wertbestimmung von Schmierölen, besonders von Spindelölen, mit einem neuen Ölprüfer. Z. VDI 42 (1898) 553–558.

KARELITZ, G. B.: Performance of Oil-Ring Bearings. Trans. ASME, 1930, APM-52-5, S. 57–70.

KARELITZ, G. B., u. J. N. KENYON: Oil-Film Thickness at Transition from Semifluid to Viscous Lubrication. Trans. ASME 59 (1937) 239–246.

KIESSKALT, S.: Untersuchungen über den Einfluß des Druckes auf die Zähigkeit von Ölen und seine Bedeutung für die Schmiertechnik. VDI-Forsch.-Heft 291, 1927.

KOCH, W.: Über die Wärmeabgabe geheizter Rohre bei verschiedener Neigung der Rohrachse. Beih. z. Gesundh.-Ing., Reihe 1, H. 22. München u. Berlin: Oldenbourg 1927.

KOCH, W.: Der Schnelldampfer „Bremen", die Maschinen- und Kesselanlage. Z. VDI 74 (1930) 693–708.

KOCHANOWSKY, W.: Die Druckabhängigkeit der Viskosität und ihre Auswirkung auf die Schmierung von Gleitflächen. Kolloid-Z. 131 (1953) 74–83.

— : Grenzwerte von Tragfähigkeit und Reibung des Gleitlagers. Schmiertechnik 2 (1955) 152–154.

— : Die Brauchbarkeit der Reynoldsschen Theorie der Schmiermittelreibung für die Berechnung des Ölbedarfs eines Gleitlagers. ZAMM 36 (1956) 212–221.

KRAFT, E. A.: Neuere Spurlager. Maschinenbau, 1928, S. 357–362.
— : Die Dampfturbine im Betriebe, 2. Aufl., Berlin/Göttingen/Heidelberg: Springer 1952.
KRAUSSOLD, H.: Die spezifische Wärme von Mineralölen. Petroleum 28 (1932) 1–7.
KÜHNEL, R.: Werkstoffe für Gleitlager, 1. Aufl. 1939, 2. Aufl. 1952, Berlin/Göttingen/Heidelberg: Springer.
KUSS, E.: Über das Viskositäts-Druckverhalten von Mineralölen. Materialprüfung 2 (1960) 189–197.
LASCHE, O.: Die Reibungsverhältnisse im Lager bei hoher Umfangsgeschwindigkeit. Z. VDI 46 (1902) 1881–1890, 1932–1938 u. 1961–1971. VDI-Forsch.-Heft 9, 1903.
— : Kammlager für 900 Uml/min bei rd. 50 t Belastung für die Turbinen des Dampfers „Kaiser". Z. VDI 50 (1906) 1355–1358.
— : Konstruktion und Material im Bau von Dampfturbinen und Turbodynamos, 1. Aufl. 1918, 2. Aufl. 1921, 3. Aufl. 1925, Berlin: Springer.
LELOUP, L.: La Calcul des Paliers Lisses. Rev. Univ. Mines (9) Bd. 10 (1954) 258–273.
— : Die Berechnung von Gleitlagern. Schmiertechnik 2 (1955) 47–55.
LEWIS, M. W.: Maintenance of Backup Roll Bearings in Strip Mills. Iron Steel Engr. 35 (1958) 115–122; vgl. auch Bericht von K. DROSTE in: Stahl u. Eisen 79 (1959) 1823/1824.
LEYER, A.: Keilschmierung oder Druckölschmierung? Schweiz. Bauztg. 71 (1953) 66–69.
LINN, F. C., u. R. SHEPPARD: The Tapered-land Thrust Bearing. Proc. of the Gen. Disc. on Lubr. and Lubricants, Bd. 1, London: The Inst. of Mech. Engrs. 1937, S. 171–178.
LINNECKEN, H.: Zur Berechnung der Gleitlager (Traglager) im Bereich der flüssigen Reibung. Konstruktion 8 (1956) 105–111.
— : Öldurchsatz durch ein hydrodynamisch geschmiertes Lager in Abhängigkeit von Zuführdruck und Viskosität. Konstruktion 14 (1962) 261–264.
MCKEE, S. A.: The Effect of Running-in on Journal Bearing Performance. Mech. Engng. 49 (1927) 1335–1340; 50 (1928) 528–533.
— : Friction of Journal Bearings as Influenced by Clearance and Length. Trans. ASME 51 (1929) 161–171.
MEINERS, K.: Wärmeübergang an der einseitig beheizten, waagerechten Welle. Z. VDI 99 (1957) 667–671.
— : Beiträge zur Gleitlagerberechnung. VDI-Forsch.-Heft 488, 1961.
— : Die Berechnung der Gleitlagertemperatur auf allgemeiner Grundlage. Z. VDI 104 (1962) 893–900.
MEYER-JAGENBERG, G.: Lagerversuche. Werkstattstechnik 18 (1924) 41–46, 214–216 u. 229–236.
MICHELL, A. G. M.: The Lubrication of Plane Surfaces. Z. Math. Phys. 52 (1905) 123–137.
— : Progress of Fluid-Film Lubrication. Trans. ASME 51 (1929) APM 51-15, S. 153–163.
— : Lubrication, London u. Glasgow: Blackie 1950.
MIKULLA, L.: Die Belastbarkeit von Gleitlagern. Konstruktion 10 (1958) 350–357.
v. MILLER, W.: Oskar von Miller, München: Bruckmann 1932.
MORGAN, F., M. MUSKAT u. D. W. REED: Studies in Lubrication VIII: Lubrication of plane sliders. J. appl. Physics (N. Y.) 11 (1940) 541–548.
MORIN, A.: Nouvelles Expériences sur le Frottement, faites à Metz en 1831, Metz 1832.
MÜLLER, K.: Ölmengenmessungen an Ringschmierlagern. Diss. TH Berlin, Borna-Leipzig: Universitätsverlag R. Noske 1932.
MUSKAT, M., F. MORGAN u. M. W. MERES: Studies in lubrication VII: The lubrication of plane sliders of finite width. J. appl. Physics (N. Y.) 11 (1940) 208–219.
MUSKAT, M., u. H. H. EVINGER: Studies in Lubrication IX: The effect of the pressure variation of viscosity on the lubrication of plane sliders. J. appl. Physics (N. Y.) 11 (1940) 739–748.
NEEDS, S. J.: Influence of Pressure on Film Viscosity in heavily loaded Bearings. Proc. General Discussion on Lubrication and Lubricants. Bd. 1, London: The Inst. of Mech. Engrs. 1937, S. 216–222.
— : Influence of Pressure on Film Viscosity in heavily loaded Bearings. Trans. ASME 60 (1938) 347–358.
NEWKIRK, B. L.: Instability of oil films and more stable bearings. Prov. General Discussion on Lubrication and Lubricants, Bd. 1, London: The Inst. of Mech. Engrs. 1937, S. 223–226.

Newman, A. D.: Bearings for Marine Geared Turbines. Trans. North East Coast Instn. Engrs. Shipb. 72 (1956) 205–228.

Niemann, G.: Maschinenelemente, Bd. I, Berlin/Göttingen/Heidelberg: Springer 1950, 6. bericht. Neudr. 1963.

Noack, G.: Zur Ermittlung der Betriebstemperatur eines Gleitlagers. Schmiertechnik 6 (1959) 173–179.

Noch, R.: Rundlaufabweichung und Unrundheit. Wissenschaftl. Z. TH Dresden 9 (1959/60) 975–980.

Nücker, W.: Über den Schmiervorgang im Gleitlager. VDI-Forsch.-Heft 352, 1932.

Nusselt, W.: Die Wärmeabgabe eines waagerecht liegenden Drahtes oder Rohres in Flüssigkeiten und Gasen. Z. VDI 73 (1929) 1475–1478.

Ohne Verfasser: Better Lubrication with Roughened Motor Bearings. Natl. Petroleum News 33 (1941) R-262 und R-264.

Ohne Verfasser: Die Dicke der Schmierschicht in Lagern. Z. VDI 67 (1923) 469–470.

Oschanitzky, H.: Die Lagerung elektrischer Maschinen. VDI-Berichte, Bd. 36: Gestaltung von Lagerungen mit Gleit- und Wälzlagern. 1959, S. 83–94.

Ott, H. H.: Experimentelle Untersuchungen an einem Dreikeillager. BBC-Mitt. 44 (1957) 225–234.

Palmgren, A.: Grundlagen der Wälzlagertechnik, 1. Aufl. 1950, 2. Aufl. 1954, 3. Aufl. 1964, Stuttgart: Franckhsche Verlagshandlung.

Peeken, H.: Gleitlagertemperatur bei von 20 °C abweichenden Umgebungstemperaturen. Konstruktion 18 (1966) Nr. 6, S. 232–236.

Perthen, J.: Prüfen und Messen der Oberflächengestalt, München: Hanser 1949.

Petroff, N.: Neue Theorie der Reibung. Urschrift (russisch) 1883. Deutsche Übersetzung von L. Wurzel 1887, Hamburg: Leopold Voss, S. 178; auch: Ostwalds Klassiker Nr. 218, Abhandlungen über die hydrodynamische Theorie der Schmiermittelreibung, Leipzig: Akad. Verlags-Ges. 1927.

Pinkus, O., u. B. Sternlicht: Theory of Hydrodynamic Lubrication, New York/Toronto/London: McGraw-Hill 1961.

Poiseuille, J. M. L.: Recherches expérimentales sur le mouvement des liquides dans les tubes de très petits diamètres. C. R. Acad. Sci. Paris. 11 (1840) 961–967 u. 1041–1048; 12 (1841) 112–115.

Poppinga, R.: Verschleiß und Schmierung, insbesondere von Kolbenringen und Zylindern, Berlin: VDI-Verlag 1942.

Prandtl, L.: Zum Wesen der Oberflächenspannung. Ann. Physik (6) 1 (1947) 59–63.

Redwood, B.: On Viscosimetry, or Viscometry. Chem. Ind. Soc. J. 1886, 121–133.

Reitemeyer, H.: Gleitlager in Getrieben und im Maschinenbau. Antriebselemente (Lager, Kupplungen, Zahnräder und Getriebe), Vorträge u. Diskussionsbeiträge d. gemeinsam vom VDI und VDMA veranstalteten Tagung in München, Oktober 1952. VDI-Tagungsheft 2, S. 53–62, Düsseldorf: VDI-Verlag 1953.

Reuleaux, F.: Neue Betrachtungen und Versuche über die Zapfenreibung. Z. VDI 35 (1891) 932–937.

Reynolds, O.: On the Theory of Lubrication and its Application to Mr. B. Tower's Experiments, including an experimental determination of the viscosity of olive oil. Phil. Trans. roy. Soc., Lond. 177 (1886) 157–234. Deutsch: Ostwalds Klassiker 218.

Richter, R.: Elektrische Maschinen, Bd. I, Berlin: Springer 1924.

Robertson, D.: Whirling of a Journal in a Sleeve Bearing. Phil. Mag. 15 (1933) 113.

Rost, U. (1955a): Das Viskositäts-Temperatur-Verhalten von Flüssigkeiten. Kolloid-Z. 142 (1955) 132–150.

— (1955b): Das Viskositäts-Temperatur-Verhalten von Schmierölen. Erdöl u. Kohle 8 (1955) 650/651.

Rühlmann, M.: Vorträge über Geschichte der Technischen Mechanik und der damit in Zusammenhang stehenden mathematischen Wissenschaften, Leipzig: Baumgärtners Buchhandlung 1885.

Rumpf, A.: Reibung und Temperaturverlauf im Gleitlager. VDI-Forsch.-Heft 393, 1938.

— : Zur Klärung des Gleitreibungsvorganges. Öl u. Kohle 36 (1940) 249.

Sassenfeld, H., u. A. Walther: Gleitlagerberechnungen. VDI-Forsch.-Heft 441, 1954.

SCHACK, A.: Der industrielle Wärmeübergang, 3. Aufl. 1948, 6. Aufl. 1962, Düsseldorf: Verlag Stahleisen.
SCHIEBEL, A., u. K. KÖRNER: Die Gleitlager, Berlin: Springer 1933.
SCHLESINGER, G.: Messung der Oberflächengüte, Berlin/Göttingen/Heidelberg: Springer 1951.
SCHLICHTING, H.: Grenzschichttheorie, 5. Aufl., Karlsruhe: Braun 1965.
SCHMALTZ, G.: Technische Oberflächenkunde. Feingestalt und Eigenschaften von Grenzflächen technischer Körper, insbesondere der Maschinenteile, Berlin: Springer 1936.
SCHMID, E., u. R. WEBER: Gleitlager, Berlin/Göttingen/Heidelberg: Springer 1953.
SCHMIDT, E., u. W. BECKMANN: Das Temperatur- und Geschwindigkeitsfeld vor einer Wärme abgebenden senkrechten Platte bei natürlicher Konvektion. Techn. Mech. Thermodyn. 1 (1930) 341–349 u. 391–406.
SCHMIDT, E., u. H. KRAUSSOLD: Versuche über Wärmeabgabe von Gliederheizkörpern. Gesundh.-Ing. 55 (1932) 49, 61 u. 77; Arch. Wärmewirtsch. 13 (1932) 187.
SCHNEIDER, E.: Versuche über die Reibung in Gleit- und Rollenlagern. Diss. Karlsruhe: 1930.
v. SCHROETER, H.: Die Schmierung von Gleitlagern mit konsistenten Fetten. Petroleum 30 (1934) 1–20.
SCHWARZMANN, M.: Vom Sellers-Lager zum neuzeitlichen Ringschmier-Lager. Maschinenbau 3 (1923/24) 138–141.
SHAW, M. C., u. E. F. MACKS: Analysis and Lubrication of Bearings, New York/Toronto/London: McGraw-Hill 1949.
SLOTTE, K. F.: Of versight of Finska Vetensk. Soc. Forh. 32 (1890) 116; Of versight of Finska Vetensk. Soc. Forh. 37 (1894) 11. Beiblatt z. Wiedemanns Ann. 16 (1892) 182; 19 (1895) 547.
SMITH, W. W.: The Kingsbury Thrust Bearing. J. Amer. Soc. nav. Engrs. 24 (1912) 1151. Auszug in Z. ges. Turb.-Wes. 11 (1914) 423ff.
SOMMERFELD, A.: Zur hydrodynamischen Theorie der Schmiermittelreibung. Z. Mathematik u. Physik 50 (1904) 97–155; auch: Ostwalds Klassiker Nr. 218, S. 108–180.
— : Zur Theorie der Schmiermittelreibung. Z. techn. Phys. 2 (1921) H. 3 u. 4; auch: Ostwalds Klassiker Nr. 218, S. 181–201.
SONNTAG, A.: Die Bedeutung der Oberflächengüte für Reibung, Verschleiß und Schmierung. Konstruktion 12 (1959) 458–466.
STANTON, T. E.: Some recent researches on lubrication. Engineer, Lond. 134 (1922) 598–600.
STELLER, A.: Der Einfluß von Länge, Neigung und kleinster Spaltweite auf Tragfähigkeit, Reibungsbeiwert und hydrodynamischen Höchstdruck beim ebenen, keilförmigen Schmierspalt. Maschinenbau und Wärmewirtschaft 5 (1950) 113–119.
— : Die Berechnung von Gleitlagern mit Flüssigkeitsreibung. Z. VDI 96 (1954) 89–97.
STERNLICHT, B., u. D. D. FULLER: A new Method for the Determination of Attitude and Eccentricity in Journal Bearings. Lubrication Engng. 13 (1957) 208–214.
STODOLA, A.: Die Dampfturbine, Berlin: Springer 1905.
— : Dampf- und Gasturbinen, 6. Aufl., Berlin: Springer 1924.
— : Kritische Wellenstörung infolge der Nachgiebigkeit des Ölpolsters in Lagern. Schweiz. Bauztg. 85 (1925) 265/266.
STRIBECK, R.: Die wesentlichen Eigenschaften der Gleit- und Rollenlager. Z. VDI 46 (1902) 1341–1348, 1432–1438 u. 1463–1470; auch VDI-Forsch.-Heft 7, 1903.
SUTHERLAND, J.: The Viscosity of Gases and Molecular Force. Phil. Mag. 36 (1893) 507–531.
SWIFT, H. W.: The Stability of Lubricating Films in Journal Bearings. Min. Proc. Instn. civ. Engrs. 233 (1933) 267–287.
SWIFT, H. W., u. H. K. HASLEGRAVE: Experiments on Sleevebearing Lubrication. Engineering 144 (1937) 325–328.
TENOT, A.: Étude expérimentale particulière du frottement aux très faibles pressions. Mécanique 24 (1940) 55–58.
TERRES, E., G. MORLOCK u. H. VÖLKER: Untersuchungen über die Filmresistenz von Schmierölen im Gleitlager in Abhängigkeit von Belastung und Umdrehungszahl. Erdöl u. Kohle 9 (1956) 597–601, 690–693 u. 770–775.
THURSTON, R. H.: A Treatise on Friction and Lost Work in Machinery and Millwork, 5. Aufl., New York: Wiley 1894.
TIPEI, N.: Hidro-Aerodinamica Lubrificatiei, București: Editura Academiei Republicii

Populare Romine 1957. Englische Ausgabe bearbeitet von W. GROSS: Theory of Lubrication, Stanford, California: Stanford University Press 1962.

TOCHTERMANN, W.: Maschinenelemente, 6. Aufl., Berlin/Göttingen/Heidelberg: Springer 1951. 7. Aufl. 1956.

TOWER, B.: First report on friction experiments. Proc. Instn. mech. Engrs., Lond. 1883, 632–659; 1884, 29–35. – Vgl. auch E. MÜLLER, Z. VDI 29 (1885) 836–842.

TRAEG, F.: Fettschmierung, 2. Aufl., Berlin: VDI-Verlag 1944.

UBBELOHDE, L.: Zur Viskosimetrie, 4. u. 5. Aufl., Leipzig: Hirzel 1943.

VOGEL, H.: Das Temperaturabhängigkeitsgesetz der Viskosität von Flüssigkeiten. Phys. Z. 22 (1921) 645/646.

— : Die Bedeutung der Temperaturabhängigkeit der Viskosität für die Beurteilung von Ölen. Z. angew. Chem. 35 (1922) 561–563.

VOGELPOHL, G.: Die physikalische Natur der Bewegungswiderstände von Eisenbahnfahrzeugen. Z. VDI 79 (1935) 851–860.

— : Hydrodynamische Theorie und halbflüssige Reibung. Öl u. Kohle 12 (1936) 943–946.

— (1937a): Neuere Prüfungen des Schmiervorganges als Grundlage der Gleitlagerbemessung. Berichtswerk „Prüfen und Messen" des VDI vom 1. Dezember 1936, Berlin: VDI-Verlag 1937, S. 173–180.

— (1937b): Beiträge zur Kenntnis der Gleitlagerreibung. VDI-Forsch.-Heft 386, 1937.

— : Zur Klärung des Gleitreibungsvorganges. Öl u. Kohle 35 (1939) 720–728.

— : Die rechnerische Behandlung des Schmierproblems beim Lager. Öl u. Kohle 36 (1940) 9–13 u. 34–38.

— : Über das Wesen von Reibung und Schmierung. Archiv Wärmew. 23 (1942) 11–14.

— : Zur Integration der Reynoldsschen Gleichung für das Zapfenlager endlicher Breite. Ing.-Arch. 14 (1943) 192–212.

— : Ähnlichkeitsbeziehungen der Gleitlagerreibung und untere Reibungsgrenze. Z. VDI 91 (1949) 379–384.

— : Lubrication Problems. Proc. of the third World Petroleum Congress, The Hague 1951, S. 298–303.

— : Die Bedeutung des Viskositätsverhaltens der Schmiermittel für Bau und Betrieb der Maschinen. Brennst.-Chemie 35 (1954) 363–368.

— (1958a): Über die Behandlung des Gleitlagerproblems auf Grund des physikalischen Bildes vom Schmiervorgang. Konstruktion 10 (1958) 81–86.

— (1958b): Die Beurteilung des Betriebsverhaltens von Gleitlagern nach dem Energiesatz. Konstruktion 10 (1958) 337–343.

— : Das Viskositäts-Temperatur-Verhalten von Schmierölen und seine Bedeutung für die Praxis. Erdöl u. Kohle 13 (1960) 396–399.

— : Geringste zulässige Schmierschichtdicke und Übergangsdrehzahl. Konstruktion 14 (1962) 461–468.

— : Das Reibungsverhalten von Gleitlagern. De Ingenieur, No. 39, 1963.

— : Bestimmung der Übergangsdrehzahl nach dem Auslaufverfahren. Konstruktion 16 (1964) 491–496.

— : Thermal Effects and Elasto-Kinetics in Self-Acting Bearing Lubrication. Proc. Int. Symp. on Lubrication and Wear, Houston 1965, S. 763–822.

WALTHER, C.: Anforderungen an Schmiermittel. Z. Maschinenbau 10 (1931) 670–675.

WARBURG, E.: Über den Ausfluß des Quecksilbers aus gläsernen Capillarröhren. Pogg. Ann. d. Phys. 140 (1870) 367–379.

WENGER, E.: Die Schmierölzufuhr an Gleitlagern mit Losring und Festring und ihr Einfluß auf das Laufverhalten. Schmiertechnik 3 (1956) 123–129.

— : Belastungs- und Erwärmungsgrenzen bei Trockenlauflagern. Schmiertechnik 12 (1965) 137–142.

WEWERKA, A.: Berechnung und Konstruktion zylindrischer Gleitlager nach neuen Unterlagen. Z. VDI 77 (1933) 1169/1170.

WILCOCK, D. F., u. M. ROSENBLATT: Oil Flow, Key Factor in Sleeve-Bearing Performance. Trans. ASME 74 (1952) 849–866.

WOOG, P.: Contribution à l'étude du graissage. Onctuosité. Influences moléculaires, Paris: Delagrave 1926.

Namenverzeichnis

Sachverzeichnis

DG 721/4/67

Netztafel für die graphische Bestimmung von Lagertemperatur und Ölviskosität

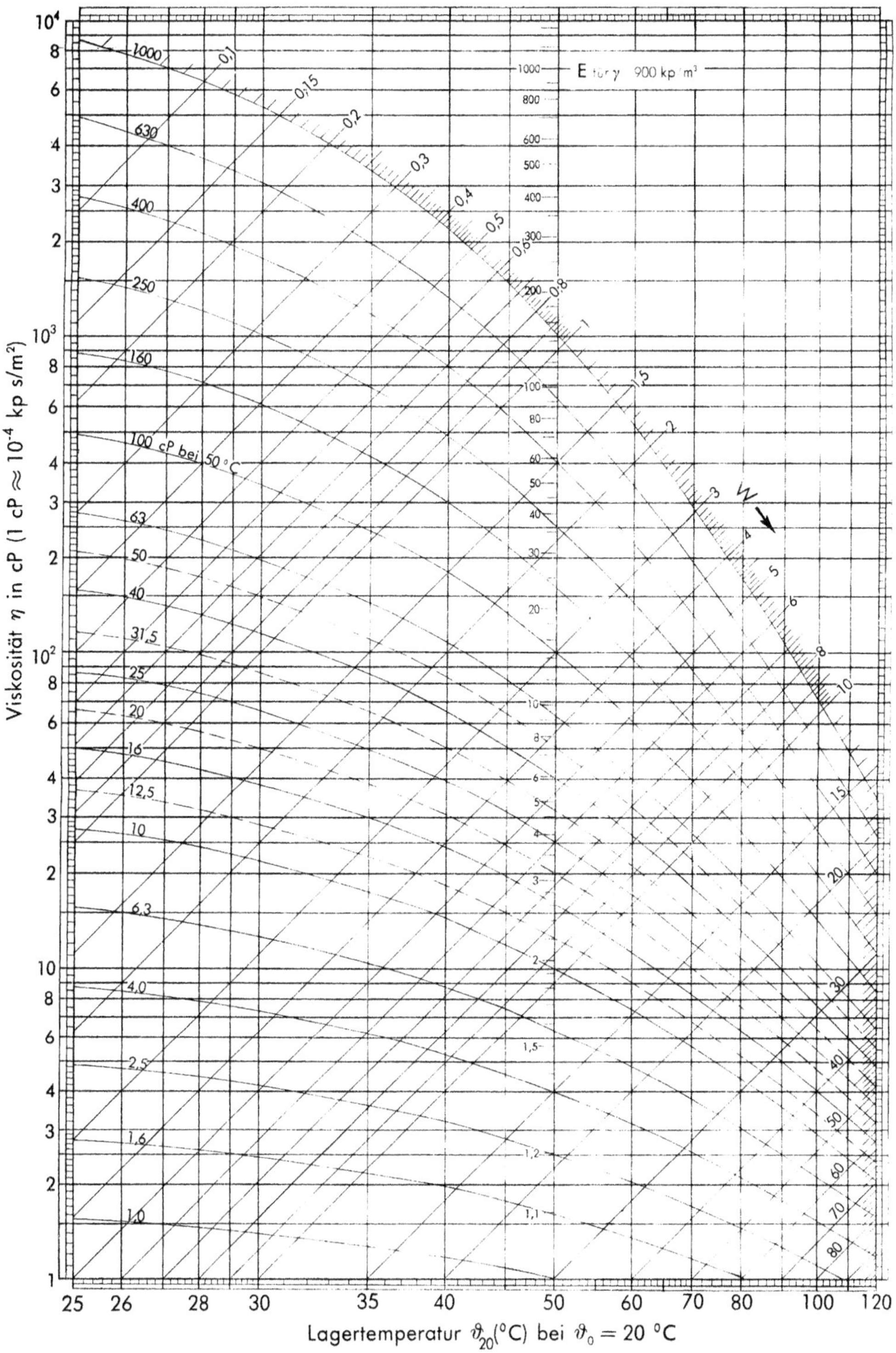

Springer-Verlag · Berlin/Heidelberg/New York

Berechnungsblatt für **Axiallager** mit Angabe der Formeln	Besteller:
Name: Datum:	Zeichnungs-Nr.:
Kennwort:	Auftrags-Nr.:

1. Außendurchmesser	$D_a =$	mm	7. Lagerlast	$P =$	kp
2. Innendurchmesser	$D_i =$	mm	8. mittlerer Druck $P/z \cdot LB =$	$\bar{p} =$	kp/cm²
3. Nenndurchmesser $(D_a + D_i)/2 =$	$D =$	mm	9. Betriebsdrehzahl	$n =$	Uml/min
4. Breite der Segmente $(D_a - D_i)/2 =$	$B =$	mm	10. Gleitgeschwindigkeit $\pi Dn/60 =$	$U =$	m/s
5. Länge der Segmente	$L =$	mm	11. Umgebungstemperatur	$\vartheta_0 =$	°C
6. Anzahl der Segmente	$z =$		12. (B^2D), B und D in dm	$(B^2D) =$	ltr

13. Wärmeübergangszahl $\alpha = 0{,}7 + 1{,}2\sqrt{w}$ für Geschwindigkeiten der umgebenden Luft $w > 1{,}2$ m/s	$\alpha =$	$\frac{\text{mkp}}{\text{m}^2\,\text{s}\,°\text{C}}$
14. Wärmeabgebende Außenfläche A	$A =$	m²
15. Faktor $W_{ax} = \frac{3U}{100\alpha A}\sqrt{P \cdot U \cdot z \cdot L}$	$W_{ax} =$	
16. Bezeichnung des Öles: Firmen- oder Werksbezeichnung η in cP $\approx 0{,}9\,\nu$ in cSt Viskosität bei 50 °C	$\eta =$	cP/50 °C
17. Lagertemperatur ϑ_{20} (bei $\vartheta_0 = 20$ °C)	$\vartheta_{20} =$	°C
18. Lagertemperatur ϑ (bei $\vartheta_0 =$ °C)	$\vartheta =$	°C
19. Betriebsviskosität η	$\eta =$	cP
20. Übergangslast $P_ü = 1{,}6\eta\,(B^2D)n$ Übergangsdrehzahl $n_ü = \frac{P}{1{,}6\eta\,(B^2D)}$	$P_ü =$ $n_ü =$	kp Uml/min
21. Abstand von der Verschleißgrenze $P_ü/P$ oder $n/n_ü$	$P_ü/P =$ $n/n_ü =$	(–) (–)
22. Verlustleistung $M\omega = \alpha \cdot A \cdot W_{ax}\sqrt{\eta}$ $M\omega = \frac{3U}{100}\sqrt{P \cdot U \cdot z \cdot L \cdot \eta}$	$M\omega =$ $M\omega =$	mkp/s PS kW
23. Kleinste Schichtdicke $h_0 = \sqrt{\frac{600\eta\,UB}{\bar{p}}}$	$h_0 =$	μm
24. Tiefe der einzuarbeitenden Keilflächen $t = 1{,}25 \cdot h_0$	$t =$	μm
25. Tragölmenge $Q_T = 0{,}042 \cdot z \cdot U \cdot B \cdot h_0$	$Q_T =$	ltr/min
26. Ein- und Austrittstemperatur des Kühlöles $\vartheta_1 =$; $\vartheta_2 =$	$\vartheta_2 - \vartheta_1 =$	°C
27. Zur Kühlung notwendige Ölmenge $Q_K = M\omega/3\,(\vartheta_2 - \vartheta_1)$	$Q_K =$	ltr/min
28. Reibungszahl $f = M\omega/PU$	$f =$	10^{-3}

Bemerkungen:

Springer-Verlag · Berlin/Heidelberg/New York

Berechnungsblatt für **Radiallager** mit Angabe der Formeln	Besteller:
Name: Datum:	Zeichnungs-Nr.:
Kennwort:	Auftrags-Nr.:

1. Lager-Nenndurchmesser	$D =$	mm	6. Gleitgeschwindigkeit $\pi D n/60 =$	$U =$	m/s
2. Breite der Lauffläche	$B =$	mm	7. Lagerspiel	$S =$	μm
3. Lagerlast	$P =$	kp	8. Relatives Lagerspiel $S/D =$	$\psi =$	$^0/_{00}$
4. mittlerer Druck $P/BD =$	$\bar{p} =$	kp/cm²	9. Umgebungstemperatur	$\vartheta_0 =$	°C
5. Betriebsdrehzahl	$n =$	Uml/min	10. Volumen $D^2 B\,\pi/4 =$	Vol $=$	ltr

11. Wärmeübergangszahl $\alpha = 0{,}7 + 1{,}2\sqrt{w}$ für Geschwindigkeiten der umgebenden Luft $w > 1{,}2$ m/s	$\alpha =$	$\frac{\text{mkp}}{\text{m}^2\,\text{s}\,°\text{C}}$
12. Wärmeabgebende Außenfläche $A = \pi H\,(L + H/2)$ im Maschinenverband $A = 15$ bis $20\,BD$	$A =$	m²
13. Verlustleistung bei $So = 1$ $\quad M\omega^* = \frac{3\psi}{1000} PU$	$M\omega^* =$	mkp/s
14. Viskosität bei $So = 1$ $\quad \eta^* = \frac{P\psi^2}{200 \cdot U \cdot B}$	$\eta^* =$	cP
15. Bezeichnung des Öles: Firmen- oder Werksbezeichnung η in cP $\approx 0{,}9\nu$ in cSt Viskosität bei 50 °C	$\eta =$	cP/50 °C
16. Temperatur ϑ^* bei $So = 1$: $\vartheta^* = 20 + M\omega^*/\alpha A$ °C Liegt der Punkt (ϑ^*, η^*) oberhalb der Viskositätskurve des Öles nach Ziffer 15, so ist $So > 1$, liegt er unterhalb, so ist $So < 1$	So	1
17. Für $So > 1$: Faktor $W = M\omega^*/\alpha A\sqrt{\eta^*}$ Für $So < 1$: Hilfswert $\eta_{30} = 10\alpha A\,\eta^*/M\omega^*$	$W =$ $\eta_{30} =$	 cP
18. Lagertemperatur ϑ_{20} (bei $\vartheta_0 = 20$ °C)	$\vartheta_{20} =$	°C
19. Lagertemperatur ϑ (bei $\vartheta_0 =$ °C)	$\vartheta =$	°C
20. Betriebsviskosität $\eta =$	$\eta =$	cP
21. Übergangsdrehzahl $n_a = \frac{P}{C_a \cdot \eta \cdot \text{Vol}}$	$n_a =$	Uml/min
22. Abstand von der Verschleißgrenze $n/n_a \geqq \sqrt{U}$, mindestens 3	$n/n_a =$	(–)
23. Sommerfeldzahl $So = \eta^*/\eta$	$So =$	(–)
24. Verlustleistung $M\omega =$ $\frac{M\omega^*}{\sqrt{So}}$ für $So > 1$; $= \frac{M\omega^*}{So}$ für $So < 1$	$M\omega =$ $M\omega =$	mkp/s PS kW
25. Ein- und Austrittstemperaturen des Kühlöles $\vartheta_1 =$; $\vartheta_2 =$	$\vartheta_2 - \vartheta_1 =$	°C
26. Zur Kühlung notwendige Ölmenge $Q_K = M\omega/3\,(\vartheta_2 - \vartheta_1)$	$Q_K =$	ltr/min
27. Vergleichsölmenge $Q_V = \psi \cdot \text{Vol} \cdot n/1000$	$Q_V =$	ltr/min
28. Reibungszahl $f = M\omega/PU$	$f =$	10^{-3}

Bemerkungen: